#홈스쿨링
#10종교과서_완벽반영

우등생
수학

Chunjae Makes Chunjae

[우등생] 초등 수학 6-1

기획총괄	김안나
편집/개발	김정희, 김혜민, 최수정, 김현주
디자인총괄	김희정
표지디자인	윤순미, 강태원
내지디자인	박희춘
제작	황성진, 조규영

발행일	2023년 9월 1일 2판 2023년 9월 1일 1쇄
발행인	(주)천재교육
주소	서울시 금천구 가산로9길 54
신고번호	제2001-000018호
고객센터	1577-0902

우등생 홈스쿨링

홈스쿨링

수학

스케줄표

온라인 학습

개념강의
문제풀이

단원 성취도 평가

학습자료실

학습 만화
문제 생성기
학습 게임
서술형+수행평가
정답

검정 교과서 자료

★ **과목별 스케줄표와 통합 스케줄표를 이용할 수 있어요.**

통합 스케줄표
우등생 국어, 수학, 사회, 과학 과목이 함께 있는 12주 스케줄표

★ **교재의 날개 부분에 있는 「진도 완료 체크」 QR코드를 스캔하면 온라인 스케줄표에 자동으로 체크돼요.**

검정 교과서 학습 구성 &

우등생 수학 단원 구성 안내

영역	핵심 개념	5~6학년군 검정 교과서 내용 요소	우등생 수학 단원 구성
수와 연산	수의 체계	– 약수와 배수 – 약분과 통분 – 분수와 소수의 관계	(5–1) 2단원 약수와 배수 (5–1) 4단원 약분과 통분
	수의 연산	– 자연수의 혼합 계산 – 분모가 다른 분수의 덧셈과 뺄셈 – 분수의 곱셈과 나눗셈 – 소수의 곱셈과 나눗셈	(5–1) 1단원 자연수의 혼합 계산 (5–1) 5단원 분수의 덧셈과 뺄셈 (5–2) 2단원 분수의 곱셈 (5–2) 4단원 소수의 곱셈 (6–1) 1단원 분수의 나눗셈 (6–1) 3단원 소수의 나눗셈 (6–2) 1단원 분수의 나눗셈 (6–2) 2단원 소수의 나눗셈
도형	평면도형	– 합동 – 대칭	(5–2) 3단원 합동과 대칭
	입체도형	– 직육면체, 정육면체 – 각기둥, 각뿔 – 원기둥, 원뿔, 구 – 입체도형의 공간 감각	(5–2) 5단원 직육면체 (6–1) 2단원 각기둥과 각뿔 (6–2) 3단원 공간과 입체 (6–2) 6단원 원기둥, 원뿔, 구
측정	양의 측정	– 원주율 – 평면도형의 둘레, 넓이 – 입체도형의 겉넓이, 부피	(5–1) 6단원 다각형의 둘레와 넓이 (6–1) 6단원 직육면체의 부피와 겉넓이 (6–2) 5단원 원의 넓이
	어림하기	– 수의 범위 – 어림하기(올림, 버림, 반올림)	(5–2) 1단원 수의 범위와 어림하기
규칙성	규칙성과 대응	– 규칙과 대응 – 비와 비율 – 비례식과 비례배분	(5–1) 3단원 규칙과 대응 (6–1) 4단원 비와 비율 (6–2) 4단원 비례식과 비례배분
자료와 가능성	자료 처리	– 평균 – 그림그래프 – 띠그래프, 원그래프	(5–2) 6단원 평균과 가능성 (6–1) 5단원 여러 가지 그래프
	가능성	– 가능성	(5–2) 6단원 평균과 가능성

어떤 교과서를 사용해도 수학 교과 교육과정을 꼼꼼하게 모두 학습할 수 있는 교과 기본서! 우등생 수학!

홈스쿨링 40회 스케줄표

다음의 표는 우등생 수학을 공부하는 데 알맞은 학습 진도표입니다.
본책을 40회로 나누어 공부하는 스케줄입니다. (1주일에 5회씩 공부하면 학습하는 데 8주가 걸립니다.)
시험 대비 기간에는 평가 자료집을 사용하시면 좋습니다.

1. 분수의 나눗셈					
1회 1단계	2회 1단계+2단계	3회 1단계+2단계	4회 3단계	5회 4단계	6
6~9쪽	10~13쪽	14~19쪽	20~23쪽	24~25쪽	26
월 일	월 일	월 일	월 일	월 일	

2. 각기둥과 각뿔					
11회 3단계	12회 4단계	13회 단원평가	14회 1단계	15회 1단계+2단계	16
48~51쪽	52~53쪽	54~57쪽	58~61쪽	62~65쪽	66
월 일	월 일	월 일	월 일	월 일	

4. 비와 비율					
21회 1단계+2단계	22회 1단계	23회 2단계	24회 1단계+2단계	25회 3단계	26
88~93쪽	94~97쪽	98~99쪽	100~105쪽	106~109쪽	11
월 일	월 일	월 일	월 일	월 일	

5. 여러 가지 그래프					
31회 1단계+2단계	32회 3단계	33회 4단계	34회 단원평가	35회 1단계	36
128~133쪽	134~137쪽	138~139쪽	140~143쪽	144~147쪽	1
월 일	월 일	월 일	월 일	월 일	

어떤 교과서를 쓰더라도 언제나 **우등생**

수학 6·1

홈스쿨링 | 오답노트 | 동영상 강의

	2. 각기둥과 각뿔			
회 단원평가	7회 1단계	8회 1단계+2단계	9회 1단계+2단계	10회 1단계+2단계
~29쪽	30~33쪽	34~37쪽	38~41쪽	42~47쪽
월 일	월 일	월 일	월 일	월 일

3. 소수의 나눗셈				
회 1단계+2단계	17회 1단계+2단계	18회 3단계	19회 4단계	20회 단원평가
~71쪽	72~77쪽	78~81쪽	82~83쪽	84~87쪽
월 일	월 일	월 일	월 일	월 일

		5. 여러 가지 그래프		
회 4단계	27회 단원평가	28회 1단계	29회 1단계+2단계	30회 1단계+2단계
0~111쪽	112~115쪽	116~119쪽	120~123쪽	124~127쪽
월 일	월 일	월 일	월 일	월 일

6. 직육면체의 부피와 겉넓이				
회 1단계+2단계	37회 1단계+2단계	38회 3단계	39회 4단계	40회 단원평가
8~151쪽	152~157쪽	158~161쪽	162~163쪽	164~167쪽
월 일	월 일	월 일	월 일	월 일

QR코드를 찍어서 답 입력!

빅데이터를 이용한

단원 성취도 평가

- 빅데이터를 활용한 단원 성취도 평가는 모바일 QR코드로 접속하면 취약점 분석이 가능합니다.
- 정확한 데이터 분석을 위해 로그인이 필요합니다.

6-1

홈페이지에 답을 입력

↓

자동 채점

↓

취약점 분석

↓

취약점을 보완할 처방 문제 풀기

↓

확인평가로 다시 한 번 평가

1단원 성취도 평가

1. 분수의 나눗셈

분석·처방

50분

01 그림을 보고 □ 안에 알맞은 수를 써넣으시오.

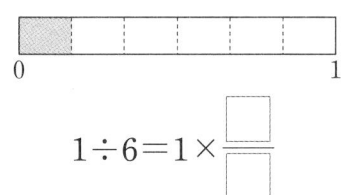

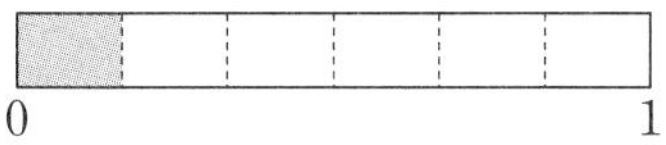

$$1 \div 6 = 1 \times \frac{\square}{\square}$$

02 $5 \div 6$의 몫을 그림으로 나타낸 것을 보고 분수로 나타내어 보시오.

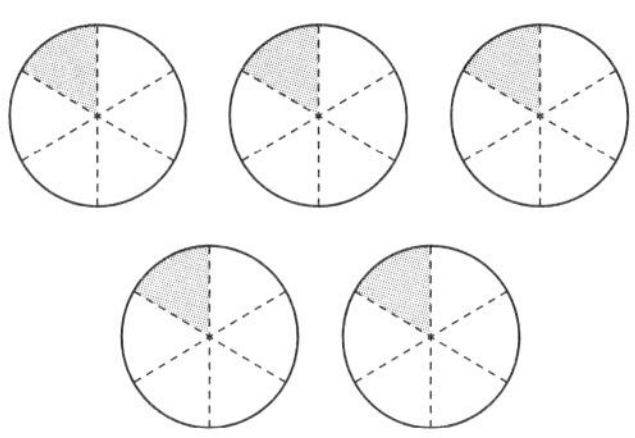

$$5 \div 6 = \frac{\square}{\square}$$

03 $7 \div 9$와 관계있는 것을 모두 고르시오.

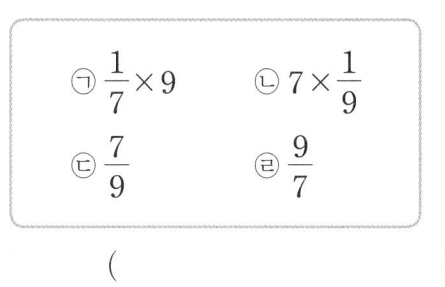

㉠ $\frac{1}{7} \times 9$　　㉡ $7 \times \frac{1}{9}$

㉢ $\frac{7}{9}$　　㉣ $\frac{9}{7}$

(　　　　　　　　)

04 나눗셈의 몫을 분수로 잘못 나타낸 것은 어느 것입니까? ………(　　　)

① $6 \div 7 = \frac{6}{7}$　　② $3 \div 13 = \frac{3}{13}$

③ $12 \div 5 = \frac{12}{5}$　　④ $7 \div 2 = \frac{2}{7}$

⑤ $9 \div 8 = \frac{9}{8}$

05 다음 중 $\frac{6}{8} \div 4$의 계산을 바르게 한 것의 기호를 쓰시오.

㉠ $\frac{6}{8} \div 4 = \frac{6}{8 \div 4} = \frac{1}{2}$

㉡ $\frac{6}{8} \div 4 = \frac{8}{6} \times \frac{1}{4} = \frac{8}{24} = \frac{1}{3}$

㉢ $\frac{6}{8} \div 4 = \frac{6}{8} \times \frac{1}{4} = \frac{6}{32} = \frac{3}{16}$

(　　　　　　　　)

06 □ 안에 알맞은 수를 써넣어 계산해 보시오.

$$\frac{5}{7}\div 3=\frac{\square\div 3}{21}=\frac{\square}{21}$$

07 가로가 4 cm이고 넓이가 13 cm^2인 직사각형의 세로의 길이를 구하시오.

$$\frac{\square}{\square}\text{ cm}$$

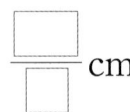

08 ㉠, ㉡에 알맞은 기약분수를 바르게 짝지은 것은 어느 것입니까? ············ (　　　)

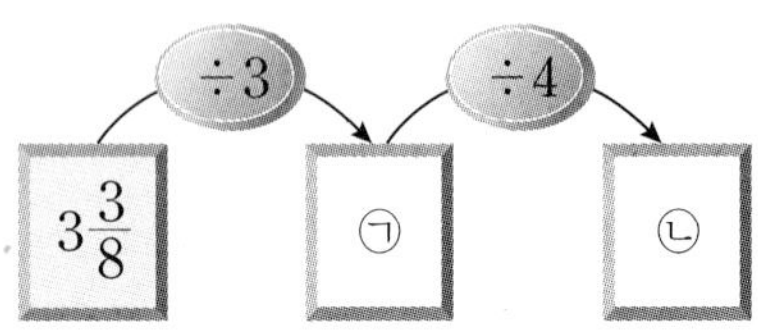

① $1\frac{1}{8}$, $\frac{9}{32}$　② $3\frac{1}{8}$, $\frac{9}{32}$

③ $1\frac{1}{8}$, $4\frac{1}{2}$　④ $3\frac{1}{8}$, $4\frac{1}{2}$

⑤ $10\frac{1}{8}$, $2\frac{7}{32}$

09 ○ 안에 >, =, <를 알맞게 써넣으시오.

$\frac{9}{4}\div 5$ ○ $\frac{27}{7}\div 9$

10 물 1 L와 물 4 L를 모양과 크기가 같은 병에 똑같이 나누어 담으려고 합니다. 물 1 L를 병 2개에, 물 4 L를 병 5개에 똑같이 나누어 담을 때, 병 가와 병 나 중 어느 병에 물이 더 많은지 구하시오.

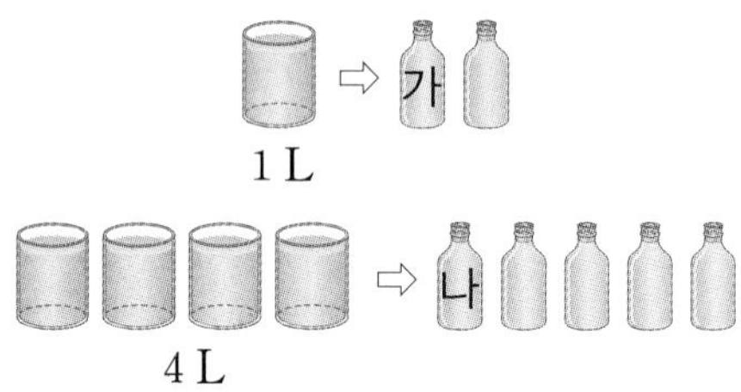

(　　　　　　　　)

11 선생님께서 두 모둠에 찰흙을 나누어 주셨습니다. 한 학생이 받은 찰흙의 양이 더 많은 모둠은 어느 모둠인지 구하시오.

> **㉠ 모둠의 학생**
> 우리는 찰흙을 15 g 받았어. 그래서 우리 모둠의 학생 4명이 똑같이 나누어 가졌어.
> **㉡ 모둠의 학생**
> 우리는 찰흙을 25 g 받았어. 그래서 우리 모둠의 학생 6명이 똑같이 나누어 가졌어.

( ) 모둠

12 둘레가 $\frac{34}{9}$ cm인 정팔각형이 있습니다. 이 정팔각형의 한 변은 몇 cm인지 □ 안에 알맞은 수를 써넣으시오.

$\frac{17}{\square}$ cm

13 리본이 $\frac{15}{4}$ m 있습니다. 이 리본을 5명이 똑같이 나누어 가지려고 합니다. 한 사람이 몇 m씩 가지면 되는지 기약분수로 나타내시오.

$\frac{\square}{\square}$ m

14 한 봉지에 $\frac{7}{8}$ kg씩 들어 있는 소금이 8봉지 있습니다. 이 소금을 3개의 병에 똑같이 나누어 담으려면 한 병에 담아야 할 소금은 몇 kg인지 분수로 바르게 나타낸 것을 찾아 기호를 쓰시오.

> ㉠ $\frac{7}{3}$kg ㉡ $\frac{3}{7}$kg
> ㉢ $\frac{21}{8}$kg ㉣ $\frac{7}{24}$kg

( )

15 □ 안에 들어갈 수 있는 자연수 중에서 가장 큰 수를 구하시오.

> $\frac{\square}{8} < 1\frac{1}{4} \div 2$

( )

16 나눗셈의 몫이 $\frac{1}{2}$보다 작은 것을 찾아 기호를 쓰시오.

> ㉠ $2\frac{5}{6} \div 5$ ㉡ $3\frac{3}{8} \div 7$ ㉢ $7\frac{1}{3} \div 11$

( )

17 □ 안에 들어갈 수 있는 자연수는 모두 몇 개입니까?

> $\frac{50}{3} \div 14 < \square < \frac{86}{5} \div 4$

( )개

18 정육각형을 6등분 해서 4칸에 색칠했습니다. 정육각형의 넓이가 $15\frac{3}{5}$ cm^2일 때 색칠한 부분의 넓이는 몇 cm^2입니까?

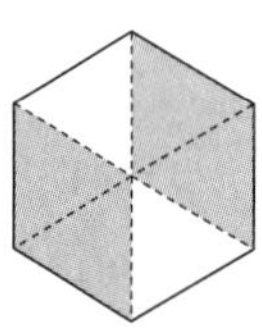

$\square\frac{\square}{5}$ cm^2

19 수 카드 3장을 모두 사용하여 계산 결과가 가장 작은 (진분수)÷(자연수)의 나눗셈식을 만들었을 때 계산한 결과를 쓰시오.

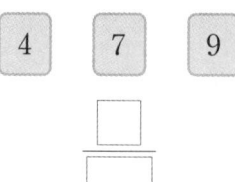

4 7 9

$\frac{\square}{\square}$

20 어떤 수를 7로 나누어야 할 것을 잘못하여 곱했더니 $9\frac{4}{5}$가 되었습니다. 바르게 계산하면 얼마인지 기약분수로 나타내시오.

$\frac{\square}{\square}$

2단원 성취도 평가

2. 각기둥과 각뿔

50분

[01~02] 도형을 보고 물음에 답하시오.

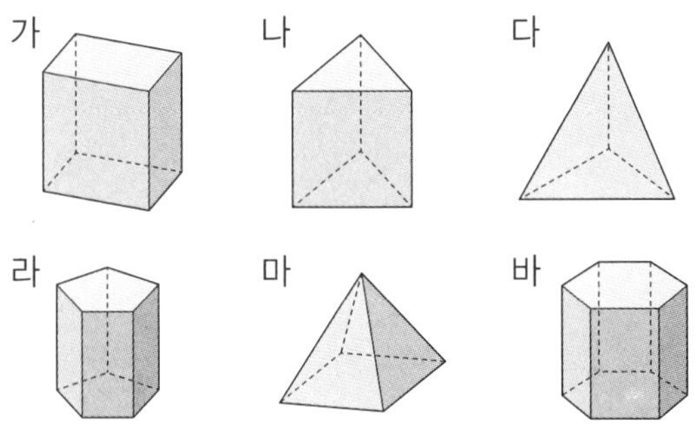

01 각기둥은 모두 몇 개입니까?

( )개

02 각뿔을 모두 찾아 기호를 쓰시오.

( )

03 다음 중 각기둥의 밑면을 모두 고르시오. ( )

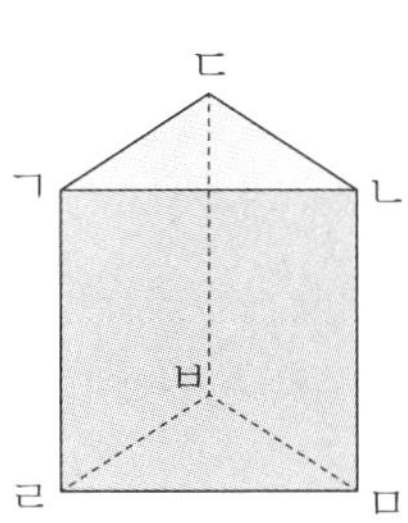

① 면 ㄱㄴㄷ
② 면 ㄱㄹㅁㄴ
③ 면 ㄴㅁㅂㄷ
④ 면 ㄷㅂㄹㄱ
⑤ 면 ㄹㅁㅂ

04 각기둥에서 밑면에 수직인 면은 모두 몇 개입니까?

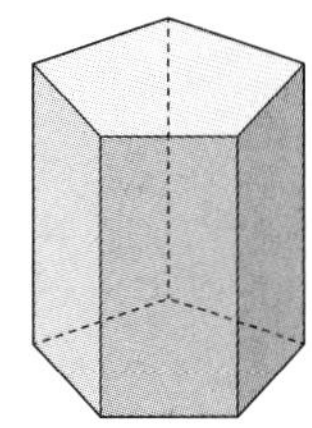

( )개

[05~06] 각뿔을 보고 물음에 답하시오.

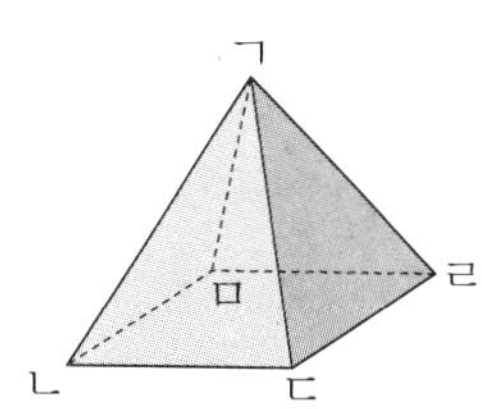

05 밑면은 몇 개입니까?

( )개

06 다음 중 옆면이 아닌 면은 어느 것입니까? ( )

① 면 ㄱㄴㄷ ② 면 ㄱㄷㄹ
③ 면 ㄴㄷㄹㅁ ④ 면 ㄱㄹㅁ
⑤ 면 ㄱㅁㄴ

[07~10] 각기둥을 보고 물음에 답하시오.

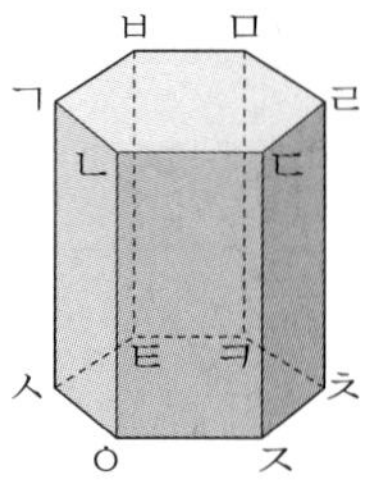

07 각기둥의 이름을 쓰시오.

( )

08 각기둥의 모서리는 모두 몇 개입니까?

( )개

09 각기둥의 꼭짓점은 모두 몇 개입니까?

( )개

10 다음 중 각기둥의 높이를 잴 수 있는 모서리가 아닌 것은 어느 것입니까? ( )

① 모서리 ㄱㅅ ② 모서리 ㄱㄴ
③ 모서리 ㄷㅈ ④ 모서리 ㅂㅌ
⑤ 모서리 ㅋㅁ

11 어떤 도형의 전개도입니까?

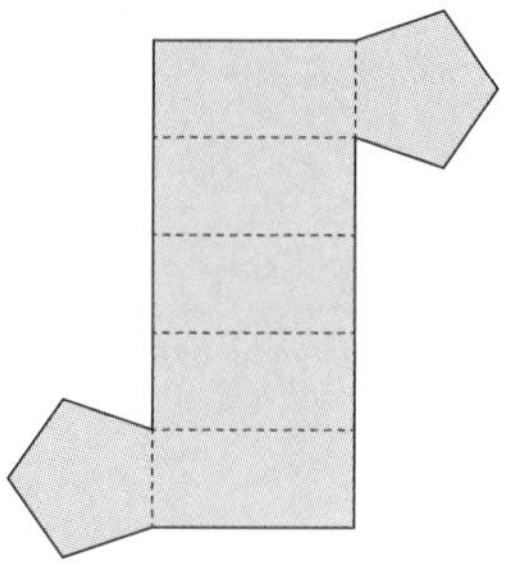

( )

12 다음 중 각뿔에 대한 설명으로 <u>틀린</u> 것은 어느 것입니까? ······························ (　　　　)

① 밑면이 사각형인 각뿔은 사각뿔입니다.

② 각뿔의 옆면은 밑면에 수직입니다.

③ 각뿔의 옆면은 삼각형입니다.

④ 각뿔에서 면과 면이 만나는 선분을 모서리라고 합니다.

⑤ 오각뿔의 꼭짓점은 모두 6개입니다.

13 삼각기둥을 만들 수 있는 전개도를 찾아 기호를 쓰시오.

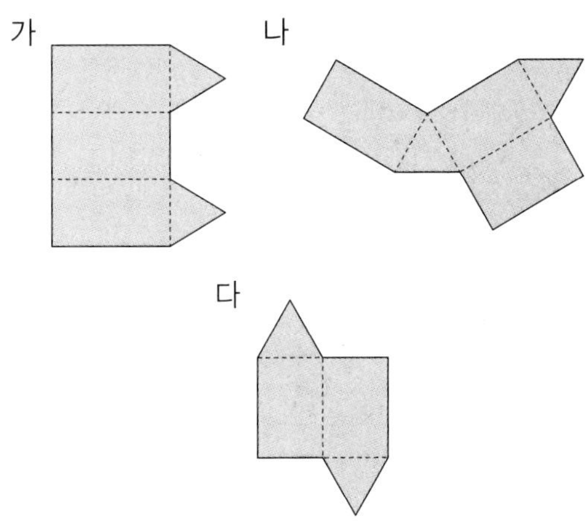

(　　　　　　　　　　　　)

14 두 도형에서 같은 것을 찾아 기호를 쓰시오.

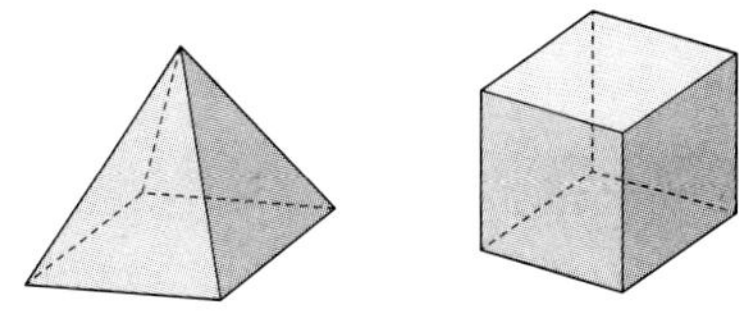

㉠ 옆면의 모양	㉡ 밑면의 수
㉢ 밑면의 모양	㉣ 꼭짓점의 수

(　　　　　　　　　　　　)

15 전개도의 점선을 따라 접어서 각기둥을 만들었습니다. ㉠에 알맞은 수를 구하시오.

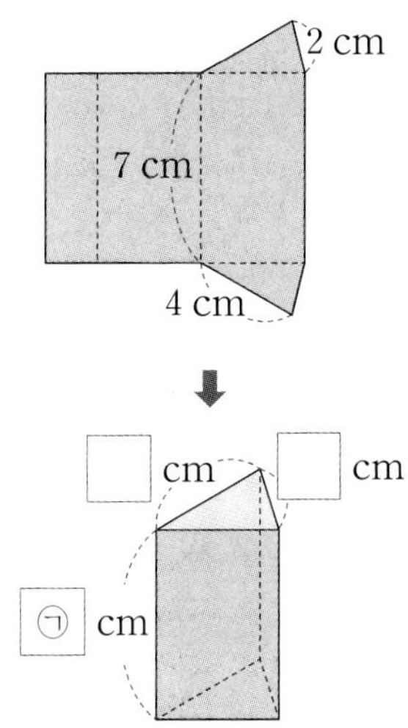

(　　　　　　　　　　　　)

16 전개도를 접어서 삼각기둥을 만들었을 때 서로 평행한 면끼리 짝 지은 것은 어느 것입니까? ······ (　　　)

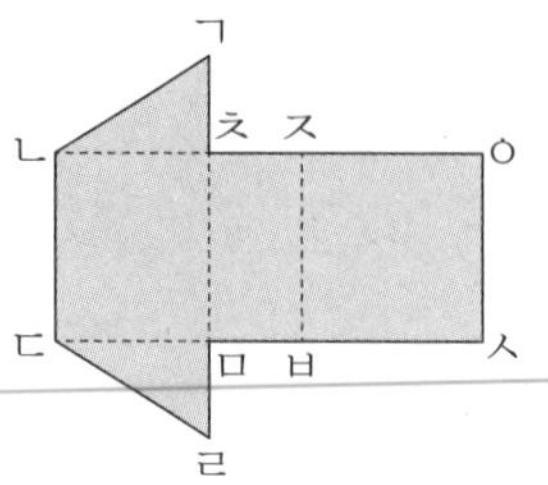

① 면 ㄱㄴㅊ과 면 ㄷㄹㅁ
② 면 ㄱㄴㅊ과 면 ㅊㅁㅂㅈ
③ 면 ㅊㅁㅂㅈ과 면 ㅈㅂㅅㅇ
④ 면 ㅈㅂㅅㅇ과 면 ㄴㄷㅁㅊ
⑤ 면 ㅈㅂㅅㅇ과 면 ㄷㄹㅁ

17 꼭짓점이 10개인 각뿔의 이름을 쓰시오.

(　　　　　　　　)

18 모서리가 15개인 각기둥의 이름을 쓰시오.

(　　　　　　　　)

19 다음 각뿔은 밑면이 정사각형이고 옆면이 모두 합동인 이등변삼각형입니다. 이 각뿔의 모든 모서리의 길이의 합은 몇 cm입니까?

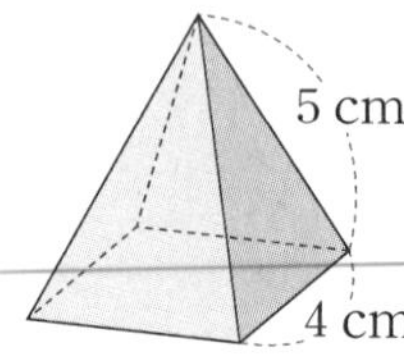

(　　　　　　　　) cm

20 어떤 입체도형의 밑면이 바닥에 닿게 놓고 옆에서 본 모양과 위에서 본 모양입니다. 이 입체도형의 꼭짓점은 모두 몇 개입니까? (단, 이 입체도형은 각기둥 또는 각뿔입니다.)

옆에서 본 모양	위에서 본 모양
	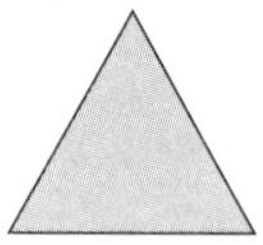

(　　　　　　　　)개

3단원 성취도 평가

3. 소수의 나눗셈

분석·처방 50분

01 자연수의 나눗셈을 이용하여 □ 안에 알맞은 소수를 써넣으시오.

$$2612 \div 4 = 653$$

$$\Rightarrow 26.12 \div 4 = \square$$

02 소수를 분수로 고쳐서 계산하려고 합니다. □ 안에 알맞은 수를 써넣으시오.

$$4.76 \div 7 = \frac{\square}{100} \div 7 = \square$$

03 잘못된 곳을 찾아 기호를 쓰시오.

$$3.28 \div 8 = \underbrace{\frac{328}{100} \div 8}_{㉠} = \frac{328 \div 8}{100}$$

(㉡: $\div 8$ 부터 $\frac{328 \div 8}{100}$ 까지)

$$= \underbrace{\frac{41}{100} = 4.1}_{㉢}$$

(　　　　　　　　　　)

04 $358 \div 4 = 89.5$임을 이용하여 □ 안에 알맞은 수를 써넣으시오.

$$\square \div 4 = 0.895$$

05 계산하여 몫을 소수로 나타내시오.

$$15.12 \div 7 = \square$$

06 계산을 하시오.

2.7÷5

(　　　　　　　　　　)

07 빈 곳에 알맞은 소수를 써넣으시오.

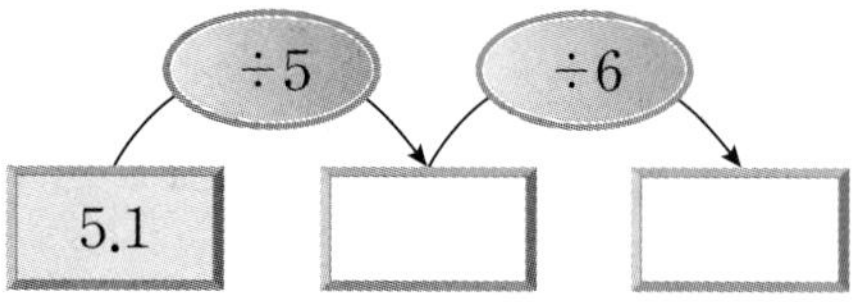

08 몫의 크기를 비교하여 ○ 안에 >, =, <를 알맞게 써넣으시오.

33.5÷5 ○ 70.5÷5

09 몫의 소수 첫째 자리 숫자가 0인 나눗셈의 기호를 쓰시오.

㉠ 39.6÷3	㉡ 2.4÷6
㉢ 6.18÷6	㉣ 46.2÷7

(　　　　　　　　　　)

10 □ 안에 알맞은 수를 써넣으시오.

6×□=51.6

11 어림셈하여 몫의 소수점 위치를 찾아 소수점을 찍으려고 합니다. 소수점을 찍어야 하는 곳의 기호를 쓰시오.

$34.65 \div 7$

몫 ㉠4㉡9㉢5㉣

(　　　　　　　　)

12 다음 중 몫이 가장 작은 것은 어느 것입니까? ············ (　　　)

① $2.7 \div 2$　② $7.38 \div 3$

③ $4.15 \div 5$　④ $2.8 \div 5$

⑤ $4.28 \div 4$

13 어림셈을 이용하여 알맞은 식을 찾아 기호를 쓰시오.

㉠ $21.35 \div 5 = 427$

㉡ $21.35 \div 5 = 42.7$

㉢ $21.35 \div 5 = 4.27$

㉣ $21.35 \div 5 = 0.427$

(　　　　　　　　)

14 수 카드 4장 중 2장을 사용하여 몫이 가장 작은 나눗셈을 만들어 계산했을 때 몫을 소수로 나타내시오.

5　4　3　6

(　　　　　　　　)

15 넓이가 $24.65\ \text{cm}^2$이고 가로가 $5\ \text{cm}$인 직사각형의 세로는 몇 cm인지 소수로 나타내시오.

(　　　　　　　　) cm

16 몫을 어림하여 몫이 1보다 큰 나눗셈은 모두 몇 개인지 구하시오.

$4.2 \div 4$	$5.46 \div 6$	$3.45 \div 5$
$3.28 \div 4$	$6.54 \div 6$	$7.8 \div 6$
$2.43 \div 3$	$5.48 \div 4$	$7.05 \div 5$

( )개

17 어느 자동차 경기장은 한 바퀴가 5.34 km라고 합니다. 자동차가 일정한 빠르기로 이 경기장을 한 바퀴 도는 데 3분이 걸렸다면 1분 동안 달린 거리는 몇 km인지 소수로 나타내시오.

( )km

18 세 자동차 중 연료 1 L로 가장 멀리 갈 수 있는 자동차를 찾아 기호를 쓰시오.

자동차	연료의 양(L)	갈 수 있는 거리(km)
가	6	93.6
나	5	86.5
다	3	50.1

( )

19 어떤 수를 9로 나누어야 할 것을 잘못하여 8로 나누었더니 몫이 1.53이 되었습니다. 바르게 계산한 몫을 구하시오.

( )

20 모든 모서리의 길이가 같은 사각뿔이 있습니다. 모든 모서리의 길이의 합이 19.2 m일 때 한 모서리의 길이는 몇 m인지 소수로 나타내시오.

( )m

4단원 성취도 평가

4. 비와 비율

50분

01 비율을 백분율로 나타내시오.

$\frac{75}{100}$ ⇨ [　　] %

02 비 7 : 4를 바르게 읽은 것을 찾아 기호를 쓰시오.

㉠ 7에 대한 4의 비
㉡ 4 대 7
㉢ 7의 4에 대한 비
㉣ 4와 7의 비

(　　　　　　　　)

03 비교하는 양을 찾아 쓰시오.

5와 8의 비

(　　　　　　　　)

04 직사각형의 가로에 대한 세로의 비율을 소수로 나타내시오.

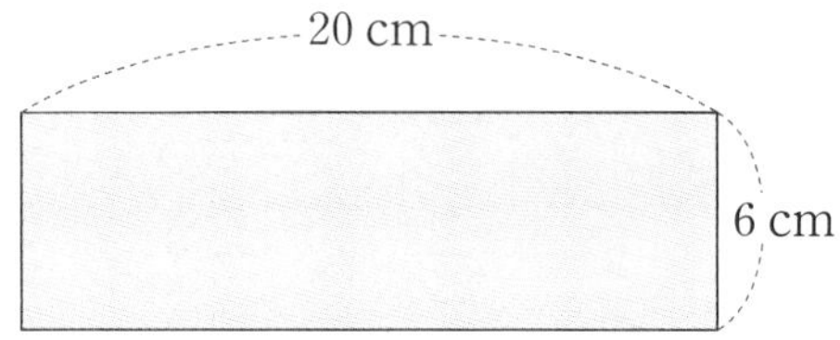

(　　　　　　　　)

05 색칠한 부분은 전체의 몇 %입니까? ······ (　　　)

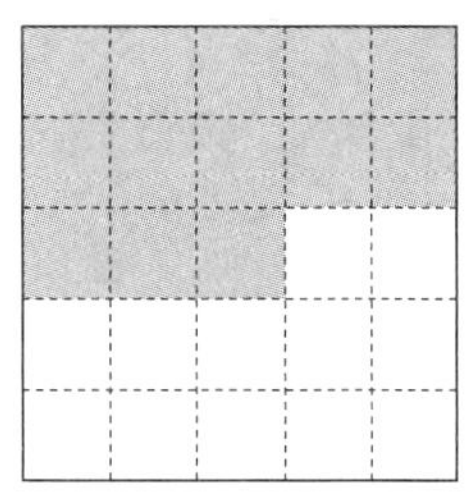

① 13 %　　② 32 %
③ 48 %　　④ 52 %
⑤ 64 %

06 모둠 수에 따른 모둠원 수와 피자 조각 수를 나타낸 표입니다. 모둠 수에 따른 모둠원 수와 피자 조각 수를 나눗셈으로 비교하시오.

모둠 수	1	2	3	4
모둠원 수(명)	3	6	9	12
피자 조각 수 (조각)	6	12	18	24

피자 조각 수는 항상 모둠원 수의 □배입니다.

07 감이 10개, 복숭아가 7개 있습니다. 감 수에 대한 복숭아 수의 비율을 소수로 나타내시오.

( )

08 기준량이 가장 큰 것은 어느 것입니까? ( )

① 8 : 7
② 7 대 9
③ 8에 대한 9의 비
④ 6과 8의 비
⑤ 9의 6에 대한 비

09 지선이는 50 m 장애물 달리기를 하고 있습니다. 장애물이 출발점에서부터 19 m 거리에 있습니다. 출발점에서부터 장애물까지 거리와 장애물에서부터 도착점까지 거리의 비를 구하시오.

19 : □

10 동철이는 물 150 g에 포도 원액 50 g을 넣어 포도주스를 만들었습니다. 포도주스 양에 대한 포도 원액 양의 비율을 기약분수로 나타내시오.

$\frac{\square}{\square}$

11 석민이는 마을 지도를 그리고 있습니다. 석민이네 집에서부터 학교까지 실제 거리는 900 m인데 지도에는 3 cm로 그렸습니다. 석민이네 집에서부터 학교까지 실제 거리에 대한 지도에서 거리의 비율을 바르게 나타낸 것은 어느 것입니까? ······ (　　　　)

① $\frac{3}{900}$　　② $\frac{1}{900}$

③ $\frac{1}{300}$　　④ $\frac{1}{30000}$

⑤ $\frac{1}{90000}$

12 비율이 가장 작은 것을 찾아 기호를 쓰시오.

㉠ 63 %　　㉡ $\frac{27}{40}$　　㉢ 0.65

(　　　　　　　　)

13 재석이는 자전거를 타고 38 km를 가는 데 2시간이 걸렸습니다. 걸린 시간에 대한 간 거리(km)의 비율을 자연수로 나타내시오.

(　　　　　　　　)

14 전교 어린이 회장 선거에서 400명이 투표에 참여했습니다. 가 후보의 득표 수가 160일 때 가 후보의 득표율은 몇 %인지 구하시오.

(　　　　　　　　) %

15 모자의 원래 가격과 할인된 판매 가격을 보고 할인율은 몇 %인지 구하시오.

	원래 가격	할인된 판매 가격
모자	2000원	1800원

(　　　　　　　　) %

16 물건을 사면 물건값의 10 %만큼을 적립해 주는 가게가 있습니다. 이 가게에서 4500원짜리 인형을 샀다면 얼마를 적립해 주는지 구하시오.

( ) 원

17 넓이에 대한 인구의 비율이 더 높은 마을은 어느 마을입니까?

마을	넓이(km^2)	인구(명)
가	4	73160
나	9	164070

( ) 마을

18 가 은행과 나 은행에 다음과 같이 예금했을 때 받을 수 있는 이자입니다. 예금한 돈에 대한 이자의 비율이 더 높은 은행은 어느 은행인지 구하시오.

은행	예금한 돈	이자
가 은행	30000원	1200원
나 은행	35000원	1050원

( ) 은행

19 자동차의 단위 연료(1 L)당 주행 거리(km)의 비율을 연비라고 합니다. 두 자동차 중 연비가 더 높은 자동차는 어느 자동차입니까?

자동차의 종류	연료(L)	주행 거리(km)
가 자동차	27	405
나 자동차	15	240

( ) 자동차

20 진하기가 14 %인 설탕물 450 g에는 설탕이 몇 g 녹아 있습니까?

( ) g

5단원 성취도 평가

5. 여러 가지 그래프

분석·처방

50분

01 전체에 대한 각 부분의 비율을 띠 모양에 나타낸 그래프를 무엇이라고 합니까?

( )

[02~03] 대호네 학교 학생 500명이 좋아하는 간식을 조사하여 나타낸 표입니다. 물음에 답하시오.

좋아하는 간식별 학생 수

간식	피자	떡볶이	햄버거	기타	합계
학생 수	250	125	75	50	500

02 떡볶이를 좋아하는 학생 수의 백분율을 구하시오.

( ) %

03 띠그래프의 ㉠에 알맞은 수를 구하시오.

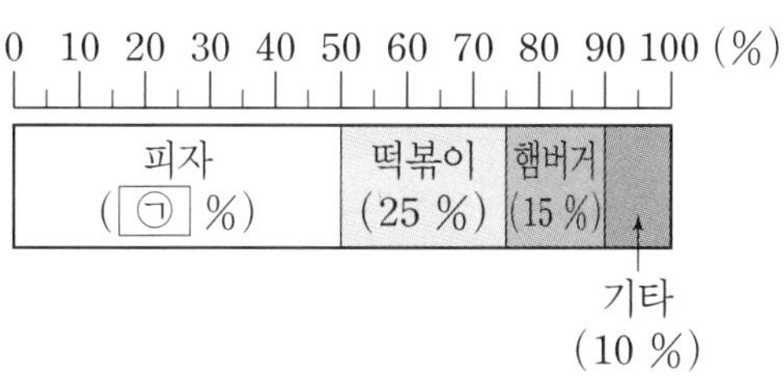

( )

[04~05] 용진이네 반 학생들이 좋아하는 계절을 조사하여 나타낸 원그래프입니다. 물음에 답하시오.

좋아하는 계절별 학생 수

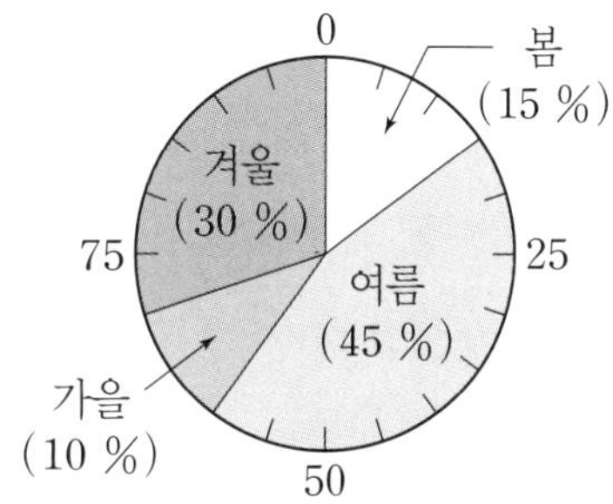

04 가장 많은 학생이 좋아하는 계절을 찾아 기호를 쓰시오.

㉠ 봄 ㉡ 여름
㉢ 가을 ㉣ 겨울

( )

05 가장 적은 학생이 좋아하는 계절을 찾아 기호를 쓰시오.

㉠ 봄 ㉡ 여름
㉢ 가을 ㉣ 겨울

( )

[06~09] 준석이네 학교 6학년 학생들이 어린이날에 받고 싶은 선물을 조사하여 나타낸 띠그래프입니다. 물음에 답하시오.

받고 싶은 선물별 학생 수

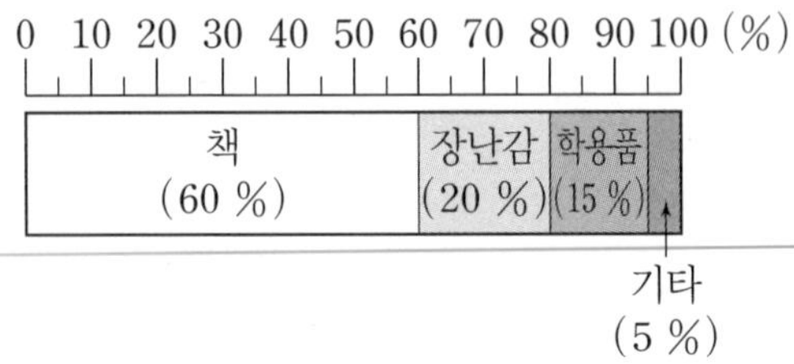

06 가장 많은 학생이 어린이날에 받고 싶은 선물은 무엇입니까?

( )

07 장난감을 받고 싶은 학생은 전체의 몇 % 입니까?

( ) %

08 책을 받고 싶은 학생은 학용품을 받고 싶은 학생의 몇 배입니까?

( )배

09 장난감을 받고 싶은 학생이 20명이라면 조사한 학생은 모두 몇 명입니까?

( )명

[10~11] 어느 지역의 올해 과일 생산량을 나타낸 원그래프입니다. 물음에 답하시오.

과일 생산량

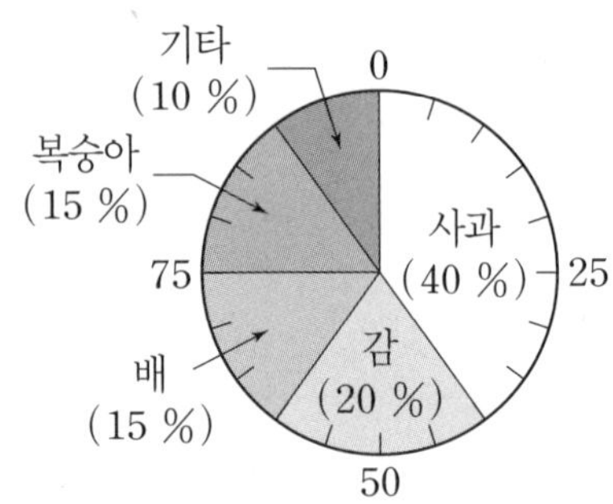

10 배와 생산량이 같은 과일은 무엇입니까?

( )

11 이 지역의 과일 생산량이 1500 t이라면 복숭아 생산량은 몇 t입니까?

( )t

12 우리나라의 국토 이용 현황을 나타낸 원그래프입니다. 우리나라의 국토 면적 중에서 논과 밭을 더한 면적은 전체의 몇 %입니까?

국토 이용 현황

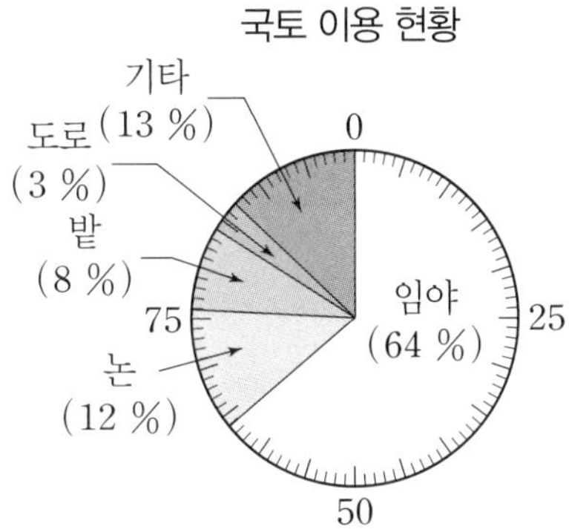

( ) %

[13~15] 어느 놀이공원에서 판매한 이용권의 비율의 변화를 조사하여 나타낸 띠그래프입니다. 물음에 답하시오.

판매한 이용권의 비율의 변화

	입장 이용권	5개 이용권	자유이용권
2012년	42 %	35 %	23 %
2017년	20 %	38 %	42 %
2022년	17 %	35 %	48 %

13 2017년에 이 놀이공원에서 판매한 이용권은 300만 장입니다. 판매한 자유이용권은 몇 만 장입니까?

( )만 장

14 판매 비율이 계속 감소하고 있는 이용권의 종류는 무엇인지 찾아 기호를 쓰시오.

㉠ 입장 이용권
㉡ 5개 이용권
㉢ 자유이용권

( )

15 판매 비율이 계속 증가하고 있는 이용권의 종류는 무엇인지 찾아 기호를 쓰시오.

㉠ 입장 이용권
㉡ 5개 이용권
㉢ 자유이용권

( )

[16~19] 영애네 학교 선생님 50명의 출근 방법을 조사하여 나타낸 띠그래프입니다. 물음에 답하시오.

출근 방법별 선생님 수

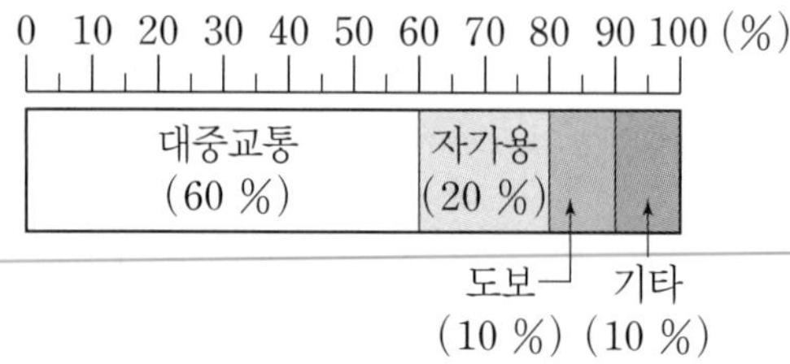

16 가장 높은 비율을 차지하는 출근 방법은 무엇인지 찾아 기호를 쓰시오.

㉠ 대중교통	㉡ 자가용
㉢ 도보	㉣ 기타

( )

17 출근 방법 중 도보의 비율은 몇 %입니까?

( ) %

18 출근 방법으로 자가용을 이용하는 선생님은 도보를 이용하는 선생님보다 몇 명 더 많습니까?

( )명

19 대중교통을 이용하는 선생님 중에서 70%는 지하철을 이용한다고 합니다. 지하철을 이용하여 출근을 하는 선생님은 몇 명입니까?

( )명

20 어느 마을의 토지 이용률과 그중 농경지 이용률을 나타낸 것입니다. 이 마을의 토지 넓이가 14 km^2일 때 밭의 넓이는 몇 km^2인지 구하시오.

토지 이용률

토지	농경지	주거지	임야	기타	합계
이용률(%)	35	30	20	15	100

농경지 이용률

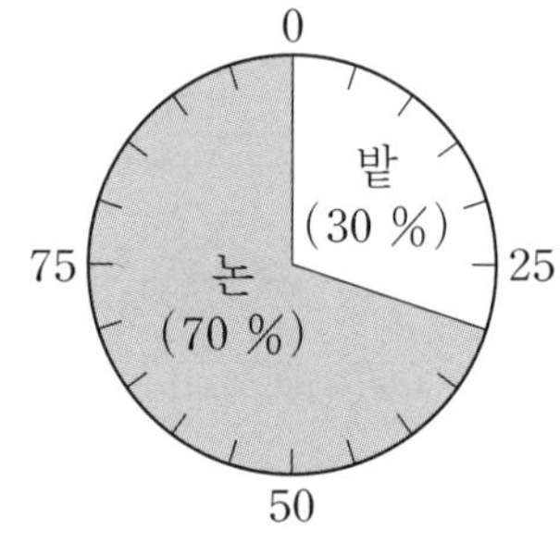

( ) km^2

6단원 성취도 평가

6. 직육면체의 부피와 겉넓이

50분

01 똑같은 쌓기나무로 다음과 같이 직육면체를 만들었습니다. 부피가 더 작은 직육면체의 기호를 쓰시오.

가

나

(　　　　　　　　　　)

02 부피가 $1\ cm^3$인 쌓기나무를 정육면체 모양으로 쌓았습니다. 쌓은 쌓기나무의 부피는 몇 cm^3입니까?

(　　　　　　　　　　) cm^3

03 직육면체의 부피는 몇 cm^3입니까?

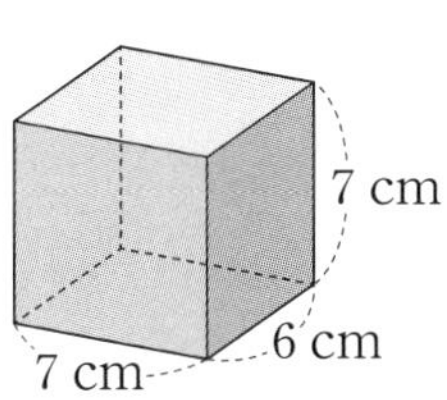

(　　　　　　　　　　) cm^3

04 한 모서리의 길이가 5 cm인 정육면체의 겉넓이를 구하려고 합니다. □ 안에 알맞은 수를 써넣으시오.

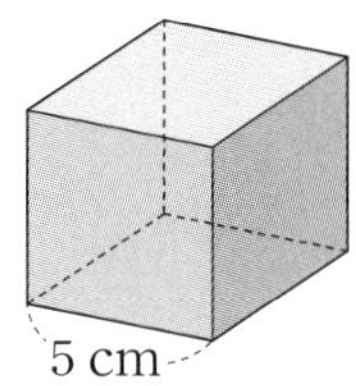

(정육면체의 겉넓이)

$=5\times\square\times 6$

$=\square\ (cm^2)$

05 직육면체의 겉넓이를 구하려고 합니다. □ 안에 알맞은 수를 써넣으시오.

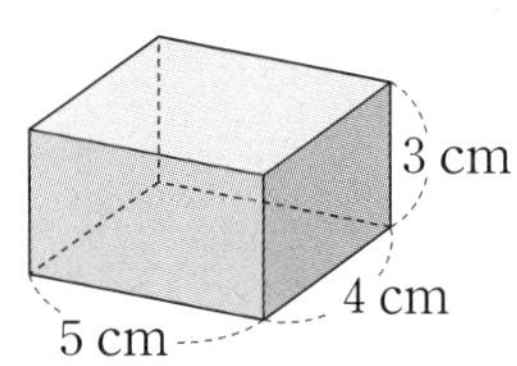

(직육면체의 겉넓이)

$=$(합동인 세 면의 넓이의 합)$\times 2$

$=(5\times 4+4\times\square+5\times 3)\times 2$

$=\square\ (cm^2)$

06 □ 안에 알맞은 수를 써넣으시오.

$$2900000\,\text{cm}^3 = \square\,\text{m}^3$$

07 가로가 5 m, 세로가 3 m, 높이가 4 m인 직육면체의 부피는 몇 m^3입니까?

( ) m^3

08 부피가 1 cm^3인 쌓기나무를 가로에 3개, 세로에 6개, 높이는 7층까지 쌓아 직육면체 모양을 만들었습니다. 만든 직육면체의 부피는 몇 cm^3입니까?

( ) cm^3

09 오른쪽과 같은 정사각형 6개를 이용하여 정육면체를 만들었습니다. 만든 정육면체의 부피는 몇 cm^3입니까?

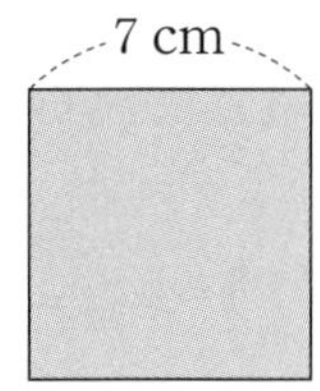

( ) cm^3

10 색칠한 면의 넓이가 48 cm^2일 때 직육면체의 부피는 몇 cm^3입니까?

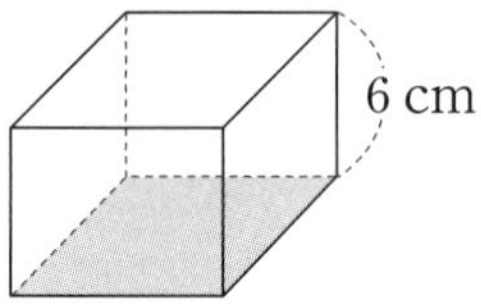

( ) cm^3

11 정육면체의 겉넓이는 몇 cm^2입니까?

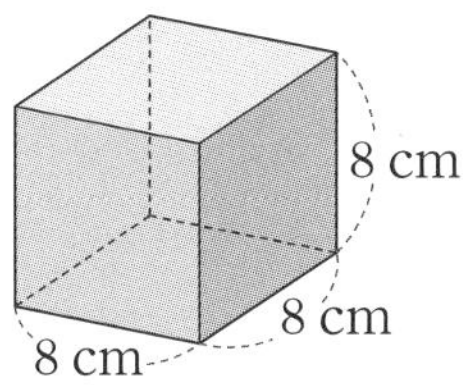

( ) cm^2

12 직육면체의 겉넓이는 몇 cm^2입니까?

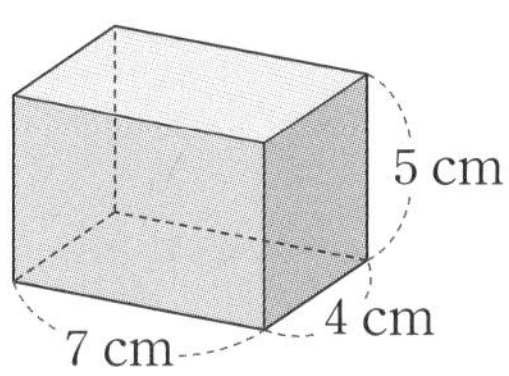

( ) cm^2

13 전개도를 이용하여 직육면체 모양의 상자를 만들었습니다. 만든 상자의 겉넓이는 몇 cm^2입니까?

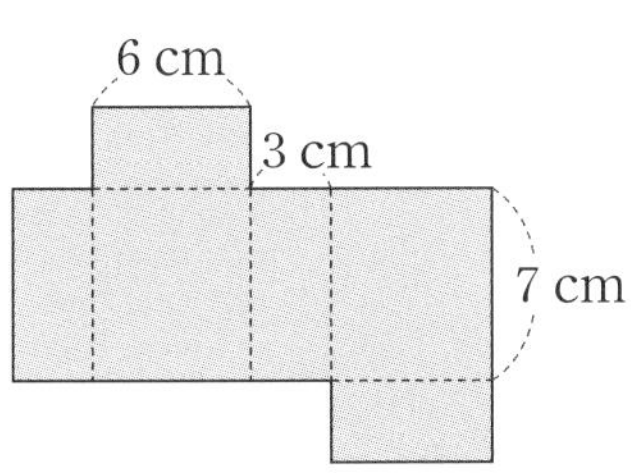

( ) cm^2

14 직육면체의 부피는 몇 m^3입니까?

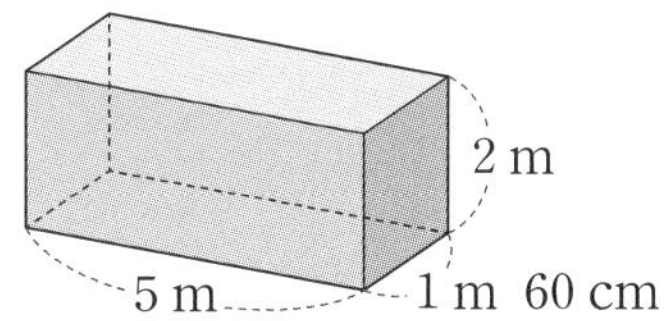

( ) m^3

15 다음 직육면체의 부피는 224 cm^3 입니다. 이 직육면체의 가로가 7 cm, 세로가 8 cm일 때 높이는 몇 cm입니까?

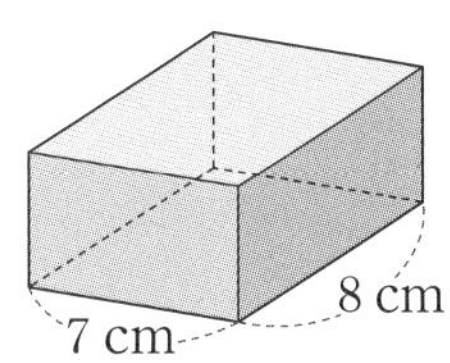

( ) cm

16 부피가 더 큰 입체도형의 기호를 쓰시오.

가: 한 모서리의 길이가 4 m인 정육면체

나: 가로가 4 m, 세로가 5 m, 높이가 3 m인 직육면체

( )

17 한 모서리의 길이가 3 cm인 정육면체 모양의 쌓기나무 8개로 큰 정육면체를 만들었습니다. 만든 정육면체의 부피는 몇 cm^3입니까?

( ) cm^3

18 부피가 45 m^3이고 가로가 5 m, 세로가 150 cm인 직육면체가 있습니다. 이 직육면체의 높이는 몇 m입니까?

( ) m

19 현수네 집에 있는 냉장고의 부피는 0.68 m^3이고, 침대의 부피는 640000 cm^3입니다. 냉장고와 침대의 부피의 차는 몇 m^3입니까?

( ) m^3

20 다음과 같이 직육면체 3개를 붙인 입체도형의 부피는 몇 cm^3입니까?

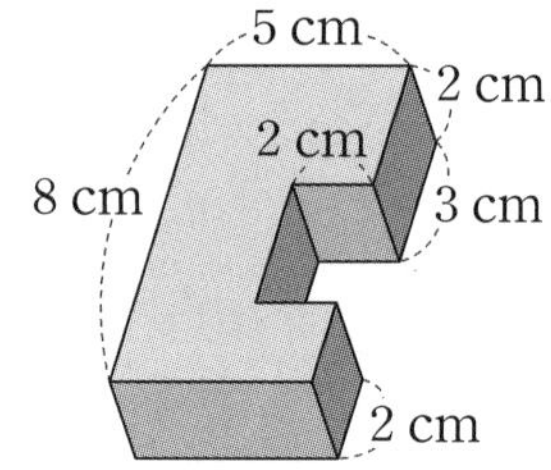

( ) cm^3

정답

정답과 풀이

QR코드를 이용하시면 풀이를 보실 수 있습니다.

3~6쪽 1단원

1 1, 6
2 5, 6
3 ㉡, ㉢
4 ④
5 ㉢
6 15, 5
7 13, 4
8 ①
9 >
10 나
11 ㉡
12 36
13 3, 4
14 ㉠
15 4
16 ㉡
17 3
18 10, 2
19 4, 63
20 1, 5

7~10쪽 2단원

1 4
2 다, 마
3 ①, ⑤
4 5
5 1
6 ③
7 육각기둥
8 18
9 12
10 ②
11 오각기둥
12 ②
13 나
14 ㉢
15 7
16 ①
17 구각뿔
18 오각기둥
19 36
20 6

11~14쪽 3단원

1 6.53
2 476, 0.68
3 ㉢
4 3.58
5 2.16
6 0.54
7 1.02, 0.17
8 <
9 ㉢
10 8.6
11 ㉡
12 ④
13 ㉢
14 0.5
15 4.93
16 5
17 1.78
18 나
19 1.36
20 2.4

15~18쪽 4단원

1 75
2 ㉢
3 5
4 0.3
5 ④
6 2
7 0.7
8 ②
9 31
10 1, 4
11 ④
12 ㉠
13 19
14 40
15 10
16 450
17 가
18 가
19 나
20 63

19~22쪽 5단원

1 띠그래프
2 25
3 50
4 ㉡
5 ㉢
6 책
7 20
8 4
9 100
10 복숭아
11 225
12 20
13 126
14 ㉠
15 ㉢
16 ㉠
17 10
18 5
19 21
20 1.47

23~26쪽 6단원

1 나
2 27
3 294
4 5, 150
5 3, 94
6 2.9
7 60
8 126
9 343
10 288
11 384
12 166
13 162
14 16
15 4
16 가
17 216
18 6
19 0.04
20 68

우등생 홈스쿨링

학교에서 어떤 교과서를 사용하더라도 상관없는

우등생 수학 사용법

동영상 강의!

개념과 **풀이 강의!**
풀이 강의는
3, 4단계의 문제와
단원 평가의 과정 중심
평가 문제 제공

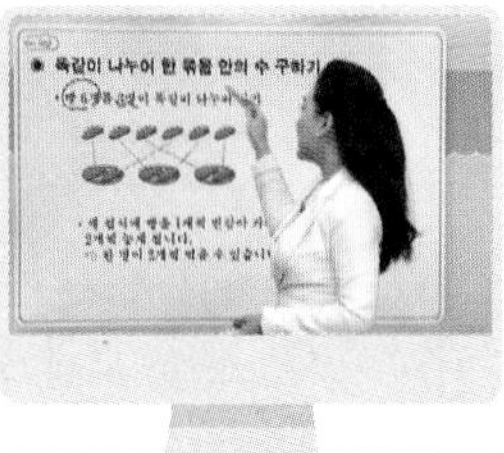

스케줄 관리!

진도 완료 체크 QR코드를 스캔하면
우등생 홈페이지의 스케줄표로 **슝~**
갈 수 있어.

틀린 문제 저장! 출력!

오답노트에 어떤 문제를 틀렸는지 표시해.
나중에 틀린 문제만 모아서 다시 풀 수 있어.

① 오답노트 앱을 설치 후 로그인
② 책 표지 홈스쿨링 QR코드를 스캔하여
내 교재를 등록
③ 문항 번호를 선택하여 오답노트 만들기

문제 생성기로 반복 학습!

본책의 단원평가 1~20번 문제는 문제 생성기로
유사문제를 만들 수 있어.
매번 할 때마다 다른 문제가 나오니깐
시험 보기 전에 연습하기 딱 좋지?

문제 생성기

구성과 특징

본책

1 어느 교과서를 배우더라도 꼭 알아야 하는 개념과 기본 문제 수록!

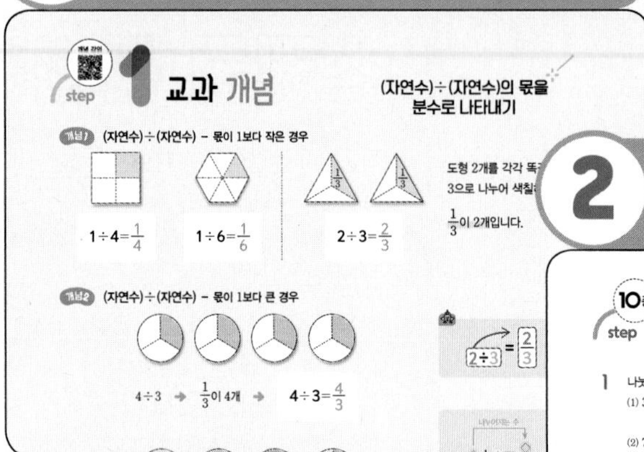
step 1 교과 개념
(자연수)÷(자연수)의 몫을 분수로 나타내기
개념1 (자연수)÷(자연수) - 몫이 1보다 작은 경우
$1\div4=\frac{1}{4}$ $1\div6=\frac{1}{6}$ $2\div3=\frac{2}{3}$
개념2 (자연수)÷(자연수) - 몫이 1보다 큰 경우
$4\div3$ → $\frac{1}{3}$이 4개 → $4\div3=\frac{4}{3}$

2 수학 교과 역량 키우기 문제 수록!

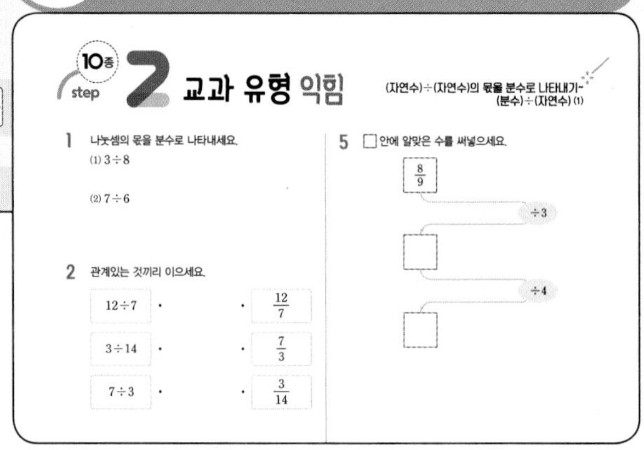
10종 step 2 교과 유형 익힘
(자연수)÷(자연수)의 몫을 분수로 나타내기-(분수)÷(자연수) (1)
1 나눗셈의 몫을 분수로 나타내세요.
(1) $3\div8$
(2) $7\div6$
2 관계있는 것끼리 이으세요.
$12\div7$ · · $\frac{12}{7}$
$3\div14$ · · $\frac{7}{3}$
$7\div3$ · · $\frac{3}{14}$
5 □ 안에 알맞은 수를 써넣으세요.

3 많은 학생들이 잘 틀리는 문제와 서술형 문제 연습!

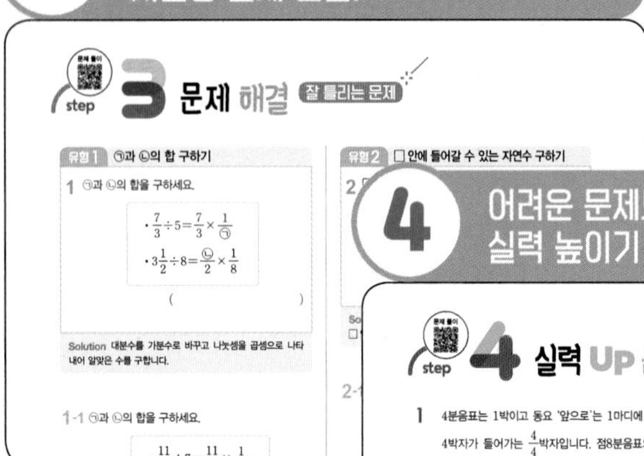
step 3 문제 해결 잘 틀리는 문제
유형 1 ㉠과 ㉡의 합 구하기
1 ㉠과 ㉡의 합을 구하세요.
유형 2 □ 안에 들어갈 수 있는 자연수 구하기
Solution 대분수를 가분수로 바꾸고 나눗셈을 곱셈으로 나타내어 알맞은 수를 구합니다.
1-1 ㉠과 ㉡의 합을 구하세요.

4 어려운 문제도 빠뜨리지 않고 실력 높이기

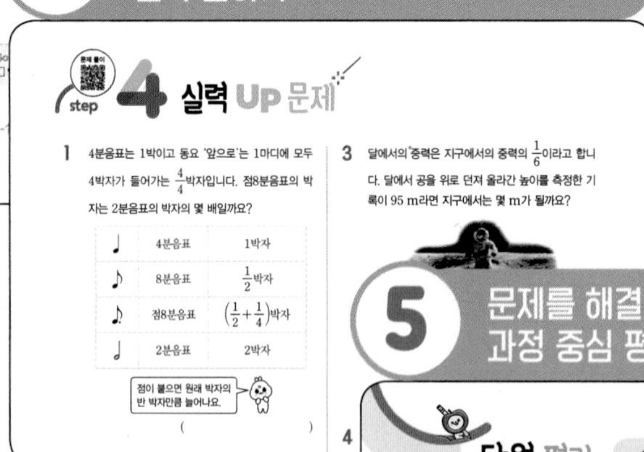
step 4 실력 UP 문제
1 4분음표는 1박이고 동요 '앞으로'는 1마디에 모두 4박자가 들어가는 $\frac{4}{4}$박자입니다. 점8분음표의 박자는 2분음표의 박자의 몇 배일까요?
3 달에서의 중력은 지구에서의 중력의 $\frac{1}{6}$이라고 합니다. 달에서 공을 위로 던져 올라간 높이를 측정한 기록이 95 m라면 지구에서는 몇 m가 될까요?

5 문제를 해결하는 과정도 체크하는 과정 중심 평가 문제 수록!

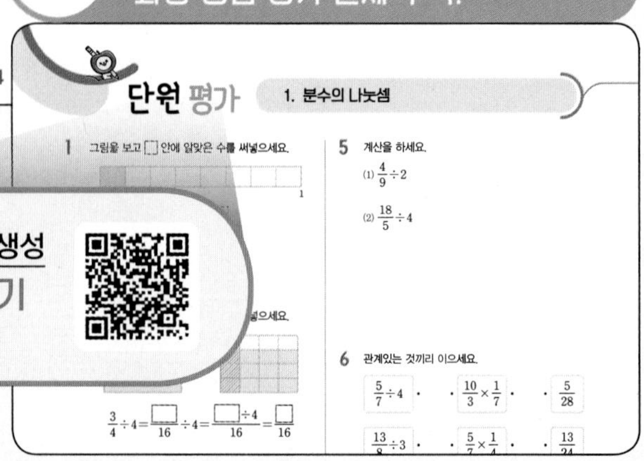
단원 평가 1. 분수의 나눗셈
1 그림을 보고 □ 안에 알맞은 수를 써넣으세요.
5 계산을 하세요.
6 관계있는 것끼리 이으세요.

유사 문제 무한 생성
문제 생성기
(1~20번)

단원 성취도 평가

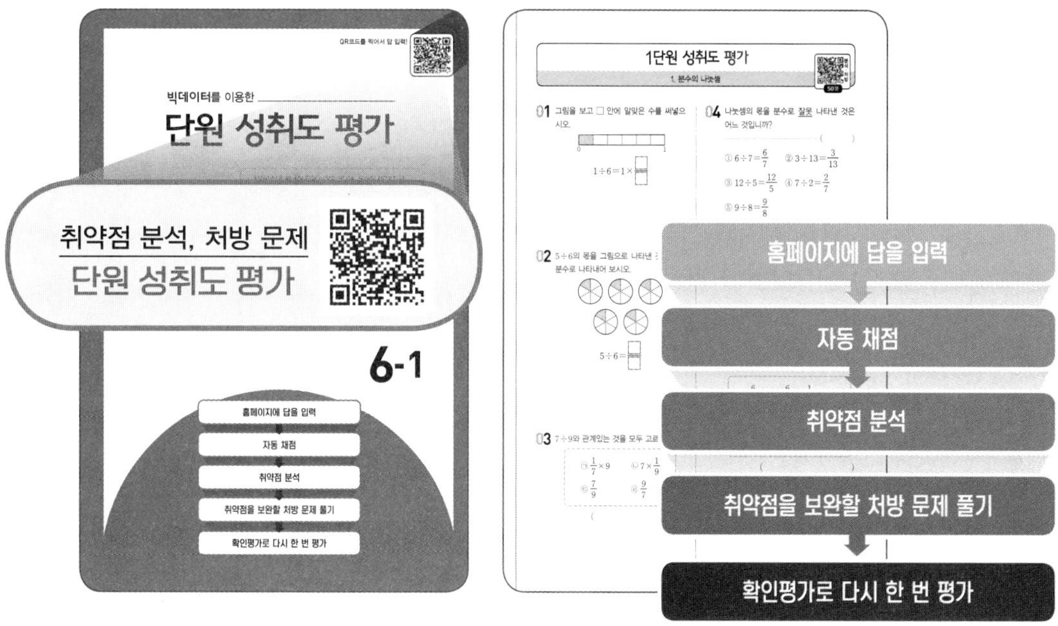

빅데이터를 이용한
단원 성취도 평가
취약점 분석, 처방 문제
단원 성취도 평가
6-1
1단원 성취도 평가
1. 분수의 나눗셈
홈페이지에 답을 입력
자동 채점
취약점 분석
취약점을 보완할 처방 문제 풀기
확인평가로 다시 한 번 평가

10종 교과 평가자료집

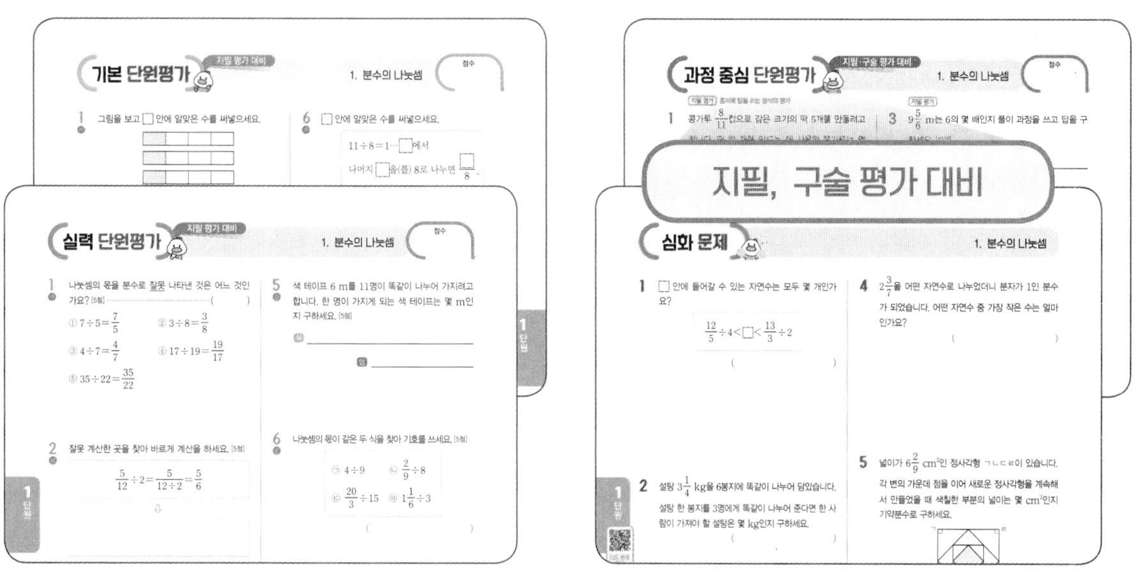

☆ 각종 평가를 대비할 수 있는 기본 단원평가, 실력 단원평가, 과정 중심 단원평가, 심화 문제!

☆ 과정 중심 단원평가에는 지필, 구술, 관찰 평가를 대비할 수 있는 문제 수록

검정교과서는 무엇인가요?

교육부가 편찬하는 국정교과서와 달리 일반출판사에서 저자를 섭외 구성하고, 교육과정을 반영한 후, 교육부 심사를 거친 교과서입니다.

적용 시기				2015 개정 교육과정 검정 교과서 적용		2022 개정 교육과정 적용			
구분	학년	과목	유형	22년	23년	24년	25년	26년	27년
초등	1, 2	국어/수학	국정			적용			
	3, 4	국어/도덕	국정				적용		
		수학/사회/과학	검정	적용					
	5, 6	국어/도덕	국정					적용	
		수학/사회/과학	검정		적용				
중고등	1	전과목	검정				적용		
	2							적용	
	3								적용

과정 중심 평가가 무엇인가요?

과정 중심 평가는 기존의 결과 중심 평가와 대비되는 평가 방식으로 학습의 과정 속에서 평가가 이루어지며, 과정에서 적절한 피드백을 제공하여 평가를 통해 학습 능력이 성장하도록 하는 데 목적이 있습니다.

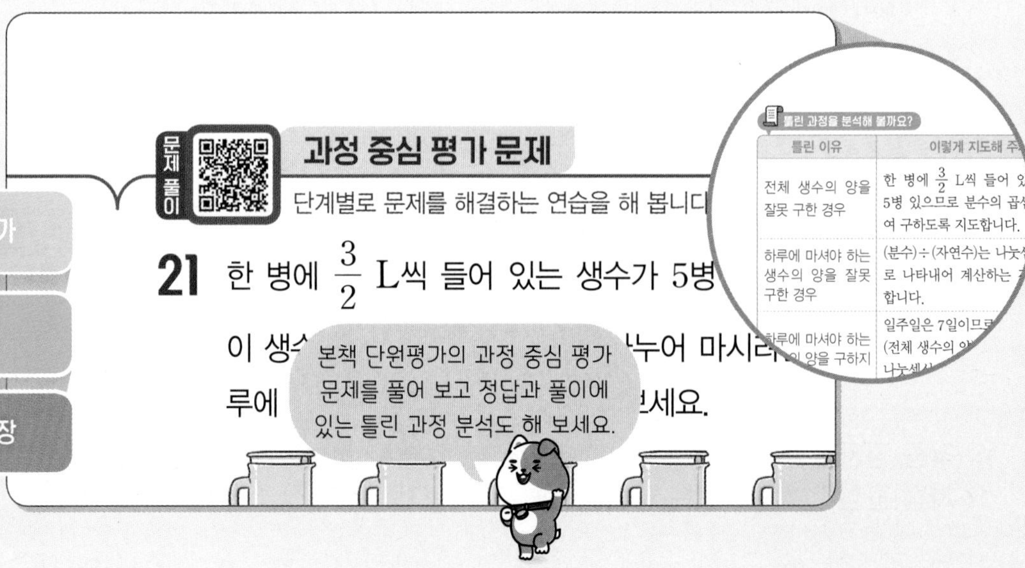

우등생 수학

6-1

1 분수의 나눗셈

웹툰으로 단원 미리보기 **1화** 등산길 소동

이어지는 내용을 확인하세요.

이전에 배운 내용

3-1 나눗셈

$13 \div 3 = 4 \cdots 1$

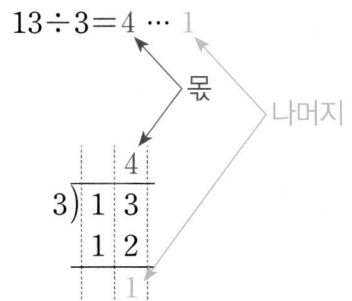

몫: 4, 나머지: 1

$$\begin{array}{r} 4 \\ 3\overline{)13} \\ 12 \\ \hline 1 \end{array}$$

5-1 크기가 같은 분수

• 분모와 분자에 0이 아닌 같은 수를 곱해도 크기가 같은 분수입니다.

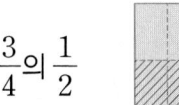

$$\frac{1}{3} \xrightarrow{\times 4} = \frac{4}{12}$$

• 분모와 분자를 0이 아닌 같은 수로 나누어도 크기가 같은 분수입니다.

$$\frac{4}{12} \xrightarrow{\div 2} = \frac{2}{6}$$

5-2 (진분수)×(진분수)

$\frac{3}{4}$의 $\frac{1}{2}$

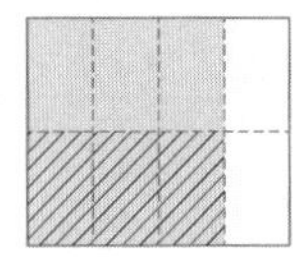

⇩

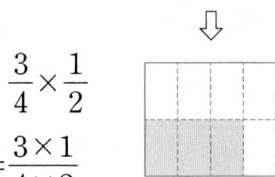

$\frac{3}{4} \times \frac{1}{2}$

$= \frac{3 \times 1}{4 \times 2}$

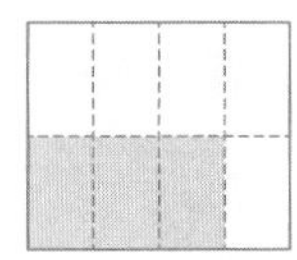

분모는 분모끼리, 분자는 분자끼리 곱합니다.

이 단원에서 배울 내용

1 step	교과 개념	(자연수)÷(자연수)의 몫을 분수로 나타내기
1 step	교과 개념	(분수)÷(자연수) (1)
2 step	교과 유형 익힘	
1 step	교과 개념	(분수)÷(자연수) (2) – 분수의 곱셈으로 나타내어 계산하기
1 step	교과 개념	(대분수)÷(자연수)
2 step	교과 유형 익힘	
3 step	문제 해결	잘 틀리는 문제 서술형 문제
4 step	실력 Up 문제	
	단원 평가	

이 단원을 배우면
(분수)÷(자연수)의 계산 원리와
계산 방법을 알 수 있어요.

개념 강의

step 1 # 교과 개념

(자연수)÷(자연수)의 몫을 분수로 나타내기

개념1 (자연수)÷(자연수) - 몫이 1보다 작은 경우

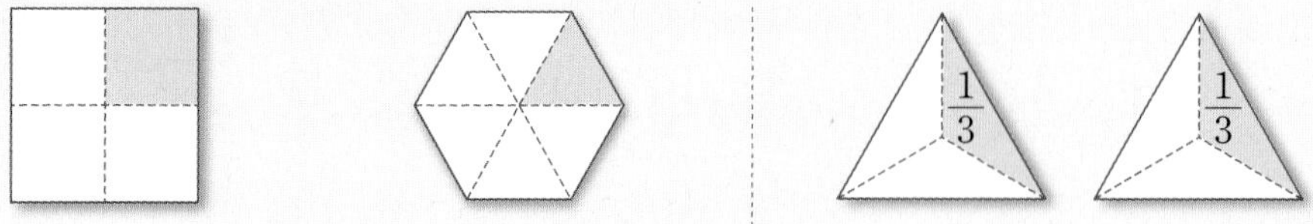

$1\div4=\frac{1}{4}$　　$1\div6=\frac{1}{6}$　　$2\div3=\frac{2}{3}$

도형 2개를 각각 똑같이 3으로 나누어 색칠하면 $\frac{1}{3}$이 2개입니다.

개념2 (자연수)÷(자연수) - 몫이 1보다 큰 경우

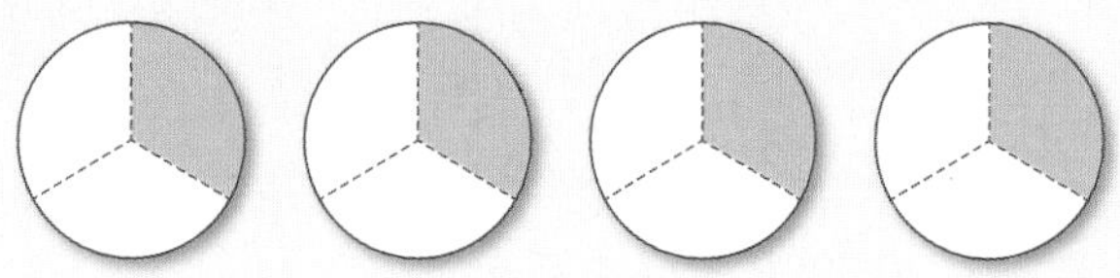

$4\div3$ ➔ $\frac{1}{3}$이 4개 ➔ $4\div3=\frac{4}{3}$

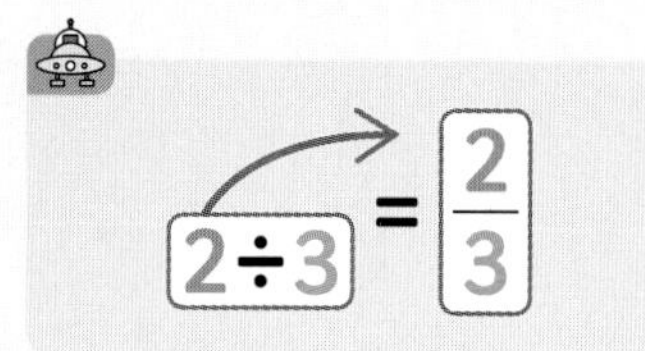

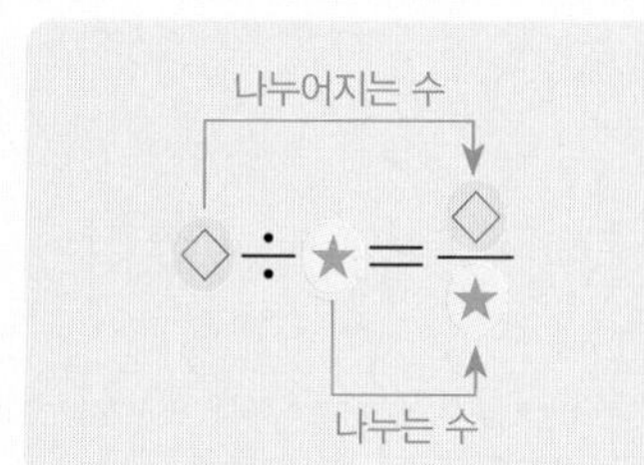

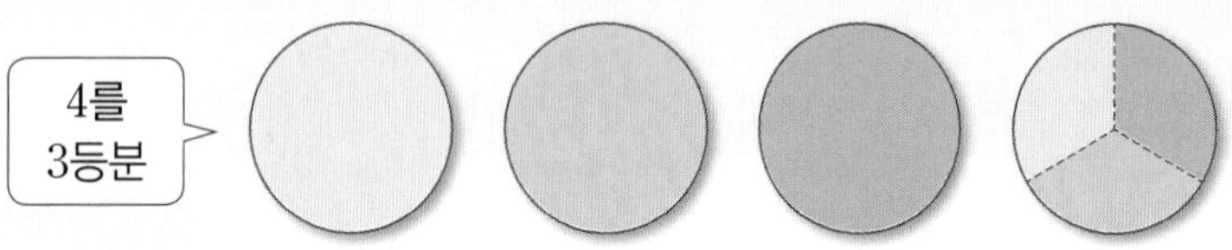

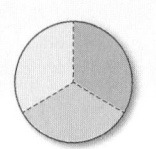

↓ ÷3

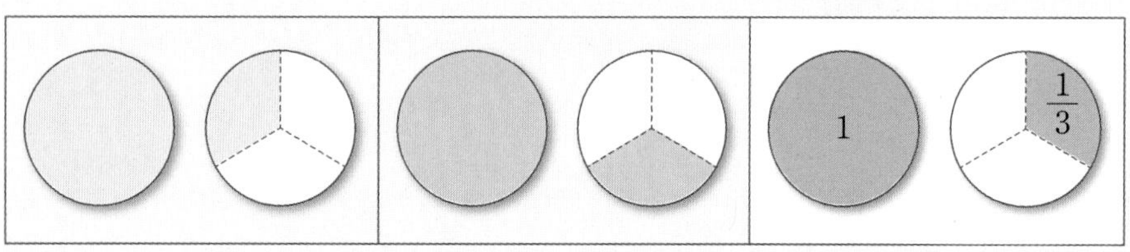

➔ $4\div3=1\frac{1}{3}$

개념 확인 1 그림을 보고 □ 안에 알맞은 수를 써넣으세요.

(1)

$1\div4=\frac{\square}{\square}$

(2)

$1\div6=\frac{\square}{\square}$

(3)

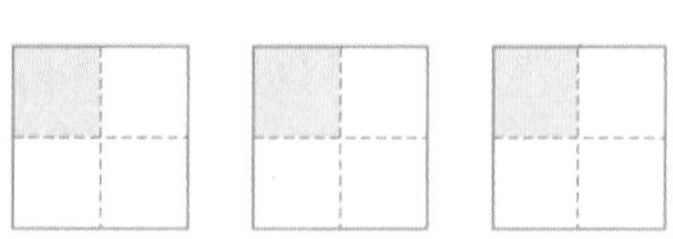

$3\div4=\frac{\square}{\square}$

$\frac{1}{4}$을 3개 모으면 $\frac{3}{4}$!

2 5÷6의 몫을 분수로 나타낸 과정입니다. □ 안에 알맞은 수를 써넣으세요.

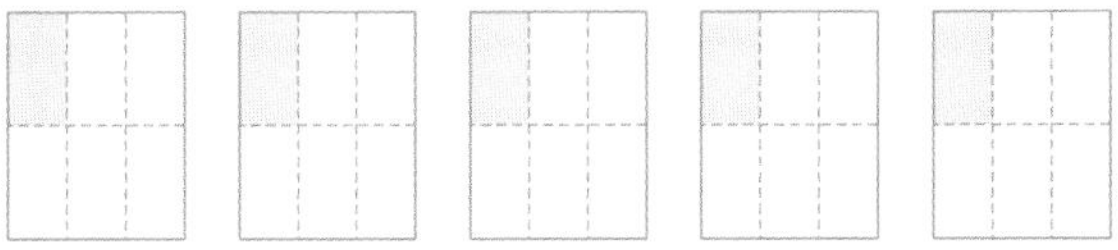

$1\div6=\dfrac{\square}{\square}$입니다.

$5\div6$은 $\dfrac{1}{6}$이 □개입니다.

따라서 $5\div6=\dfrac{\square}{\square}$입니다.

3 5÷4의 몫을 분수로 나타낸 과정입니다. □ 안에 알맞은 수를 써넣으세요.

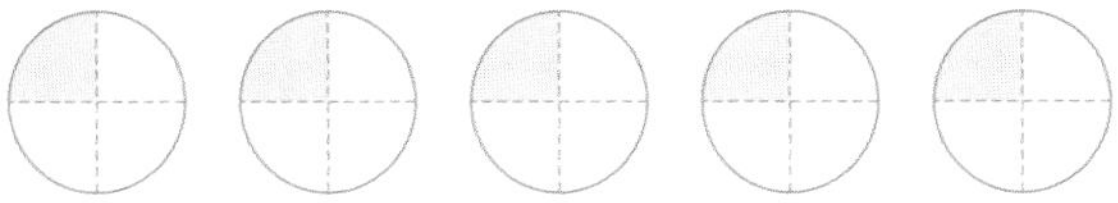

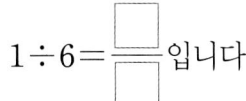

$1\div4=\dfrac{\square}{\square}$입니다.

$5\div4$는 $\dfrac{1}{4}$이 □개입니다.

따라서 $5\div4=\dfrac{\square}{\square}=\square\dfrac{\square}{\square}$입니다.

4 □ 안에 알맞은 대분수를 써넣으세요.

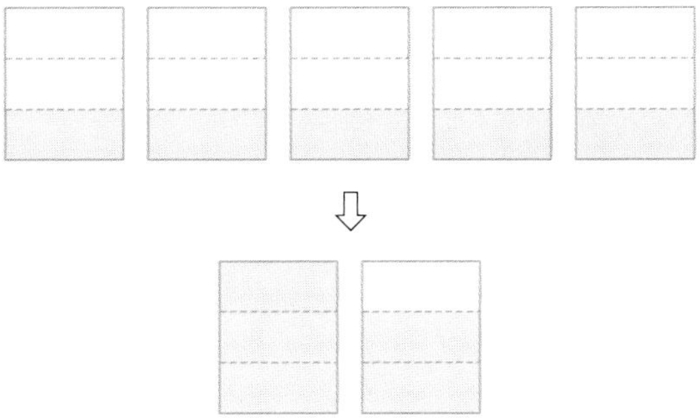

$5\div3=\square$

5 그림으로 나타내어 몫을 알아보세요.

(1) 3÷8의 몫

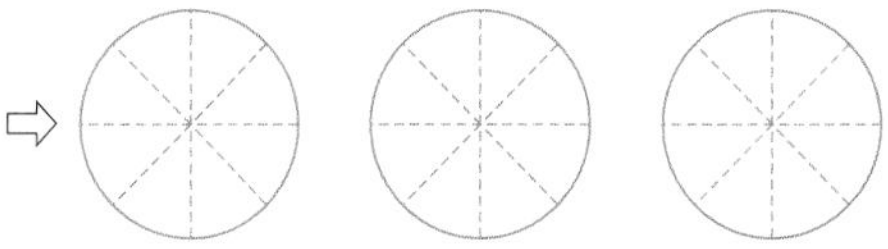

(   )

(2) 7÷2의 몫

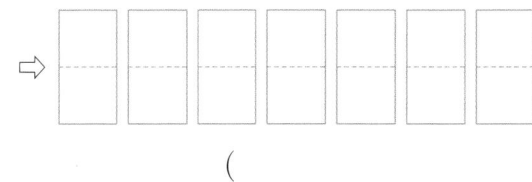

(   )

6 나눗셈의 몫을 분수로 나타내세요.

(1) 1÷7

(2) 4÷9

(3) 5÷11

7 나눗셈의 몫을 대분수로 나타내세요.

(1) 11÷5

(   )

(2) 10÷7

(   )

개념 강의

step 1 교과 개념

(분수)÷(자연수) (1)

개념1 (분수)÷(자연수) - 분자가 자연수의 배수인 경우

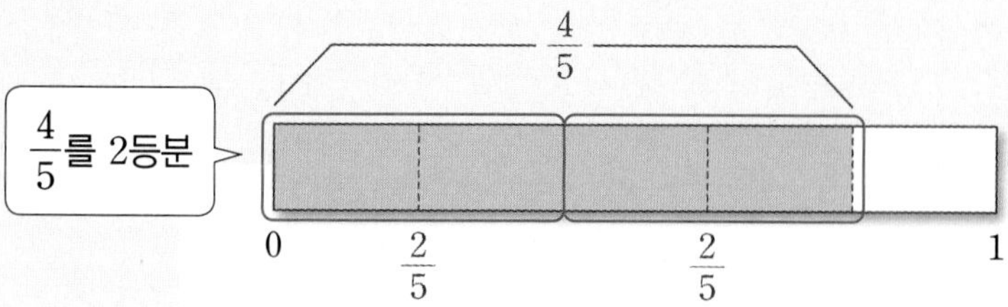

$\frac{4}{5}\div 2=\frac{4\div 2}{5}=\frac{2}{5}$

분자를 자연수로 나눕니다.

$\frac{4}{5}$를 똑같이 둘로 나누면 $\frac{2}{5}$가 됩니다.

개념2 (분수)÷(자연수) - 분자가 자연수의 배수가 아닌 경우

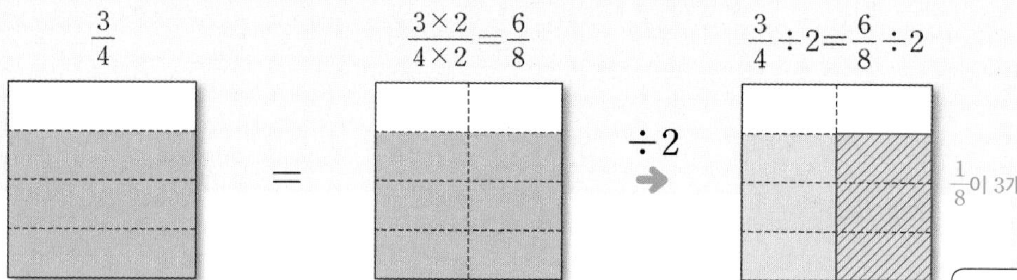

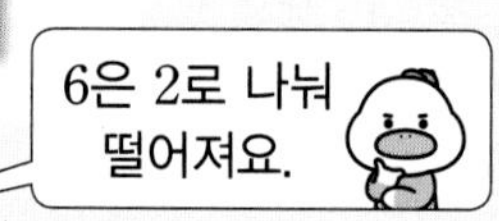

$\frac{3}{4}\div 2=\frac{3\times 2}{4\times 2}\div 2=\frac{6}{8}\div 2=\frac{6\div 2}{8}=\frac{3}{8}$

분자를 자연수의 배수인 수로 바꿉니다. **분모와 분자에 자연수를 각각 곱하여** 만들 수 있습니다.

분자를 자연수로 나눕니다.

개념 확인 1 □ 안에 알맞은 수를 써넣으세요.

(1)

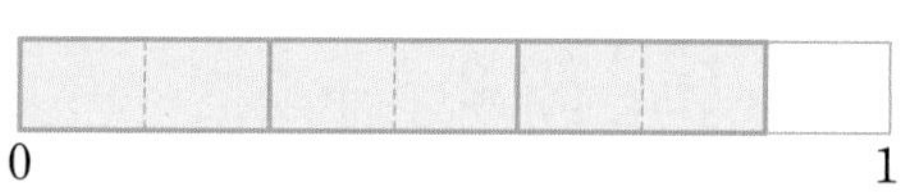

$\frac{6}{7}\div 3=\frac{\square}{7}$

(2)

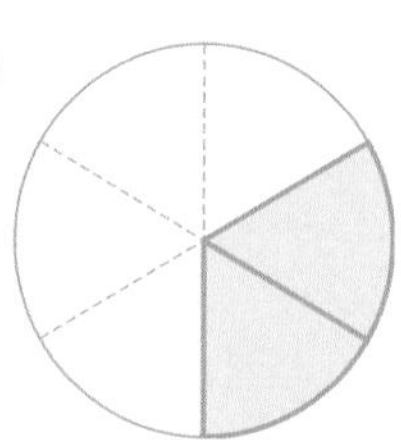

$\frac{2}{6}\div 2=\frac{\square}{\square}$

(3)

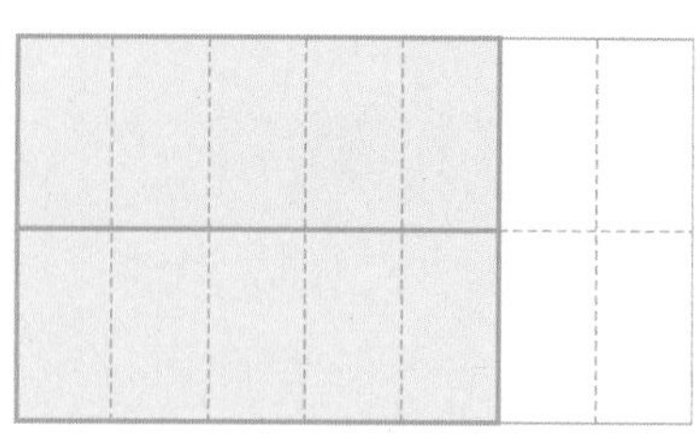

$\frac{5}{7}\div 2=\frac{\square}{\square}$

2 $\frac{8}{9}\div 2$의 몫을 알아보세요.

(1) $\frac{8}{9}\div 2$의 몫을 수직선에 나타내세요.

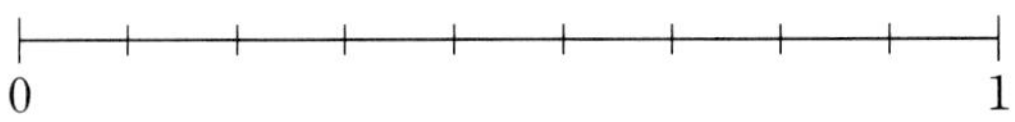

(2) □ 안에 알맞은 수를 써넣으세요.

$$\frac{8}{9}\div 2=\frac{\square}{\square}$$

3 그림을 보고 $\frac{4}{5}\div 3$의 몫을 알아보세요.

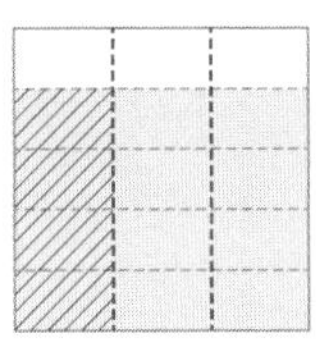

$$\frac{4}{5}\div 3=\frac{\square}{15}\div 3=\frac{\square\div 3}{15}=\frac{\square}{\square}$$

4 $\frac{5}{8}\div 4$의 몫을 알아보세요.

(1) $\frac{5}{8}\div 4$의 몫을 그림으로 나타내세요.

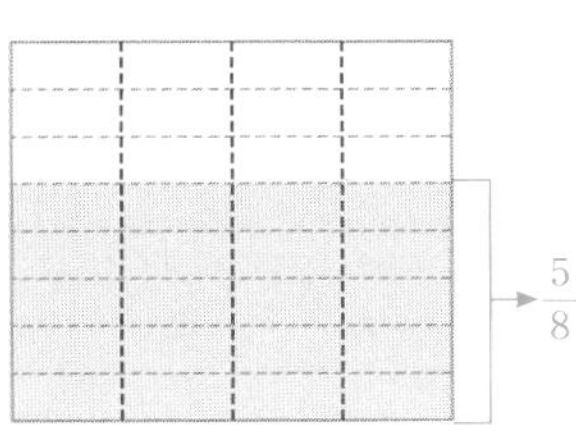

(2) □ 안에 알맞은 수를 써넣으세요.

$$\frac{5}{8}\div 4=\frac{\square}{32}\div 4=\frac{\square\div 4}{32}=\frac{\square}{\square}$$

5 □ 안에 알맞은 수를 써넣어 계산하세요.

(1) $\frac{10}{11}\div 5=\frac{\square\div 5}{11}=\frac{\square}{\square}$

(2) $\frac{2}{3}\div 7=\frac{\square}{21}\div 7=\frac{\square\div 7}{21}=\frac{\square}{\square}$

6 보기 와 같이 계산하세요.

보기

$$\frac{2}{3}\div 5=\frac{10}{15}\div 5=\frac{10\div 5}{15}=\frac{2}{15}$$

$\frac{5}{8}\div 3=$

7 계산을 하세요.

(1) $\frac{8}{13}\div 4$

(2) $\frac{12}{13}\div 2$

8 계산을 하세요.

(1) $\frac{5}{6}\div 4$

(2) $\frac{3}{7}\div 5$

1 나눗셈의 몫을 분수로 나타내세요.

(1) $3 \div 8$

(2) $7 \div 6$

2 관계있는 것끼리 이으세요.

$12 \div 7$ •	• $\frac{12}{7}$
$3 \div 14$ •	• $\frac{7}{3}$
$7 \div 3$ •	• $\frac{3}{14}$

3 $6 \div 5$의 몫을 분수로 나타내는 과정을 설명한 것입니다. □ 안에 알맞은 수를 써넣으세요.

$6 \div 5 = 1 \cdots \square$, 나머지 □을/를 5로 나누면 $\frac{\square}{5}$입니다.

따라서 $6 \div 5 = 1\frac{\square}{5} = \frac{\square}{5}$입니다.

4 계산을 하세요.

(1) $\frac{10}{13} \div 5$

(2) $\frac{7}{8} \div 2$

5 □ 안에 알맞은 수를 써넣으세요.

$\frac{8}{9}$ → $\div 3$ → □ → $\div 4$ → □

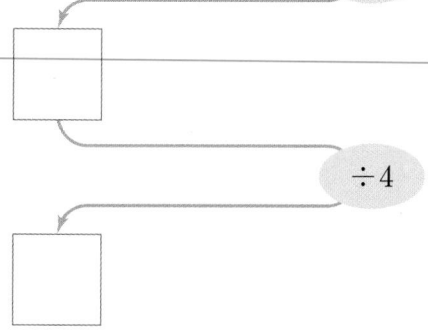

6 나눗셈의 몫이 $\frac{1}{2}$보다 작은 나눗셈을 모두 찾아 ○표 하세요.

$5 \div 7$	$2 \div 3$	$6 \div 12$
$5 \div 8$	$2 \div 4$	$6 \div 13$
$5 \div 9$	$2 \div 5$	$6 \div 14$

7 나눗셈의 몫을 분수로 잘못 나타낸 것은 어느 것인가요? ·································· (　　　)

① $2 \div 5 = \frac{2}{5}$　　② $3 \div 7 = \frac{3}{7}$

③ $4 \div 11 = \frac{4}{11}$　　④ $5 \div 9 = \frac{9}{5}$

⑤ $6 \div 13 = \frac{6}{13}$

8 나눗셈의 몫을 비교하여 ○ 안에 >, =, <를 알맞게 써넣으세요.

$$\frac{8}{15}\div 2 \bigcirc \frac{4}{5}\div 6$$

9 나눗셈의 몫이 큰 것부터 차례로 기호를 쓰세요.

㉠ $5\div 3$	㉡ $13\div 11$
㉢ $9\div 7$	㉣ $7\div 5$

(   )

10 끈 $\frac{9}{10}$ m를 모두 사용하여 정삼각형 모양을 만들었습니다. 이 정삼각형의 한 변의 길이는 몇 m인지 식을 쓰고 답을 구하세요.

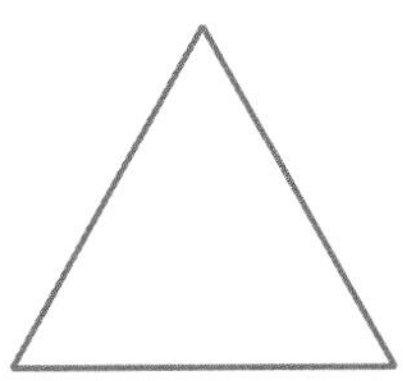

식 ______________________

답 ______________

11 한 병에 $\frac{9}{5}$ L씩 들어 있는 우유가 5병 있습니다. 이 우유를 8일 동안 똑같이 나누어 마시려면 하루에 우유를 몇 L 마셔야 할까요?

(   )

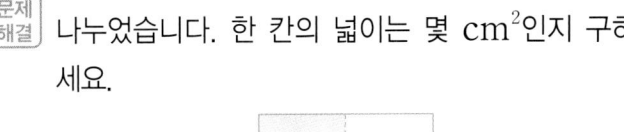

12 문제해결
넓이가 $\frac{4}{25}$ cm^2인 정사각형을 똑같이 두 칸으로 나누었습니다. 한 칸의 넓이는 몇 cm^2인지 구하세요.

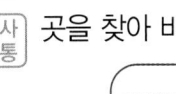

(   )

13 의사소통
다음은 수지가 친구에게 보낸 문자입니다. 잘못된 곳을 찾아 바르게 고치세요.

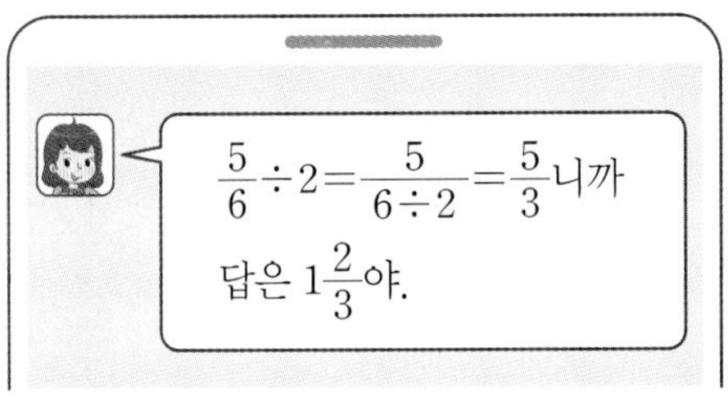
$\frac{5}{6}\div 2=\frac{5}{6\div 2}=\frac{5}{3}$니까
답은 $1\frac{2}{3}$야.

____

____

14 문제해결
승강기가 1층에서 4층까지 멈추지 않고 올라가는 데 8초 걸렸습니다. 이 승강기가 한 층을 올라가는 데 걸리는 시간은 몇 초일까요? (단, 승강기는 일정한 빠르기로 움직입니다.)

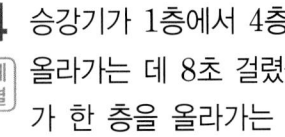

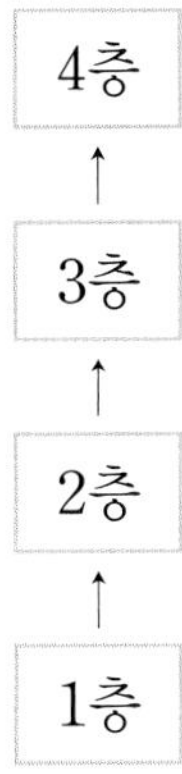
4층
3층
2층
1층

(   )

1 단원

진도 완료 체크

(분수)÷(자연수) (2)

개념1 (진분수)÷(자연수)

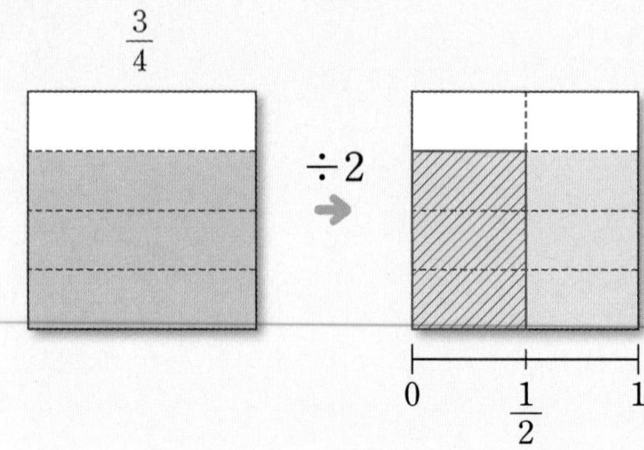

$\frac{3}{4}$을 2등분한 것 중 하나 = $\frac{3}{4}$의 $\frac{1}{2}$

$\frac{3}{4} \div 2$ = $\frac{3}{4} \times \frac{1}{2}$

➜ $\frac{3}{4} \div 2 = \frac{3}{4} \times \frac{1}{2} = \frac{3}{8}$

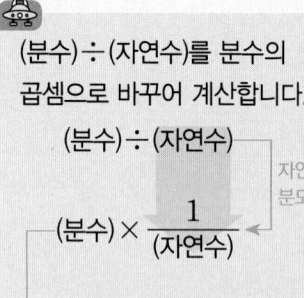

(분수)÷(자연수)를 분수의 곱셈으로 바꾸어 계산합니다.

(분수)÷(자연수)

↓ 자연수를 분모로

(분수)$\times \frac{1}{(\text{자연수})}$

$\frac{(\text{분자})}{(\text{분모})} \times \frac{1}{(\text{자연수})}$

약분이 되면 약분

개념2 (가분수)÷(자연수)

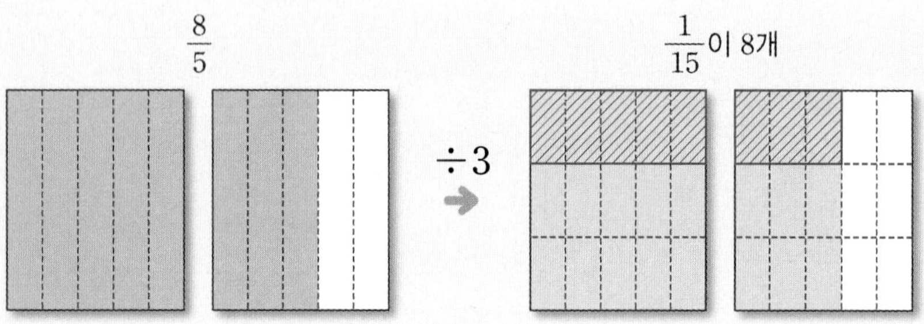

➜ $\frac{8}{5} \div 3 = \frac{8}{5} \times \frac{1}{3} = \frac{8}{15}$

÷(자연수)를 $\times \frac{1}{(\text{자연수})}$로 나타내어 곱합니다.

개념 확인 1 $\frac{2}{5} \div 3$을 계산하려고 합니다. □ 안에 알맞은 수를 써넣으세요.

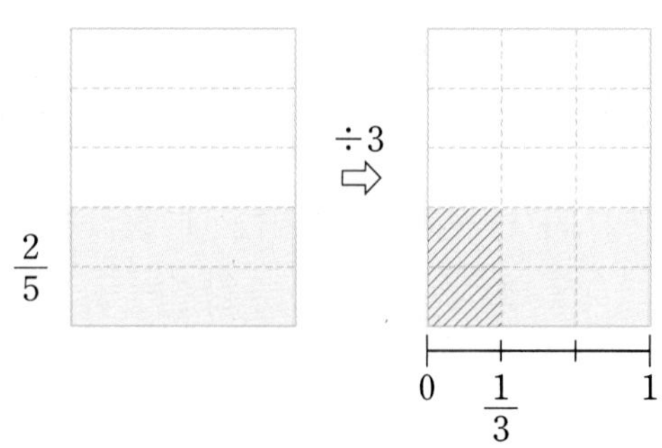

$\frac{2}{5} \div 3$의 몫은 $\frac{2}{5}$를 □등분 한 것 중의 하나입니다.

이것은 $\frac{2}{5}$의 $\frac{1}{\square}$이므로 $\frac{2}{5} \times \frac{1}{\square}$입니다.

⇨ $\frac{2}{5} \div 3 = \frac{2}{5} \times \frac{1}{\square} = \frac{\square}{\square}$

정답 4쪽

2 $\frac{5}{4} \div 4$를 계산하려고 합니다. □ 안에 알맞은 수를 써넣으세요.

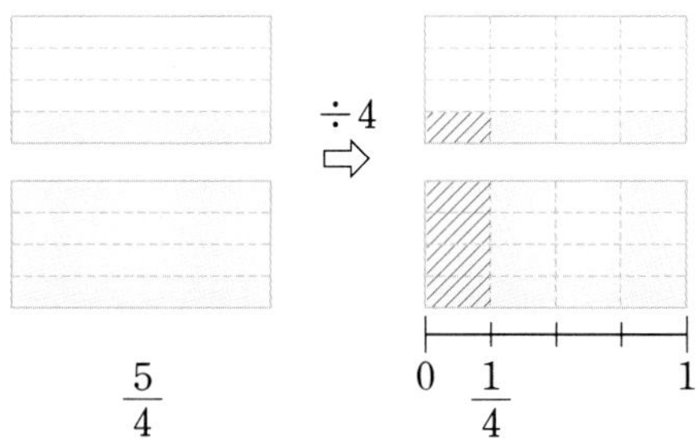

$\frac{5}{4} \div 4$의 몫은 $\frac{5}{4}$의 $\frac{1}{\square}$이므로 $\frac{5}{4} \times \frac{1}{\square}$입니다.

⇨ $\frac{5}{4} \div 4 = \frac{5}{4} \times \frac{\square}{\square} = \frac{\square}{\square}$

3 관계있는 것끼리 이으세요.

$\frac{4}{9} \div 8$ •		• $\frac{11}{8} \times \frac{1}{6}$
$\frac{5}{9} \div 2$ •		• $\frac{5}{9} \times \frac{1}{2}$
$\frac{11}{8} \div 6$ •		• $\frac{4}{9} \times \frac{1}{8}$

4 □ 안에 알맞은 수를 써넣으세요.

(1) $\frac{4}{7} \div 9 = \frac{4}{7} \times \frac{\square}{\square} = \frac{\square}{\square}$

(2) $\frac{7}{6} \div 5 = \frac{7}{6} \times \frac{\square}{\square} = \frac{\square}{\square}$

5 보기 와 같은 방법으로 계산하세요.

보기

$\frac{1}{3} \div 2 = \frac{1}{3} \times \frac{1}{2} = \frac{1}{6}$ $\div 2$를 $\times \frac{1}{2}$로 바꾸었습니다.

(1) $\frac{5}{9} \div 2$

(2) $\frac{7}{4} \div 3$

6 □ 안에 알맞은 수를 써넣으세요.

(1)

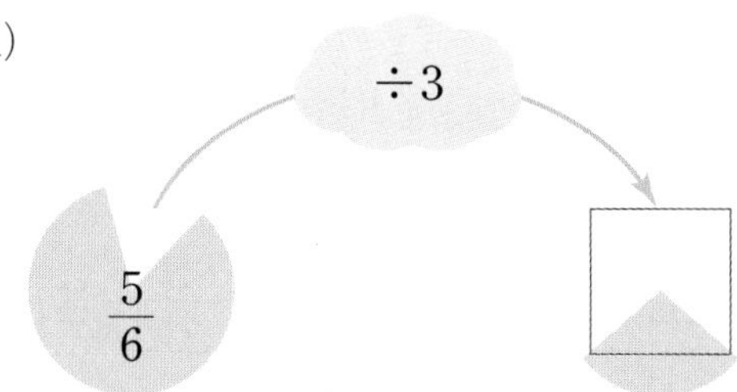

(2)

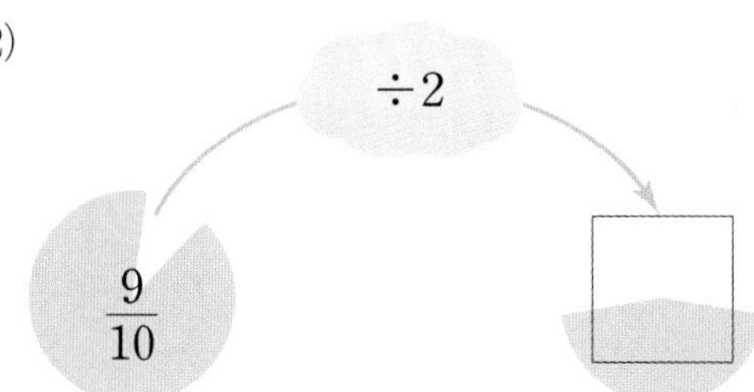

7 계산을 하세요.

(1) $\frac{10}{3} \div 7$

(2) $\frac{14}{9} \div 2$

(대분수)÷(자연수)

개념1 (대분수)÷(자연수)의 계산 원리

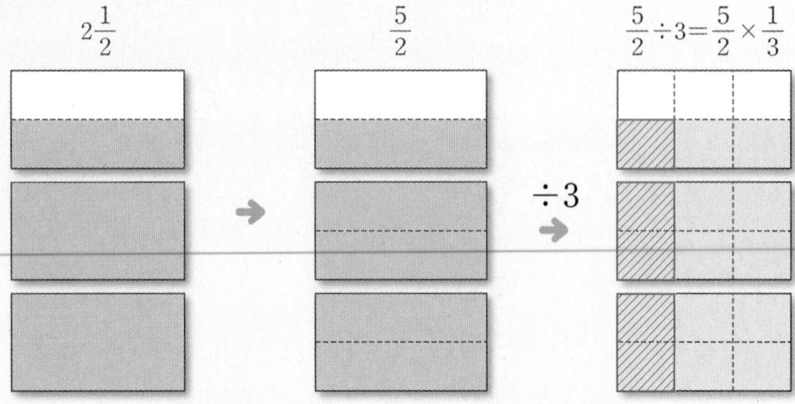

➔ $2\frac{1}{2}\div 3=\frac{5}{2}\div 3=\frac{5}{2}\times\frac{1}{3}=\frac{5}{6}$

가분수로 변신

$1\frac{1}{4}\div 3=\frac{5}{4}\div 3=\frac{5}{4}\times\frac{1}{3}$

곱셈으로 변신

개념2 (대분수)÷(자연수)의 계산 방법

방법1 **분자를 자연수의 배수**로 바꾸어 계산하는 방법

$$2\frac{1}{2}\div 3=\frac{5}{2}\div 3=\frac{15}{6}\div 3=\frac{15\div 3}{6}=\frac{5}{6}$$

(×3, ×3)

방법2 **나눗셈을 곱셈으로** 나타내어 계산하는 방법

$$2\frac{1}{2}\div 3=\frac{5}{2}\div 3=\frac{5}{2}\times\frac{1}{3}=\frac{5}{6}$$

(×로 바꾸기)

주의 반드시 대분수를 가분수로 바꾸고 계산합니다.

$1\frac{1}{3}\div 6=1\frac{1}{3}\times\frac{1}{6}$

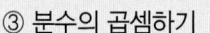

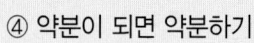

$=1\frac{1}{18}$ (✕)

$1\frac{1}{3}\div 6=\frac{4}{3}\times\frac{1}{6}$

$=\frac{4}{18}\left(=\frac{2}{9}\right)$ (○)

개념 확인 1 대분수를 가분수로 바꾸고 나눗셈을 곱셈으로 나타내려고 합니다. □ 안에 알맞은 수를 써넣으세요.

(1) $1\frac{3}{5}\div 5=\frac{\square}{5}\div 5=\frac{\square}{5}\times\frac{1}{\square}$

(2) $1\frac{5}{6}\div 2=\frac{\square}{6}\div 2=\frac{\square}{6}\times\frac{1}{\square}$

① 대분수를 가분수로 바꾸기
② ÷(자연수)를 × $\frac{1}{(\text{자연수})}$로 바꾸기
③ 분수의 곱셈하기
④ 약분이 되면 약분하기

2 보기 와 같은 방법으로 계산하세요.

> 보기
> ① 대분수를 가분수로 바꾸기
> ② 분자를 자연수의 배수로 바꾸어 계산하기
> $2\frac{1}{4}\div5=\frac{9}{4}\div5=\frac{45}{20}\div5=\frac{9}{20}$

(1) $1\frac{1}{3}\div5=\frac{\square}{3}\div5=\frac{\square}{15}\div5=\frac{\square}{\square}$

(2) $3\frac{1}{2}\div4=\frac{\square}{2}\div4=\frac{\square}{8}\div4=\frac{\square}{\square}$

3 보기 와 같은 방법으로 계산하세요.

> 보기
> ① 대분수를 가분수로 바꾸기
> ② 나눗셈을 곱셈으로 나타내어 계산하기
> $2\frac{1}{4}\div5=\frac{9}{4}\div5=\frac{9}{4}\times\frac{1}{5}=\frac{9}{20}$

(1) $2\frac{1}{7}\div3$

$=$

(2) $4\frac{2}{3}\div7$

$=$

4 □ 안에 알맞은 수를 써넣으세요.

(1) $2\frac{3}{4}\div6=\frac{\square}{4}\div6=\frac{\square}{4}\times\frac{\square}{\square}=\frac{\square}{\square}$

(2) $3\frac{1}{6}\div5=\frac{\square}{6}\div5=\frac{\square}{\square}\times\frac{\square}{\square}=\frac{\square}{\square}$

5 계산을 하세요.

(1) $1\frac{1}{2}\div5$

(2) $2\frac{5}{8}\div7$

(3) $3\frac{3}{4}\div8$

6 □ 안에 알맞은 수를 써넣으세요.

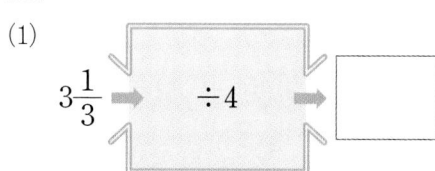

(1) $3\frac{1}{3}$ → $\div4$ → □

(2) $5\frac{5}{8}$ → $\div9$ → □

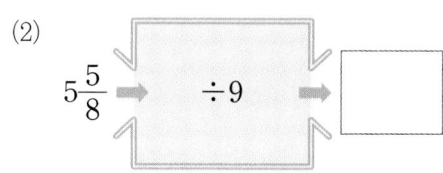

7 빈칸에 알맞은 수를 써넣으세요.

$6\frac{1}{9}$ —($\div5$)→ □ —($\div3$)→ □

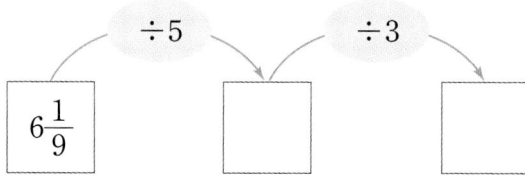

8 $5\frac{1}{7}$은 3의 몇 배인지 구하세요.

$5\frac{1}{7}\div3=\square$(배)

1 단원

1 계산을 하세요.

(1) $\frac{7}{10}\div 2$

(2) $\frac{3}{8}\div 6$

(3) $2\frac{4}{9}\div 5$

(4) $4\frac{5}{6}\div 8$

2 $5\frac{1}{7}\div 6$을 두 가지 방법으로 계산하세요.

방법 1

방법 2

3 나눗셈의 몫이 다른 하나에 ○표 하세요.

$\frac{1}{3}\div 4$ $\frac{1}{9}\div 2$ $\frac{1}{6}\div 3$

4 관계있는 것끼리 선으로 이으세요.

$\frac{5}{6}\times\frac{1}{2}$ $\frac{5}{6\div 2}$

$\frac{5}{6}\div 2$ • • $\frac{7}{3}\div 5$

$\frac{7}{3}\times\frac{1}{5}$ $\frac{7\times 5}{3}$

5 잘못 계산한 곳을 찾아 바르게 계산하세요.

$$1\frac{6}{7}\div 2=1\frac{6\div 2}{7}=1\frac{3}{7}$$

서술형 문제

6 주스 $\frac{11}{12}$ L를 3명이 똑같이 나누어 마시려고 합니다. 한 명이 몇 L씩 마실 수 있는지 식을 쓰고 답을 구하세요.

식

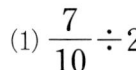

답

7 나눗셈의 몫을 비교하여 ◯ 안에 >, =, <를 알맞게 써넣으세요.

$$\frac{7}{4}\div 2 \quad ◯ \quad \frac{13}{8}\div 3$$

8 □ 안에 들어갈 수 있는 수에 모두 ◯표 하세요.

$$\frac{\square}{16}\div 3 \quad < \quad \frac{3}{8}\div 2$$

1	2	3	4	5
6	7	8	9	

9 과학 시간에 *페놀프탈레인 용액 $\frac{17}{6}$ L를 6모둠에게 똑같이 나누어 주려고 합니다. 한 모둠에 몇 L씩 나누어 주어야 할까요?

* 페놀프탈레인 용액은 산과 염기를 구별하는 지시약으로 산성 용액에서는 무색이며 염기성 용액에서는 붉은색을 나타내요.

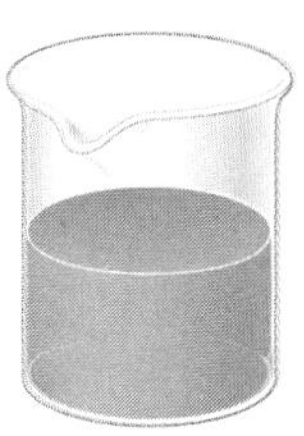

(　　　　　　　　)

서술형 문제

10 밀가루 $1\frac{4}{5}$ kg을 일주일 동안 똑같이 나누어 사용하려고 합니다. 하루에 사용할 수 있는 밀가루는 몇 kg인지 식을 쓰고 답을 구하세요.

$1\frac{4}{5}$ kg

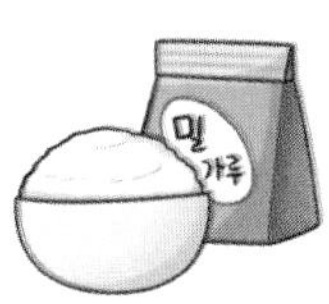

일주일 동안 사용

식 ______________________

답 ______________________

11 추론 수 카드 3장을 모두 사용하여 계산 결과가 가장 작은 나눗셈식을 만들고 계산하세요.

[3] [4] [8]

⇩

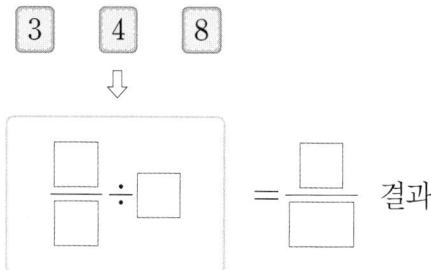

$$\frac{\square}{\square}\div\square = \frac{\square}{\square}$$ 결과

12 문제해결 드론이 4시간 동안 $6\frac{1}{4}$ km를 날아갔습니다. 드론이 같은 빠르기로 날아갔다면 1시간 동안 드론이 간 거리는 몇 km인지 구하세요.

4시간 동안 $6\frac{1}{4}$ km

거리: 0 — □ km — $6\frac{1}{4}$ km

시간: 0 — 1시간 — 4시간

(　　　　　　　　)

13 문제해결 $\frac{8}{9}$ m짜리 리본을 남김없이 사용하여 한 변의 길이가 같은 정삼각형과 정오각형을 만들었습니다. 만든 도형의 한 변의 길이는 몇 m일까요?

(　　　　　　　　)

1 단원

진도 완료 체크

문제 풀이

step 3 문제 해결 잘 틀리는 문제

유형 1 ㉠과 ㉡의 합 구하기

1 ㉠과 ㉡의 합을 구하세요.

- $\frac{7}{3} \div 5 = \frac{7}{3} \times \frac{1}{㉠}$
- $3\frac{1}{2} \div 8 = \frac{㉡}{2} \times \frac{1}{8}$

(　　　　　　　　)

Solution 대분수를 가분수로 바꾸고 나눗셈을 곱셈으로 나타내어 알맞은 수를 구합니다.

1-1 ㉠과 ㉡의 합을 구하세요.

- $\frac{11}{12} \div 7 = \frac{11}{12} \times \frac{1}{㉠}$
- $2\frac{1}{9} \div 4 = \frac{㉡}{9} \times \frac{1}{4}$

(　　　　　　　　)

1-2 ㉠, ㉡, ㉢의 합을 구하세요.

- $\frac{3}{5} \div 9 = \frac{3}{5} \times \frac{1}{㉠}$
- $1\frac{5}{7} \div 8 = \frac{㉡}{7} \times \frac{1}{㉢}$

(　　　　　　　　)

유형 2 □ 안에 들어갈 수 있는 자연수 구하기

2 □ 안에 들어갈 수 있는 자연수를 모두 구하세요.

$\frac{□}{9} < 1\frac{2}{3} \div 3$

(　　　　　　　　)

Solution 분수의 나눗셈을 계산한 후 분수의 크기 비교를 하여 □ 안에 들어갈 수 있는 자연수를 구합니다.

2-1 □ 안에 들어갈 수 있는 자연수를 모두 구하세요.

$\frac{□}{8} < 1\frac{3}{4} \div 2$

(　　　　　　　　)

2-2 □ 안에 들어갈 수 있는 자연수를 모두 구하세요.

$\frac{□}{20} < 1\frac{1}{5} \div 4$

(　　　　　　　　)

2-3 □ 안에 들어갈 수 있는 자연수 중에서 가장 작은 수를 구하세요.

$\frac{□}{10} > 3\frac{1}{2} \div 5$

(　　　　　　　　)

유형 3 어떤 수 구하기

3 어떤 수에 4를 곱하였더니 $\frac{7}{5}$이 되었습니다. 어떤 수를 구하세요.

( )

Solution 어떤 수에 ▲를 곱하여 ●가 되었으면 ●를 ▲로 나누면 어떤 수가 됩니다.

3-1 어떤 수에 2를 곱하였더니 $\frac{7}{2}$이 되었습니다. 어떤 수를 구하세요.

( )

3-2 어떤 수에 5를 곱하였더니 $\frac{8}{3}$이 되었습니다. 어떤 수를 구하세요.

( )

3-3 어떤 수에 4를 더해야 할 것을 잘못하여 4를 곱하였더니 $1\frac{3}{4}$이 되었습니다. 바르게 계산한 값을 구하세요.

( )

유형 4 조건에 맞는 나눗셈식 만들어 계산하기

4 수 카드 [2], [3]을 □에 한 장씩 놓아 분수의 나눗셈식을 만들 때 가장 큰 몫을 구하세요.

$\frac{\square}{7} \div \square$

( )

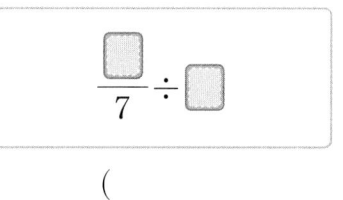

Solution 가장 큰 몫을 구해야 하므로 나누어지는 수는 가장 크게, 나누는 수는 가장 작게 만들고 분수의 나눗셈을 계산합니다.

4-1 수 카드 [4], [5]를 □에 한 장씩 놓아 분수의 나눗셈식을 만들 때 가장 큰 몫을 구하세요.

$\frac{\square}{9} \div \square$

( )

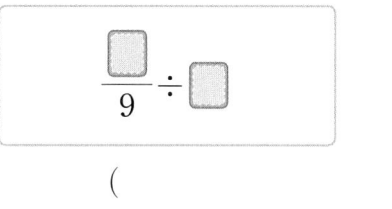

4-2 수 카드 [3], [4], [7]을 □에 한 장씩 놓아 (진분수)÷(자연수)의 나눗셈식을 만들 때 가장 큰 몫을 구하세요.

$\frac{\square}{\square} \div \square$

( )

1 단원

문제 풀이

step 3 문제 해결 서술형 문제

5 연습 문제

❶케이크 4개를 7명이 똑같이 나누어 먹었습니다.
❷한 사람이 먹은 케이크는 케이크 하나의 몇 분의 몇인지 알아보세요.

❶ 케이크 4개를 7명이 똑같이 나누어 먹으면 한 사람이 먹은 케이크는 □÷□입니다.

❷ □÷□=$\frac{□}{□}$이므로 한 사람이 먹은 케이크는 케이크 하나의 □입니다.

답 □

5-1 실전 문제

아이스크림 5통을 8명이 똑같이 나누어 먹었습니다. 한 사람이 먹은 아이스크림은 아이스크림 한 통의 몇 분의 몇인지 풀이 과정을 쓰고 답을 구하세요.

풀이

답

6 연습 문제

❶철사 $\frac{4}{5}$ m를 모두 사용하여 크기가 똑같은 정삼각형 모양을 3개 만들었습니다.❷이 정삼각형의 한 변의 길이는 몇 m인지 알아보세요.

❶ 정삼각형 한 개를 만드는 데 사용한 철사의 길이는

$\frac{4}{5}\div 3=\frac{4}{5}\times\frac{1}{□}=\frac{□}{□}$(m)입니다.

❷ 이 정삼각형의 한 변의 길이는

$\frac{□}{□}\div 3=\frac{□}{□}\times\frac{1}{□}=\frac{□}{□}$(m)입니다.

답 □ m

6-1 실전 문제

철사 $\frac{3}{4}$ m를 모두 사용하여 크기가 똑같은 정사각형 모양을 2개 만들었습니다. 이 정사각형의 한 변의 길이는 몇 m인지 풀이 과정을 쓰고 답을 구하세요.

풀이

답

정답 6쪽

7 연습 문제

5 L 들이 물통에 물이 $\frac{5}{7}$만큼 들어 있습니다. 이 물통의 물을 병 4개에 똑같이 나누어 담으려면 병 한 개에 몇 L씩 담아야 하는지 알아보세요.

❶ 물통에 들어 있는 물의 양은

$5\times\frac{5}{7}=\frac{\square}{7}$ (L)입니다.

❷ 따라서 병 한 개에 담아야 하는 물의 양은

$\frac{\square}{7}\div 4=\frac{\square}{7}\times\frac{1}{\square}=\frac{\square}{\square}$ (L)

입니다.

답 □ L

7-1 실전 문제

4 kg짜리 소금 상자에 소금이 $\frac{4}{5}$만큼 남아 있습니다. 이 상자의 소금을 6명이 똑같이 나누어 가지려고 합니다. 한 사람이 몇 kg씩 가져야 하는지 풀이 과정을 쓰고 답을 구하세요.

풀이

답

1 단원

진도 완료 체크

8 연습 문제

민주는 둘레가 $\frac{3}{2}$ m인 정사각형 모양의 색종이를 사용하여 작품을 만들었습니다. 민주가 사용한 색종이의 넓이는 몇 m^2인지 알아보세요.

❶ 색종이의 한 변의 길이는

$\frac{3}{2}\div\square=\frac{3}{2}\times\frac{1}{\square}=\square$ (m)입니다.

❷ 따라서 민주가 사용한 색종이의 넓이는

$\square\times\square=\square$ (m^2)입니다.

답 □ m^2

8-1 실전 문제

둘레가 $1\frac{2}{3}$ m인 정사각형 모양의 꽃밭이 있습니다. 이 꽃밭의 넓이는 몇 m^2인지 풀이 과정을 쓰고 답을 구하세요.

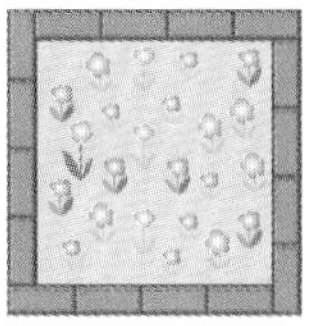

둘레: $1\frac{2}{3}$ m

풀이

답

문제 풀이

step 4 실력 Up 문제

1 4분음표는 1박이고 동요 '앞으로'는 1마디에 모두 4박자가 들어가는 $\frac{4}{4}$박자입니다. 점8분음표의 박자는 2분음표의 박자의 몇 배일까요?

♩	4분음표	1박자
♪	8분음표	$\frac{1}{2}$박자
♪.	점8분음표	$\left(\frac{1}{2}+\frac{1}{4}\right)$박자
𝅗𝅥	2분음표	2박자

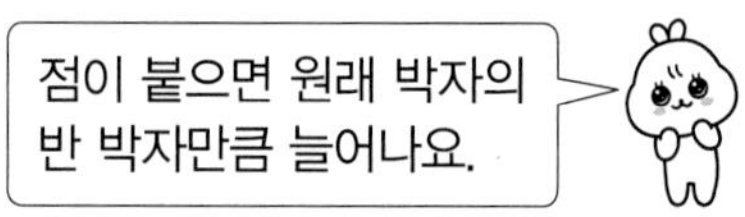
점이 붙으면 원래 박자의
반 박자만큼 늘어나요.

(　　　　　　　　　)

서술형 문제

2 넓이가 $\frac{23}{2}$ cm^2인 평행사변형이 있습니다. 이 평행사변형의 높이가 5 cm일 때 밑변의 길이는 몇 cm인지 풀이 과정을 쓰고 답을 구하세요.

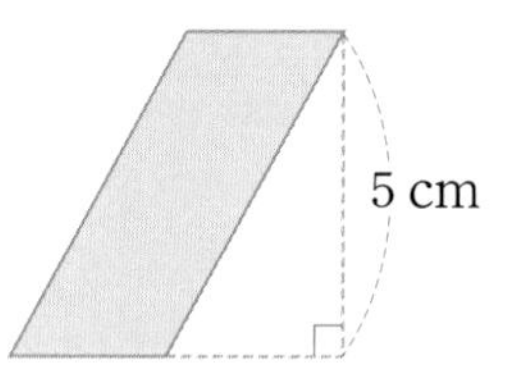
5 cm

풀이

답

3 달에서의 *중력은 지구에서의 중력의 $\frac{1}{6}$이라고 합니다. 달에서 공을 위로 던져 올라간 높이를 측정한 기록이 95 m라면 지구에서는 몇 m가 될까요?

© Vadim Sadovski/shutterstock

(　　　　　　　　　)

＊ 중력 : 질량이 있는 물체가 서로 당기는 힘

4 $\frac{9}{4}$ L 들이 우유병에 우유가 $\frac{5}{4}$ L 들어 있습니다. 우유를 4명이 똑같이 나누어 마시고 나니 $\frac{1}{4}$ L가 남았습니다. 한 사람이 마신 우유의 양은 몇 L인가요?

(　　　　　　　　　)

5 철사를 구부려서 한 변이 $\frac{2}{5}$ m인 정육각형을 만들었습니다. 이 정육각형을 풀어 남김없이 사용하여 정사각형을 만들었을 때 만든 정사각형의 한 변의 길이는 몇 m인지 구하세요. (단, 철사를 겹치거나 잇는 데 사용하지 않았습니다.)

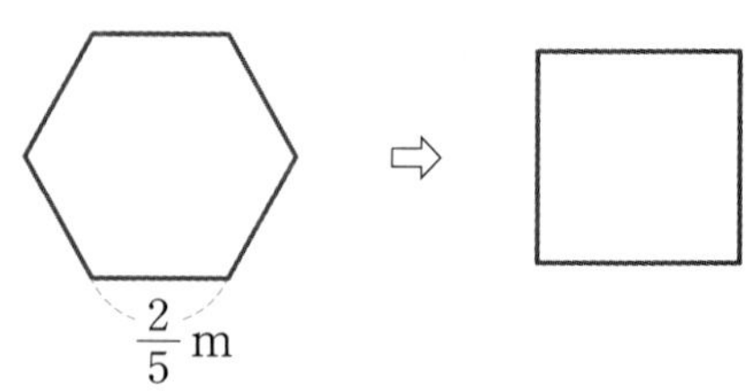
2/5 m

(　　　　　　　　　)

6 □ 안에 들어갈 수 있는 자연수를 모두 구하세요.

$$4\frac{2}{5} \div 3 < \square < 5\frac{1}{4}$$

(　　　　　　　　　　)

7 토마토 $11\frac{1}{3}$ kg을 7봉지에 똑같이 나누어 담아 4봉지를 팔았습니다. 팔고 남은 토마토는 몇 kg인지 구하세요.

(　　　　　　　　　　)

서술형 문제

8 서연이는 전기자전거로 3시간 동안 $44\frac{1}{2}$ km를 갔습니다. 이 전기자전거로 30분 동안은 몇 km를 갔는지 풀이 과정을 쓰고 답을 구하세요. (단, 전기자전거의 빠르기는 일정합니다.)

풀이 ______________________

____

____

____

답 ______________________

9 정삼각형을 16등분 해서 3칸에 색칠했습니다. 가장 큰 정삼각형의 넓이가 $6\frac{2}{5}$ cm^2일 때 색칠한 부분의 넓이는 몇 cm^2인가요?

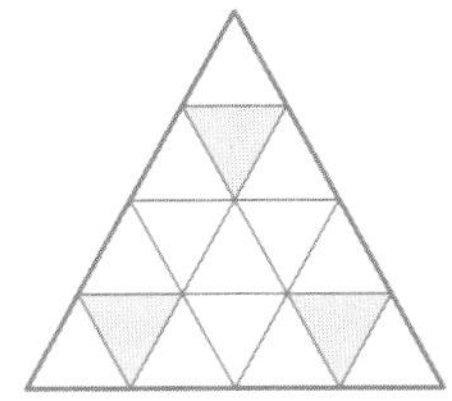

(　　　　　　　　　　)

1 단원

진도 완료 체크

10 치타는 육상 동물 중 가장 빠른 동물로 한 시간에 120 km를 달리고, 타조는 두 다리로 달리는 가장 빠른 동물로 한 시간에 80 km를 달립니다. 1분 동안 달릴 수 있는 거리가 더 먼 동물은 무엇이고 얼마나 더 달릴 수 있는지 기약분수로 구하세요.

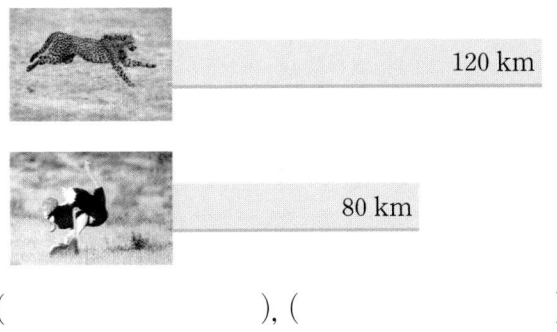

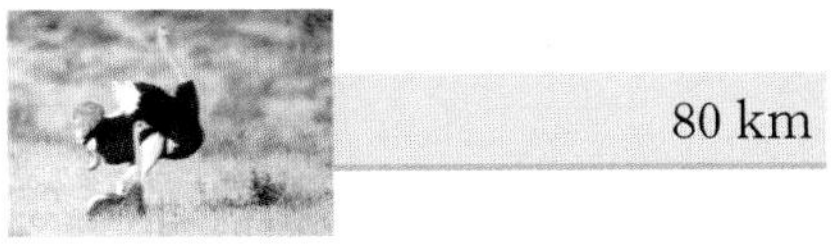

(　　　　　　), (　　　　　　)

11 넓이가 $29\frac{2}{5}$ m^2인 텃밭이 있습니다. 이 텃밭의 $\frac{3}{7}$에는 오이를 심고 나머지의 반에는 배추를 심었습니다. 배추를 심은 부분의 넓이는 몇 m^2인지 구하세요.

(　　　　　　　　　　)

단원 평가

1. 분수의 나눗셈

1 그림을 보고 $\square$ 안에 알맞은 수를 써넣으세요.

$$1\div 8=\frac{\square}{\square}$$

2 그림을 보고 $\square$ 안에 알맞은 수를 써넣으세요.

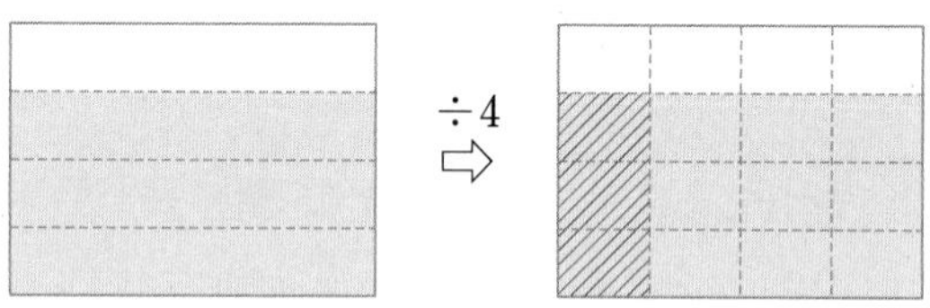

$$\frac{3}{4}\div 4=\frac{\square}{16}\div 4=\frac{\square\div 4}{16}=\frac{\square}{16}$$

3 나눗셈의 몫을 분수로 나타내세요.

(1) $4\div 15$

(2) $12\div 5$

4 $\square$ 안에 알맞은 수를 써넣으세요.

(1) $1\frac{2}{7}\div 5=\frac{\square}{7}\div 5=\frac{\square}{35}\div 5$

$=\frac{\square\div 5}{35}=\frac{\square}{35}$

(2) $1\frac{2}{7}\div 5=\frac{\square}{7}\div 5=\frac{\square}{7}\times\frac{1}{\square}=\frac{\square}{35}$

5 계산을 하세요.

(1) $\frac{4}{9}\div 2$

(2) $\frac{18}{5}\div 4$

6 관계있는 것끼리 이으세요.

$\frac{5}{7}\div 4$ •	• $\frac{10}{3}\times\frac{1}{7}$ •	• $\frac{5}{28}$
$\frac{13}{8}\div 3$ •	• $\frac{5}{7}\times\frac{1}{4}$ •	• $\frac{13}{24}$
$3\frac{1}{3}\div 7$ •	• $\frac{13}{8}\times\frac{1}{3}$ •	• $\frac{10}{21}$

7 나눗셈의 몫을 분수로 바르게 나타낸 것을 모두 찾아 기호를 쓰세요.

㉠ $1\div 9=\frac{1}{9}$	㉡ $1\div 15=\frac{1}{14}$
㉢ $1\div 18=\frac{18}{1}$	㉣ $1\div 24=\frac{1}{24}$

( )

8 지호와 선미가 계산한 것입니다. 계산을 잘못한 사람의 이름을 쓰고 바르게 계산한 값을 구하세요.

지호

$$\frac{12}{7}\div 3=\frac{12}{7}\times\frac{1}{3}=\frac{36}{7}=5\frac{1}{7}$$

$$\frac{18}{11}\div 6=\frac{18}{11}\times\frac{1}{6}=\frac{18}{66}=\frac{3}{11}$$

선미

(　　　　　　　　), (　　　　　　　　)

9 나눗셈의 몫을 비교하여 ◯ 안에 >, =, <를 알맞게 써넣으세요.

$$4\frac{2}{5}\div 6 \ \bigcirc \ 3\frac{1}{5}\div 12$$

10 빈 곳에 알맞은 수를 써넣으세요.

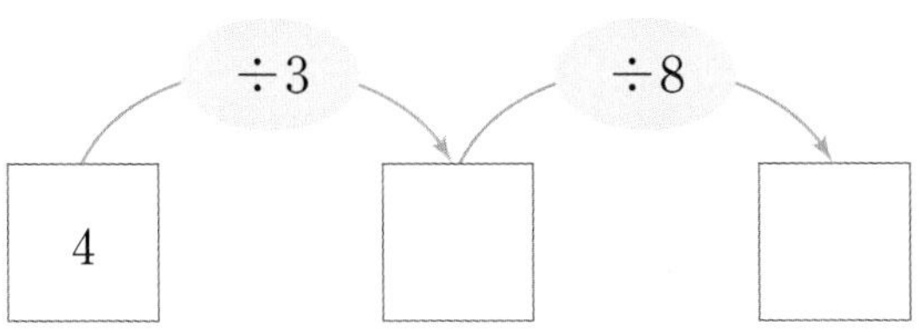

11 가장 큰 수를 가장 작은 수로 나눈 몫을 구하세요.

$\frac{13}{4}$　　$2\frac{5}{6}$　　2

(　　　　　　　　)

12 계산이 잘못된 까닭을 쓰세요.

$$\frac{8}{9}\div 3=\frac{8}{9}\times 3=\frac{8}{3}=2\frac{2}{3}$$

13 나눗셈의 몫이 $\frac{1}{2}$보다 큰 것을 찾아 기호를 쓰세요.

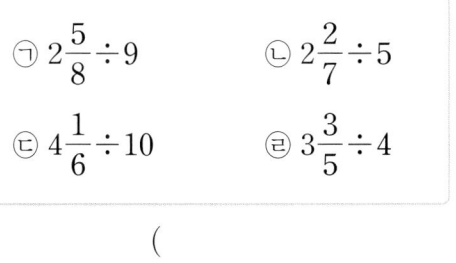

㉠ $2\frac{5}{8}\div 9$	㉡ $2\frac{2}{7}\div 5$
㉢ $4\frac{1}{6}\div 10$	㉣ $3\frac{3}{5}\div 4$

(　　　　　　　　)

14 고대 이집트의 아메스 파피루스라는 수학책에는 다음과 같은 문제가 있습니다.

"빵 3개를 다섯 형제가 사이좋게 똑같이 나누어 먹으려면 어떻게 해야 할까요?"

이때, 1명이 먹을 수 있는 빵의 양은 얼마인지 구하세요.

(　　　　　　　　)

1 단원

15 나눗셈의 몫이 큰 것부터 차례로 기호를 쓰세요.

㉠ $\frac{19}{5} \div 4$	㉡ $14 \div 15$
㉢ $\frac{9}{10} \div 3$	㉣ $1\frac{6}{7} \div 2$

( )

16 채연이는 호떡 믹스 $\frac{2}{5}$ kg으로 만든 반죽을 똑같이 나누어 호떡 8개를 만들었습니다. 채연이가 호떡 한 개를 만드는 데 사용한 호떡 믹스는 몇 kg인가요?

( )

17 유림이네 집에 벚나무가 두 그루 있습니다. 큰 벚나무의 높이는 $2\frac{1}{3}$ m이고, 작은 벚나무의 높이는 2 m입니다. 큰 벚나무의 높이는 작은 벚나무의 높이의 몇 배인가요?

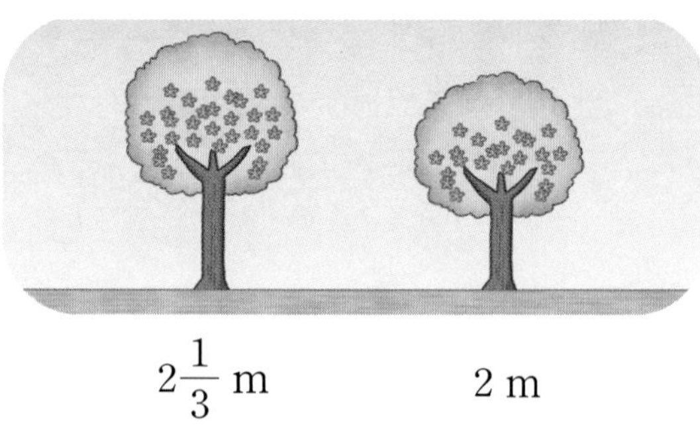

( )

18 가로가 4 cm이고 넓이가 $9\frac{1}{3}$ cm^2인 직사각형의 세로는 몇 cm일까요?

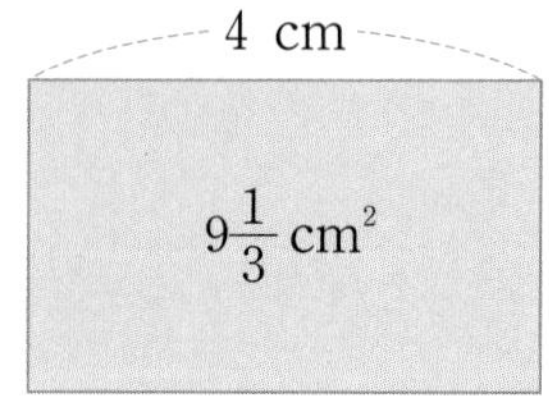

( )

19 □ 안에 들어갈 수 있는 자연수를 모두 구하세요.

$$\frac{1}{4} \div 7 < \frac{1}{\square} < \frac{1}{5} \div 5$$

( )

20 쌀통에 쌀이 $3\frac{1}{2}$ kg 들어 있습니다. 이 쌀을 똑같이 나누어 2주일 동안 먹으려고 합니다. 하루에 먹을 수 있는 쌀은 몇 kg일까요?

( )

21 한 병에 $\frac{3}{2}$ L씩 들어 있는 생수가 5병 있습니다. 이 생수를 일주일 동안 똑같이 나누어 마시려면 하루에 몇 L씩 마셔야 하는지 알아보세요.

$\frac{3}{2}$ L　$\frac{3}{2}$ L　$\frac{3}{2}$ L　$\frac{3}{2}$ L　$\frac{3}{2}$ L

(1) 전체 생수의 양은 몇 L인가요?

(　　　　　　　　　　)

(2) 하루에 마셔야 하는 생수의 양은 몇 L인가요?

(　　　　　　　　　　)

22 무게가 똑같은 사과 8개가 놓여 있는 접시의 무게가 $3\frac{1}{8}$ kg입니다. 빈 접시의 무게가 $\frac{3}{8}$ kg이라면 사과 한 개는 몇 kg인지 알아보세요.

(1) 사과 8개의 무게는 몇 kg인가요?

(　　　　　　　　　　)

(2) 사과 한 개의 무게는 몇 kg인가요?

(　　　　　　　　　　)

23 서준이네 집과 예윤이네 집은 텃밭이 있습니다. 고구마를 심을 텃밭이 더 넓은 집은 어디인지 풀이 과정을 쓰고 답을 구하세요.

> 서준: 우리 집 텃밭은 13 m^2인데 상추, 토마토, 고구마를 똑같은 넓이로 심을 거야.
>
> 예윤: 우리 집 텃밭은 15 m^2인데 고추, 감자, 오이, 고구마를 똑같은 넓이로 심을 거야.

풀이

답

24 어떤 수를 9로 나누어야 할 것을 잘못하여 곱했더니 $2\frac{1}{4}$이 되었습니다. 바르게 계산하면 얼마인지 풀이 과정을 쓰고 답을 구하세요.

풀이

답

배점			점수	
	1~20번	4점		
	21~24번	5점		

오답 노트

1 단원

진도 완료 체크

2 각기둥과 각뿔

웹툰으로 단원 미리보기 **2화** 금요일 마지막 수업 시간

이어지는 내용을 확인하세요.

이전에 배운 내용

4-2 다각형

• 다각형: 선분으로 둘러싸인 도형

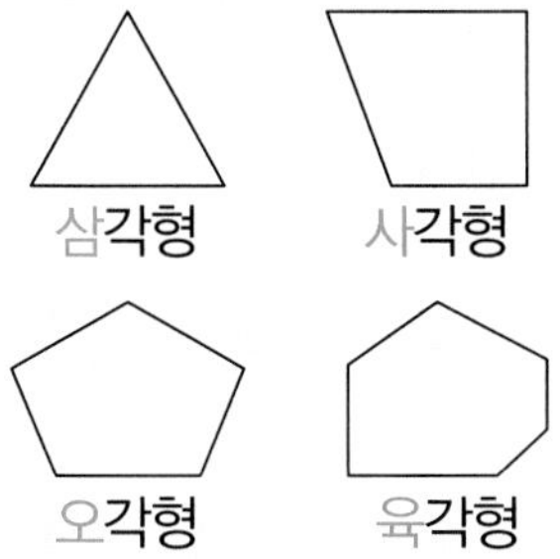

변의 수에 따라 이름을 정합니다.

5-2 직육면체

• 직육면체: 직사각형 6개로 둘러싸인 입체도형

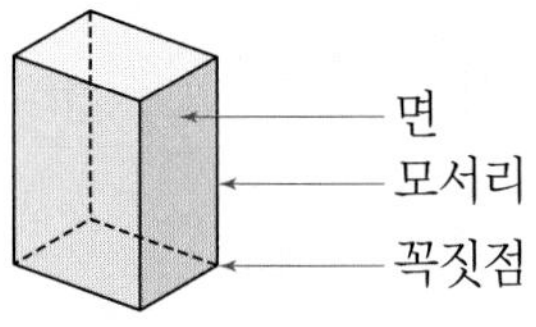

면의 수(개)	모서리의 수(개)	꼭짓점의 수(개)
6	12	8

5-2 직육면체의 전개도

• 직육면체의 전개도: 직육면체의 모서리를 잘라서 펼친 그림

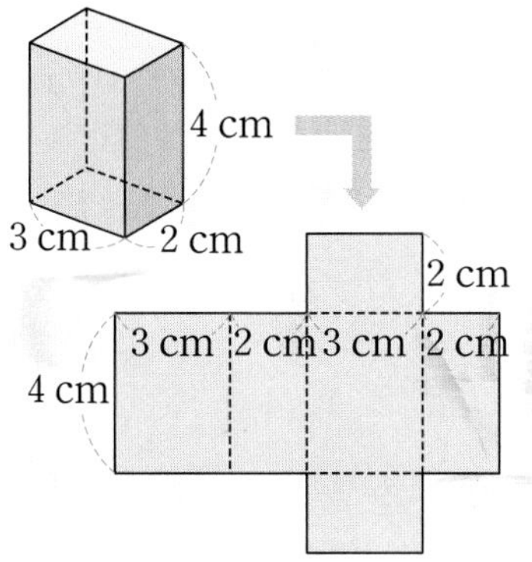

이 단원에서 배울 내용

1 step	교과 개념	각기둥 알아보기
1 step	교과 개념	각기둥의 이름, 각기둥의 구성 요소
2 step	교과 유형 익힘	
1 step	교과 개념	각기둥의 전개도
2 step	교과 유형 익힘	
1 step	교과 개념	각뿔 알아보기
1 step	교과 개념	각뿔의 이름, 각뿔의 구성 요소
2 step	교과 유형 익힘	
3 step	문제 해결	잘 틀리는 문제 서술형 문제
4 step	실력 Up 문제	
	단원 평가	

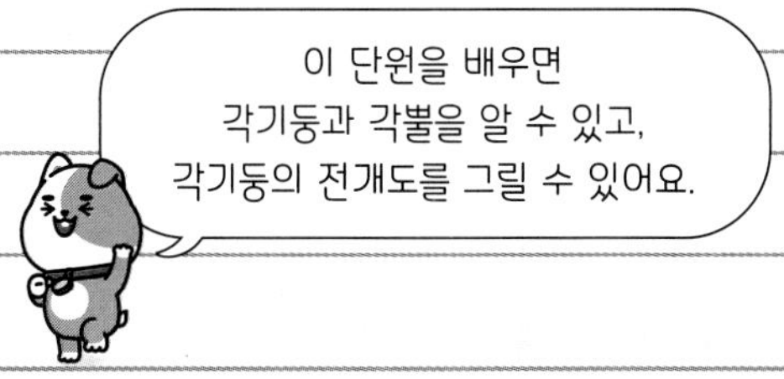

이 단원을 배우면
각기둥과 각뿔을 알 수 있고,
각기둥의 전개도를 그릴 수 있어요.

개념1 각기둥 알아보기

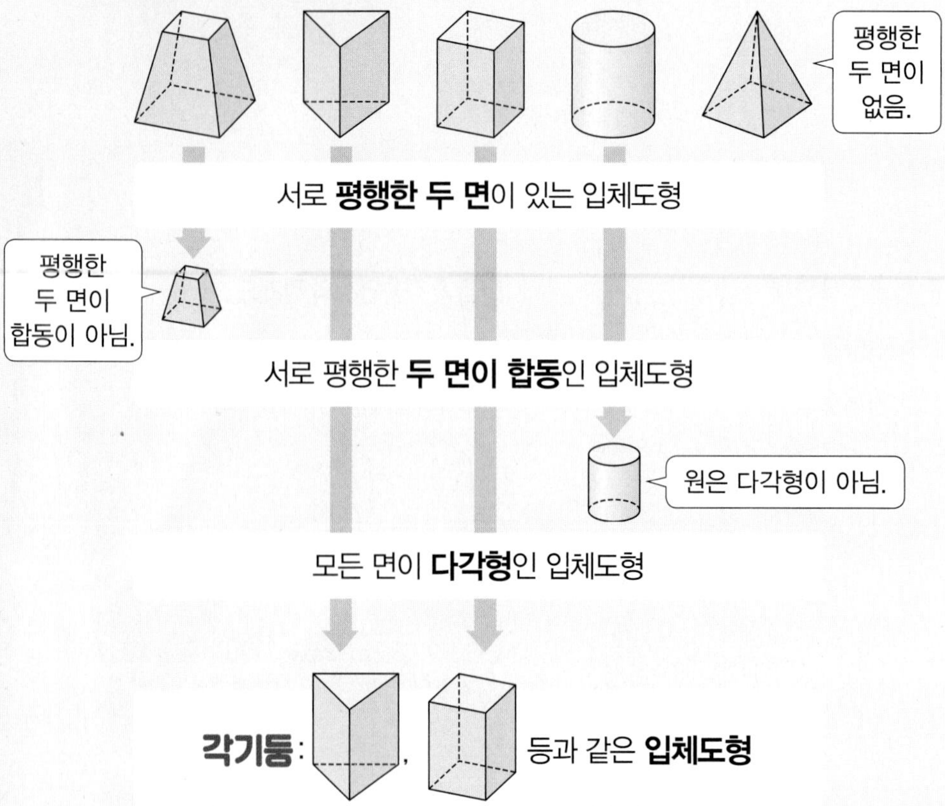

◐ 각기둥

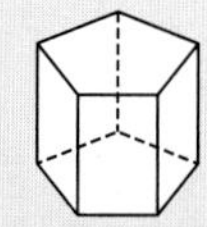

각기둥은 위와 같이 두 면이 서로 평행하고 합동인 다각형으로 이루어진 기둥 모양의 입체도형입니다.

모든 면이 직사각형 모양인 각기둥은 어떤 면이라도 밑면이 될 수 있습니다.

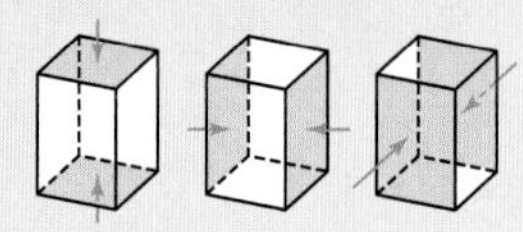

개념2 각기둥의 밑면과 옆면

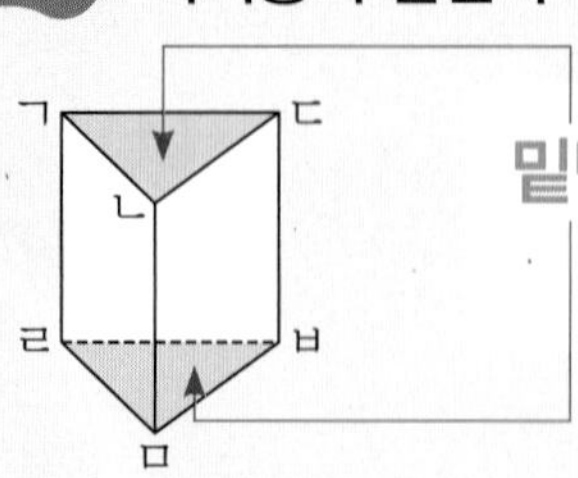

밑면: 서로 **평행**하고 **합동**인 **두 면**

면 ㄱㄴㄷ, 면 ㄹㅁㅂ

두 밑면은 나머지 면들과 모두 **수직**으로 만납니다.

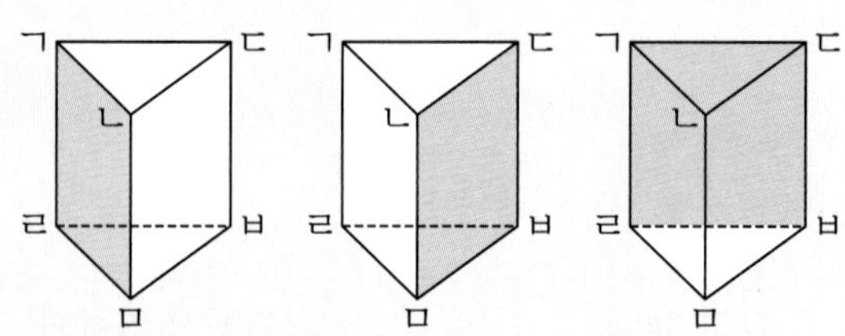

면 ㄱㄹㅁㄴ, 면 ㄴㅁㅂㄷ, 면 ㄱㄹㅂㄷ

옆면: 두 **밑면**과 **만나는** 면

각기둥의 옆면은 모두 **직사각형**입니다.

개념 확인 1

□ 안에 알맞은 말을 써넣으세요.

(1) 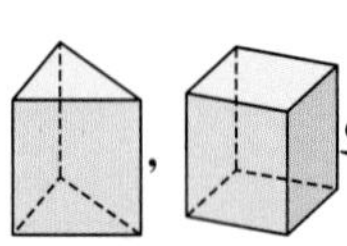 와 같이 두 면이 서로 평행하고 합동인 다각형으로 이루어진 입체도형을 □이라고 합니다.

(2) 각기둥에서 서로 평행하고 합동이면서 다른 면들과 모두 수직으로 만나는 두 면을 □이라고 합니다.

立 설 립(입)
體 몸 체
圖 그림 도
形 모양 형

2 각기둥을 보고 □ 안에 각 부분의 이름을 써넣으세요.

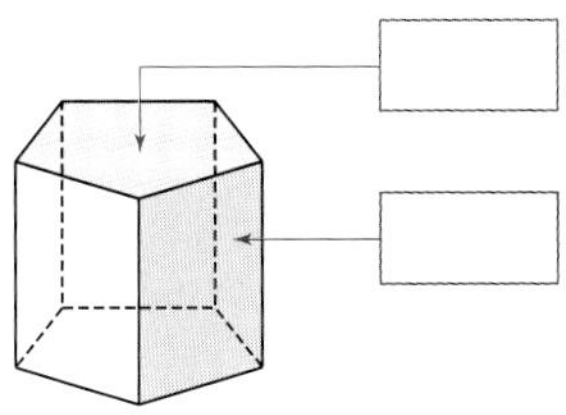

3 다음 각기둥의 옆면이 아닌 것은 어느 것인가요? ( )

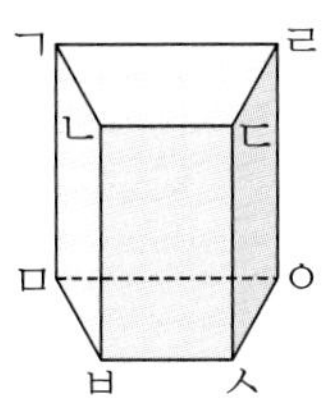

① 면 ㄱㄴㄷㄹ ② 면 ㄱㅁㅂㄴ
③ 면 ㄴㅂㅅㄷ ④ 면 ㄷㅅㅇㄹ
⑤ 면 ㄱㅁㅇㄹ

4 그림을 보고 물음에 답하세요.

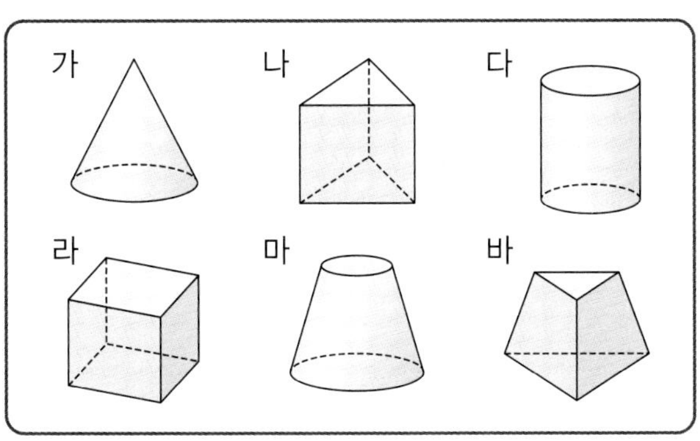

(1) 서로 평행하고 합동인 두 면이 있는 입체도형을 모두 찾아 기호를 쓰세요.
( )

(2) 각기둥을 모두 찾아 기호를 쓰세요.
( )

5 각기둥의 밑면을 모두 찾아 색칠하세요.

(1)

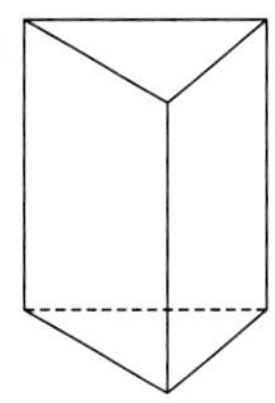

(2)

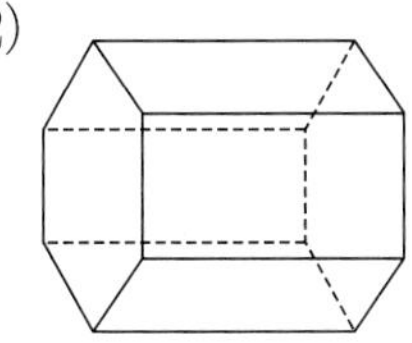

6 각기둥을 보고 물음에 답하세요.

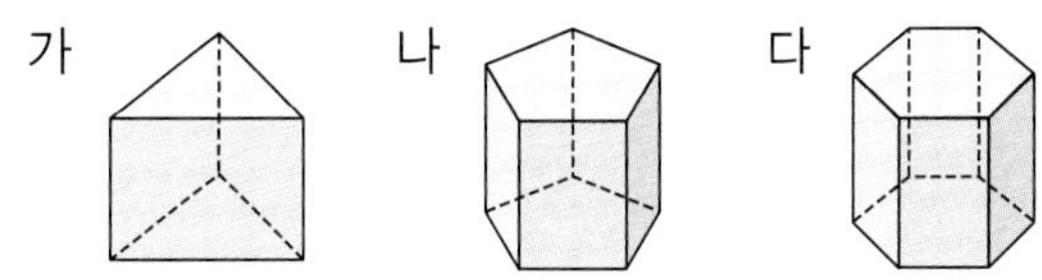

(1) 각기둥에서 두 밑면과 만나는 면은 각각 몇 개인가요?
가 ( )
나 ( )
다 ( )

(2) 각기둥에서 두 밑면과 만나는 면을 무엇이라고 하나요?
( )

(3) 각기둥의 옆면은 어떤 도형인가요?
( )

7 각기둥을 보고 물음에 답하세요.

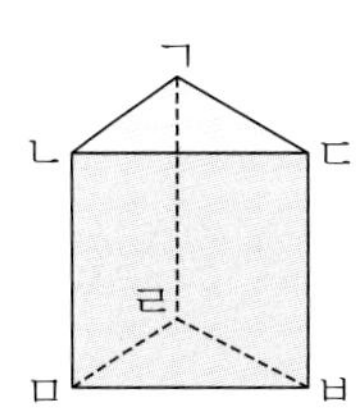

(1) 밑면을 모두 찾아 쓰세요.

(2) 옆면을 모두 찾아 쓰세요.

개념 강의

step 1 **교과 개념**

개념1 각기둥의 이름 알아보기

밑면의 모양에 따라 각기둥의 이름이 정해집니다.

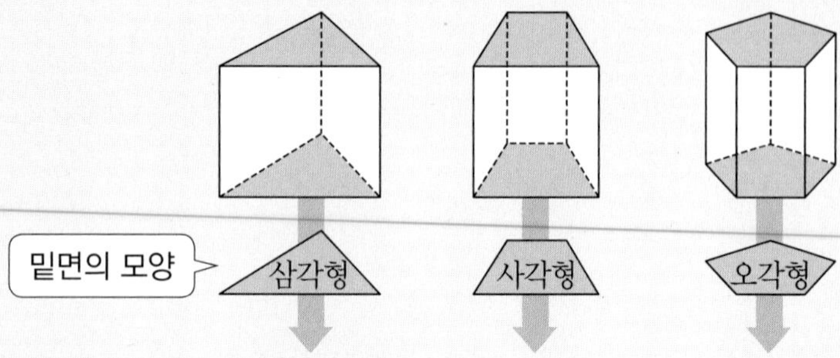

삼각기둥 **사각기둥** **오각기둥**

> 각기둥의 밑면이 사다리꼴, 평행사변형, 마름모이더라도 사각형이면 사각기둥이라고 할 수 있습니다.

개념2 각기둥의 구성 요소

꼭짓점
모서리와 모서리가 만나는 점

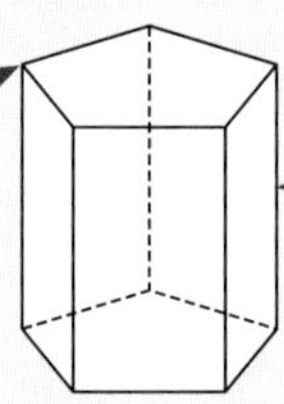

모서리
면과 면이 만나는 선분

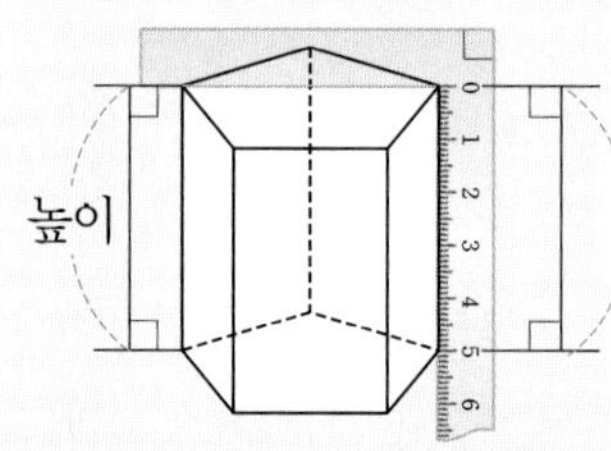

높이
두 밑면 사이의 거리

한 밀면의 변의 수	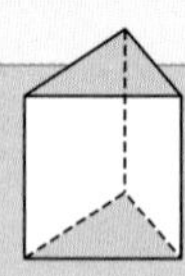 3	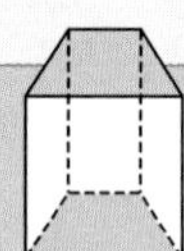 4	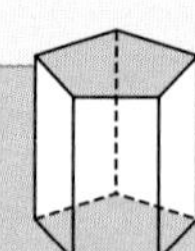 5	◆ (◆각기둥)
꼭짓점의 수	$3\times2=6$(개)	$4\times2=8$(개)	$5\times2=10$(개)	◆×2
면의 수	$3+2=5$(개)	$4+2=6$(개)	$5+2=7$(개)	◆+2
모서리의 수	$3\times3=9$(개)	$4\times3=12$(개)	$5\times3=15$(개)	◆×3

개념 확인 1 □ 안에 알맞은 수를 써넣으세요.

(1)

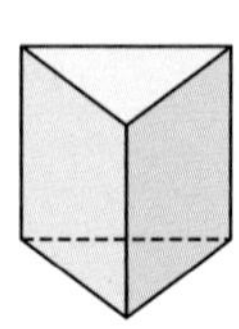

밑면의 모양이 삼각형이므로 □이라고 합니다.

(2)

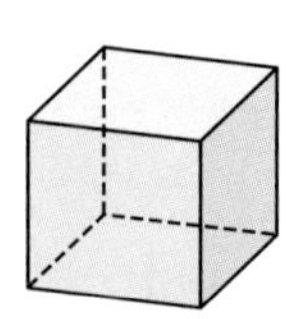

밑면의 모양이 사각형이므로 □이라고 합니다.

2 보기 에서 알맞은 말을 골라 □ 안에 써넣으세요.

보기

높이 꼭짓점 모서리

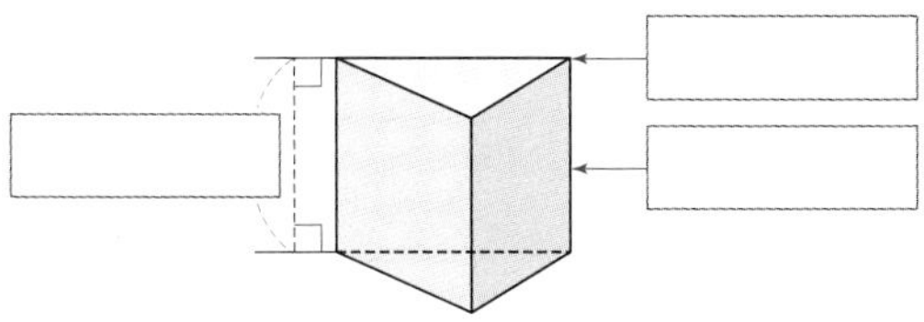

3 각기둥의 밑면을 모두 찾아 색칠하고, 표를 완성하세요.

가

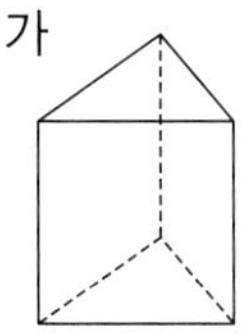

나

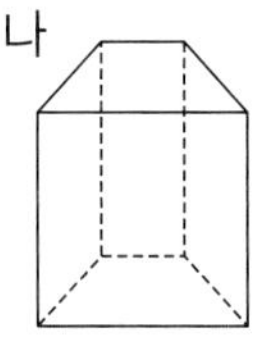

다

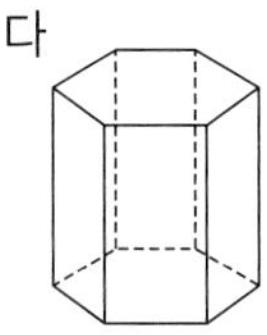

	밑면의 모양	각기둥의 이름
가	삼각형	
나		
다		

4 육각기둥을 보고 물음에 답하세요.

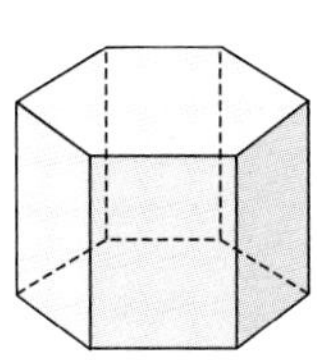

(1) 면과 면이 만나는 선분은 모두 몇 개인가요?

( )

(2) 모서리와 모서리가 만나는 점은 모두 몇 개인가요?

( )

5 각기둥의 높이를 잴 수 있는 모서리를 모두 찾아 ○표 하세요.

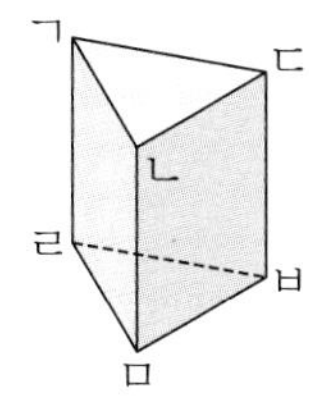

모서리 ㄱㄴ 모서리 ㄴㅁ
모서리 ㄱㄹ 모서리 ㅁㅂ

6 각기둥을 보고 표를 완성하세요.

각기둥	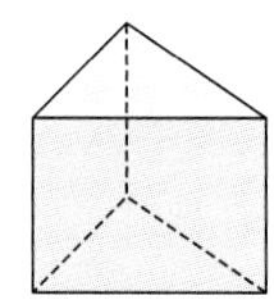	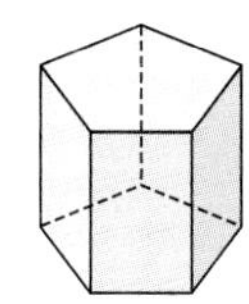
이름	삼각기둥	오각기둥
한 밑면의 변의 수(개)	3	
꼭짓점의 수(개)		

7 각기둥을 보고 표를 완성하세요.

각기둥	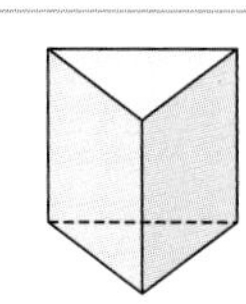	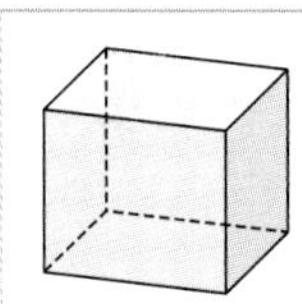
이름		사각기둥
한 밑면의 변의 수(개)		
면의 수(개)		

8 각기둥을 보고 표를 완성하세요.

각기둥	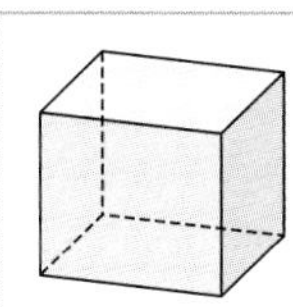	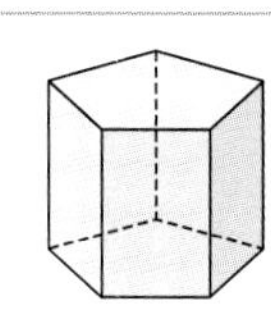
이름	사각기둥	
한 밑면의 변의 수(개)		
모서리의 수(개)		

2 단원

[1 ~ 2] 도형을 보고 물음에 답하세요.

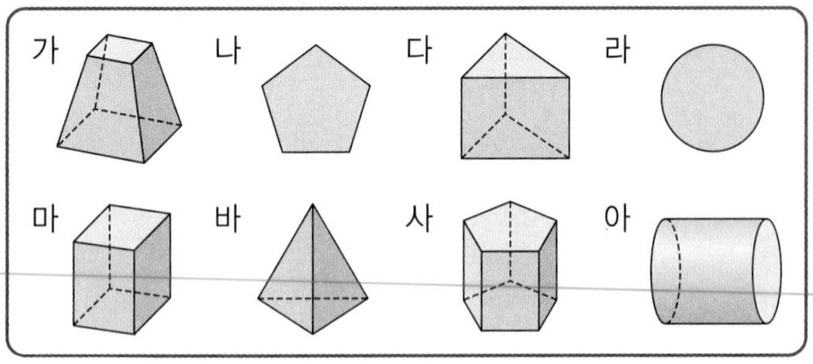

1 평면도형과 입체도형으로 분류하여 빈칸에 기호를 써넣으세요.

평면도형	
입체도형	

2 각기둥을 모두 찾아 기호를 쓰세요.

( )

[3 ~ 4] 각기둥을 보고 물음에 답하세요.

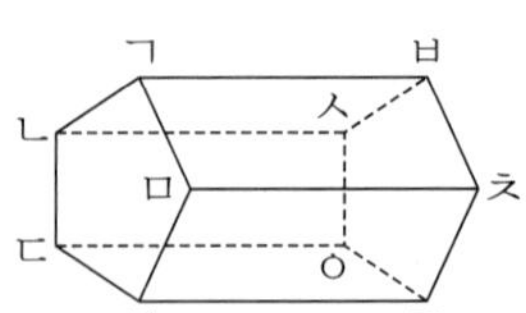

3 서로 평행한 두 면을 찾아 색칠하세요.

4 밑면에 수직인 면은 몇 개인가요?

( )

5 보기 에서 알맞은 말을 골라 □ 안에 써넣으세요.

보기
높이, 꼭짓점, 모서리, 밑면, 옆면

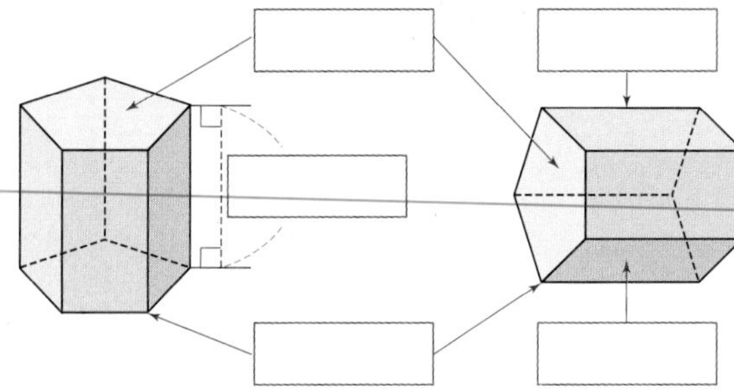

6 각기둥의 높이는 몇 cm인가요?

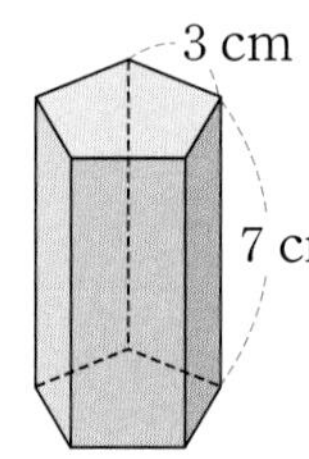

( )

7 각기둥의 겨냥도를 완성하세요.

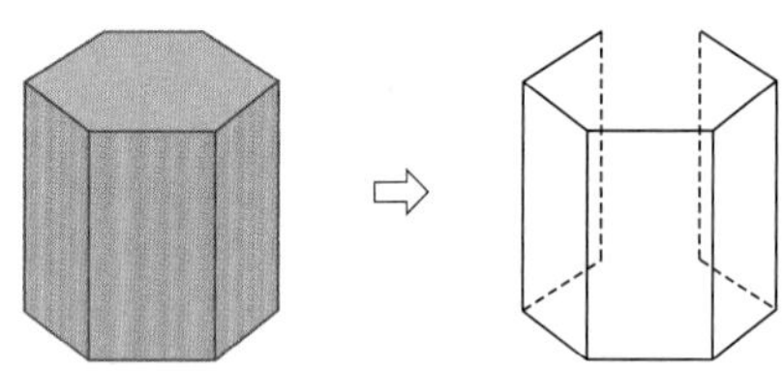

8 삼각기둥의 옆면은 모두 몇 개인가요?

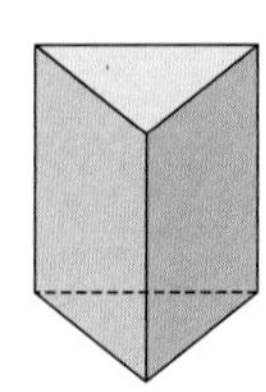

( )

9 각기둥을 보고 잘못 말한 것에 ×표 하고 내용을 바르게 고치세요.

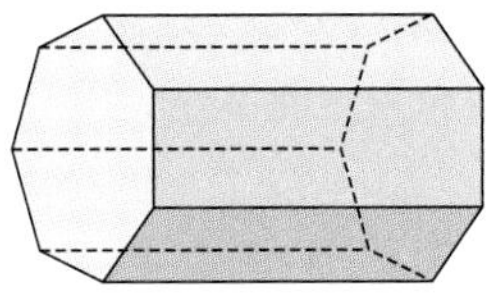

- 이 각기둥의 꼭짓점의 수는 7개입니다. (　　　)
- 이 각기둥의 모서리의 수는 21개입니다. (　　　)

바르게 고친 문장 ____________________

서술형 문제

10 오른쪽 입체도형이 각기둥이 아닌 까닭을 쓰세요.

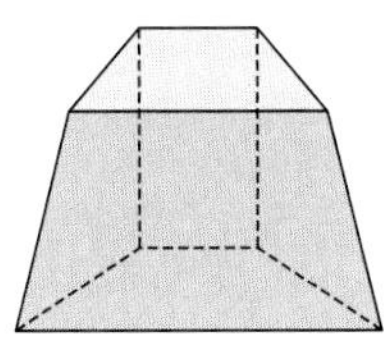

11 개수가 많은 것부터 차례로 기호를 쓰세요.

㉠ 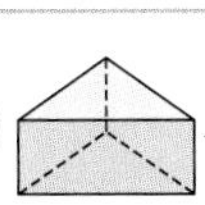의 모서리의 수

㉡ 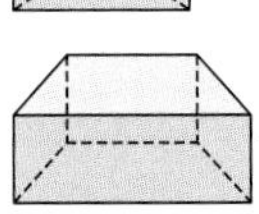의 옆면의 수

㉢ 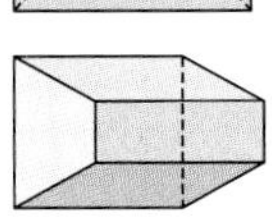의 꼭짓점의 수

(　　　　　　　　　　)

[12 ~ 13] 각기둥을 보고 물음에 답하세요.

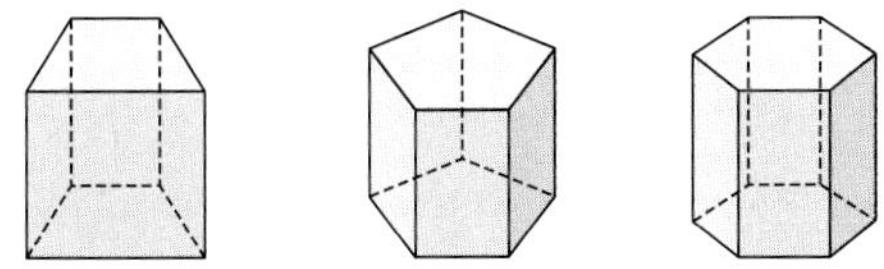

12 표를 완성하세요.

정보처리

도형	사각기둥	오각기둥	육각기둥
한 밑면의 변의 수(개)			
꼭짓점의 수(개)			
면의 수(개)			
모서리의 수(개)			

13 규칙을 찾아 식으로 나타내세요.

추론

- (꼭짓점의 수)=(한 밑면의 변의 수)×□
- (면의 수)=(한 밑면의 변의 수)+□
- (모서리의 수)=(한 밑면의 변의 수)×□

14 각기둥의 특징을 옳게 말한 친구를 모두 찾아 이름을 쓰세요.

의사소통

윤우: 각기둥의 옆면은 모두 직사각형이야.

선미: 각기둥의 밑면과 옆면은 평행해.

수지: 각기둥의 밑면은 3개야.

지호: 각기둥의 두 밑면은 서로 평행해.

(　　　　　　　　　　)

2 단원

진도 완료 체크

개념 강의

step 1 교과 개념

개념 1 각기둥의 전개도 알아보기

각기둥의 전개도: 각기둥의 모서리를 잘라서 펼쳐놓은 그림

삼각기둥의 전개도

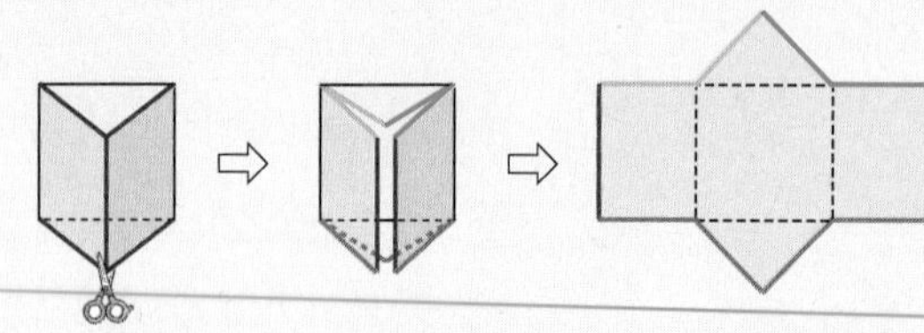

오각기둥의 전개도

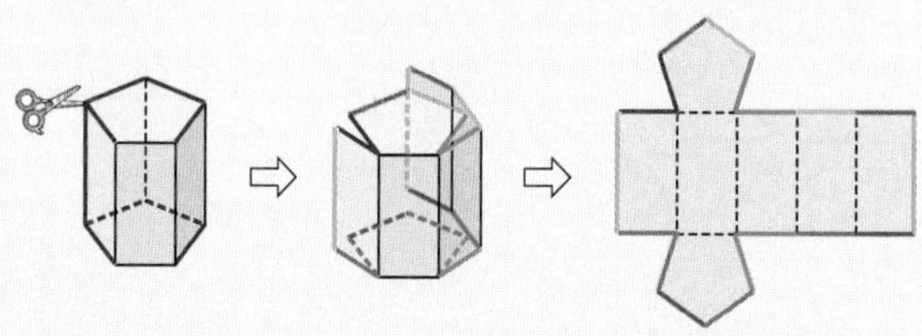

어느 모서리를 자르는가에 따라 여러 가지 모양의 전개도가 나올 수 있습니다.

예 삼각기둥의 전개도

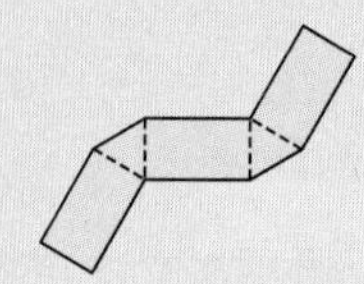

개념 2 각기둥의 전개도 그리기

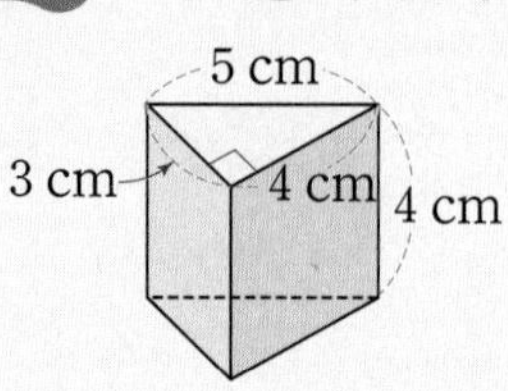

밑면의 모양이 직각삼각형이고 높이가 4 cm인 삼각기둥의 전개도 그리기

→ 직각삼각형 모양의 밑면 2개와 직사각형 모양의 옆면 3개를 그려야 합니다.

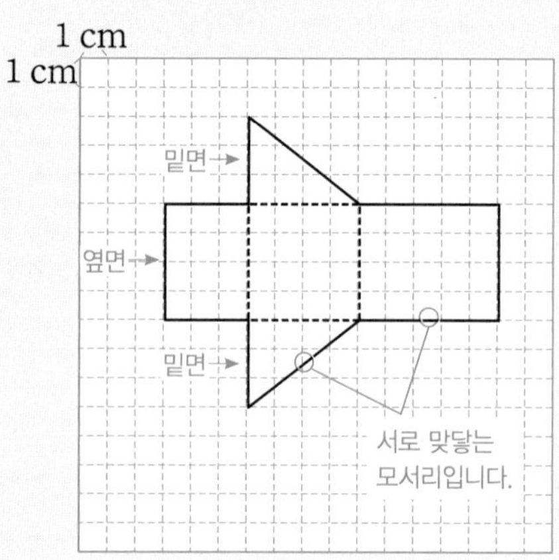

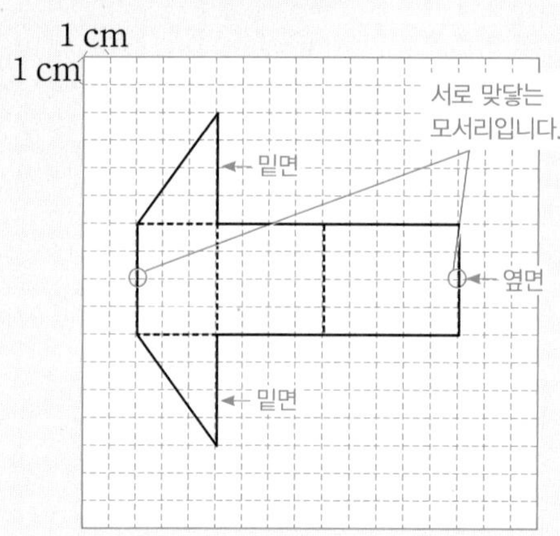

각기둥의 전개도를 그릴 때 주의할 점

① 접었을 때 서로 겹치는 면이 없도록 그리기

② 접었을 때 맞닿는 부분의 길이가 같게 그리기

③ 옆면의 수가 한 밑면의 변의 수와 같게 그리기

개념 확인 1 다음 사각기둥의 전개도를 바르게 그린 것을 찾아 기호를 쓰세요.

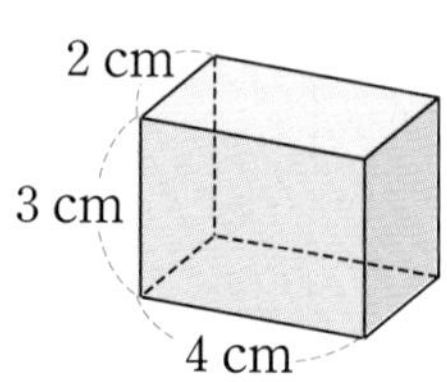

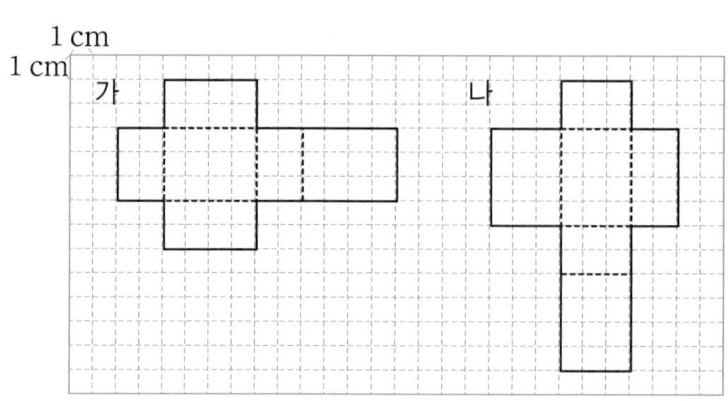

( )

2 전개도를 접었을 때 만들어지는 각기둥의 이름을 쓰세요.

(1)

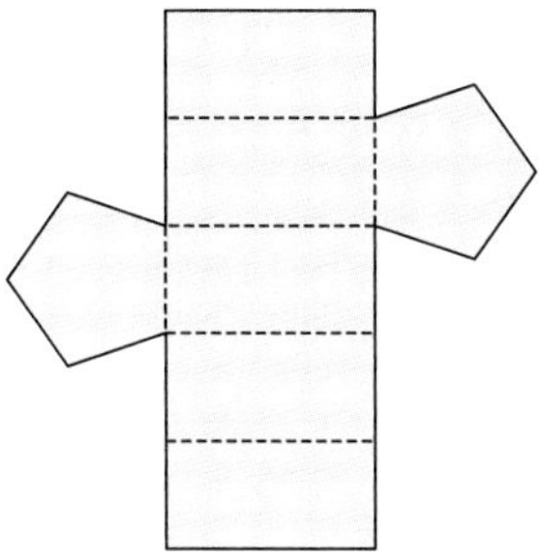

(　　　　　　　　　)

(2)

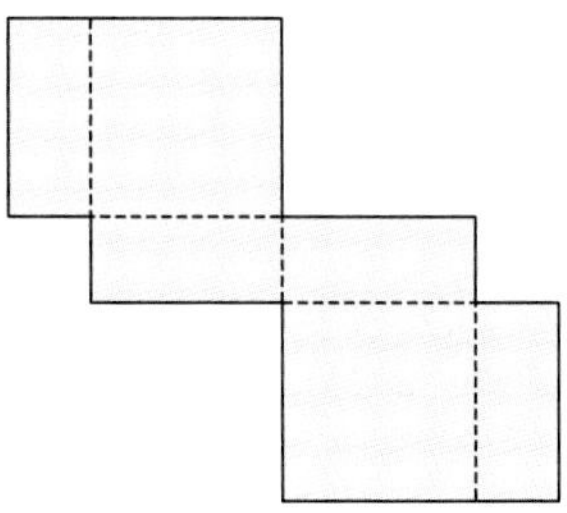

(　　　　　　　　　)

3 사각기둥을 보고 전개도를 그린 것입니다. □ 안에 알맞은 수를 써넣으세요.

(1)

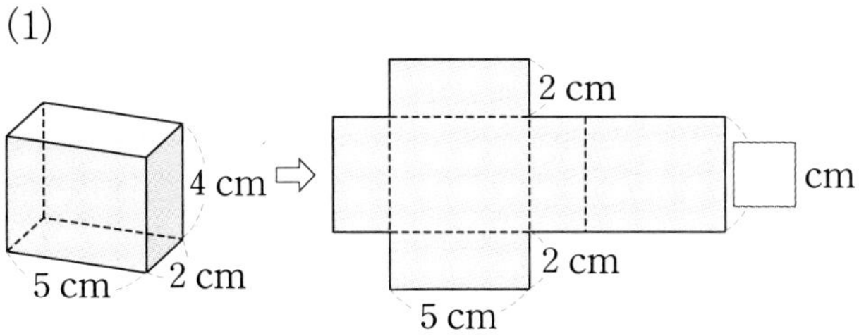

(2)

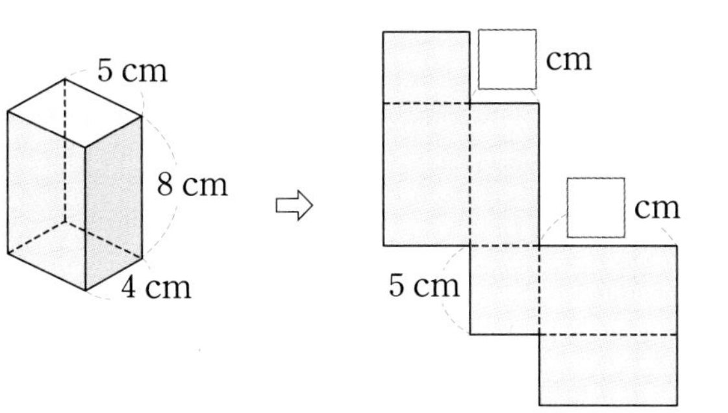

4 삼각기둥을 만들 수 <u>없는</u> 것을 찾아 기호를 쓰세요.

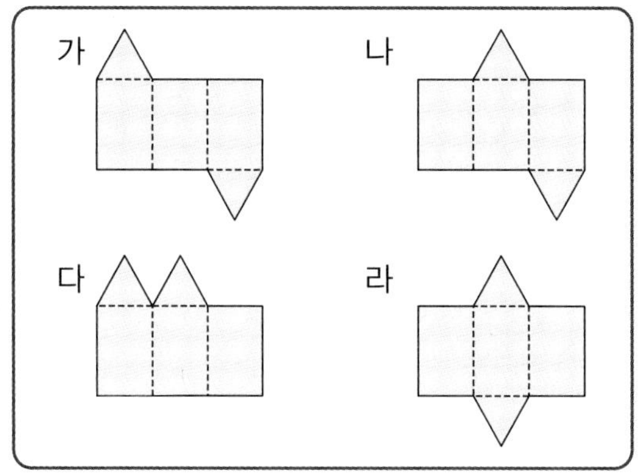

(　　　　　　　　　)

5 사각기둥의 전개도를 완성하세요.

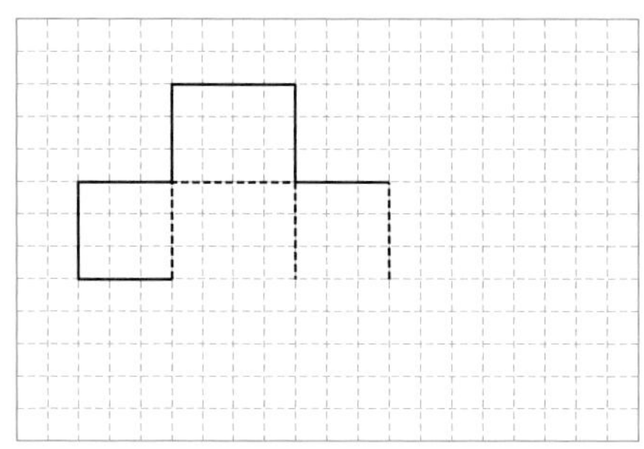

6 삼각기둥의 전개도를 완성하세요.

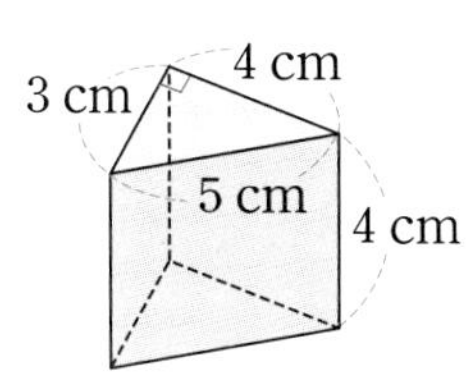

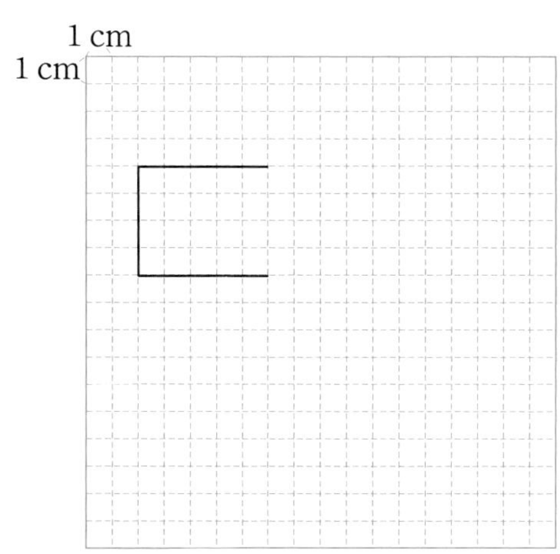

10종 step

2 교과 유형 익힘

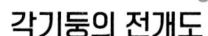

1 각기둥의 모서리를 잘라서 펼쳐 놓았더니 다음과 같이 되었습니다. 물음에 답하세요.

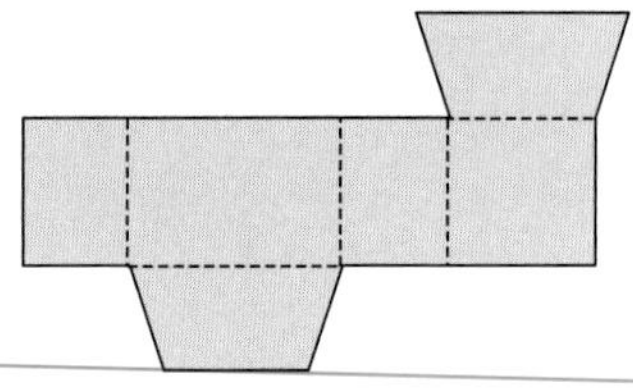

(1) 위와 같이 각기둥의 모서리를 잘라서 펼쳐 놓은 그림을 무엇이라고 할까요?

( )

(2) 위의 그림을 접으면 어떤 도형이 될까요?

( )

2 다음 전개도를 접으면 어떤 도형이 될까요?

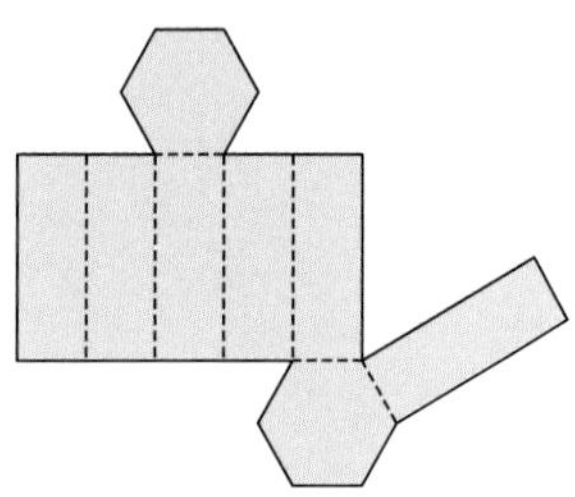

( )

3 전개도를 접었을 때 면 나와 마주 보는 면을 찾아 쓰세요.

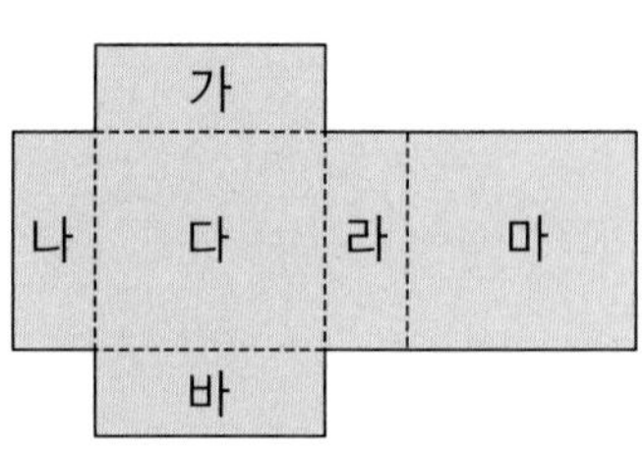

( )

[4 ~ 6] 전개도를 보고 물음에 답하세요.

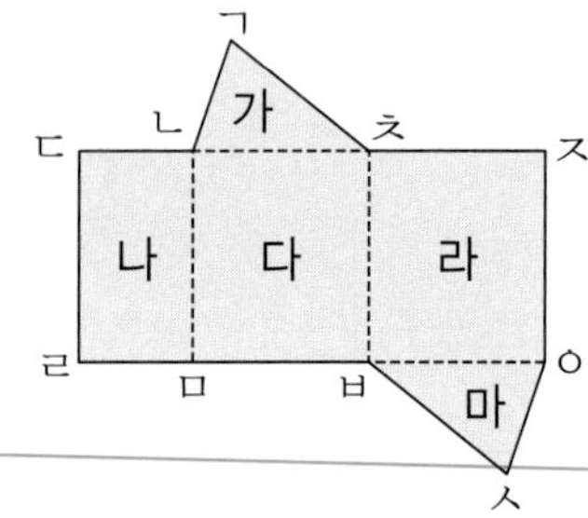

4 전개도를 접으면 어떤 도형이 될까요?

( )

5 전개도를 접었을 때 면 가와 만나는 면을 모두 찾아 ○표 하세요.

나	다	라	마

6 전개도를 접었을 때 선분 ㄱㄴ, 선분 ㅈㅇ과 맞닿는 선분을 각각 찾아 쓰세요.

선분 ㄱㄴ ⇨ ( )

선분 ㅈㅇ ⇨ ( )

7 전개도를 접었을 때 만들어지는 각기둥을 찾아 선으로 이으세요.

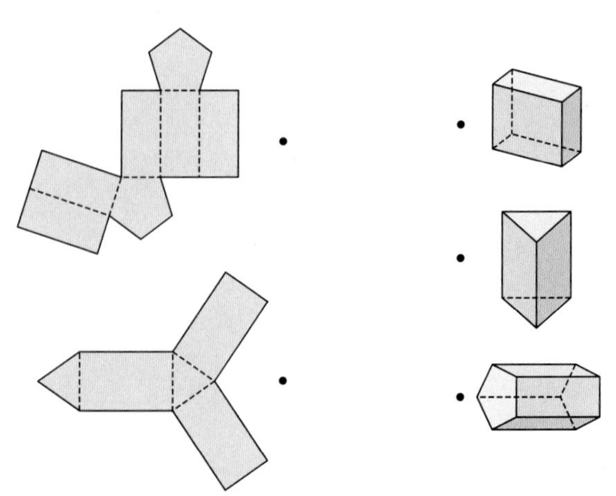

8 전개도를 접어서 각기둥을 만들었습니다. □ 안에 알맞은 수를 써넣으세요.

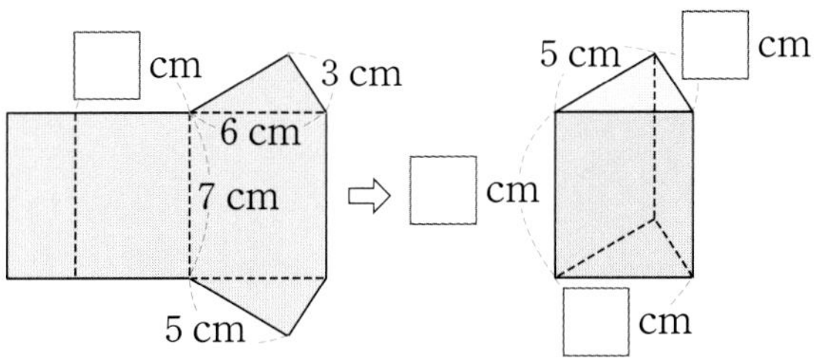

9 육각기둥의 겨냥도를 보고 육각기둥의 전개도를 완성하세요.

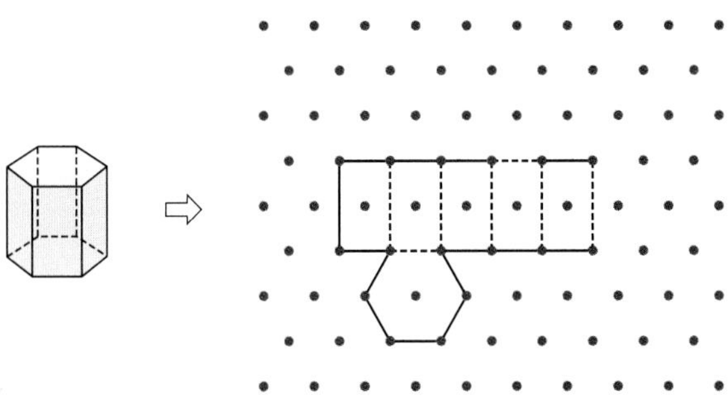

10 사각기둥의 전개도를 완성하세요.

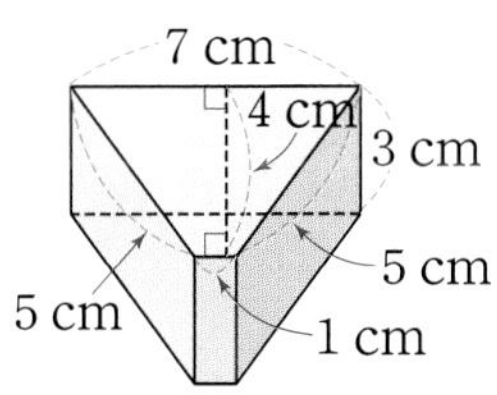

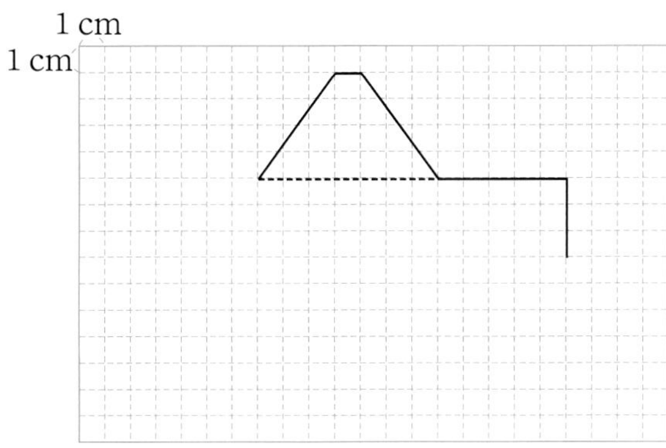

11 다음 전개도를 접어서 만든 각기둥에 대한 설명 을 보고 밑면의 한 변의 길이가 몇 cm인지 구하세요.

추론

설명
- 각기둥의 옆면은 모두 합동입니다.
- 각기둥의 높이는 8 cm입니다.
- 각기둥의 모든 모서리의 길이의 합은 80 cm입니다.

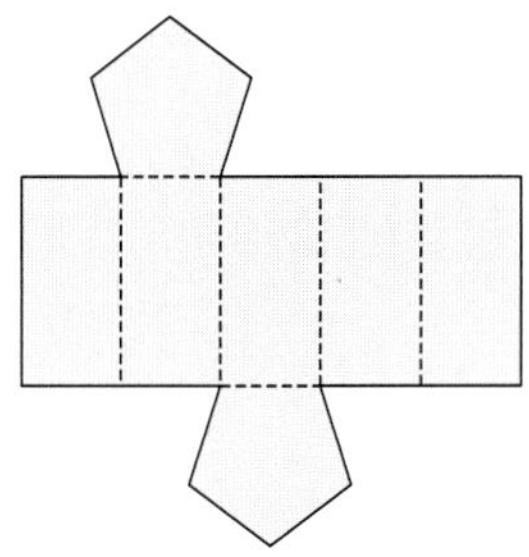

(　　　　　　　　　　)

12 한 밑면이 다음 그림과 같고, 높이가 3 cm인 사각기둥의 전개도를 두 가지 그리세요.

정보처리

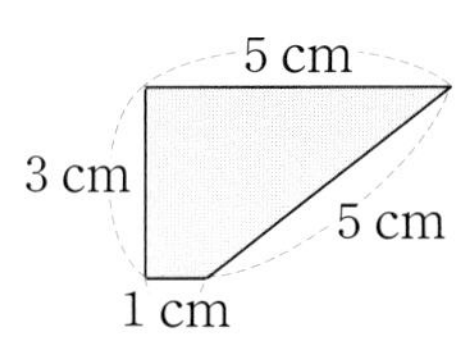

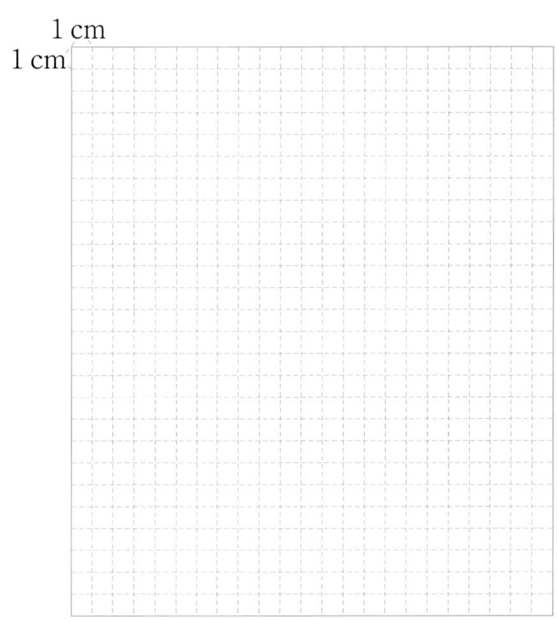

2 단원

진도 완료 체크

개념 1 **각뿔 알아보기**

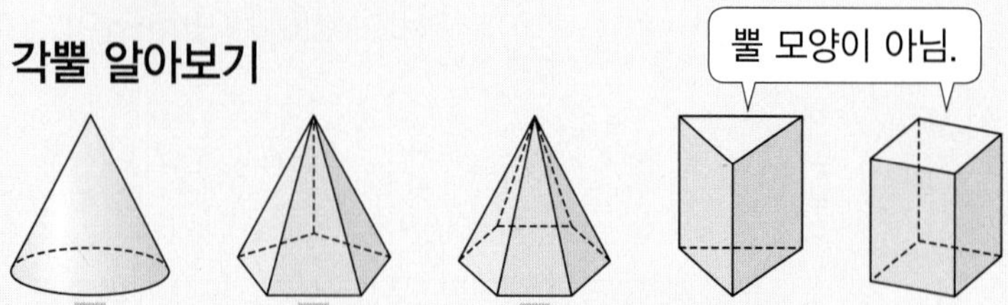

뿔 모양인 입체도형

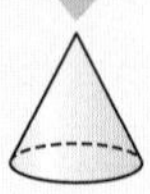

모든 면이 **다각형**인 입체도형

각뿔: 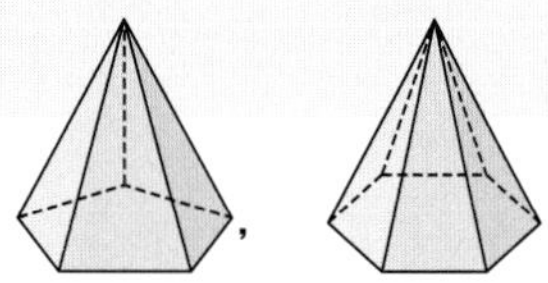 등과 같은 **입체도형**

> ◐ 각뿔
> 각뿔은 밑에 놓인 면이 다각형이고, 옆으로 둘러싼 면이 모두 삼각형인 입체도형입니다.

개념 2 **각뿔의 밑면과 옆면**

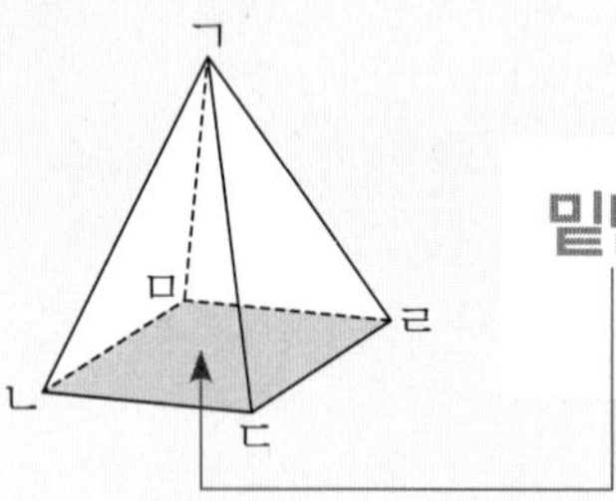

밑면: 왼쪽 각뿔에서 면 ㄴㄷㄹㅁ과 같은 면

모든 면이 삼각형인 각뿔은 어느 면이든 밑면이 될 수 있어요.

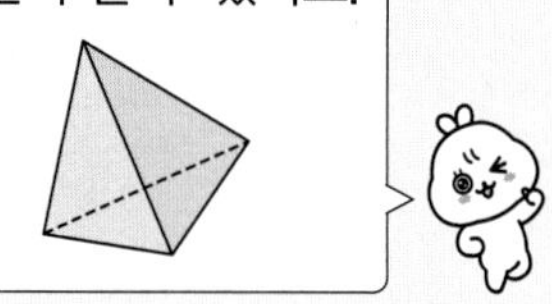

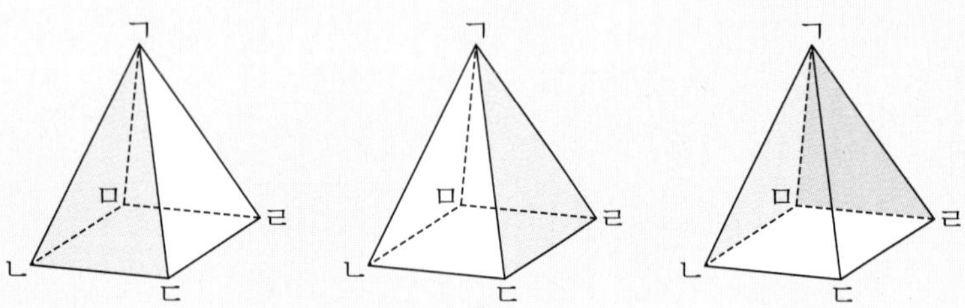

옆면: **밑면**과 **만나는** 면

면 ㄱㄴㄷ, 면 ㄱㄷㄹ, 면 ㄱㄴㅁ, 면 ㄱㅁㄹ

각뿔의 옆면은 모두 **삼각형**입니다.

개념 확인 1 □ 안에 알맞은 말을 써넣으세요.

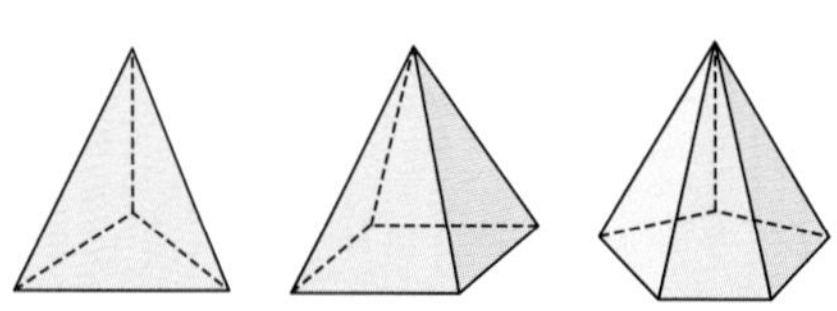

위와 같이 밑에 놓인 면이 다각형이고, 옆으로 둘러싼 면이 모두 삼각형인 뿔 모양의 입체도형을 □이라고 합니다.

2 각뿔을 보고 □ 안에 알맞은 말을 써넣으세요.

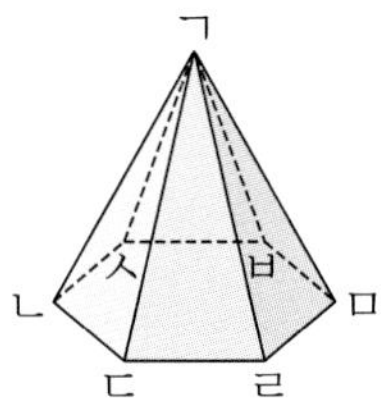

(1) 각뿔에서 면 ㄴㄷㄹㅁㅂㅅ과 같은 면을 □이라 합니다.

(2) 각뿔에서 밑면과 만나는 면을 □이라고 합니다.

3 입체도형을 보고 물음에 답하세요.

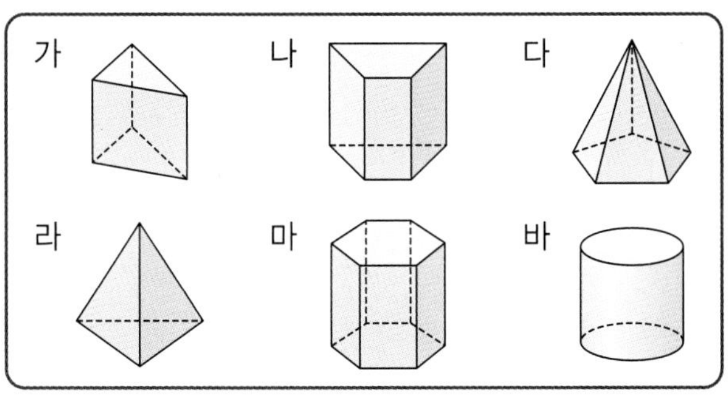

(1) 밑면이 다각형인 도형을 모두 찾아 기호를 쓰세요.

( )

(2) 옆면이 모두 삼각형인 도형을 모두 찾아 기호를 쓰세요.

( )

(3) 각뿔을 모두 찾아 기호를 쓰세요.

( )

4 각뿔에서 밑면을 찾아 색칠하세요.

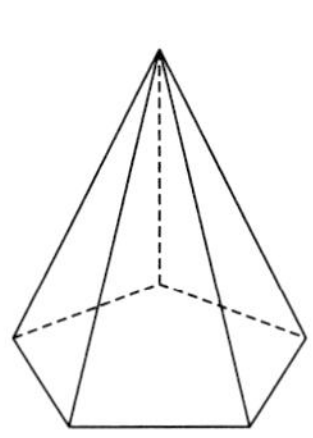

5 각뿔을 보고 물음에 답하세요.

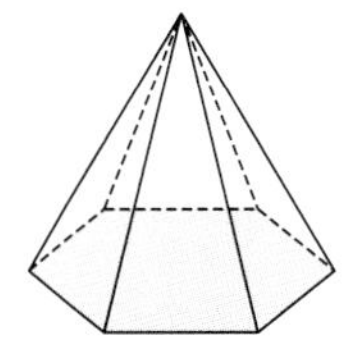

(1) 밑면은 몇 개인가요?

( )

(2) 밑면과 만나는 면은 몇 개인가요?

( )

6 각뿔에서 옆면에 △표 하세요.

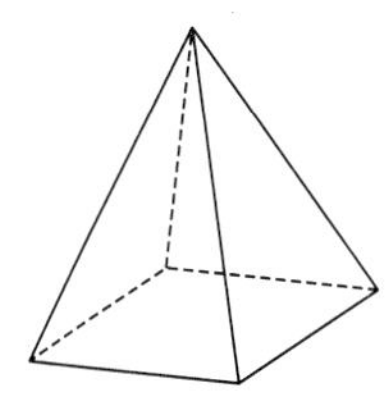

7 각뿔을 보고 밑면과 옆면을 모두 찾아 쓰세요.

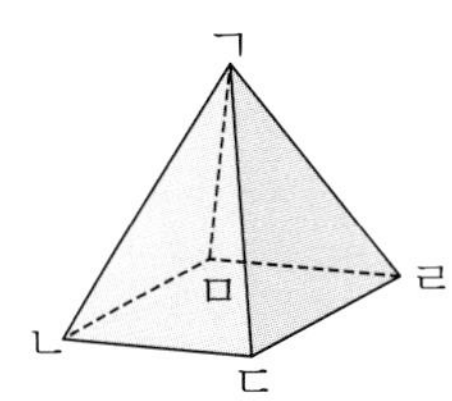

밑면	
옆면	

8 입체도형을 보고 빈칸에 알맞게 써넣으세요.

입체도형	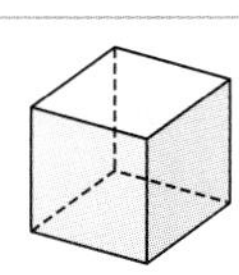	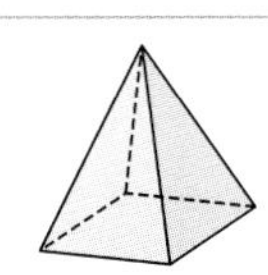
밑면의 모양		
옆면의 수(개)		

개념 강의

개념1 각뿔의 이름 알아보기

밑면의 모양에 따라 각뿔의 이름이 정해집니다.

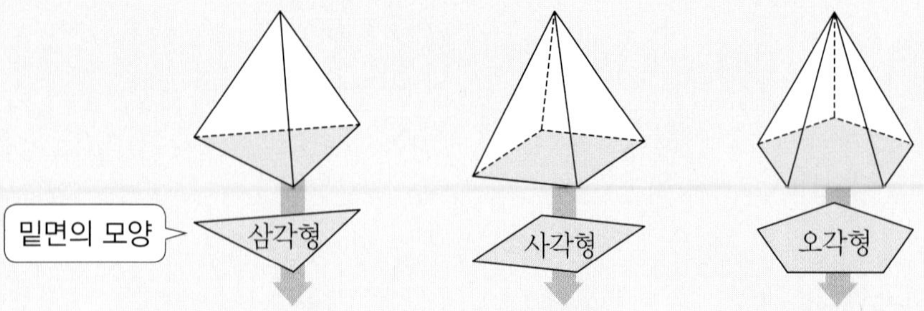

삼각뿔 **사각뿔** **오각뿔**

각뿔에서 옆면이 모두 만나는 꼭짓점을 각뿔의 꼭짓점이라고 합니다.
각뿔의 꼭짓점은 1개입니다.

개념2 각뿔의 구성 요소

각뿔의 높이를 잴 때 곱자(직각자)를 이용하면 편리해요.

각뿔의 꼭짓점
옆면이 모두 만나는 점

꼭짓점
모서리와 모서리가 만나는 점

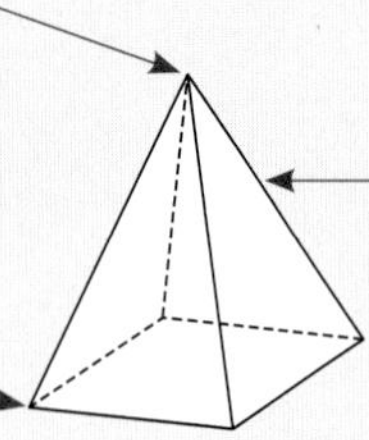

모서리
면과 면이 만나는 선분

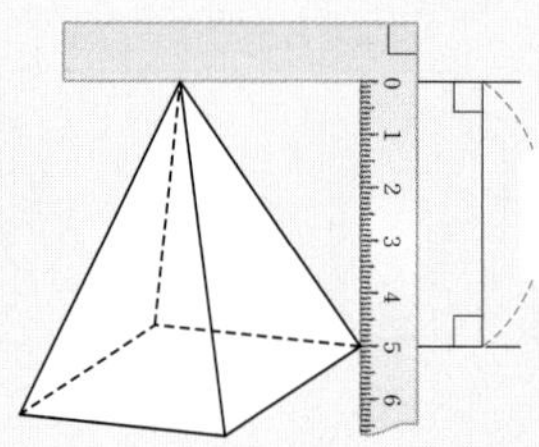

높이
각뿔의 꼭짓점에서 밑면에 수직인 선분의 길이

◆각뿔

밑면의 변의 수	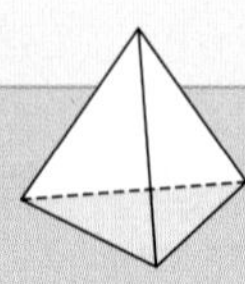 3	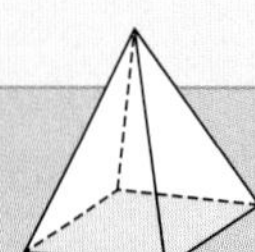 4	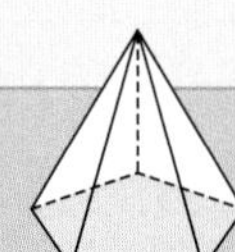 5	◆
꼭짓점의 수	3+1=4(개)	4+1=5(개)	5+1=6(개)	◆+1
면의 수	3+1=4(개)	4+1=5(개)	5+1=6(개)	◆+1
모서리의 수	3×2=6(개)	4×2=8(개)	5×2=10(개)	◆×2

개념 확인 1 각뿔을 보고 물음에 답하세요.

가 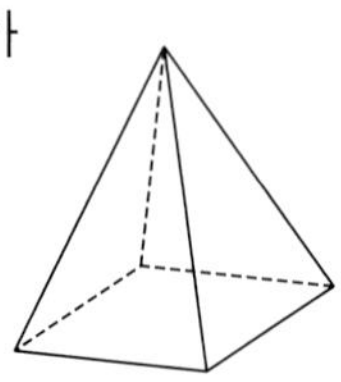 나 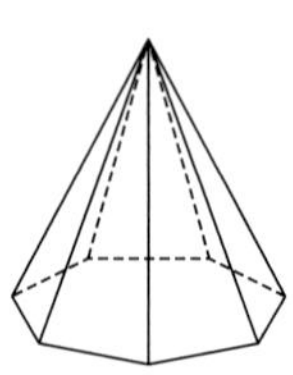

(1) 두 각뿔의 밑면을 찾아 각각 색칠하세요.

(2) 밑면의 모양은 어떤 도형인지 각각 쓰세요.

가 (　　　　　　　　), 나 (　　　　　　　　)

(3) 각뿔의 이름을 각각 쓰세요.

가 (　　　　　　　　), 나 (　　　　　　　　)

2 각뿔을 보고 □ 안에 각 부분의 이름을 써넣으세요.

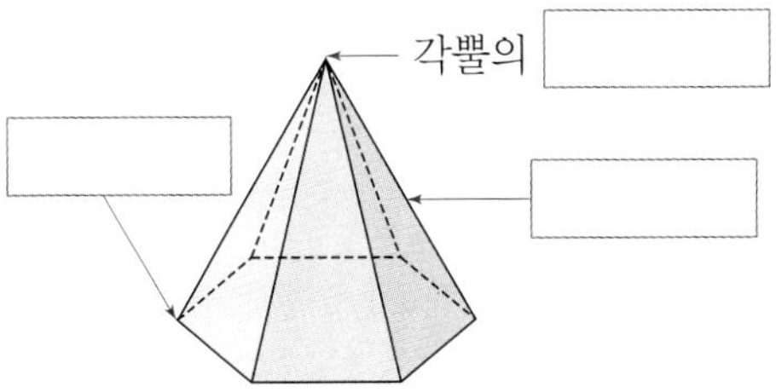

3 □ 안에 알맞은 말을 써넣으세요.

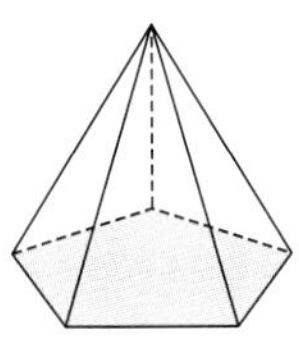

왼쪽과 같이 밑면의 모양이 오각형인 각뿔을 □이라고 합니다.

4 오른쪽 그림은 각뿔의 무엇을 재는 것인가요?

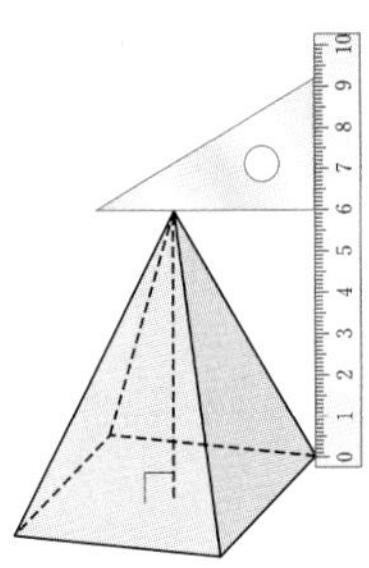

( )

5 각뿔에서 각뿔의 꼭짓점에 ○표 하세요.

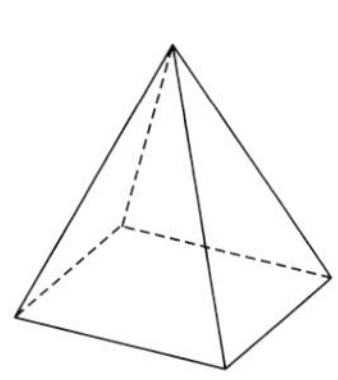

6 각뿔을 보고 □ 안에 알맞은 수를 써넣으세요.

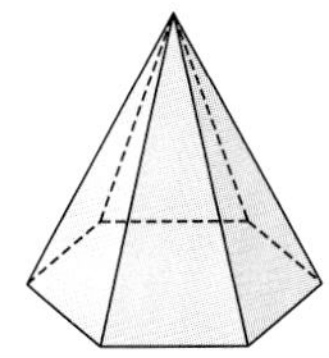

(1) 면과 면이 만나는 선분은 □개입니다.

(2) 모서리와 모서리가 만나는 점은 □개입니다.

7 각뿔을 보고 표를 완성하세요.

각뿔	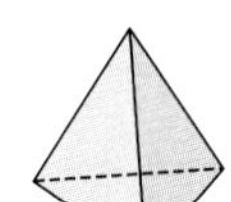	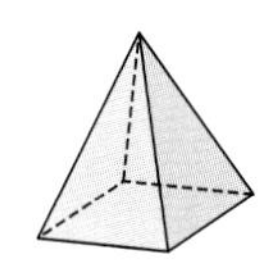
이름	삼각뿔	사각뿔
밑면의 변의 수(개)		
꼭짓점의 수(개)		

8 각뿔을 보고 표를 완성하세요.

각뿔	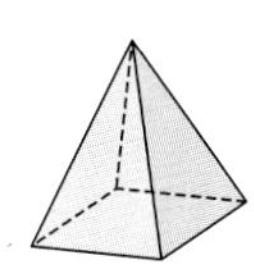	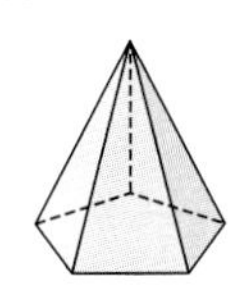
이름	사각뿔	
밑면의 변의 수(개)		
모서리의 수(개)		

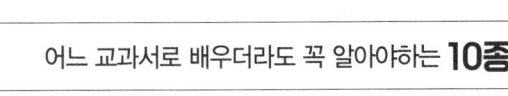

1 각뿔의 높이는 몇 cm입니까?

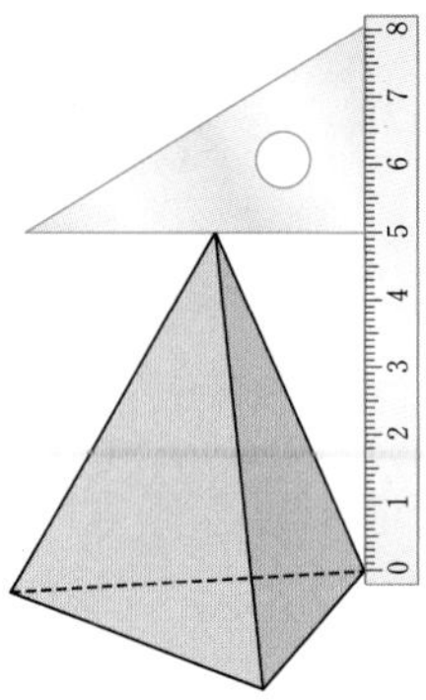

(　　　　　　　　　　)

2 보기 에서 알맞은 말을 골라 □ 안에 써넣으세요.

보기
높이, 각뿔의 꼭짓점, 모서리, 옆면

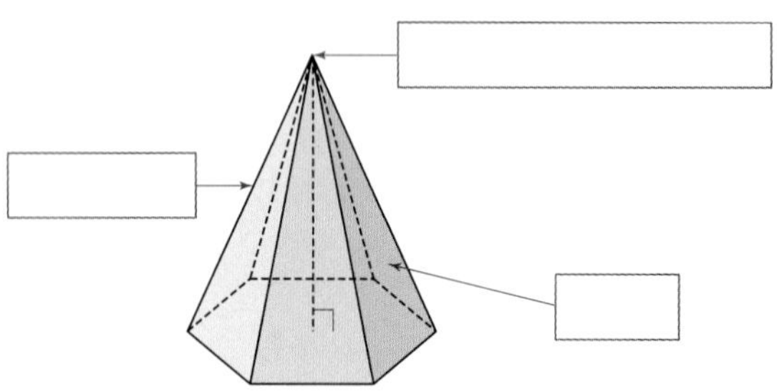

3 각뿔을 보고 물음에 답하세요.

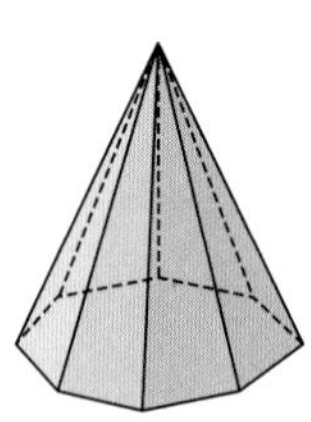

(1) 각뿔의 이름을 쓰세요.

(　　　　　　　　　　)

(2) 밑면은 몇 개인가요?

(　　　　　　　　　　)

(3) 옆면은 모두 몇 개인가요?

(　　　　　　　　　　)

4 입체도형을 보고 표를 완성하세요.

가 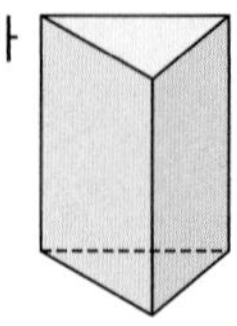

나 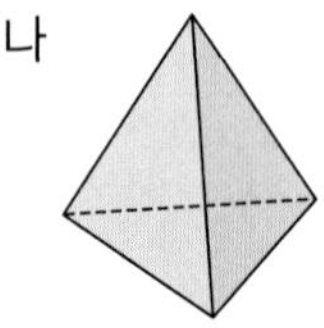

도형	밑면의 모양	옆면의 모양	밑면의 수(개)
가			
나			

5 밑면이 다음 도형과 같은 각뿔의 이름은 무엇인가요?

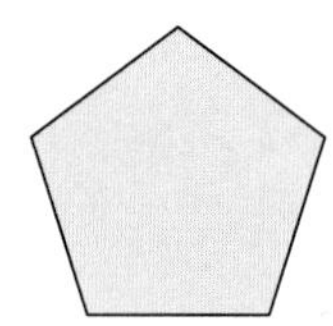

(　　　　　　　　　　)

서술형 문제

6 입체도형이 각뿔이 아닌 까닭을 쓰세요.

(1)

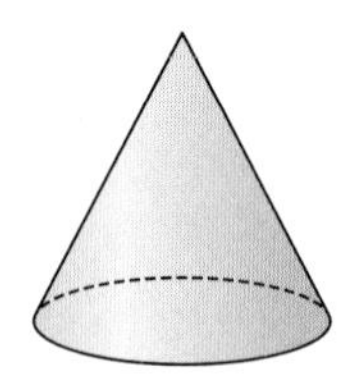

(2)

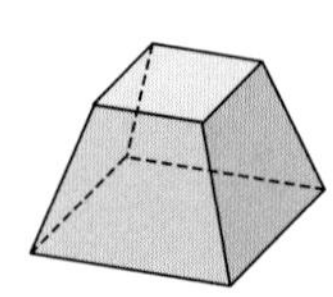

7 설명을 보고 입체도형의 이름을 쓰세요.

- 밑면이 사각형입니다.
- 옆면이 모두 삼각형입니다.
- 면은 모두 5개입니다.

(　　　　　　　　　　)

8 오각뿔을 이루고 있는 부분의 개수를 세어 ㉠+㉡을 구하세요.

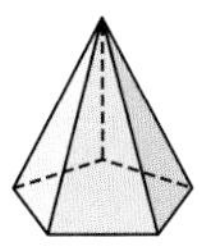

㉠ 면의 수　㉡ 꼭짓점의 수

(　　　　　　　　　　)

9 오른쪽 그림과 같은 삼각형 7개를 옆면으로 하는 각뿔이 있습니다. 각뿔의 모서리는 모두 몇 개인가요?

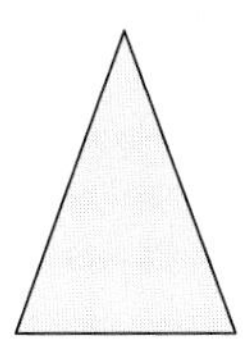

(　　　　　　　　　　)

서술형 문제

10 각뿔의 특징을 잘못 설명한 것을 찾아 기호를 쓰고, 바르게 고치세요.

㉠ 면과 면이 만나는 선분은 모서리입니다.
㉡ 꼭짓점 중에서도 옆면이 모두 만나는 점은 각뿔의 꼭짓점입니다.
㉢ 각뿔의 옆면은 모두 사각형입니다.

기호 ....

바르게 고치기 ....

11 정보처리 각뿔을 보고 표를 완성하세요.

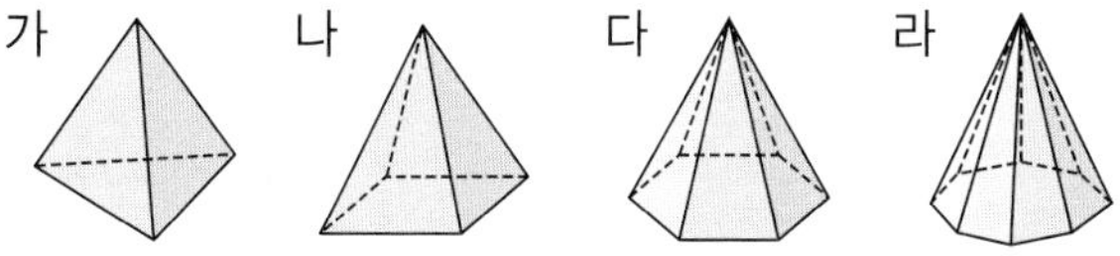

도형	밑면의 모양	꼭짓점의 수(개)	면의 수(개)	모서리의 수(개)
가	삼각형	4		
나				
다				
라				

12 추론 각뿔에서 꼭짓점의 수와 밑면의 변의 수 사이의 규칙을 찾아 그 관계를 보기 와 같이 식으로 나타내세요.

보기
(모서리의 수)=(밑면의 변의 수)×2

....

....

13 문제해결 밑면의 모양과 옆면의 모양이 다음과 같은 각뿔이 있습니다. 물음에 답하세요.

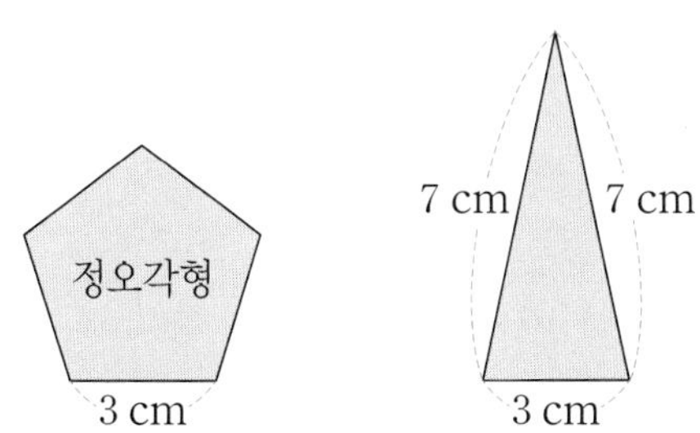

(1) 밑면의 다섯 변의 길이는 몇 cm인가요?

(　　　　　　　　　　)

(2) 모든 모서리의 길이의 합은 몇 cm인가요?

(　　　　　　　　　　)

step 3 문제 해결 잘 틀리는 문제

문제 풀이

유형 1 각기둥의 전개도 찾기

1 전개도를 접었을 때 각기둥이 되는 것을 찾아 기호를 쓰세요.

가
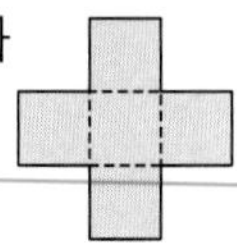
나
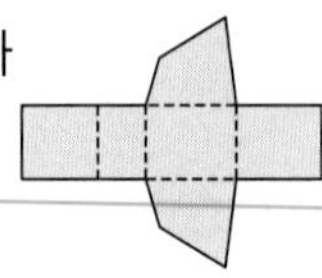
다
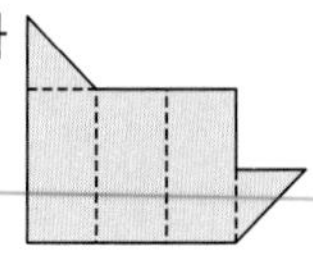

(　　　　　　　　　　)

Solution 각기둥의 전개도를 접었을 때 확인할 사항
① 서로 겹치는 면이 없는지 확인하기
② 맞닿는 부분의 길이가 같은지 확인하기
③ 옆면의 수가 한 밑면의 변의 수와 같은지 확인하기

1-1 각기둥의 전개도를 모두 찾아 기호를 쓰세요.

가
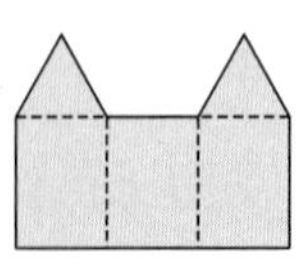
나
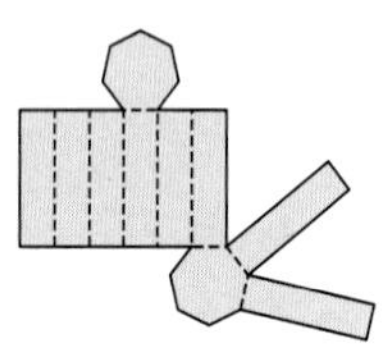
다
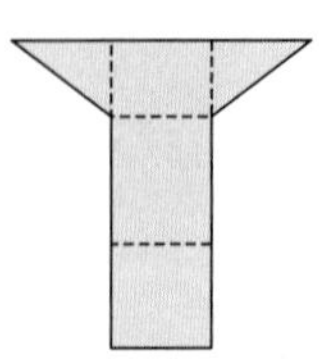
라
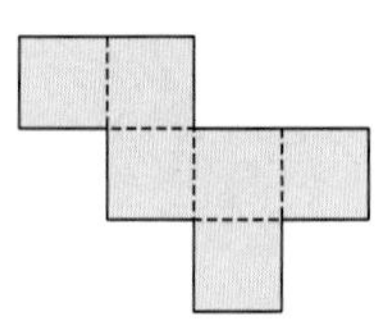

(　　　　　　　　　　)

1-2 전개도를 접었을 때 각기둥이 되는 것을 찾아 기호를 쓰고, 각기둥의 이름을 쓰세요.

가
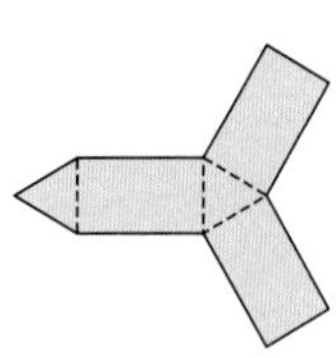
나
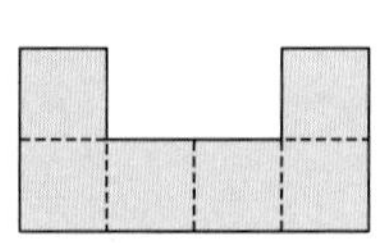
다
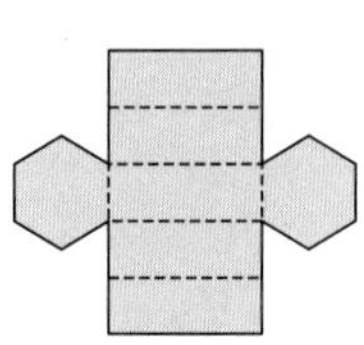
라
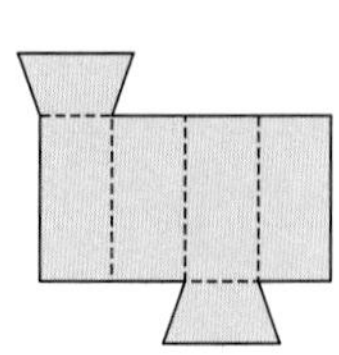

(　　　　　　　　　　), (　　　　　　　　　　)

유형 2 각기둥과 각뿔의 이름 알아보기

2 면의 수가 7개인 각기둥과 각뿔의 이름을 각각 쓰세요.

각기둥 (　　　　　　　　　　)
각뿔 (　　　　　　　　　　)

Solution

	■각기둥	■각뿔
면의 수(개)	■+2	■+1
꼭짓점의 수(개)	■×2	■+1
모서리의 수(개)	■×3	■×2

2-1 면의 수가 10개인 각기둥과 각뿔의 이름을 각각 쓰세요.

각기둥 (　　　　　　　　　　)
각뿔 (　　　　　　　　　　)

2-2 꼭짓점의 수가 14개인 각기둥과 각뿔의 이름을 각각 쓰세요.

각기둥 (　　　　　　　　　　)
각뿔 (　　　　　　　　　　)

2-3 모서리의 수가 24개인 각기둥과 각뿔의 이름을 각각 쓰세요.

각기둥 (　　　　　　　　　　)
각뿔 (　　　　　　　　　　)

정답 18쪽

유형 3 전개도에서 선분의 길이 구하기

3 다음은 삼각기둥의 전개도입니다. 선분 ㄷㄹ은 몇 cm입니까?

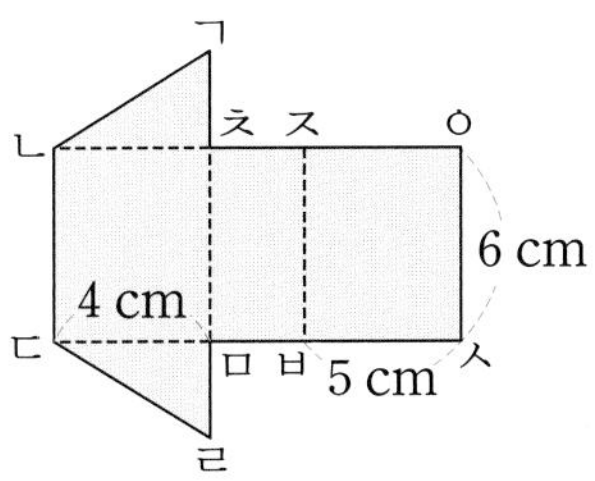

(　　　　　　　　　　)

Solution 전개도를 접었을 때 맞닿는 선분을 찾습니다. 전개도를 접었을 때 맞닿는 선분끼리 길이가 같습니다.

3-1 다음은 사각기둥의 전개도입니다. 선분 ㄹㅁ은 몇 cm입니까?

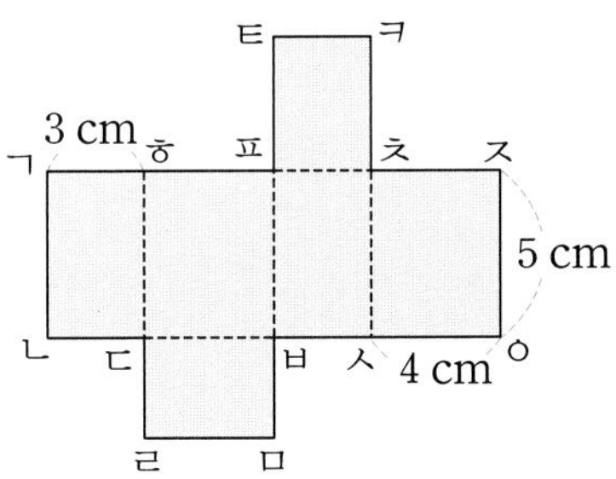

(　　　　　　　　　　)

3-2 다음은 삼각기둥의 전개도입니다. 선분 ㄴㄷ은 몇 cm입니까?

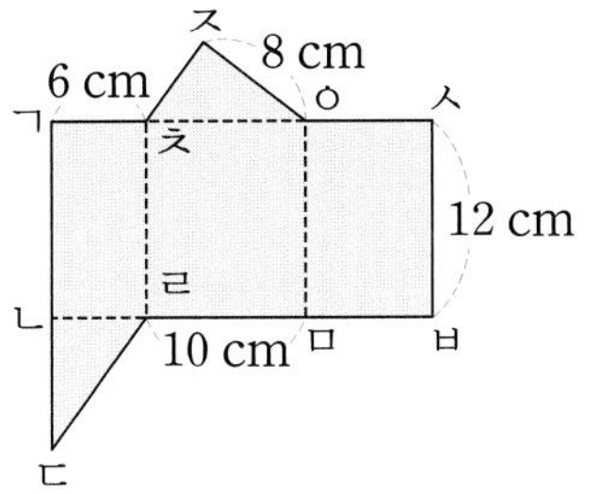

(　　　　　　　　　　)

유형 4 면, 꼭짓점, 모서리의 수 비교하기

4 다음 중 개수가 가장 많은 것을 찾아 기호를 쓰세요.

㉠ 삼각기둥의 꼭짓점의 수
㉡ 오각뿔의 모서리의 수
㉢ 팔각뿔의 면의 수

(　　　　　　　　　　)

Solution 각기둥과 각뿔의 구성 요소의 수를 각각 구한 다음 그 개수를 비교합니다.

4-1 다음 중 개수가 가장 많은 것을 찾아 기호를 쓰세요.

㉠ 오각기둥의 모서리의 수
㉡ 칠각뿔의 모서리의 수
㉢ 십일각기둥의 면의 수

(　　　　　　　　　　)

4-2 다음 중 개수가 가장 적은 것을 찾아 기호를 쓰세요.

㉠ 육각뿔의 모서리의 수
㉡ 구각기둥의 면의 수
㉢ 십이각뿔의 면의 수

(　　　　　　　　　　)

4-3 다음 중 개수가 많은 것부터 차례로 기호를 쓰세요.

㉠ 사각기둥의 꼭짓점의 수
㉡ 사각뿔의 면의 수
㉢ 육각뿔의 꼭짓점의 수
㉣ 삼각기둥의 모서리의 수

(　　　　　　　　　　)

5 연습 문제

다음과 같이 ❶밑면이 정오각형이고 옆면이 모두 합동인 이등변삼각형인 각뿔이 있습니다. 이 ❷각뿔의 모든 모서리의 길이의 합은 몇 cm인지 알아보세요.

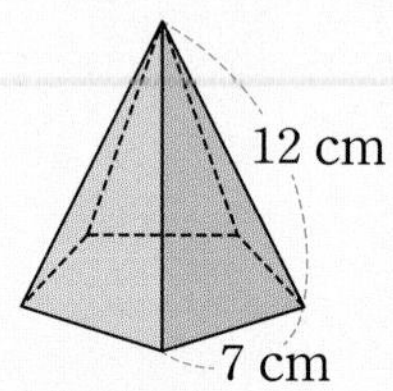

❶ 이 각뿔은 길이가 7 cm인 모서리가 □개, 길이가 12 cm인 모서리가 □개입니다.

❷ 따라서 모든 모서리의 길이의 합은
$7\times\square+12\times\square=\square+\square=\square$(cm)
입니다.

답 □ cm

5-1 실전 문제

다음과 같이 밑면이 정육각형이고 옆면이 모두 합동인 이등변삼각형인 각뿔이 있습니다. 이 각뿔의 모든 모서리의 길이의 합은 몇 cm인지 풀이 과정을 쓰고 답을 구하세요.

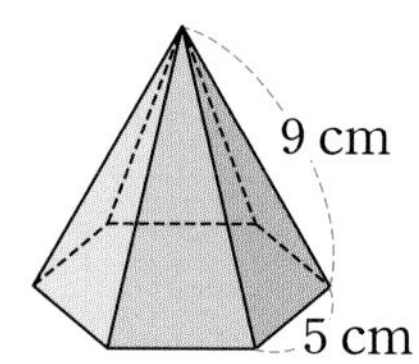

풀이

답

6 연습 문제

❶밑면의 모양이 오른쪽과 같은 ❷각기둥의 모서리는 모두 몇 개인지 알아보세요.

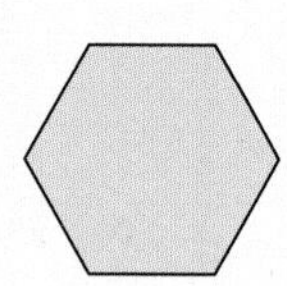

❶ 밑면의 모양이 □각형인 각기둥이므로 □각기둥입니다.

❷ 각기둥의 모서리의 수는 한 밑면의 변의 수의 □배이므로 □각기둥의 모서리는 모두
$6\times\square=\square$(개)입니다.

답 □개

6-1 실전 문제

밑면의 모양이 다음과 같은 각기둥의 모서리는 모두 몇 개인지 풀이 과정을 쓰고 답을 구하세요.

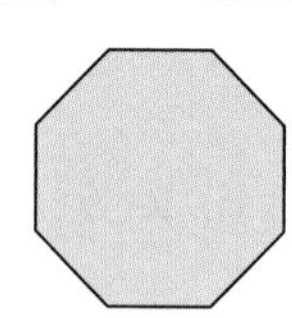

풀이

답

7 연습 문제

❶전개도를 접었을 때 만들어지는 각기둥의 ❷모든 모서리의 길이의 합은 몇 cm인지 알아보세요.

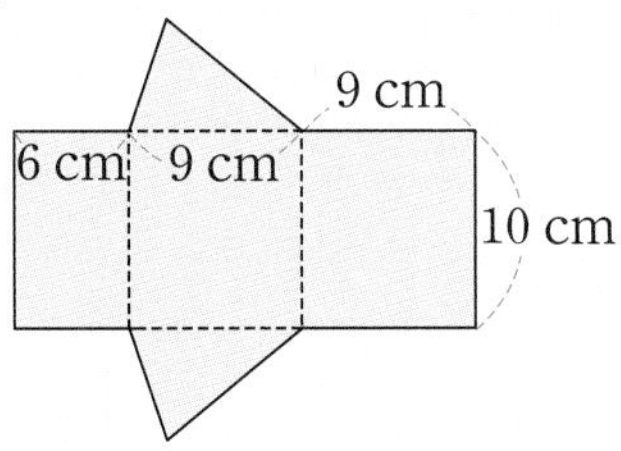

❶ 전개도를 접었을 때 만들어지는 각기둥은 밑면의 모양이 □각형이므로 □입니다.

❷ (만들어지는 각기둥의 모든 모서리의 길이의 합)
=(한 밑면의 둘레)×□+(높이)×□
=(6+9+□)×□+10×□
=□+□=□(cm)

답 □cm

7-1 실전 문제

전개도를 접었을 때 만들어지는 각기둥의 모든 모서리의 길이의 합은 몇 cm인지 풀이 과정을 쓰고 답을 구하세요.

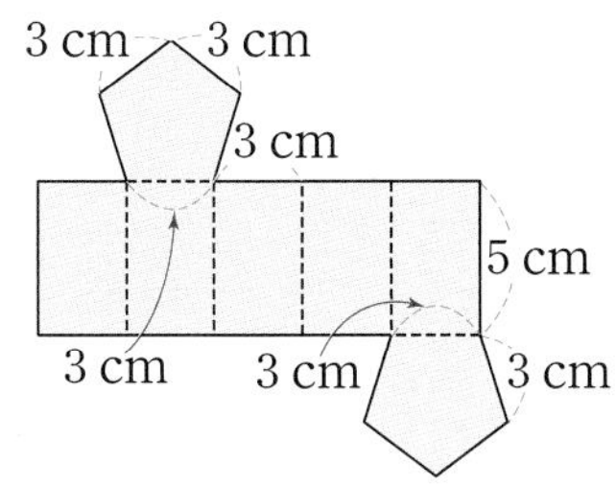

풀이

답

2 단원

8 연습 문제

❶모서리가 12개인 각뿔에서 ❷꼭짓점은 모두 몇 개인지 알아보세요.

❶ (각뿔의 모서리의 수)=(밑면의 변의 수)×□이므로 모서리가 12개인 각뿔의 밑면의 변의 수는 □개입니다. 따라서 모서리가 12개인 각뿔은 □각뿔입니다.

❷ 각뿔의 꼭짓점의 수는 밑면의 변의 수보다 □개 더 많으므로 □+□=□(개)입니다.

답 □개

8-1 실전 문제

모서리가 16개인 각뿔의 면은 모두 몇 개인지 풀이 과정을 쓰고 답을 구하세요.

풀이

답

step 4 실력 Up 문제

문제 풀이

1 사각기둥의 전개도가 아닌 것을 찾아 기호를 쓰세요.

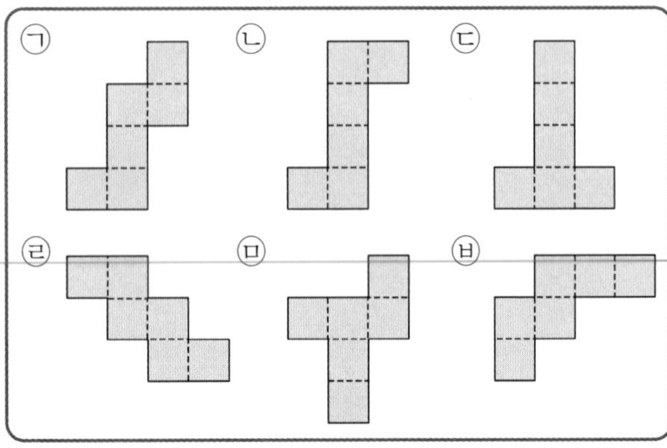

(　　　　　　　　　　)

2 밑면의 모양이 다음과 같은 각기둥의 이름과 면, 모서리, 꼭짓점의 수를 써넣으세요.

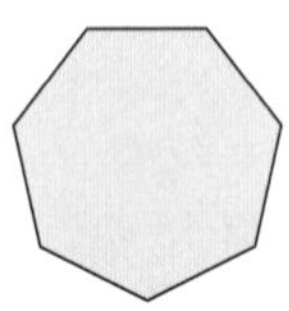

각기둥의 이름	면의 수(개)	모서리의 수(개)	꼭짓점의 수(개)

3 어떤 각기둥의 전개도를 옆면만 그린 것입니다. 이 각기둥의 밑면의 모양은 어떤 도형인가요?

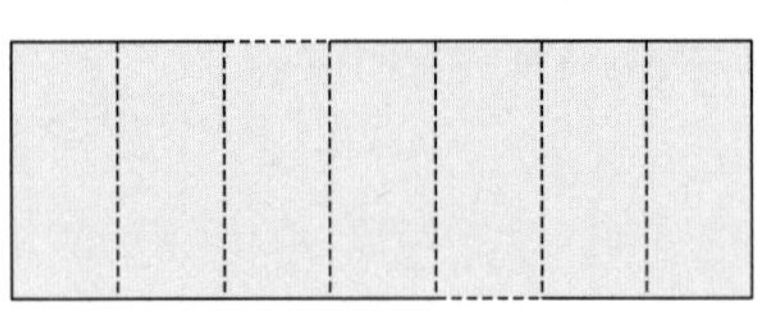

(　　　　　　　　　　)

4 ㉠과 ㉡의 합은 몇 개일까요?

> ㉠ 구각기둥의 모서리의 수
> ㉡ 십오각뿔의 면의 수

(　　　　　　　　　　)

5 오각기둥을 그림과 같이 평면으로 잘랐습니다. 잘라서 생긴 두 입체도형의 이름을 쓰세요.

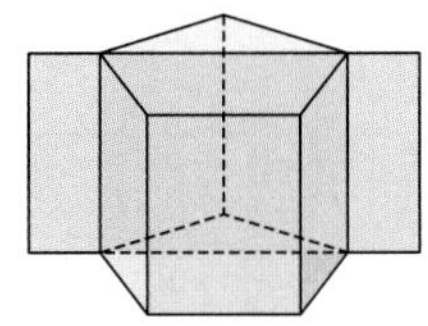

(　　　　　　　　　　), (　　　　　　　　　　)

서술형 문제

6 다음 전개도로 오각기둥을 만들 수 없는 이유를 쓰세요.

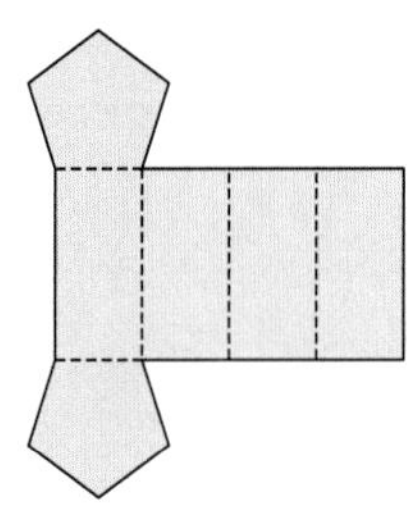

7 두 밑면이 정다각형이고 옆면이 합동인 직사각형 10개로 이루어진 입체도형의 모서리는 모두 몇 개인가요?

(　　　　　　　　　　)

8 사각기둥의 전개도에서 면 ㄱㄴㄷㅎ의 넓이가 60 cm^2일 때, 전개도의 둘레는 몇 cm인가요?

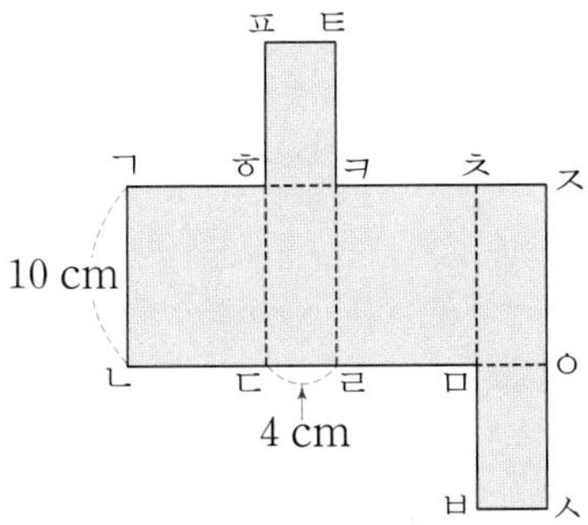

( )

9 사각기둥의 면 위에 그어진 선분을 보고 다음 전개도에 선분을 알맞게 그으세요.

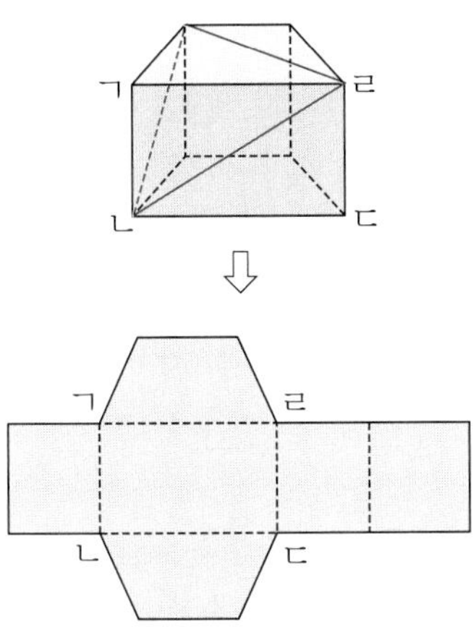

10 다음 조건 을 만족하는 도형을 그리려고 합니다. 그려야 하는 입체도형의 이름을 쓰세요.

조건
- 각기둥입니다.
- 전개도에는 삼각형과 사각형이 모두 있습니다.

( )

[11 ~ 12] 스위스의 수학자 오일러는 광물의 결정을 둘러싼 면과 꼭짓점, 모서리의 수를 구해 규칙을 발견했습니다. 물음에 답하세요.

결정 모양	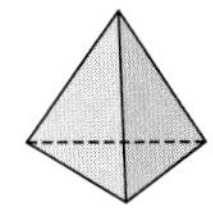	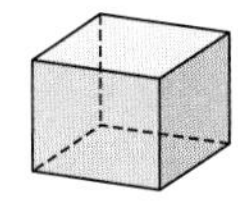	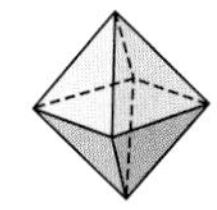	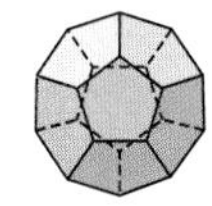
광물	유동석	황철석	자철석	석류석
특징	모든 면이 삼각형인 삼각뿔 모양	모든 면이 직사각형인 사각기둥 모양	밑면이 사각형인 사각뿔 2개를 맞댄 모양	모든 면이 오각형으로 구성된 모양

11 각 광물 결정의 면, 꼭짓점, 모서리의 수를 써넣어 표를 완성하세요.

광물	면의 수(개)	꼭짓점의 수(개)	모서리의 수(개)
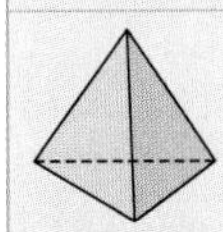 유동석			
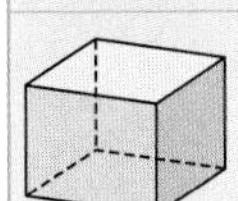 황철석			
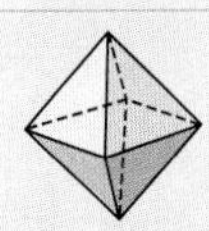 자철석			
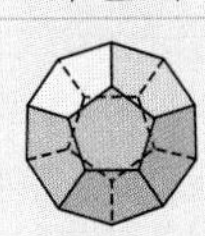 석류석		20	30

12 11번의 표를 보고 광물 결정의 면, 꼭짓점, 모서리의 수 사이의 규칙을 찾아 완성하세요.

(면의 수)+(꼭짓점의 수)−(모서리의 수)=□

2 단원

진도 완료 체크

단원 평가 2. 각기둥과 각뿔

1 도형을 보고 각기둥과 각뿔을 모두 찾아 기호를 써넣으세요.

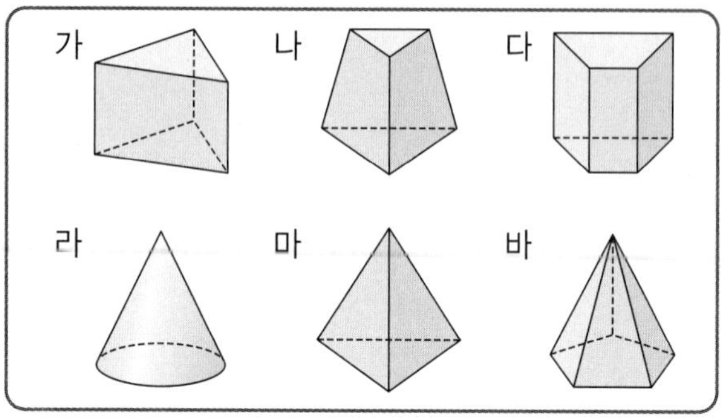

각기둥	각뿔

2 입체도형의 이름을 쓰세요.

(1)

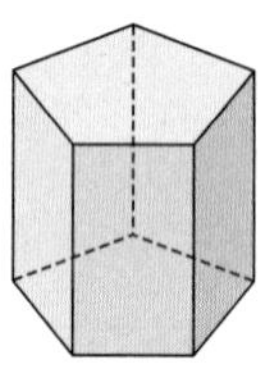

(　　　　　)

(2)

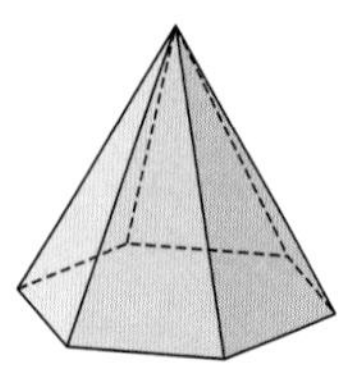

(　　　　　)

3 □ 안에 각뿔의 각 부분의 이름을 쓰세요.

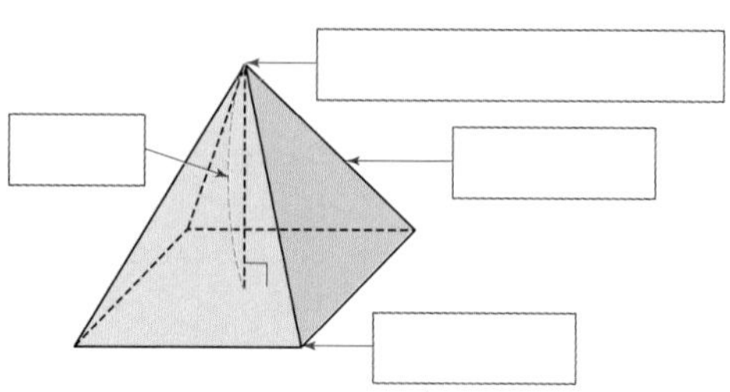

4 각뿔의 높이는 몇 cm인가요?

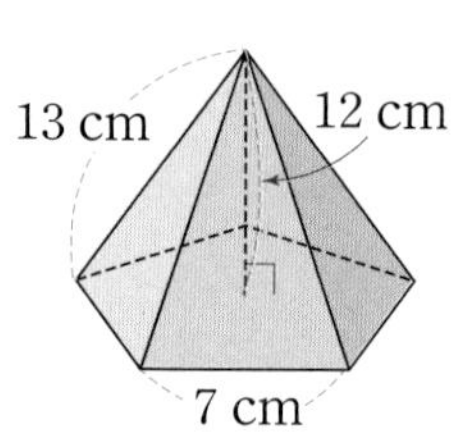

(　　　　　)

5 각뿔의 높이를 바르게 잰 것을 찾아 기호를 쓰세요.

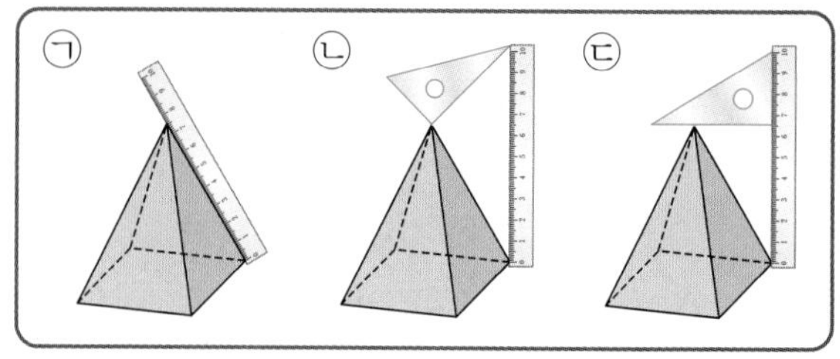

(　　　　　)

6 두 도형에서 같은 것을 찾아 기호를 쓰세요.

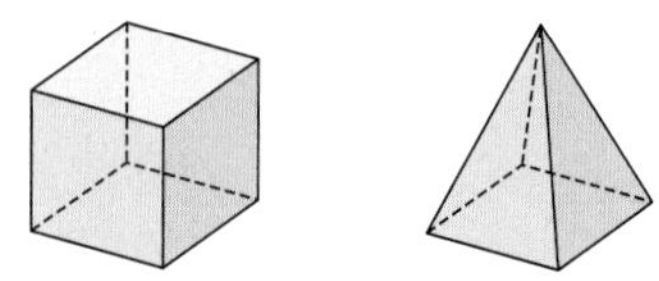

㉠ 옆면의 모양　　㉡ 밑면의 수
㉢ 꼭짓점의 수　　㉣ 밑면의 모양

(　　　　　)

7 보기 에서 설명하는 입체도형은 어느 것인가요? ············ (　　　)

보기
- 각기둥입니다.
- 꼭짓점이 모두 10개입니다.

① 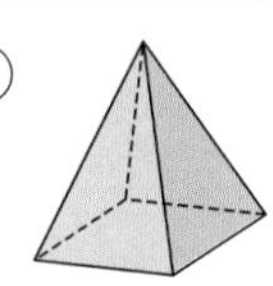
② 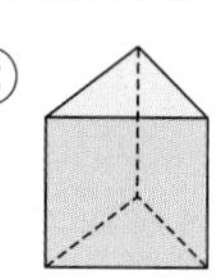
③ 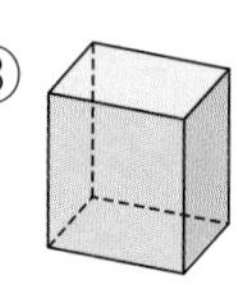
④ 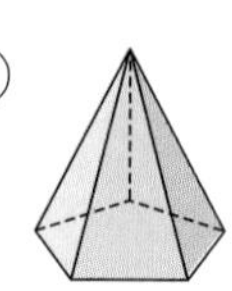
⑤ 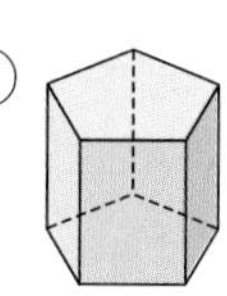

8 각기둥에 대한 설명으로 옳은 것은 어느 것인가요?

( )

① 밑면은 한 개입니다.
② 옆면은 삼각형입니다.
③ 밑면과 옆면은 서로 평행합니다.
④ 모서리의 수와 꼭짓점의 수는 같습니다.
⑤ 밑면의 모양에 따라 이름이 정해집니다.

9 어떤 입체도형의 전개도인가요?

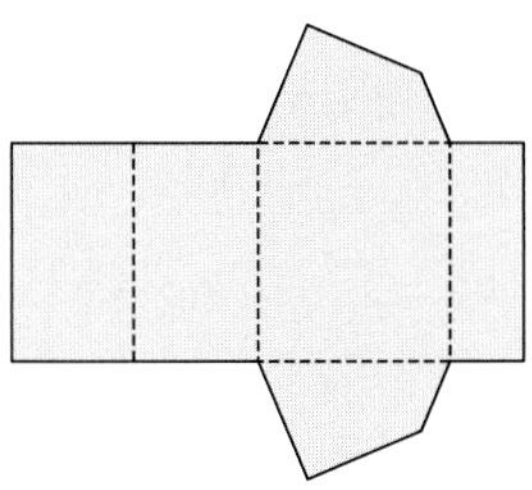

( )

10 입체도형을 보고 빈칸에 알맞은 수를 써넣으세요.

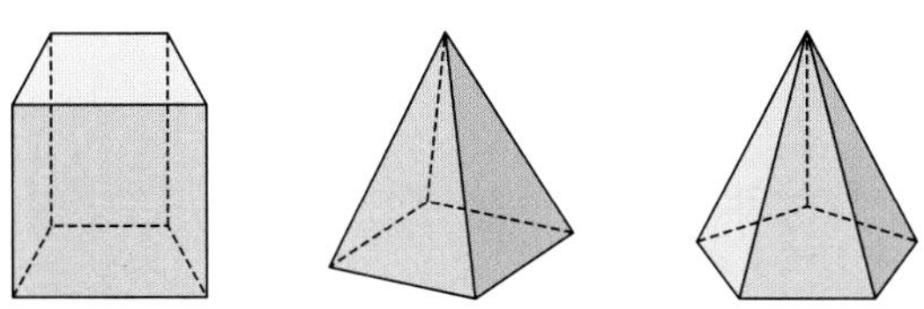

도형	꼭짓점의 수(개)	면의 수(개)	모서리의 수(개)
사각기둥			
사각뿔			
오각뿔			

11 칠각뿔의 옆면은 몇 개인가요?

( )

12 전개도를 접어서 사각기둥을 만들었습니다. □ 안에 알맞은 수를 써넣으세요.

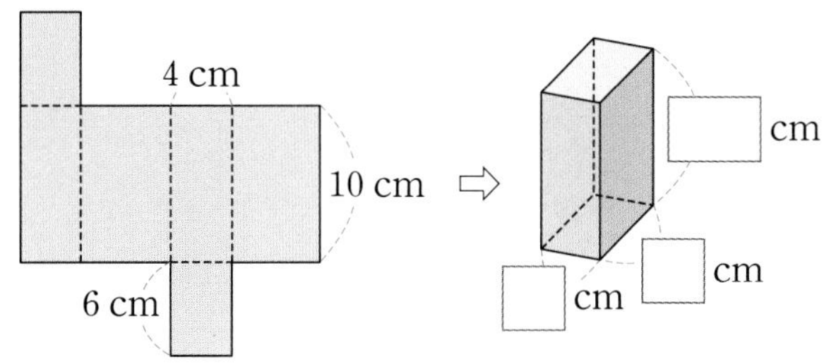

13 각뿔에 대한 설명입니다. 잘못 설명한 사람은 누구인가요?

윤우: 밑면은 한 개야.

선미: 모서리의 수는 밑면의 변의 수의 2배야.

수지: 옆면의 수와 꼭짓점의 수는 같아.

( )

14 다음 전개도를 접어서 만들어지는 각기둥의 높이는 몇 cm인가요?

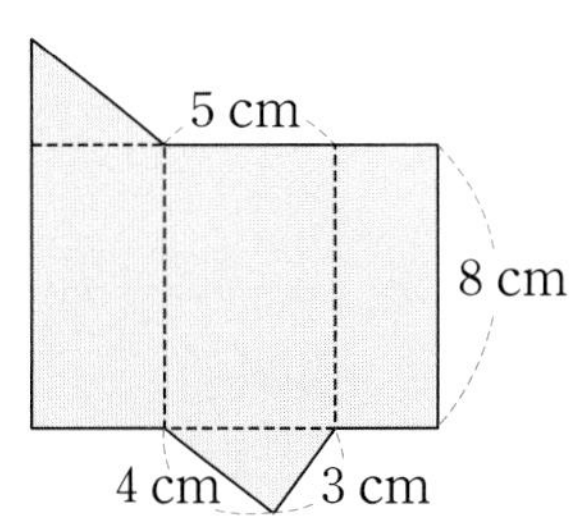

( )

15 각기둥의 전개도로 바른 것을 찾아 기호를 쓰세요.

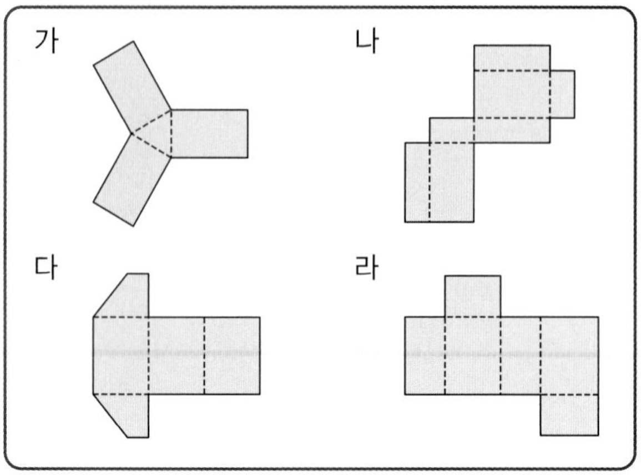

(　　　　　　　　　　)

16 전개도를 접었을 때 점 ㄱ, 점 ㄴ, 점 ㅂ, 점 ㅅ과 맞닿는 점을 각각 찾아 쓰세요.

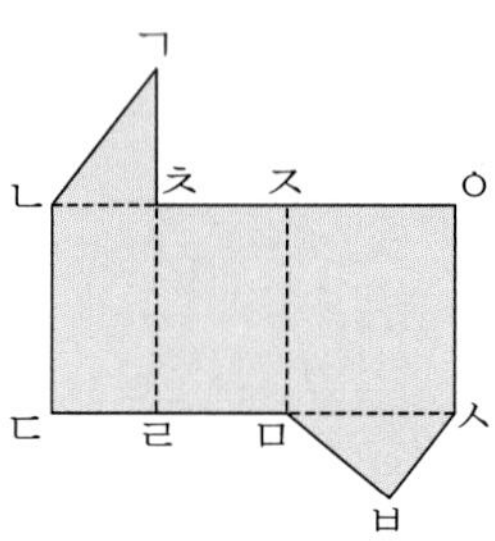

점 ㄱ	
점 ㄴ	
점 ㅂ	
점 ㅅ	

17 개수가 가장 적은 것을 찾아 기호를 쓰세요.

㉠ 구각뿔의 모서리의 수
㉡ 칠각뿔의 꼭짓점의 수
㉢ 팔각뿔의 면의 수

(　　　　　　　　　　)

18 어떤 입체도형의 옆면과 밑면의 모양입니다. 이 입체도형의 꼭짓점은 모두 몇 개인가요? (단, 옆면은 모두 합동입니다.)

옆면	밑면
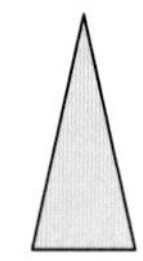	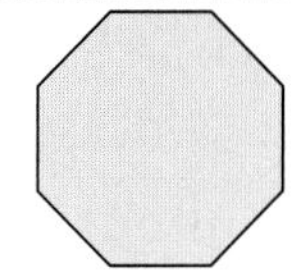

(　　　　　　　　　　)

19 밑면이 가로 4 cm, 세로 2 cm인 직사각형이고 높이가 6 cm인 사각기둥의 전개도를 그리세요.

20 다음과 같은 모양의 옆면이 6개가 있는 각뿔이 있습니다. 이 각뿔의 모든 모서리의 길이의 합은 몇 cm인가요?

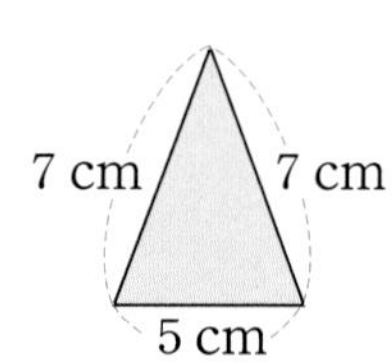

(　　　　　　　　　　)

문제 생성기
1~20번까지의
단원 평가 유사 문제 제공

21 꼭짓점의 수가 12개인 각뿔의 모서리는 모두 몇 개인지 알아보세요.

(1) 꼭짓점의 수가 12개인 각뿔의 밑면의 변의 수는 몇 개인가요?

( )

(2) 꼭짓점의 수가 12개인 각뿔의 이름은 무엇인가요?

( )

(3) 꼭짓점의 수가 12개인 각뿔의 모서리는 모두 몇 개인가요?

( )

22 밑면은 넓이가 49 cm^2인 정사각형이고, 한 옆면은 넓이가 56 cm^2인 직사각형인 각기둥이 있습니다. 이 각기둥의 모든 모서리의 길이의 합은 몇 cm인지 알아보세요.

(1) 밑면의 한 변의 길이는 몇 cm인가요?

( )

(2) 각기둥의 높이는 몇 cm인가요?

( )

(3) 각기둥의 모든 모서리의 길이의 합은 몇 cm인가요?

( )

23 오각뿔의 꼭짓점의 수를 ㉠개, 면의 수를 ㉡개, 모서리의 수를 ㉢개라고 할 때, 다음은 얼마인지 풀이 과정을 쓰고 답을 구하세요.

(㉠+㉡)×㉢

풀이

답

24 어떤 각기둥의 꼭짓점의 수와 모서리의 수를 더하였더니 25개였습니다. 이 각기둥의 이름은 무엇인지 풀이 과정을 쓰고 답을 구하세요.

풀이

답

2 단원

진도 완료 체크

배점			점수	
	1~20번	4점		
	21~24번	5점		

오답 노트

3 소수의 나눗셈

웹툰으로 단원 미리보기 **3**화 화분 갈이

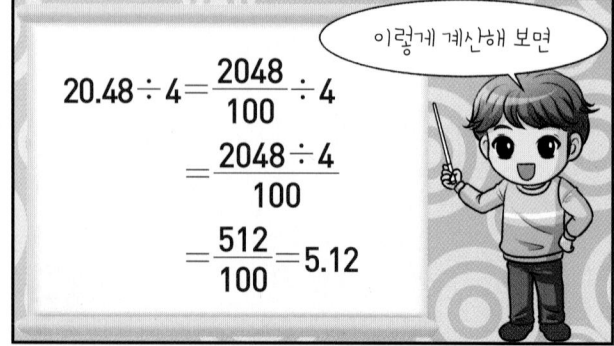

이어지는 내용을 확인하세요.

이전에 배운 내용

3-2 (몇십)÷(몇)

$6 \div 3 = 2$ → 10배, 10배 → $60 \div 3 = 20$

5-2 소수의 곱셈

$3.25 \times 1 = 3.25$

10배 / 10배

$3.25 \times 10 = 32.5$

10배 / 10배

$3.25 \times 100 = 325$

6-1 (분수)÷(자연수)

$\frac{5}{7} \div 4 = \frac{20}{28} \div 4$ ← $\frac{5}{7} = \frac{20}{28}$

$= \frac{20 \div 4}{28} = \frac{5}{28}$

분자를 자연수로 나누어 계산할 수 있습니다.

이 단원에서 배울 내용

1 step	교과 개념	몫을 어림하고 확인하기
1 step	교과 개념	(소수)÷(자연수) (1)
2 step	교과 유형 익힘	
1 step	교과 개념	(소수)÷(자연수) (2), (3)
1 step	교과 개념	(소수)÷(자연수) (4)
2 step	교과 유형 익힘	
1 step	교과 개념	(소수)÷(자연수) (5)
1 step	교과 개념	(자연수)÷(자연수)
2 step	교과 유형 익힘	
3 step	문제 해결	잘 틀리는 문제 / 서술형 문제
4 step	실력 Up 문제	
	단원 평가	

이 단원을 배우면 (소수)÷(자연수), 몫이 소수인 (자연수)÷(자연수)를 계산할 수 있어요.

개념 강의

step **1** # 교과 개념

몫을 어림하고 확인하기

개념1 소수를 반올림하여 자연수로 나타내어 어림하기

• 17.7 ÷ 3을 어림하여 계산하기

① 3 × 5 = 15이고, 3 × 6 = 18이므로 **17.7÷3의 몫은?**

➜ **5보다 크고 6보다 작습니다.**

② 소수 17.7을 반올림하여 자연수 부분만 생각하면?

17.7 ÷ 3 ➜ 18 ÷ 3 ➜ 몫 약 6

(17.7 → 18: 어림)

19.6÷4의 몫은?

0.49 4.9 49

소수점을 어디에 찍어야 할지 헷갈린다면 여기 해결의 묘약이 있지!

19.6을 20으로 어림하면
몫은 20÷4=5에 가깝겠지.

개념2 어림셈을 이용하여 28.4 ÷ 4의 소수점의 위치 찾기

소수점을 뺀 자연수의 나눗셈을 계산하기	① 284 ÷ 4 = 71
↓ 몫을 어림하기	② 28.4 ÷ 4의 몫은 약 28 ÷ 4 = 7로 어림할 수 있습니다.
↓ 어림한 몫에 맞게 소수점 찍기	③ 71, 7.1, 0.71, ... 중 7로 어림할 수 있는 값은 7.1입니다. 따라서 28.4 ÷ 4 = 7.1입니다.

꿀팁

반올림뿐 아니라 올림, 버림 등의 방법을 사용하여 근삿값을 구하면 올바른 소수점의 위치를 찾아낼 수 있습니다.

개념3 어림셈하여 몫의 소수점 위치를 찾아 소수점 찍기

① 36.2 ÷ 5

어림 36 ÷ 5 ⇨ 약 7

몫 7☐2☐4 (7과 2 사이 ☐에 소수점)

몫이 약 7이 되도록 소수점을 7과 2 사이에 찍습니다.

② 52.2 ÷ 3

어림 52 ÷ 3 ⇨ 약 17

몫 1☐7☐4 (7과 4 사이 ☐에 소수점)

몫이 약 17이 되도록 소수점을 7과 4 사이에 찍습니다.

소수를 어림하여 자연수로 나타내고 소수점의 위치를 찾아봅니다.

개념 확인 1 15.6 ÷ 4를 어림하여 계산하려고 합니다. ☐ 안에 알맞은 수를 써넣으세요.

소수 15.6을 반올림하여 자연수 부분만 생각하면 15.6 ÷ 4 ⇨ ☐ ÷ 4이므로

15.6 ÷ 4의 몫을 약 ☐(으)로 어림할 수 있습니다.

2 보기 와 같이 소수를 반올림하여 자연수로 바꾼 나눗셈식으로 나타내세요.

보기

19.6 ÷ 4 ⇨ 20 ÷ 4

(1) 7.76÷4 ⇨ (　　　　　　　　)

(2) 32.4÷8 ⇨ (　　　　　　　　)

3 보기 와 같이 소수를 반올림하여 자연수로 바꾼 나눗셈식으로 나타내고 계산하세요.

보기

23.7 ÷ 3

어림 24 ÷ 3 ⇨ 약 8

(1) 13.65÷7

어림 □÷7 ⇨ 몫 약□

(2) 45.34÷9

어림 □÷9 ⇨ 몫 약□

4 어림셈을 이용하여 몫을 어림하세요.

(1) 3.24÷3

어림 □÷□ ⇨ 몫 약□

(2) 8.16÷4

어림 □÷□ ⇨ 몫 약□

5 23.8÷7의 몫을 어림하여 알맞은 식을 찾아 기호를 쓰세요.

㉠ 23.8÷7=340
㉡ 23.8÷7=34
㉢ 23.8÷7=3.4
㉣ 23.8÷7=0.34

(　　　　　　　　)

3 단원

진도 완료 체크

6 어림셈하여 몫의 소수점의 위치에 소수점을 알맞게 찍으세요.

(1) 35.7 ÷ 6

어림 □÷□ ⇨ 몫 약□

몫 5□9□5

(2) 49.28 ÷ 7

어림 □÷□ ⇨ 몫 약□

몫 7□0□4

7 소수를 반올림하여 자연수로 나타내어 몫을 어림하였을 때 결과가 더 큰 것을 찾아 기호를 쓰세요.

㉠ 45.3÷5　　㉡ 62.75÷9

(　　　　　　　　)

개념 강의

step 1 교과 개념

개념1 396÷3을 이용하여 39.6÷3, 3.96÷3 계산하기

396 ÷3= 132

$\frac{1}{10}$배 ↓ 39.6 ÷3= 13.2 ↓ $\frac{1}{10}$배

$\frac{1}{100}$배 ↓ 3.96 ÷3= 1.32 ↓ $\frac{1}{100}$배

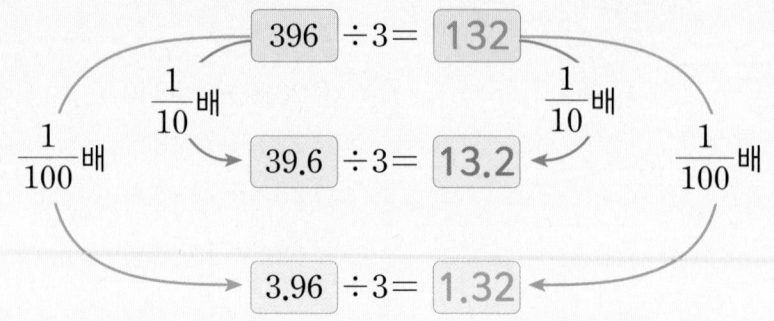

나누는 수는 같고 나누어지는 수가 $\frac{1}{10}$배, $\frac{1}{100}$배가 되면 몫도 $\frac{1}{10}$배, $\frac{1}{100}$배가 됩니다.

나누어지는 수의 소수점이 왼쪽으로 한 칸 이동하면 몫의 소수점도 왼쪽으로 한 칸 이동합니다.

3	9	6	÷3=	1	3	2
3	9.	6	÷3=	1	3.	2
3.	9	6	÷3=	1.	3	2

예 46÷2=23

⇨ 4.6÷2=2.3

소수 한 자리 수 / 소수 한 자리 수

936÷3=312

⇨ 9.36÷3=3.12

소수 두 자리 수 / 소수 두 자리 수

개념2 각 자리에서 나누어떨어지는 (소수)÷(자연수) 계산하기

• 분수의 나눗셈으로 계산하기

① $24.6\div2=\frac{246}{10}\div2=\frac{246\div2}{10}$

$=\frac{123}{10}=12.3$

② $2.46\div2=\frac{246}{100}\div2=\frac{246\div2}{100}$

$=\frac{123}{100}=1.23$

소수를 분수로 바꾸기 ➔ 분자를 나누는 수로 나누기 ➔ 분수를 소수로 바꾸기

• 세로로 계산하기

```
    1 2.3            1.2 3
2)2 4.6          2)2.4 6
  2                2
    4                4
    4                4
      6                6
      6                6
      0                0
```

246÷2=123 ➔ 24.6÷2=12.3

246÷2=123 ➔ 2.46÷2=1.23

개념 확인 1 □ 안에 알맞은 수를 써넣으세요.

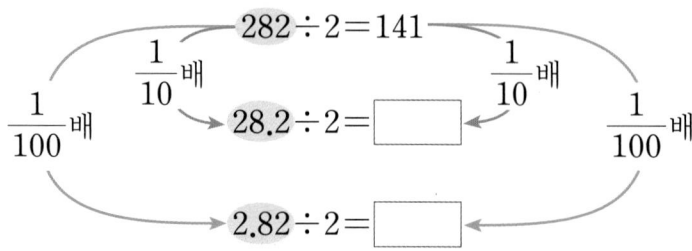

282÷2=141

$\frac{1}{10}$배 ↓ 28.2÷2=□ ↓ $\frac{1}{10}$배

$\frac{1}{100}$배 ↓ 2.82÷2=□ ↓ $\frac{1}{100}$배

2 설탕 6.4 kg을 통 2개에 똑같이 나누어 담으려고 합니다. 한 통에 담을 수 있는 설탕은 몇 kg인지 □ 안에 알맞은 수를 써넣으세요.

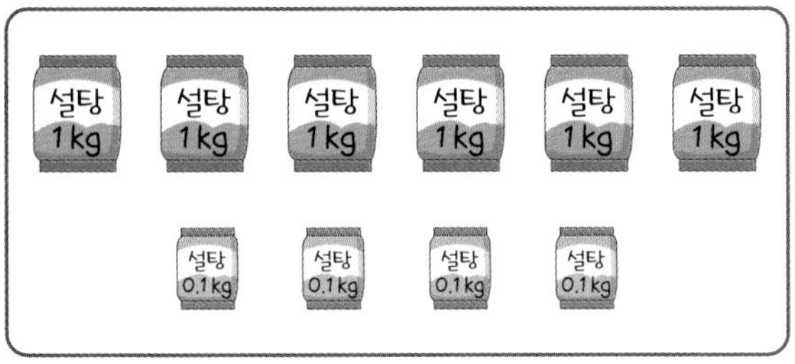

$6.4 \div 2 = \square$

3 □ 안에 알맞은 수를 써넣으세요.

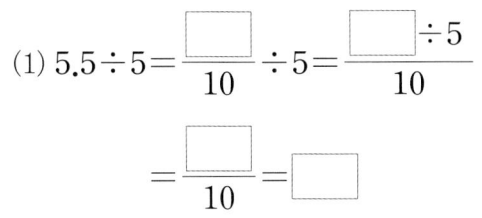

(1) $5.5 \div 5 = \dfrac{\square}{10} \div 5 = \dfrac{\square \div 5}{10}$

$= \dfrac{\square}{10} = \square$

(2) $5.05 \div 5 = \dfrac{\square}{100} \div 5 = \dfrac{\square \div 5}{100}$

$= \dfrac{\square}{100} = \square$

4 □ 안에 알맞은 수를 써넣으세요.

$484 \div 4 = \square$

$\dfrac{1}{10}$배 ↓ ↓ $\dfrac{1}{10}$배

$48.4 \div 4 = \square$

$\dfrac{1}{100}$배 ↓ ↓ $\dfrac{1}{100}$배

$4.84 \div 4 = \square$

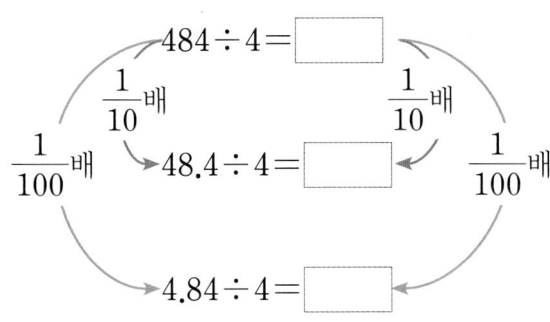

5 자연수의 나눗셈을 이용하여 □ 안에 알맞은 수를 써넣으세요.

(1)
$933 \div 3 = 311$
$93.3 \div 3 = \square$
$9.33 \div 3 = \square$

(2)
$268 \div 2 = 134$
$26.8 \div 2 = \square$
$2.68 \div 2 = \square$

6 끈 42.8 cm를 2등분 하면 한 도막은 몇 cm인지 알아보려고 합니다. 물음에 답하세요.

(1) 42.8 cm는 몇 mm인가요?

( )

(2) 2등분 하면 한 도막은 몇 mm인가요?

( )

(3) 2등분 하면 한 도막은 몇 cm인가요?

( )

7 끈 3.36 m를 3명이 똑같이 나누어 가지면 한 명이 가질 수 있는 끈은 몇 m인지 □ 안에 알맞은 수를 써넣으세요.

1 m=100 cm이므로
3.36 m=□ cm입니다.
$336 \div 3 = \square$
한 명이 가질 수 있는 끈은 □ cm
이므로 □ m입니다.

3 단원

1 □ 안에 알맞은 수를 써넣으세요.

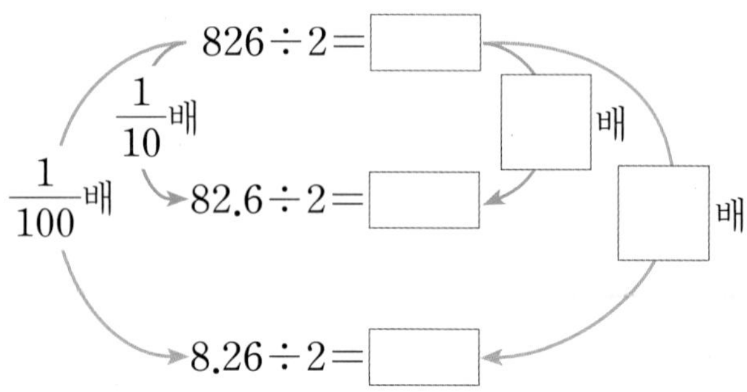

2 몫을 어림하여 알맞은 식을 찾아 기호를 쓰세요.

(1)
㉠ 15.12÷7=216
㉡ 15.12÷7=21.6
㉢ 15.12÷7=2.16
㉣ 15.12÷7=0.216

( )

(2)
㉠ 5.04÷6=840
㉡ 5.04÷6=84
㉢ 5.04÷6=8.4
㉣ 5.04÷6=0.84

( )

3 몫의 소수점 위치를 찾아 표시하세요.

(1) 11.73÷3=3□9□1

(2) 9÷4=2□2□5

4 계산을 하세요.

(1) 3)3 3.9

(2) 4)8.4 4

(3) 2)8 2.6

(4) 2)4.8 2

5 계산하세요.

(1) 6.4÷2

(2) 50.5÷5

6 □ 안에 알맞은 수를 써넣으세요.

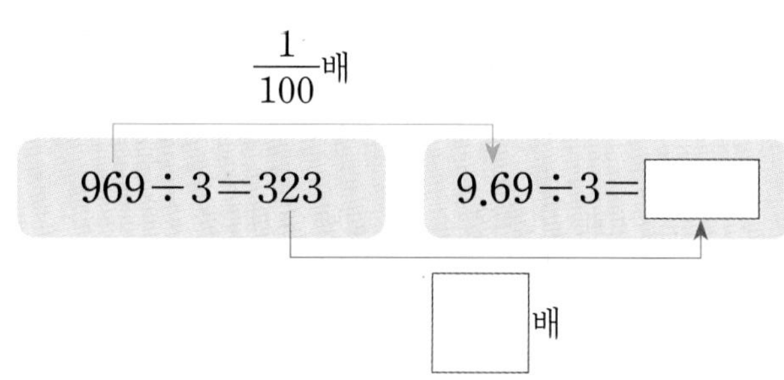

7 소수를 반올림하여 자연수로 나타낸 다음 어림하였을 때 결과가 더 큰 것을 찾아 기호를 쓰세요.

㉠ 51.8÷7 ㉡ 32.7÷3

( )

서술형 문제

8 □ 안에 알맞은 수를 써넣고 그 까닭을 쓰세요.

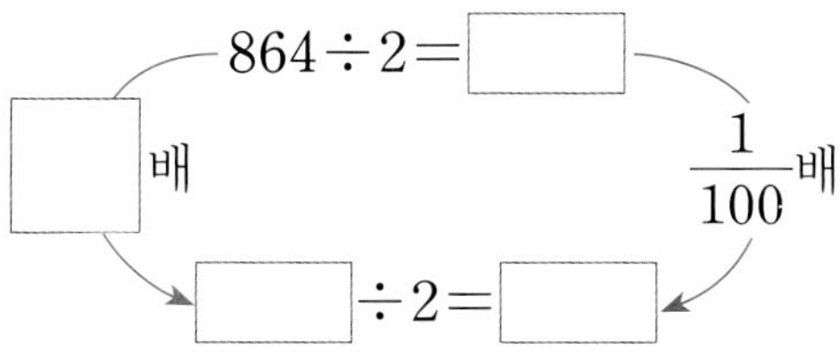

까닭 ____________________

____

9 토끼 한 마리가 하루에 먹는 먹이의 양을 구하려고 합니다. 표에 알맞은 식을 써넣으세요.

동물	네 마리가 하루에 먹는 먹이의 양(kg)	한 마리가 하루에 먹는 먹이의 양(kg)
 말	44	44 ÷ 4 = 11
 토끼	0.44	

10 노끈 39.6 cm를 3명에게 똑같이 나누어 주려고 합니다. 한 명이 받게 되는 노끈 한 도막은 몇 cm인지 구하세요.

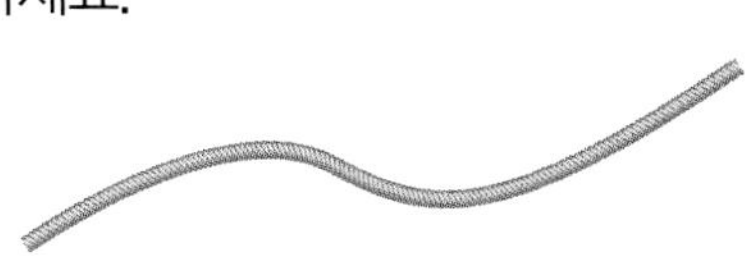

( )

서술형 문제

11 정보처리 윤우의 계산을 보고 윤우가 어떤 실수를 했는지 쓰고, 바르게 계산하세요.

8.2 L의 물을 그릇 4개에 똑같이 나누어 담아야 해. 820 ÷ 4 = 205이므로 8.2 ÷ 4 = 20.5야. 따라서 그릇 한 개에 20.5 L씩 담으면 돼.

윤우가 한 실수 ____________________

바르게 계산한 결과 ____________________

12 문제해결 몫을 어림하여 몫이 1보다 큰 나눗셈을 모두 찾아 ○표 하세요.

2.31 ÷ 3	4.52 ÷ 4	5.75 ÷ 5
5.25 ÷ 3	1.47 ÷ 3	7.84 ÷ 4

13 추론 진명이는 상자 4개를 묶기 위해 리본 128 cm를 4개로 똑같이 나누었습니다. 예은이도 진명이와 같은 방법으로 리본 1.28 m를 사용하여 상자 4개를 묶으려고 합니다. 예은이가 상자 한 개를 묶을 때 사용하는 리본은 몇 m인지 구하세요.

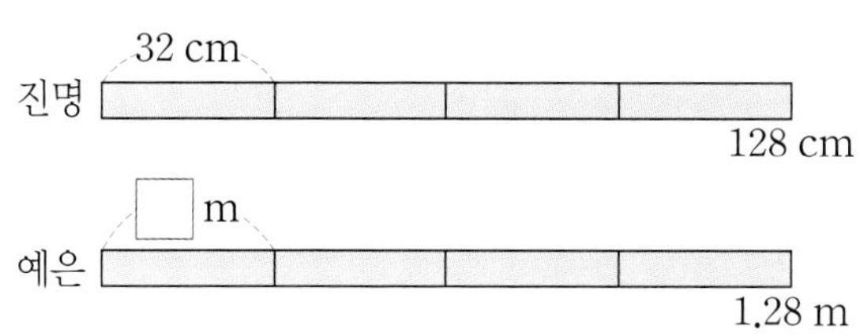

( )

3 단원

진도 완료 체크

개념 1 각 자리에서 나누어떨어지지 않는 (소수)÷(자연수) 계산하기

• 27.72÷4 계산하기

(1) 분수의 나눗셈 이용하기

$$27.72\div 4=\frac{2772}{100}\div 4=\frac{2772\div 4}{100}=\frac{693}{100}=6.93$$

(2) 자연수의 나눗셈 이용하기

$\frac{1}{100}$배

2772÷4=693 ➔ 27.72÷4=6.93

$\frac{1}{100}$배

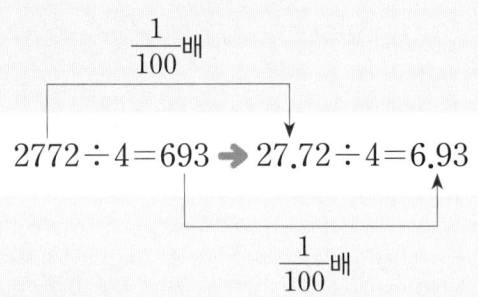

(3) 세로로 계산하기

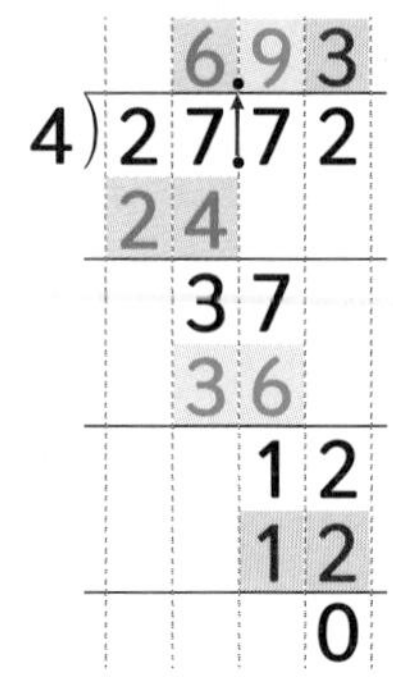

몫의 소수점은 나누어지는 수의 소수점을 올려 찍습니다.

개념 2 몫이 1보다 작은 (소수)÷(자연수) 계산하기

• 8.64÷9 계산하기

(1) 분수의 나눗셈 이용하기

$$8.64\div 9=\frac{864}{100}\div 9=\frac{864\div 9}{100}=\frac{96}{100}=0.96$$

(2) 자연수의 나눗셈 이용하기

$\frac{1}{100}$배

864÷9=96 ➔ 8.64÷9=0.96

$\frac{1}{100}$배

(3) 세로로 계산하기

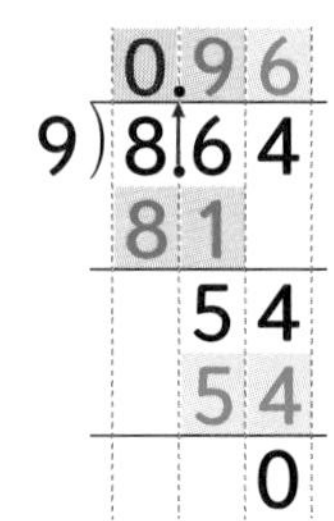

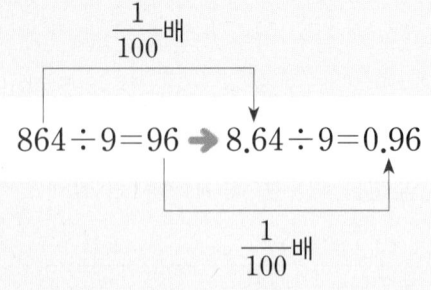

몫의 자연수 부분이 비어 있는 경우 일의 자리에 0을 쓰고, 나누어지는 수의 소수점 자리에 맞춰 소수점을 올려 찍습니다.

나누어지는 수가 나누는 수보다 작으면 몫이 1보다 작습니다.

개념 확인 1 7.56÷4를 계산하는 방법입니다. □ 안에 알맞은 수를 써넣으세요.

(1) $7.56\div 4=\frac{\square}{100}\div 4=\frac{\square\div\square}{100}=\frac{\square}{100}=\square$

(2) 756÷4=□ ⇨ 7.56÷4=□

2 14.82÷6을 분수의 나눗셈으로 바꾸어 계산하려고 합니다. □ 안에 알맞은 수를 써넣으세요.

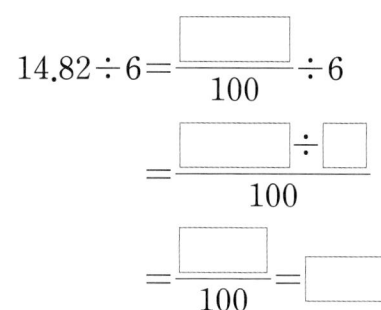

$$14.82 \div 6 = \frac{\square}{100} \div 6$$

$$= \frac{\square \div \square}{100}$$

$$= \frac{\square}{100} = \square$$

3 보기 와 같이 소수의 나눗셈을 분수의 나눗셈으로 바꾸어 계산하세요.

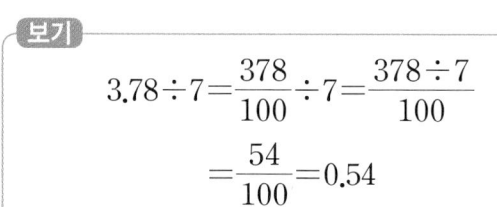

보기

$$3.78 \div 7 = \frac{378}{100} \div 7 = \frac{378 \div 7}{100}$$

$$= \frac{54}{100} = 0.54$$

3.36÷8

4 다음은 7.32÷4를 계산한 식입니다. 몫의 알맞은 위치에 소수점을 찍으세요.

```
     1□8□3
  4) 7 . 3  2
     4
     ─────────
     3   3
     3   2
     ─────────
         1  2
         1  2
     ─────────
            0
```

5 자연수의 나눗셈을 이용하여 나눗셈의 몫에 소수점을 찍으세요.

(1) 552÷4=138

⇨ 5.52÷4=1□3□8

(2) 904÷8=113

⇨ 90.4÷8=1□1□3

6 □ 안에 알맞은 수를 써넣으세요.

(1)

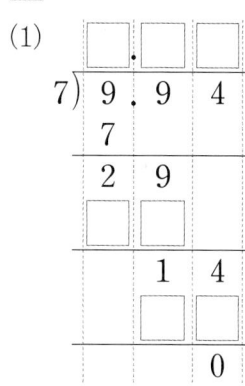

```
      □ . □  □
  7) 9 . 9  4
     7
     ──────────
     2   9
     □   □
     ──────────
         1  4
         □  □
     ──────────
            0
```

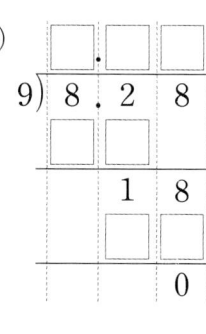

(2)

```
      □ . □  □
  9) 8 . 2  8
     □   □
     ──────────
         1  8
         □  □
     ──────────
            0
```

7 계산을 하세요.

(1) $6\overline{)9.42}$

(2) $5\overline{)4.15}$

(3) 29.82÷7

(4) 0.72÷4

개념 강의

step 1 **교과 개념**

(소수)÷(자연수) (4)

개념 1 소수점 아래 0을 내려 계산해야 하는 (소수)÷(자연수) 계산하기

• 6.8÷5 계산하기

(1) 분수의 나눗셈 이용하기

$$6.8\div5=\frac{680}{100}\div5=\frac{680\div5}{100}=\frac{136}{100}=1.36$$

$\frac{68\div5}{10}$로 바꿀 수 있지만 68÷5는 나누어떨어지지 않습니다.

> **6.8**
> **=6.80**
> **=6.800**
> **=6.8000**
> ⋮
>
> 6.8은 6.80과 같습니다.
> 소수점 끝자리 뒤에 0이 계속 있다고 생각합니다.

(2) 자연수의 나눗셈 이용하기

$$680\div5=136 \rightarrow 6.8\div5=1.36$$

(680 → 6.8: $\frac{1}{100}$배, 136 → 1.36: $\frac{1}{100}$배)

나누어떨어지지 않는 경우에는 나누어지는 수의 오른쪽 끝자리에 0이 계속 있는 것으로 생각하고 0을 내려 계산합니다.

(3) 세로로 계산하기

```
5)6.8   →     1.       →     1.3      →     1.36
            5)6.8           5)6.8          5)6.80
              5               5              5
              18              18             18
                              15             15
                               3              30
                                              30
                                               0
```

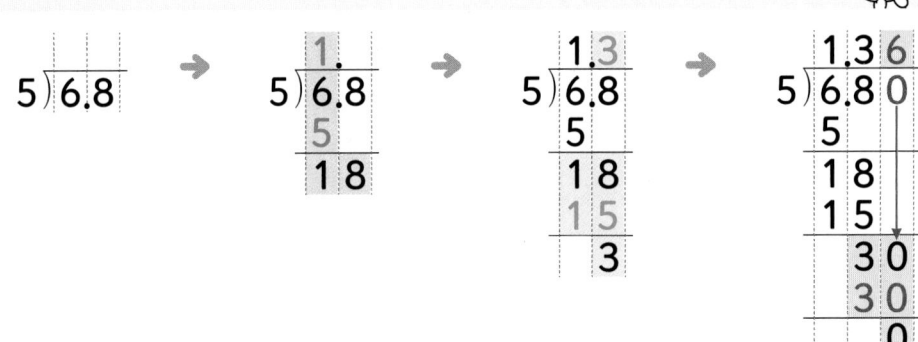

개념 확인 1 9.4÷4의 계산에서 나누어떨어지지 않고 다음과 같이 나머지가 생겼습니다. □ 안에 알맞은 수를 써넣어 나눗셈을 하세요.

```
   2.3                 2.3□
 4)9.4      ⇨       4)9.40
   8                   8
   14                  14
   12                  12
    2                   2□
 (나머지가 생김)        □□
                          0
```

2 빈칸에 알맞은 수를 써넣으세요.

□배

$1010\div5=$ □ ⇨ $10.1\div5=$ □

□배

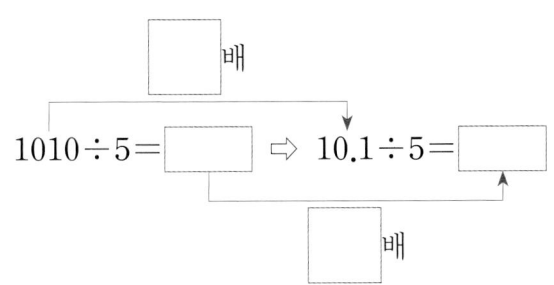

3 □ 안에 알맞은 수를 써넣으세요.

$7.6\div8=\dfrac{\square}{100}\div8=\dfrac{\square\div\square}{100}$

$=\dfrac{\square}{100}=\square$

4 보기 와 같이 소수의 나눗셈을 분수의 나눗셈으로 바꾸어 계산하세요.

보기

$2.7\div6=\dfrac{270}{100}\div6=\dfrac{270\div6}{100}=\dfrac{45}{100}=0.45$

$5.4\div4$

5 □ 안에 알맞은 수를 써넣으세요.

		2.	4	□
5)	1	2.	1	0
	1	0		
		2	1	
		2	0	
			1	□
			□	□
				0

6 계산을 하세요.

$8\overline{)\,3\,4.8}$

7 빈칸에 알맞은 수를 써넣으세요.

÷ →

4.6	4	
3.7	5	

8 몫의 크기를 비교하여 ○ 안에 >, =, <를 알맞게 써넣으세요.

$7.8\div4$ ○ $9.7\div5$

9 몫의 크기를 비교하여 몫이 큰 것부터 차례로 기호를 쓰세요.

㉠ $20.8\div5$ ㉡ $13.8\div4$ ㉢ $18.9\div5$

( )

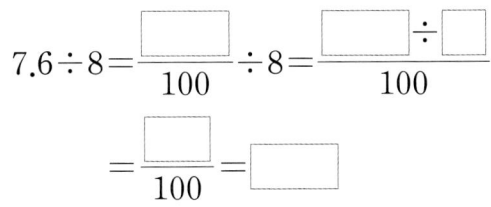

3 단원

1 계산을 하세요.

(1) $4\overline{)15.52}$

(2) $6\overline{)0.84}$

(3) $5\overline{)28.7}$

(4) $4\overline{)19.4}$

2 소수의 나눗셈을 분수의 나눗셈으로 바꾸어 계산하세요.

19.5÷6

3 자연수의 나눗셈을 이용하여 소수의 나눗셈을 하세요.

(1) 132÷6=☐ ⇨ 1.32÷6=☐

(2) 90÷2=☐ ⇨ 0.9÷2=☐

서술형 문제

4 계산을 잘못한 곳을 찾아 바르게 계산하고, 그 까닭을 쓰세요.

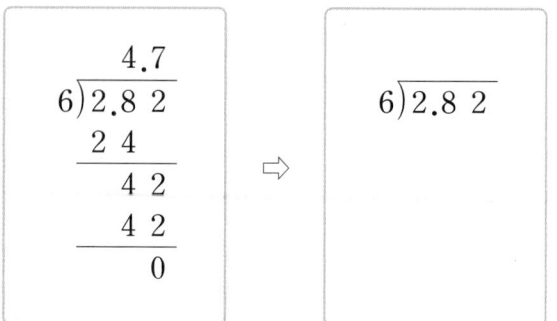

```
      4.7
  6)2.8 2
    2 4
    ─────
      4 2
      4 2
    ─────
        0
```

⇨ $6\overline{)2.82}$

까닭 ______________________

5 계산 결과를 찾아 선으로 이으세요.

8.52÷6 •	• 0.63
1.89÷3 •	• 1.42
15.6÷8 •	• 1.95

6 빈칸에 알맞은 수를 써넣으세요.

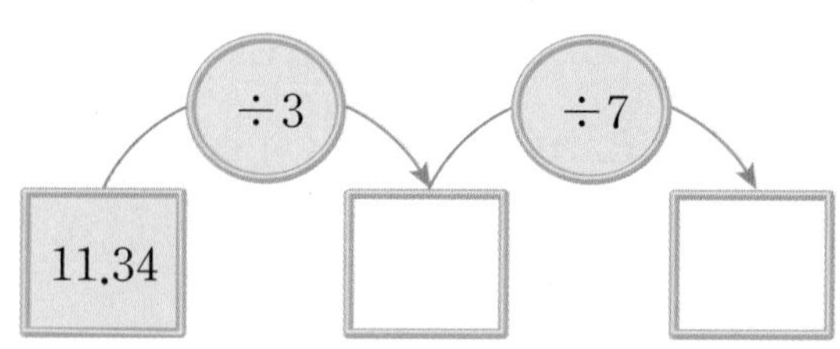

서술형 문제

7 넓이가 $25.14\,m^2$인 직사각형 모양의 화단을 그림과 같이 똑같이 6칸으로 나누었습니다. 색칠한 부분의 넓이는 몇 m^2인지 두 가지 방법으로 구하세요.

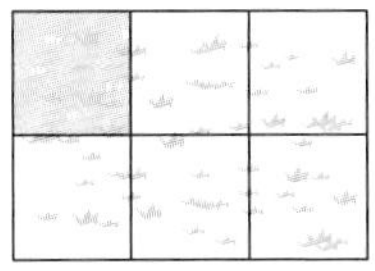

방법1

답 ______

방법2

답 ______

8 정은이가 같은 크기의 식빵 3개를 만드는 데 *이스트 21.75 g을 사용하였습니다. 식빵 한 개를 만드는 데 사용한 이스트는 몇 g인가요?

*이스트: 빵 반죽을 부풀리게 하는 미생물

(　　　　　　　　)

9 가로가 6.2 m인 텃밭에 고추 모종 6개를 같은 간격으로 그림과 같이 심으려고 합니다. 모종 사이의 간격을 몇 m로 해야 하나요?

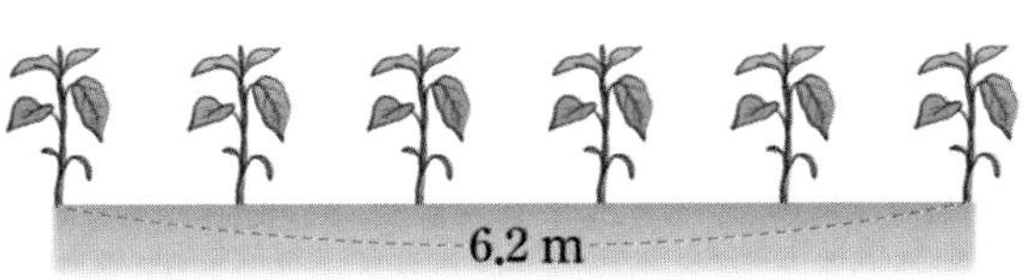

(　　　　　　　　)

10 창의 융합

지민이네 가게의 도넛 5개의 무게는 1.1 kg이고, 재연이네 가게의 도넛 8개의 무게는 1.2 kg입니다. 지민이네 가게의 도넛 한 개의 평균 무게와 재연이네 가게의 도넛 한 개의 평균 무게 중 어느 가게의 도넛이 얼마나 더 무겁습니까?

지민이네 가게의 도넛　　재연이네 가게의 도넛

(　　　　　　　　)이네 가게의 도넛이

(　　　　　　　　) kg 더 무겁습니다.

서술형 문제

11 문제 해결

수 카드 9, 8, 6, 4 중 3장을 골라 가장 작은 소수 두 자리 수를 만들고, 남은 수 카드의 수로 나누었을 때 몫은 얼마인지 식을 쓰고 답을 구하세요.

식 ______

답 ______

12 문제 해결

우석이와 양현이는 다음과 같이 삼각형을 그렸습니다. 양현이가 그린 삼각형의 넓이는 우석이가 그린 삼각형의 넓이의 몇 배인가요?

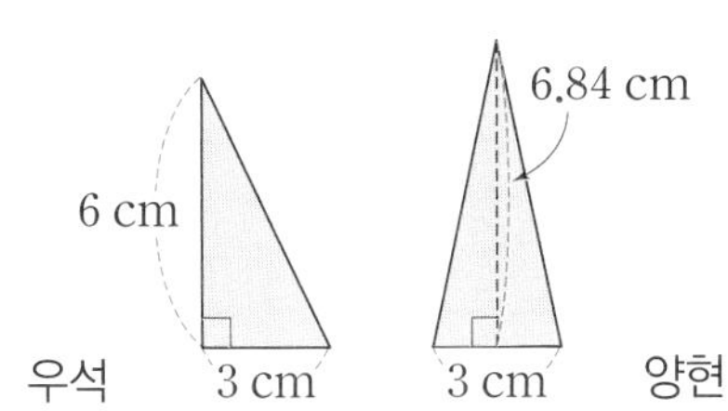

(　　　　　　　　)

개념 1 몫의 소수 첫째 자리에 0이 있는 (소수)÷(자연수) 계산하기

• 6.15÷3 계산하기

(1) 분수의 나눗셈 이용하기

$$6.15\div3=\frac{615}{100}\div3=\frac{615\div3}{100}=\frac{205}{100}=2.05$$

(2) 자연수의 나눗셈 이용하기

$615\div3=205$ ➜ $6.15\div3=2.05$

($615 \to 6.15$: $\frac{1}{100}$배, $205 \to 2.05$: $\frac{1}{100}$배)

> 6.15÷3의 계산에서 6.15는 6보다 약간 큰 수이며, 6÷3=2이므로 6.15÷3의 몫은 2보다 약간 클 것으로 어림할 수 있습니다.

(3) 세로로 계산하기

> 내림한 수 1이 3보다 작아서 나눌 수 없으니까 몫의 일의 자리에 0을 쓰세요.

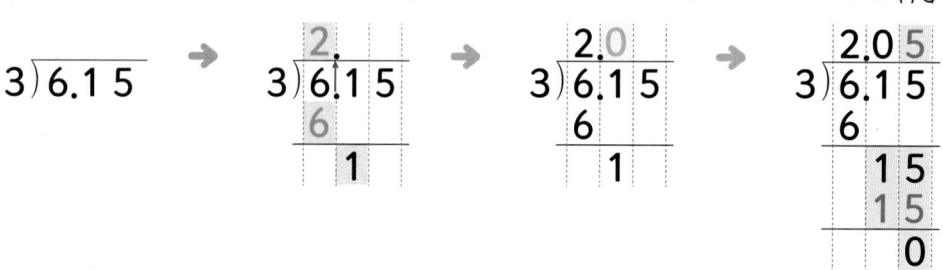

```
                 2.          2.0          2.05
3)6.15   ➜   3)6.15   ➜   3)6.15   ➜   3)6.15
               6            6            6
               ---          ---          ----
                 1            1            15
                                           15
                                           ----
                                            0
```

• 4.2÷4 계산하기

```
               1.          1.0          1.05
4)4.2   ➜   4)4.2   ➜   4)4.2   ➜   4)4.20
              4            4            4
              ---          ---          ----
                2            2            20
                                          20
                                          ----
                                           0
```

소수점을 올려 몫에 찍습니다.

2를 4로 나눌 수 없으므로 몫에 0을 씁니다.

나누어지는 수의 0을 내려 계산합니다.

개념 확인 1 7.21÷7의 계산에서 내림한 수가 7보다 작아 나눌 수가 없습니다. □ 안에 알맞은 수를 써넣어 나눗셈을 하세요.

```
   1.                   1.□□
7)7.21      ⇨       7)7.21
  7                     7
  ---                   ----
   2                     2□
   (7보다 작음)           □□
                        ----
                           0
```

2 □ 안에 알맞은 수를 써넣으세요.

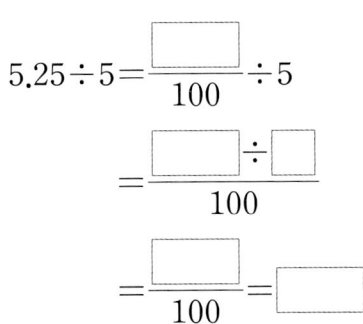

$$5.25 \div 5 = \frac{\square}{100} \div 5 = \frac{\square \div \square}{100} = \frac{\square}{100} = \square$$

3 보기 와 같이 소수의 나눗셈을 분수의 나눗셈으로 바꾸어 계산하세요.

보기

$$7.49 \div 7 = \frac{749}{100} \div 7 = \frac{749 \div 7}{100} = \frac{107}{100} = 1.07$$

$8.32 \div 4$

4 $540 \div 5$를 이용하여 $5.4 \div 5$를 계산하세요.

```
     1 0 8
 5 ) 5 4 0
     5
     -----
       4 0
       4 0
     -----
         0
```

```
 5 ) 5.4
```

5 계산을 하세요.

(1)
```
 3 ) 9.2 7
```

(2)
```
 4 ) 8.1 6
```

6 계산을 하세요.

(1) $9.24 \div 3$

(2) $4.1 \div 2$

7 빈칸에 알맞은 수를 써넣으세요.

÷ →

8.48	8	
6.54	6	

8 몫이 더 큰 것을 찾아 기호를 쓰세요.

㉠ $8.28 \div 4$ ㉡ $6.12 \div 3$

( )

9 몫의 크기를 비교하여 ○ 안에 >, =, <를 알맞게 써넣으세요.

$20.3 \div 5$ ○ $28.63 \div 7$

3 단원

개념1 (자연수)÷(자연수)의 몫을 소수로 나타내기

(1) 분수로 바꾸어 계산하기

$$6 \div 5 = \frac{6}{5} = \frac{6\times2}{5\times2} = \frac{12}{10} = 1.2$$

$$7 \div 4 = \frac{7}{4} = \frac{7\times25}{4\times25} = \frac{175}{100} = 1.75$$

① 몫을 분수로 나타냅니다. ② 분모가 10, 100, ...인 분수로 나타냅니다. ③ 몫을 소수로 나타냅니다.

① 분모가 2, 5인 경우:
→ 분모를 10으로 합니다.
② 분모가 4, 20, 25, 50인 경우:
→ 분모를 100으로 합니다.
③ 분모가 8, 40, 125, 200, 500인 경우:
→ 분모를 1000으로 합니다.

(2) 나누어지는 수를 10배, 100배 하여 계산하기

$60\div5=12$ → $6\div5=1.2$ (나누어지는 수 $\frac{1}{10}$배, 몫 $\frac{1}{10}$배)

$700\div4=175$ → $7\div4=1.75$ (나누어지는 수 $\frac{1}{100}$배, 몫 $\frac{1}{100}$배)

(3) 세로로 계산하기

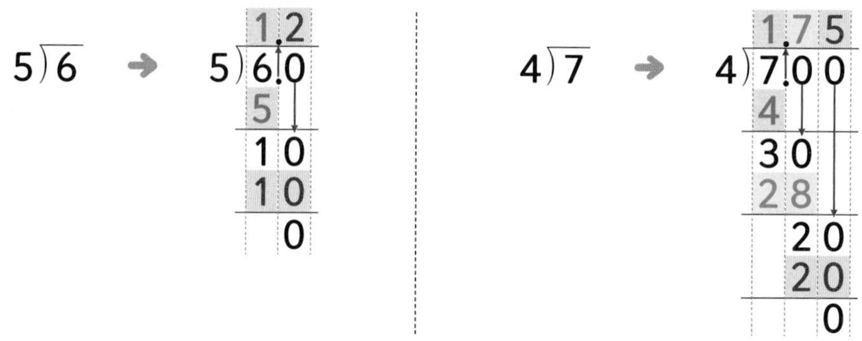

① 몫의 소수점은 자연수 바로 뒤에서 올려서 찍습니다.
② 소수점 아래에서 받아내릴 수가 없는 경우 0을 받아내려 계산합니다.

개념 확인 1 □ 안에 알맞은 수를 써넣으세요.

(1) $3\div5=\frac{\square}{5}=\frac{\square\times2}{10}=\frac{\square}{10}=\square$

(2) $15\div20=\frac{\square}{20}=\frac{\square\times5}{100}=\frac{\square}{100}=\square$

몫을 분수로 나타낸 후 소수로 고쳐 계산하는 방법이에요.

2 9÷4의 몫을 분수로 나타낸 다음 소수로 나타내세요.

$$9\div4=\frac{\square}{4}=\frac{\square}{100}=\square$$

3 □ 안에 알맞은 수를 써넣으세요.

(1) 80÷5=16 ⇨ 8÷5=□

(2) 300÷4=75 ⇨ 3÷4=□

4 보기 와 같은 방법으로 몫을 구하세요.

보기

$$4\div5=\frac{4}{5}=\frac{8}{10}=0.8$$

7÷5

5 □ 안에 알맞은 수를 써넣으세요.

□배

450÷18=□ ⇨ 45÷18=□

□배

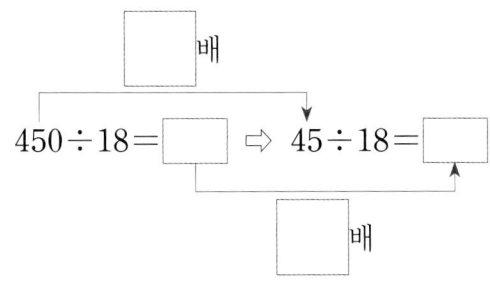

6 □ 안에 알맞은 수를 써넣으세요.

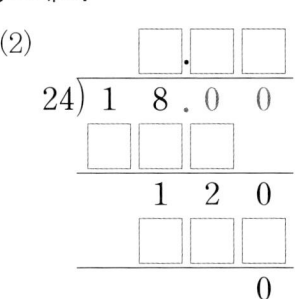

(1)

```
      □.□
   ┌──────
 8)1 2.0
   □
   ──────
     4 0
     □ □
   ──────
       0
```

(2)

```
        □.□ □
    ┌─────────
 24)1 8.0 0
    □ □ □
    ─────────
      1 2 0
      □ □ □
    ─────────
          0
```


7 계산을 하세요.

(1) 4)1 7

(2) 16)5 2

8 몫이 더 큰 것을 찾아 기호를 쓰세요.

㉠ 11÷4　　㉡ 78÷24

(　　　　　　　)

9 몫의 소수 둘째 자리 숫자가 더 큰 것을 찾아 ○표 하세요.

24÷25	42÷25
(　　)	(　　)

1 소수의 나눗셈을 분수의 나눗셈으로 바꾸어 계산하세요.

$4.36 \div 4$

2 계산을 하세요.

(1)
```
5)2 1
```

(2)
```
12)9 9
```

3 계산을 잘못한 곳을 찾아 바르게 계산하세요.

```
    1.3
 7)7.2 1
   7
   ---
     2 1
     2 1
     ---
       0
```
⇨
```
7)7.2 1
```

4 빈 곳에 알맞은 소수를 써넣으세요.

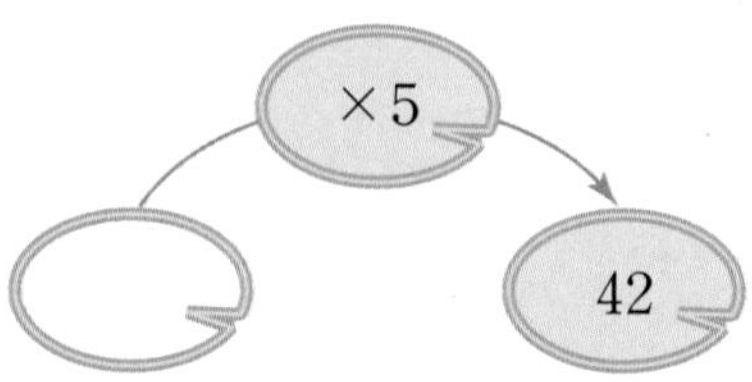

5 빈칸에 알맞은 소수를 써넣으세요.

(÷ ↓)

25	8.2	28
20	4	16
1.25		

6 가장 큰 수를 가장 작은 수로 나눈 몫을 구하세요.

15 24 19

( )

서술형 문제

7 끈 7.35 m를 7명이 똑같이 나누어 가지려고 합니다. 한 명이 가질 수 있는 끈이 몇 m인지 두 가지 방법으로 구하세요.

방법1

답 ______

방법2

답 ______

8 사다리를 따라 내려가서 도착한 곳에 몫이 큰 순서대로 1, 2, 3을 써넣으세요.

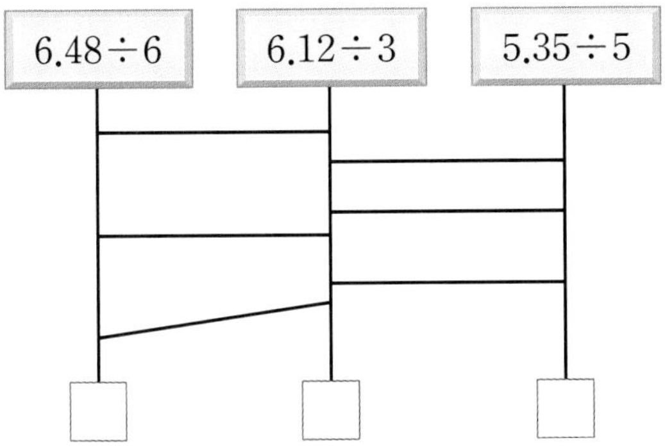

9 직사각형의 넓이가 18.3 cm^2이고 가로가 6 cm입니다. 이 직사각형의 세로는 몇 cm입니까?

( )

10 소금물에서 물을 증발시켜 소금을 얻는 실험을 하기 위해 소금물 15 L를 비커 12개에 똑같이 나누어 담았습니다. 비커 한 개에 담은 소금물은 몇 L인가요?

( )

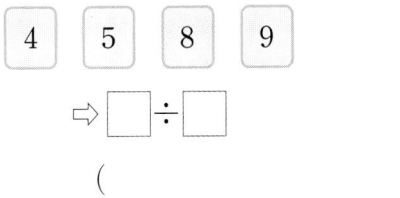

11 500원으로 색 테이프 5.4 m를 살 수 있습니다. 100원으로 살 수 있는 색 테이프는 몇 m인가요?

( )

12 창의 융합 16 kWh*의 충전으로 92 km를 가는 전기 자동차가 있습니다. 이 전기 자동차는 1 kWh의 충전으로 몇 km를 갈 수 있을까요?

*kWh: 전력량의 단위, '킬로와트시'라고 읽는다.

( )

13 문제 해결 모든 모서리의 길이가 같은 사각뿔이 있습니다. 모든 모서리의 길이의 합이 8.4 m일 때 한 모서리의 길이는 몇 m인가요?

( )

14 문제 해결 무게가 같은 바나나가 한 봉지에 7개씩 들어 있습니다. 4봉지의 무게가 7 kg일 때 바나나 한 개의 무게는 몇 kg인가요? (단, 봉지의 무게는 생각하지 않습니다.)

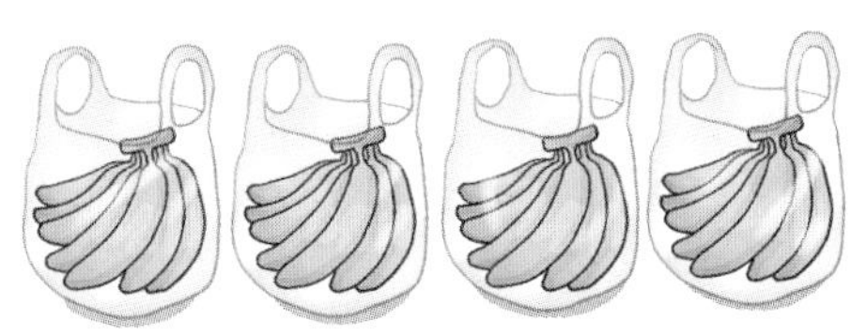

( )

15 추론 수 카드 4장 중 2장을 사용하여 몫이 가장 큰 나눗셈을 만들고 계산하세요.

4 5 8 9

⇨ □÷□

( )

3 단원

진도 완료 체크

문제 풀이

step 3 문제 해결 잘 틀리는 문제

유형 1 몫의 소수 첫째 자리에 0이 있는 계산

1 □ 안에 알맞은 수를 써넣으세요.

```
        □
8)1 6.3 2
  1 6
  ------
      3 □
        □
  ------
        0
```

Solution 나누어지지 않을 때에는 몫에 0을 쓰고 다음 자리 수를 하나 더 내려서 계산합니다.

1-1 계산을 하세요.

(1) $4\overline{)12.36}$ (2) $3\overline{)24.18}$

1-2 계산을 하세요.

(1) $3.24 \div 3$

(2) $20.12 \div 4$

1-3 계산이 잘못된 곳을 찾아 바르게 계산하세요.

```
   1 2.7
6)7 2.4 2
  6
  -------
  1 2
  1 2
  -------
      4 2
      4 2
  -------
        0
```

⇨ $6\overline{)72.42}$

유형 2 어떤 수를 구하여 바르게 계산하기

2 어떤 수를 7로 나누어야 할 것을 잘못하여 어떤 수에 7을 곱했더니 15.68이 되었습니다. 바르게 계산한 몫을 구하세요.

(　　　　　　　　)

Solution 어떤 수가 들어간 식을 세워 어떤 수를 먼저 구한 후 바르게 계산한 몫을 구합니다.

2-1 어떤 수를 4로 나누어야 할 것을 잘못하여 6으로 나누었더니 몫이 5.34가 되었습니다. 바르게 계산한 몫을 구하세요.

(　　　　　　　　)

2-2 어떤 수를 6으로 나누어야 할 것을 잘못하여 어떤 수에 6을 곱했더니 14.4가 되었습니다. 바르게 계산한 몫을 구하세요.

(　　　　　　　　)

2-3 어떤 수를 5로 나누어야 할 것을 잘못하여 어떤 수에 5를 곱하였더니 2가 되었습니다. 바르게 계산한 몫을 구하세요.

(　　　　　　　　)

유형 3 ● L로 ■ km를 가는 자동차

3 휘발유 4 L로 50 km를 가는 자동차가 있습니다. 이 자동차가 휘발유 1 L로 갈 수 있는 거리는 몇 km인지 구하세요.

(　　　　　　　　　　)

Solution 4 L → 50 km, 1 L → ?
1 L로 갈 수 있는 거리를 구하려면 (거리)÷(휘발유의 양)을 계산합니다.

3-1 휘발유 36 L로 225 km를 가는 자동차가 있습니다. 이 자동차가 휘발유 1 L로 갈 수 있는 거리는 몇 km인지 구하세요.

(　　　　　　　　　　)

3-2 휘발유 8 L로 50 km를 가는 자동차가 있습니다. 이 자동차가 1 km를 가려면 휘발유가 몇 L 필요한지 구하세요.

(　　　　　　　　　　)

3-3 15 kWh의 충전으로 87 km를 가는 전기 자동차가 있습니다. 이 전기 자동차는 1 kWh의 충전으로 몇 km를 갈 수 있을까요?

(　　　　　　　　　　)

유형 4 도형에서 길이 구하기

4 모든 모서리의 길이가 같은 삼각뿔이 있습니다. 모든 모서리의 길이의 합이 6.9 m일 때 한 모서리의 길이는 몇 m인가요?

(　　　　　　　　　　)

Solution 문제에서 부족한 정보(삼각뿔의 전체 모서리 수)를 알아내고 문제를 해결할 수 있는 나눗셈식을 만들어 계산합니다.

4-1 모든 모서리의 길이가 같은 삼각기둥이 있습니다. 모든 모서리의 길이의 합이 18.45 m일 때 한 모서리의 길이는 몇 m인가요?

(　　　　　　　　　　)

4-2 둘레가 9.2 cm인 정오각형의 한 변의 길이는 몇 cm인가요?

(　　　　　　　　　　)

4-3 넓이가 6.36 cm^2이고 가로가 4 cm인 직사각형의 세로는 몇 cm인가요?

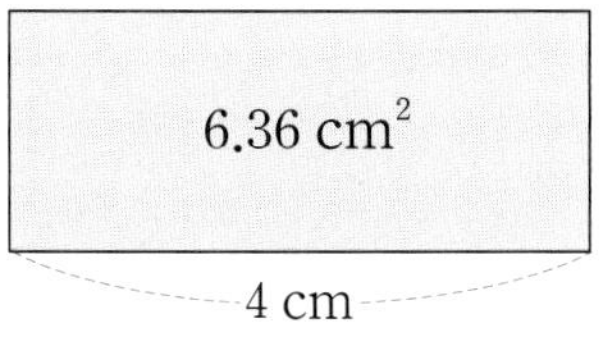

(　　　　　　　　　　)

3 단원

step 3 문제 해결 서술형 문제

5 연습 문제

☐ 안에 알맞은 수를 써넣고, [1]456÷3을 이용하여 4.56÷3을 계산하는 방법을 설명하세요.

[2] $\frac{1}{100}$배

456÷3=152 ⇨ 4.56÷3=☐

☐배

❶ 4.56은 456의 ☐배이므로 몫도 ☐배입니다.

❷ 456÷3=152이므로 4.56÷3의 몫은 152의 ☐배인 ☐입니다.

5-1 실전 문제

☐ 안에 알맞은 수를 써넣고, 8568÷7을 이용하여 85.68÷7을 계산하는 방법을 설명하세요.

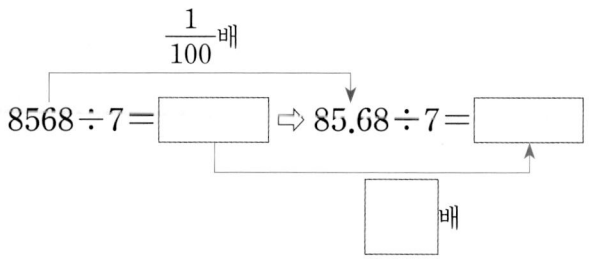

$\frac{1}{100}$배

8568÷7=☐ ⇨ 85.68÷7=☐

☐배

풀이

6 연습 문제

수 카드 1, 3, 6, 8 중 [1]3장을 골라 가장 작은 소수 두 자리 수를 만들고, [2]남은 수 카드의 수로 나누었을 때 몫은 얼마인지 알아보세요.

❶ 수 카드 중 3장을 골라 만들 수 있는 가장 작은 소수 두 자리 수는 ☐입니다.

❷ 남은 수 카드의 수로 나누는 식은 ☐÷☐이고 몫은 ☐입니다.

답 ☐

6-1 실전 문제

수 카드 3, 5, 7, 9 중 3장을 골라 가장 큰 소수 두 자리 수를 만들고, 남은 수 카드의 수로 나누었을 때 몫은 얼마인지 풀이 과정을 쓰고 답을 구하세요.

풀이

답

7 연습 문제

❶그림과 같은 직사각형을 넓이가 같은 4개의 작은 직사각형으로 나누었습니다. ❷작은 직사각형 한 개의 넓이는 몇 cm^2인지 알아보세요.

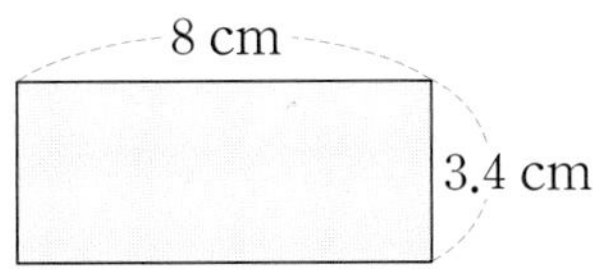

❶ 가로가 8 cm, 세로가 □ cm인 직사각형의 넓이는 $8 \times □ = □$ (cm^2)입니다.

❷ 넓이가 같은 □개의 작은 직사각형으로 나누었으므로 작은 직사각형 한 개의 넓이는 $□ \div □ = □$ (cm^2)입니다.

답 □ cm^2

7-1 실전 문제

그림과 같은 정사각형을 넓이가 같은 8개의 직각삼각형으로 나누었습니다. 직각삼각형 한 개의 넓이는 몇 cm^2인지 풀이 과정을 쓰고 답을 구하세요.

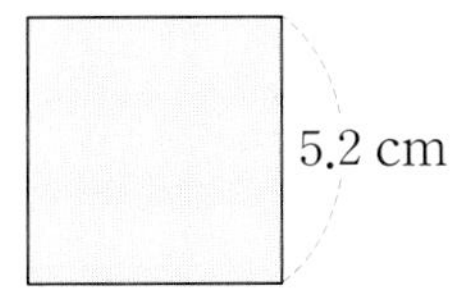

풀이

답

8 연습 문제

정후네 가족은 매일 같은 양의 우유를 똑같이 나누어 마십니다. ❶정후네 가족 4명이 일주일 동안 마신 우유가 15.4 L라면 ❷정후가 하루에 마신 우유는 몇 L인지 알아보세요.

❶ 정후네 가족이 하루에 마신 우유는 $15.4 \div 7 = □$ (L)입니다.

❷ 따라서 정후가 하루에 마신 우유는 $□ \div 4 = □$ (L)입니다.

답 □ L

8-1 실전 문제

수현이네 가족은 지난 일주일 동안 매일 같은 양의 주스를 똑같이 나누어 마셨습니다. 수현이네 가족 5명이 일주일 동안 마신 주스가 8.4 L라면 수현이가 하루에 마신 주스는 몇 L인지 풀이 과정을 쓰고 답을 구하세요.

풀이

답

3 단원

진도 완료 체크

step 4 실력 Up 문제

[1~2] 자동차가 연료 1 L로 얼마나 갈 수 있는지는 자동차를 선택할 때 중요한 기준 중 하나입니다. 세 자동차가 주어진 연료로 갈 수 있는 거리를 나타낸 그림을 보고 물음에 답하세요.

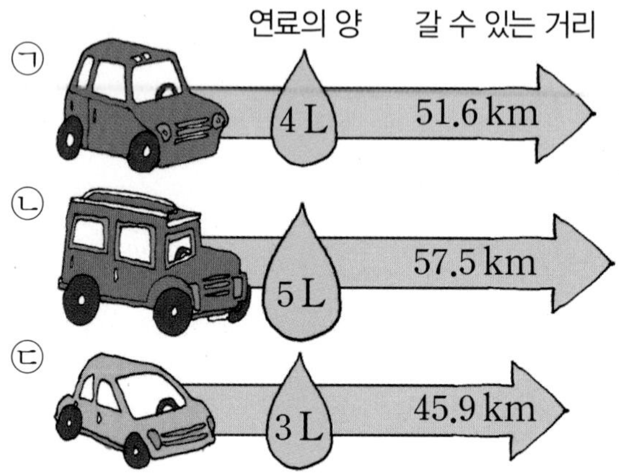

1 세 자동차 중 연료 1 L로 가장 멀리 갈 수 있는 자동차를 찾아 기호를 쓰세요.

( )

2 연료 1 L로 갈 수 있는 거리에 따라 등급을 나타낸 것입니다. 세 자동차의 등급을 각각 구하세요.

등급	연료 1 L로 갈 수 있는 거리(km)
1등급	16.0 이상
2등급	13.8~15.9
3등급	11.6~13.7
4등급	9.4~11.5
5등급	9.3 이하

㉠ 자동차 ( )

㉡ 자동차 ( )

㉢ 자동차 ( )

3 일정한 규칙에 따라 수가 변하고 있습니다. 규칙에 맞게 ◯ 안에 알맞은 수를 써넣으세요.

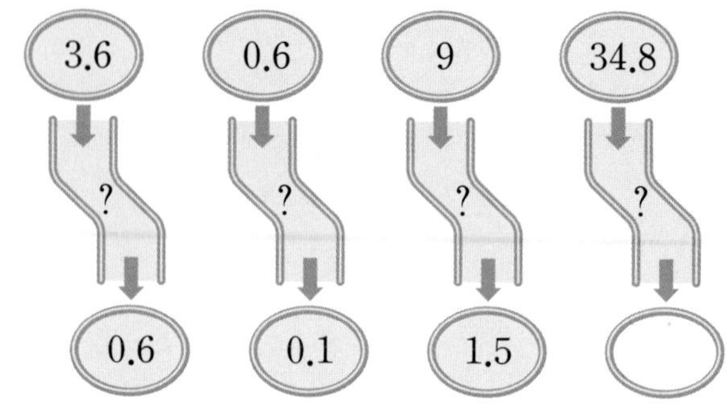

4 길이가 2.28 km인 공원 산책로 한 쪽에 길 안내 표지판 7개를 시작하는 곳부터 끝나는 곳까지 같은 간격으로 설치하려고 합니다. 길 안내 표지판 사이의 간격을 몇 m로 해야 하는지 구하세요.

( )

5 그림을 보고 귤 한 개와 사과 한 개 중 어느 것이 더 무거운지 구하세요. (단, 귤의 무게는 모두 같으며 사과의 무게도 모두 같습니다.)

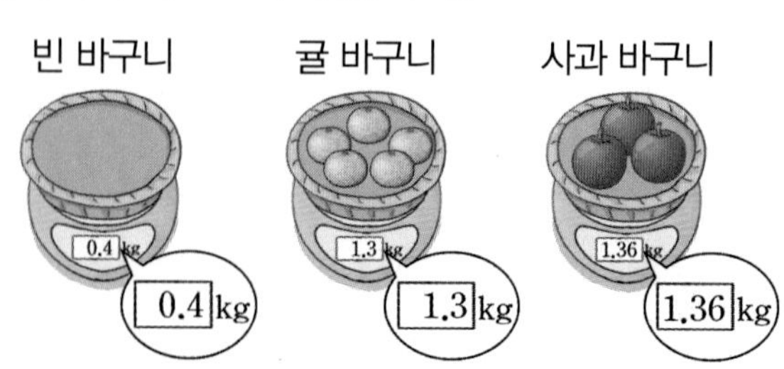

( )

[6 ~ 8] 탄소발자국이란 2006년 영국에서 처음 생긴 단어로 일상생활에서 연료, 전기, 용품 등을 사용하는 과정에서 지구온난화를 일으키는 이산화탄소(CO_2)를 얼마나 만들어 내는지를 표시한 것입니다. 탄소발자국을 통해 우리 생활이 환경에 미치는 영향을 알아볼 수 있습니다. 물음에 답하세요.

6 일주일에 한 번 자동차 대신 버스나 지하철 같은 대중교통을 이용하면 연간 46.2 kg의 탄소를 줄일 수 있는데 이는 30년 된 소나무 7그루가 연간 줄일 수 있는 탄소의 양에 해당한다고 합니다. 30년 된 소나무 1그루는 탄소 몇 kg을 줄일 수 있나요?

( )

7 일주일에 한 번 자동차 대신 2 km를 걷거나 자전거를 이용하면 연간 26.01 kg의 탄소를 줄일 수 있는데 이는 연간 어린 소나무 9그루를 심어야 없앨 수 있는 양입니다. 어린 소나무 1그루를 심으면 탄소를 연간 몇 kg 줄일 수 있나요?

( )

8 매일 컴퓨터를 1시간씩 적게 사용하면 5일 동안 탄소 0.7 kg의 배출을 줄일 수 있다고 합니다. 매일 컴퓨터를 1시간씩 적게 사용하면 하루에 탄소 몇 kg의 배출을 줄일 수 있나요?

( )

[9 ~ 10] 세은이네 차의 내비게이션에서 "구간 단속 구간입니다."라는 안내 음성이 나왔습니다. 구간 단속의 원리를 알아보고 물음에 답하세요.

단속 구간이 시작되는 첫 지점에서 끝 지점까지 가는 데 걸린 시간을 기준으로 속도를 계산하여 제한 속도보다 빠르면 끝 지점에서 과속 단속을 하는 것을 구간 단속이라고 합니다.

예를 들면 거리가 100 km이고 제한 속도가 시간당 100 km인 구간을 운전자는 1시간 이상의 시간이 걸려서 가야하는데 1시간 미만으로 통과한다면 중간에 제한 속도를 넘겨 운행한 것입니다.

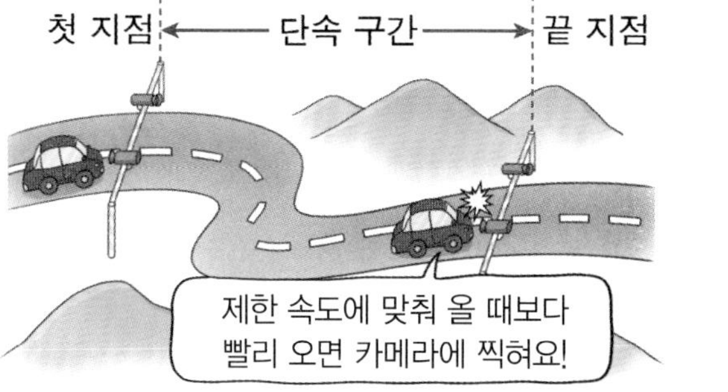
첫 지점
단속 구간
끝 지점
제한 속도에 맞춰 올 때보다
빨리 오면 카메라에 찍혀요!

9 세은이네 차는 구간 단속 구간을 3번 지나왔습니다. (속도)=(거리)÷(시간)을 이용하여 ㉡과 ㉢ 구간의 구간 속도를 써넣고 세은이네 자동차가 과속한 구간을 구하세요.

구간	구간 제한 속도	구간의 거리(km)	통과하는 데 걸린 시간(분)	구간 속도
㉠	분당 1.5 km	6.9	5	1.38
㉡	분당 2 km	12.3	6	
㉢	분당 1.7 km	6.6	4	

( )

10 구간 제한 속도가 분당 2 km이고 거리가 9 km인 구간이 있습니다. (시간)=(거리)÷(속도)를 이용하여 이 구간을 지날 때 몇 분 이상 걸려야 단속되지 않는지 구하세요.

( )

3 단원

진도 완료 체크

단원 평가 3. 소수의 나눗셈

1 분수의 나눗셈으로 바꾸어 계산하려고 합니다. □ 안에 알맞은 수를 써넣으세요.

(1) $6.72 \div 6 = \dfrac{\square}{100} \div 6 = \dfrac{\square \div 6}{100}$

$= \dfrac{\square}{100} = \square$

(2) $32.4 \div 8 = \dfrac{\square}{100} \div 8 = \dfrac{\square \div 8}{100}$

$= \dfrac{\square}{100} = \square$

2 $228 \div 4 = 57$을 이용하여 몫을 구하세요.

(1) $22.8 \div 4$

(2) $2.28 \div 4$

3 계산을 하세요.

(1) $5\overline{)2\ 3.5}$

(2) $9\overline{)7\ 3.8}$

4 몫의 크기를 비교하여 ○ 안에 >, =, <를 알맞게 써넣으세요.

$4.8 \div 5$ ○ $10 \div 8$

5 다음 중에서 몫이 1보다 작은 것은 어느 것인가요? ( )

① $59.4 \div 9$ ② $14.77 \div 7$

③ $7.36 \div 8$ ④ $8.4 \div 6$

⑤ $142.4 \div 8$

6 계산을 잘못한 곳을 찾아 바르게 계산하세요.

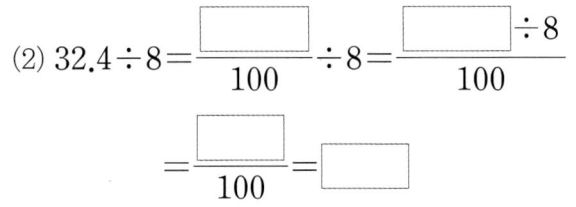

```
      4.9
  6)2.9 4
    2 4
    ───
      5 4
      5 4
    ───
        0
```

⇨ $6\overline{)2.9\ 4}$

7 몫이 가장 큰 수를 찾아 ○표 하세요.

$21 \div 6$	$2.1 \div 6$	$0.21 \div 6$

8 가장 큰 수를 가장 작은 수로 나눈 몫을 구하세요.

4	15.8	24.6

( )

9 나눗셈의 몫이 가장 큰 것부터 차례로 기호를 쓰세요.

㉠ $12 \div 48$
㉡ $6.24 \div 6$
㉢ $5.33 \div 13$
㉣ $52.4 \div 8$

( )

10 물 22.8 L를 양동이 6개에 똑같이 나누어 담았습니다. 한 양동이에 담을 수 있는 물은 몇 L인지 대화를 읽고 ㉠과 ㉡에 알맞은 수를 구하세요.

혜송: $22.8 \div 6$을 어떻게 계산하지?
준혁: $228 \div 6$의 몫을 구해 봐.
원석: $228 \div 6 =$ ㉠ 이야.
민서: 22.8은 228의 $\frac{1}{10}$배지.
윤아: 나누어지는 수를 $\frac{1}{10}$배 하면 몫도 $\frac{1}{10}$배가 되니까 한 양동이에 ㉡ L씩 담으면 되겠네.

㉠ ( )
㉡ ( )

11 둘레가 41.3 cm인 정오각형의 한 변의 길이는 몇 cm인지 소수로 나타내세요.

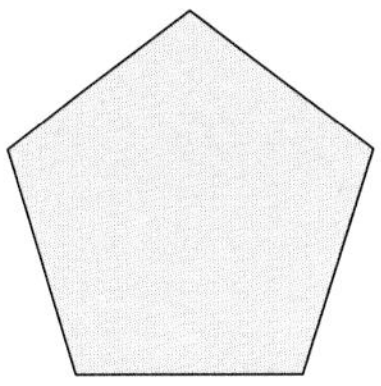

( )

12 어림셈을 이용하여 몫에 소수점을 알맞게 찍으세요.

$104.4 \div 8 = 1\square3\square0\square5$

13 현우는 자전거를 타고 일정한 빠르기로 5분 동안 3.35 km를 달렸습니다. 현우는 1분 동안 몇 km를 달렸는지 식을 쓰고 답을 구하세요.

식

답

14 12.76을 어떤 수로 나누었더니 몫이 4가 되었습니다. 어떤 수는 얼마인지 구하세요.

( )

15 식목일을 기념하여 가로가 30.4 m인 거리 한쪽에 다섯 그루의 나무를 그림과 같이 똑같은 간격으로 심으려고 합니다. 나무 사이의 간격을 몇 m로 해야 하는지 구하세요. (단, 나무의 두께는 생각하지 않습니다.)

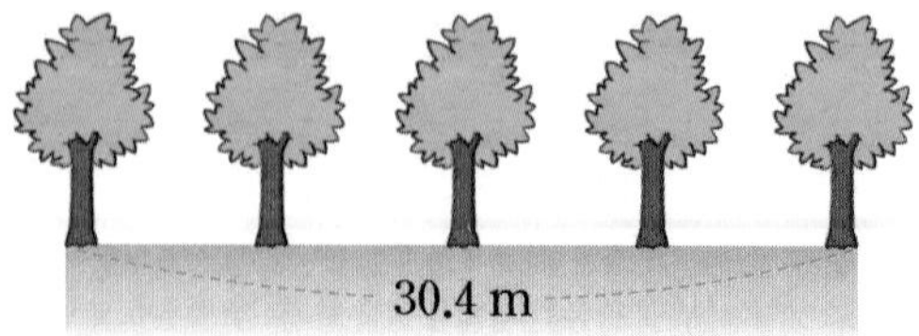

(　　　　　　　　　　)

16 그림과 같은 직사각형을 넓이가 같은 8개의 작은 직사각형으로 나누었습니다. 작은 직사각형 한 개의 넓이는 몇 cm^2인가요?

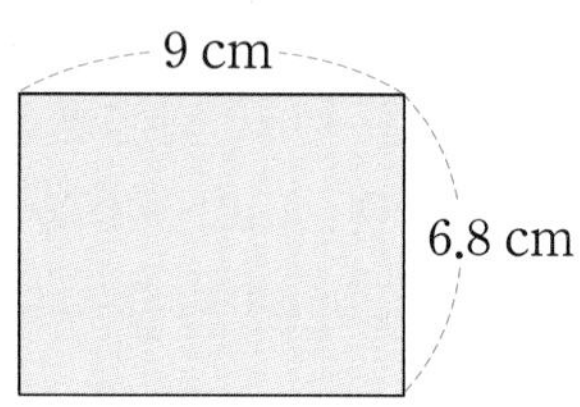

(　　　　　　　　　　)

17 유진이가 살고 있는 18층짜리 아파트의 높이는 45 m입니다. 각 층의 높이가 똑같을 때, 아파트 한 층의 높이는 몇 m인지 구하세요.

(　　　　　　　　　　)

18 □ 안에 알맞은 수를 써넣고 그 까닭을 쓰세요.

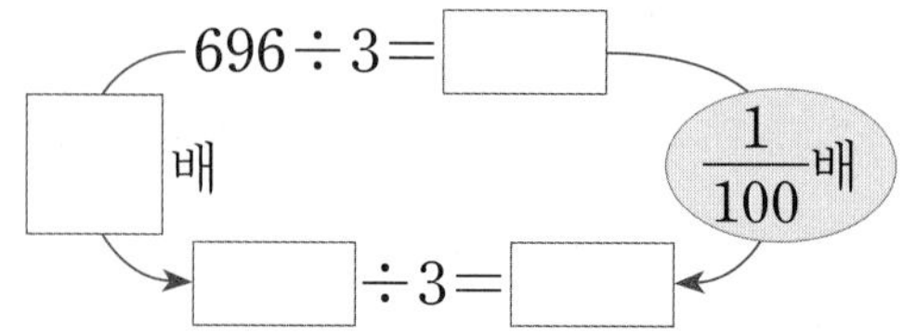

까닭

19 우현이가 일주일 동안 섭취한 소금은 56.49 g이었습니다. *WHO의 일일 소금 권장량이 5 g일 때 우현이는 하루에 소금을 권장량보다 몇 g 더 섭취했나요? (단, 우현이는 매일 같은 양의 소금을 섭취했습니다.)

*WHO: 보건 · 위생 분야의 국제적인 협력을 위하여 설립한 세계 보건 기구.

(　　　　　　　　　　)

20 미술 시간에 친구들이 각자 일정한 빠르기로 개구리 접기를 하였습니다. 개구리 한 마리를 가장 빨리 접은 사람이 개구리 한 마리를 접는 데 걸린 시간은 몇 분인가요?

이름	중현	한빈	소윤
걸린 시간(분)	40	35	55
접은 개구리(마리)	16	10	25

(　　　　　　　　　　)

문제 생성기
1~20번까지의
단원 평가 유사 문제 제공

21 어느 마트에서 크기와 무게가 같은 참치 캔 3개를 1묶음으로 판매하고 있습니다. 이 참치 캔 6묶음의 무게가 3.78 kg일 때 참치 캔 1개의 무게는 몇 kg인지 알아보세요.

(1) 참치 캔 1묶음의 무게는 몇 kg인가요?

(　　　　　　　　　)

(2) 참치 캔 1개의 무게는 몇 kg인가요?

(　　　　　　　　　)

22 엘리베이터에 탈 수 있는 사람 수는 법으로 정해져 있습니다. 2018년도에 법을 개정하여 1050 kg까지 탈 수 있는 엘리베이터의 정원을 16명에서 14명으로 줄였습니다. 엘리베이터의 정원 기준인 1명당 몸무게는 몇 kg의 변화가 있는지 알아보세요.

(1) 엘리베이터 정원이 16명일 때는 1명당 몸무게를 몇 kg으로 계산한 것인가요?

(　　　　　　　　　)

(2) 엘리베이터 정원을 14명으로 줄인다면 1명당 몸무게를 몇 kg으로 계산한 것인가요?

(　　　　　　　　　)

(3) 1명당 몸무게는 어떤 변화가 있나요?

(　　　　　　　　　　　　　　　)

23 동주는 공예 철사를 모서리로 하여 모든 모서리의 길이가 같은 사각뿔 모양 2개를 만들려고 합니다. 공예 철사의 길이는 3.52 m이고, 겹치거나 남지 않게 사용할 때, 사각뿔의 한 모서리의 길이를 몇 m로 해야 하는지 풀이 과정을 쓰고 답을 구하세요.

풀이

답

24 어떤 수를 4로 나눈 몫은 40이고, 그때의 나머지는 2입니다. 어떤 수를 8로 나머지가 0이 될 때까지 나누었을 때의 몫은 얼마인지 풀이 과정을 쓰고 답을 구하세요.

풀이

답

배점			점수	
	1~20번	4점		
	21~24번	5점		

오답 노트

3 단원
진도 완료 체크

4 비와 비율

웹툰으로 단원 미리보기 **4화** 맛있는 카레의 비율은?

이어지는 내용을 확인하세요.

이전에 배운 내용

5-1 대응 관계를 식으로 나타내기

오리의 수 (마리) → ■	오리의 다리 수(개) → ▲
1	2
2	4
3	6

■×2=▲

▲÷2=■

5-1 분수와 소수의 관계

- 분모를 10, 100, ...으로 바꿔 소수로 나타내기

$\frac{4}{5}=\frac{4\times2}{5\times2}=\frac{8}{10}$ ➔ 0.8

- 소수를 분모가 10, 100, ...인 분수로 나타내기

$0.7=\frac{7}{10}$, $0.07=\frac{7}{100}$

5-2 (분수)×(자연수)

- 분모와 자연수를 약분하여 계산합니다.
- 대분수는 가분수로 바꿔서 약분합니다.

$\frac{5}{\cancel{9}_{3}}\times\cancel{3}^{1}=\frac{5}{3}=1\frac{2}{3}$

$1\frac{5}{9}\times3=\frac{14}{\cancel{9}_{3}}\times\cancel{3}^{1}=\frac{14}{3}=4\frac{2}{3}$

가분수로 바꾸기

이 단원에서 배울 내용

1 step	교과 개념	두 수를 비교하기, 비 알아보기
2 step	교과 유형 익힘	
1 step	교과 개념	비율 알아보기
1 step	교과 개념	비율이 사용되는 경우
2 step	교과 유형 익힘	
1 step	교과 개념	백분율 알아보기
1 step	교과 개념	백분율이 사용되는 경우
2 step	교과 유형 익힘	
3 step	문제 해결	잘 틀리는 문제 서술형 문제
4 step	실력 Up 문제	
	단원 평가	

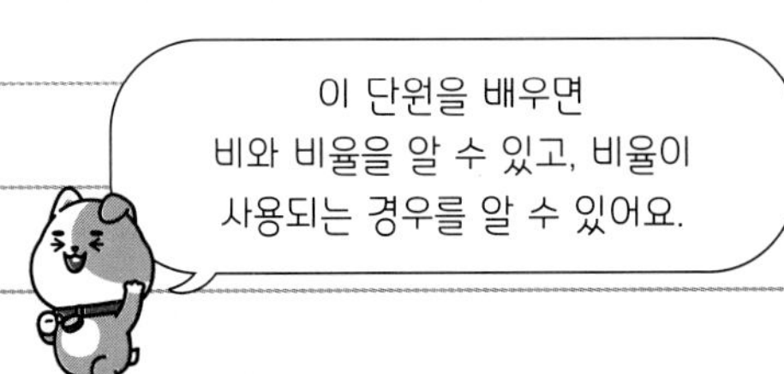

이 단원을 배우면
비와 비율을 알 수 있고, 비율이
사용되는 경우를 알 수 있어요.

개념 강의

step 1 교과 개념

두 수를 비교하기, 비 알아보기

개념1 두 수를 비교하기

우유 5컵에 초콜릿 가루 2컵을 넣어 초콜릿 우유를 만들었습니다.

우유의 양(컵)	5	10	15	20	…
초콜릿 가루의 양(컵)	2	4	6	8	…

• **뺄셈으로 비교하기**

(우유의 양)−(초콜릿 가루의 양)

$5-2=3$, $10-4=6$,
$15-6=9$, …

➜ 우유의 양과 초콜릿 가루의 양의 관계가 **변합니다.**

• **나눗셈으로 비교하기**

(우유의 양)÷(초콜릿 가루의 양)

$5\div2=2.5$, $10\div4=2.5$,
$15\div6=2.5$, …

➜ 우유의 양과 초콜릿 가루의 양의 관계가 **변하지 않습니다.**

개념2 비 알아보기

비 ➜ 두 수를 **나눗셈**으로 비교하기 위해 기호 :를 사용하여 나타낸 것

1 : 4

- 1 대 4
- 1의 4에 대한 비 (기준: 4)
- 1과 4의 비
- 4에 대한 1의 비 (기준: 4)

1 : 4 (기준: 4) ≠ 4 : 1 (기준: 1)

1 : 4와 4 : 1은 서로 다릅니다.

참고 1이 4를 기준으로 몇 배가 되는지 나눗셈으로 비교할 때 1 : 4라 쓰고 1 대 4라고 읽습니다.

개념 확인 1 □ 안에 알맞은 수를 써넣으세요.

모둠 수	1	2	3
사람 수(명)	4	8	12
도넛 수(개)	8	16	24

도넛 수는 사람 수의 □배입니다.

개념 확인 2 □ 안에 알맞은 수를 써넣으세요.

7 : 3 ⇨ □ 대 □, □에 대한 □의 비

3 그림을 보고 □ 안에 알맞은 수를 써넣으세요.

(1) 감의 수와 배의 수의 비 ⇨ □ : □

(2) 감의 수에 대한 배의 수의 비

⇨ □ : □

4 포도 원액 2컵과 물 4컵으로 포도 주스 1병을 만들었습니다. 물음에 답하세요.

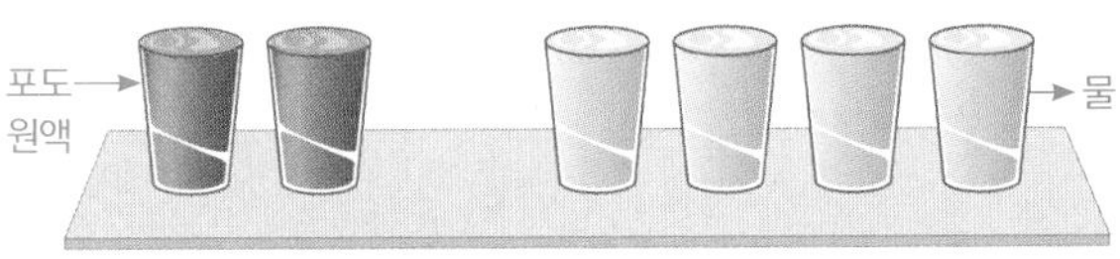

포도 주스의 양(병)	1	2	3	4
물의 양(컵)	4	8	12	16
포도 원액의 양(컵)	2	4	6	8

(1) 물의 양과 포도 원액의 양을 비교해 보세요.

뺄셈으로 비교: $4-2=2$, $8-4=$ □, $12-6=$ □, $16-8=$ □

나눗셈으로 비교: $4\div2=2$, $8\div4=$ □, $12\div6=$ □, $16\div8=$ □

(2) 관계있는 것끼리 선으로 이으세요.

뺄셈으로 비교 •	• 물의 양과 포도 원액 양의 컵 수의 관계가 변하지 않습니다.
나눗셈으로 비교 •	• 물의 양과 포도 원액 양의 컵 수의 관계가 변합니다.

5 전체에 대한 색칠한 부분의 비가 7 : 9가 되도록 색칠하세요.

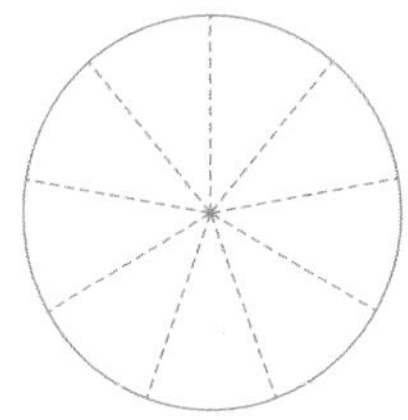

6 전체에 대한 색칠한 부분의 비를 쓰세요.

(1)

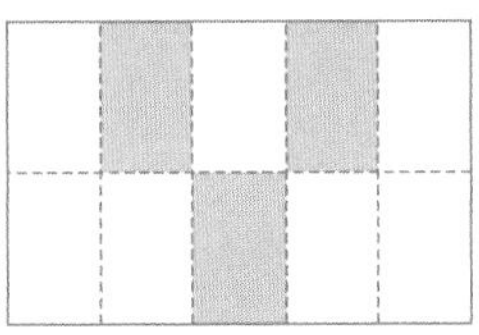

( )

(2)

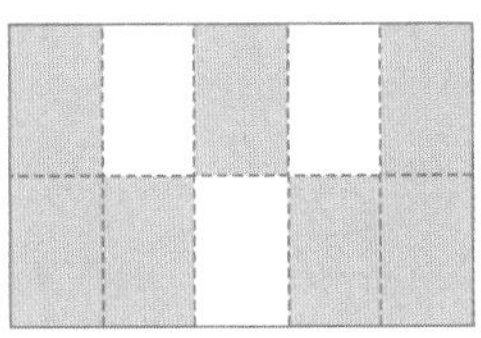

( )

7 카레 가루 1컵과 물 7컵을 넣어 카레 요리를 만들려고 합니다. 알맞은 비를 쓰세요.

(1) 카레 가루 양과 물 양의 비

( )

(2) 물 양에 대한 카레 가루의 비

( )

교과 유형 익힘

1 □ 안에 알맞은 수를 써넣으세요.

(1) 5 대 6 ⇨ □ : □

(2) 4와 3의 비 ⇨ □ : □

(3) 9에 대한 7의 비 ⇨ □ : □

(4) 16의 25에 대한 비 ⇨ □ : □

2 티셔츠를 보고 비를 알맞게 쓰세요.

(1) 긴팔 티셔츠 수에 대한 반팔 티셔츠 수의 비

(　　　　　　　　)

(2) 전체 티셔츠 수에 대한 긴팔 티셔츠 수의 비

(　　　　　　　　)

3 보기 와 같이 비를 나타내세요.

반	남학생 수	여학생 수	합계
1반	9명	11명	20명
2반	8명	13명	21명

보기

9 : 8 ⇨ 2반 남학생 수에 대한 1반 남학생 수의 비

(1) 11 : 13

________ 에 대한

________ 의 비

(2) 8 : 21

________ 의

________ 에 대한 비

4 색칠하지 않은 부분에 대한 색칠한 부분의 비가 2 : 13이 되도록 색칠하세요.

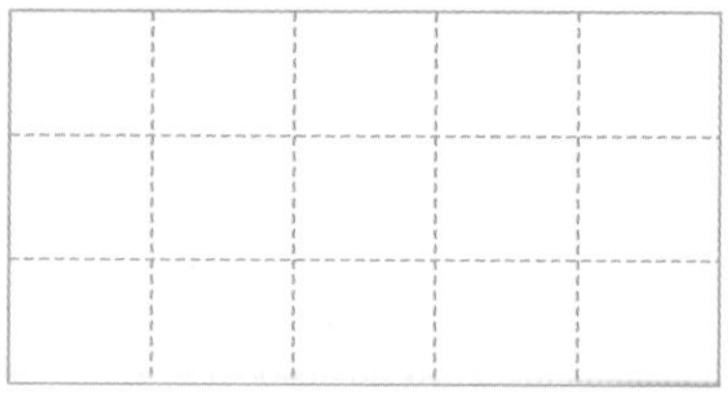

5 높이가 400 cm인 탑의 그림자의 길이를 재어 보니 300 cm입니다. 물음에 답하세요.

(1) 탑의 높이와 그림자의 길이만큼 색칠하세요.

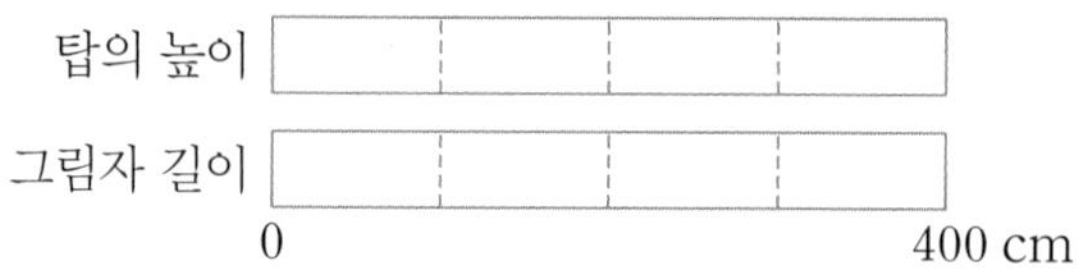

(2) 그림자의 길이는 탑의 높이의 몇 배인가요?

(　　　　　　　　)

6 일주일 중 5일은 평일, 2일은 주말입니다. 평일에 대한 주말의 비를 쓰세요.

평일					주말	
월	화	수	목	금	토	일

(　　　　　　　　)

7 알뜰 시장에서 1000원짜리 물건을 사면 7원이 이웃 돕기에 기부됩니다. 기부 금액과 물건 가격의 비를 쓰세요.

(　　　　　　　　)

서술형 문제

8 비에 대해 이야기 한 것이 맞는지 틀린지 판단하고, 그렇게 생각한 까닭을 쓰세요.

사과는 모두 10개예요.
초록색 사과는 3개이고 나머지는 빨간색 사과예요.
초록색 사과 수와 빨간색 사과 수의 비는 3 : 7이에요.

(맞습니다 , 틀립니다).

까닭 ______________________________

9 현정이는 100 m 장애물 경주를 하고 있습니다. 출발점에서 첫 번째 장애물까지 거리와 첫 번째 장애물에서 도착점까지 거리의 비를 구하세요.

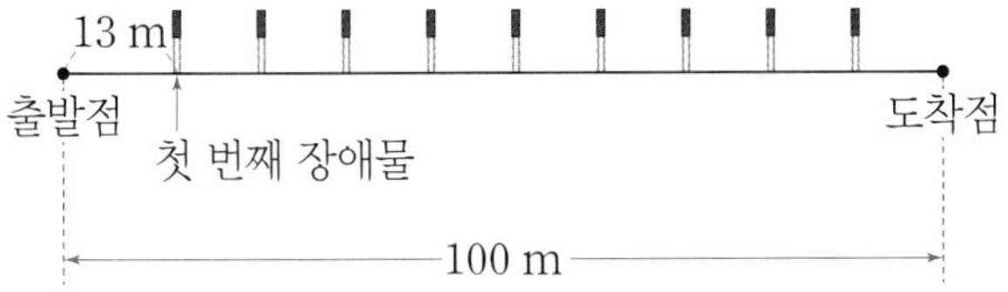

(　　　　　　　　)

10 민우네 반 학생은 25명입니다. 그중 14명은 오늘 아침 건강 달리기에 참여했고 나머지는 참여하지 않았습니다. 전체 학생 수에 대한 아침 건강 달리기에 참여하지 않은 학생 수의 비를 쓰세요.

(　　　　　　　　)

11 정보처리

끈을 14 cm, 23 cm가 되도록 두 도막으로 잘랐습니다. 물음에 답하세요.

(1) 긴 도막의 길이에 대한 짧은 도막의 길이의 비를 쓰세요.

(　　　　　　　　)

(2) 짧은 도막의 길이와 긴 도막의 길이의 비를 쓰세요.

(　　　　　　　　)

서술형 문제

12 추론

하진이가 표를 만들어 두 수를 비교한 것입니다. 하진이가 두 수를 비교한 방법을 쓰세요.

하진: 올해 내 나이는 13살, 내 동생은 11살이에요. 나는 동생보다 항상 2살이 많아요.

나이	올해	1년 후	2년 후
나	13	14	15
동생	11	12	13
나이 차	2	2	2

서술형 문제

13 추론

두 비 9 : 8과 8 : 9를 비교하려고 합니다. 알맞은 말에 ○표 하여 문장을 완성하고, 그 까닭을 쓰세요.

9 : 8과 8 : 9는
(같습니다 , 다릅니다).

까닭 ______________________________

4 단원

진도 완료 체크

개념 강의

step 1 교과 개념

개념1 비교하는 양과 기준량 알아보기

비교하는 양 :의 왼쪽에 있는 수	1 : 4	기준량 :의 오른쪽에 있는 수

개념2 비율 구하기

비율: **기준량**에 대한 **비교하는 양**의 **크기**

$$\text{비율} = (\text{비교하는 양}) \div (\text{기준량}) = \frac{(\text{비교하는 양})}{(\text{기준량})}$$

예 전체 학생 수에 대한 안경을 쓴 학생 수의 비율

안경을 쓴 학생 수 8명 ➔ 비교하는 양

전체 학생 수 20명 ➔ 기준량

비율을 **분수** 형태로 나타내기	비율을 **소수** 형태로 나타내기
$\frac{8}{20}$	$\frac{8}{20}=\frac{4}{10}=0.4$

개념 확인 1 비에서 비교하는 양과 기준량을 각각 찾아 쓰세요.

(1)

5 : 9	
비교하는 양	기준량

(2)

6 : 1	
비교하는 양	기준량

개념 확인 2 기준량에 대한 비교하는 양의 크기를 무엇이라고 하는지 □ 안에 알맞은 말을 써넣으세요.

$$(\boxed{}) = \frac{(\text{비교하는 양})}{(\text{기준량})}$$

3 주어진 비를 보고 비율을 분수와 소수로 나타내세요.

(1)

7 : 20

분수 (　　　　　　　　　　)

소수 (　　　　　　　　　　)

(2)

10에 대한 3의 비

분수 (　　　　　　　　　　)

소수 (　　　　　　　　　　)

4 관계있는 것끼리 이으세요.

5 : 7 •	• $\frac{4}{9}$
9에 대한 4의 비 •	• $\frac{5}{7}$
4의 10에 대한 비 •	• 0.4

5 직사각형을 보고 물음에 답하세요.

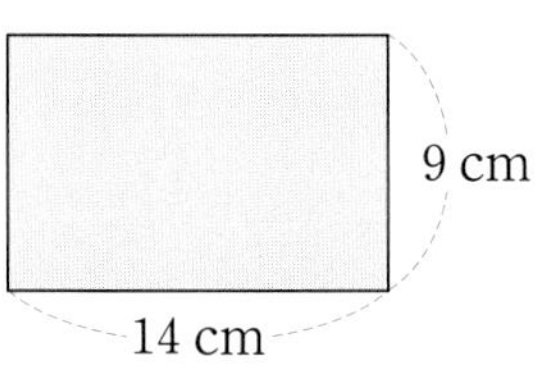

(1) 세로에 대한 가로의 비를 쓰세요.

(　　　　　　　　　　)

(2) 세로에 대한 가로의 비율을 분수로 나타내세요.

(　　　　　　　　　　)

6 직사각형 모양 액자가 2개 있습니다. 물음에 답하세요.

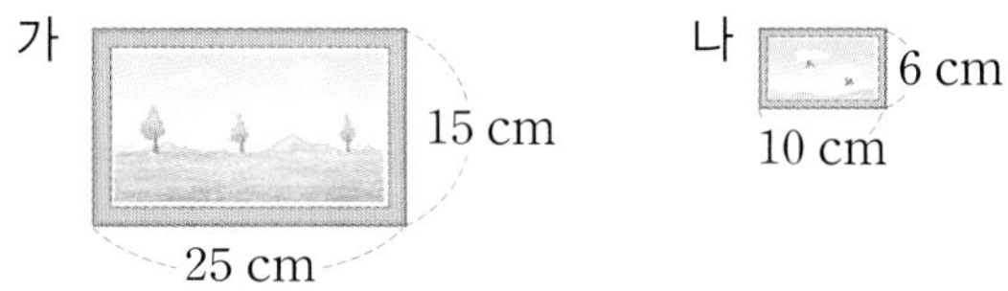

(1) 가로에 대한 세로의 비율을 각각 소수로 나타내세요.

가 (　　　　　　), 나 (　　　　　　)

(2) 알맞은 말에 ○표 하세요.

두 액자의 가로에 대한 세로의 비율은 (같습니다 , 다릅니다).

7 10분 동안 50개의 만두를 만들 수 있습니다. □ 안에 알맞은 수를 써넣으세요.

(1)

1분 동안 만들 수 있는 만두의 수 구하기

• 만두를 만드는 데 걸린 시간에 대한 만두 수의 비 ⇨ □ : 10

• 비율 ⇨ □

• 1분 동안 만들 수 있는 만두의 수는 □개입니다.

(2)

만두 1개를 만드는 데 걸린 시간 구하기

• 만두 수에 대한 만두를 만드는 데 걸리는 시간의 비 ⇨ □ : 50

• 비율 ⇨ □

• 만두 1개를 만드는 데 걸린 시간은 □분입니다.

step 1 교과 개념

개념1 비율이 사용되는 경우

• 전체 타수에 대한 안타 수의 비율 ← 타율

예 전체 20타수 중 안타 15번

➜ 타율 $\frac{15}{20}=\frac{3}{4}=0.75$

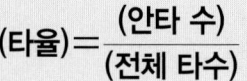

$(\text{타율})=\frac{(\text{안타 수})}{(\text{전체 타수})}$

• 걸린 시간에 대한 간 거리의 비율 ← 빠르기(속도)

예 28 km를 가는 데 2시간이 걸린 자전거

➜ 빠르기 $\frac{28}{2}=14$

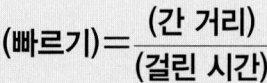

$(\text{빠르기})=\frac{(\text{간 거리})}{(\text{걸린 시간})}$

• 넓이에 대한 인구의 비율 ← 인구밀도

예 넓이가 10 km^2인 마을의 인구수가 5000명

➜ 인구밀도 $\frac{5000}{10}=500$

$(\text{인구밀도})=\frac{(\text{인구수})}{(\text{넓이})}$

개념2 비교하는 양 구하기

(비교하는 양)=(기준량)×(비율)

예 전체 학생 21명의 $\frac{3}{7}$ 구하기

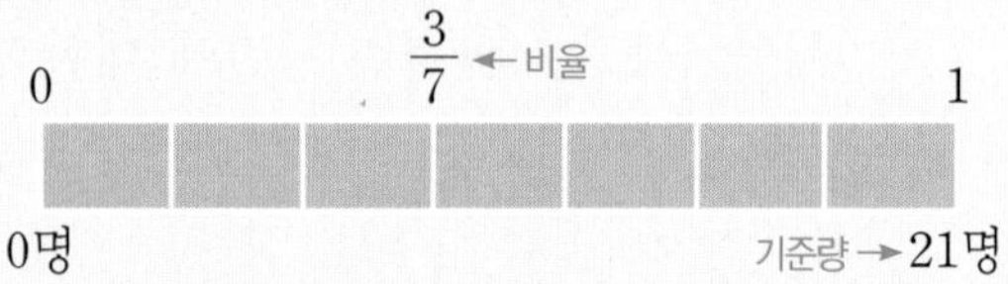

$21\times\frac{3}{7}=9$(명)

전체 학생 수의
2배를 구할 때에는 2를 곱하고,
$\frac{3}{7}$을 구할 때에는 $\frac{3}{7}$을 곱해요.

개념3 기준량 구하기

예 전체 학생 수의 $\frac{2}{5}$가 8명일 때 전체 학생 수 구하기

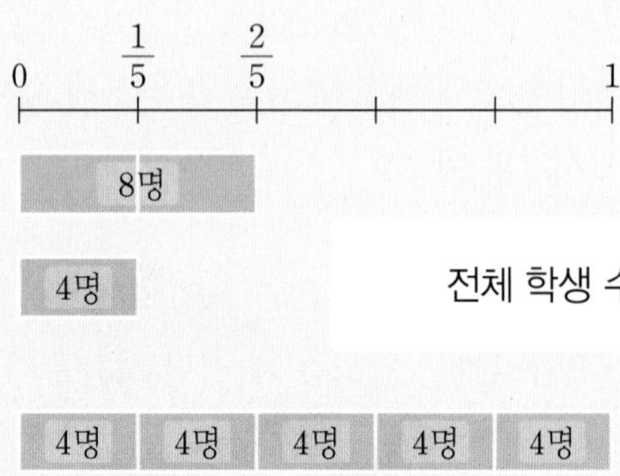

전체 학생 수의 $\frac{1}{5}$ 구하기: $8\div2=4$(명) ← 분자로 나누기

전체 학생 수 구하기: $4\times5=20$(명) ← 분모 곱하기

1 타율을 소수로 나타내려고 합니다. □ 안에 알맞은 수를 써넣으세요.

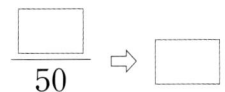

(1) 전체 50타수 중 안타를 20번 쳤습니다.

$\frac{\square}{50}$ ⇨ □

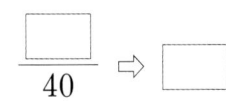

(2) 전체 40타수 중 안타를 16번 쳤습니다.

$\frac{\square}{40}$ ⇨ □

2 소금물 양에 대한 소금의 양의 비율을 분수로 나타내려고 합니다. □ 안에 알맞은 수를 써넣으세요.

(1)

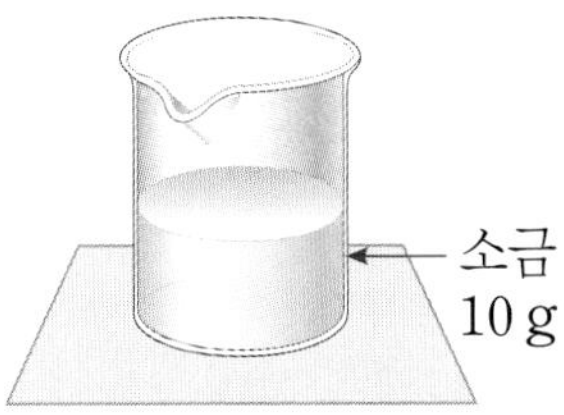

(   )

(2)

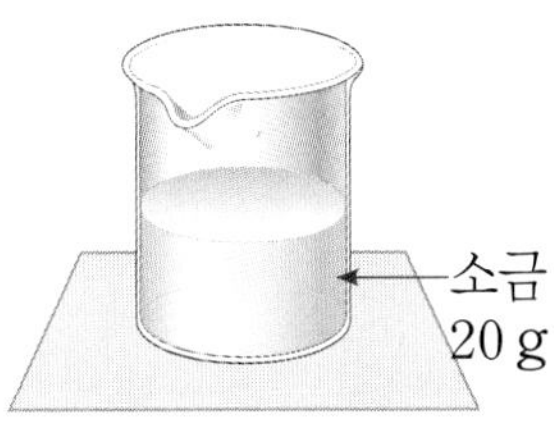

(   )

3 축구공을 30번 차서 그중 12번 골인에 성공했습니다. 골인에 성공한 비율을 구하세요.

분수 (   )

소수 (   )

4 전체 학생 수 15명에 대한 찬성하는 학생 수의 비율이 $\frac{2}{3}$입니다. 물음에 답하세요.

(1) 기준량과 비교하는 양을 알맞게 이어 보세요.

기준량 •		• 전체 학생 수
비교하는 양 •		• 찬성하는 학생 수

(2) 찬성하는 학생 수를 구하세요.

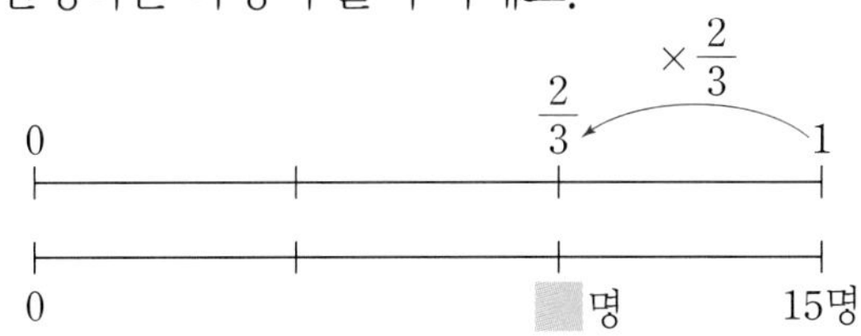

$15\times\frac{2}{3}=\square$(명)

5 전체 학생 수에 대한 요리 수업을 받는 학생 수의 비율이 $\frac{3}{5}$이고, 요리 수업을 받는 학생은 21명입니다. 물음에 답하세요.

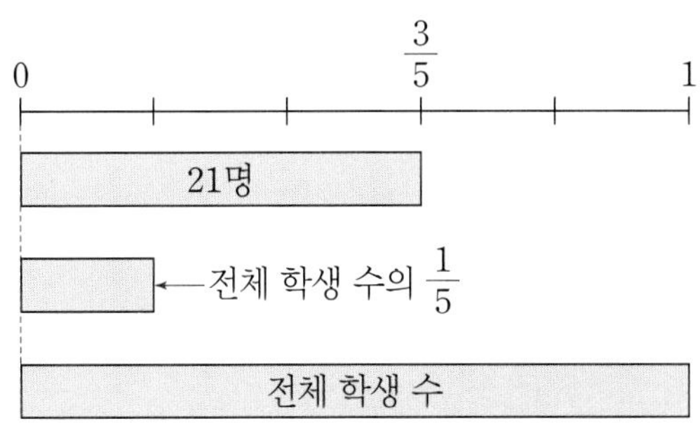

(1) 전체 학생 수의 $\frac{1}{5}$은 몇 명일까요?

$21\div3=\square$(명)

(2) 전체 학생 수는 몇 명일까요?

$21\div3\times\square=\square$(명)

4 단원

진도 완료 체크

10종 step 2

교과 유형 익힘

1 삼각형의 변 ㄱㄴ이 밑변일 때 밑변에 대한 높이의 비율을 구하세요.

(1)

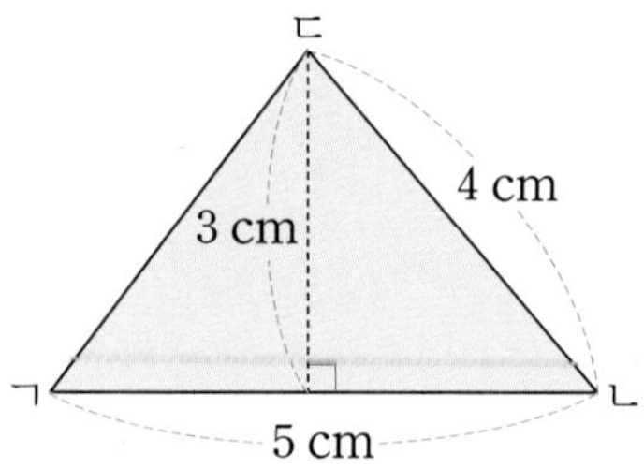

(　　　　　　　　　　　)

(2)

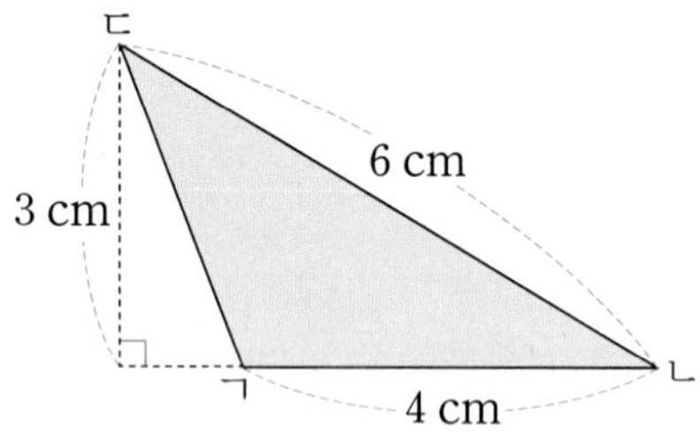

(　　　　　　　　　　　)

2 비교하는 양과 기준량을 찾아 쓰고 비율을 구하세요.

	8과 30의 비	6에 대한 24의 비
비교하는 양		
기준량		
비율		

3 자동차가 190 km를 가는 데 2시간이 걸렸습니다. 걸린 시간에 대한 달린 거리(km)의 비율을 구하세요.

(　　　　　　　　　　　)

4 초록색 버스는 210 km를 가는 데 3시간이 걸렸고, 노란색 버스는 150 km를 가는 데 2시간이 걸렸습니다. 물음에 답하세요.

(1) 걸린 시간에 대한 달린 거리의 비율을 각각 구하세요.

초록색 버스 (　　　　　　　　　　　)

노란색 버스 (　　　　　　　　　　　)

(2) 더 빠른 버스는 어느 버스인가요?

(　　　　　　　　　　　)

5 은서는 물에 포도 원액을 넣어 두 가지 방법으로 포도 주스를 만들었습니다. 물음에 답하세요.

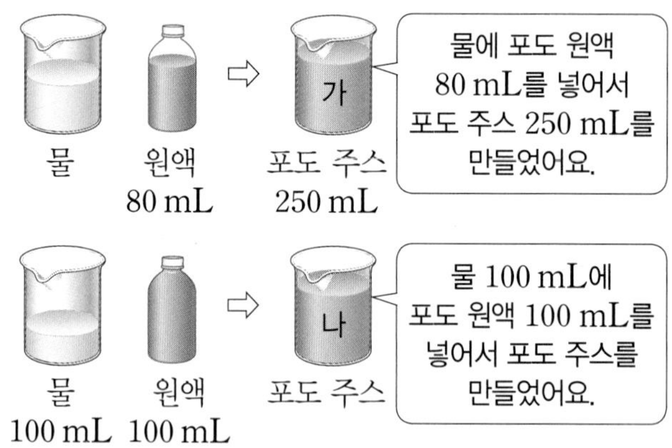

(1) 포도 주스 양에 대한 포도 원액 양의 비율을 각각 구하세요.

가 (　　　　　　　　　　　)

나 (　　　　　　　　　　　)

(2) 어떤 포도 주스가 더 진한가요?

(　　　　　　　　　　　)

6 물의 양에 대한 소금의 양의 비율을 비교하여 더 짠 소금물의 기호를 쓰세요.

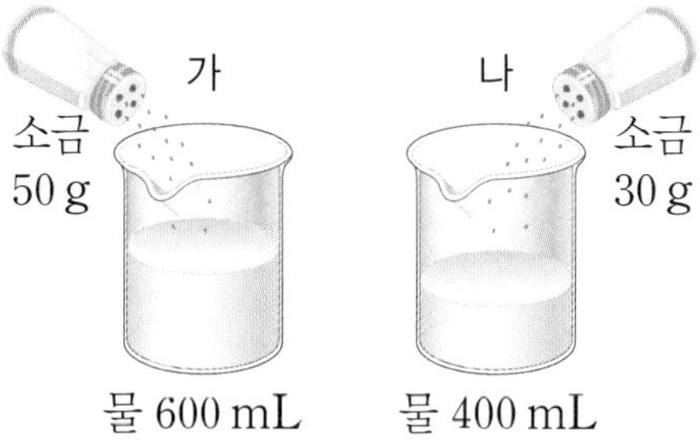

(　　　　　　　　　　)

7 두 마을의 넓이에 대한 인구의 비율을 각각 구하고, 두 마을 중 인구가 더 밀집한 곳을 쓰세요.

마을	연두 마을	파란 마을
인구(명)	6400	7800
넓이(km^2)	4	5
넓이에 대한 인구의 비율		

(　　　　　　　　　　)

8 정민이와 수찬이는 야구를 하고 있습니다. 정민이는 25타수 중에서 안타를 16개 쳤고, 수찬이는 20타수 중에서 안타를 12개 쳤습니다. 전체 타수에 대한 안타 수의 비율은 누가 더 높을까요?

(　　　　　　　　　　)

9 정보처리 동전 한 개를 10번 던져서 나온 면이 그림 면인지, 숫자 면인지 나타낸 것입니다. 동전을 던진 횟수에 대한 숫자 면이 나온 횟수의 비율을 분수와 소수로 각각 나타내세요.

회차	1회	2회	3회	4회	5회
나온 면	숫자	숫자	그림	그림	그림
회차	6회	7회	8회	9회	10회
나온 면	숫자	그림	그림	그림	그림

(　　　　　　　　　　), (　　　　　　　　　　)

10 문제해결 진호, 수민, 유진이가 각각 검은색 물감과 흰색 물감을 섞어서 회색 물감을 만들었습니다. 더 어두운 회색 물감을 만든 사람부터 차례대로 이름을 쓰세요.

물감	검은색 물감	흰색 물감
진호	3컵	5컵
수민	2컵	10컵
유진	6컵	8컵

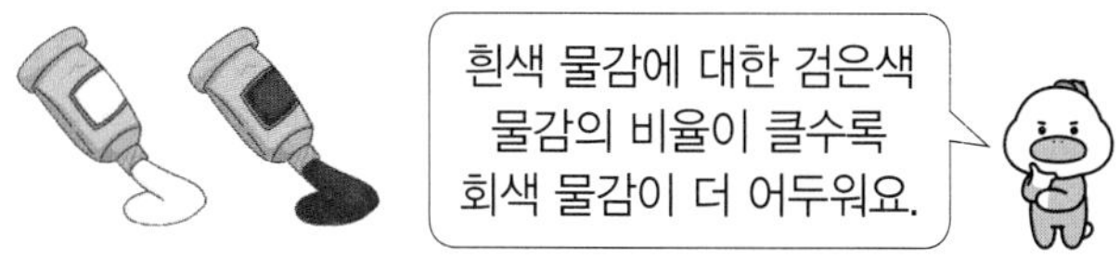

흰색 물감에 대한 검은색 물감의 비율이 클수록 회색 물감이 더 어두워요.

(　　　　　　　　　　)

11 문제해결 지호와 수지가 배운 오렌지에이드 제조법은 오렌지즙과 탄산수의 비가 5 : 8이 되도록 섞는 것입니다. 제조법에 알맞게 재료를 섞은 친구는 누구인가요?

5 : 8

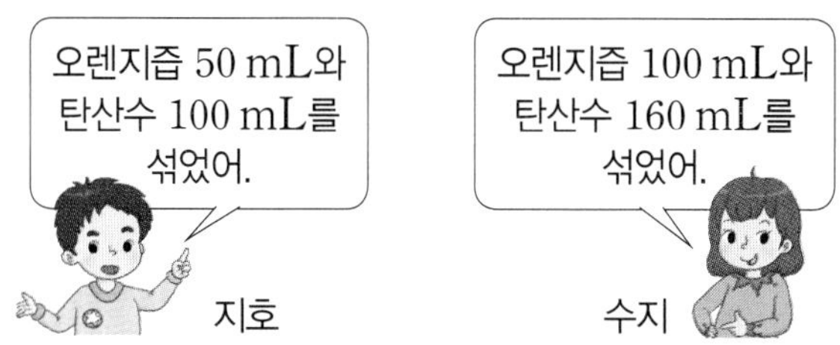

오렌지즙 50 mL와 탄산수 100 mL를 섞었어.
지호
오렌지즙 100 mL와 탄산수 160 mL를 섞었어.
수지

(　　　　　　　　　　)

4 단원
진도 완료 체크

개념1 백분율 알아보기

백분율 : **기준량**을 **100**으로 할 때의 비율

백분율 ➜ $\frac{(\text{비교하는 양})}{(\text{기준량})} \times 100$ ➜ **%(퍼센트)**를 사용

$\frac{1}{100}=0.01$
↓
1 %

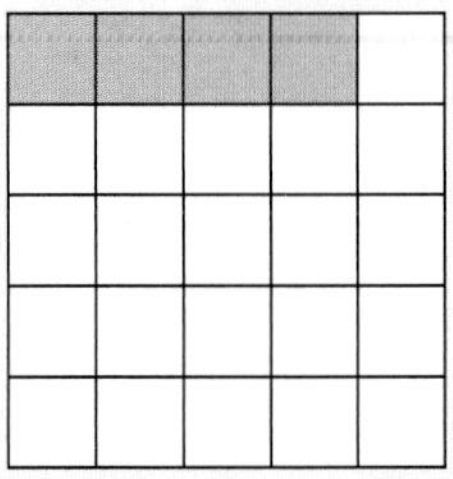

$\frac{4}{25}$

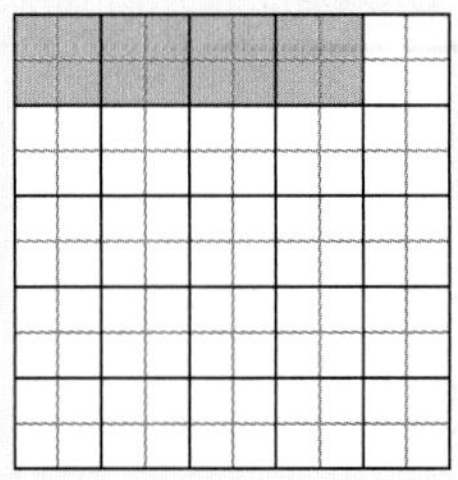

↑ 100칸으로 나누기

$\frac{4}{25}=\frac{16}{100}=0.16$

➜ 16 %

16 퍼센트

개념2 백분율로 나타내기

• **기준량이 100인 분수로 나타내어 백분율 구하기**

$\frac{3}{4}=\frac{75}{100}$ ➜ 75 %

$\frac{3}{4}=\frac{3\times 25}{4\times 25}=\frac{75}{100}$

분모가 1, 2, 4, 5, 10, 20, 25, 50인 분수는 분모가 100인 분수로 바꿀 수 있어요.

• **비율에 100을 곱하여 백분율 구하기**

$\frac{3}{4}\times 100=75$ ➜ 75 %

$\frac{3}{\cancel{4}_1}\times \cancel{100}^{25}=75$

$0.75\times 100=75$ ➜ 75 %

백분율을 구할 때에는 분모에 상관없이 비율에 100을 곱하면 돼요.

참고 백분율을 100으로 나누면 비율이 됩니다. 75 % → $75\div 100=\frac{75}{100}=0.75$

개념 확인 1 □ 안에 알맞은 수를 써넣으세요.

기준량을 □으로 할 때의 비율을 백분율이라고 합니다.

개념 확인 2 비율을 백분율로 나타내고, 백분율을 읽으세요.

(1)

비율	백분율	
	나타내기	읽기
$\frac{4}{100}$		

(2)

비율	백분율	
	나타내기	읽기
$\frac{3}{10}$		

3 비율을 백분율로 나타내려고 합니다. □ 안에 알맞은 수를 써넣으세요.

(1) $\frac{7}{20}$ ⇨ $\frac{7}{20}\times$□ ⇨ □ %

(2) 0.42 ⇨ 0.42×□ ⇨ □ %

4 그림을 보고 전체에 대한 색칠한 부분의 비율을 백분율로 나타내세요.

(1)

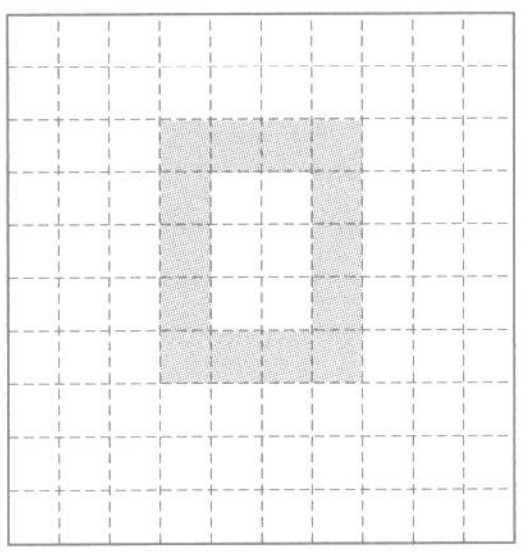

(   )

(2)

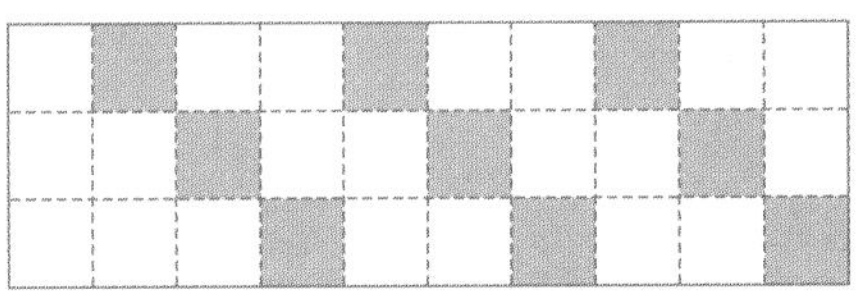

(   )

5 백분율을 분수 또는 소수로 나타내세요.

(1) 28 % ⇨ $\frac{□}{100}=\frac{7}{□}$ ← 분수

(2) 87 % ⇨ 87÷100=□ ← 소수

6 비율을 백분율로 나타내려고 합니다. □ 안에 알맞은 수를 써넣으세요.

(1) 0.39 ⇨ (   )

(2) $\frac{11}{25}$ ⇨ (   )

7 빈칸에 알맞게 써넣으세요.

분수	소수	백분율
$\frac{25}{100}$		25 %
	0.64	
$\frac{3}{50}$		

8 비율이 같은 것끼리 선으로 이으세요.

45 % •	• $\frac{79}{50}$
79 % •	• $\frac{9}{20}$
158 % •	• $\frac{79}{100}$

9 유민이는 미술 활동에 전체 25회 중에서 13회를 출석했습니다. 출석한 횟수는 전체의 몇 %인지 백분율로 나타내세요.

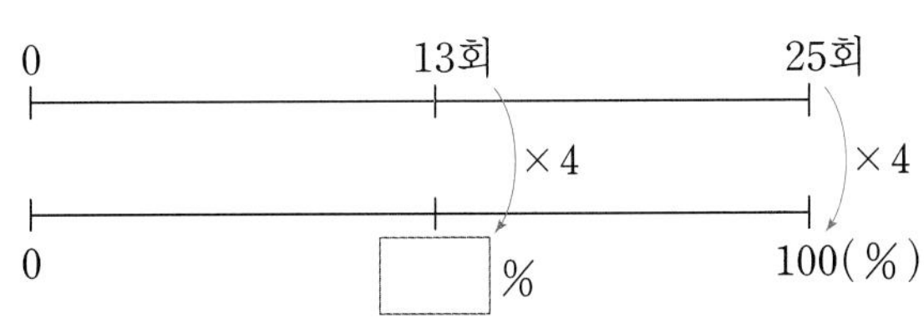

개념 강의

step 1 교과 개념

개념1 백분율이 사용되는 경우

• 할인율: 원래 가격에 대한 할인 금액의 비율

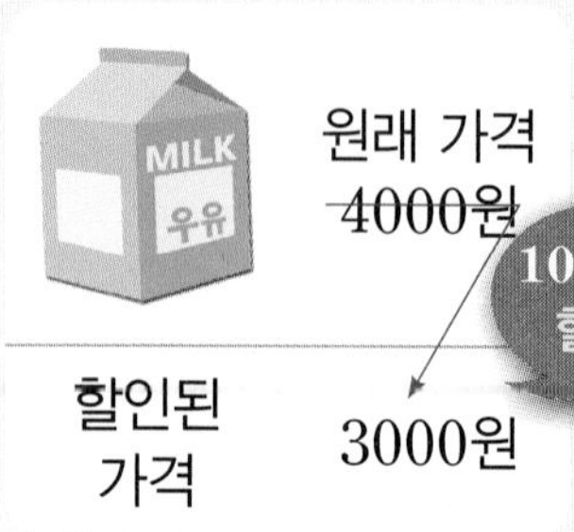

(할인 금액)=(원래 가격)−(할인된 가격)
=4000−3000=1000(원)

(할인율)$=\dfrac{\text{(할인 금액)}}{\text{(원래 가격)}}=\dfrac{1000}{4000}$

$\dfrac{1000}{4000}\times100=25$ → 25 %

• 이자율: 예금한 금액에 대한 이자의 비율

(이자)=(찾은 금액)−(예금한 금액)
=10200−10000=200(원)

(이자율)$=\dfrac{\text{(이자)}}{\text{(예금한 금액)}}=\dfrac{200}{10000}$

$\dfrac{200}{10000}\times100=2$ → 2 %

개념2 비교하는 양 구하기

예 가로가 40 cm인 직사각형 모양의 사진을 60 %로 줄여서 복사하기

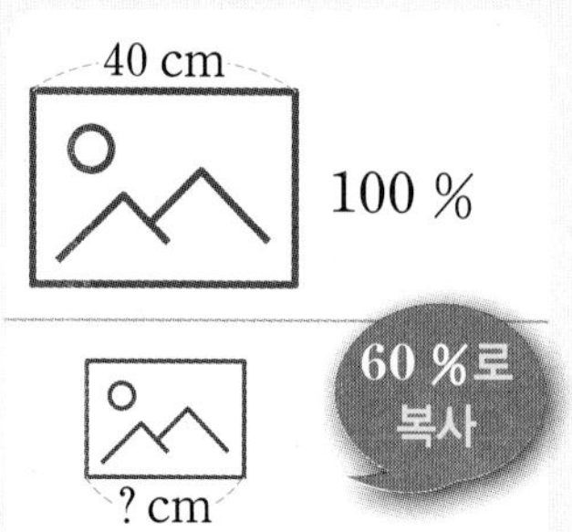

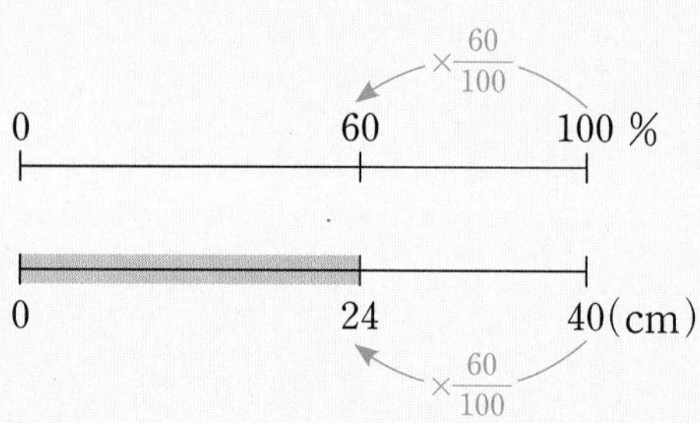

$\frac{60}{100}$

40 cm를 60 %로 줄이면

$40\times\dfrac{60}{100}=24$ (cm)

개념3 기준량 구하기

예 전교생 수에 대한 6학년 학생 수의 비율이 15 %이고 6학년 학생 수가 60명인 경우

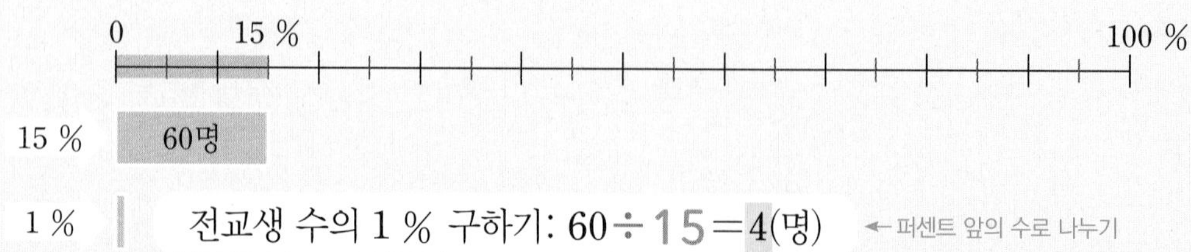

전교생 수의 1 % 구하기: 60÷15=4(명) ← 퍼센트 앞의 수로 나누기

전교생 수 구하기: 4×100=400(명) ← 100 곱하기

1 500명이 참여한 투표의 결과입니다. 물음에 답하세요.

후보	가	나	무효
득표수(표)	240	200	60

(1) 가 후보의 득표율은 몇 %인지 구하세요.

득표 수→ $\frac{\square}{500}$ ←투표에 참여한 인원 ⇨ $\square$ %

(2) 나 후보의 득표율은 몇 %인지 구하세요.

$\frac{\square}{500}$ ⇨ $\square$ %

2 소금물 양에 대한 소금 양의 비율을 구하려고 합니다. $\square$ 안에 알맞은 수를 써넣으세요.

(1) 소금 8 g을 녹여 소금물 100 g을 만들었습니다.

소금 양→ $\frac{\square}{100}$ ←소금물 양 ⇨ $\square$ %

(2) 소금 10 g을 녹여 소금물 200 g을 만들었습니다.

$\frac{\square}{200}$ ⇨ $\square$ %

3 선미는 농구 연습을 하고 있습니다. 선미의 골 성공률을 백분율로 나타내세요.

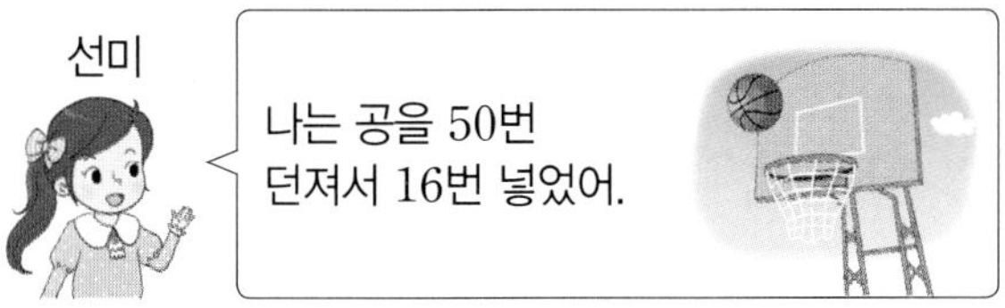

선미
나는 공을 50번 던져서 16번 넣었어.

$\frac{\square}{50}\times 100=\square$ ⇨ $\square$ %

4 가로가 40 cm인 사진을 30 %로 줄여 복사하였습니다. 줄인 사진의 가로는 몇 cm가 되는지 구하세요.

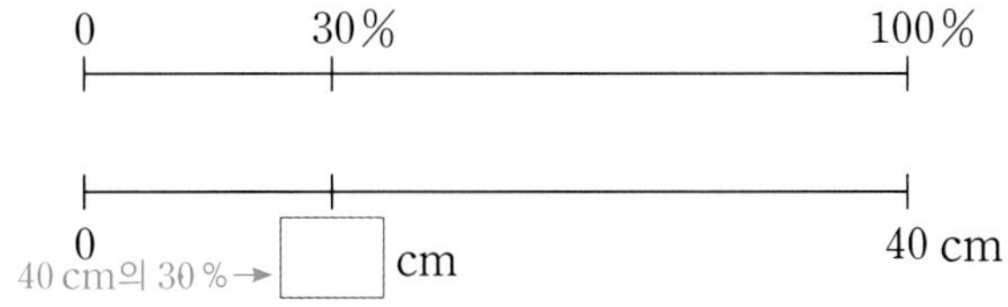

5 버스를 타고 현장 학습을 가는 것에 찬성하는 학생 수를 조사했습니다. 찬성률을 백분율로 나타내세요.

찬성하는 학생 수 ⇨ 17 명
전체 학생 수 ⇨ 25 명

(　　　　　　　　)

6 정육점에서 원래 15000원인 돼지고기를 할인해서 9000원에 팔고 있습니다. 물음에 답하세요.

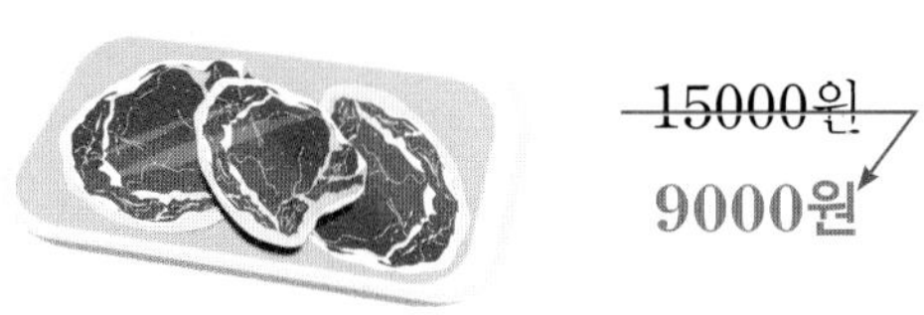

(1) 원래 가격과 할인된 판매 가격의 차를 구하세요.

(　　　　　　　　)

(2) 할인율을 분수와 소수로 각각 나타내세요.

(　　　　　　), (　　　　　　)

(3) 할인율을 백분율로 나타내시오.

(　　　　　　　　)

4 단원

1 기준량이 비교하는 양보다 작은 경우를 모두 찾아 기호를 쓰세요.

㉠ $\frac{11}{6}$　㉡ 500 %　㉢ 0.98　㉣ $\frac{1}{2}$

(　　　　　　　　)

2 지용이는 할인율이 더 높은 양말을 사려고 합니다. 물음에 답하세요.

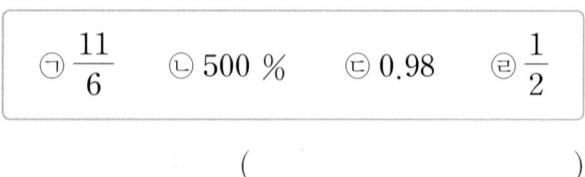

가
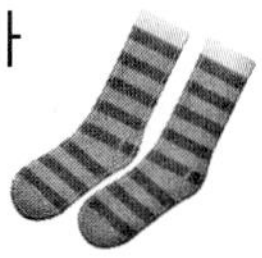
원래 가격 ~~1000원~~ → 할인 후 가격 650원

나

~~800원~~ → 560원

(1) 가와 나 양말의 할인율은 각각 몇 %인가요?
가 (　　　　　　), 나 (　　　　　　)

(2) 지용이는 가와 나 중에서 어느 양말을 사면 될까요?
(　　　　　　　　)

3 시원이네 집에 있는 책 중 20 %는 만화책입니다. 만화책이 40권일 때 물음에 답하세요.

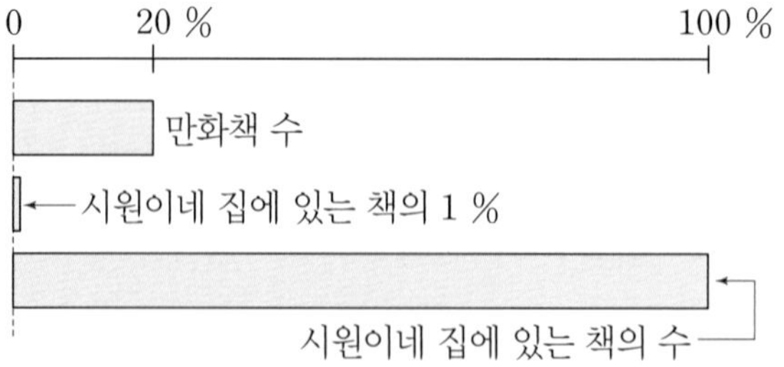

(1) 시원이네 집에 있는 책의 1 %는 몇 권인가요? (　　　　　　　　)

(2) 시원이네 집에 있는 책은 모두 몇 권인가요?
(　　　　　　　　)

4 은행에 10000원을 예금하고 1년이 지나 이자를 받았더니 10600원이 되었습니다. 예금의 이자율은 몇 %인지 구하세요.

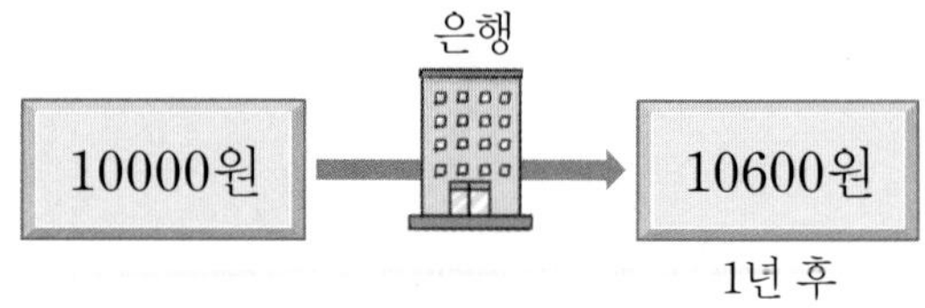

(1) 이자는 얼마인가요?
(　　　　　　　　)

(2) 예금한 금액에 대한 이자의 비율을 분수로 나타내고 백분율로 고치세요.

$\frac{\square}{10000}$ ⇨ $\square$ %

✎ 서술형 문제

5 백분율에 대해 이야기한 것이 맞는지 틀린지 판단하고, 그렇게 생각한 까닭을 쓰세요.

비율 $\frac{1}{5}$을 소수로 나타내면 0.2이고, 이것을 백분율로 나타내면 2 %입니다.

(맞습니다 , 틀립니다)

까닭 ______________________

____

6 옷가게에서 작년에 9900원에 판매하던 티셔츠를 80 % 할인하여 판매하고 있습니다. 티셔츠의 판매 가격은 얼마인가요?

(　　　　　　　　)

정답 38쪽

7 어느 쇼핑몰에서 한 달 동안 판매한 가방 개수가 500개에서 600개로 늘어났습니다. 판매 개수의 증가율을 구하려고 합니다. 물음에 답하세요.

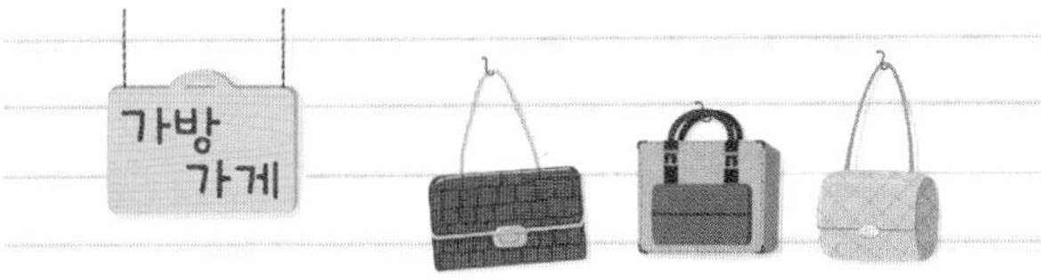

(1) 판매 개수가 몇 개 늘어났는지 구하세요.

( )

(2) 판매 개수의 증가율은 몇 %인지 구하세요.

( )

8 설탕 40 g을 물 160 g에 섞어서 설탕물을 만들었습니다. 설탕물 양에 대한 설탕 양의 비율은 몇 %인지 알아보려고 합니다. 물음에 답하세요.

(1) 설탕물의 양은 얼마일까요?

( )

(2) 설탕의 양은 얼마일까요?

( )

(3) 설탕물 양에 대한 설탕 양의 비율은 몇 %인가요?

( )

9 은서는 은행에 30만 원을 저금하였습니다. 이 은행에 1년 동안 저금했을 때 원금의 5 %만큼 이자를 받을 수 있습니다. 은서가 1년 뒤에 받게 될 이자는 얼마일까요?

( )

10 문제 해결

똑같은 과자가 작년에는 6봉지에 3000원이었는데 올해에는 5봉지에 3000원입니다. 이 과자의 가격은 작년에 비해 몇 % 올랐는지 구하세요.

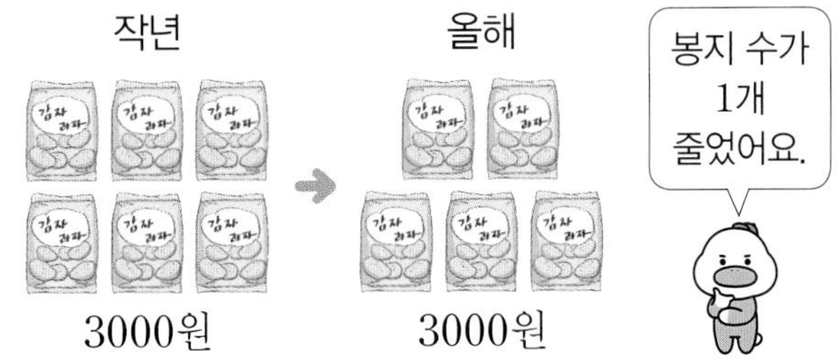

( )

11 문제 해결

15세 이하인 소정이는 동물원 입장료를 20 % 할인받을 수 있습니다. 입장료가 35000원일 때 소정이는 얼마를 할인받을 수 있나요?

( )

12 창의 융합

부가세란 물품이 생산되고 유통되는 모든 단계에서 기업이 부가하는 가치에 대해서만 매기는 세금입니다. 영수증을 보고 공급가액에 대한 부가세의 비율을 백분율로 나타내세요.

영수증

메뉴	수량	금액
돈가스	1	8800
우동	1	4400
공급가액		12000
부가세		1200
공급대가		13200

( )

4 단원

진도 완료 체크

문제 풀이

step 3 문제 해결 잘 틀리는 문제

유형 1 비로 나타내기

1 학교 운동장에서 운동을 하고 있는 전체 학생은 32명이고, 여학생은 13명입니다. 여학생 수에 대한 남학생 수의 비를 구하세요.

( )

Solution 남학생 수를 구하고 :를 사용하여 여학생 수에 대한 남학생 수의 비를 나타냅니다.

1-1 수연이네 반 전체 학생은 43명이고, 남학생은 25명입니다. 여학생 수와 남학생 수의 비를 쓰세요.

□ : □

1-2 준수네 반은 남학생이 17명, 여학생이 14명입니다. 준수네 반 전체 학생 수에 대한 여학생 수의 비를 구하세요.

( )

1-3 학교 앞길을 청소하는 자원봉사자 30명 중 남자는 17명입니다. 여자 자원봉사자 수에 대한 남자 자원봉사자 수의 비를 쓰세요.

( )

유형 2 지도에서 비율 구하기

2 축척은 실제 거리에 대한 지도에서의 거리의 비율입니다. 지도 위의 거리가 1 cm일 때 실제 거리가 600 m인 지도가 있습니다. 이 지도의 축척을 분수로 나타내세요.

( )

Solution 길이의 단위를 같게 고치고 실제 거리에 대한 지도에서의 거리의 비율을 분수로 나타냅니다.

2-1 축척은 실제 거리에 대한 지도에서의 거리의 비율입니다. 지도 위의 거리가 2 cm일 때 실제 거리가 700 m인 지도가 있습니다. 이 지도의 축척을 기약분수로 나타내세요.

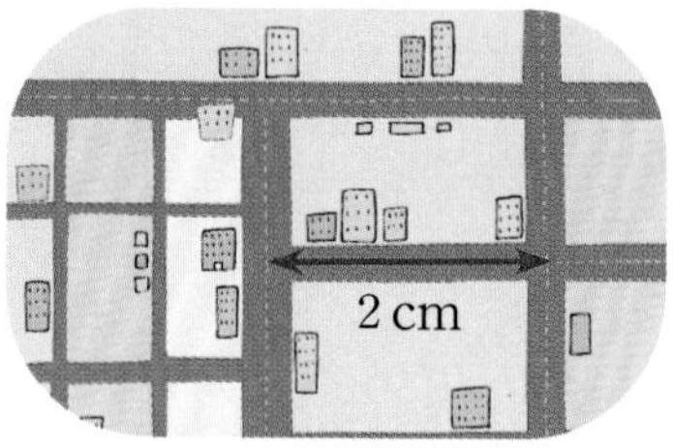

실제 거리 700 m

( )

2-2 축척은 실제 거리에 대한 지도에서의 거리의 비율입니다. 지도 위의 거리가 3 cm일 때 실제 거리가 9 km인 지도가 있습니다. 이 지도의 축척을 기약분수로 나타내세요.

( )

유형 3 빠르기 비교하기

3 자동차는 2시간에 340 km를 달리고, 기차는 1분에 4 km를 달립니다. 자동차와 기차 중 어느 것이 더 빠른지 구하세요.

( )

Solution 1시간=60분임을 이용합니다. 1분 동안 간 거리에 60을 곱하여 1시간 동안 간 거리를 구한 다음 비교합니다.

3-1 자동차는 3시간에 186 km를 달리고, 버스는 2시간에 86000 m를 달립니다. 자동차와 버스 중 어느 것이 더 빠른지 구하세요.

( )

3-2 자동차 경주 대회에 출전한 자동차가 가 대회에서는 15시간 동안 1650 km를 달렸고, 나 대회에서는 20분 동안 39 km를 달렸습니다. 가와 나 대회 중 어느 대회에서 더 빨리 달렸을까요?

가

15시간 동안
1650 km

나

20분 동안
39 km

( )

유형 4 소금의 양 구하기

4 소금물 양에 대한 소금 양의 비율이 10 %인 소금물 300 g이 있습니다. 소금물에 들어 있는 소금은 몇 g인가요?

( )

Solution 소금물 양에 대한 소금 양의 비율을 소금물의 진하기라고 합니다. 소금물 양은 소금과 물 양을 더한 것입니다.

4-1 소금물 양에 대한 소금 양의 비율이 5 %인 소금물 200 g이 있습니다. 소금물에 들어 있는 소금은 몇 g인가요?

( )

4-2 소금물 양에 대한 소금 양의 비율이 3 %인 소금물 400 g이 있습니다. 소금물에 들어 있는 소금은 몇 g인가요?

( )

4-3 소금물 양에 대한 소금 양의 비율이 10 %인 소금물을 만들려고 합니다. 소금을 20 g 넣었다면 물은 몇 g 넣어야 하는지 알아보세요.

(1) 소금물 양에 대한 소금 양의 비율이 10 %인 소금물에 소금이 20 g 들어 있을 때 소금물은 몇 g인가요?

( )

(2) 물을 몇 g 넣어야 할까요?

( )

4 단원

문제 풀이

step 3 문제 해결 서술형 문제

5 연습 문제

우성이는 50 m 장애물 달리기를 하고 있습니다. 첫 번째 장애물은 출발점에서부터 23 m 거리에 있습니다. 출발점에서부터 첫 번째 장애물까지의 거리와 ❶첫 번째 장애물에서부터 도착점까지의 거리의 ❷비를 알아보세요.

❶ (첫 번째 장애물에서부터 도착점까지의 거리)

$=50-\square=\square$ (m)

❷ 출발점에서부터 첫 번째 장애물까지의 거리와 첫 번째 장애물에서부터 도착점까지의 거리의 비

⇨ $\square : \square$

답 $\square$

5-1 실전 문제

지민이는 100 m 장애물 달리기를 하고 있습니다. 첫 번째 장애물은 출발점에서부터 47 m 거리에 있습니다. 출발점에서부터 첫 번째 장애물까지의 거리와 첫 번째 장애물에서부터 도착점까지의 거리의 비는 얼마인지 풀이 과정을 쓰고 답을 구하세요.

풀이

답

6 연습 문제

표를 보고 ❶소영이네 마을과 ❷승주네 마을 중 ❸넓이에 대한 인구의 비율이 더 높은 마을은 어디인지 알아보세요.

마을	넓이(km^2)	인구(명)
소영이네 마을	4	53320
승주네 마을	3	40101

❶ 소영이네 마을: $\frac{\square}{4}=\square$

❷ 승주네 마을: $\frac{\square}{3}=\square$

❸ 넓이에 대한 인구의 비율이 더 높은 마을은 $\square$입니다.

답 $\square$

6-1 실전 문제

표를 보고 A 도시와 B 도시 중 넓이에 대한 인구의 비율이 더 높은 도시는 어디인지 풀이 과정을 쓰고 답을 구하세요.

도시	넓이(km^2)	인구(명)
A 도시	200	3386000
B 도시	300	4989000

풀이

답

7 연습 문제

같은 시각에 지석이와 동생의 그림자 길이를 재었습니다. 지석이와 동생의 ❸키에 대한 그림자 길이의 비율을 각각 구하고 알게 된 것을 쓰세요.

	❶지석	❷동생
키	160 cm	120 cm
그림자	120 cm	90 cm

❶ 지석: 분수 → $\frac{\square}{160}$ = □ ← 소수

❷ 동생: 분수 → $\frac{\square}{120}$ = □ ← 소수

❸ 알게 된 것 ⇨

7-1 실전 문제

같은 시각에 두 막대의 그림자 길이를 재었습니다. 막대의 길이에 대한 그림자 길이의 비율을 각각 구하고 알게 된 것을 쓰세요.

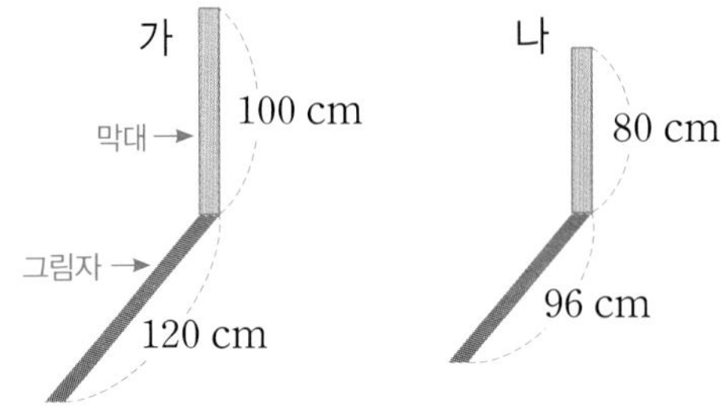

풀이

알게 된 점

8 연습 문제

타율은 전체 타수에 대한 안타의 수입니다. 야구 선수인 태석이의 작년 ❶평균 타율은 25 %입니다. 태석이가 작년에 ❷안타를 40개 쳤다면 전체 타수는 몇 타수인지 알아보세요.

❶ 타율 25 %를 분수로 나타내면

$\frac{\square}{100} = \frac{1}{\square} = \frac{40}{\square}$입니다.

❷ (타율)$=\frac{(\text{안타 수})}{(\text{전체 타수})}$이므로 안타 수가 40개이면

전체 타수는 □타수입니다.

답 □ 타수

8-1 실전 문제

민주는 오늘 3점 슛을 70개 성공하였습니다. 성공률이 35 %라면 민주가 오늘 하루 동안 던진 3점 슛의 전체 횟수는 몇 개인지 풀이 과정을 쓰고 답을 구하세요.

풀이

답

4 단원

진도 완료 체크

step 4 실력 Up 문제

문제 풀이

[1 ~ 2] 글씨체를 살펴보고 물음에 답하세요.

1 오른쪽 자음 글자 'ㄱ'의 가로에 대한 세로의 비율을 구하세요.

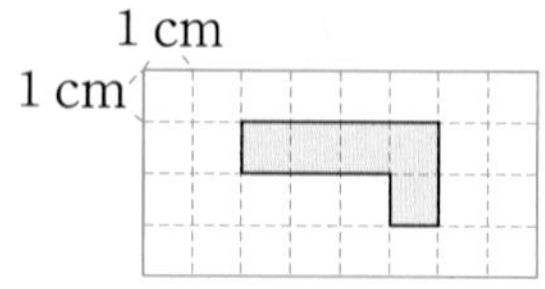

(　　　　　　　　　　)

2 가로에 대한 세로의 비율이 $\frac{4}{7}$인 자음 글자 'ㄱ'을 만드세요.

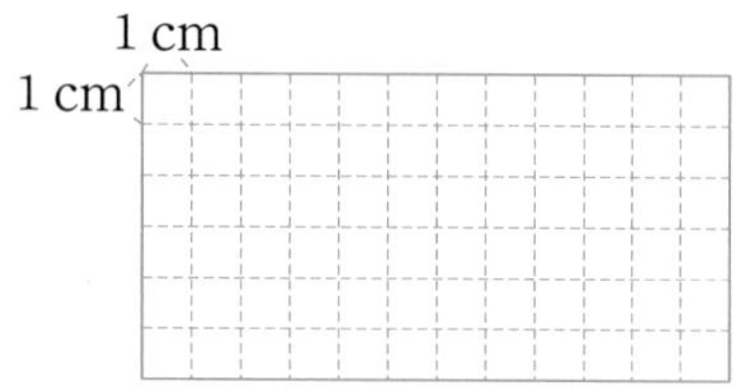

3 가로가 20 cm인 종이의 각 변의 길이를 120 %로 확대 복사하였습니다. 확대한 종이의 가로는 몇 cm인가요?

(　　　　　　　　　　)

4 연비는 자동차의 단위 연료(1 L)당 주행 거리(km)의 비율을 나타냅니다. 가와 나 자동차 중에서 연비가 더 높은 자동차는 어느 자동차일까요?

자동차	가	나
연료(L)	30	25
주행 거리(km)	510	475

(　　　　　　　　　　)

[5 ~ 6] 병호는 사회 시간에 마을 지도를 그렸습니다. 실제 거리에 대한 지도 위의 거리의 비율을 같게 그렸을 때 물음에 답하세요.

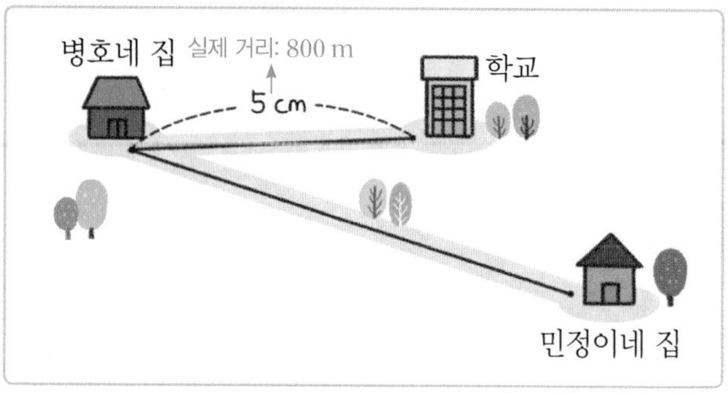

5 병호네 집에서 학교까지의 거리는 800 m이고 지도 위의 거리는 5 cm입니다. 실제 거리에 대한 지도 위의 거리의 비율을 분수로 나타내세요.
→ 축척

(　　　　　　　　　　)

6 병호네 집에서 민정이네 집까지의 거리가 1 km 280 m일 때 지도 위의 거리는 몇 cm인가요?

(　　　　　　　　　　)

7 빈 병 1개를 반납하면 받을 수 있는 빈 병 보증금이 40원에서 100원으로 올랐습니다. 원래 보증금을 기준량, 원래 보증금과 오른 보증금의 차를 비교하는 양으로 하는 비율을 백분율로 나타내세요.

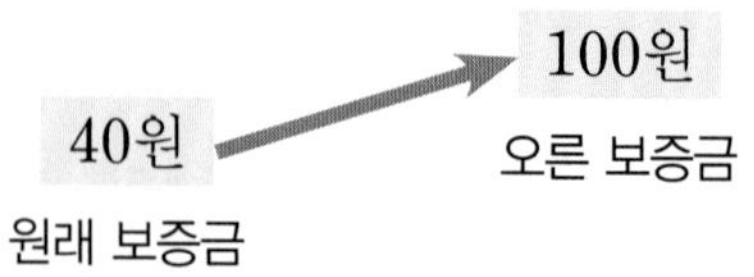

(　　　　　　　　　　)

8 다음은 푸른은행과 하늘은행에 예금한 돈과 이자를 나타낸 표입니다. 어느 은행에 예금하는 것이 더 이익일까요?

은행	예금한 돈	이자
푸른은행	72000원	720원
하늘은행	100000원	1500원

( )

9 상온(15 ℃)일 때 공기 중에서 소리는 3초에 1020 m를 갑니다. 물음에 답하세요.

(1) 걸린 시간(초)에 대한 소리가 이동한 거리(m)의 비율을 구하세요.

( )

(2) 1700 m 떨어진 곳에서 난 소리는 몇 초 후에 들릴까요?

( )

10 옷 가게가 점포 정리로 모든 상품을 20 % 할인하여 판다고 합니다. 정가가 다음과 같은 물건을 1개씩 산다면 모두 얼마를 내야 할까요?

티셔츠
10000원

바지
20000원

원피스
35000원

( )

11 설탕 28 g으로 설탕물 양에 대한 설탕 양의 비율이 7 %인 설탕물을 만들려고 합니다. 물은 몇 g 필요할까요?

( )

[12 ~ 13] 오른쪽은 어떤 우유의 영양성분표입니다. 이 표에는 우유 200 mL를 마셨을 때 각 영양소별로 하루에 섭취해야 될 기준치에 대한 비율이 표시되어 있습니다. 물음에 답하세요.

영양성분
1회 제공량(200 mL)

1회 제공량 함량		
열량	125 kcal	
탄수화물	9 g	3 %
당류	9 g	
단백질	6 g	12 %
지방	7.4 g	14 %

12 우유 200 mL에는 탄수화물은 9 g 들어 있고 이 양은 하루에 섭취해야 할 양의 3 %입니다. 하루에 섭취해야 하는 탄수화물은 몇 g인가요?

( )

13 우유 200 mL에는 단백질이 6 g 들어 있고 이 양은 하루에 섭취해야 할 양의 12 %입니다. 하루에 섭취해야 하는 단백질은 몇 g인가요?

( )

4 단원

진도 완료 체크

단원 평가 4. 비와 비율

1 비율을 백분율로 나타내세요.

(1) $\frac{9}{20}$ ⇨ (　　　　　　　　)

(2) $\frac{6}{25}$ ⇨ (　　　　　　　　)

2 비율을 분수와 소수로 각각 나타내세요.

4의 5에 대한 비

분수 (　　　　　　　　)
소수 (　　　　　　　　)

3 색칠한 부분은 전체의 몇 %인가요?

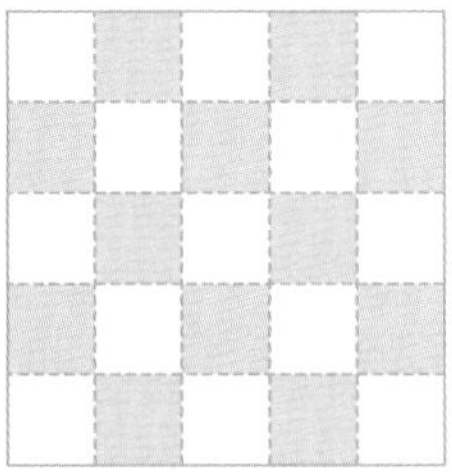

(　　　　　　　　)

[4 ~ 6] 크기가 다른 두 직사각형이 있습니다. 물음에 답하세요.

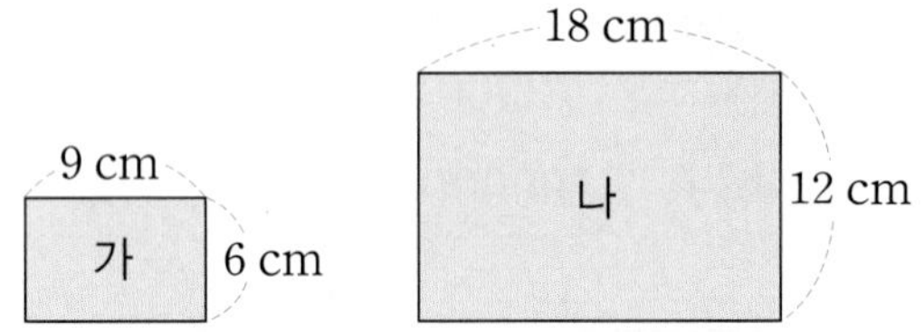

4 두 직사각형의 세로에 대한 가로의 비율을 분수로 각각 나타내세요.

가 (　　　　　　), 나 (　　　　　　)

5 두 직사각형의 세로에 대한 가로의 비율을 소수로 각각 나타내세요.

가 (　　　　　　), 나 (　　　　　　)

6 두 직사각형의 세로에 대한 가로의 비율을 비교하세요.

(　　　　　　　　)

7 빈칸에 알맞은 수를 써넣으세요.

비	비교하는 양	기준량
6 : 11		
15 : 19		

[8 ~ 9] 농구 골대에 지민이는 공 40개 중 28개를 넣었고, 수영이는 공 24개 중 18개를 넣었습니다. 물음에 답하세요.

8 농구 골대에 공을 더 많이 넣은 사람은 누구일까요?

( )

9 공을 넣은 백분율이 더 높은 사람은 누구일까요?

( )

[10 ~ 11] 100원짜리 동전을 10번 던져 나온 면을 쓴 표입니다. 물음에 답하세요.

회차	1회	2회	3회	4회	5회
나온 면	그림	그림	숫자	숫자	그림
회차	6회	7회	8회	9회	10회
나온 면	숫자	숫자	그림	숫자	숫자

 : 그림 면  : 숫자 면

10 동전을 던진 횟수에 대한 숫자 면이 나온 횟수의 비를 쓰세요.

( )

11 동전을 던진 횟수에 대한 숫자 면이 나온 횟수의 비율을 분수와 소수로 각각 나타내세요.

분수 ( )

소수 ( )

12 윤우, 지호, 선미가 투호 놀이 연습을 하고 있습니다. 세 명의 대화를 읽고 성공률이 가장 높은 사람은 누구인지 구하세요.

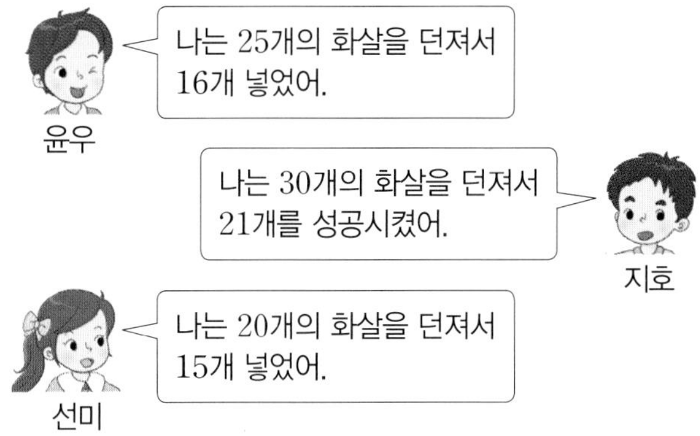

나는 25개의 화살을 던져서 16개 넣었어.
윤우
나는 30개의 화살을 던져서 21개를 성공시켰어.
지호
나는 20개의 화살을 던져서 15개 넣었어.
선미

( )

13 소금물 500 g에 소금이 80 g 녹아 있습니다. 소금물 양에 대한 소금 양의 비율은 몇 %인가요?

( )

14 A 자동차는 40 km를 가는 데 32분이 걸렸고, B 자동차는 56 km를 가는 데 40분이 걸렸습니다. 어느 자동차가 더 빨랐을까요?

( )

4 단원

15 수정이네 반은 남학생이 14명, 여학생이 11명입니다. 수정이네 반 전체 학생 수에 대한 여학생 수의 비율을 소수로 나타내세요.

( )

16 6 : 5와 5 : 6의 차이를 설명하세요.

17 가 가게에서는 1800원짜리 장갑을 1530원에 팔고, 나 가게에서는 1500원짜리 장갑을 1260원에 팝니다. 어느 가게의 할인율이 더 높은지 구하세요.

( )

18 물은 얼음이 되면 부피가 10 % 늘어납니다. 물 300 L가 얼면 얼음 몇 L가 될까요?

( )

19 물 160 g에 소금 40 g을 넣어 소금물을 만들었습니다. 소금물 양에 대한 소금 양의 비율은 몇 %인가요?

( )

20 황금비는 5 : 8로 인간이 느끼기에 가장 균형적이고 조화롭게 보이는 비입니다. 아래 신용 카드의 가로에 대한 세로의 비가 서로 황금비를 이루고 있습니다. 가로가 6.4 cm라면 세로는 몇 cm인가요?

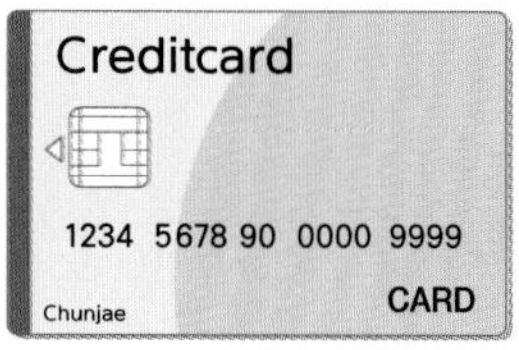

( )

문제 생성기

1~20번까지의
단원 평가 유사 문제 제공

21 목련 마을과 진달래 마을 중 넓이에 대한 인구수의 비율이 더 높은 곳은 어느 마을인지 풀이 과정을 쓰고 답을 구하세요.

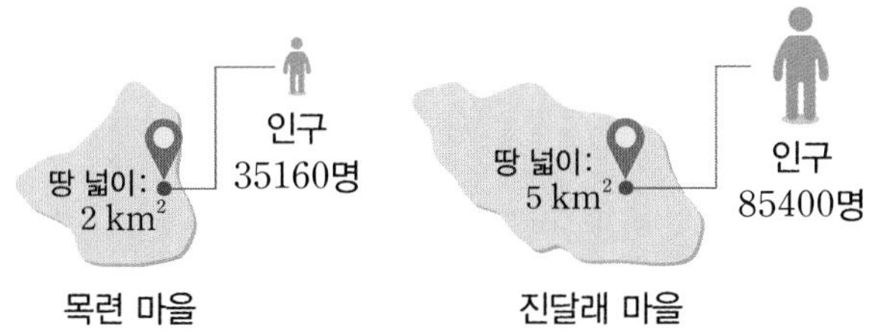

풀이 ______________________

____

____

답 ______________________

22 어느 지역의 초등학생 버스 요금이 다음과 같을 때 어떤 버스가 교통카드 할인율이 더 높은지 알아보세요.

버스	가 버스	나 버스
현금 사용	500	600
교통카드 사용	440	510

교통카드 할인율: 현금 사용 요금에 대한 교통카드 사용으로 인한 할인 요금의 비율

(1) 가 버스와 나 버스의 교통카드 할인율은 각각 얼마일까요?

(　　　　　　　), (　　　　　　　)

(2) 교통카드 할인율이 더 높은 버스는 무엇인가요?

(　　　　　　　)

23 어느 서점에서 원래 가격이 6000원짜리인 책을 사는 데 1500원을 할인받았습니다. 이 서점에서 이와 같은 할인율로 10000원짜리 책을 산다면 얼마를 할인받을 수 있는지 알아보세요.

(1) 할인율은 몇 %인가요?

(　　　　　　　)

(2) 10000원짜리 책을 산다면 얼마를 할인받을 수 있을까요?

(　　　　　　　)

24 식품의 저지방 표시는 식품에 지방이 3 % 미만일 때 사용합니다. 힘찬 우유와 튼튼 우유 중에서 어느 우유가 저지방 우유인지 풀이 과정을 쓰고 답을 구하세요.

우유	지방의 양	우유의 양
힘찬 우유	21 g	700 g
튼튼 우유	14 g	500 g

풀이 ______________________

____

____

____

____

답 ______________________

4 단원

진도 완료 체크

배점			점수
1~20번	4점		
21~24번	5점		

오답 노트

5 여러 가지 그래프

웹툰으로 단원 미리보기 **5화** 실생활에서 만들 수 있는 다양한 그래프

이어지는 내용을 확인하세요.

주어진 자료의 결과를 한눈에 알아볼 수 있도록 나타낸 그림을 그래프라고 해요.
그래프의 종류에 대해 말해볼 사람?
벌떡
저요.
그래. 항상 씩씩한 우리 민성이가 말해 보자.
하하하
히힛!
그래프의 종류에는 막대그래프, 원그래프, 띠그래프, 꺾은선그래프 등이 있어요.
그래. 잘 기억하고 있네.
지난 주 우리 실생활에서 만들 수 있는 다양한 그래프 하나씩을 만들어 오라고 했었는데, 각자 자료는 준비되었나요?
네!!

이전에 배운 내용

3-2 그림그래프

받고 싶은 선물

4-1 막대그래프

좋아하는 꽃

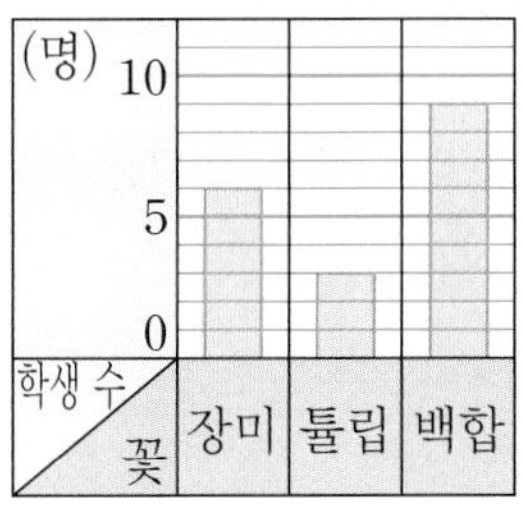

4-2 꺾은선그래프

눈이 온 날수

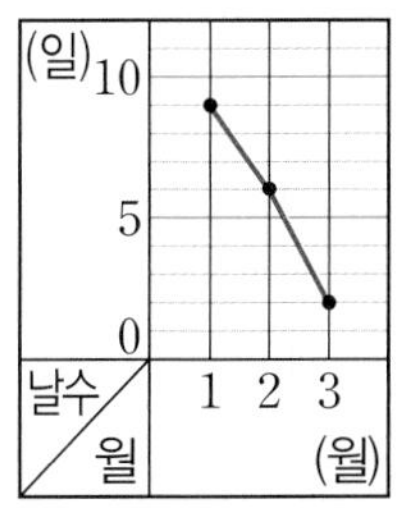

6-1 비와 비율

• 기준량이 100인 비율을 백분율이라고 합니다.

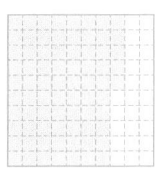

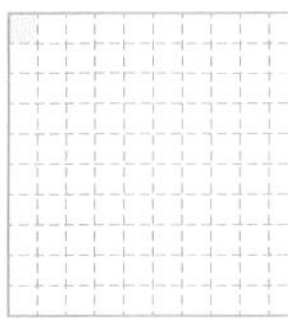

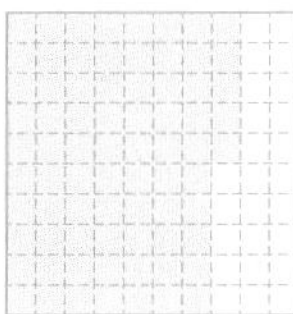

$\frac{1}{100}=1\ \%$ $\frac{75}{100}=75\ \%$

이 단원에서 배울 내용

1 step	교과 개념	그림그래프로 나타내기
1 step	교과 개념	띠그래프 알아보기, 띠그래프로 나타내기
2 step	교과 유형 익힘	
1 step	교과 개념	원그래프 알아보기, 원그래프로 나타내기
2 step	교과 유형 익힘	
1 step	교과 개념	그래프 해석하기
1 step	교과 개념	여러 가지 그래프 비교하기
2 step	교과 유형 익힘	
3 step	문제 해결	잘 틀리는 문제 서술형 문제
4 step	실력 Up 문제	
	단원 평가	

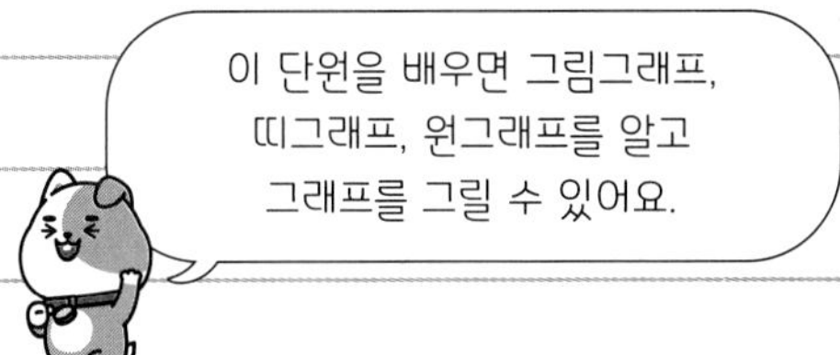

step 1 교과 개념

그림그래프로 나타내기

개념1 그림그래프로 나타내기

그림그래프: 조사한 수를 그림으로 나타낸 그래프

권역별 유치원 수

권역	유치원 수(개)	어림
서울 · 인천 · 경기	3395	3400
강원	363	400
대전 · 세종 · 충청	1140	1100
대구 · 부산 · 울산 · 경상	2314	2300
광주 · 전라	1325	1300
제주	123	100

(출처: 교육통계서비스, 2021년)

권역별 유치원 수

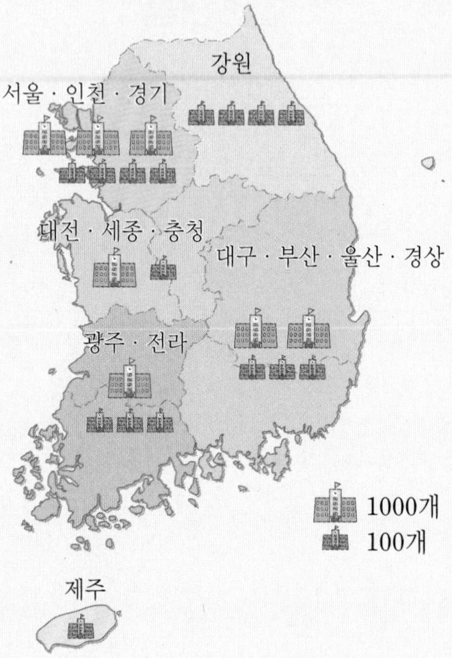

- 그림그래프로 나타내기 위하여 유치원의 수를 반올림하여 백의 자리까지 나타내었습니다.
- 큰 그림은 유치원 1000개, 작은 그림은 유치원 100개를 나타냅니다.
- 유치원이 가장 많은 권역은 (1000개 그림)이 가장 많은 서울 · 인천 · 경기 권역입니다.

• 자료를 그림그래프로 나타내면 좋은 점

① 그림의 크기로 많고 적음을 알 수 있습니다.

② 복잡한 자료를 간단하게 보여 줍니다.

그림그래프로 나타내기 위해 표의 주어진 수치를 어림값(올림, 버림, 반올림하여 나타낸 값)으로 바꾸어 수량을 간단한 그림으로 나타냅니다.

개념 확인 1 마을별 멜론 생산량을 나타낸 표를 그림그래프로 나타내려고 합니다. 큰 그림은 10 t, 작은 그림은 1 t을 나타낼 때 □ 안에 알맞은 수를 써넣으세요.

마을별 멜론 생산량

마을	가	나	다
멜론 생산량 (t)	14	23	9

(1) 가 마을의 멜론 생산량은 14 t이므로 큰 그림 □개, 작은 그림 □개로 나타냅니다.

(2) 나 마을의 멜론 생산량은 23 t이므로 큰 그림 □개, 작은 그림 □개로 나타냅니다.

(3) 다 마을의 멜론 생산량은 9 t이므로 큰 그림 □개, 작은 그림 □개로 나타냅니다.

2 도별 쌀 생산량을 나타낸 그림그래프를 보고 □ 안에 알맞은 수나 말을 써넣으세요.

도별 쌀 생산량

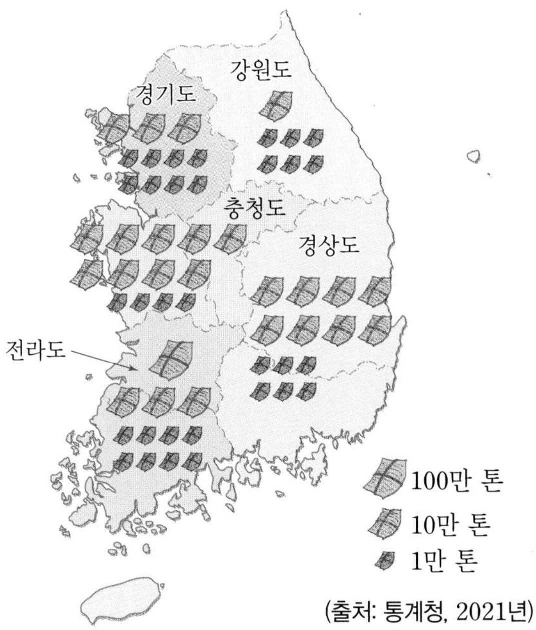

(출처: 통계청, 2021년)

(1) 쌀 생산량이 가장 많은 곳은 □입니다.

(2) 경기도의 쌀 생산량은 □만 톤입니다.

3 마을별 반려견 수를 나타낸 그림그래프입니다. 물음에 답하세요.

반려견 수

마을
반려견 수
가
나
다
10마리
1마리

(1) 반려견 수가 22마리인 마을은 어느 마을인가요?

( )

(2) 나 마을의 반려견 수는 몇 마리인가요?

( )

4 마을별 사과 생산량을 조사하여 그림그래프로 나타내려고 합니다. 소망 마을의 사과 생산량이 270 kg일 때 소망 마을에는 큰 사과 그림과 작은 사과 그림을 각각 몇 개씩 그려야 합니까?

마을별 사과 생산량

큰 사과 ( )

작은 사과 ( )

5 지역별 나무 수를 그림그래프로 나타내세요.

지역별 나무 수

지역	가	나	다	라
나무 수(만 그루)	53	55	32	36

지역별 나무 수

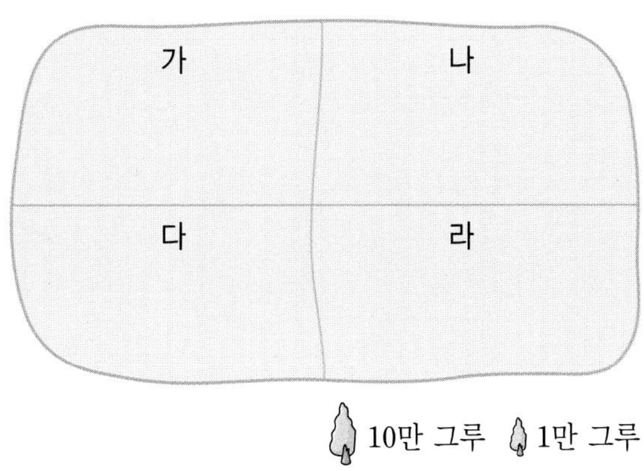

개념 강의

step 1 교과 개념

띠그래프 알아보기 / 띠그래프로 나타내기

개념 1 띠그래프 알아보기

띠그래프: 전체에 대한 각 부분의 비율을 띠 모양에 나타낸 그래프

취미별 학생 수

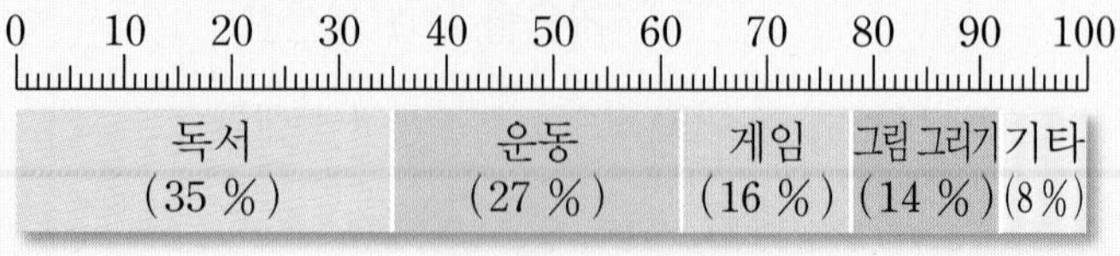

- 취미가 독서인 학생이 가장 많습니다.
- 운동이 취미인 학생은 전체의 27 %입니다.
- 다른 종류에 비해 수가 적은 여러 가지 자료는 기타에 넣을 수 있습니다.

띠그래프로 나타내면 좋은 점
- 각 항목이 차지하는 비율을 한눈에 알 수 있습니다.
- 각 항목끼리의 비율을 쉽게 비교할 수 있습니다.

개념 2 띠그래프로 나타내기

① 자료를 보고 각 항목의 백분율 구하기

↓

② 각 항목의 백분율의 합계가 100 %가 되는지 확인하기

↓

③ 각 항목이 차지하는 백분율의 크기만큼 선을 그어 띠 나누기

↓

④ 나눈 부분에 각 항목의 내용과 백분율 쓰기

↓

⑤ 띠그래프의 제목 쓰기

→ (게임기의 백분율) $= \frac{16}{40} \times 100 = 40$ (%)

받고 싶은 선물별 학생 수

선물	게임기	컴퓨터	피아노	자전거	합계
학생 수(명)	16	12	8	4	40
백분율(%)	40	30	20	10	100

↓

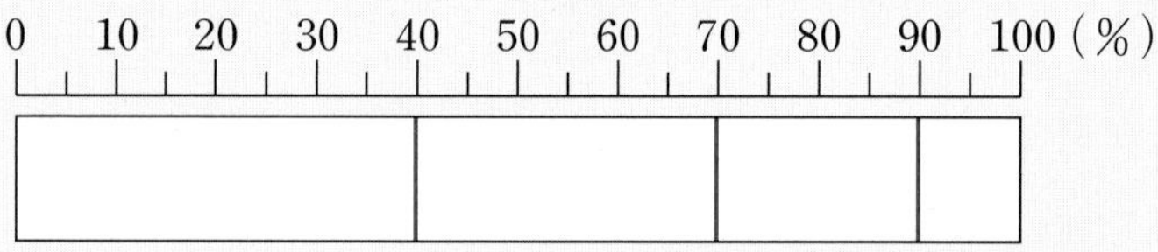

↓

받고 싶은 선물별 학생 수

개념 확인 1 주하네 동네의 업종별 가게 수의 비율을 띠 모양에 나타낸 그래프입니다. 다음과 같은 그래프를 무슨 그래프라고 합니까?

업종별 가게 수

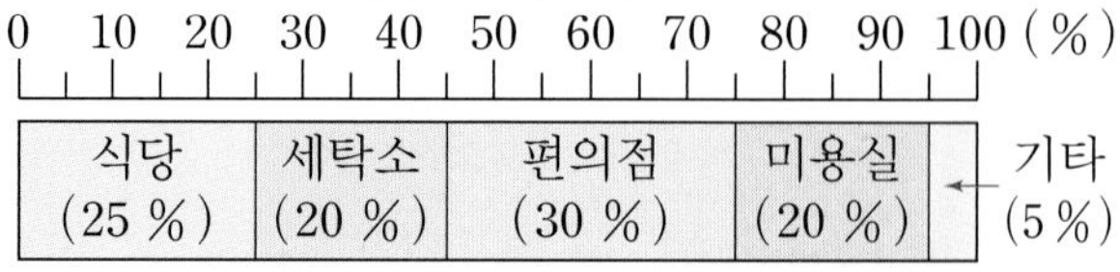

(　　　　　　　　)

2 학생들이 좋아하는 채소의 비율을 나타낸 띠그래프입니다. □ 안에 알맞은 수를 써넣으세요.

좋아하는 채소별 학생 수

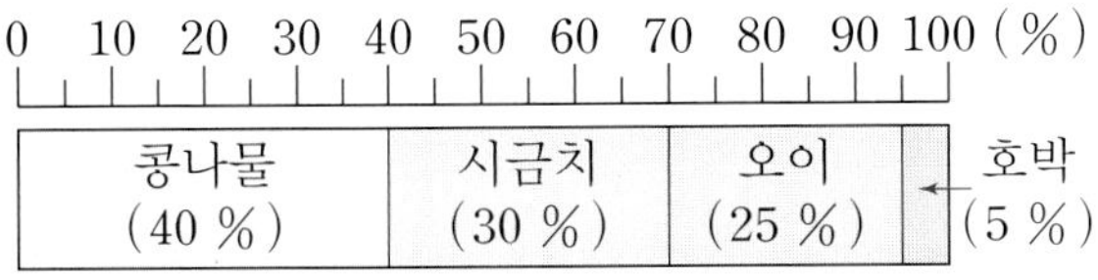

(1) 콩나물은 전체의 □ %입니다.

(2) 시금치는 전체의 □ %입니다.

(3) 작은 눈금 한 칸의 크기는 □ %입니다.

[3 ~ 4] 가원이네 학교 학생들이 벼룩시장에 내놓은 물건의 개수를 나타낸 표입니다. 물음에 답하세요.

내놓은 물건별 개수

물건	책	학용품	옷	장난감	합계
개수(개)	70	50	40	40	200

3 전체 물건 수에 대한 각 물건 수의 백분율을 구하세요.

(1) 책: $\frac{70}{200} \times 100 = \square$ (%)

(2) 학용품: $\frac{50}{200} \times 100 = \square$ (%)

(3) 옷: $\frac{\square}{200} \times 100 = \square$ (%)

(4) 장난감: $\frac{\square}{200} \times 100 = \square$ (%)

4 위 **3**번에서 구한 백분율을 이용하여 띠그래프를 완성하세요.

내놓은 물건별 개수

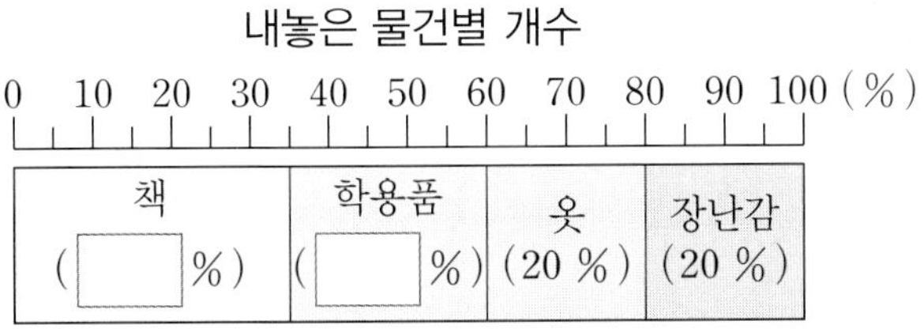

5 서율이네 반 학생들의 혈액형을 조사하여 나타낸 띠그래프입니다. 물음에 답하세요.

혈액형별 학생 수

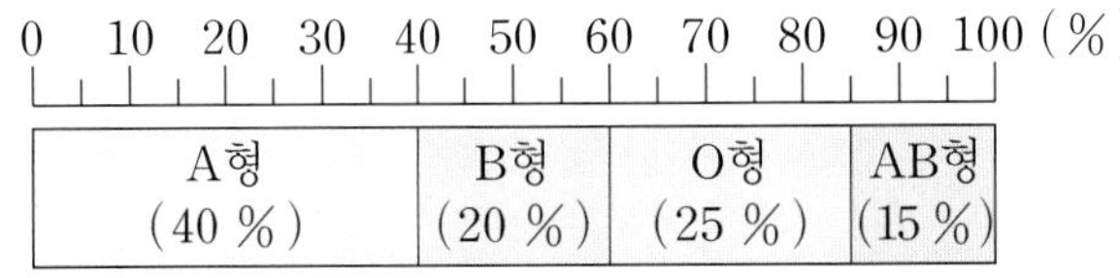

(1) 가장 많은 학생의 혈액형은 무엇입니까?

( )

(2) 혈액형이 O형인 학생 수는 전체의 몇 %입니까?

( )

[6 ~ 7] 지후네 반 학생 40명이 좋아하는 운동을 조사하여 나타낸 표입니다. 물음에 답하세요.

좋아하는 운동별 학생 수

운동	축구	야구	농구	피구	합계
학생 수(명)	12	6	14	8	40

6 각 운동별 백분율을 구하세요.

(1) 축구: $\frac{12}{40} \times 100 = \square$ (%)

(2) 야구: $\frac{\square}{40} \times 100 = \square$ (%)

(3) 농구: $\frac{\square}{\square} \times 100 = \square$ (%)

(4) 피구: $\frac{\square}{\square} \times \square = \square$ (%)

7 위 **6**번에서 구한 백분율을 이용하여 띠그래프를 완성하세요.

좋아하는 운동별 학생 수

5 단원

[1 ~ 2] 명수네 학교의 동네별 학생 수를 그림그래프로 나타내려고 합니다. 물음에 답하세요.

동네별 학생 수

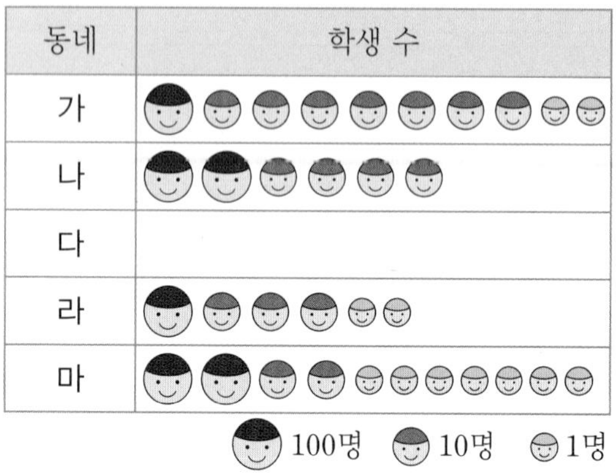

1 가 동네의 학생은 몇 명인가요?

( )

2 다 동네의 학생이 314명일 때 그림그래프를 완성하세요.

[3 ~ 4] 태준이네 학교 6학년 학생들의 높이뛰기 등급을 조사하여 나타낸 띠그래프입니다. 물음에 답하세요.

높이뛰기 등급별 학생 수

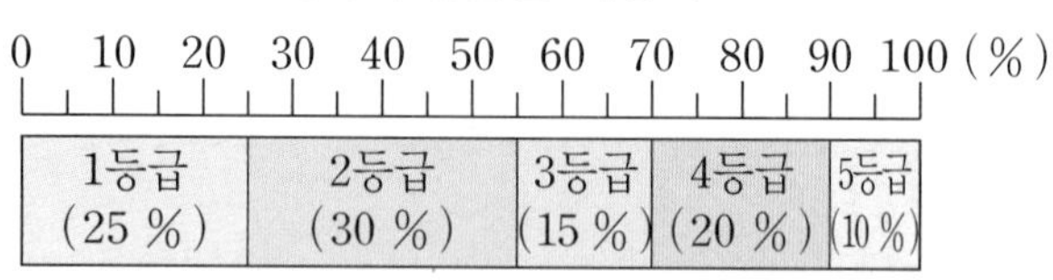

3 높이뛰기 등급 중 가장 높은 비율을 차지하는 항목은 무엇인가요?

( )

4 2등급인 학생 수는 5등급인 학생 수의 몇 배인가요?

( )

[5 ~ 6] 어느 해 도별 수학 문제집 판매량을 조사하여 나타낸 그림그래프입니다. 물음에 답하세요.

도별 수학 문제집 판매량

5 경상남도에서 판매된 수학 문제집은 모두 몇 권인가요? ( )

6 수학 문제집이 가장 많이 판매된 곳과 가장 적게 판매된 곳을 차례로 쓰세요.

( ), ( )

[7 ~ 8] 혜수네 반 학생들이 좋아하는 동물을 조사하여 나타낸 띠그래프입니다. 물음에 답하세요.

좋아하는 동물별 학생 수

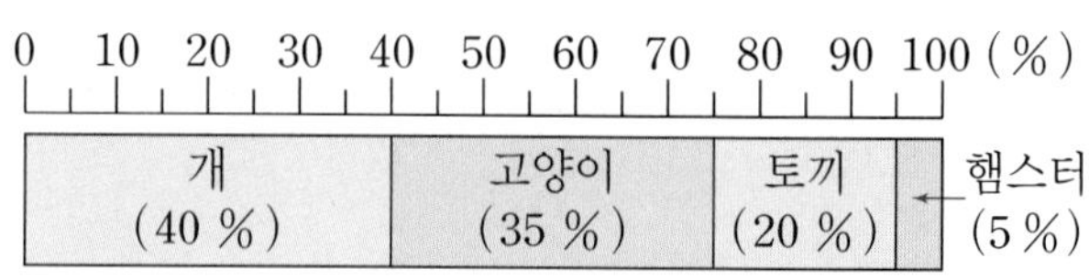

7 많은 학생들이 좋아하는 동물부터 차례로 쓰세요.

( )

8 개를 좋아하는 학생 수는 토끼를 좋아하는 학생 수의 몇 배인가요?

( )

[9 ~ 12] 다음 글을 읽고 물음에 답하세요.

> 은혁이네 학교 6학년 학생들이 가고 싶은 현장 학습 장소를 조사하였더니 놀이동산이 104명, 박물관이 52명, 고궁이 39명, 기타 65명이었습니다.

9 조사한 6학년 학생은 모두 몇 명인가요?

( )

10 글을 읽고 표를 완성하시오.

가고 싶은 현장학습 장소별 학생 수

장소	놀이동산	박물관	고궁	기타	합계
학생 수(명)	104	52	39	65	
백분율(%)	40				

11 위 **10**의 표를 보고 띠그래프로 나타내세요.

가고 싶은 현장학습 장소별 학생 수

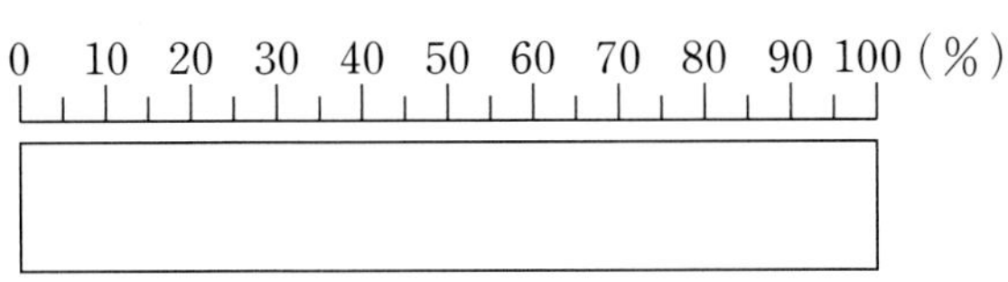

서술형 문제

12 띠그래프를 보고 알 수 있는 내용을 한 가지 이상 쓰세요.

[13 ~ 14] 학년별 휴대 전화를 사용하는 학생 수에 관한 교내 신문 기사입니다. 물음에 답하세요.

휴대 전화를 사용하는 학생 수

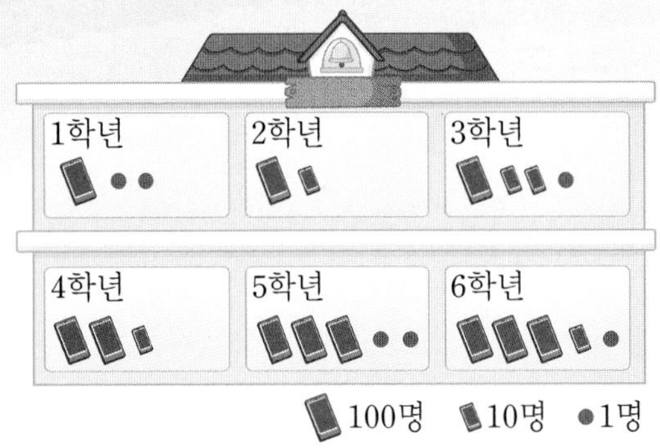

학년별 휴대 전화를 사용하는 학생 수를 조사하였더니 1학년 학생 중에도 휴대전화를 사용하는 학생이 100명이 넘고 6학년 학생은 300명이 넘어 거의 모든 학생이 휴대 전화를 사용하고 있었습니다. 휴대 전화를 사용하는 초등학생 수가 점점 많아지는 것은 우리 학교뿐만의 일은 아닙니다. 휴대 전화가 우리 생활에 익숙해졌지만 무분별하게 사용하지 않도록 노력해야겠습니다.

서술형 문제

13 의사소통 학년별 휴대 전화를 사용하는 학생 수를 그림그래프로 나타내면 좋은 점을 쓰세요.

서술형 문제

14 의사소통 그림그래프를 보고 무엇을 더 알 수 있는지 쓰세요.

5 단원

진도 완료 체크

step 1 교과 개념

원그래프 알아보기 원그래프로 나타내기

개념1 원그래프 알아보기

원그래프 : 전체에 대한 각 부분의 비율을 원 모양에 나타낸 그래프

색깔별 구슬 수

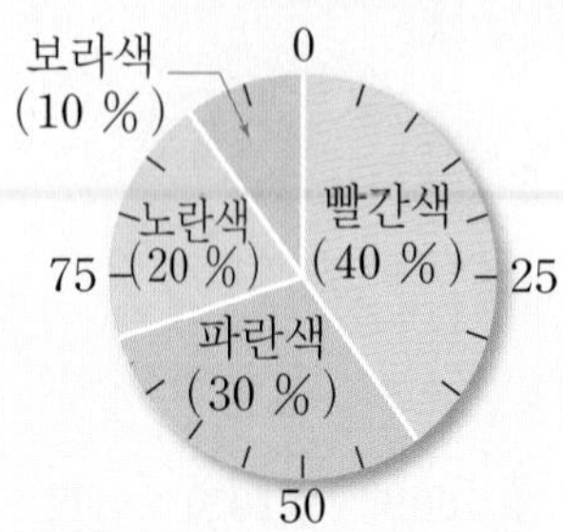

- 빨간색 구슬이 차지하는 비율이 가장 많습니다.
- 파란색 구슬은 전체의 30 %입니다.
- 노란색 구슬은 전체의 20 %입니다.
- 보라색 구슬이 가장 적습니다.

➔ 각 색깔이 차지하는 비율을 한눈에 쉽게 알 수 있습니다.

> **띠그래프와 원그래프**
> - 공통점: 전체를 100 %로 하여 전체에 대한 각 부분의 비율을 알아보기 편리합니다.
> - 차이점: 띠그래프는 길이를 나누어 띠 모양으로 그린 것이고, 원그래프는 원의 중심을 따라 각을 나누어 원 모양으로 그린 것입니다

개념2 원그래프로 나타내기

① 자료를 보고 각 항목의 백분율 구하기

↓

② 각 항목의 백분율의 합계가 100 %가 되는지 확인하기

↓

③ 각 항목이 차지하는 백분율의 크기만큼 선을 그어 원 나누기

↓

④ 나눈 부분에 각 항목의 내용과 백분율 쓰기

↓

⑤ 원그래프의 제목 쓰기

(맑음의 백분률) $= \frac{20}{50} \times 100 = 40$ (%)

좋아하는 날씨별 학생 수

날씨	맑음	비	눈	기타	합계
학생 수(명)	20	10	15	5	50
백분율(%)	40	20	30	10	100

↓

좋아하는 날씨별 학생 수

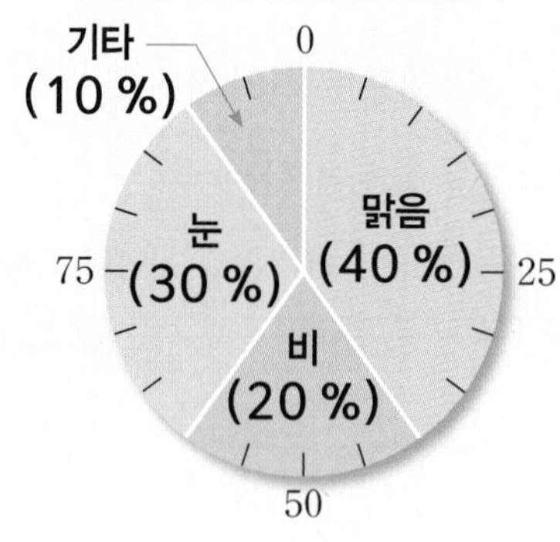

개념 확인 1 학생들이 좋아하는 과목의 비율을 원 모양에 나타낸 그래프입니다. 오른쪽과 같은 그래프를 무슨 그래프라고 할까요?

좋아하는 과목별 학생 수

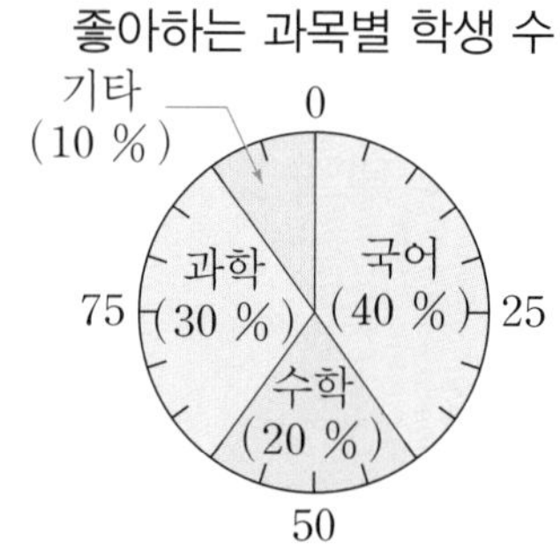

(　　　　　　　　)

2 성수네 반 친구들이 온실가스의 주범인 이산화 탄소의 배출량을 줄이기 위해 실천할 수 있는 방법을 한 가지씩 발표한 것을 나타낸 원그래프입니다. 물음에 답하세요.

이산화 탄소 배출량을 줄이는 방법별 학생 수

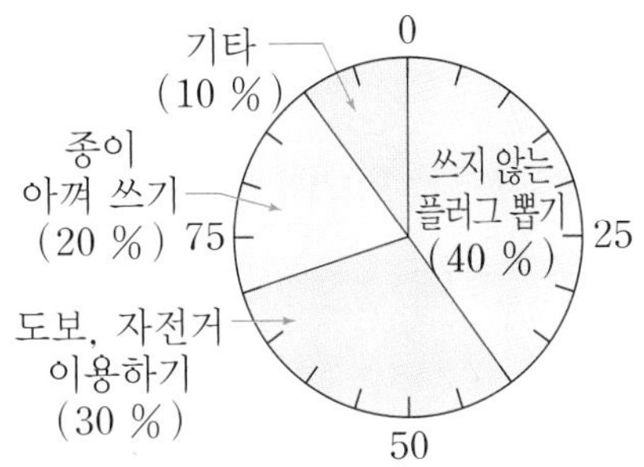

(1) 종이 아껴 쓰기가 차지하는 비율은 몇 %인가요?

( )

(2) 가장 많은 학생들이 발표한 항목은 무엇인가요?

( )

3 형욱이네 어머니께서 팥빙수를 만드셨습니다. 팥빙수에 사용된 재료의 양을 나타낸 그래프를 보고, 물음에 답하세요.

팥빙수 재료별 양

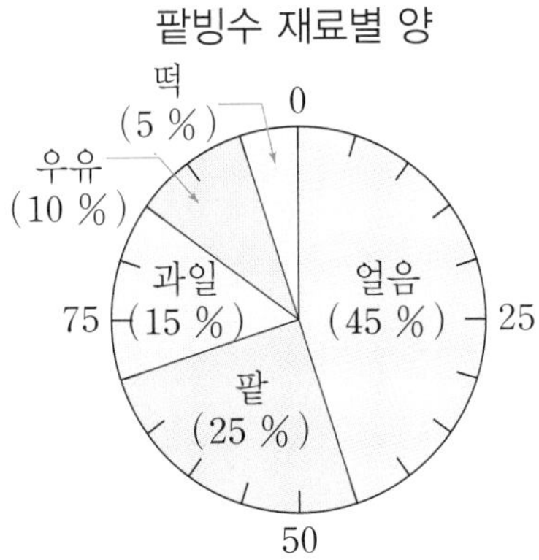

(1) 가장 적게 사용된 재료는 무엇인가요?

( )

(2) 팥이 차지하는 비율은 몇 %인가요?

( )

(3) 과일의 비율은 떡의 비율의 몇 배인가요?

( )

4 기찬이네 반 학생들이 좋아하는 계절을 조사하여 나타낸 표입니다. 전체 학생 수에 대한 겨울을 좋아하는 학생 수의 백분율을 구하여 표를 완성하고, 표를 보고 원그래프를 완성하세요.

좋아하는 계절별 학생 수

계절	봄	여름	가을	겨울	합계
학생 수(명)	10	4	20	6	40
백분율(%)	25	10	50		100

좋아하는 계절별 학생 수

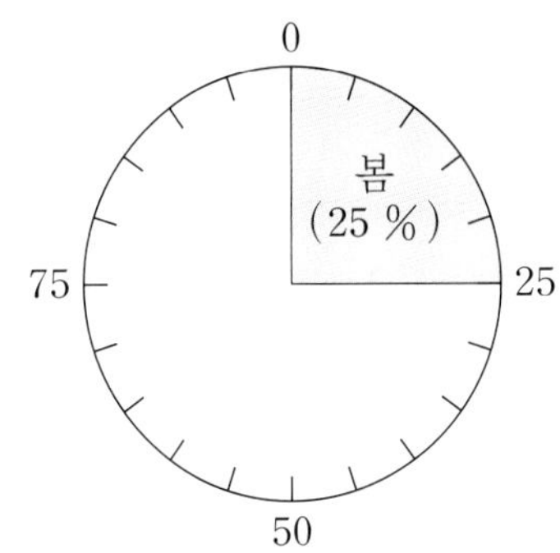

5 여진이네 반 학생들이 좋아하는 동물을 조사하여 나타낸 표입니다. 표를 완성하고, 표를 보고 원그래프로 나타내세요.

좋아하는 동물별 학생 수

동물	호랑이	기린	사자	기타	합계
학생 수(명)	12	9	6	3	30
백분율(%)	40			10	100

좋아하는 동물별 학생 수

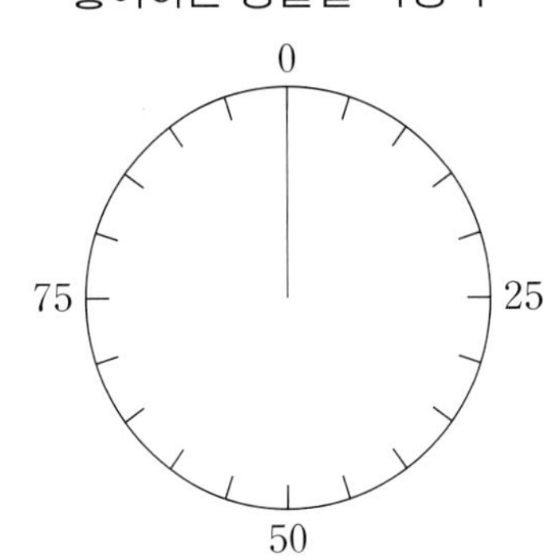

5 단원

1 학생들이 등교하는 방법을 나타낸 원그래프입니다. □ 안에 알맞은 수나 말을 써넣으세요.

등교 방법별 학생 수

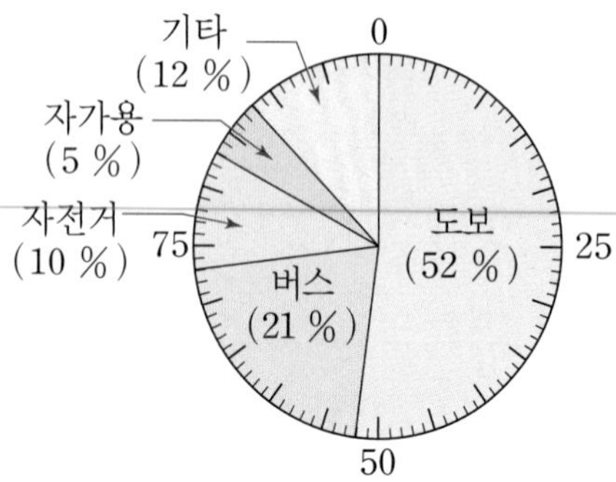

(1) 가장 많은 학생이 이용하는 등교 방법은 □입니다.

(2) 자전거로 등교하는 학생의 비율은 □ %입니다.

(3) □로 등교하는 학생의 비율은 21 %입니다.

[2 ~ 3] 선우가 지난 1년 동안 쓴 용돈의 지출 항목을 조사하여 나타낸 원그래프입니다. 물음에 답하세요.

용돈의 지출 항목별 금액

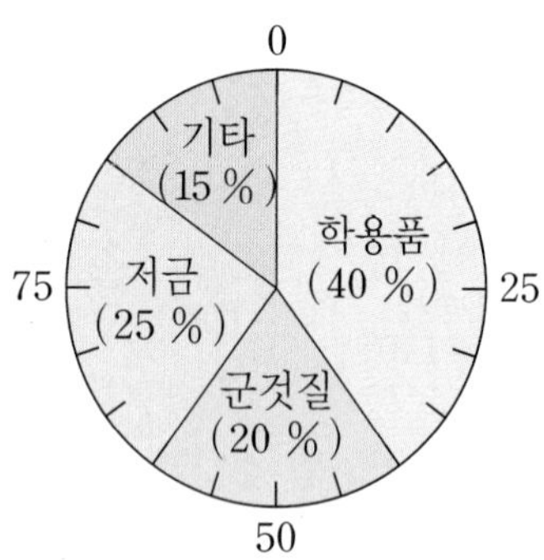

2 선우가 지난 1년 동안 쓴 용돈의 지출 항목 중에서 비율이 가장 높은 것은 무엇인가요?

( )

3 저금의 비율은 전체의 몇 %인가요?

( )

서술형 문제

4 꽃밭에 핀 꽃의 수를 조사하여 나타낸 원그래프입니다. 원그래프를 보고 알 수 있는 내용을 두 가지 쓰세요.

꽃밭에 핀 꽃의 종류별 수

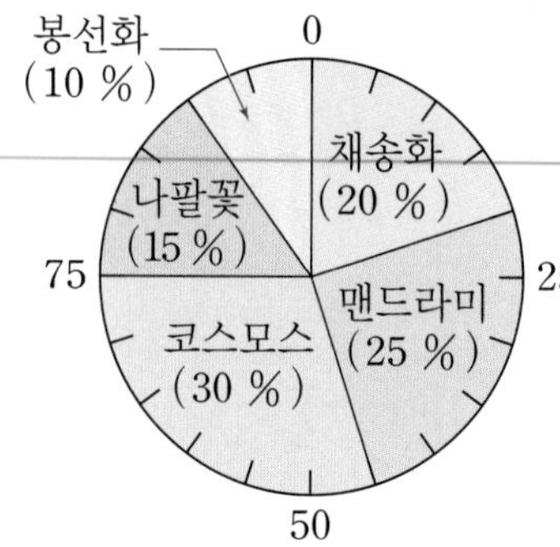

[5 ~ 6] 신문 기사를 보고 물음에 답하세요.

○○ 도시의 하루 발생 쓰레기 양

쓰레기 20000톤 중에서 음식물이 35 %, 종이류가 25 %, 금속류가 15 %, 나무류가 10 %, 기타가 15 %라고 합니다.

쓰레기별 하루 발생량

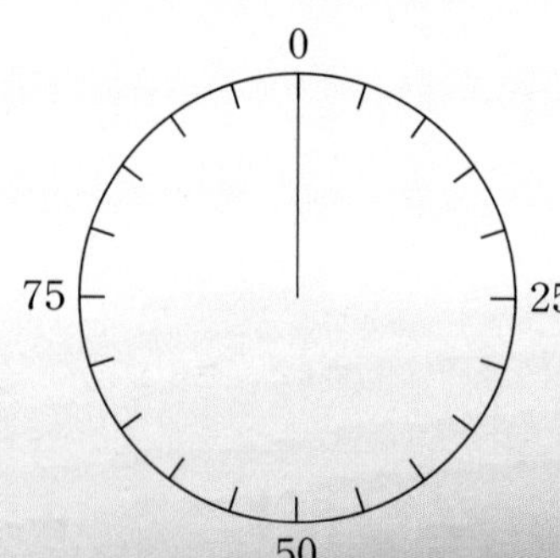

5 기사 내용에 알맞게 원그래프로 나타내세요.

6 이 도시에서 하루 동안 가장 많이 발생하는 쓰레기는 무엇인가요?

( )

[7 ~ 9] 다음을 읽고 물음에 답하세요.

어느 동물원에는 모두 80마리의 동물이 있습니다. 사자가 24마리, 호랑이가 16마리, 곰이 16마리, 표범이 12마리, 물개가 8마리, 원숭이가 2마리, 악어가 2마리입니다.

7 위의 자료를 보고 표를 완성하세요.

동물 수

동물	사자	호랑이	곰	표범	물개	기타	합계
동물 수(마리)	24	16					
백분율(%)							

8 자료와 표를 보고 기타 항목에 포함된 동물을 모두 쓰세요.

( )

9 위 **7**의 표를 보고 원그래프로 나타내세요.

동물 수

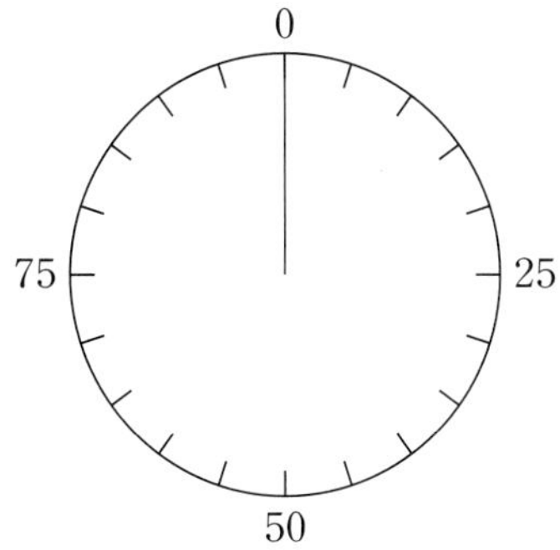

[10 ~ 11] 우진이가 쓴 일기입니다. 일기를 읽고 물음에 답하세요.

운동회날 마실 음료와 빵을 정하기로 했다. 친구들이 좋아하는 음료의 종류를 알아보니 탄산음료 30 %, 주스 35 %, 우유 15 %, 물 10 %, 기타 10 %여서 주스를 사기로 했다. 그리고 빵은 크림빵 20 %, 소시지빵 25 %, 피자빵 45 %, 치즈빵 10 %여서 피자빵을 사기로 했다. 내가 좋아하는 음료와 빵이라 기분이 좋았다.

10 의사소통 좋아하는 음료수별 학생 수와 좋아하는 빵별 학생 수의 백분율을 각각 표로 나타내세요.

좋아하는 음료수별 학생 수

종류	탄산음료	주스	우유	물	기타	합계
백분율(%)	30		15			100

좋아하는 빵별 학생 수

종류	크림빵	소시지빵	피자빵	치즈빵	합계
백분율(%)	20			10	100

11 문제해결 위 **10**의 표를 보고 각각 원그래프로 나타내세요.

좋아하는 음료수별 학생 수

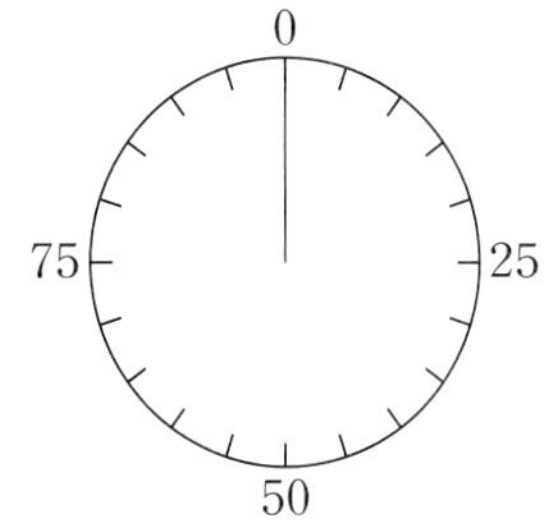

좋아하는 빵별 학생 수

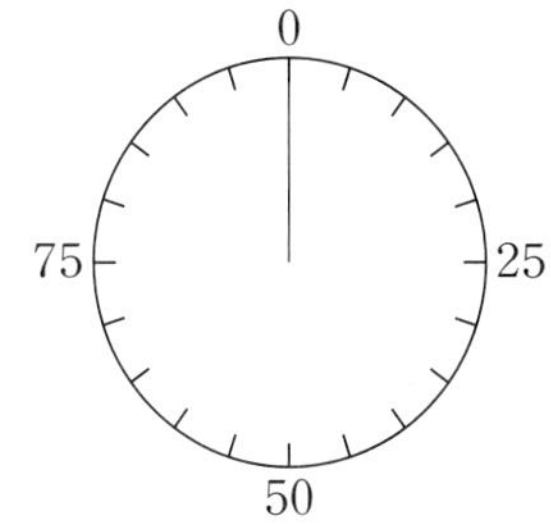

5 단원
진도 완료 체크

step 1 교과 개념

그래프 해석하기

개념1 띠그래프 해석하기

수지네 농장 가축 수

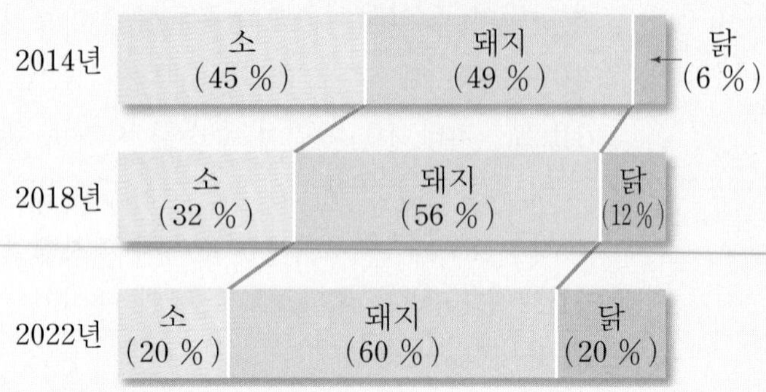

- 2014년 소의 비율은 전체의 45 %입니다.
- 2018년 돼지의 비율은 전체의 56 %입니다.
- 2022년 닭의 비율은 전체의 20 %입니다.
- 소의 비율 ➜ 점점 줄어들고 있습니다.
- 닭의 비율 ➜ 점점 늘어나고 있습니다.
- 2014년과 2018년의 닭의 비율 비교
  ➜ 6 %에서 12 %로 2배가 되었습니다.

연도별로 조사한 자료로 나타낸 띠그래프를 보고 비율의 변화를 알 수 있습니다.

개념2 원그래프 해석하기

전교회장 입후보자별 득표율

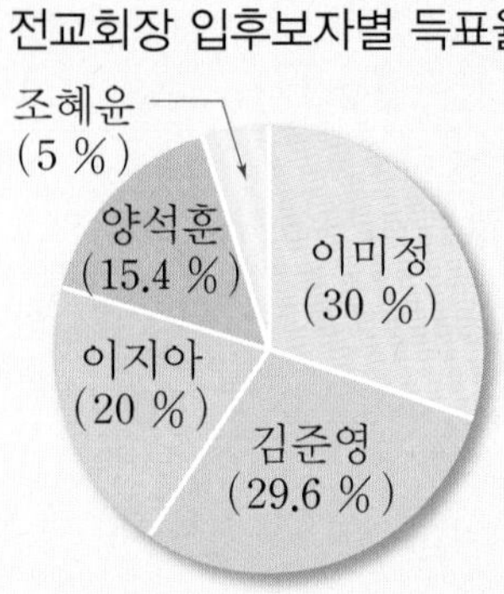

(총 투표수: 500표)

- 득표율이 가장 높은 학생은 이미정입니다.
- 득표율이 두 번째로 높은 학생은 김준영입니다.
- 김준영의 득표율(29.6 %)은 양석훈의 득표율(15.4 %)의 약 2배입니다.
  ➜ 30÷15=2 ➜ 약 2배
- 득표 수가 가장 많은 학생의 득표 수 (이미정)
  ➜ **500×0.3=150(표)**
- 득표 수가 가장 적은 학생의 득표 수 (조혜윤)
  ➜ **500×0.05=25(표)**

(전체 수)×(각 항목의 비율)
=(각 항목의 수)입니다.

(이미정)=500×0.3
=150(표)

(김준영)=500×0.296
=148(표)

(이지아)=500×0.2
=100(표)

(양석훈)=500×0.154
=77(표)

(조혜윤)=500×0.05
=25(표)

개념 확인 1 상용이가 3월과 4월에 쓴 용돈의 지출 항목을 나타낸 띠그래프입니다. 3월과 4월의 지출 항목 중 비율이 가장 높은 것을 각각 쓰세요.

용돈의 지출 항목

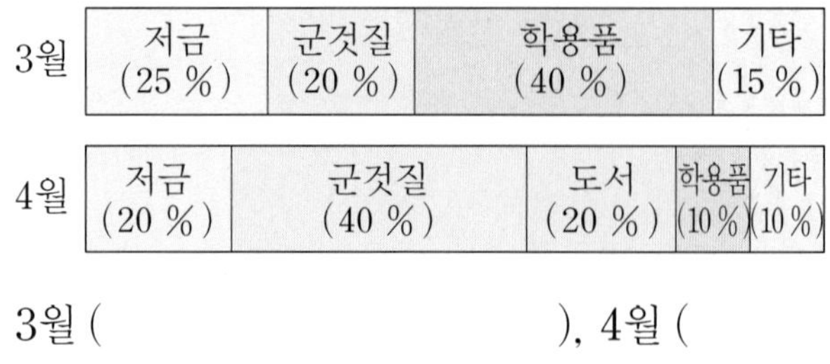

3월 (　　　　　　　　), 4월 (　　　　　　　　)

정답 46쪽

2 진희네 학교 학생 100명이 좋아하는 계절을 조사하여 나타낸 원그래프입니다. 물음에 답하세요.

좋아하는 계절별 학생 수

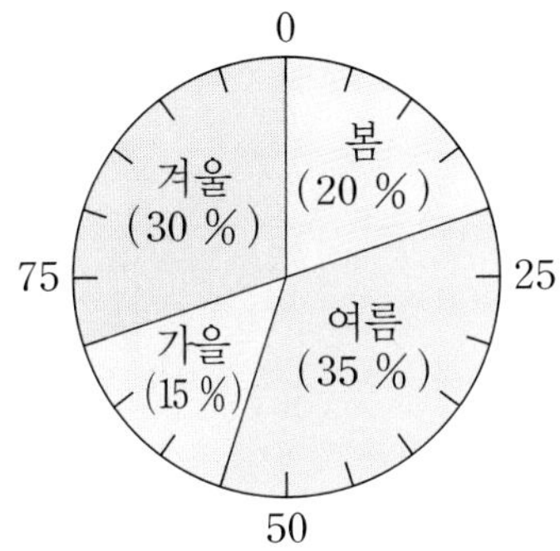

(1) 가장 적은 학생이 좋아하는 계절은 무엇인가요?

( )

(2) 겨울을 좋아하는 학생 수는 가을을 좋아하는 학생 수의 몇 배인가요?

( )

(3) 여름을 좋아하는 학생은 몇 명인가요?

( )

3 성민이네 학교 6학년 학생들이 놀러 가고 싶은 곳을 조사하여 나타낸 띠그래프입니다. 물음에 답하세요.

놀러 가고 싶은 곳별 학생 수

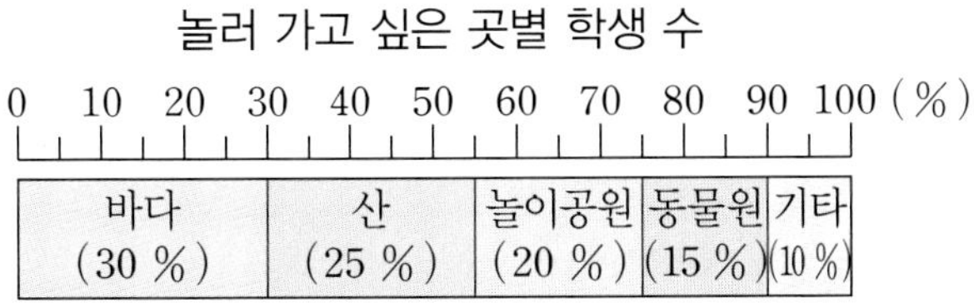

(1) 바다에 가고 싶은 학생 수는 동물원에 가고 싶은 학생 수의 몇 배인가요?

( )

(2) 산에 가고 싶은 학생이 10명이라면 성민이네 학교 6학년 학생은 모두 몇 명인가요?

( )

4 주영이네 학교 학생들의 가족 수를 조사하여 나타낸 원그래프입니다. 물음에 답하세요.

가족 수별 학생 수

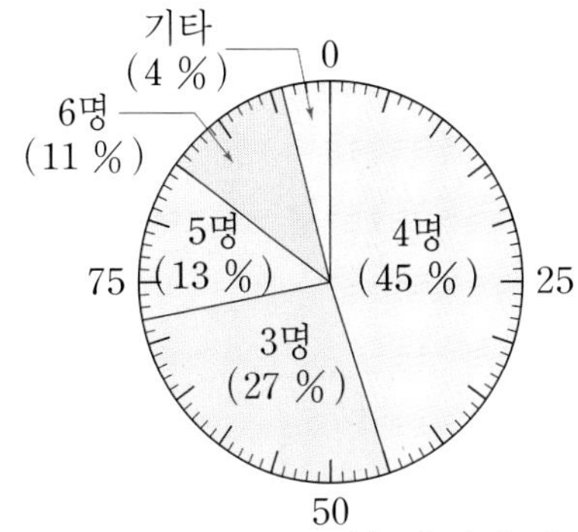

(총 응답자 수: 200명)

(1) 조사한 학생은 모두 몇 명인가요?

( )

(2) 가족 수가 3명 또는 4명인 학생은 전체의 몇 %인가요?

( )

(3) 가족 수가 5명 또는 6명인 학생은 모두 몇 명인가요?

( )

5 어느 인터넷 사이트의 연령대별 방문자 수를 조사하여 나타낸 띠그래프입니다. 물음에 답하세요.

연령대별 방문자 수

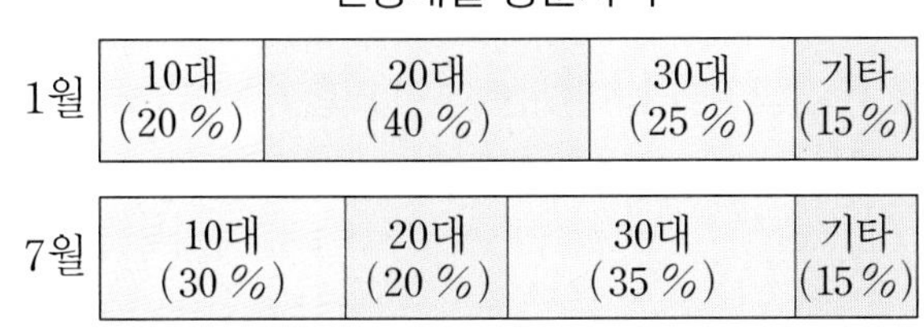

(1) 1월과 7월에 방문한 10대의 비율은 각각 몇 %인지 차례로 쓰세요.

( ), ( )

(2) 방문자의 비율이 현저하게 줄어든 연령대는 어느 연령대인가요?

( )

개념1 여러 가지 그래프

• 그림그래프

권역별 어린이 보호 구역 수

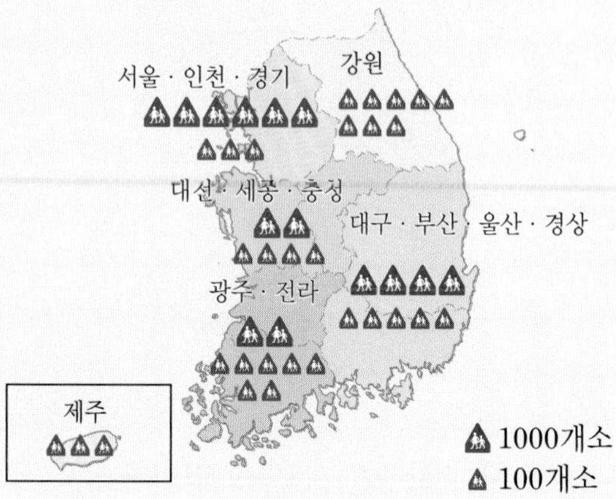

(출처: 공공데이터 포털, 2020년)

- 그림의 크기로 수량의 많고 적음을 알 수 있음.
- 그림을 사용하여 정보를 더 쉽게 전달할 수 있음.

• 띠그래프

우리나라 연령별 인구 구성비

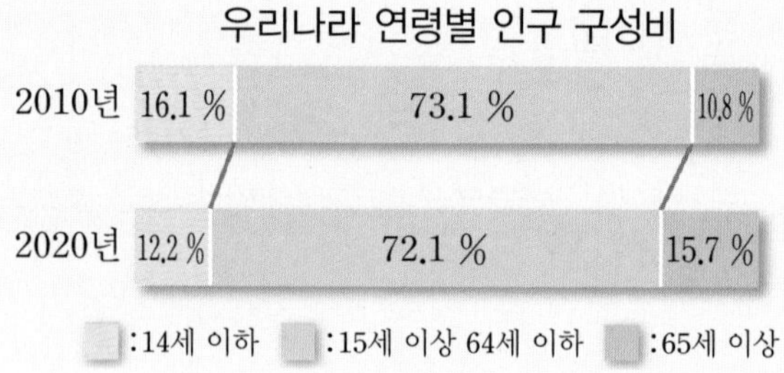

(출처: e－나라지표, 2021년)

- 각 항목끼리의 비율을 쉽게 비교할 수 있음.
- 여러 개의 띠그래프를 사용하면 비율의 변화 상황을 나타내는 데 편리함.

• 원그래프

서울 남자아이 출생시 체중

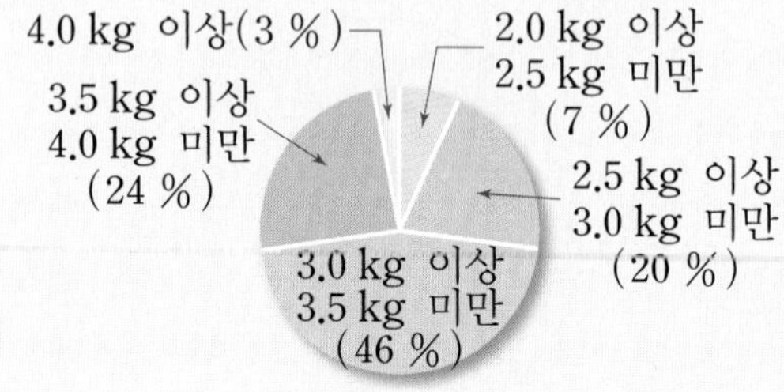

(출처: 서울특별시, 2020년)

- 전체에 대한 각 부분의 비율을 한눈에 비교할 수 있음.
- 작은 비율까지도 비교적 쉽게 나타낼 수 있음.

• 막대그래프, 꺾은선그래프

연도별 벼 재배면적 및 쌀 생산량

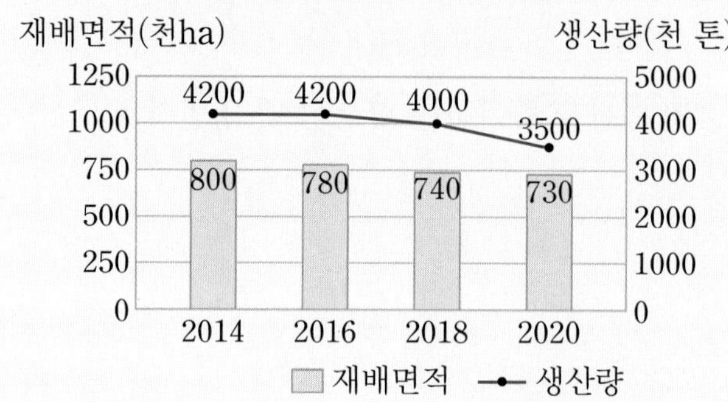

(출처: 통계청, 2021)

- 막대그래프: 수량의 많고 적음을 한눈에 비교하기 쉬움.
- 꺾은선그래프: 시간에 따라 연속적으로 변하는 양을 나타내는 데 편리함.

개념 확인 1 관계있는 것끼리 선으로 이으세요.

그림그래프	원그래프	막대그래프	띠그래프	꺾은선그래프
•	•	•	•	•
•	•	•	•	•
알려고 하는 수를 그림으로 나타낸 그래프	각 부분의 비율을 띠 모양에 나타낸 그래프	각 부분의 비율을 원 모양에 나타낸 그래프	조사한 자료를 막대 모양으로 나타낸 그래프	수량을 나타낸 점을 선분으로 이어 그린 그래프

2 마을별 하루 쓰레기 배출량을 나타낸 그림그래프입니다. 물음에 답하세요.

마을별 쓰레기 배출량

마을
쓰레기 배출량
가
나
다
라
마
100 kg
50 kg

(1) 표와 그림그래프를 완성하세요.

마을별 쓰레기 배출량

마을	가	나	다	라	마
배출량(kg)			200	350	300

(2) 막대그래프로 나타내세요.

마을별 쓰레기 배출량

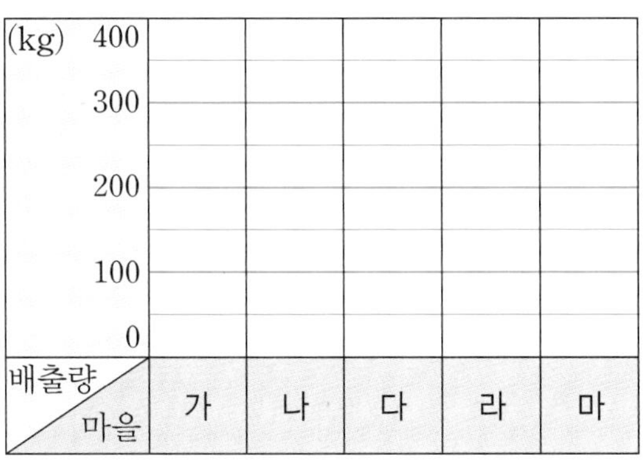

3 윤서의 키의 변화를 알아보려면 어떤 그래프로 나타내는 것이 좋을까요?

윤서의 키

월	키(cm)	월	키(cm)	월	키(cm)
1	140	5	142.5	9	146.5
2	140.5	6	144	10	147
3	141	7	146	11	149
4	142	8	146	12	150

(　　　　　　　　)

4 준서네 학교 학생 200명이 좋아하는 과일을 조사하여 나타낸 그림그래프입니다. 물음에 답하세요.

좋아하는 과일별 학생 수

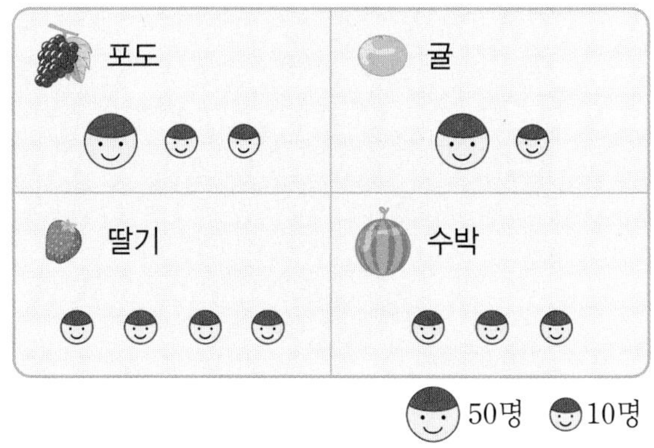

(1) 표를 완성하세요.

좋아하는 과일별 학생 수

과일	포도	귤	딸기	수박	합계
학생 수(명)				30	200
백분율(%)	35	30			100

(2) 띠그래프로 나타내세요.

좋아하는 과일

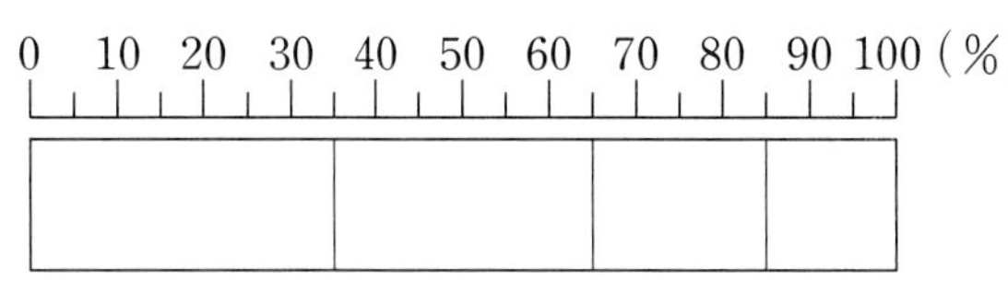

5 연령별 마을 사람 수를 조사하였습니다. 마을 청소년의 비율을 알아보려면 어떤 그래프로 나타내면 좋을까요?

(　　　　　　　　)

step 2 교과 유형 익힘

[1 ~ 3] 경수네 반 학생들의 장래 희망을 조사하여 나타낸 원그래프입니다. 물음에 답하세요.

장래 희망별 학생 수

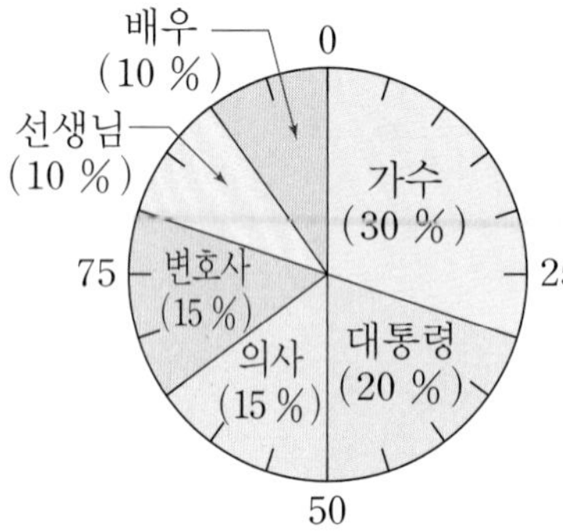

1 장래 희망이 가수 또는 선생님인 학생은 전체의 몇 %인가요?

(　　　　　　　　)

2 장래 희망이 가수인 학생 수는 배우인 학생 수의 몇 배인가요?

(　　　　　　　　)

서술형 문제

3 원그래프를 보고 알 수 있는 내용을 두 가지 이상 쓰세요.

4 다음 중 그림그래프로 나타내기에 알맞은 자료를 찾아 기호를 쓰세요.

㉠ 월별 기온의 변화
㉡ 권역별 미세먼지의 농도
㉢ 어린이 음료의 주요 성분

(　　　　　　　　)

[5 ~ 8] 자료를 보고 물음에 답하세요.

세윤이네 학교 6학년 학생들이 여행 가고 싶은 나라를 조사하였습니다. 미국은 15명, 일본은 13명, 스페인은 11명, 중국은 4명, 기타는 7명이었습니다.

5 표를 완성하세요.

여행 가고 싶은 나라별 학생 수

나라	미국	일본	스페인	중국	기타	합계
학생 수(명)	15	13			7	
백분율(%)	30		22	8		100

6 막대그래프로 나타내세요.

여행 가고 싶은 나라별 학생 수

7 띠그래프로 나타내세요.

여행 가고 싶은 나라별 학생 수

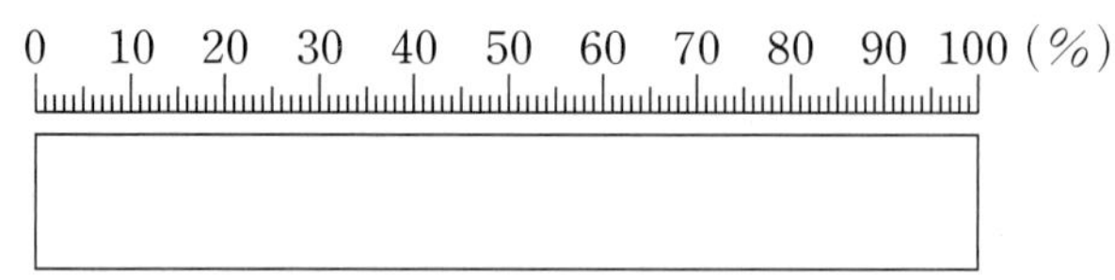

8 원그래프로 나타내세요.

여행 가고 싶은 나라별 학생 수

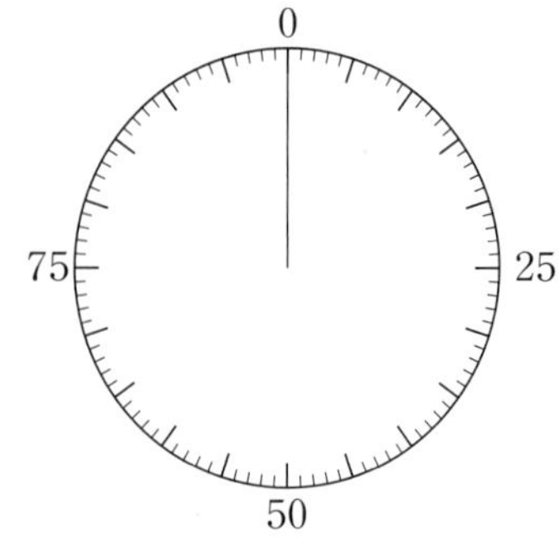

9 어느 도시의 2000년과 2020년의 연령별 인구 구성비를 조사하여 각각 띠그래프로 나타내었습니다. 2020년의 65세 이상 인구 구성비율은 2000년의 65세 이상 인구 구성비율의 몇 배가 되었나요?

연령별 인구 구성비

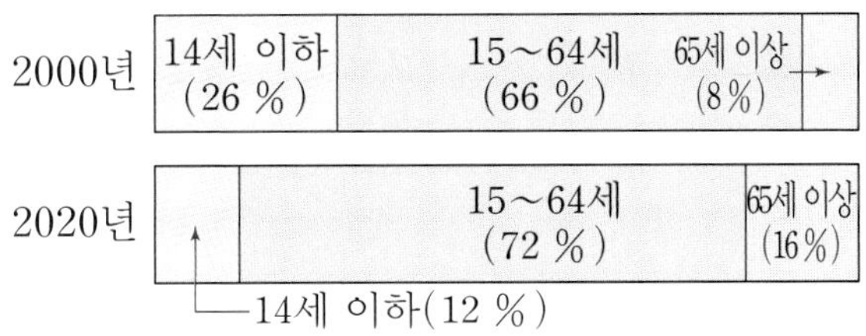

(　　　　　　　　　　　　)

10 푸른 마을의 재활용품 종류별 배출량을 조사하여 나타낸 표입니다. 이 자료를 그래프로 나타낼 때 적당하지 <u>않은</u> 것은 어느 것인지 기호를 쓰세요.

재활용품 종류별 배출량

종류	플라스틱류	병류	종이류	비닐류	합계
배출량(kg)	120	40	80	10	250

㉠ 그림그래프 ㉡ 꺾은선그래프 ㉢ 막대그래프

(　　　　　　　　　　　　)

11 학생들의 공공 도서관 이용 목적을 조사하여 나타낸 원그래프입니다. 학교 숙제에 필요한 자료를 찾기 위해 이용한 학생이 12명이라면 시험 공부를 하기 위해 이용한 학생은 몇 명인가요?

공공 도서관 이용 목적

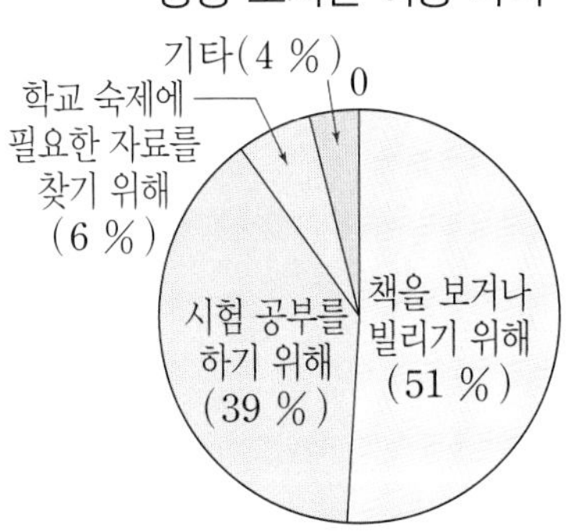

(　　　　　　　　　　　　)

서술형 문제

12 추론

산불이 일어난 원인을 조사하여 나타낸 띠그래프입니다. 이 띠그래프를 보고 알 수 있는 사실을 넣어 기사문을 완성하세요.

산불이 일어난 원인

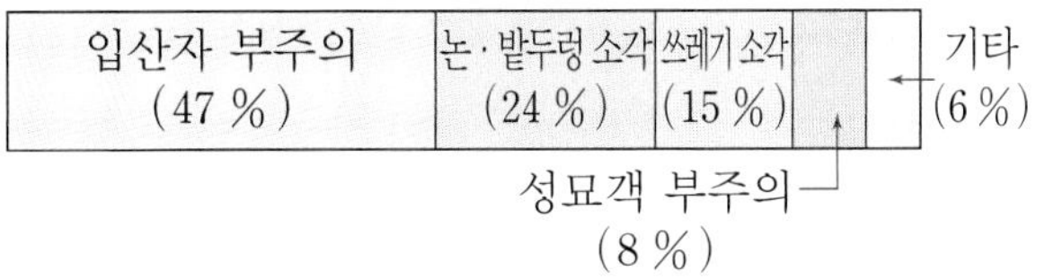

지난 해에 산불이 일어난 원인을 조사했습니다. 그 결과 입산자 부주의(47 %), ________

서술형 문제

13 창의 융합

우리나라 사람들의 혈액형별 인구 비율은 A형 34 %, B형 27 %, O형 28 %, AB형 11 %라고 합니다. 우리 반 학생들의 혈액형을 조사하여 우리나라 혈액형별 비율과 비교하려고 합니다. 이때 어느 그래프로 나타내는 것이 가장 좋겠습니까? 그 까닭을 쓰세요.

답 ________

까닭 ________

5 단원

진도 완료 체크

유형 1 그림그래프 완성하기

1 마을별 인터넷 가입 가구 수를 조사해 보았습니다. 표를 보고 그림그래프를 완성하세요.

인터넷 가입 가구 수

마을	가	나	다	합계
가구 수 (가구)	34000	45000		120000

인터넷 가입 가구 수

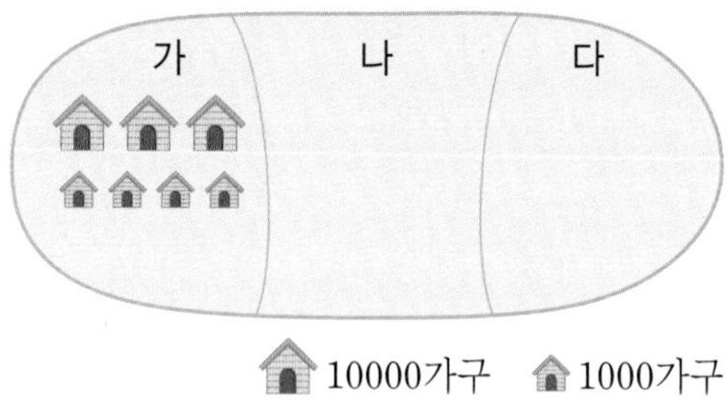

Solution (모르는 자료 값)=(전체 자료 값의 합)−(아는 자료 값의 합)을 이용하여 빈칸의 자료 값을 구한 다음, 큰 그림부터 그리고 작은 그림을 그려서 그림그래프를 완성합니다.

1-1 마을별 꽃게 어획량을 조사하여 나타낸 표입니다. 다 마을의 어획량이 나 마을보다 1100 kg 더 많을 때, 표를 완성하고 그림그래프로 나타내세요.

꽃게 어획량

마을	가	나	다	라	합계
어획량(kg)	1600			1500	9400

꽃게 어획량

마을	꽃게 어획량
가	◯ ○○○○○○
나	
다	
라	◯ ○○○○○

◯ 1000 kg ○ 100 kg

유형 2 띠그래프에서 항목 비교하기

2 우리나라 산림의 비율을 나타낸 띠그래프입니다. 활엽수림과 기타의 비율의 합은 혼합림의 비율의 몇 배인가요?

우리나라 산림의 비율

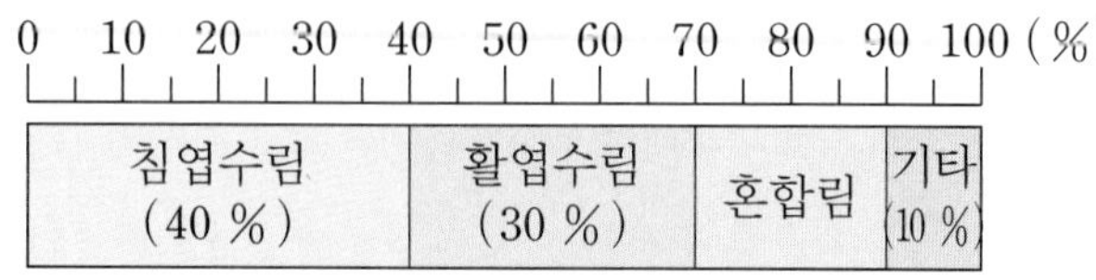

( )

Solution 활엽수림의 비율과 기타의 비율을 더하여 혼합림의 비율과 비교합니다.

2-1 미라네 반 학생들이 TV를 시청한 시간을 나타낸 띠그래프입니다. 1시간 이상 시청한 학생 수는 시청 시간이 30분 미만인 학생 수의 몇 배인가요?

TV 시청 시간

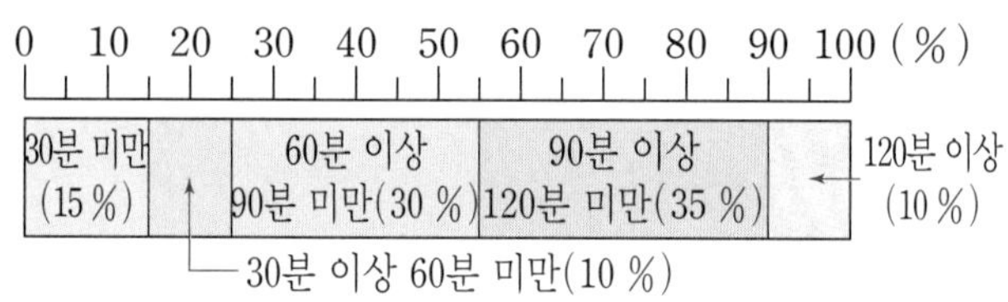

( )

2-2 민서네 학교 학생들이 하루에 손을 씻는 횟수를 나타낸 띠그래프입니다. 손을 씻는 횟수가 3회~6회인 학생 수와 10회 이상인 학생 수를 간단한 자연수의 비로 나타내세요.

손을 씻는 횟수

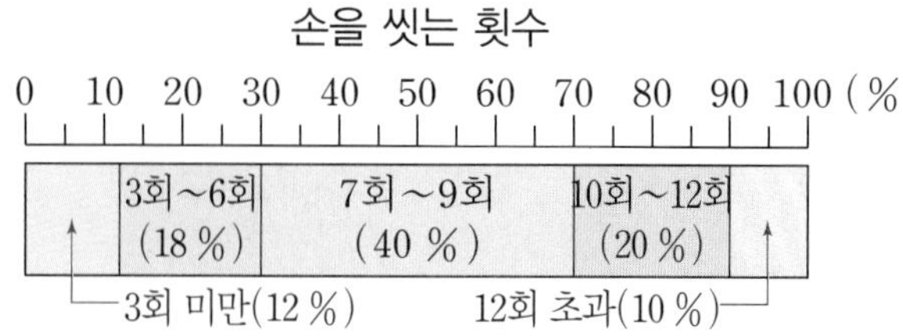

( )

정답 48쪽

유형 3 띠그래프에서 비율 구하기

3 오곡밥에 들어간 잡곡의 양을 조사하여 나타낸 띠그래프입니다. 찹쌀의 비율은 팥의 비율의 2배일 때 찹쌀의 비율은 몇 %인가요?

잡곡의 양

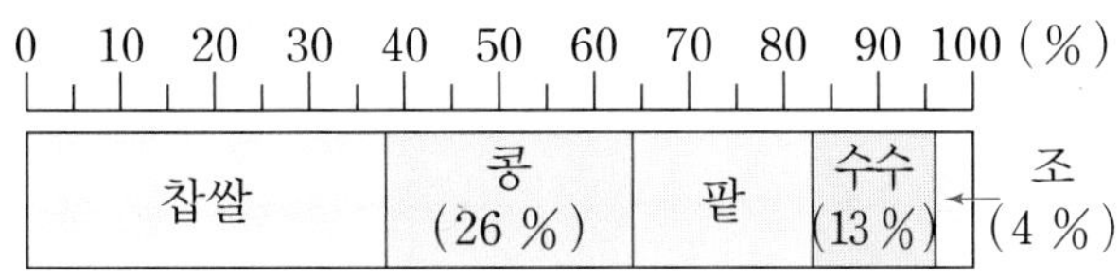

(　　　　　　　　　　)

Solution 찹쌀과 팥의 비율의 합을 구하여 찹쌀의 비율을 구합니다.

3-1 여가 시간에 하는 일을 조사하여 나타낸 띠그래프입니다. TV 시청의 비율은 인터넷 접속 비율의 2배일 때, 인터넷 접속의 비율은 몇 %인지 구하세요.

여가 시간에 하는 일

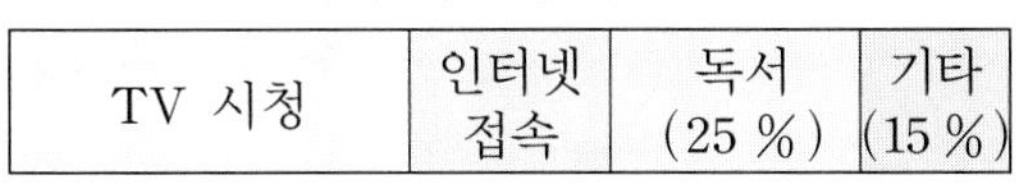

(　　　　　　　　　　)

3-2 학생들이 좋아하는 계절을 조사하여 띠그래프로 나타내었습니다. 봄을 좋아하는 학생의 비율과 여름을 좋아하는 학생의 비율의 차가 15 %이고, 봄을 좋아하는 학생이 가장 많을 때 띠그래프를 완성하세요.

좋아하는 계절

유형 4 다른 그래프로 나타내기

4 선미네 학교 학생 100명의 혈액형을 조사한 원그래프와 혈액형이 O형인 남학생과 여학생의 비율을 나타낸 띠그래프입니다. O형인 남학생은 전체의 몇 %인지 구하세요.

학생들의 혈액형

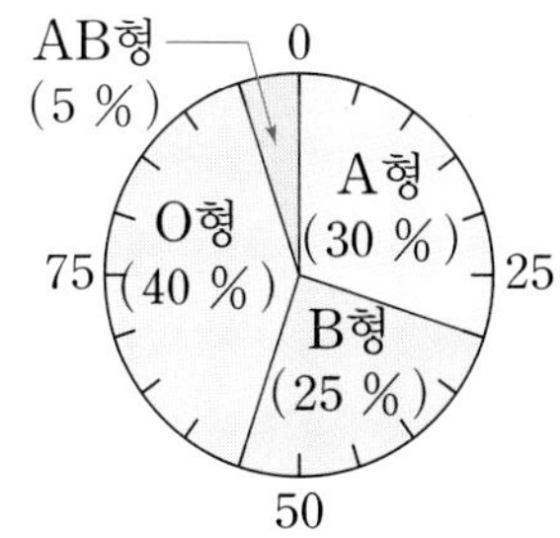

O형인 학생

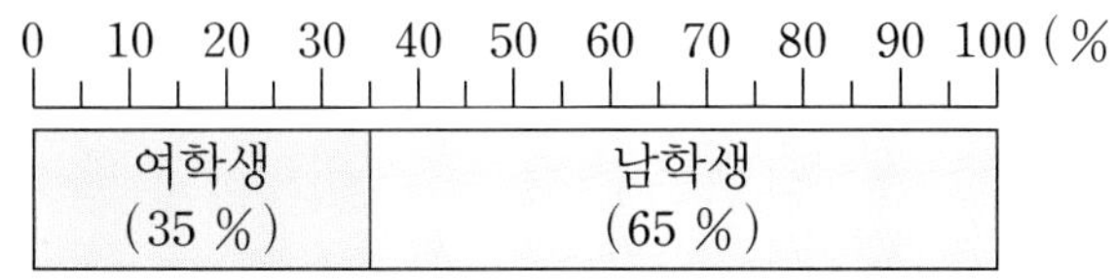

(　　　　　　　　　　)

Solution 원그래프를 이용하여 O형인 학생 수를 구하고 띠그래프를 이용하여 O형인 남학생 수를 구합니다.

4-1 은주네 학교 학생 중 반려동물이 있는 학생과 없는 학생을 조사하고, 반려동물이 있는 학생들이 기르는 반려동물을 조사하여 나타낸 그래프입니다. 햄스터를 기르는 학생이 8명일 때 은주네 학교 학생은 모두 몇 명인지 구하세요.

반려동물의 유무

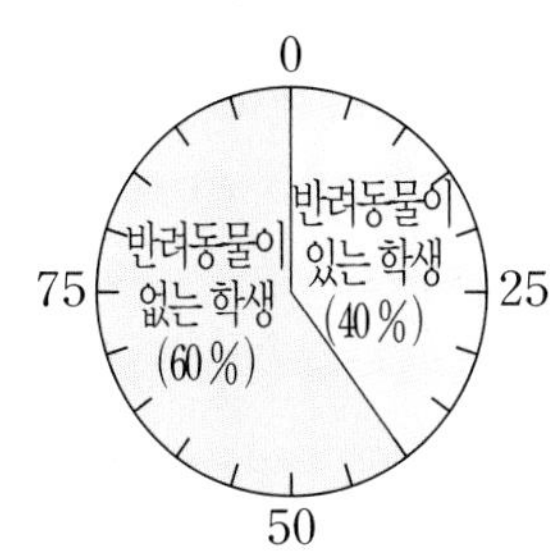

기르는 반려동물

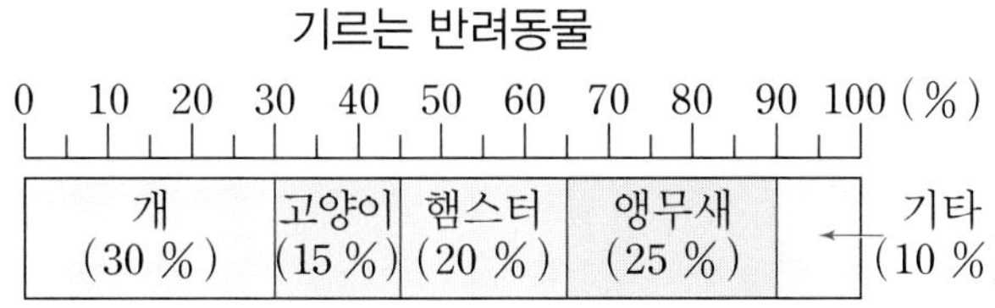

(　　　　　　　　　　)

5 단원

5 연습 문제

그림그래프를 보고 마을별 ❶학생 수가 가장 많은 마을과 가장 적은 마을의 학생 수의 차는 몇 명인지 알아보세요.

❷마을별 학생 수

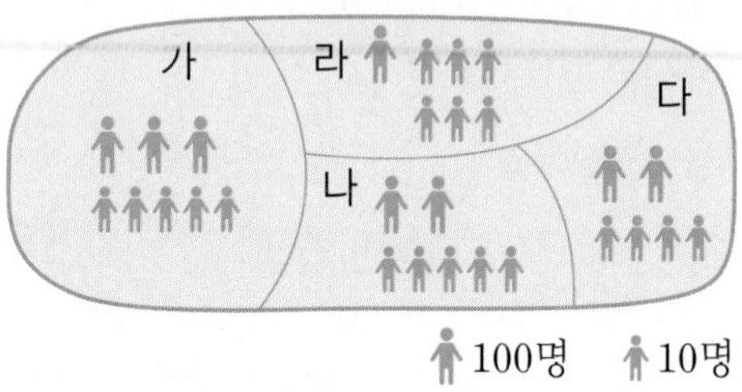

❶ 학생 수가 가장 많은 마을은 가 마을이고 가장 적은 마을은 ☐ 마을입니다.

❷ 학생 수의 차: 350 − ☐ = ☐(명)

답 ☐명

5-1 실전 문제

그림그래프를 보고 놀이공원의 입장객 수가 가장 많은 달과 가장 적은 달의 입장객 수의 차는 몇 명인지 풀이 과정을 쓰고 답을 구하세요.

놀이공원의 입장객 수

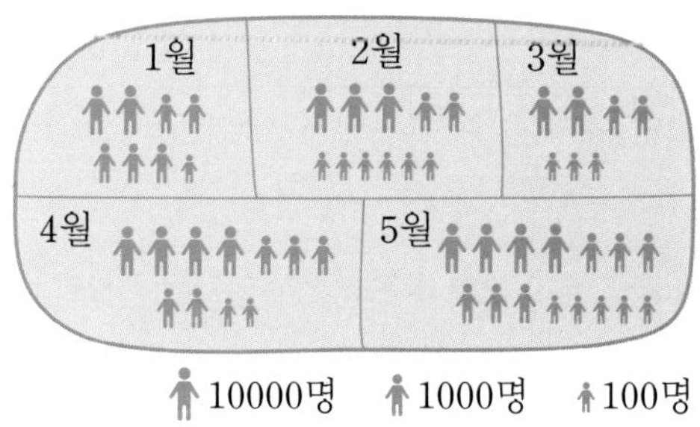

풀이

답 ____________

6 연습 문제

오른쪽은 ❶6학년 학생 500명을 조사하여 나타낸 원그래프입니다. ❷여름에 태어난 학생은 몇 명인지 알아보세요.

태어난 계절별 학생 수

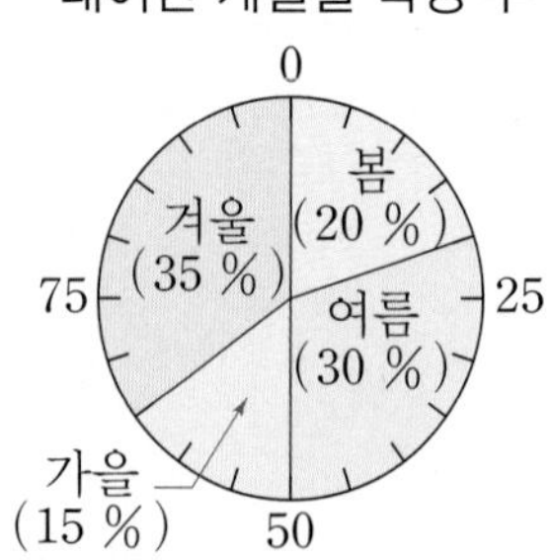

❶ 6학년 학생은 ☐명이고 여름에 태어난 학생의 비율은 ☐ %입니다.

❷ 따라서 여름에 태어난 학생은 500 × ☐ = ☐(명)입니다.

답 ☐명

6-1 실전 문제

오른쪽은 6학년 학생 300명을 조사하여 나타낸 원그래프입니다. 여학생은 몇 명인지 풀이 과정을 쓰고 답을 구하세요.

학생 수

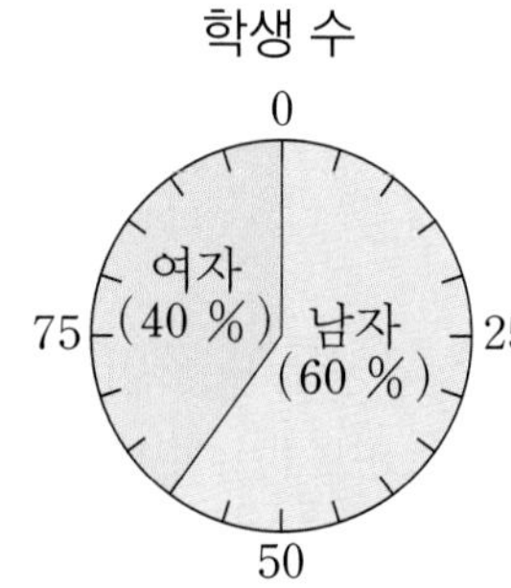

풀이

답 ____________

7 연습 문제

초등학교 학생들이 받고 싶은 선물을 조사하여 나타낸 원그래프입니다. ❶받고 싶은 선물이 장난감인 학생이 128명이면 조사한 학생은 모두 몇 명인지 알아보세요.

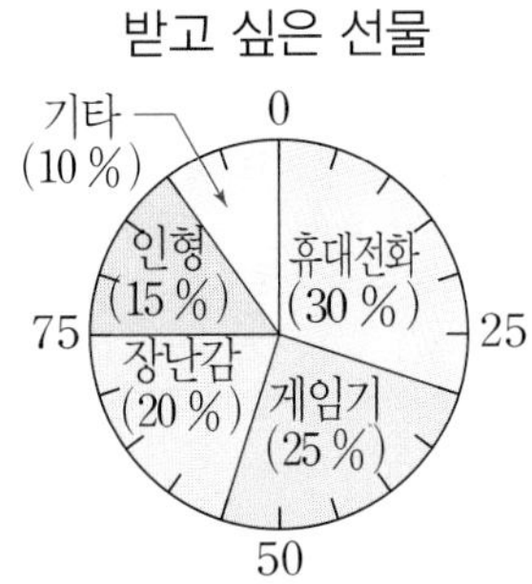

❶ 받고 싶은 선물이 장난감인 학생은 전체의 ☐ %입니다.

❷ 조사한 학생 수는 받고 싶은 선물이 장난감인 학생 수의 100÷☐=☐(배)입니다.

따라서 조사한 학생 수는 128×☐=☐(명)입니다.

답 ☐명

7-1 실전 문제

명한이네 학교 학생들이 배우고 싶어하는 외국어를 조사하여 나타낸 띠그래프입니다. 중국어를 배우고 싶어하는 학생이 96명이라면 영어를 배우고 싶어하는 학생은 몇 명인지 풀이 과정을 쓰고 답을 구하세요.

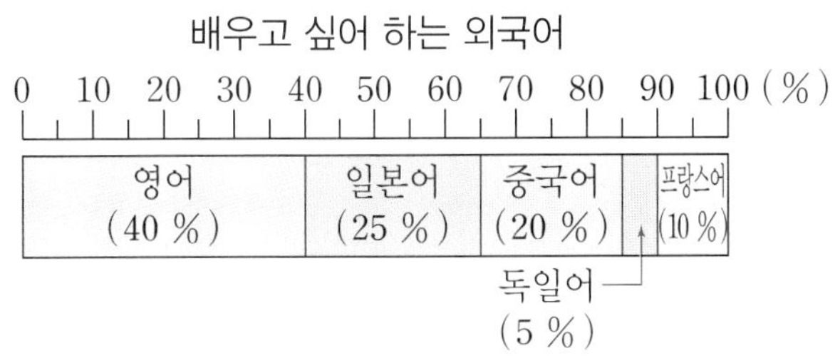

풀이

답

8 연습 문제

학생회장 투표 결과를 조사하여 나타낸 띠그래프입니다. ❶나 후보의 득표율이 다 후보의 득표율의 2배일 때, ❷다 후보의 득표율은 몇 %인지 알아보세요.

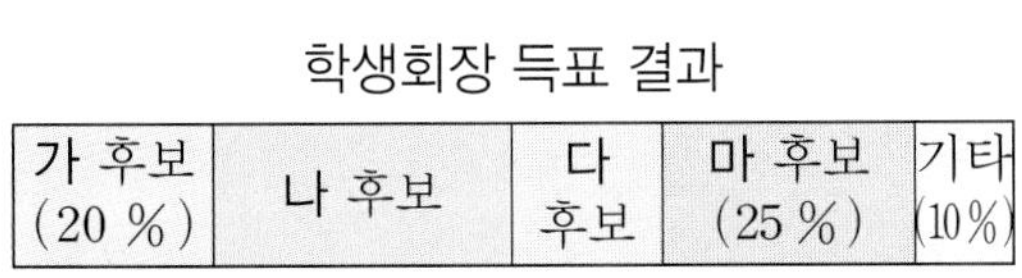

❶ 나 후보와 다 후보의 득표율의 합은 100−☐−☐−☐=☐(%)입니다.

❷ 다 후보의 득표율을 ■ %라고 하면 나 후보의 득표율은 (■×2) %입니다.

⇨ ■+■×2=☐, ■=☐

답 ☐ %

8-1 실전 문제

여가 시간에 하는 일을 조사하여 나타낸 띠그래프입니다. TV시청의 비율이 게임의 비율의 4배일 때 게임의 비율은 몇 %인지 풀이 과정을 쓰고 답을 구하세요.

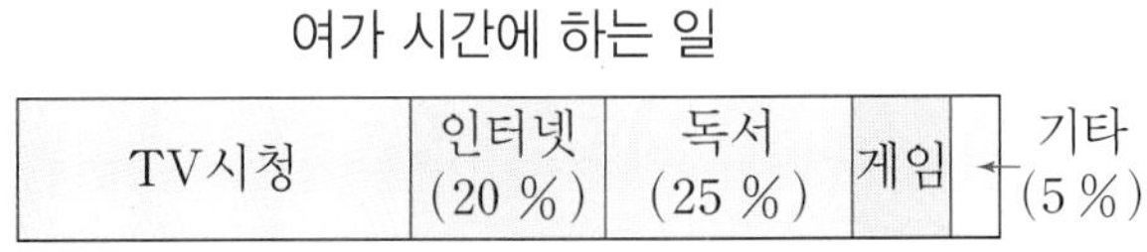

풀이

답

5 단원
진도 완료 체크

step 4 실력 UP 문제

문제 풀이

[1 ~ 2] 우리나라 스마트폰 이용자의 하루 평균 스마트폰 사용량을 조사하여 나타낸 원그래프입니다. 우리나라 스마트폰 이용자가 3000만 명일 때 물음에 답하세요.

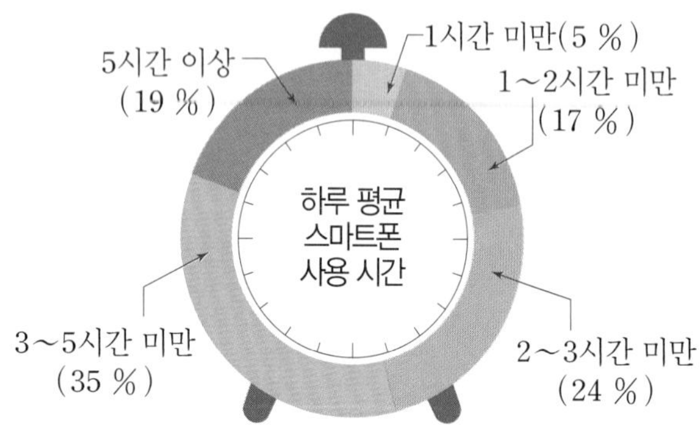

1 스마트폰을 하루 평균 5시간 이상 사용하는 이용자는 몇만 명인가요?

(　　　　　　　　　　)

2 스마트폰을 하루 평균 2시간 미만 사용하는 이용자는 몇만 명인가요?

(　　　　　　　　　　)

3 어느 마을에 초등학생부터 대학생까지의 학생 수는 300명이고, 학교별 학생 수의 비율은 다음과 같습니다. 초등학생 중에 휴대폰을 가지고 있는 학생이 75%라면 휴대폰을 가지고 있는 초등학생은 몇 명인지 구하세요.

학교별 학생 수

초등학생	중학생 (25 %)	고등학생 (20 %)	대학생 (15 %)

(　　　　　　　　　　)

[4 ~ 5] 다음 신문 기사를 보고 물음에 답하세요.

어린이 카페인 주범은 '탄산음료'

식품의약품안전처는 국내 유통식품의 카페인 함유량 조사와 더불어 지난 2010년 국민건강영양조사 자료 분석을 진행한 결과 어린이 카페인 섭취 기여도는 탄산음료가 64 %로 가장 높았다. 이어 혼합 음료(20 %), 아이스크림류(5 %), 그 외 음식(11 %)을 통해 카페인을 섭취하였다.

어린이 카페인 섭취 기여도

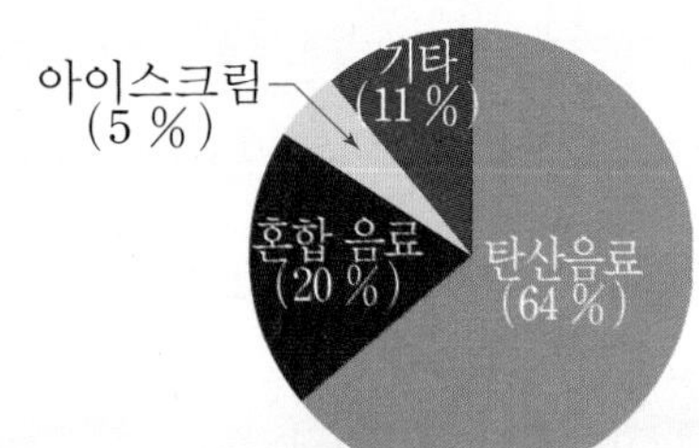

카페인은 피로를 덜 느끼게 하는 긍정적인 역할을 하기도 하지만 지나치게 많이 섭취하면 불면증이나 신경과민 등 부작용을 낳기 때문에 특히 어린이는 섭취 시 주의해야 한다.

4 어린이 카페인 섭취 기여도를 나타낸 원그래프를 보고 띠그래프로 나타내세요.

어린이 카페인 섭취 기여도

서술형 문제

5 기사에 원그래프가 포함되어 있어서 좋은 점을 쓰세요.

[6 ~ 7] 예원이네 학교 6학년 학생 150명을 대상으로 겨울방학에 하고 싶은 일을 조사하여 나타낸 띠그래프와 이 중 여행을 하고 싶어하는 학생들이 가고 싶은 곳을 조사하여 나타낸 원그래프입니다. 물음에 답하세요.

겨울방학에 하고 싶은 일

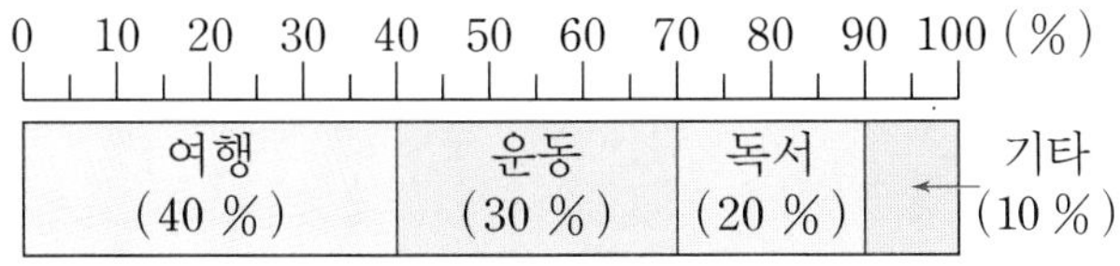

여행으로 가고 싶은 곳

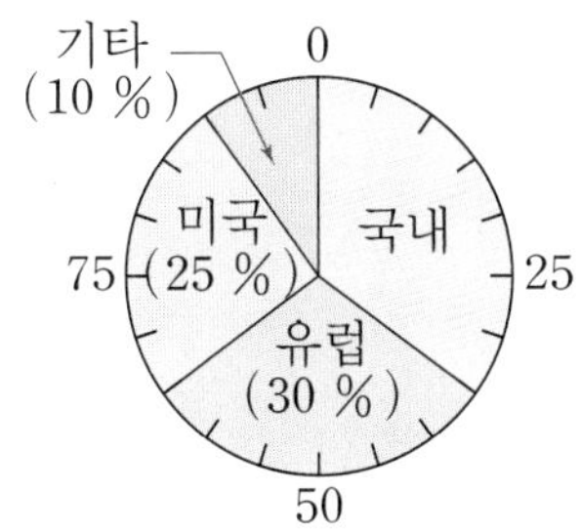

6 띠그래프에서 운동이 차지하는 부분이 15 cm라면 여행이 차지하는 부분의 길이는 몇 cm인지 구하세요.

( )

7 겨울방학에 국내 여행을 하고 싶은 학생은 몇 명인지 구하세요.

( )

8 다음은 주말 동안 어느 콘서트에 온 관객의 연령대를 조사하여 나타낸 띠그래프입니다. 토요일에 온 관객이 250명이고 일요일에 온 관객이 300명일 때, 이틀 동안 콘서트에 온 20대는 모두 몇 명인가요?

연령별 관객 수

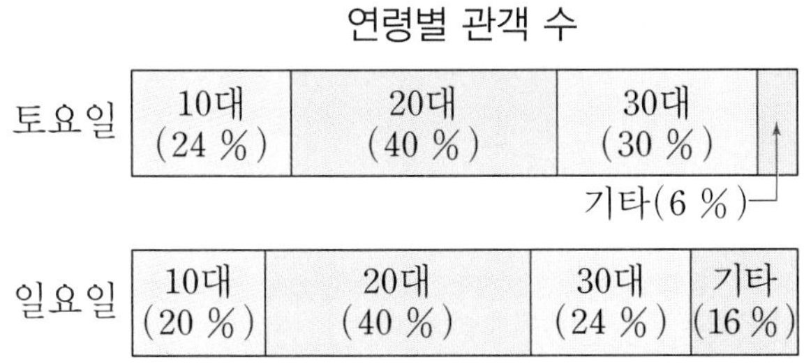

( )

[9 ~ 12] 다음은 어느 해의 러시아와 영국의 쓰레기 처리 현황을 비교한 원그래프입니다. 물음에 답하세요.

러시아와 영국의 쓰레기 처리 현황 비교

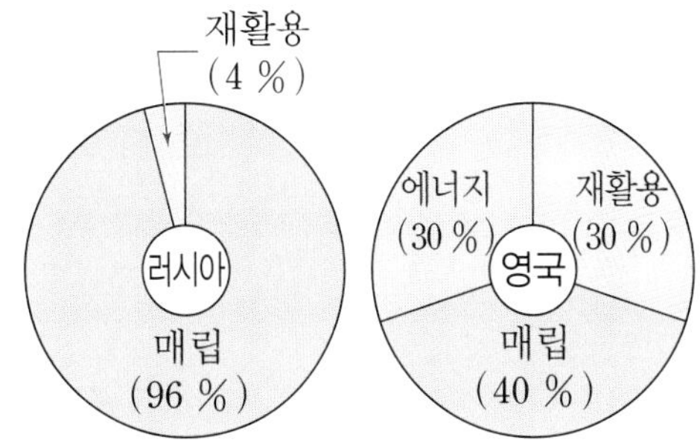

서술형 문제

9 위의 원그래프에서 알 수 있는 사실 한 가지를 쓰세요.

10 매립의 방법으로 쓰레기를 처리하는 비율은 러시아가 영국의 몇 배인가요?

( )

11 이 해의 러시아의 1인당 쓰레기 배출량은 400 kg이라고 합니다. 이 해 러시아에서 재활용되는 방법으로 처리되는 1인당 쓰레기의 양은 몇 kg인가요?

( )

12 이 해의 영국에서의 1인당 쓰레기 배출량은 630 kg이라고 합니다. 이 해 영국에서 에너지와 재활용의 방법으로 처리되는 1인당 쓰레기의 양은 몇 kg인가요?

( )

5 단원

진도 완료 체크

[1 ~ 2] 승주네 반 학생들이 좋아하는 간식을 조사하여 나타낸 그래프입니다. 물음에 답하세요.

좋아하는 간식

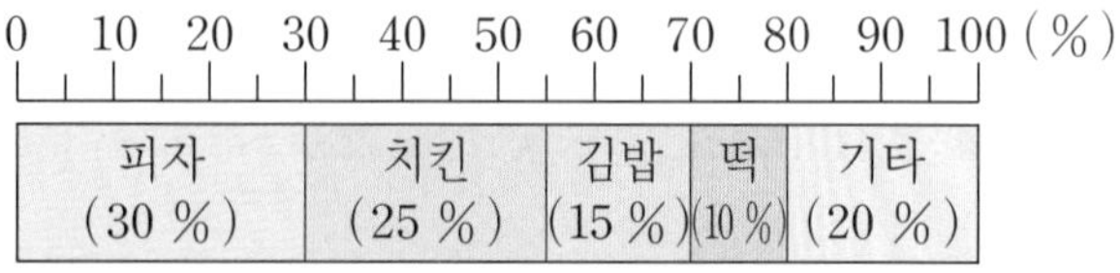

1 위와 같이 전체에 대한 각 부분의 비율을 띠 모양에 나타낸 그래프를 무슨 그래프라고 하나요?

( )

2 □ 안에 알맞은 수나 말을 써넣으세요.

(1) 가장 많은 학생들이 좋아하는 간식은 □ 입니다.

(2) 김밥을 좋아하는 학생은 전체의 □ %입니다.

[3 ~ 4] 미소네 학교 학생들이 좋아하는 운동을 조사하여 나타낸 원그래프입니다. 물음에 답하세요.

좋아하는 운동

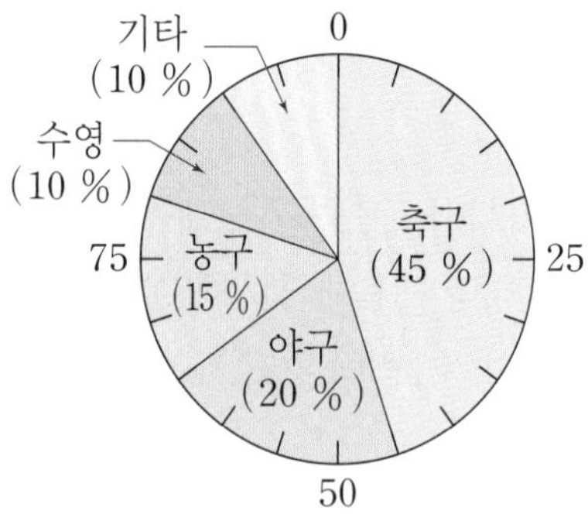

3 두 번째로 많은 학생들이 좋아하는 운동은 무엇인가요?

( )

4 축구를 좋아하는 학생 수는 농구를 좋아하는 학생 수의 몇 배인가요?

( )

5 국가별 이산화 탄소 배출량을 나타낸 표입니다. 표를 보고 그림그래프를 완성하세요.

이산화 탄소 배출량

중국	미국	인도	대한민국
91억 톤	43억 톤	21억 톤	6억 톤

이산화 탄소 배출량

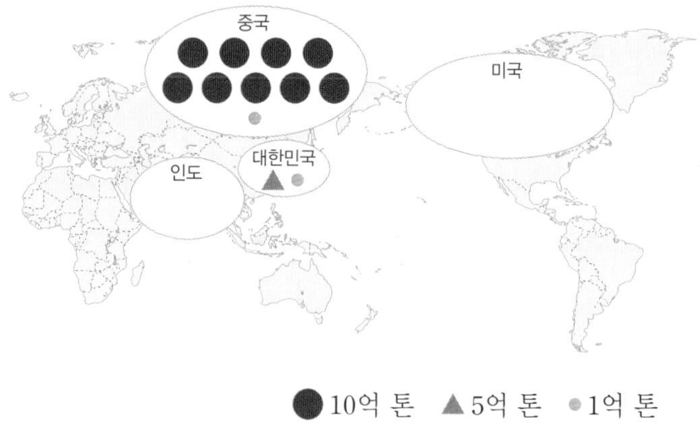

(출처: 국제 에너지 기구, 2016년)

[6 ~ 7] 현준이네 반 학생들의 장래 희망을 조사하여 나타낸 띠그래프입니다. 물음에 답하세요.

장래 희망

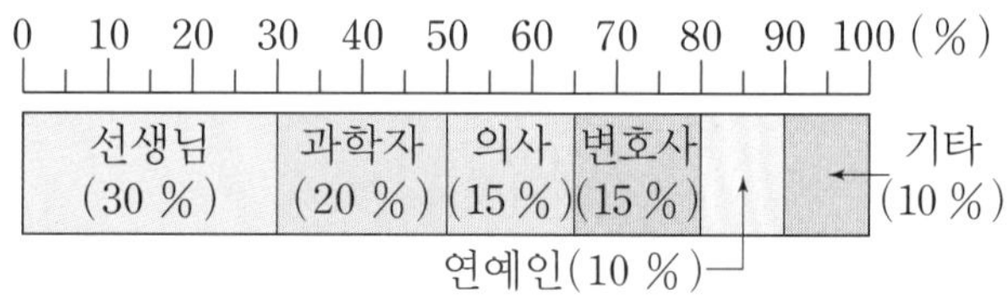

6 현준이네 반 학생들이 가장 선호하는 장래 희망은 무엇인가요?

( )

7 현준이네 반 전체 학생 수가 20명일 때 띠그래프를 보고 표를 완성하세요.

장래 희망

직업	선생님	과학자	의사	변호사	연예인	기타	합계
학생 수 (명)	6						20

8 우리나라 권역별 국가 지정 등록 문화재 수를 반올림하여 그림그래프로 나타내었습니다. 국가 지정 등록 문화재가 가장 많은 곳과 두 번째로 많은 곳의 문화재 수의 합을 구하세요.

권역별 국가 지정 · 등록 문화재 수

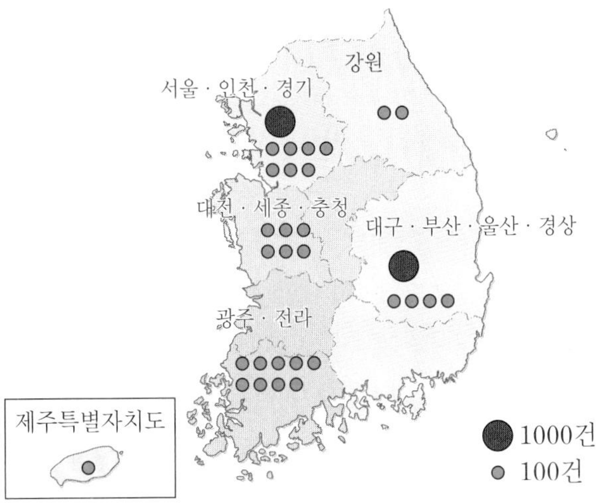

( )

[9 ~ 10] 해진이네 집에서 하루 동안 사용한 수돗물의 양을 조사하여 나타낸 원그래프입니다. 물음에 답하세요.

수돗물 사용량

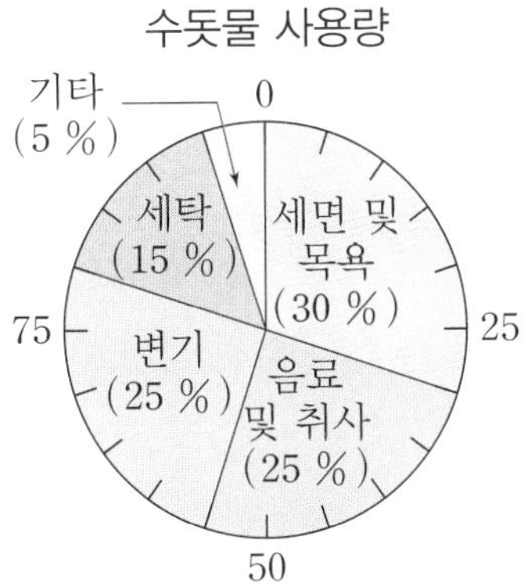

9 음료 및 취사의 비율과 세탁의 비율의 합은 몇 % 인가요?

( )

10 하루 동안 사용한 수돗물의 총 사용량이 500 L일 때, 세면 및 목욕에 사용한 수돗물은 몇 L인가요?

( )

[11 ~ 12] 다음을 읽고 물음에 답하세요.

> 하늘이네 반 학생 40명이 배우고 싶은 운동을 조사하였더니 축구가 12명, 테니스가 6명, 수영이 10명, 야구가 8명, 배구가 4명이었습니다.

11 위의 자료를 보고 표를 완성하세요.

배우고 싶은 운동

운동	축구	테니스	수영	야구	배구	합계
학생 수(명)	12	6	10			40
백분율(%)				20	10	100

12 위 **11**의 표를 보고 원그래프를 그리세요.

배우고 싶은 운동

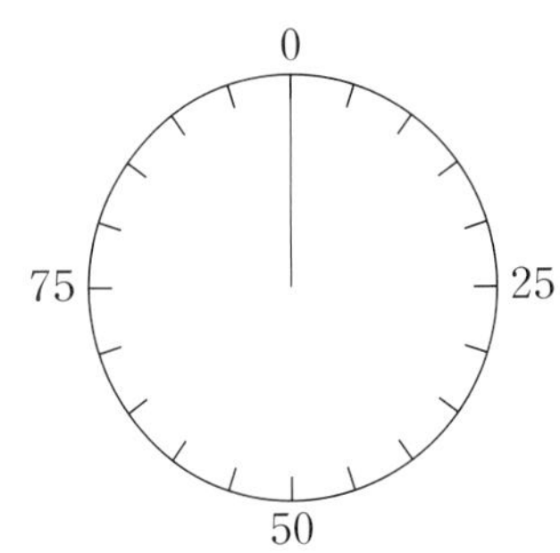

[13 ~ 14] 2010년과 2020년의 어느 지역 육류 소비량을 조사하여 각각 띠그래프로 나타내었습니다. 물음에 답하시오.

육류 소비량

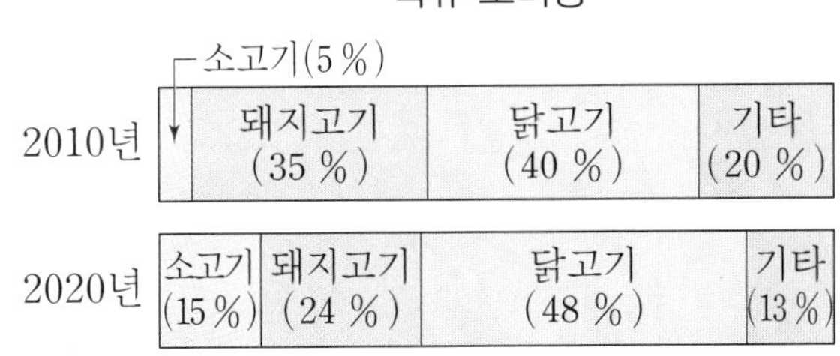

13 2020년의 닭고기 소비량은 돼지고기 소비량의 몇 배인가요?

( )

14 2020년의 소고기 소비량의 비율은 2010년의 소고기 소비량의 비율의 몇 배가 되었나요?

( )

5 단원

[15 ~ 16] 어느 아파트의 하루 동안의 종류별 재활용품과 쓰레기 발생량을 조사했습니다. 물음에 답하세요.

재활용품과 쓰레기 발생량

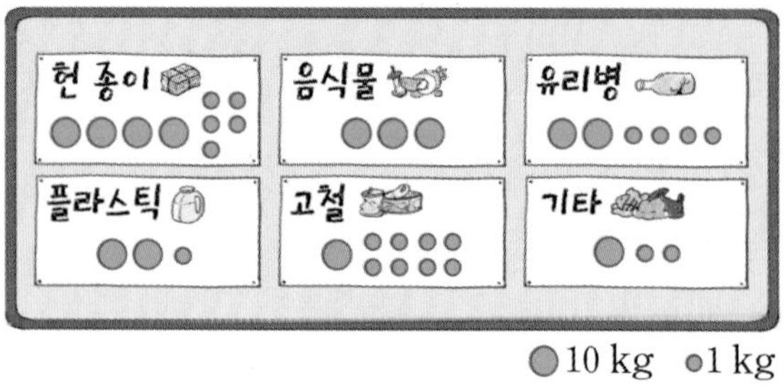

15 위 그림을 보고 표로 나타내세요.

재활용품과 쓰레기 발생량

종류	발생량(kg)	백분율(%)
헌 종이	45	30
음식물	30	
유리병		
플라스틱		
고철		
기타		
합계		

16 표를 보고 띠그래프를 완성하세요.

재활용품과 쓰레기 발생량

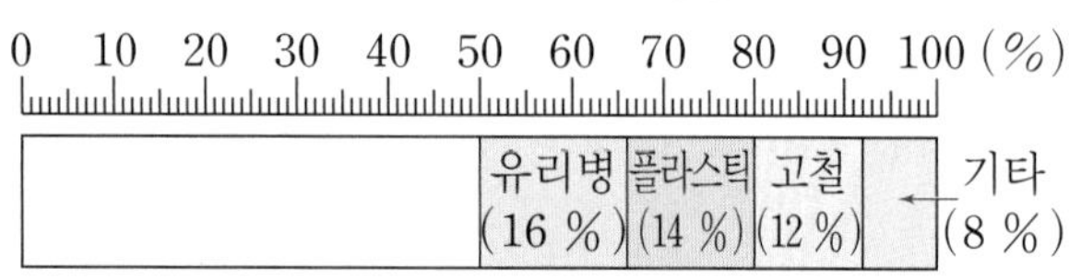

17 가영이네 학교 학생들이 좋아하는 과목의 비율을 학년별로 나타낸 띠그래프입니다. 가영이네 학교 3~4학년 학생 수가 400명입니다. 3~4학년 학생 중 과학을 좋아하는 학생은 몇 명인가요?

좋아하는 과목의 비율

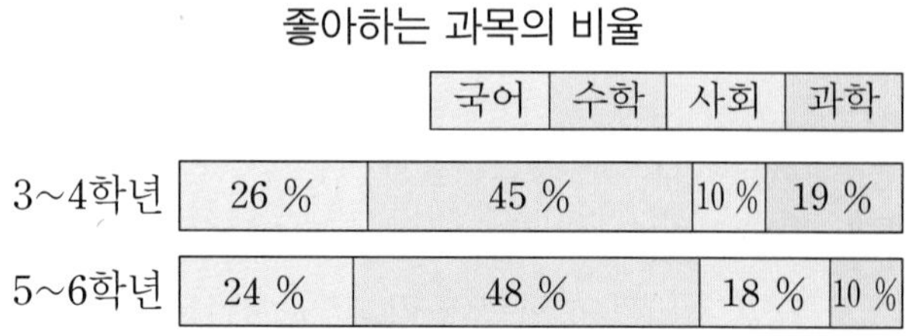

( )

[18 ~ 19] 어느 도시의 연령별 인구 구성비의 변화를 나타낸 띠그래프입니다. 물음에 답하세요.

인구 구성비의 변화

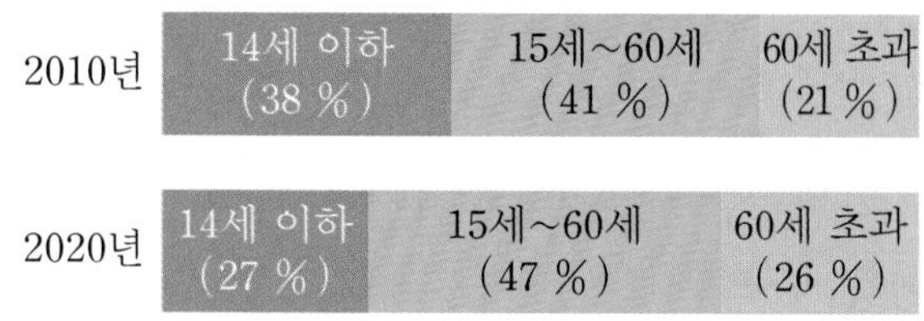

18 시간이 지나면서 전체에서 차지하는 비율이 낮아진 연령은 무엇인가요?

( )

19 2010년과 2020년의 이 도시의 인구가 각각 700만 명일 때 2010년과 2020년의 14세 이하 인구 수의 차는 몇만 명인지 구하세요.

( )

20 민경이네 동아리 학생 50명의 혈액형과 그 중 B형인 남학생과 여학생의 비율을 나타낸 그래프입니다. B형인 여학생은 모두 몇 명인가요?

혈액형별 학생 수

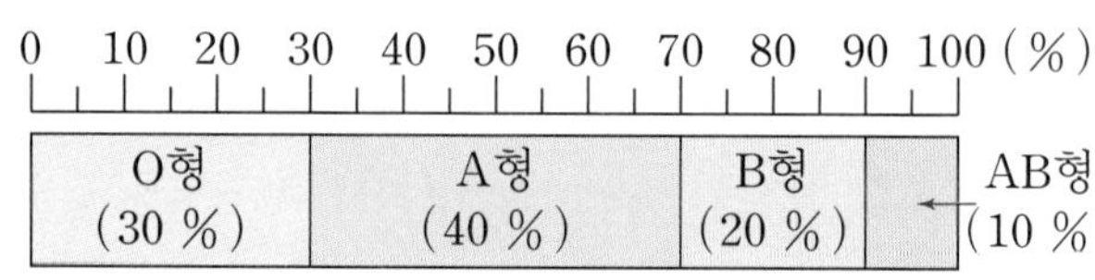

B형인 학생 수

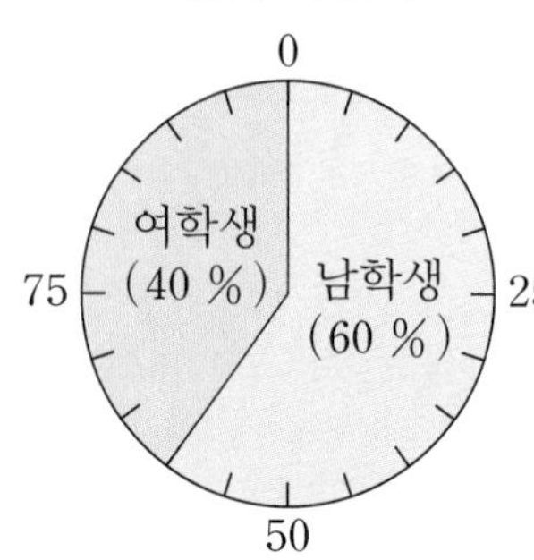

( )

문제 생성기

1~20번까지의
단원 평가 유사 문제 제공

[21~22] 진수네 학교 학생들이 가고 싶은 나라와 이 중 미국에 가고 싶은 학생들이 가고 싶은 도시를 조사하여 나타낸 그래프입니다. 영국 또는 독일에 가고 싶은 학생이 90명일 때 물음에 답하세요.

가고 싶은 나라

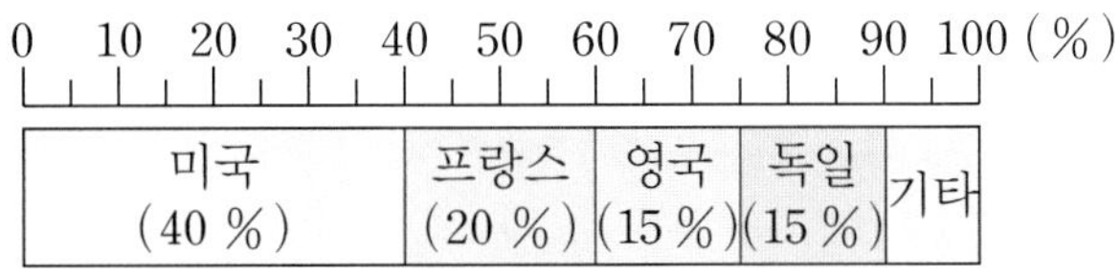

가고 싶은 도시

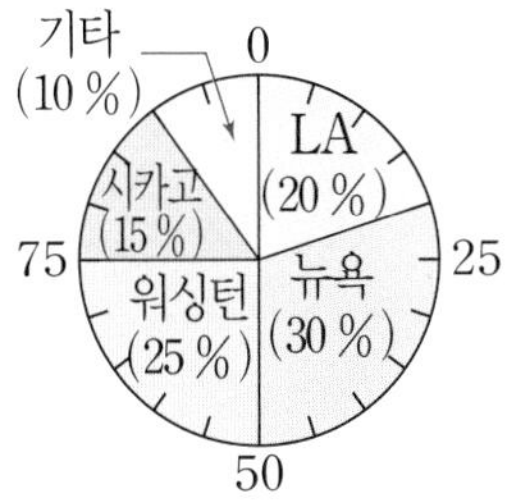

21 미국에 가고 싶은 학생은 몇 명인지 알아보세요.

(1) 조사한 학생들은 모두 몇 명인가요?

( )

(2) 미국에 가고 싶은 학생은 몇 명인가요?

( )

22 워싱턴에 가고 싶은 학생은 시카고에 가고 싶은 학생보다 몇 명이 더 많은지 알아보세요.

(1) 워싱턴과 시카고에 가고 싶은 학생은 각각 몇 명인지 차례로 쓰세요.

(,)

(2) 워싱턴에 가고 싶은 학생은 시카고에 가고 싶은 학생보다 몇 명이 더 많나요?

( )

[23~24] 넓이가 500 km^2인 도시의 토지 이용률과 이 중 농업용지의 토지 이용률을 나타낸 그래프입니다. 물음에 답하세요.

토지 이용률

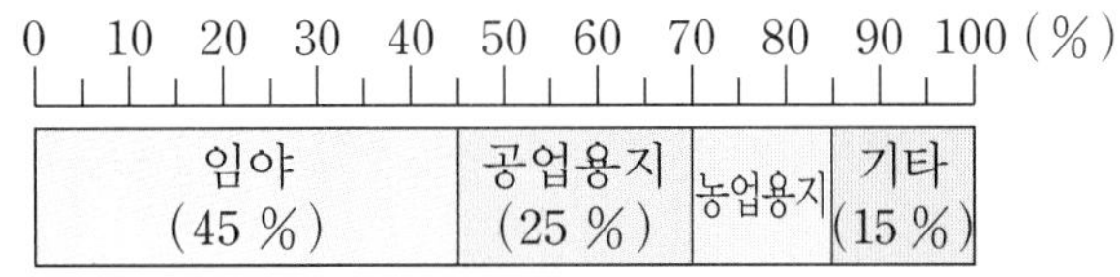

농업용지 이용률

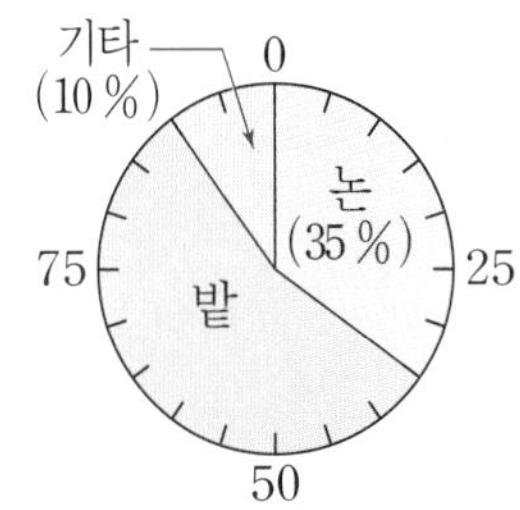

23 밭의 넓이는 몇 km^2인지 풀이 과정을 쓰고 답을 구하세요.

풀이

답

24 논의 넓이는 전체 도시의 몇 %인지 풀이 과정을 쓰고 답을 구하세요.

풀이

답

오답 노트

배점		점수	
1~20번	4점		
21~24번	5점		

5 단원
진도 완료 체크

6 직육면체의 부피와 겉넓이

웹툰으로 단원 미리보기 | **6**화 팬의 넘치는 사랑

이어지는 내용을 확인하세요.

이전에 배운 내용

5-1 $1\,\mathrm{cm}^2$와 $1\,\mathrm{m}^2$

• cm^2, m^2는 넓이의 단위입니다.

쓰기	읽기
$1\,\mathrm{cm}^2$	1 제곱센티미터
$1\,\mathrm{m}^2$	1 제곱미터

$10000\,\mathrm{cm}^2=1\,\mathrm{m}^2$

5-1 직사각형의 넓이

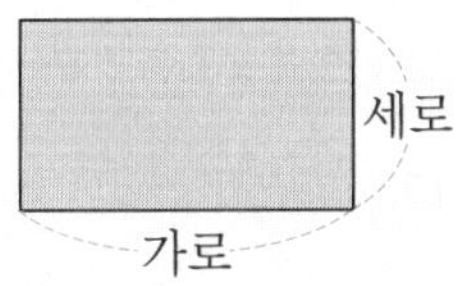

(직사각형의 넓이)
=(가로)×(세로)

5-2 직육면체의 전개도

• 직육면체: 직사각형 6개로 둘러 싸인 입체도형

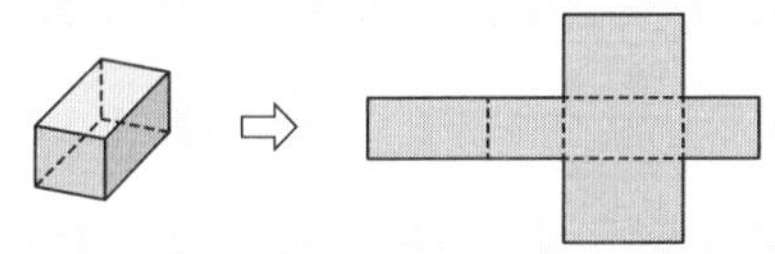

직육면체 ⇨ 직육면체의 전개도

이 단원에서 배울 내용

1 step	교과 개념	직육면체의 부피 비교하기
1 step	교과 개념	직육면체의 부피 구하기
2 step	교과 유형 익힘	
1 step	교과 개념	m^3 알아보기
1 step	교과 개념	직육면체의 겉넓이 구하기
2 step	교과 유형 익힘	
3 step	문제 해결	잘 틀리는 문제 / 서술형 문제
4 step	실력 Up 문제	
	단원 평가	

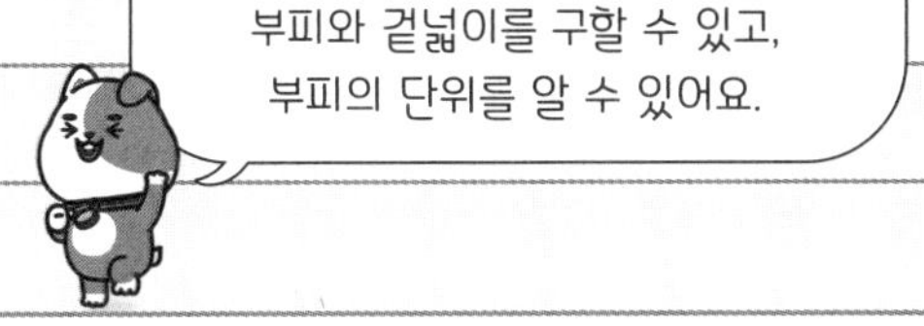

이 단원을 배우면 직육면체의 부피와 겉넓이를 구할 수 있고, 부피의 단위를 알 수 있어요.

개념 강의

step 1 교과 개념

직육면체의 부피 비교하기

개념1 상자를 맞대어 부피 비교하기

가
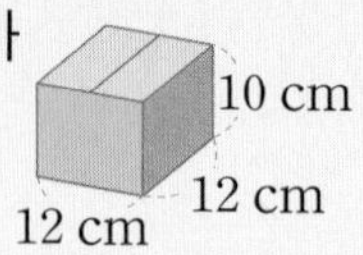

나
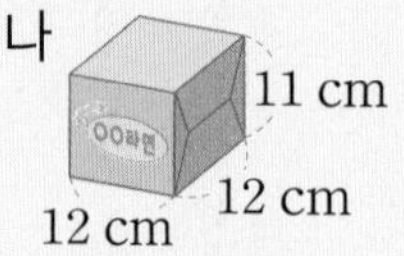

다
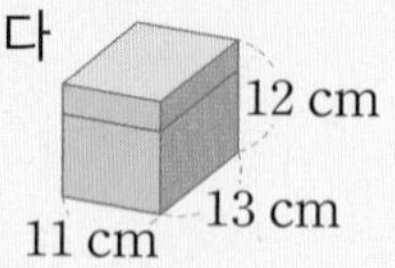

부피란 어떤 물건이 공간에서 차지하는 크기를 말합니다.

➔ 가와 나는 가로와 세로가 각각 같기 때문에 높이가 더 높은 나의 부피가 더 큽니다.

➔ 가와 다는 가로, 세로, 높이 중 두 곳의 길이가 같지 않으므로 부피를 직접 비교할 수 없습니다.

개념2 상자에 담은 물건의 수를 세어 부피 비교하기

가
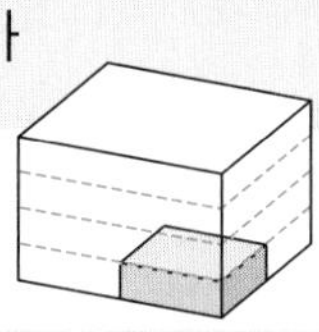

>

나
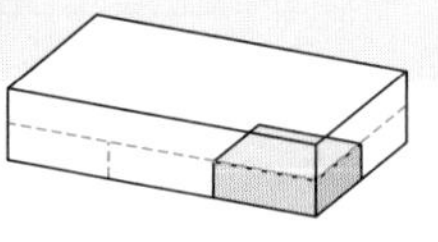

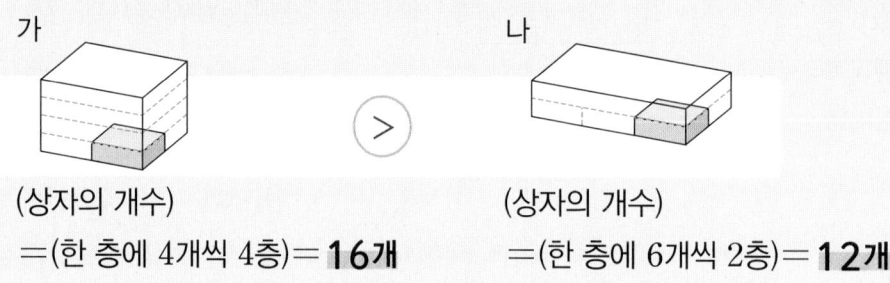

(상자의 개수)
=(한 층에 4개씩 4층)= **16개**

(상자의 개수)
=(한 층에 6개씩 2층)= **12개**

➔ 모양과 크기가 같은 물건이 더 많이 들어가는 상자의 부피가 더 큽니다.

참고 담은 물건의 크기가 다르면 부피를 비교할 수 없습니다.

개념3 쌓기나무를 사용하여 부피 비교하기

가

<

나

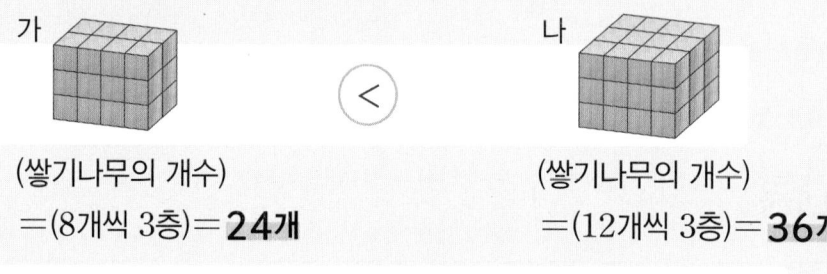

(쌓기나무의 개수)
=(8개씩 3층)= **24개**

(쌓기나무의 개수)
=(12개씩 3층)= **36개**

➔ 쌓기나무의 수가 더 많은 상자의 부피가 더 큽니다.

쌓기나무를 사용하면 직접 대어 보지 않아도 부피를 비교할 수 있습니다.

개념 확인 1 세 직육면체의 가로와 세로가 모두 같습니다. 세 직육면체의 부피를 비교하여 부피가 가장 큰 직육면체와 가장 작은 직육면체를 각각 찾아 차례로 기호를 쓰세요.

가
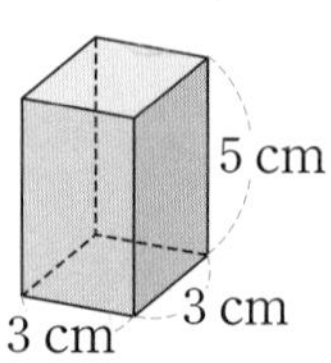

나
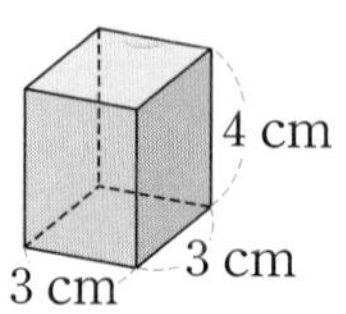

다
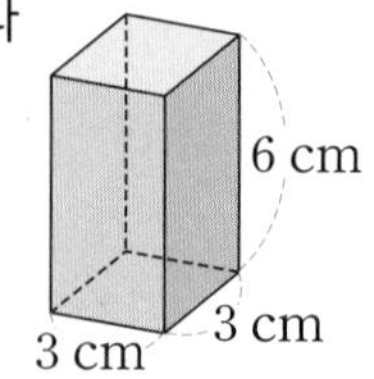

(   ), (   )

2 그림을 보고 □ 안에 가, 나 중 알맞은 말을 쓰세요.

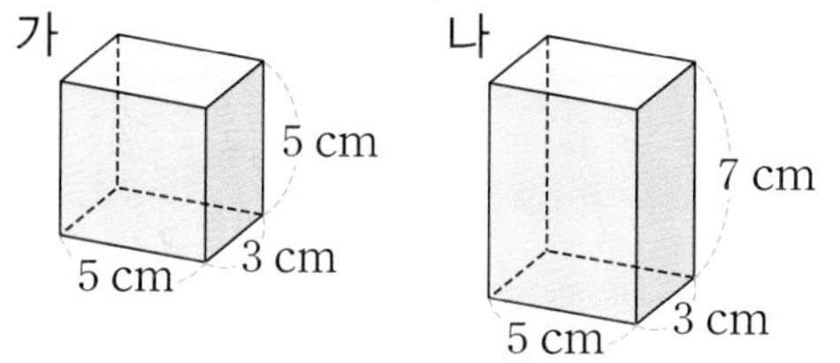

밑면의 가로와 세로가 각각 같으므로 높이가 더 높은 □의 부피가 더 큽니다.

3 부피가 큰 직육면체부터 차례로 기호를 쓰세요.

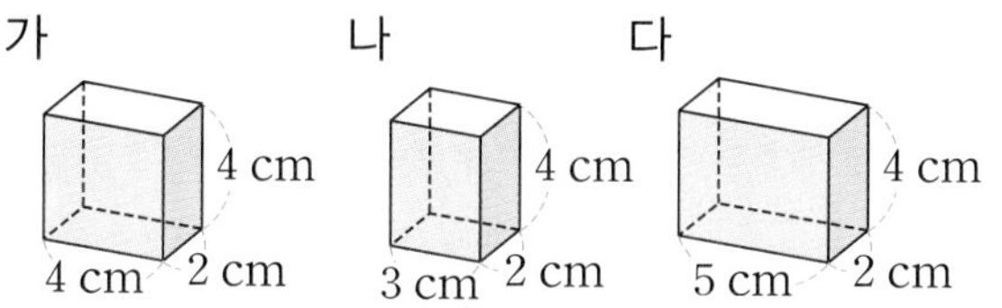

(　　　　　　　　)

4 크기가 같은 작은 상자를 사용하여 세 상자의 부피를 비교하려고 합니다. 표를 보고 부피가 가장 큰 상자를 찾아 기호를 쓰세요.

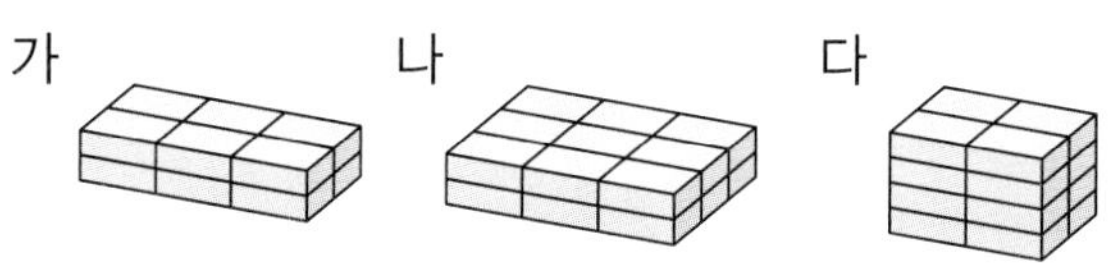

상자	가	나	다
작은 상자의 수(개)	12	18	16

(　　　　　　　　)

5 직육면체 모양의 상자 안에 크기가 같은 과자 상자를 담으려고 합니다. 더 많이 담을 수 있는 상자의 기호를 쓰세요.

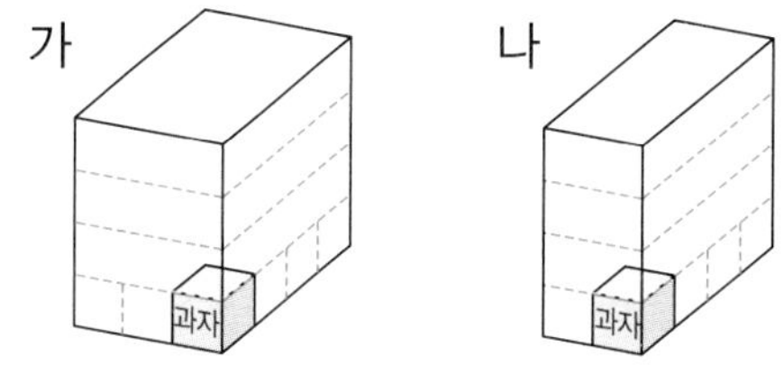

(　　　　　　　　)

6 크기가 같은 쌓기나무를 직육면체 모양으로 쌓은 다음 부피를 비교하려고 합니다. 물음에 답하세요.

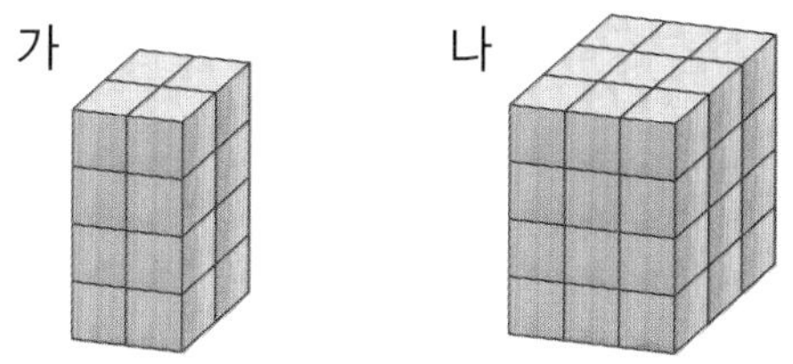

(1) 가와 나의 쌓기나무는 각각 몇 개씩인가요?

가 (　　　　　　), 나 (　　　　　　)

(2) 가와 나 중에서 부피가 더 큰 것은 어느 것인가요?

(　　　　　　　　)

7 크기가 같은 쌓기나무를 사용하여 만든 직육면체입니다. 두 직육면체의 부피를 비교하여 ○ 안에 >, =, <를 알맞게 써넣으세요.

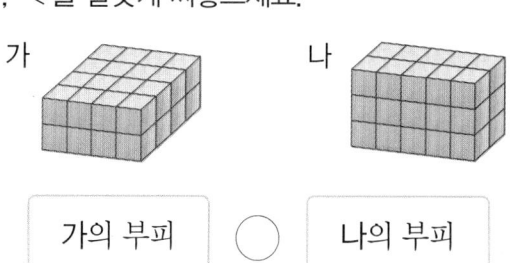

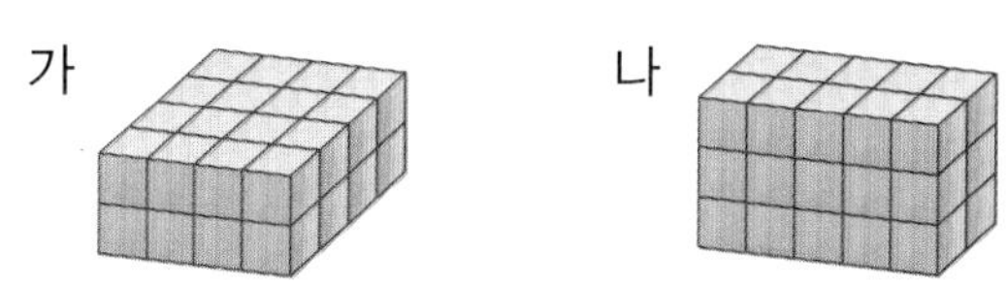

가의 부피 ○ 나의 부피

6 단원

진도 완료 체크

step 1 교과 개념

직육면체의 부피 구하기

개념1 1 cm^3 알아보기

1 cm^3: 한 모서리의 길이가 1 cm인 정육면체의 부피

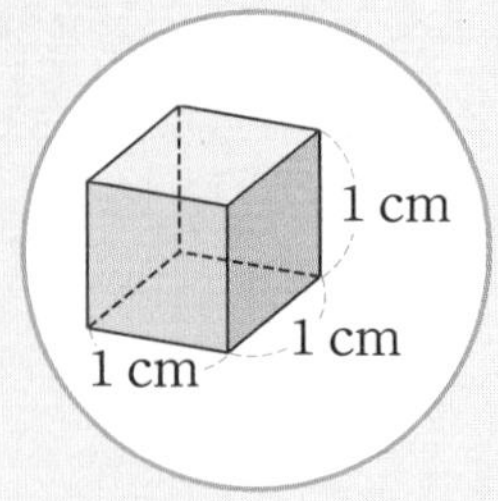

쓰기 1 cm^3 읽기 1(일) 세제곱센티미터

길이	넓이	부피
0 1 쓰기 1 cm 읽기 1 센티미터	1 cm 1 cm 쓰기 1 cm^2 읽기 1 제곱센티미터	1 cm 1 cm 1 cm 쓰기 1 cm^3 읽기 1 세제곱센티미터

개념2 쌓기나무의 수를 세어 부피 구하기

1 cm 1 cm 1 cm (1 cm^3)				
쌓기나무의 수(개)	4	8	12	16
부피(cm^3)	4	8	12	16

직육면체의 세로와 높이가 각각 같고 가로가 2배, 3배, 4배, ...로 늘어나면 부피도 2배, 3배, 4배, ...로 늘어납니다.

개념3 직육면체의 부피 구하는 방법

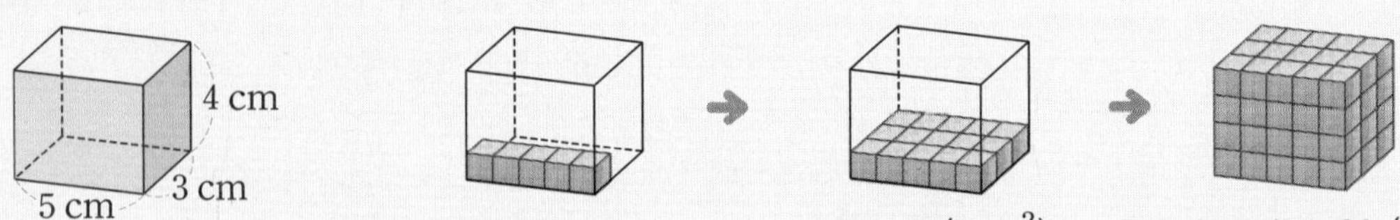

5 cm (가로) → 5×3 (cm^2) (가로 세로) → 5×3×4=60 (cm^3) (높이)

(직육면체의 부피)=(가로)×(세로)×(높이)=(한 밑면의 넓이)×(높이)

(정육면체의 부피)=(한 모서리의 길이)×(한 모서리의 길이)×(한 모서리의 길이)

개념 확인 1 □ 안에 알맞게 써넣으세요.

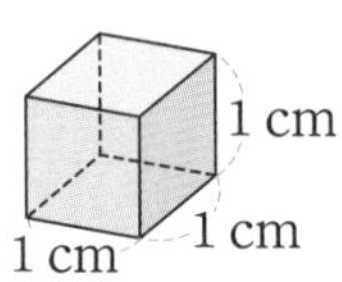

한 모서리의 길이가 1 cm인 정육면체의 부피를 □(이)라 쓰고, □(이)라고 읽습니다.

2 부피가 1 cm^3인 쌓기나무의 수를 세어 직육면체의 부피를 구하려고 합니다. 물음에 답하세요.

(1) 쌓기나무는 모두 몇 개인가요?

( )

(2) 직육면체의 부피는 몇 cm^3인가요?

( )

3 직육면체의 부피를 구하려고 합니다. □ 안에 알맞은 수를 써넣으세요.

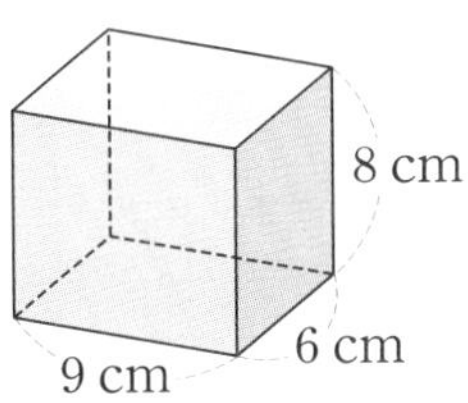

(직육면체의 부피)=(가로)×(세로)×(높이)

=□×6×□

=□ (cm^3)

4 부피가 1 cm^3인 쌓기나무를 정육면체 모양으로 쌓았습니다. □ 안에 알맞은 수를 써넣으세요.

(1) (쌓기나무의 수)=4×□×□=□(개)

(2) (정육면체의 부피)=4×□×□

=□ (cm^3)

5 부피가 1 cm^3인 쌓기나무를 직육면체 모양으로 쌓았습니다. 이 직육면체의 부피를 구하세요.

( )

6 직육면체의 부피를 구하세요.

(1)

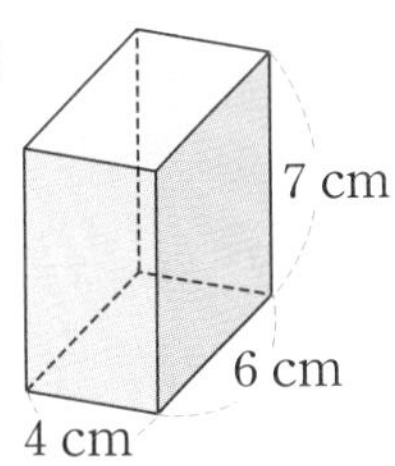

( )

(2)

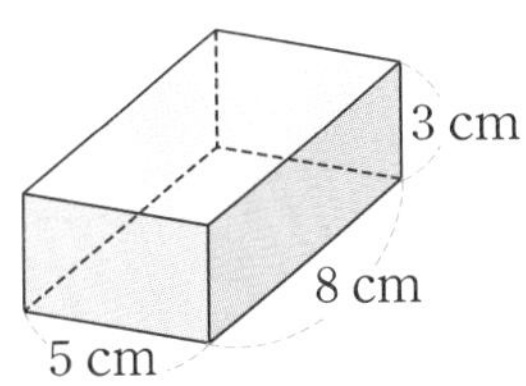

( )

7 정육면체의 부피를 구하세요.

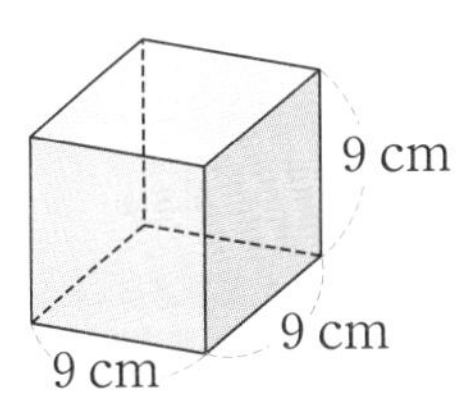

( )

6 단원

step 2 교과 유형 익힘

1 부피가 1 cm^3인 쌓기나무로 다음과 같이 직육면체를 만들었습니다. 가 직육면체는 나 직육면체보다 부피가 얼마나 큰지 구하려고 합니다. 물음에 답하세요.

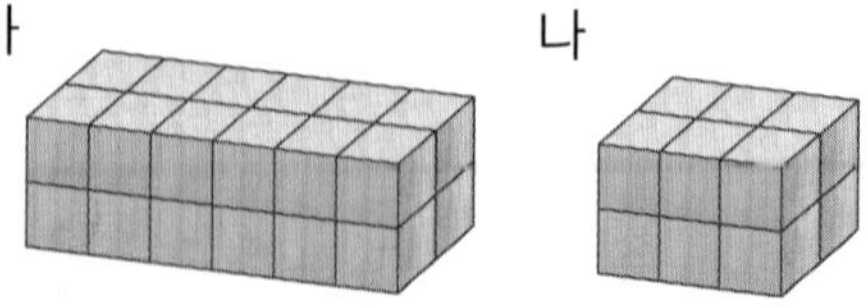

(1) 쌓기나무는 각각 몇 개인가요?

가 (　　　　), 나 (　　　　)

(2) 부피는 각각 몇 cm^3인가요?

가 (　　　　), 나 (　　　　)

(3) 가는 나보다 부피가 몇 cm^3 더 클까요?

(　　　　)

2 다음 직육면체의 부피는 몇 cm^3인가요?

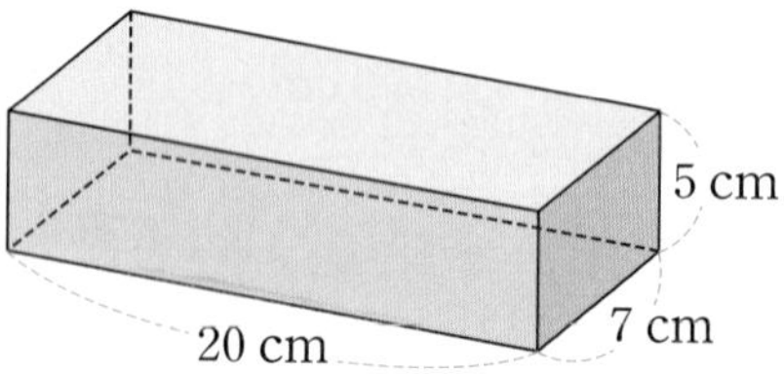

(　　　　)

3 희정이는 가로가 10 cm, 세로가 12 cm, 높이가 8 cm인 직육면체 모양의 과자를 사려고 합니다. 희정이가 사려고 하는 과자의 부피는 몇 cm^3인지 식을 쓰고 답을 구하세요.

식 ______________

답 ______________

4 부피가 1 cm^3인 쌓기나무로 다음과 같은 모양을 만들었습니다. 이 모양을 6층으로 쌓아 직육면체를 만들었다면 만든 직육면체의 부피는 몇 cm^3인가요?

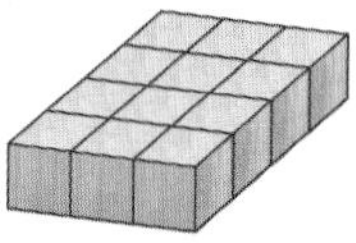

(　　　　)

5 합동인 정사각형 6개를 이용하여 다음과 같이 전개도를 그렸습니다. 그린 전개도로 만든 도형의 부피는 몇 cm^3인가요?

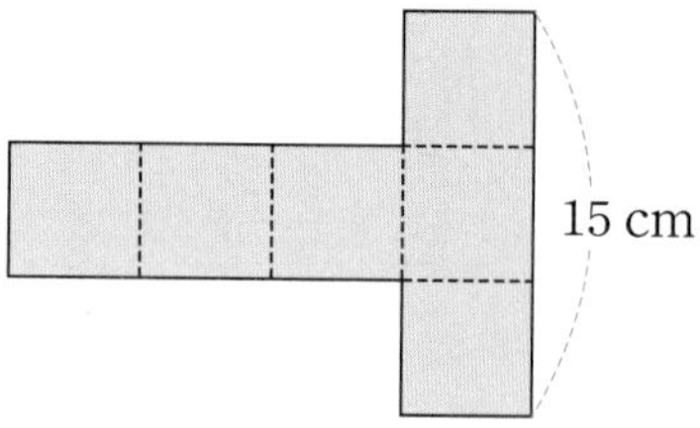

(　　　　)

6 다음 직육면체 모양 상자의 부피는 576 cm^3입니다. □ 안에 알맞은 수를 구하세요.

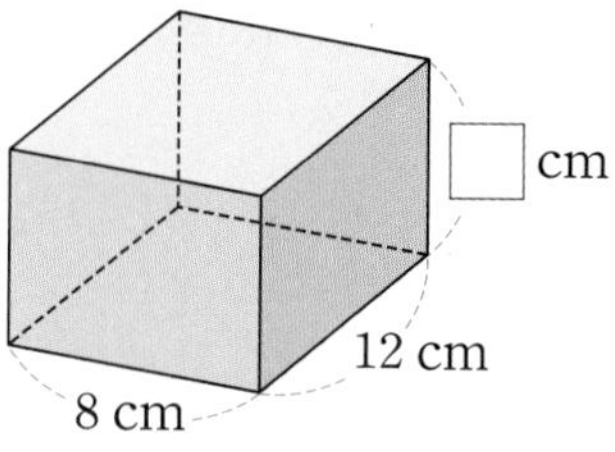

(　　　　)

7 두 직육면체의 부피가 같습니다. □ 안에 알맞은 수를 써넣으세요.

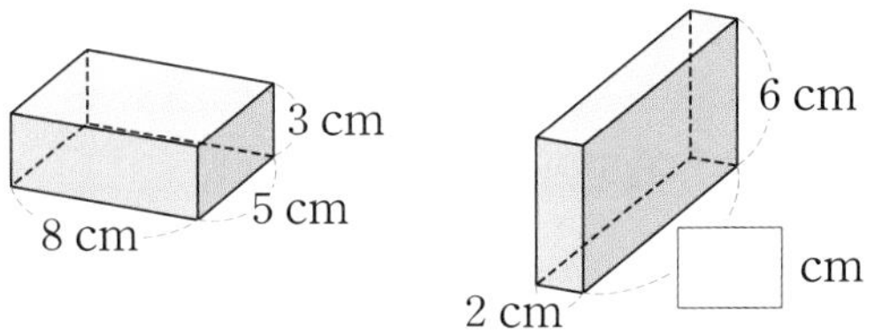

서술형 문제

8 서로 다른 크기인 작은 상자를 사용하여 만든 직육면체 가와 나의 부피를 비교하고 있습니다. 수영이가 이상하다고 생각한 까닭을 쓰세요.

가

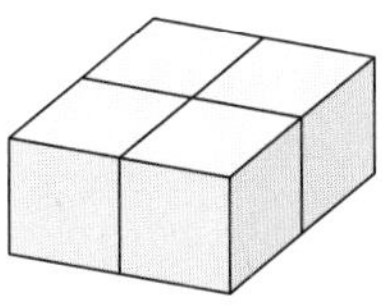

나

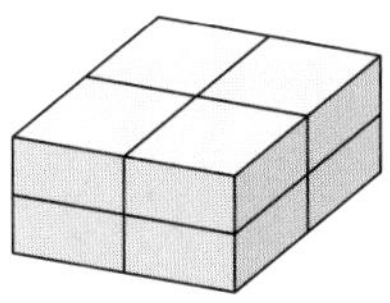

우진: 상자를 더 많이 사용하여 만든 직육면체 나의 부피가 더 커.
수영: 응? 뭔가 이상한 것 같아.

까닭 ______________________________

____

9 작은 정육면체 여러 개를 다음과 같이 쌓아 큰 정육면체를 만들었습니다. 쌓은 정육면체 모양의 부피가 216 cm^3일 때 작은 정육면체의 한 모서리의 길이는 몇 cm인가요?

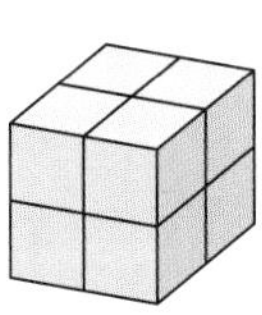

(　　　　　　　　)

10 정보처리 한 모서리의 길이가 3 cm인 정육면체 모양의 주사위 27개를 쌓아 정육면체를 만들었습니다. 쌓은 정육면체의 한 모서리의 길이는 몇 cm인가요?

(　　　　　　　　)

11 추론 지호는 그림과 같은 직육면체 모양의 빵을 잘라서 정육면체 모양으로 만들려고 합니다. 만들 수 있는 가장 큰 정육면체 모양의 부피는 몇 cm^3인가요?

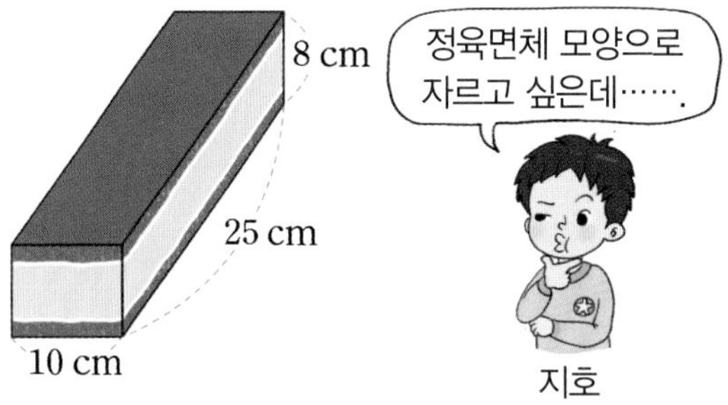

(　　　　　　　　)

12 추론 부피가 56 cm^3인 직육면체가 있습니다. 이 직육면체의 가로, 세로, 높이를 정해 표를 완성하세요.

(단, 각 모서리의 길이는 자연수입니다.)

가로(cm)	세로(cm)	높이(cm)	부피(cm^3)
1	1	56	56
2	4	7	56
			56
			56

개념 강의

개념1 $1\ m^3$ 알아보기

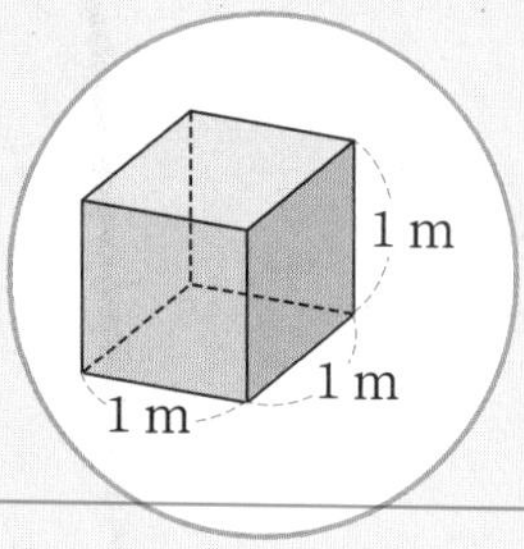

$1\ m^3$: 한 모서리의 길이가 1 m인 정육면체의 부피

쓰기 $1\ m^3$ 읽기 1(일) 세제곱미터

개념2 $1\ m^3$와 $1\ cm^3$의 관계

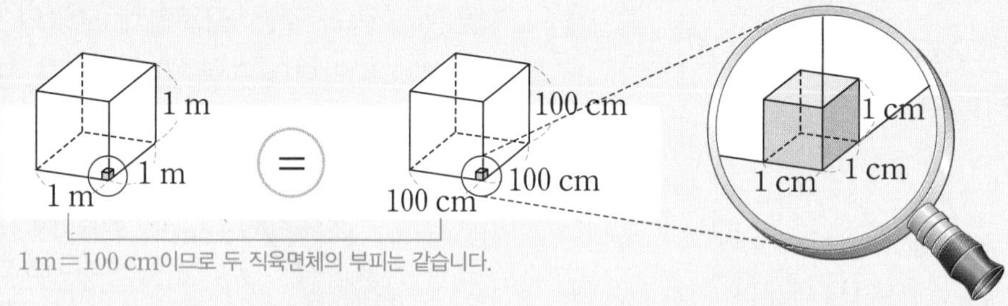

부피가 $1\ cm^3$인 정육면체로 쌓으면 부피가 $1\ m^3$인 정육면체의 가로에 100개, 세로에 100개, 높이에 100층을 쌓아야 하므로 부피가 $1\ cm^3$인 쌓기나무가 1000000개 필요합니다.

$1\ m^3=1000000\ cm^3$

예 $5\ m^3=5000000\ cm^3$, $7000000\ cm^3=7\ m^3$, $0.4\ m^3=400000\ cm^3$

참고

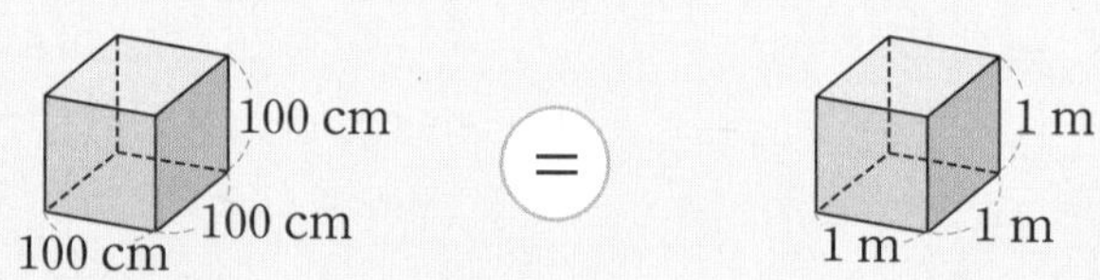

$100\ cm\times100\ cm\times100\ cm$
$=1000000\ cm^3$

$1\ m\times1\ m\times1\ m$
$=1\ m^3$

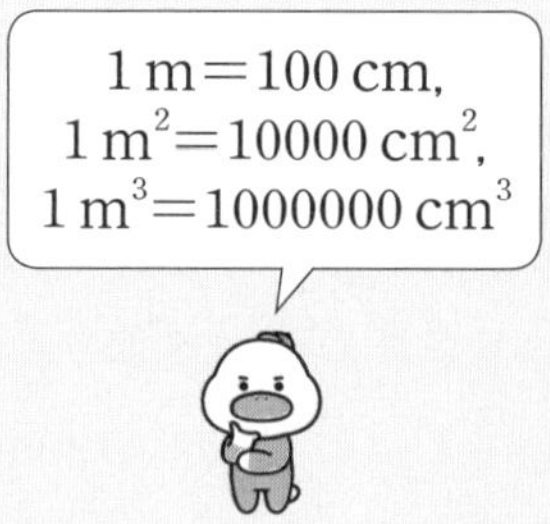

개념 확인 1 □ 안에 알맞은 수를 써넣으세요.

한 모서리의 길이가 1 m인 정육면체를 쌓는 데 부피가 $1\ cm^3$인 쌓기나무가 $100\times$□$\times$□$=$□(개) 필요합니다.

⇨ $1\ m^3=$□cm^3

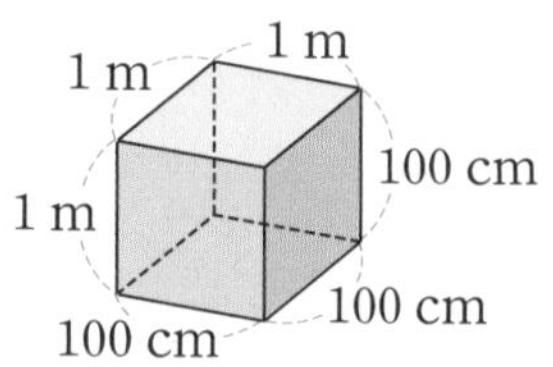

2 직육면체를 보고 물음에 답하세요.

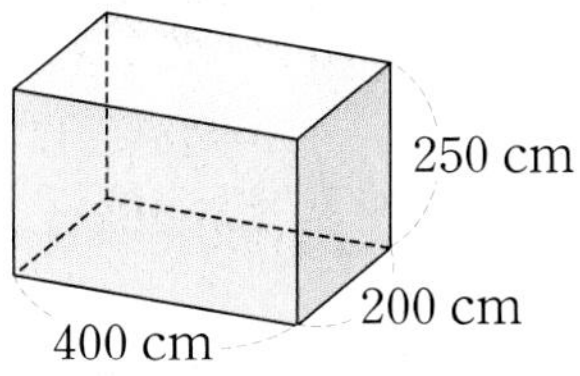

(1) 직육면체의 가로, 세로, 높이를 m로 나타내세요.

가로	세로	높이

(2) 직육면체의 부피는 몇 m^3인지 구하세요.

( )

3 □ 안에 알맞은 수를 써넣으세요.

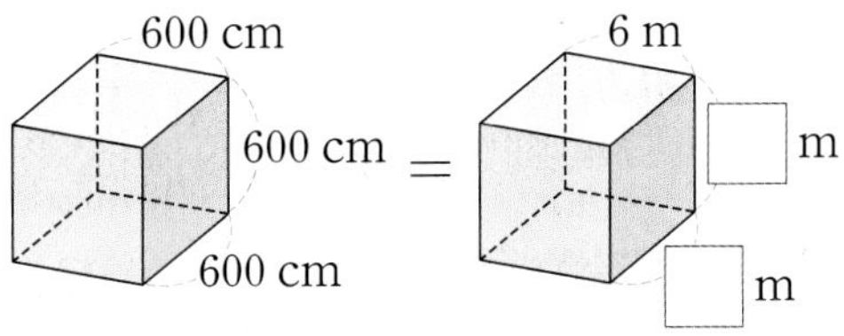

직육면체의 부피

⇨ □ cm^3 = □ m^3

4 □ 안에 알맞은 수를 써넣으세요.

(1) $9\ m^3$ = □ cm^3

(2) $0.7\ m^3$ = □ cm^3

(3) $2000000\ cm^3$ = □ m^3

(4) $3800000\ cm^3$ = □ m^3

5 직육면체의 부피는 몇 m^3인지 구하세요.

(1)

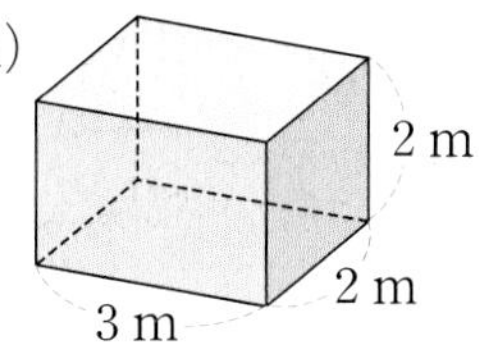

( )

(2)

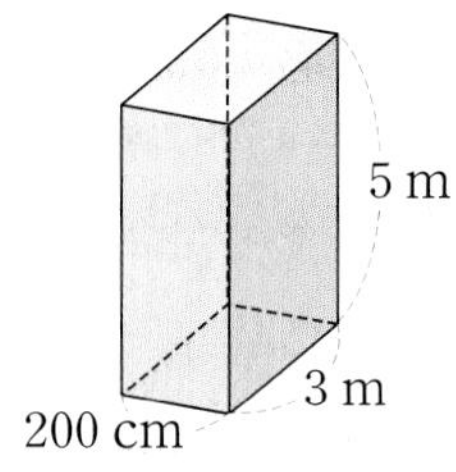

( )

6 부피가 작은 것부터 순서대로 기호를 쓰세요.

㉠ 한 모서리의 길이가 300 cm인 정육면체의 부피
㉡ $7000000\ cm^3$
㉢ 가로가 5 m, 세로가 4 m, 높이가 3 m인 직육면체의 부피
㉣ $15\ m^3$

( )

7 가와 나 중에서 어느 것의 부피가 몇 m^3 더 큰지 구하세요.

가

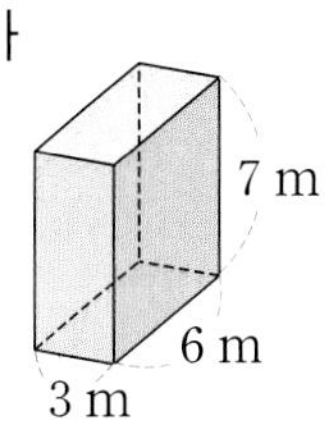

나

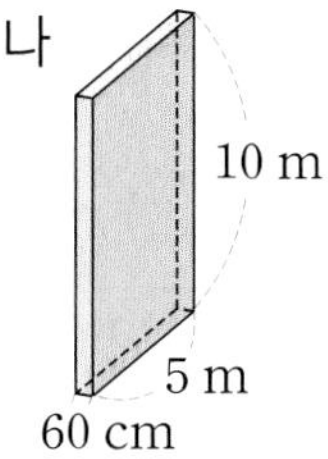

( ), ( )

6 단원

개념1 직육면체의 겉넓이 구하는 방법

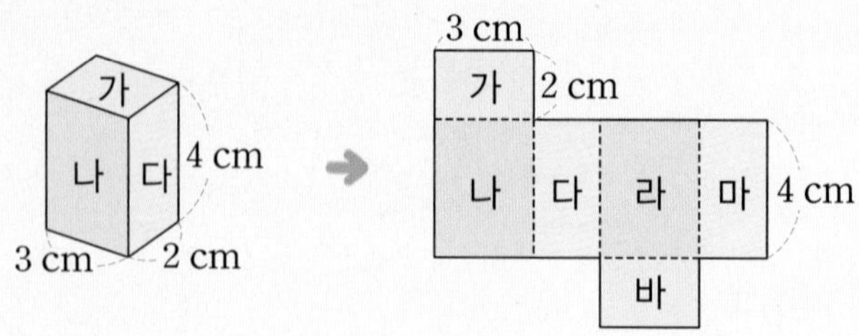

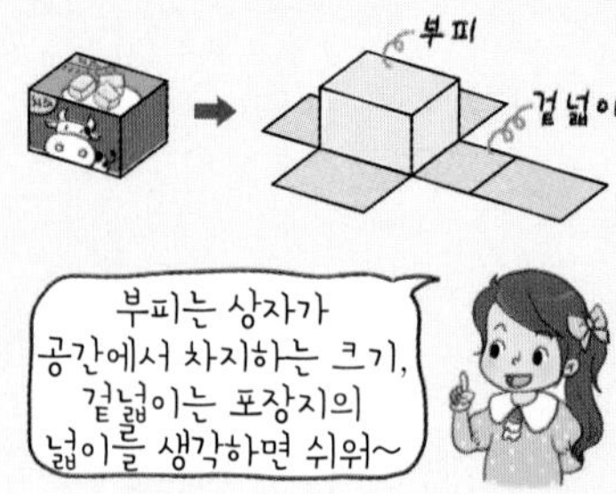

부피
겉넓이
부피는 상자가 공간에서 차지하는 크기, 겉넓이는 포장지의 넓이를 생각하면 쉬워~

방법1 여섯 면의 넓이의 합으로 구하기

(직육면체의 겉넓이)=가+나+다+라+마+바

$=6+12+8+12+8+6=52\,(cm^2)$

방법2 합동인 면이 3쌍임을 이용하여 구하기

(직육면체의 겉넓이)=(가+나+다)×2=$(6+12+8)\times2=52\,(cm^2)$

(직육면체의 겉넓이)=(서로 마주 보지 않는 세 면의 넓이의 합)×2

방법3 옆면과 밑면으로 나누어서 구하기

(옆면의 넓이의 합)=$(3+2+3+2)\times4=40\,(cm^2)$ (옆면의 가로, 직육면체의 높이)

(한 밑면의 넓이)=$3\times2=6\,(cm^2)$

➡ (직육면체의 겉넓이)=$40+6\times2=52\,(cm^2)$

(직육면체의 겉넓이)=(옆면의 넓이의 합)+(한 밑면의 넓이)×2

직육면체의 전개도에서 옆면인 면 나, 다, 라, 마가 있는 부분을 하나의 큰 직사각형으로 볼 수 있습니다.

개념2 정육면체의 겉넓이 구하는 방법

• 여섯 면의 넓이가 모두 같으므로 한 면의 넓이를 구한 후 6배 합니다.

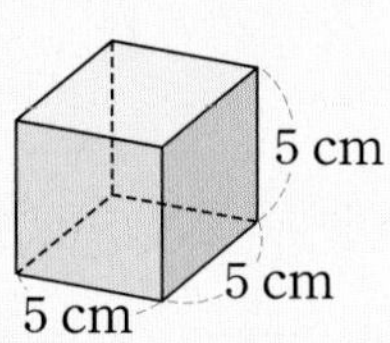

(정육면체의 겉넓이)

$=5\times5\times6$

$=25\times6=150\,(cm^2)$

(정육면체의 겉넓이)

=(한 모서리의 길이)×(한 모서리의 길이)×6

개념 확인 1 직육면체의 각 면의 넓이를 구하여 겉넓이를 구하려고 합니다. □ 안에 알맞은 수를 써넣으세요.

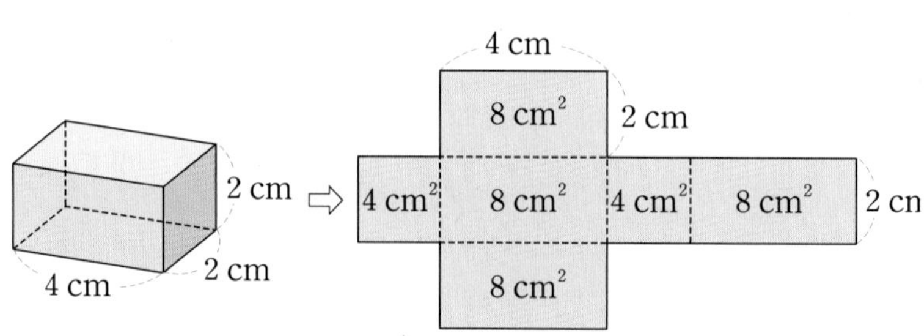

직육면체의 겉넓이: 8+4+8+4+□+□=□ (cm^2)

2 직육면체의 전개도를 이용하여 겉넓이를 구하려고 합니다. 물음에 답하세요.

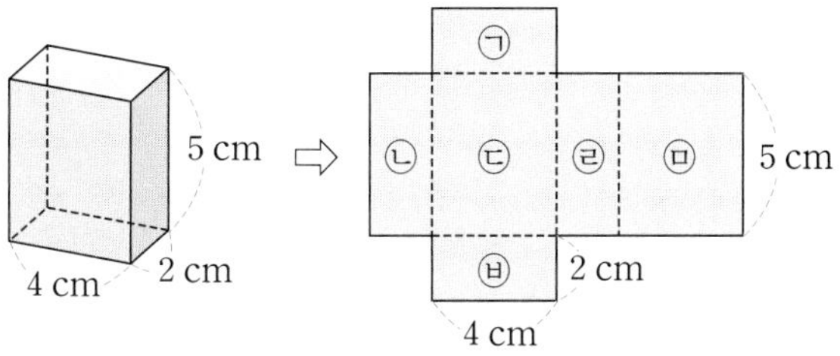

(1) 각 면의 넓이를 구하세요.

㉠ (　　　　　　　　)
㉡ (　　　　　　　　)
㉢ (　　　　　　　　)
㉣ (　　　　　　　　)
㉤ (　　　　　　　　)
㉥ (　　　　　　　　)

(2) 직육면체의 겉넓이는 몇 cm^2입니까?

(　　　　　　　　)

3 전개도를 이용하여 겉넓이를 구하려고 합니다. □ 안에 알맞은 수를 써넣으세요.

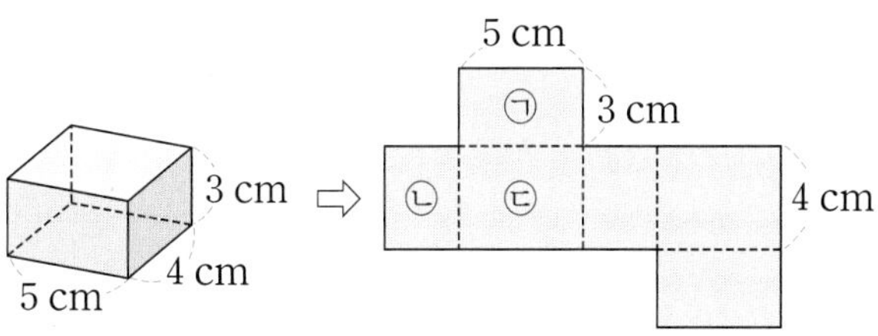

(직육면체의 겉넓이)
=(합동인 세 면의 넓이의 합)×2 → (㉠+㉡+㉢)×2
=(15+□+□)×2
=□ (cm^2)

4 직육면체의 겉넓이를 구하세요.

(1)

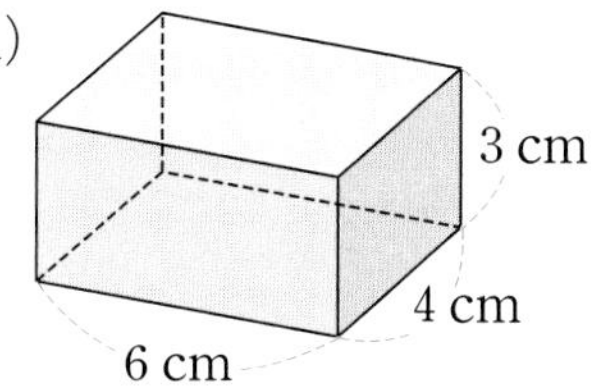

(　　　　　　　　)

(2)

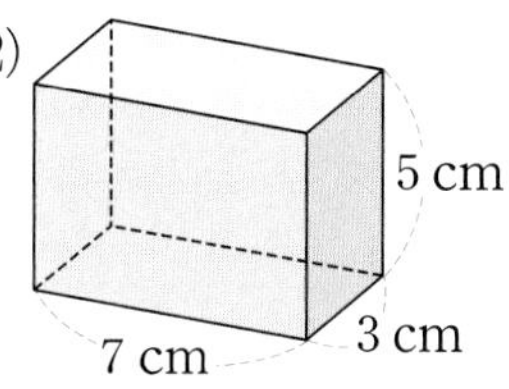

(　　　　　　　　)

5 정육면체의 겉넓이를 구하세요.

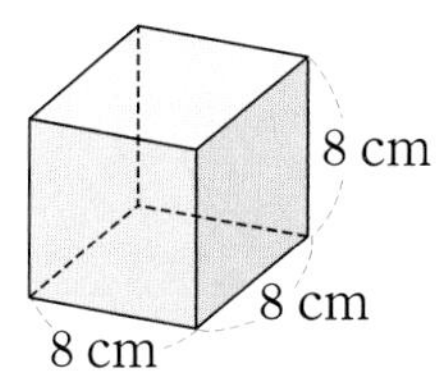

(　　　　　　　　)

6 전개도를 접었을 때 만들어지는 직육면체의 겉넓이는 몇 cm^2인가요?

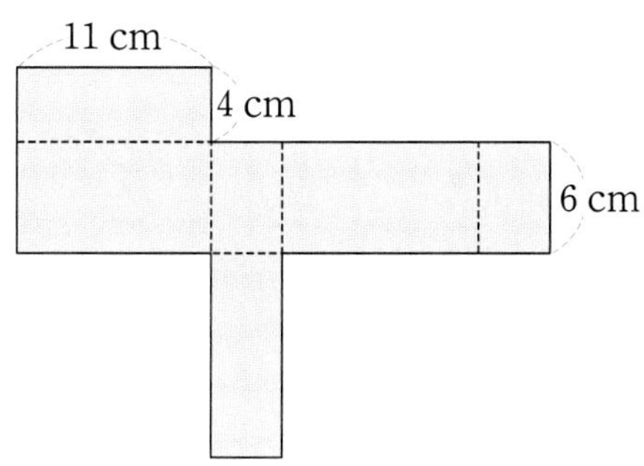

(　　　　　　　　)

1 건축 현장에 벽돌이 쌓여 있습니다. 벽돌 더미의 부피는 몇 m^3인지 구하세요.

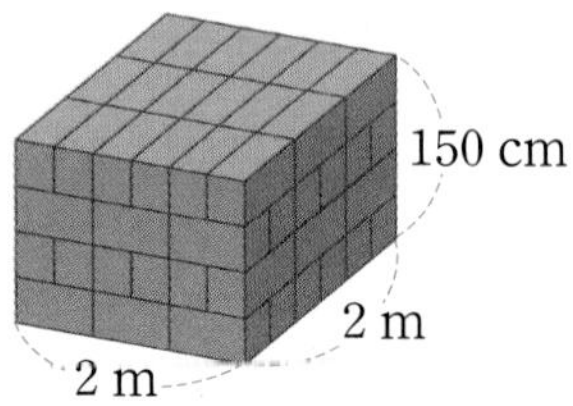

(　　　　　　　　　　)

2 부피가 같은 것끼리 선으로 이으세요.

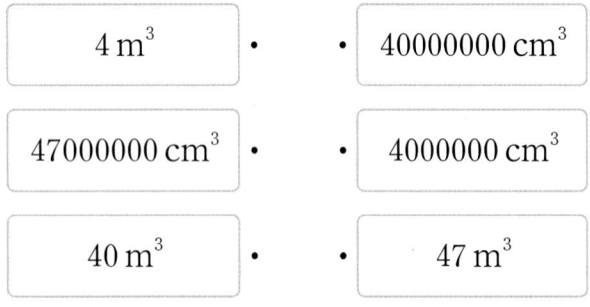

$4\ m^3$ •	• $40000000\ cm^3$
$47000000\ cm^3$ •	• $4000000\ cm^3$
$40\ m^3$ •	• $47\ m^3$

3 부피를 m^3로 나타내기에 가장 알맞은 것에 ○표 하세요.

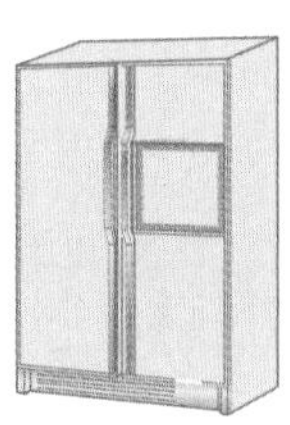

(　　)　(　　)　(　　)

4 직육면체 모양의 상자가 있습니다. 이 상자의 겉넓이를 구하세요.

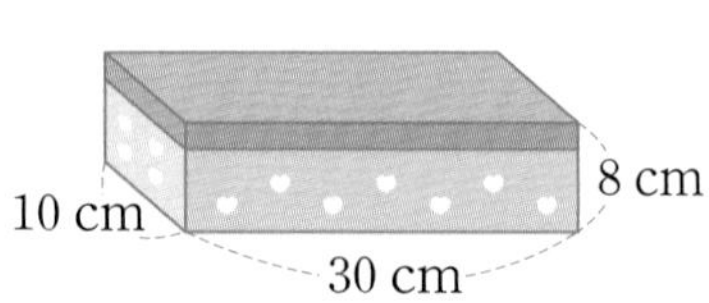

(　　　　　　　　　　)

5 동국이네 집에 있는 에어컨의 부피는 $1.2\ m^3$이고, 침대의 부피는 $1340000\ cm^3$입니다. 에어컨과 침대의 부피의 차는 몇 m^3인가요?

(　　　　　　　　　　)

6 다음 전개도를 이용하여 정육면체 모양의 상자를 만들었습니다. 이 상자의 겉넓이는 몇 cm^2인지 식을 쓰고 답을 구하세요.

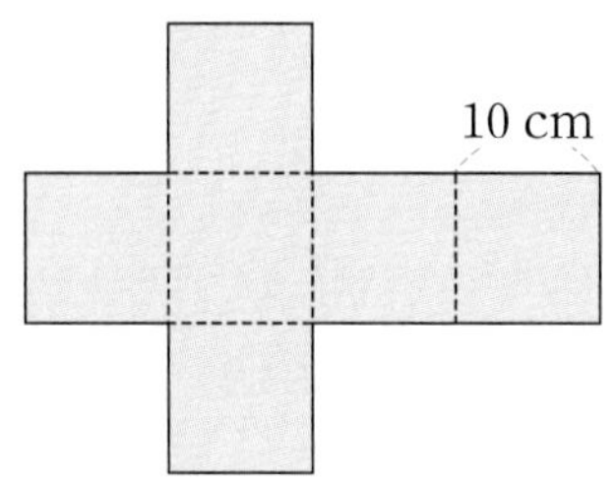

식 ______________________

답 ______________

7 가로가 9 m, 세로가 6 m, 높이가 3 m인 직육면체 모양의 창고가 있습니다. 이 창고에 한 모서리의 길이가 30 cm인 정육면체 모양의 상자를 빈틈없이 쌓으려고 합니다. 정육면체 모양의 상자를 모두 몇 개 쌓을 수 있나요?

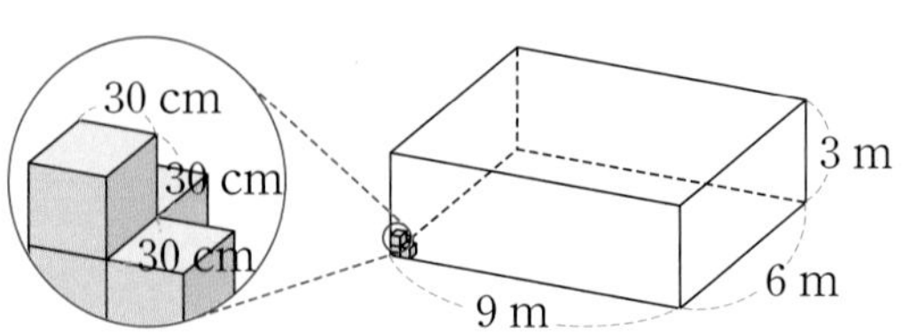

(　　　　　　　　　　)

정답 56쪽

서술형 문제

8 유진이와 승호는 직육면체 모양의 개미 관찰 상자를 각각 만들었습니다. 유진이와 승호가 만든 개미 관찰 상자의 겉넓이의 차는 몇 cm^2인지 풀이 과정을 쓰고 답을 구하세요.

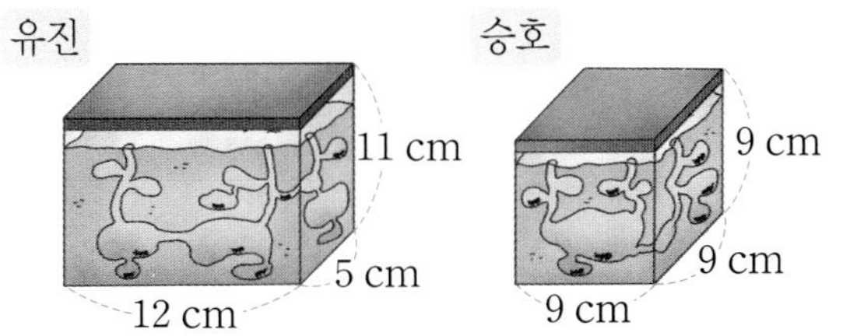

풀이

답

9 직육면체의 겉넓이는 700 cm^2입니다. □ 안에 알맞은 수를 구하세요.

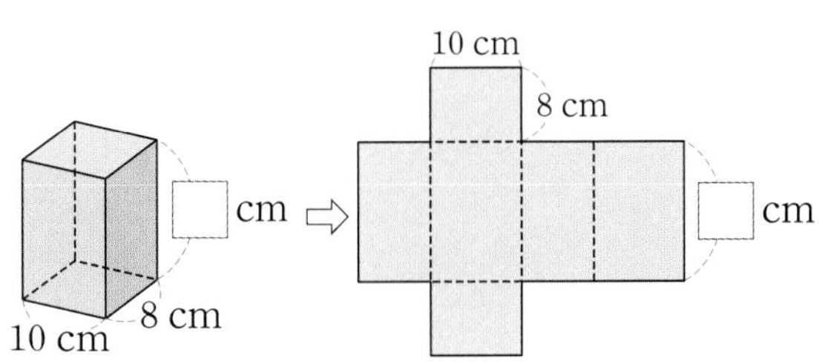

(　　　　　　　　)

10 정육면체의 겉넓이가 다음과 같을 때 부피는 몇 cm^3인가요?

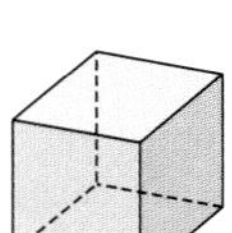

정육면체의 겉넓이: 294 cm^2

(　　　　　　　　)

11 창의 융합 주변에서 볼 수 있는 물건 중 부피를 m^3 단위로 나타내기에 알맞은 물건들입니다. 부피가 몇 m^3인지 구하세요.

	냉장고	세탁기
물건	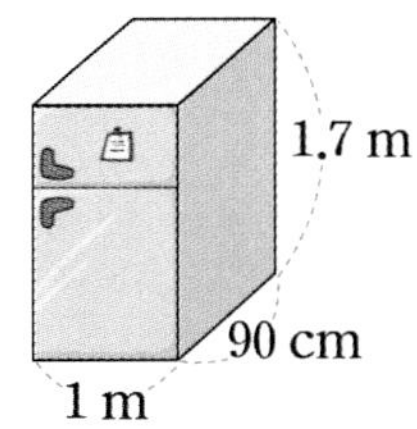	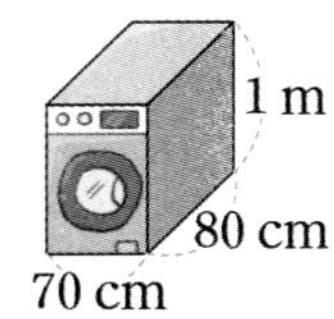
부피	$1 \times 0.9 \times 1.7$ $=$□(m^3)	□ m^3

12 문제 해결 정육면체 가의 겉넓이는 직육면체 나의 겉넓이와 같습니다. 이것을 이용하여 정육면체 가의 한 모서리의 길이가 몇 cm인지 구하세요.

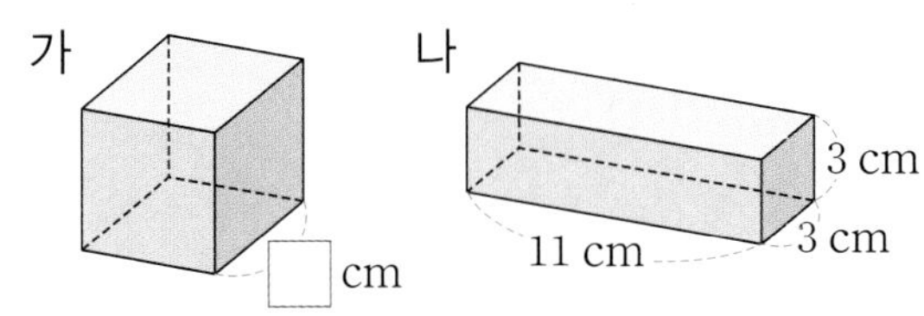

(　　　　　　　　)

13 추론 햄을 그림과 같이 자를 때 햄 2조각의 겉넓이의 합은 처음 햄의 겉넓이보다 40 cm^2 늘어납니다. 햄을 3조각으로 자를 때 3조각의 겉넓이의 합은 처음 햄의 겉넓이보다 얼마나 늘어나는지 구하세요.

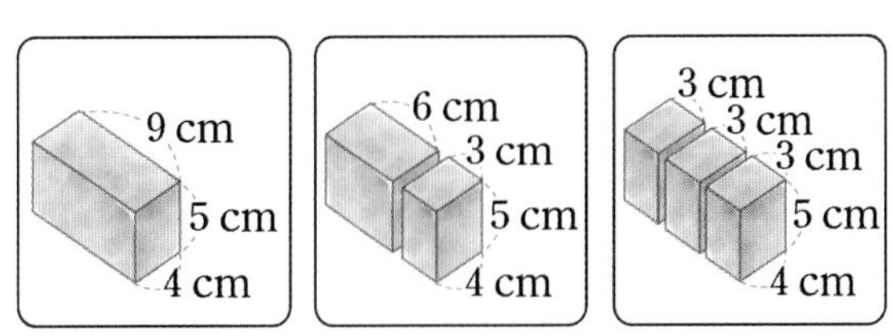

처음 햄　　2조각으로 자른 햄　　3조각으로 자른 햄

(　　　　　　　　)

6 단원

진도 완료 체크

유형 1 직육면체로 만들 수 있는 정육면체

1 직육면체 모양의 나무토막을 잘라 만들 수 있는 가장 큰 정육면체의 겉넓이는 몇 cm^2인가요?

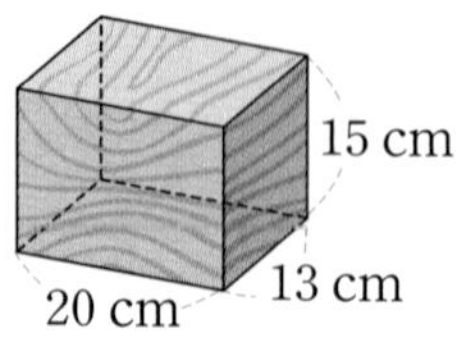

(　　　　　　　　　　)

Solution 주어진 직육면체를 잘라 만들 수 있는 가장 큰 정육면체의 한 모서리의 길이는 직육면체의 가장 짧은 모서리의 길이와 같습니다.

1-1 직육면체를 잘라 만들 수 있는 가장 큰 정육면체의 겉넓이는 몇 cm^2인가요?

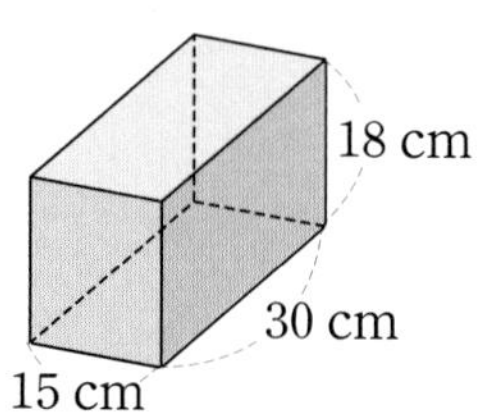

(　　　　　　　　　　)

1-2 직육면체를 잘라 만들 수 있는 가장 큰 정육면체의 부피는 몇 cm^3인가요?

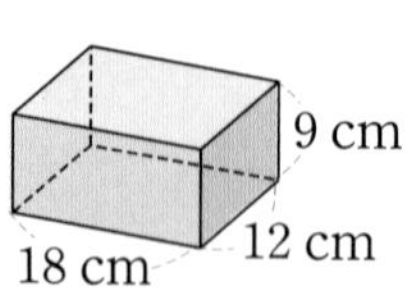

(　　　　　　　　　　)

유형 2 직육면체의 한 모서리의 길이

2 직육면체의 겉넓이가 94 cm^2입니다. □ 안에 알맞은 수를 구하세요.

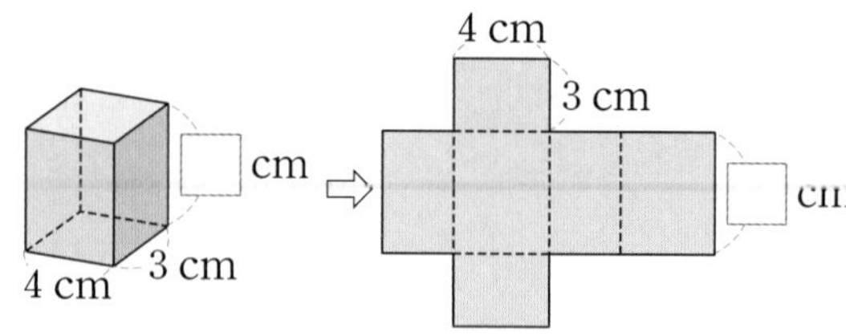

(　　　　　　　　　　)

Solution 겉넓이에서 두 밑면의 넓이를 뺀 옆면의 넓이의 합을 이용하여 모르는 모서리의 길이를 구합니다. 이때 옆면의 가로는 밑면의 둘레와 같습니다.

2-1 직육면체의 겉넓이가 132 cm^2입니다. □ 안에 알맞은 수를 구하세요.

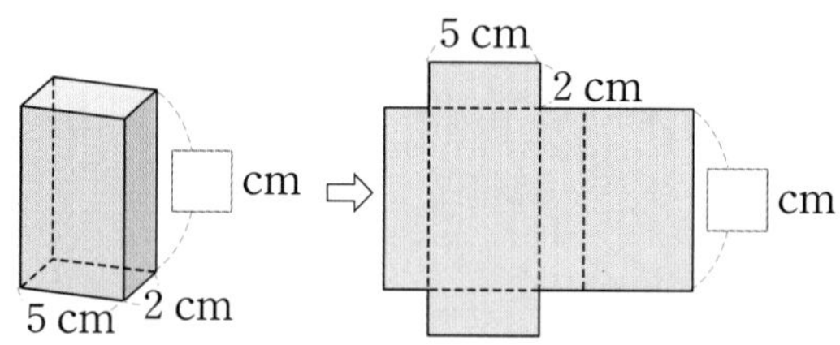

(　　　　　　　　　　)

2-2 다음 전개도로 만들어지는 직육면체의 겉넓이가 62 cm^2입니다. □ 안에 알맞은 수를 구하세요.

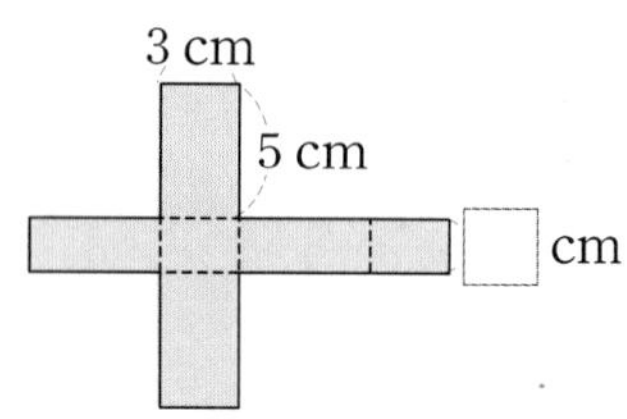

(　　　　　　　　　　)

유형 3 직육면체의 겉넓이와 부피

3 오른쪽 직육면체의 겉넓이가 236 cm^2일 때, 직육면체의 부피는 몇 cm^3인가요?

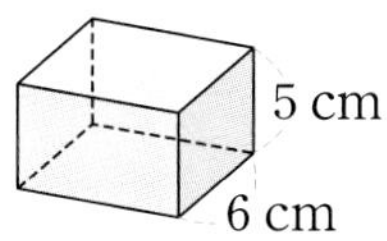

( )

Solution (직육면체의 겉넓이)=(합동인 세 면의 넓이의 합)×2임을 이용하여 직육면체의 가로를 먼저 구합니다.

3-1 오른쪽 직육면체의 겉넓이가 88 cm^2일 때, 직육면체의 부피는 몇 cm^3인가요?

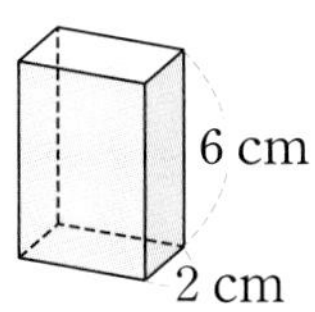

( )

3-2 오른쪽 정육면체의 겉넓이가 150 cm^2일 때, 정육면체의 부피는 몇 cm^3인가요?

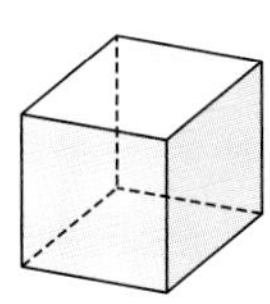

( )

3-3 오른쪽 직육면체의 부피가 360 cm^3일 때, 직육면체의 겉넓이는 몇 cm^2인가요?

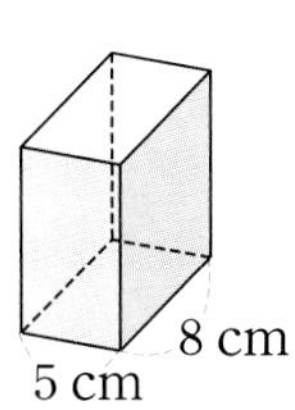

( )

유형 4 여러 가지 입체도형의 부피

4 직육면체 2개를 붙여서 만든 도형입니다. 이 입체도형의 부피는 몇 cm^3인가요?

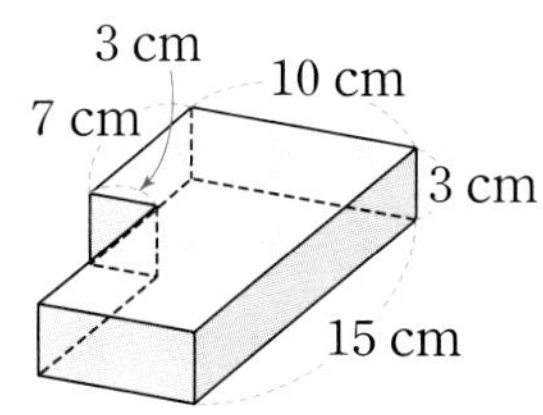

( )

Solution 두 개의 직육면체가 붙어 있는 것으로 생각하여 두 직육면체의 부피를 각각 구하여 더하거나 큰 직육면체의 부피에서 잘라낸 직육면체의 부피를 빼서 구할 수 있습니다.

4-1 입체도형의 부피는 몇 cm^3인가요?

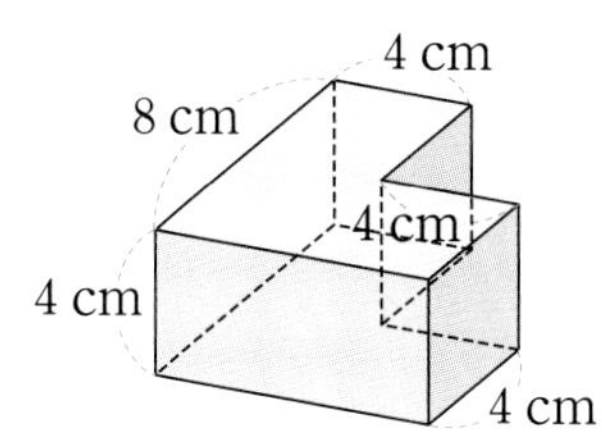

( )

4-2 입체도형의 부피는 몇 cm^3인가요?

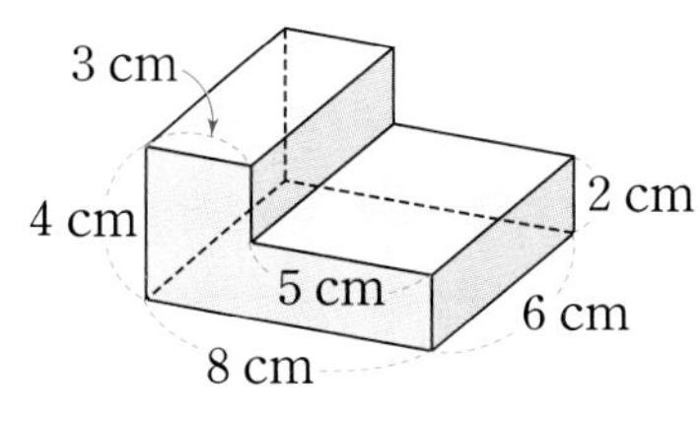

( )

6 단원

5 연습 문제

❶소영이와 여진이가 각각 직육면체 모양의 상자를 만들었습니다. ❷누가 만든 상자의 부피가 몇 cm^3 더 큰지 알아보세요.

소영

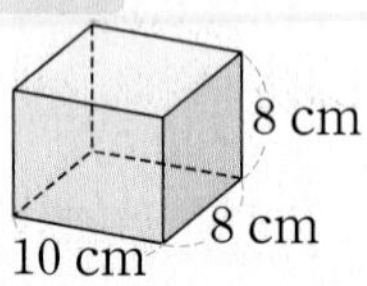

여진

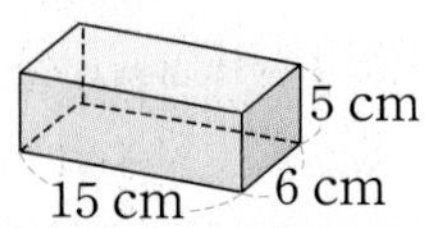

❶ 소영: 10×□×□=□ (cm^3)

여진: □×□×□=□ (cm^3)

❷ 따라서 □이가 만든 상자의 부피가

□−□=□ (cm^3) 더 큽니다.

답 □, □ cm^3

5-1 실전 문제

우진이와 정아가 각각 직육면체 모양의 상자를 만들었습니다. 누가 만든 상자의 부피가 몇 cm^3 더 큰지 풀이 과정을 쓰고 답을 구하세요.

우진

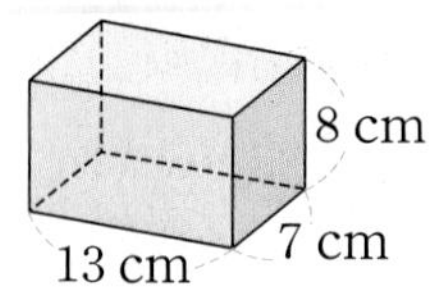

정아

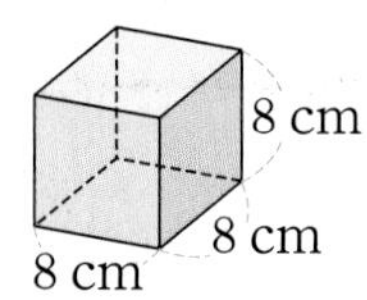

풀이

답 ,

6 연습 문제

❶겉넓이가 142 cm^2인 직육면체의 가로가 5 cm, 세로가 3 cm일 때 ❷높이는 몇 cm인지 알아보세요.

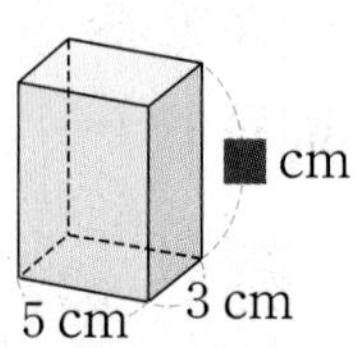

❶ 높이를 ■ cm라고 하면 직육면체의 겉넓이는 (5×3+3×■+□×■)×2=142 (cm^2)입니다.

(더합니다.)

❷ (15+□×■)×2=142,

15+□×■=71, ■=□

따라서 직육면체의 높이는 □ cm입니다.

답 □ cm

6-1 실전 문제

겉넓이가 348 cm^2인 직육면체의 가로가 8 cm, 세로가 6 cm일 때 높이는 몇 cm인지 풀이 과정을 쓰고 답을 구하세요.

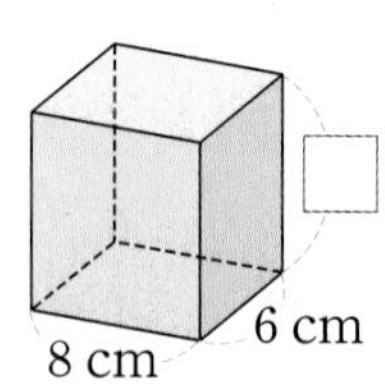

풀이

답

7 연습 문제

오른쪽 ①직육면체와 부피가 같은 ②정육면체의 한 모서리의 길이는 몇 cm인지 알아보세요.

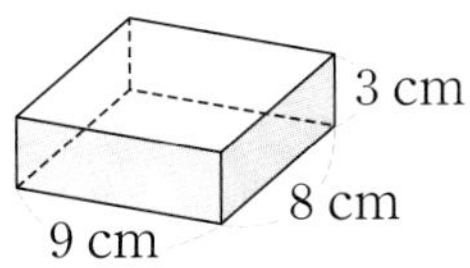

① (정육면체의 부피)=(직육면체의 부피)
=□×□×□
=□ (cm^3)

② 정육면체의 한 모서리와 부피를 표로 나타냅니다.

정육면체의 한 모서리 (cm)	2	3	4	5	6
정육면체의 부피 (cm^3)	8	27			

⇨ 정육면체의 한 모서리의 길이는 □cm입니다.

답 □cm

7-1 실전 문제

오른쪽 직육면체의 부피보다 $1\ cm^3$ 더 작은 정육면체의 한 모서리의 길이는 몇 cm인지 풀이 과정을 쓰고 답을 구하세요.

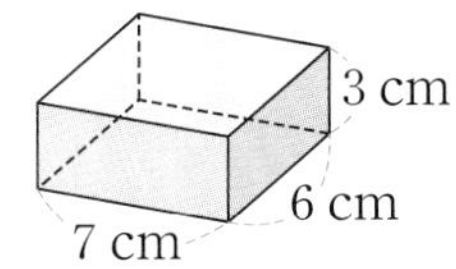

풀이

답

8 연습 문제

은혁이는 ①한 모서리의 길이가 2 cm인 정육면체 모양의 쌓기나무를 직육면체 모양이 되도록 ②가로로 6개, 세로로 4개, 높이를 3층으로 쌓았습니다. ③쌓은 직육면체의 부피는 몇 cm^3인지 알아보세요.

① 한 모서리의 길이가 2 cm인 쌓기나무 1개의 부피는 □×□×□=□ (cm^3)입니다.

② 쌓기나무 6×4×□=□(개)로 직육면체를 쌓았으므로

③ 부피는 □×□=□ (cm^3)입니다.

답 □ cm^3

8-1 실전 문제

희수는 한 모서리의 길이가 3 cm인 정육면체 모양의 쌓기나무를 직육면체 모양이 되도록 가로로 5개, 세로로 5개, 높이를 4층으로 쌓았습니다. 쌓은 직육면체의 부피는 몇 cm^3인지 풀이 과정을 쓰고 답을 구하세요.

풀이

답

6 단원

진도 완료 체크

step 4 실력 UP 문제

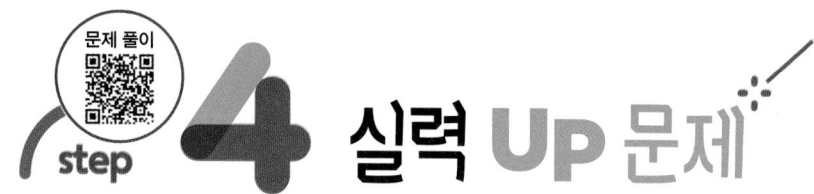

1 다음 직육면체의 색칠한 면은 둘레가 36 cm인 정사각형입니다. 높이가 8 cm일 때 이 직육면체의 겉넓이는 몇 cm^2인가요?

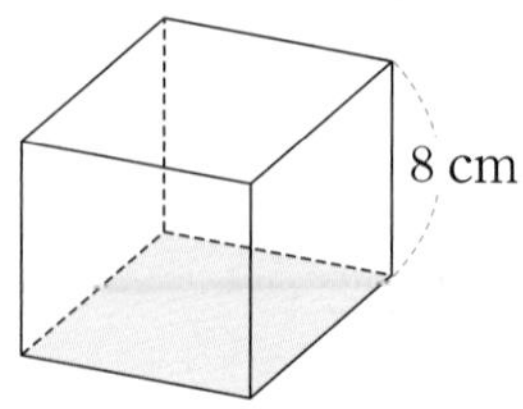

( )

2 오른쪽 직육면체 모양의 상자를 빈틈없이 쌓아 가장 작은 정육면체를 만들었습니다. 만든 정육면체의 겉넓이는 몇 cm^2인가요?

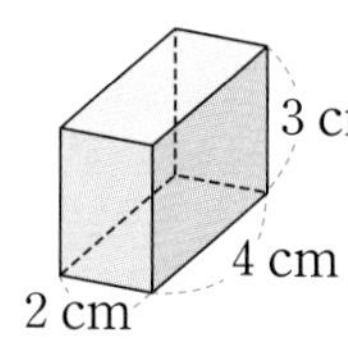

( )

서술형 문제

3 정육면체의 각 모서리의 길이를 2배로 늘인다면 늘인 정육면체의 겉넓이는 처음 정육면체의 겉넓이의 몇 배가 되는지 풀이 과정을 쓰고 답을 구하세요.

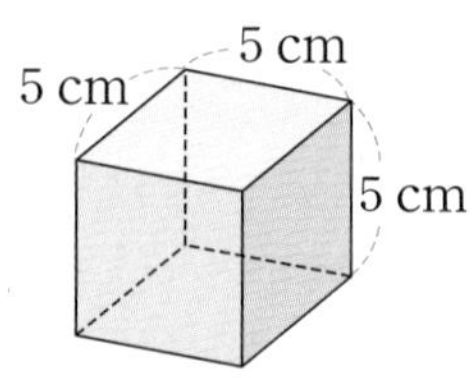

풀이

답

4 직육면체 3개를 붙여서 만든 입체도형입니다. 부피는 몇 cm^3인가요?

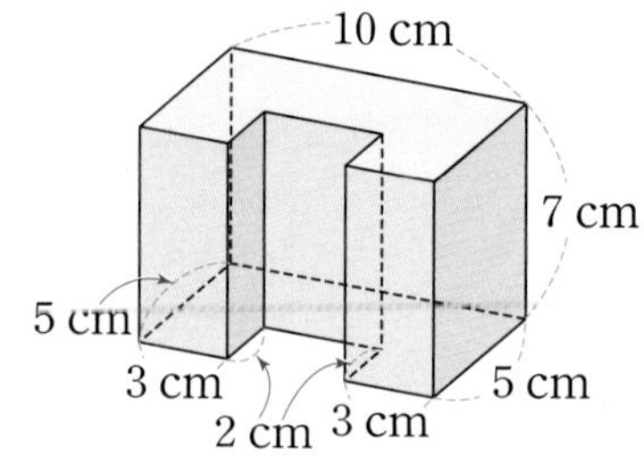

( )

5 물이 들어 있는 직육면체 모양의 수조에 벽돌이 완전히 잠기도록 넣었더니 물의 높이가 3 cm만큼 높아졌습니다. 이 벽돌의 부피는 몇 cm^3인가요?

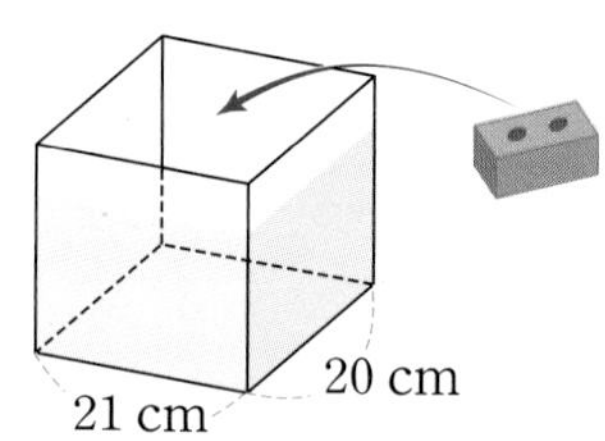

( )

6 부피가 1 cm^3인 쌓기나무 27개를 면이 꼭 맞게 빈틈없이 쌓아 겉넓이가 최소가 되는 모양을 만들었습니다. 만든 모양의 겉넓이는 몇 cm^2인지 구하세요.

( )

7 밑면인 원의 반지름은 3 cm이고, 높이가 15 cm인 원기둥 모양의 물병이 있습니다. 이 물병을 딱 맞게 담을 직육면체 모양의 상자를 만들었습니다. 만든 상자의 부피와 겉넓이를 각각 구하세요. (단, 상자와 물병의 두께는 생각하지 않습니다.)

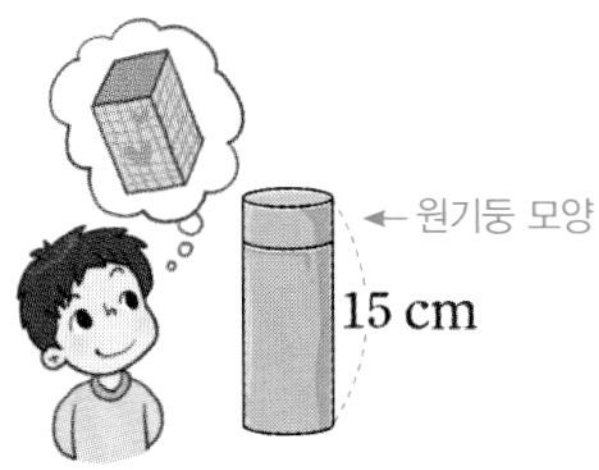

(1) 상자에서 물병의 밑면과 닿는 면의 넓이는 몇 cm^2인가요?

(　　　　　　　　)

(2) 상자의 부피는 몇 cm^3인가요?

(　　　　　　　　)

(3) 상자의 겉넓이는 몇 cm^2인가요?

(　　　　　　　　)

8 한 모서리의 길이가 2 cm인 정육면체 모양의 쌓기나무 4개를 사용하여 다음과 같은 입체도형을 만들었습니다. 만든 입체도형의 부피와 겉넓이를 각각 구하세요.

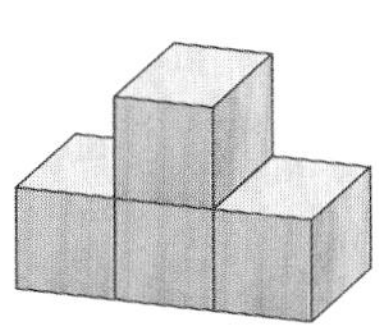

(1) 만든 입체도형의 부피는 몇 cm^3인가요?

(　　　　　　　　)

(2) 만든 입체도형의 겉넓이는 몇 cm^2인가요?

(　　　　　　　　)

[9 ~ 11] 상자 모양을 포장할 때 포장지와 장식용 끈을 적게 사용할수록 비용을 절약할 수 있습니다. 부피가 같은 직육면체와 정육면체의 상자를 포장할 때 필요한 포장지의 넓이는 서로 다르다고 합니다. 물음에 답하세요.

9 부피가 1 cm^3인 쌓기나무 8개를 면끼리 꼭 맞게 빈틈없이 쌓아 만들 수 있는 직육면체 모양은 3가지입니다. 이때 부피는 모두 8 cm^3입니다. 각 입체도형의 겉넓이를 구하세요.

부피(cm^3)	입체도형 모양	겉넓이(cm^2)
8	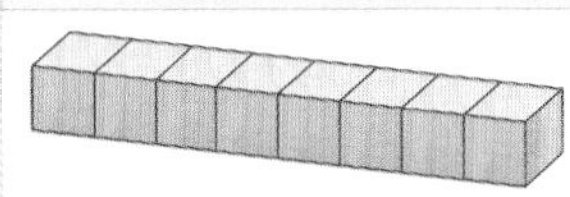	
8	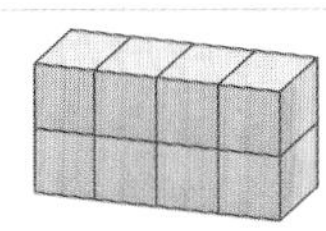	
8	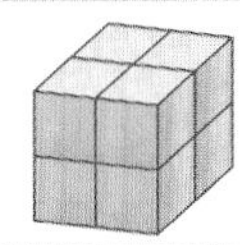	

10 위 **9**에서 부피가 같은 입체도형 중 겉넓이가 최소가 되는 모양은 어떤 모양인가요?

(　　　　　　　　　　　　)

서술형 문제

11 부피가 1 cm^3인 쌓기나무 64개를 면끼리 꼭 맞게 빈틈없이 쌓아 겉넓이가 최소가 되는 입체도형을 만들려고 합니다. 어떻게 쌓아서 만들어야 하는지 설명하세요.

6 단원

진도 완료 체크

1 부피가 큰 직육면체부터 차례로 기호를 쓰세요.

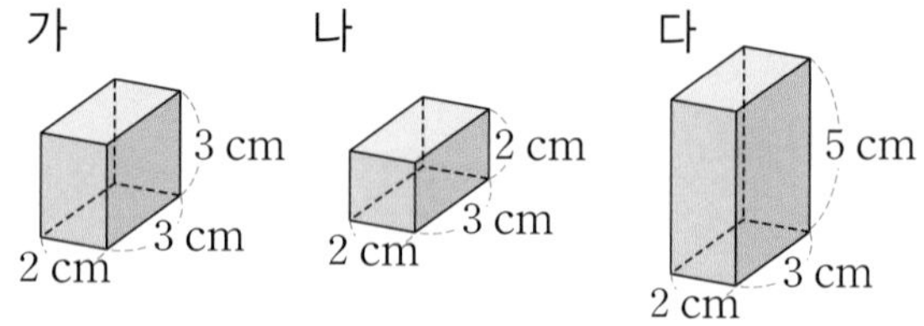

(　　　　　　　　)

2 한 모서리의 길이가 1 cm인 쌓기나무를 다음과 같이 쌓았습니다. 쌓기나무의 수를 세어 직육면체의 부피를 각각 구하세요.

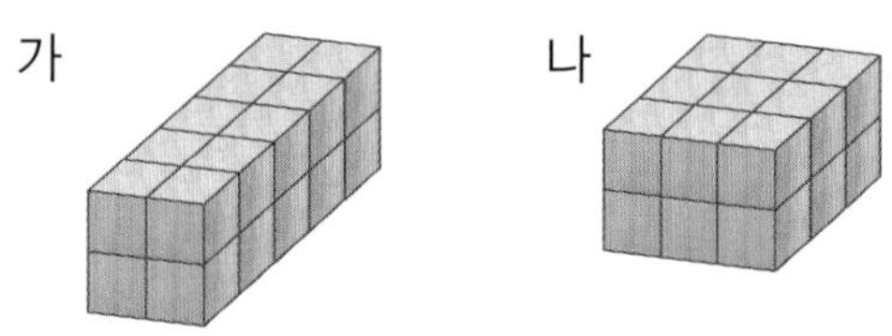

도형	가	나
쌓기나무의 수(개)		
부피(cm^3)		

[3 ~ 4] 전개도를 보고 물음에 답하세요.

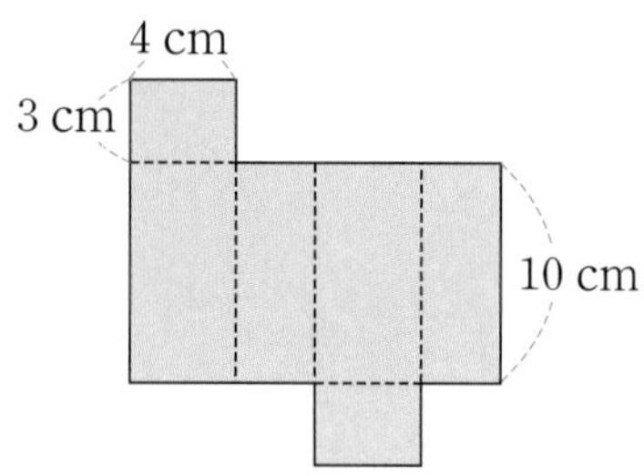

3 전개도를 접어서 만든 직육면체의 겉넓이는 몇 cm^2인가요?

(　　　　　　　　)

4 전개도를 접어서 만든 직육면체의 부피는 몇 cm^3인가요?

(　　　　　　　　)

5 직육면체의 겉넓이를 구하려고 합니다. □ 안에 알맞은 수를 써넣으세요.

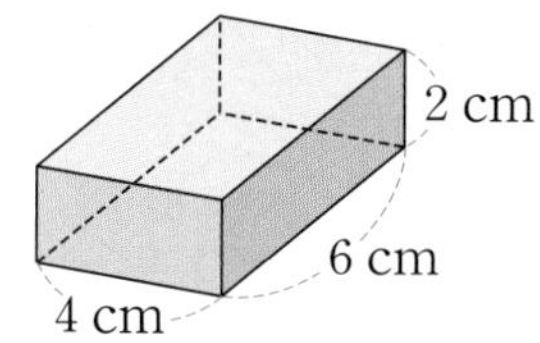

(직육면체의 겉넓이)

$=(4\times6+6\times\square+\square\times2)\times2=\square(cm^2)$

6 정육면체의 겉넓이를 구하려고 합니다. □ 안에 알맞은 수를 써넣으세요.

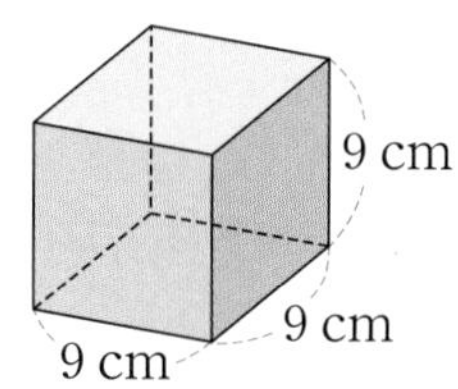

(정육면체의 겉넓이)

$=\square\times\square\times6=\square(cm^2)$

7 실제 부피에 가장 가까운 것을 찾아 이으세요.

(1)

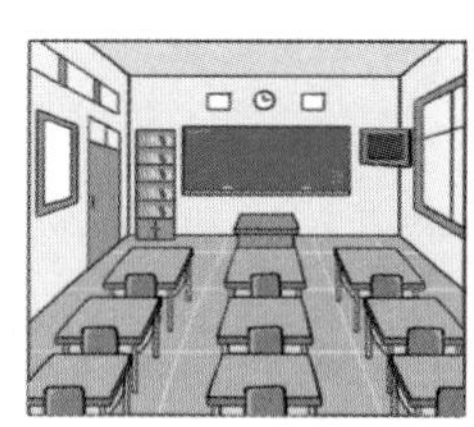

• $150\ m^3$

• $1500\ cm^3$

• $15\ m^3$

(2)

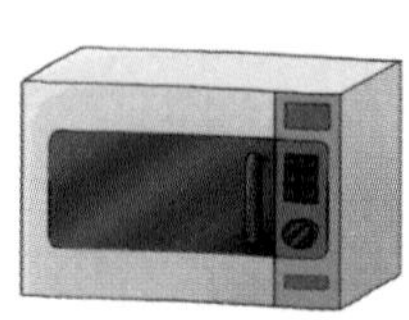

• $2000\ m^3$

• $20000\ cm^3$

• $20\ m^3$

8 □ 안에 알맞은 수를 써넣으세요.

(1) $5\ m^3=$ □ cm^3

(2) $1.5\ m^3=$ □ cm^3

(3) $3000000\ cm^3=$ □ m^3

(4) $800000\ cm^3=$ □ m^3

9 다음 직육면체의 부피는 몇 m^3인지 구하세요.

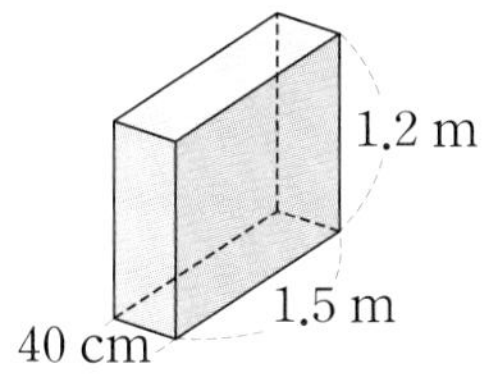

(　　　　　　　　)

10 어느 입체도형의 부피가 더 큰지 기호를 쓰세요.

가: 한 모서리의 길이가 3 m인 정육면체
나: 가로가 350 cm, 세로가 250 cm, 높이가 300 cm인 직육면체

(　　　　　　　　)

11 두 입체도형의 겉넓이의 합은 몇 cm^2인가요?

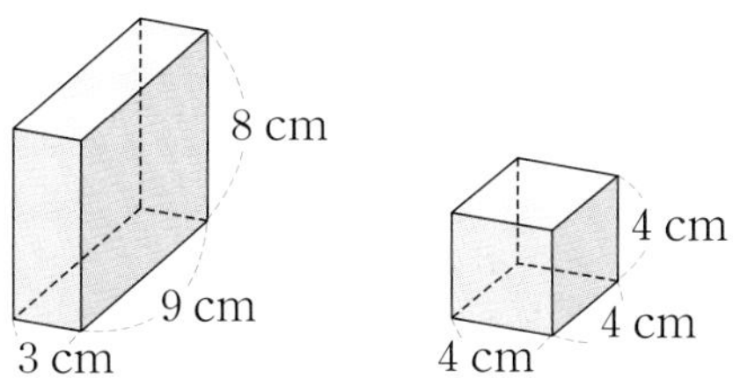

(　　　　　　　　)

12 다음 전개도를 접어서 만든 정육면체의 부피는 몇 cm^3인가요?

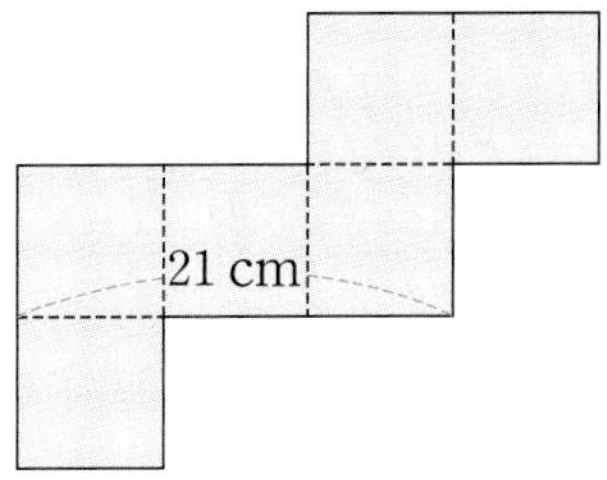

(　　　　　　　　)

13 그림과 같은 직육면체 모양의 빵을 잘라 정육면체 모양을 만들려고 합니다. 만들 수 있는 가장 큰 정육면체 모양의 부피는 몇 cm^3인가요?

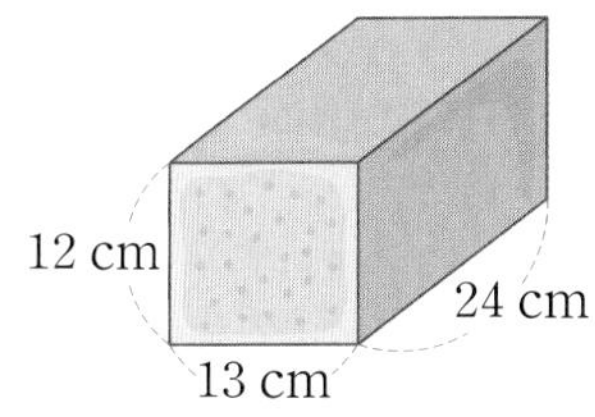

(　　　　　　　　)

14 색칠한 면의 넓이가 $56\ m^2$일 때 직육면체의 부피는 몇 m^3인가요?

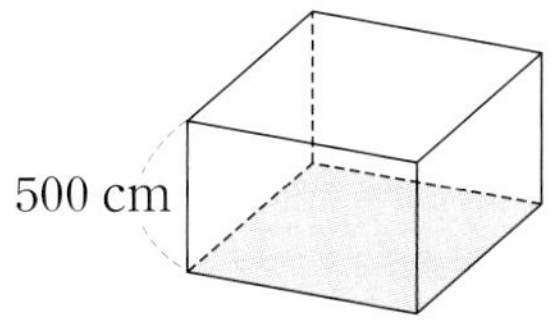

(　　　　　　　　)

6 단원

[15 ~ 16] 현수는 할머니를 도와 한과를 포장하고 있습니다. 다음을 읽고 물음에 답하세요.

한과를 직육면체 모양의 상자에 담자꾸나.
가로가 4 cm, 세로가 8 cm, 높이가 3 cm네.

15 한과를 넣을 상자의 부피는 몇 cm^3인가요?

( )

16 한과 상자 여러 개를 담기 위해 다음 전개도를 이용하여 직육면체 모양의 큰 상자를 만들었습니다. 만든 상자에는 한과 상자를 최대 몇 개까지 담을 수 있나요? (단, 한과 상자의 두께는 생각하지 않습니다.)

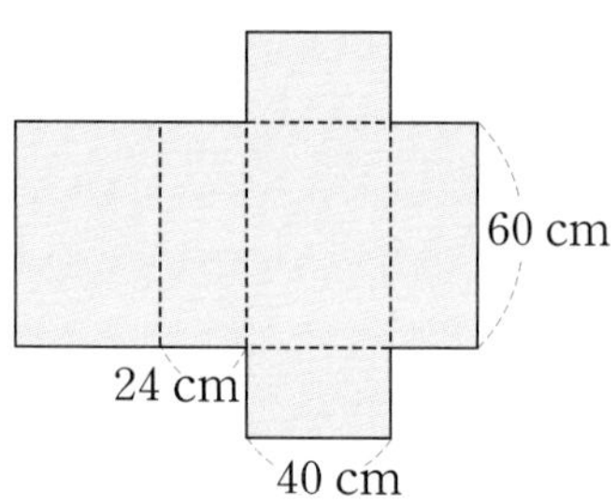

( )

17 직육면체 모양의 옷장이 있습니다. 이 옷장의 바닥에 닿는 면은 한 변이 60 cm 인 정사각형이고, 높이는 2 m입니다. 이 옷장의 부피는 몇 m^3인가요?

( )

18 세계보건기구인 WHO에서 우리 몸의 건강을 유지하기 위해 성인 기준으로 하루에 2000 cm^3 만큼의 물을 마시는 것을 권장하고 있습니다. 오른쪽 그림과 같은 직육면체 모양의 물통에 성인 한 명의 하루 권장량만큼 물을 담으려고 합니다. 물통에 물을 몇 cm 높이까지 넣어야 하나요?

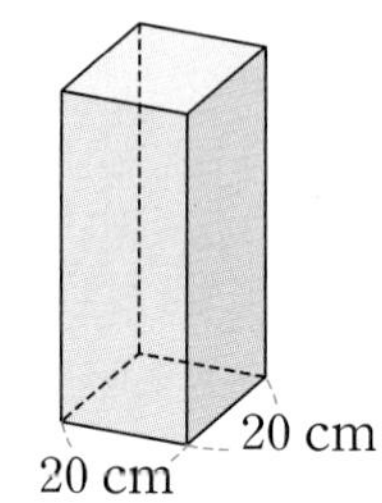

( )

19 오른쪽 직육면체의 부피가 150 cm^3일 때, 직육면체의 겉넓이는 몇 cm^2인가요?

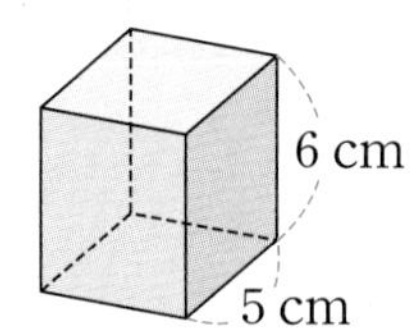

( )

20 직육면체 모양의 두부를 다음과 같이 똑같은 직육면체 모양 4조각으로 잘랐습니다. 자른 두부 4조각의 겉넓이의 합과 자르기 전 두부의 겉넓이의 차는 몇 cm^2인가요?

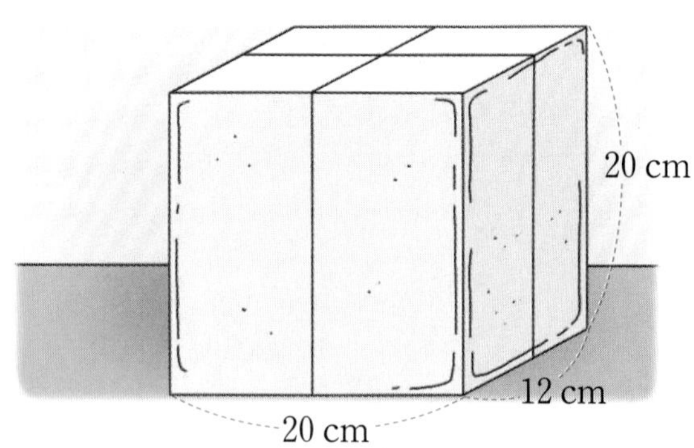

( )

문제 생성기
1~20번까지의
단원 평가 유사 문제 제공

21 다음과 같은 직육면체 모양의 상자를 쌓아서 만들 수 있는 가장 작은 정육면체의 겉넓이는 몇 cm^2인지 알아보세요.

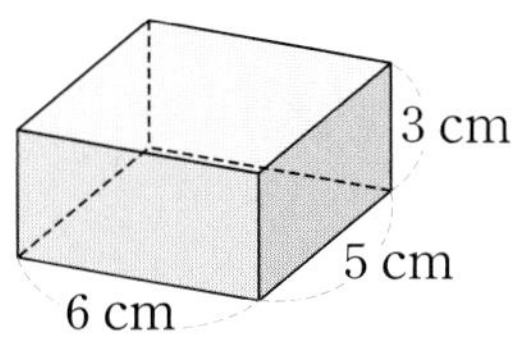

(1) 만들 수 있는 가장 작은 정육면체의 한 모서리의 길이는 몇 cm인가요?

( )

(2) 만들 수 있는 가장 작은 정육면체의 겉넓이는 몇 cm^2인가요?

( )

22 다음 전개도로 만든 가로가 50 cm, 세로가 40 cm, 높이가 20 cm인 직육면체 모양의 상자가 있습니다. 이 상자에 한 모서리의 길이가 5 cm인 정육면체 모양의 상자를 최대 몇 개까지 담을 수 있는지 알아보세요.

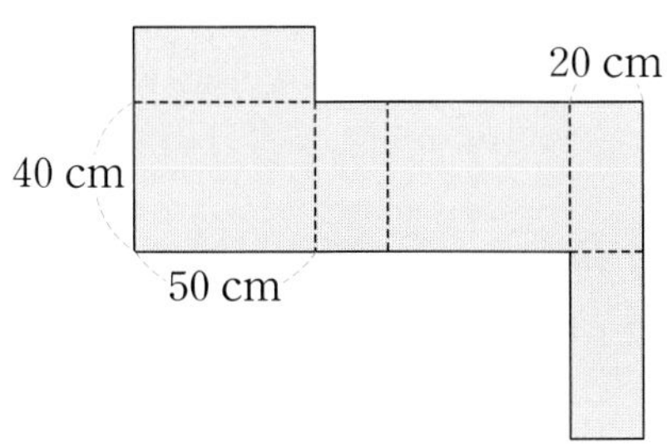

(1) 직육면체 모양의 상자의 가로, 세로, 높이에 정육면체를 각각 몇 개씩 담을 수 있나요?

가로 ( )

세로 ( )

높이 ( )

(2) 정육면체 모양의 상자는 최대 몇 개까지 담을 수 있나요?

( )

23 전개도에서 직사각형 ㉮의 둘레는 24 cm이고, 넓이는 35 cm^2입니다. 전개도로 만들어지는 직육면체의 부피는 몇 cm^3인지 풀이 과정을 쓰고 답을 구하세요.

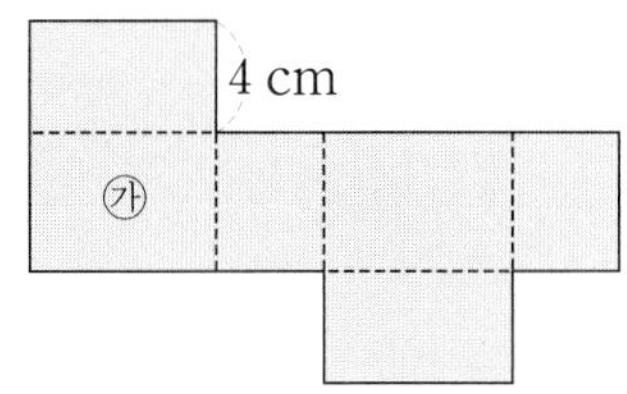

풀이

답

24 다음과 같이 한 변의 길이가 30 cm인 정사각형 모양의 종이에 그려진 전개도로 입체도형을 만들려고 합니다. 입체도형을 만들고 남은 부분의 넓이는 몇 cm^2인지 풀이 과정을 쓰고 답을 구하세요.

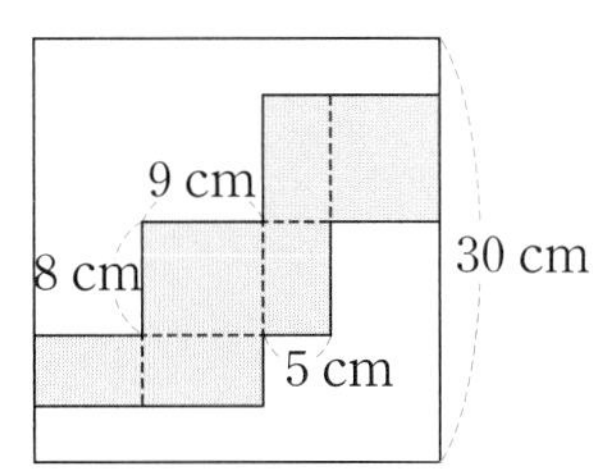

풀이

답

배점		점수
1~20번	4점	
21~24번	5점	

오답 노트

우등생 세미나

걸리버의 음식량은 넓이가 아니라 부피

소설 〈걸리버 여행기〉는 걸리버가 항해 중 우연한 사고로 소인국 릴리퍼트에 도착해 겪는 경험담입니다. 소인국에서는 인간, 동물, 식물, 물품 등의 모든 평균 치수가 걸리버가 사는 세계의 $\frac{1}{12}$이라는 사실로 인해 여러 가지 사건들이 벌어지게 됩니다. 그 속에 어떤 이야기가 담겨 있는지 자세히 들여다 볼까요?

> ……그에게는 매일 릴리퍼트 사람 1728명분의 식량과 음료수를 지급한다.
> ……300인의 요리사가 나를 위해 음식을 만들었다. 내 집의 주위에는 조그만 집이 지어졌고, 그곳에서 요리를 하고 요리사들과 요리사의 가족들이 함께 살았다. 식사 때에 나는 20명의 하인들을 식탁 위에 올려놓아 주었다. 그러자 바닥에 있는 100명 정도의 하인들이 대기하고 있으면서……

릴리퍼트 사람들은 걸리버에게 매일 릴리퍼트 사람 1728명분의 식량과 음료수를 주었습니다. 걸리버의 키가 릴리퍼트 사람의 12배이므로 12배만 있으면 되는 것이 아닐까요?
굳이 1728인분의 식량과 음료수를 준 이유는 무엇일까요?
바로 걸리버가 먹은 음식량은 길이나 넓이가 아니라 부피에 해당되기 때문입니다. 정육면체에서 한 모서리의 길이가 2배가 되면 부피는 $2\times2\times2=8$(배)가 되고, 한 모서리의 길이가 3배가 되면 부피는 $3\times3\times3=27$(배)가 됩니다.

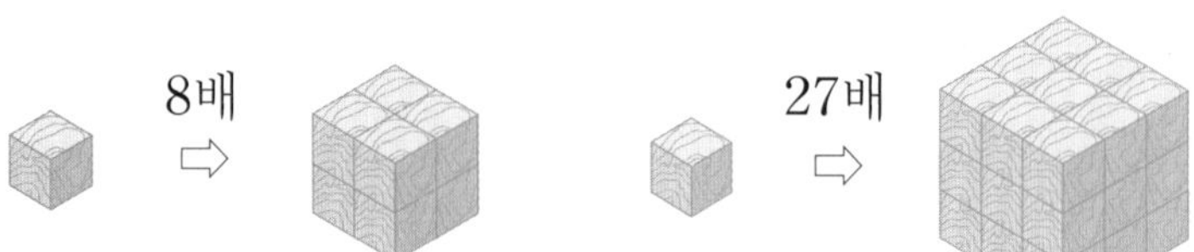

이러한 수학적 성질을 이용하면 걸리버의 키는 릴리파트 사람의 12배이지만 몸의 부피는 $12\times12\times12=1728$(배)이기 때문에 그만큼 많은 음식을 제공한 것입니다.
그러면 요리사는 얼마나 많이 필요했을까요?

1728인분의 음식을 조리하는 데 요리사 한 명이 6인분을 만든다고 하면 300명 정도의 요리사가 필요했을 것입니다. 당연히 이 많은 음식을 나르고 도와줘야 할 하인도 100명 넘게 필요했을 것입니다.
또 걸리버의 옷 한 벌을 만드는 데 얼마나 많은 사람들이 필요했을까요? 걸리버 몸의 겉넓이는 릴리퍼트 사람 겉넓이의 $12\times12=144$(배)이므로 걸리버의 옷 한 벌을 만들려면 릴리퍼트 사람의 옷 한 벌을 만드는 데 필요한 인원의 144배가 필요했을 것입니다.

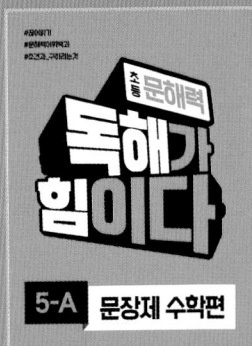

뭘 좋아할지 몰라 다 준비했어♥ # 전과목 교재

전과목 시리즈 교재

●무등생 해법시리즈

– 국어/수학	1~6학년, 학기용
– 사회/과학	3~6학년, 학기용
– 봄·여름/가을·겨울	1~2학년, 학기용
– SET(전과목/국수, 국사과)	1~6학년, 학기용

●똑똑한 하루 시리즈

– 똑똑한 하루 독해	예비초~6학년, 총 14권
– 똑똑한 하루 글쓰기	예비초~6학년, 총 14권
– 똑똑한 하루 어휘	예비초~6학년, 총 14권
– 똑똑한 하루 한자	예비초~6학년, 총 14권
– 똑똑한 하루 수학	1~6학년, 학기용
– 똑똑한 하루 계산	예비초~6학년, 총 14권
– 똑똑한 하루 도형	예비초~6학년, 총 8권
– 똑똑한 하루 사고력	1~6학년, 학기용
– 똑똑한 하루 사회/과학	3~6학년, 학기용
– 똑똑한 하루 봄/여름/가을/겨울	1~2학년, 총 8권
– 똑똑한 하루 안전	1~2학년, 총 2권
– 똑똑한 하루 Voca	3~6학년, 학기용
– 똑똑한 하루 Reading	초3~초6, 학기용
– 똑똑한 하루 Grammar	초3~초6, 학기용
– 똑똑한 하루 Phonics	예비초~초등, 총 8권

●독해가 힘이다 시리즈

– 초등 문해력 독해가 힘이다 비문학편	3~6학년
– 초등 수학도 독해가 힘이다	1~6학년, 학기용
– 초등 문해력 독해가 힘이다 문장제수학편	1~6학년, 총 12권

영어 교재

●초등영어 교과서 시리즈

파닉스(1~4단계)	3~6학년, 학년용
영단어(1~4단계)	3~6학년, 학년용
●LOOK BOOK 영단어	3~6학년, 단행본
●원서 읽는 LOOK BOOK 영단어	3~6학년, 단행본

국가수준 시험 대비 교재

●해법 기초학력 진단평가 문제집	2~6학년·중1 신입생, 총 6권

천재교육

홈스쿨링 우등생

10종 교과 평가 자료집

과정 중심 단원평가

기본·실력 단원평가

심화문제

초등 수학 | 6·1

차례

10종 교과 평가 자료집 포인트 3가지

- 지필 평가, 구술 평가 대비
- 서술형 문제로 과정 중심 평가 대비
- 기본·실력 단원평가로 학교 시험 대비

1 (하) 그림을 보고 □ 안에 알맞은 수를 써넣으세요.

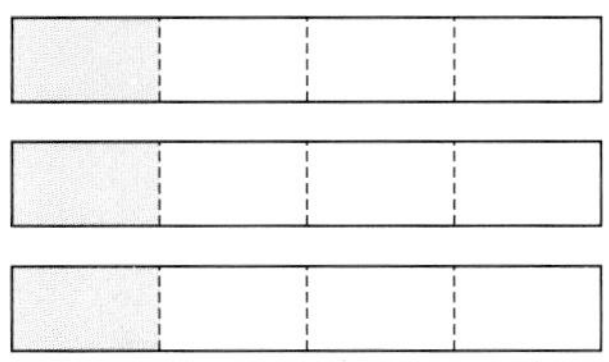

$3 \div 4 = 3 \times \frac{\square}{\square} = \frac{\square}{\square}$

2 (하) 보기 와 같이 나눗셈의 몫을 분수로 나타내세요.

보기

$1 \div 5 = \frac{1}{5}$

$7 \div 16$

[3~4] □ 안에 알맞은 수를 써넣으세요.

3 (하) $\frac{12}{13} \div 4 = \frac{\square \div 4}{13} = \frac{\square}{13}$

4 (하) $\frac{9}{7} \div 2 = \frac{9}{7} \times \frac{\square}{\square} = \frac{\square}{\square}$

5 (하) 관계있는 것끼리 선으로 이으세요.

$\frac{2}{7} \div 5$ •	• $\frac{7}{8} \times \frac{1}{6}$
$\frac{7}{8} \div 6$ •	• $\frac{10}{11} \times \frac{1}{7}$
$\frac{10}{11} \div 7$ •	• $\frac{2}{7} \times \frac{1}{5}$

6 (하) □ 안에 알맞은 수를 써넣으세요.

$11 \div 8 = 1 \cdots \square$ 에서

나머지 □을(를) 8로 나누면 $\frac{\square}{8}$

⇨ $11 \div 8 = 1\frac{\square}{8} = \frac{\square}{8}$

7 (하) 나눗셈의 몫을 분수로 나타내세요.

(1) $5 \div 6$

(2) $32 \div 9$

8 (중) $\frac{1}{2} \div 3$의 몫을 그림으로 나타내고, 분수로 나타내세요.

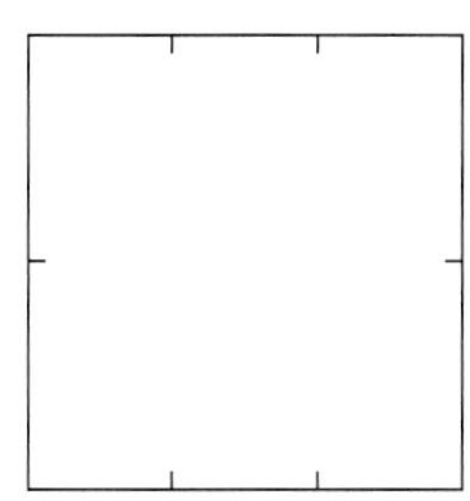

(　　　　　　　)

9 (중) $4\frac{1}{5} \div 7$을 두 가지 방법으로 계산을 하세요.

방법 1

방법 2

1 단원

10 잘못 계산한 곳을 찾아 바르게 계산을 하세요.
중

$$\frac{8}{3}\div 4=\frac{8\times 4}{3}=\frac{32}{3}$$

⇩

11 계산을 하세요.
중

(1) $3\frac{4}{7}\div 5$

(2) $5\frac{1}{4}\div 6$

12 빈칸에 알맞은 분수를 써넣으세요.
중

(→ ÷, ↓ ÷)

7	10	$\frac{7}{10}$
9	13	

13 계산 결과를 비교하여 ◯ 안에 >, =, <를 알맞게 써넣으세요.
중

$1\div 4$ ◯ $\frac{3}{5}\div 3$

14 빈칸에 알맞은 분수를 써넣으세요.
중

$\frac{36}{7}$ → ÷9 → □

15 나눗셈의 몫이 1보다 큰 것은 어느 것인가요? ( )
중

① $2\div 3$ ② $5\div 8$
③ $7\div 11$ ④ $10\div 9$
⑤ $15\div 16$

16 작은 수를 큰 수로 나눈 몫을 분수로 나타내세요.
중

$3\frac{1}{6}$ 5

( )

17 계산 결과가 다른 것을 찾아 기호를 쓰세요.
중

㉠ $\frac{5}{6}\div 10$ ㉡ $\frac{1}{6}\div 3$
㉢ $\frac{1}{3}\div 4$ ㉣ $\frac{2}{3}\div 8$

( )

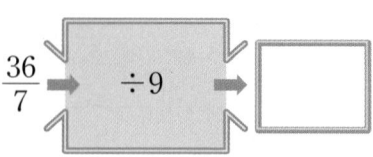

창의·융합

18 옷감 2 m를 5명이 똑같이 나누어 염색하려고 합니다. 한 사람이 염색할 옷은 몇 m인지 구하세요.
중

(　　　　　　　　　　)

19 주스 $\frac{3}{4}$ L를 9명이 똑같이 나누어 마시려고 합니다. 한 사람이 마셔야 할 주스는 몇 L인지 구하세요.
중

(　　　　　　　　　　)

20 나영이와 수진이 중 계산 결과가 더 큰 종이를 가지고 있는 사람은 누구인가요?
중

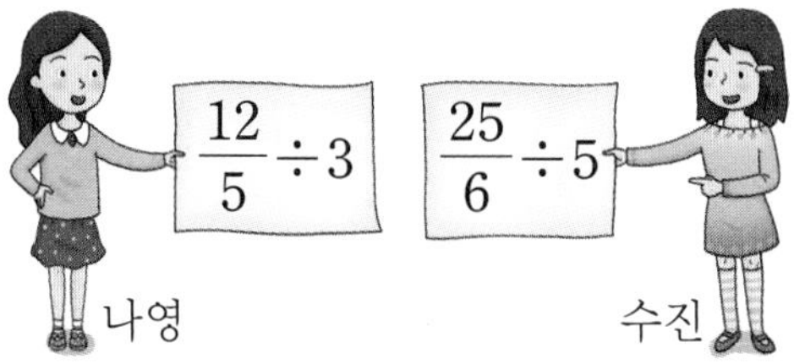

(　　　　　　　　　　)

21 넓이가 $\frac{18}{5}$ cm^2이고 세로가 8 cm인 직사각형이 있습니다. 이 직사각형의 가로는 몇 cm인지 풀이 과정을 쓰고 답을 구하세요.
중

풀이 ______________________________

____

____

답 ______________

문제 해결

22 어머니께서 고구마를 $9\frac{1}{3}$ kg 사 오셨습니다. 이 고구마를 2주일 동안 똑같이 나누어 먹으려고 합니다. 하루에 먹어야 할 고구마는 몇 kg인지 구하세요.
상

(　　　　　　　　　　)

서술형 문제

23 어떤 수를 3으로 나누어야 할 것을 잘못하여 곱했더니 $2\frac{2}{5}$가 되었습니다. 어떤 수는 얼마인지 풀이 과정을 쓰고 답을 구하세요.
상

풀이 ______________________________

____

____

답 ______________

추론

24 □ 안에 들어갈 수 있는 자연수 중 가장 작은 수를 구하세요.
상

$$5\frac{2}{5}\div3<\square$$

(　　　　　　　　　　)

문제 해결

25 수 카드 3장을 모두 사용하여 가장 큰 대분수를 만들었습니다. 이 대분수를 3으로 나눈 몫을 구하세요.
상

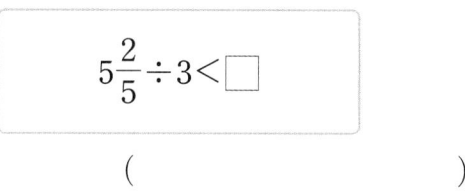

[2] [5] [7]

(　　　　　　　　　　)

1 단원

실력 단원평가

점수

1 하 나눗셈의 몫을 분수로 잘못 나타낸 것은 어느 것인가요? [5점] .... (　　　)

① $7\div5=\frac{7}{5}$　　② $3\div8=\frac{3}{8}$

③ $4\div7=\frac{4}{7}$　　④ $17\div19=\frac{19}{17}$

⑤ $35\div22=\frac{35}{22}$

2 하 잘못 계산한 곳을 찾아 바르게 계산을 하세요. [5점]

$$\frac{5}{12}\div2=\frac{5}{12\div2}=\frac{5}{6}$$

⇩

(　　　　　　　　)

3 중 계산을 하세요. [8점]

(1) $\frac{18}{5}\div9$

(2) $\frac{24}{7}\div6$

4 중 계산 결과를 찾아 선으로 이으세요. [5점]

$3\frac{1}{8}\div5$ •	• $\frac{5}{6}$
$5\frac{5}{6}\div7$ •	• $\frac{5}{8}$

5 중 색 테이프 6 m를 11명이 똑같이 나누어 가지려고 합니다. 한 명이 가지게 되는 색 테이프는 몇 m인지 구하세요. [5점]

식 ________________

답 ________________

6 중 나눗셈의 몫이 같은 두 식을 찾아 기호를 쓰세요. [5점]

㉠ $4\div9$　　㉡ $\frac{2}{9}\div8$

㉢ $\frac{20}{3}\div15$　　㉣ $1\frac{1}{6}\div3$

(　　　　　　　　)

7 중 빈칸에 알맞은 수를 써넣으세요. [5점]

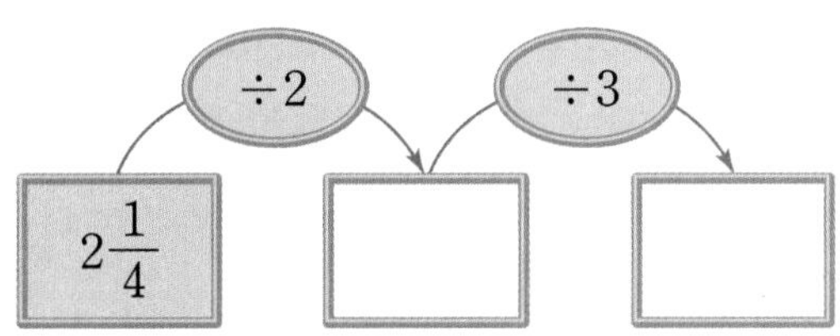

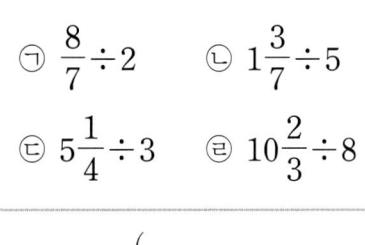

8 하 계산 결과가 큰 것부터 차례로 기호를 쓰세요. [5점]

㉠ $\frac{8}{7}\div2$　　㉡ $1\frac{3}{7}\div5$

㉢ $5\frac{1}{4}\div3$　　㉣ $10\frac{2}{3}\div8$

(　　　　　　　　)

9 중
찰흙 $\frac{9}{10}$ kg을 3명이 똑같이 나누어 가지려고 합니다. 한 사람이 가져야 할 찰흙은 몇 kg인지 기약분수로 구하세요. [5점]

(　　　　　　　　)

문제 해결

10 중
과학 시간에 알코올 $\frac{15}{4}$ L를 5모둠에게 똑같이 나누어 주려고 합니다. 한 모둠이 가져야 할 알코올은 몇 L인지 구하세요. [5점]

(　　　　　　　　)

서술형 문제

11 중
둘레가 $4\frac{2}{7}$ m인 정육각형이 있습니다. 이 정육각형의 한 변의 길이는 몇 m인지 풀이 과정을 쓰고 답을 구하세요. [5점]

풀이 ____________________

____

____

답 ____________________

문제 해결

12 중
한 병에 $\frac{8}{9}$ L씩 들어 있는 물이 9병 있습니다. 이 물을 5일 동안 똑같이 나누어 사용하려면 하루에 사용할 물은 몇 L인지 구하세요. [8점]

(　　　　　　　　)

13 상
삼각형의 넓이는 몇 cm^2인지 기약분수로 구하세요. [8점]

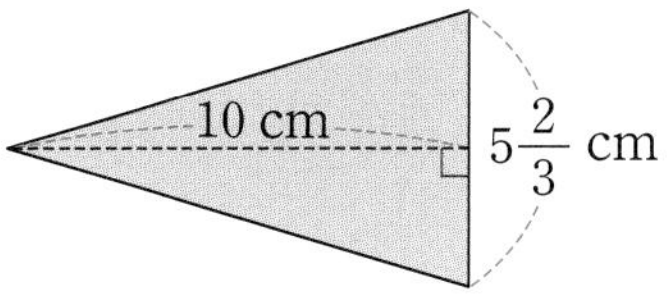

(　　　　　　　　)

추론

14 상
어떤 수에 4를 곱하였더니 $1\frac{1}{2}$이 되었습니다. 어떤 수를 6으로 나눈 몫을 구하세요. [8점]

(　　　　　　　　)

15 상
진우네 반은 주스 $\frac{9}{5}$ L를 18명이 똑같이 나누어 마셨고, 소희네 반은 주스 $\frac{8}{5}$ L를 20명이 똑같이 나누어 마셨습니다. 한 사람이 마신 주스의 양이 더 많은 반은 어느 반인지 구하세요. [8점]

(　　　　　　　　)

서술형 문제

16 상
거리가 $\frac{5}{6}$ km인 도로 한 쪽에 5그루의 나무를 일정한 간격으로 심으려고 합니다. 처음부터 끝까지 심으려면 나무와 나무 사이의 간격은 몇 km인지 풀이 과정을 쓰고 답을 구하세요. [10점]

풀이 ____________________

____

____

답 ____________________

1 단원

진도 완료 체크

과정 중심 단원평가

지필·구술 평가 대비

점수

지필 평가 종이에 답을 쓰는 형식의 평가

1 콩가루 $\frac{8}{11}$컵으로 같은 크기의 떡 5개를 만들려고 합니다. 떡 한 개를 만드는 데 사용할 콩가루는 몇 컵인지 풀이 과정을 쓰고 답을 구하세요. [10점]

풀이

답

지필 평가

2 수직선에 나타낸 점 ㉠은 얼마인지 풀이 과정을 쓰고 답을 구하세요. [10점]

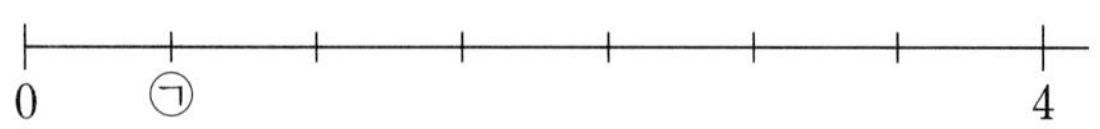

풀이

답

지필 평가

3 $9\frac{5}{6}$ m는 6의 몇 배인지 풀이 과정을 쓰고 답을 구하세요. [10점]

풀이

답

지필 평가

4 수 카드 5장 중 한 장을 사용하여 $1\div\square$의 나눗셈식을 만들려고 합니다. 몫을 가장 작게 만들 때 몫은 얼마인지 풀이 과정을 쓰고 답을 구하세요. [10점]

3 4 6 8 9

풀이

답

정답 65쪽

(지필 평가)

5 둘레가 $\frac{5}{3}$ m인 마름모 모양의 꽃밭이 있습니다. 이 꽃밭의 한 변의 길이는 몇 m인지 풀이 과정을 쓰고 답을 구하세요. [15점]

풀이 ______________________

답 ______________________

(지필 평가)

6 물 2 L와 물 5 L를 크기와 모양이 같은 병에 똑같이 나누어 담으려고 합니다. 물 2 L를 병 3개에, 물 5 L를 병 6개에 똑같이 나누어 담았을 때 병 가와 병 나 중 어느 병에 물이 더 많은지 풀이 과정을 쓰고 답을 구하세요. [15점]

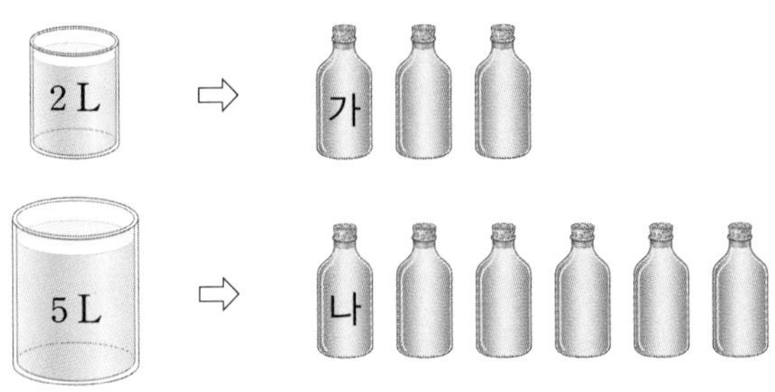

풀이 ______________________

답 ______________________

(지필 평가)

7 밤 $\frac{7}{9}$ kg을 4봉지에 똑같이 나누어 담아 3봉지를 팔았습니다. 팔고 남은 밤은 몇 kg인지 풀이 과정을 쓰고 답을 구하세요. [15점]

풀이 ______________________

답 ______________________

(지필 평가)

8 어떤 분수를 2로 나누어야 할 것을 잘못하여 곱했더니 $1\frac{1}{4}$이 되었습니다. 바르게 계산하면 얼마인지 풀이 과정을 쓰고 답을 구하세요. [15점]

풀이 ______________________

답 ______________________

1 단원

1 □ 안에 들어갈 수 있는 자연수는 모두 몇 개인가요?

$$\frac{12}{5}\div 4<\square<\frac{13}{3}\div 2$$

(　　　　　　　　　　)

2 설탕 $3\frac{1}{4}$ kg을 6봉지에 똑같이 나누어 담았습니다. 설탕 한 봉지를 3명에게 똑같이 나누어 준다면 한 사람이 가져야 할 설탕은 몇 kg인지 구하세요.

(　　　　　　　　　　)

3 집에서 학교까지의 거리는 $4\frac{4}{5}$ km입니다. 버스와 자전거가 각각 일정한 빠르기로 달릴 때 집에서 학교까지 버스로 가면 8분이 걸리고, 자전거로 가면 24분이 걸립니다. 버스와 자전거로 각각 1분 동안 간 거리의 차는 몇 km인지 기약분수로 나타내세요.

(　　　　　　　　　　)

4 $2\frac{3}{7}$을 어떤 자연수로 나누었더니 분자가 1인 분수가 되었습니다. 어떤 자연수 중 가장 작은 수는 얼마인가요?

(　　　　　　　　　　)

5 넓이가 $6\frac{2}{9}$ cm^2인 정사각형 ㄱㄴㄷㄹ이 있습니다. 각 변의 가운데 점을 이어 새로운 정사각형을 계속해서 만들었을 때 색칠한 부분의 넓이는 몇 cm^2인지 기약분수로 구하세요.

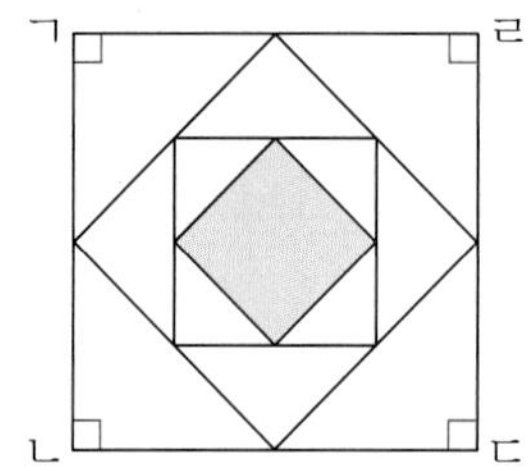

(　　　　　　　　　　)

6 밀가루 $4\frac{1}{3}$ kg 중 $\frac{5}{6}$ kg을 사용한 후 남은 밀가루를 5개의 통에 똑같이 나누어 담으려고 합니다. 통 한 개에 몇 kg씩 담아야 하는지 구하세요.

(　　　　　　　　　　)

1 단원
진도 완료 체크

[1~3] **도형을 보고 물음에 답하세요.**

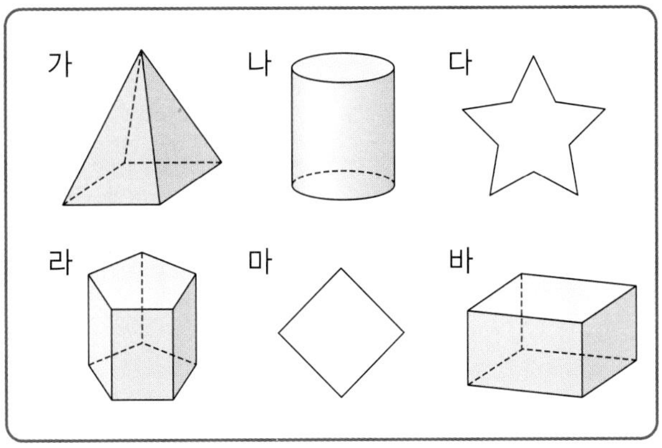

1 (하) 입체도형을 모두 찾아 기호를 쓰세요.

( )

2 (하) 밑면이 서로 평행하고 합동인 다각형으로 이루어진 입체도형을 모두 찾아 기호를 쓰세요.

( )

3 (하) 각뿔을 찾아 기호를 쓰세요.

( )

4 (하) □ 안에 알맞은 말을 써넣으세요.

> 각기둥에서 서로 평행하고 합동인 두 면을 □이라 하고, 두 밑면과 만나는 면을 □이라고 합니다.

5 (하) 입체도형의 이름을 쓰세요.

(1)

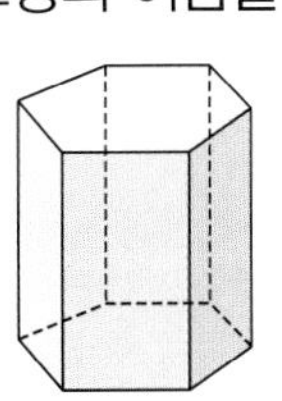

( )

(2)

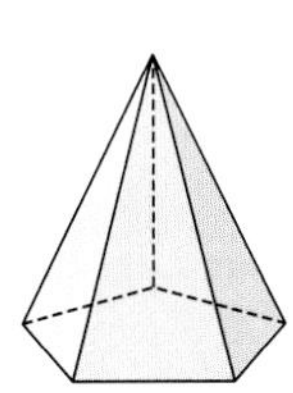

( )

6 (하) 각뿔을 보고 □ 안에 각 부분의 이름을 쓰세요.

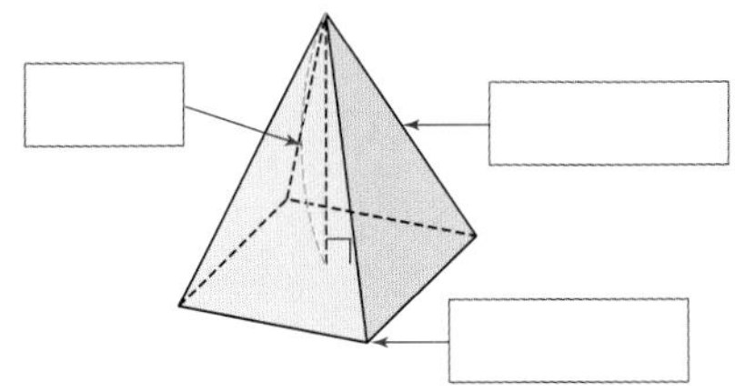

[7~8] **각기둥을 보고 물음에 답하세요.**

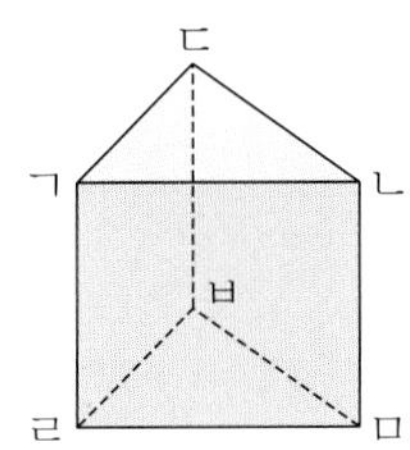

7 (중) 꼭짓점을 모두 찾아 쓰세요.

____

____

8 (중) 각기둥의 높이를 잴 수 있는 모서리를 모두 고르세요. ( )

① 모서리 ㄱㄹ ② 모서리 ㄴㅁ
③ 모서리 ㄹㅁ ④ 모서리 ㄷㅂ
⑤ 모서리 ㄷㄱ

9 (중) 옆면의 수가 같은 것끼리 짝 지으세요.

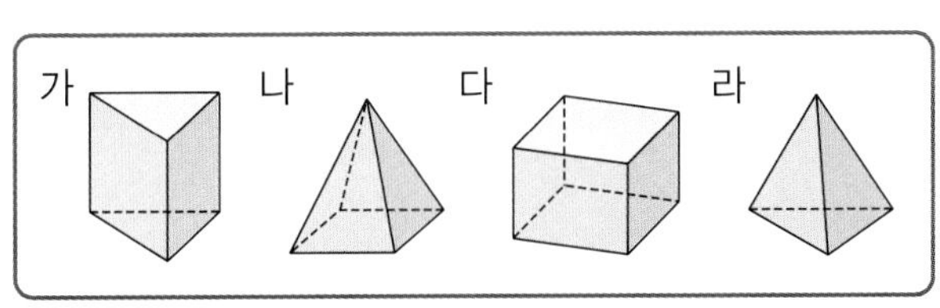

( )와 ( ),
( )와 ( )

10 중 각뿔의 높이는 몇 cm인가요?

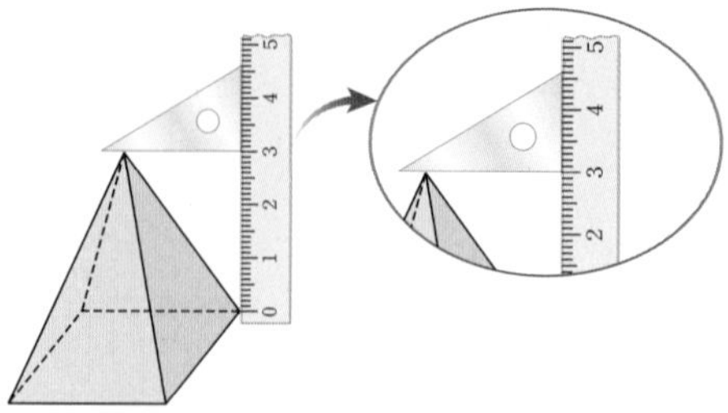

(　　　　　　　　　　　　　　)

11 중 빈칸에 알맞은 수를 써넣으세요.

입체도형	모서리의 수(개)	면의 수(개)
삼각기둥		
오각기둥		

12 중 각뿔을 바르게 설명한 것을 모두 찾아 기호를 쓰세요.

㉠ 밑면은 2개입니다.
㉡ 옆면은 모두 삼각형입니다.
㉢ 꼭짓점의 수와 면의 수는 같습니다.
㉣ 모서리와 모서리가 만나는 점은 높이입니다.

(　　　　　　　　　　　　　　)

서술형 문제

13 중 오른쪽 입체도형이 각뿔이 아닌 까닭을 쓰세요.

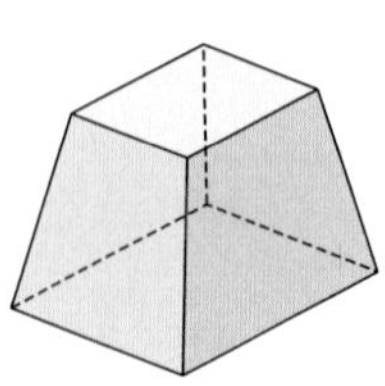

14 중 창의·융합 피라미드는 각뿔 모양입니다. 꼭짓점 중에서도 옆면이 모두 만나는 점을 무엇이라고 하나요?

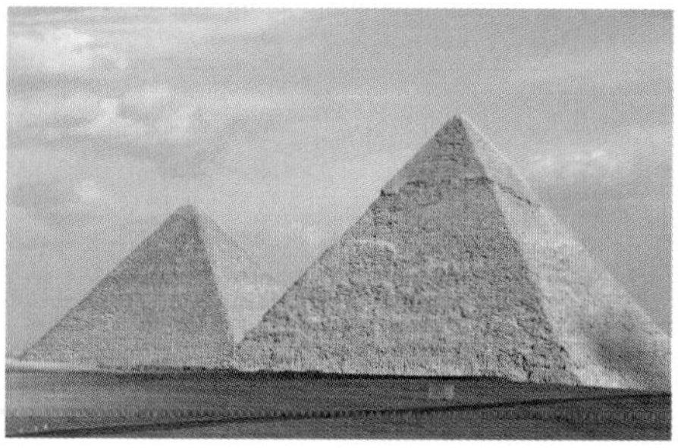

(　　　　　　　　　　　　　　)

15 중 전개도를 접었을 때 선분 ㄱㅊ과 맞닿는 선분을 찾아 쓰세요.

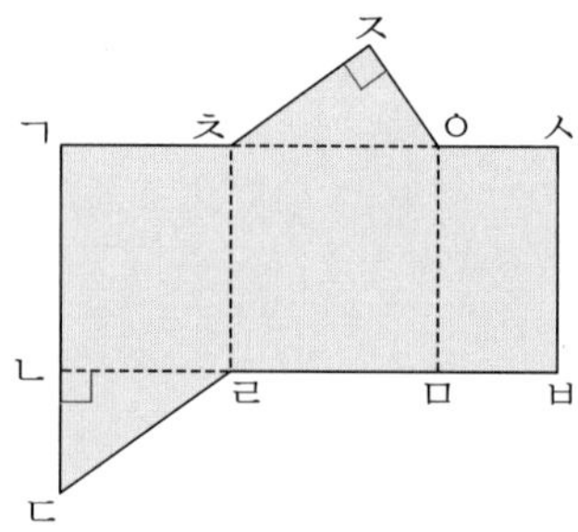

(　　　　　　　　　　　　　　)

16 중 다음 사각기둥에서 밑면이 될 수 있는 면은 모두 몇 쌍인가요? (단, 모든 면은 직사각형입니다.)

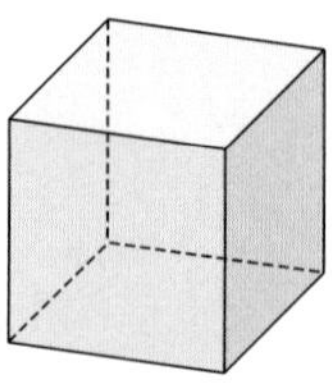

(　　　　　　　　　　　　　　)

17 중 사각뿔과 육각기둥의 꼭짓점의 수의 합은 몇 개인가요?

(　　　　　　　　　　　　　　)

[18~19] 면이 10개인 각뿔의 이름을 알아보려고 합니다. 물음에 답하세요.

18 옆면은 모두 몇 개인가요? (중)

(　　　　　　　　)

19 각뿔의 이름을 쓰세요. (중)

(　　　　　　　　)

[20~22] 밑면이 정오각형인 각기둥의 전개도입니다. 물음에 답하세요.

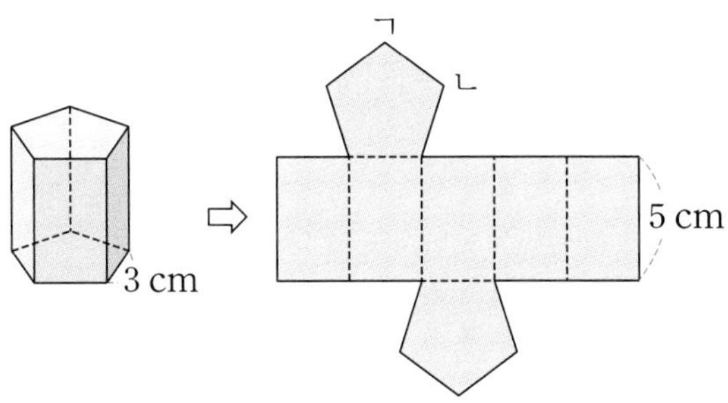

20 오각기둥의 높이는 몇 cm인가요? (중)

(　　　　　　　　)

21 전개도를 접었을 때 선분 ㄱㄴ과 길이가 같은 모서리는 선분 ㄱㄴ을 포함하여 모두 몇 개인가요? (중)

(　　　　　　　　)

문제 해결

22 전개도에서 옆면의 넓이의 합은 몇 cm^2인가요? (중)

(　　　　　　　　)

23 사각기둥의 전개도를 그리세요. (상)

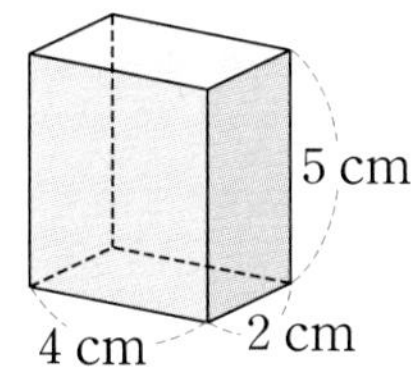

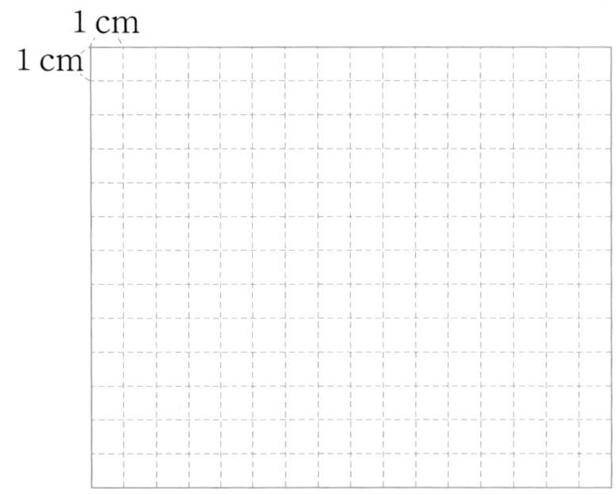

추론

24 민주는 색종이로 만든 각뿔 모양을 모서리를 따라 잘랐습니다. 그림을 보고 이 입체도형의 이름을 쓰세요. (상)

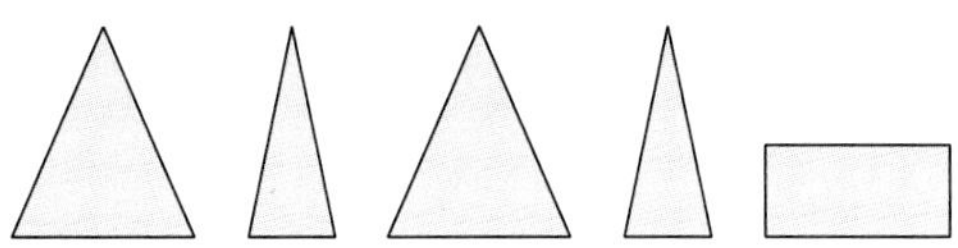

(　　　　　　　　)

서술형 문제

25 전개도를 접었을 때 만들어지는 각기둥의 모든 모서리의 길이의 합은 몇 cm인지 풀이 과정을 쓰고 답을 구하세요. (상)

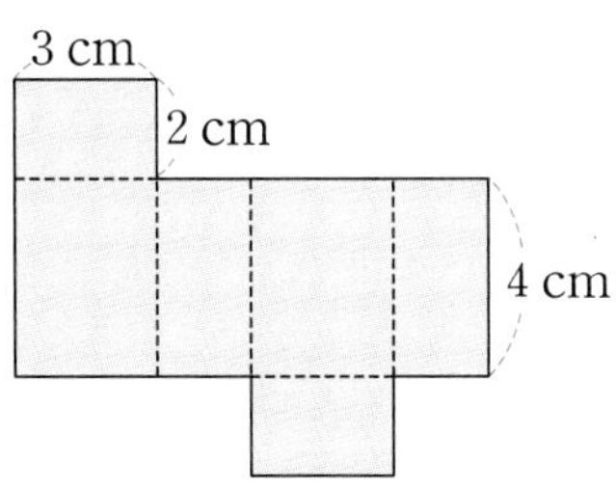

풀이 ______________________

____

____

____

답 ______________________

2 단원

[1~3] 도형을 보고 물음에 답하세요.

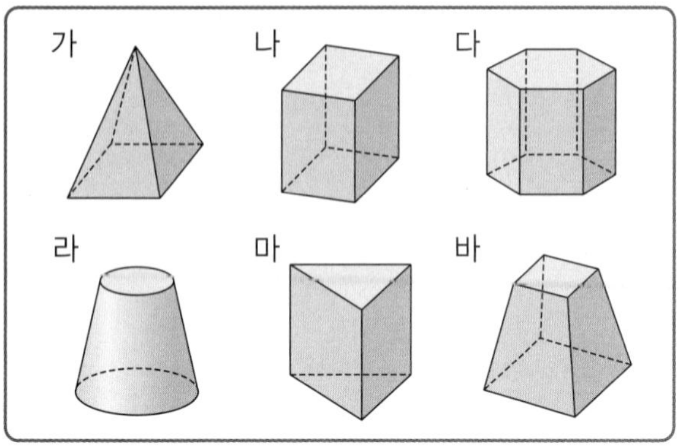

1 하 각기둥을 모두 찾아 기호를 쓰세요. [5점]

(　　　　　　　　　　)

2 하 마와 밑면의 모양이 같은 각뿔의 이름을 쓰세요. [5점]

(　　　　　　　　　　)

3 중 각기둥 중 모서리의 수가 가장 많은 것을 찾아 기호를 쓰세요. [5점]

(　　　　　　　　　　)

4 중 오른쪽 각기둥의 이름을 쓰세요. [5점]

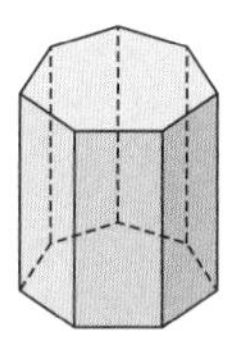

(　　　　　　　　　　)

5 중 오른쪽 사각뿔의 높이는 몇 cm인가요? [5점]

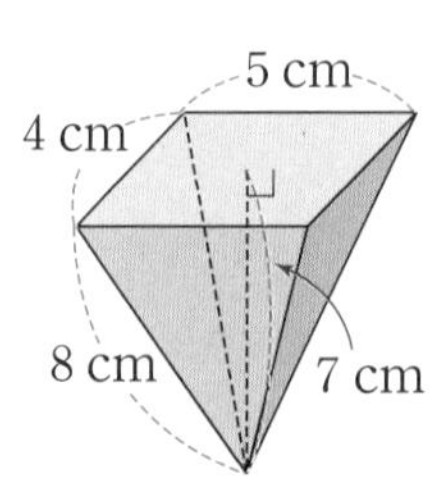

(　　　　　　　　　　)

의사소통

6 중 각기둥을 바르게 설명한 것을 모두 찾아 기호를 쓰세요. [5점]

㉠ 밑면은 서로 합동입니다.
㉡ 밑면은 1개입니다.
㉢ 밑면과 옆면은 서로 수직입니다.
㉣ 옆면은 삼각형입니다.

(　　　　　　　　　　)

7 중 밑면의 모양이 오른쪽과 같은 각뿔의 면, 모서리, 꼭짓점의 수를 쓰세요. [5점]

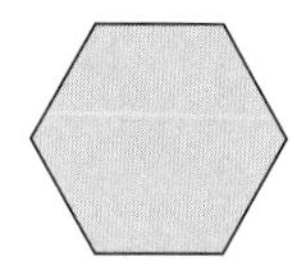

면의 수(개)	모서리의 수(개)	꼭짓점의 수(개)

8 중 전개도로 만들 수 있는 입체도형의 면, 꼭짓점, 모서리의 수의 합은 몇 개인가요? [5점]

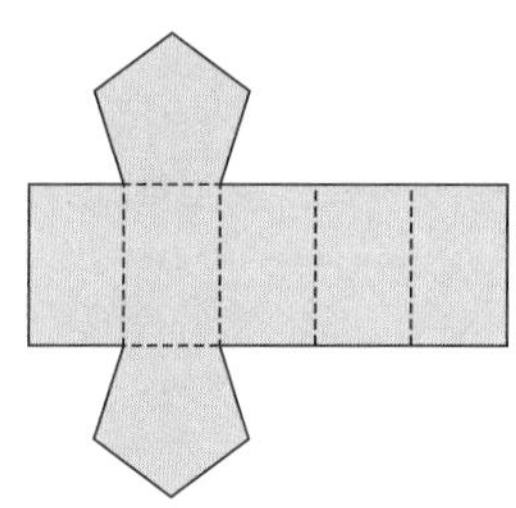

(　　　　　　　　　　)

서술형 문제

9 중 꼭짓점의 수가 11개인 각뿔의 이름은 무엇인지 풀이 과정을 쓰고 답을 구하세요. [10점]

풀이 ________________

____

____

답 ________________

정답 67쪽

10 ⓒ중 왼쪽 전개도를 접어서 오른쪽 각기둥을 만들었습니다. □ 안에 알맞은 수를 써넣으세요. [5점]

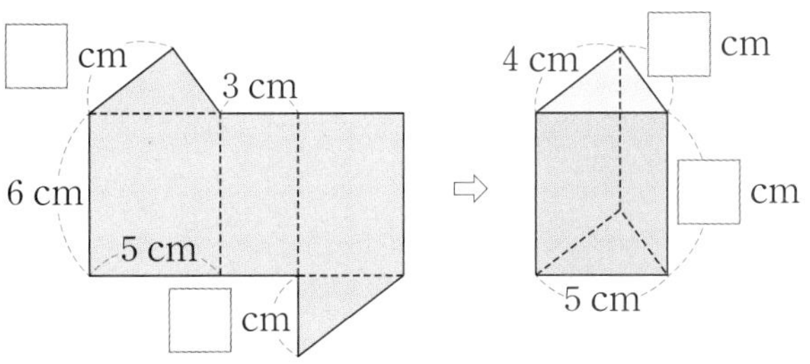

(추론)

11 ⓒ중 어떤 각기둥의 옆면만 그린 전개도의 일부분입니다. 이 각기둥의 밑면의 모양은 어떤 도형인가요? [5점]

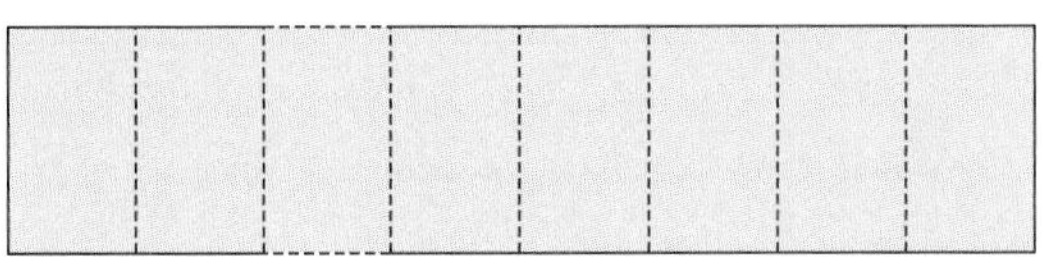

(　　　　　　　　　　)

12 ⓒ중 어느 각기둥 또는 각뿔에 대한 설명입니다. 어떤 입체도형에 대한 설명인지 이름을 쓰세요. [5점]

- 옆면은 직사각형입니다.
- 꼭짓점은 18개입니다.

(　　　　　　　　　　)

(의사소통)

13 ⓒ중 오각기둥과 오각뿔의 같은 점을 모두 찾아 기호를 쓰세요. [5점]

㉠ 밑면의 수	㉡ 옆면의 수
㉢ 밑면의 모양	㉣ 옆면의 모양

(　　　　　　　　　　)

[14~15] 전개도를 보고 물음에 답하세요.

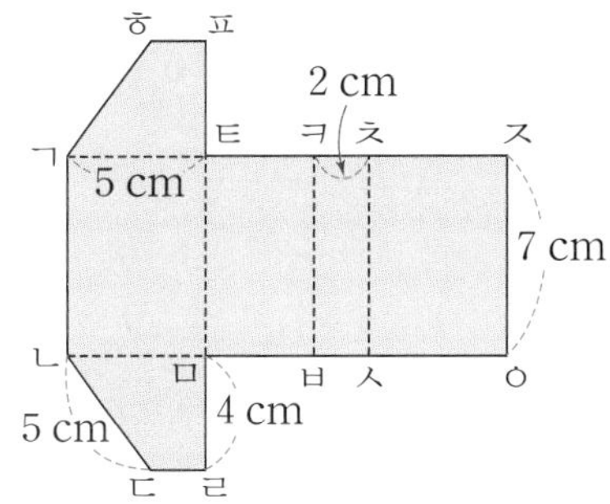

14 ⓒ중 전개도를 접어서 각기둥을 만들었을 때, 높이는 몇 cm인가요? [5점]

(　　　　　　　　　　)

15 ⓒ상 접었을 때 모서리가 되는 선분 중에서 선분 ㅋㅊ과 길이가 같은 선분을 모두 찾아 쓰세요. [5점]

(　　　　　　　　　　)

서술형 문제

16 ⓒ상 옆면이 오른쪽과 같은 이등변삼각형 8개로 이루어진 입체도형에서 모서리의 수는 꼭짓점의 수보다 몇 개 더 많은지 풀이 과정을 쓰고 답을 구하세요. [10점]

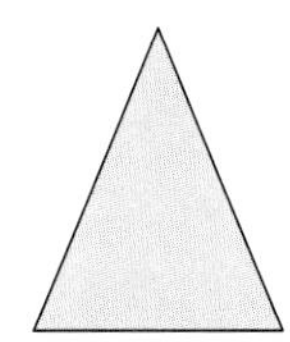

풀이 ______________________________

____

____

____

답 ______________

17 ⓒ상 오른쪽 전개도의 둘레는 70 cm입니다. 이 전개도를 접어서 모서리의 길이가 모두 같은 사각기둥을 만들 때 한 모서리의 길이는 몇 cm인가요? [10점]

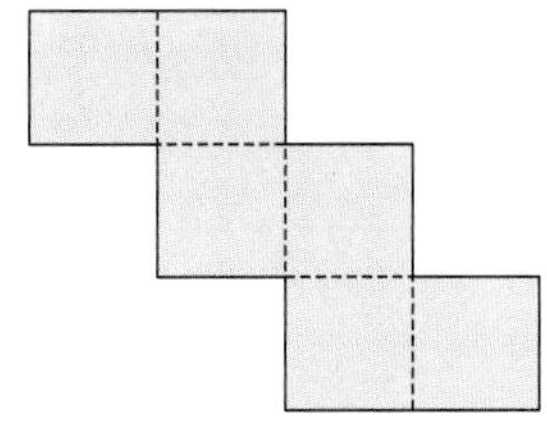

(　　　　　　　　　　)

2 단원

진도 완료 체크

과정 중심 단원평가

지필·구술 평가 대비

점수

구술 평가 발표를 통해 이해 정도를 평가

1 오른쪽 입체도형이 각기둥이 아닌 까닭을 쓰세요. [10점]

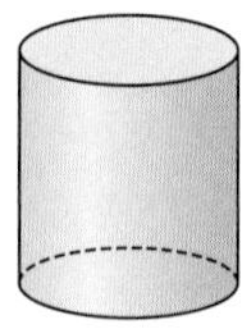

까닭 ______________________

____

____

____

지필 평가 종이에 답을 쓰는 형식의 평가

2 밑면과 옆면이 다음과 같은 입체도형의 이름은 무엇인지 풀이 과정을 쓰고 답을 구하세요. (단, 입체도형은 각기둥이거나 각뿔입니다.) [10점]

	밑면	옆면
모양	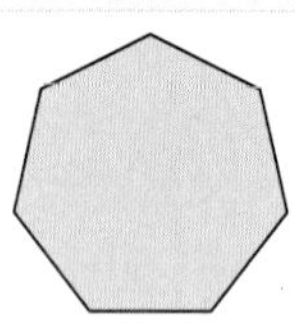	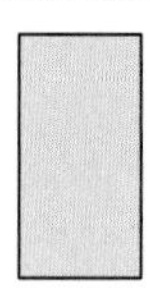
수	2개	7개

풀이 ______________________

____

____

____

답 ______________________

구술 평가

3 다음은 사각기둥을 만들 수 없는 전개도입니다. 그 까닭을 쓰세요. [10점]

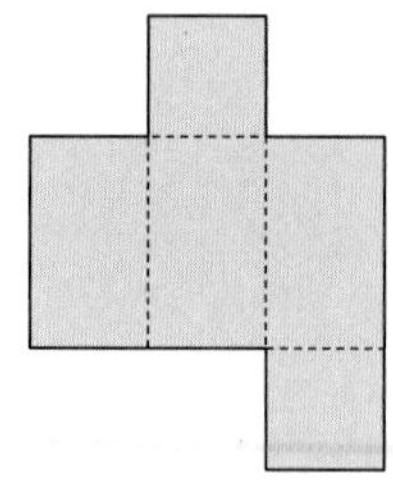

까닭 ______________________

____

____

____

구술 평가

4 두 입체도형의 같은 점을 2가지 쓰세요. [10점]

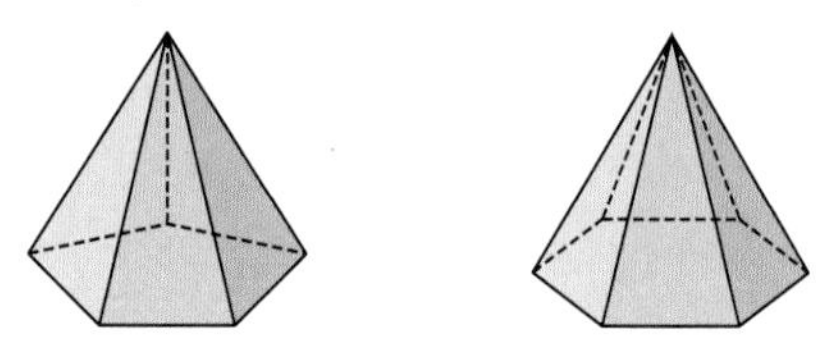

____

____

____

정답 68쪽

(지필 평가)

5 두 각기둥의 면의 수의 차는 몇 개인지 풀이 과정을 쓰고 답을 구하세요. [15점]

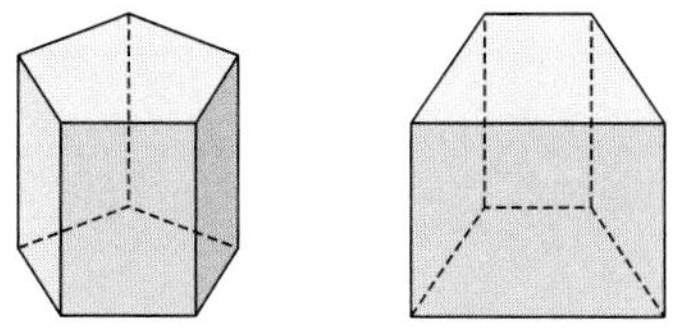

풀이

답

(지필 평가)

6 오른쪽 각뿔의 모서리의 수와 꼭짓점의 수의 합은 몇 개인지 풀이 과정을 쓰고 답을 구하세요. [15점]

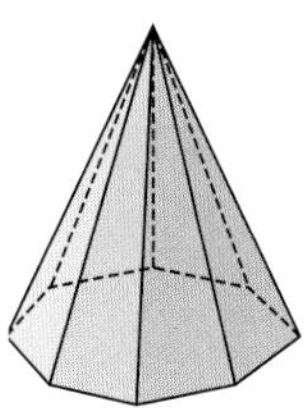

풀이

답

(지필 평가)

7 각기둥의 모든 모서리의 길이의 합은 몇 cm인지 풀이 과정을 쓰고 답을 구하세요. [15점]

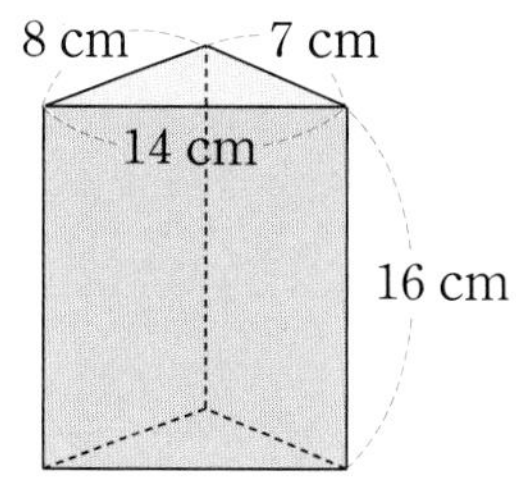

풀이

답

(지필 평가)

8 전개도를 접어서 만든 입체도형의 꼭짓점은 모두 몇 개인지 풀이 과정을 쓰고 답을 구하세요. [15점]

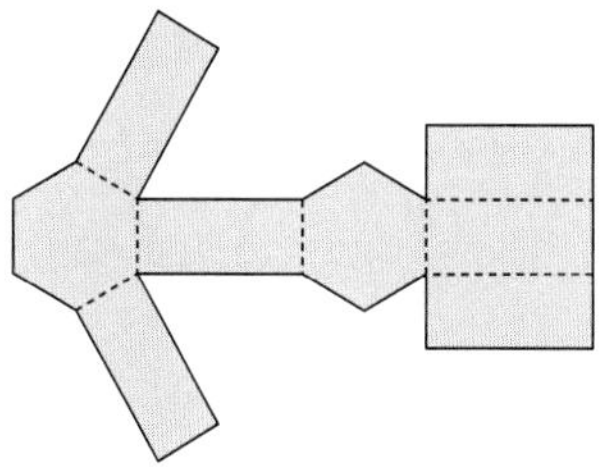

풀이

답

2 단원

심화 문제

1 각기둥과 각뿔에서 꼭짓점의 수, 면의 수, 모서리의 수를 알맞게 더하거나 빼면 항상 '2'가 되는 규칙이 있습니다. 표를 완성하고, ○ 안에 +, −를 알맞게 써넣으세요.

도형	꼭짓점의 수(개)	면의 수(개)	모서리의 수(개)
육각기둥	12	8	
팔각기둥			
삼각뿔			
오각뿔			

(꼭짓점의 수) ○ (면의 수) ○ (모서리의 수)=2

2 옆면이 오른쪽 그림과 같은 도형 7개로 이루어진 입체도형이 있습니다. 이 입체도형의 꼭짓점은 모두 몇 개인지 구하세요. (단, 입체도형은 각기둥이거나 각뿔입니다.)

(　　　　　　)

3 한 밑면의 모양이 오른쪽과 같고 높이가 2 cm인 각기둥의 전개도를 그리세요.

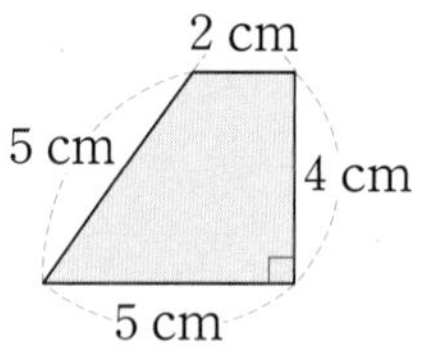

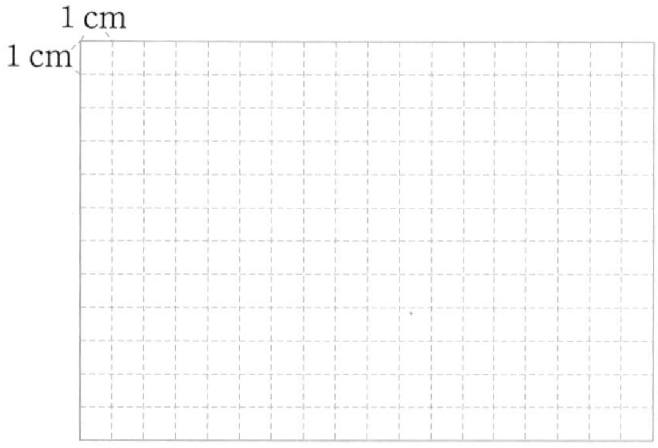

4 각뿔 모양의 티백을 보고 그린 도형입니다. 모든 모서리의 길이의 합은 몇 cm인가요? (단, 밑면은 정사각형이고 옆면은 이등변삼각형입니다.)

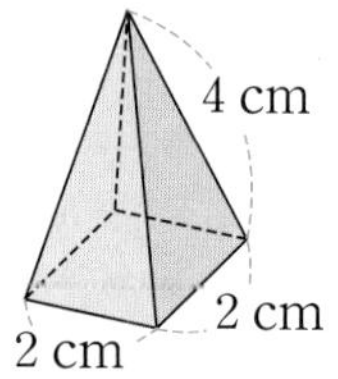

(　　　　　　)

5 그림과 같은 사각기둥 모양의 상자가 있습니다. 점 ㄱ에서 점 ㅇ까지 리본으로 장식할 때 리본을 가장 적게 사용하는 경우를 전개도에 그리세요.

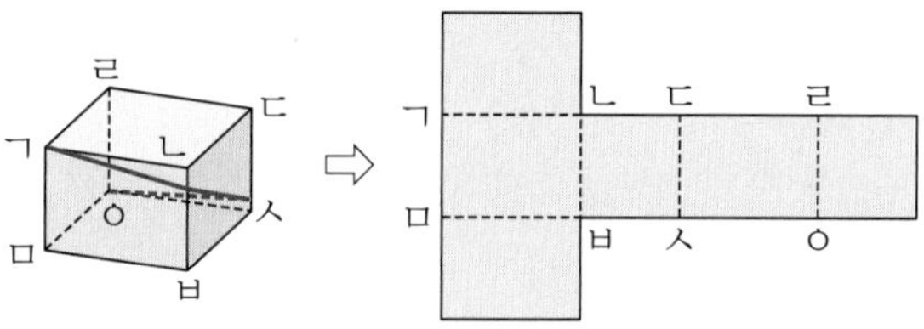

6 오른쪽 오각기둥의 옆면은 모두 합동인 직사각형이고 모든 모서리의 길이의 합은 90 cm입니다. 높이는 몇 cm인지 구하세요.

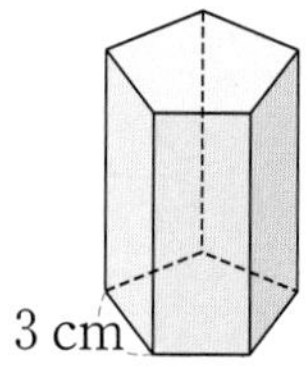

(　　　　　　)

1 하 빈칸에 알맞은 수를 써넣으세요.

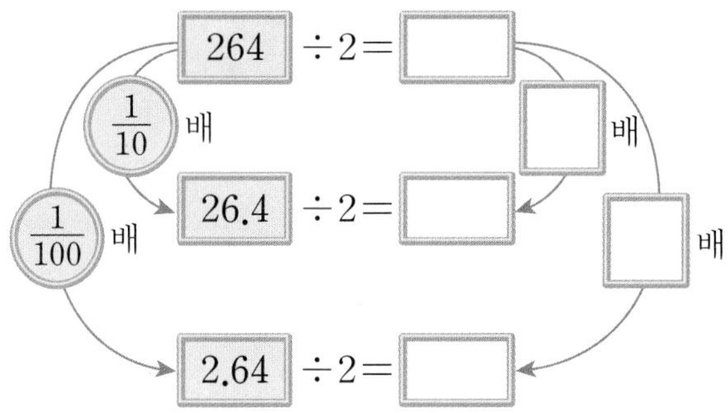

2 하 $3735 \div 3 = 1245$임을 이용하여 나눗셈의 몫에 소수점을 찍으세요.

$$37.35 \div 3 = 1\square 2\square 4\square 5$$

3 하 □ 안에 알맞은 수를 써넣으세요.

$$2.08 \div 8 = \frac{\square}{100} \div 8 = \frac{\square \div 8}{100}$$
$$= \frac{\square}{100} = \square$$

4 하 보기 와 같이 소수를 반올림하여 자연수로 나타내어 어림한 식으로 나타내세요.

보기
$2.76 \div 3$ ⇨ $3 \div 3$

(1) $34.6 \div 5$ ⇨ (　　　　　　　　)

(2) $9.18 \div 9$ ⇨ (　　　　　　　　)

[5~6] 계산을 하세요.

5 중 $8\overline{)8.4}$

6 중 $2\overline{)9}$

7 중 잘못 계산한 곳을 찾아 바르게 계산을 하세요.

```
     7.6
 5)3.8
   3 5
   ---
     3 0
     3 0
     ---
       0
```
⇨ $5\overline{)3.8}$

8 중 빈칸에 알맞은 소수를 써넣으세요.

÷ →

3.28	4	
8.1	6	

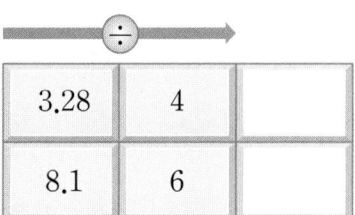

9 중 똑같은 구슬 7개의 무게는 5.81 kg입니다. 구슬 한 개의 무게는 몇 kg인지 구하세요.

식 ____________________

답 ____________________

10 (중) 다음 중 몫이 가장 큰 나눗셈은 어느 것인가요? ( )

① $3.24 \div 3$　② $2.76 \div 3$
③ $4.83 \div 3$　④ $5.16 \div 3$
⑤ $7.08 \div 3$

11 (중) 몫을 어림하여 올바른 식을 찾아 기호를 쓰세요.

㉠ $6138 \div 6 = 102.3$
㉡ $613.8 \div 6 = 10.23$
㉢ $61.38 \div 6 = 10.23$

( )

12 (중) 계산한 값을 찾아 선으로 이으세요.

$9.3 \div 6$ •	• 1.45
$5.8 \div 4$ •	• 4.12
$20.6 \div 5$ •	• 1.55

13 (중) 나눗셈의 몫을 소수로 나타내세요.

$25 \div 4$

( )

14 (중) 다음 중 몫의 소수 첫째 자리 숫자가 0인 나눗셈을 모두 고르세요. ( )

① $4.68 \div 6$　② $10.88 \div 8$
③ $14.98 \div 7$　④ $15.3 \div 5$
⑤ $18.36 \div 9$

15 (중) 주은이는 일정한 속도로 인라인스케이트를 타고 9분 동안 2.43 km를 달렸습니다. 주은이는 1분 동안 몇 km를 달린 셈인가요?

( )

서술형 문제

16 (중) 민희네 모둠 학생 4명은 쌀 5 kg을 똑같이 나누어 가졌고, 성주네 모둠 학생 5명은 쌀 6 kg을 똑같이 나누어 가졌습니다. 한 사람이 가진 쌀의 양은 어느 모둠이 더 많은지 풀이 과정을 쓰고 답을 구하세요.

풀이 ______________________

답 ______________________

17 (중) 오른쪽 그림과 같이 가로가 8 cm인 직사각형의 넓이가 $70\ cm^2$일 때, 세로는 몇 cm인가요?

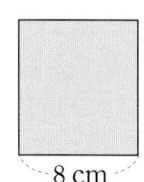

( )

18 중 둘레가 4.44 cm인 정삼각형의 한 변의 길이는 몇 cm인가요?

( )

19 중 빈칸에 알맞은 소수를 써넣으세요.

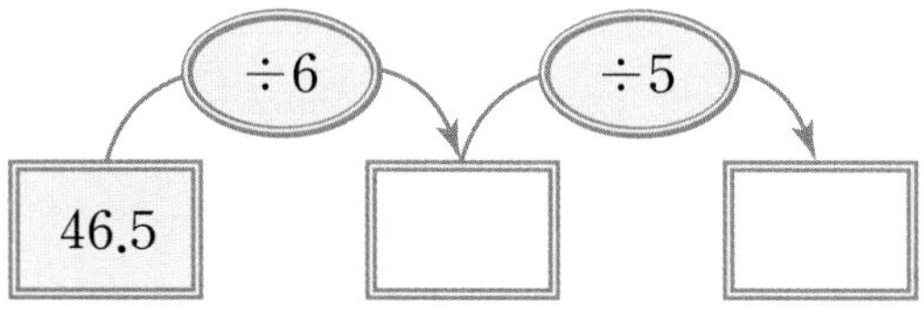

서술형 문제

20 중 그림과 같이 넓이가 8.96 cm^2이고 높이가 4 cm인 평행사변형의 밑변은 몇 cm인지 풀이 과정을 쓰고 답을 구하세요.

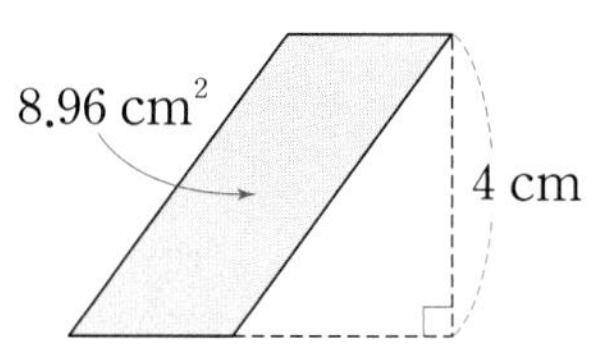

풀이 ______

답 ______

21 중 ㉠과 ㉡의 몫의 합을 구하세요.

㉠ 14.6÷5　　㉡ 6.72÷7

( )

22 상 21 km를 달리는 시합에서 어떤 선수가 1시간 15분의 기록을 세웠습니다. 이 선수는 1분에 몇 km를 달린 셈인지 구하세요.

( )

23 상 몫이 가장 큰 나눗셈과 가장 작은 나눗셈의 몫의 차를 구하세요.

37.68÷3	67.25÷5	99.45÷9

( )

24 상 □ 안에 알맞은 수를 써넣으세요.

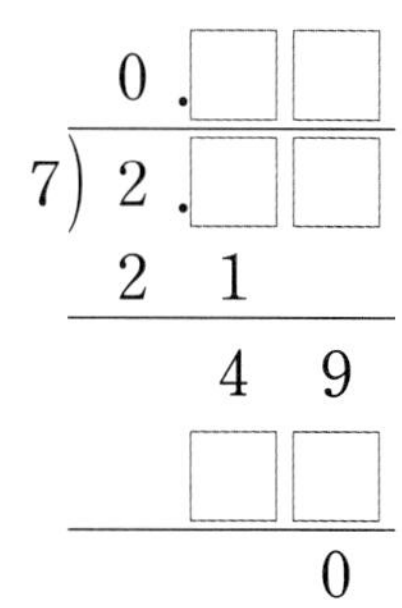

문제 해결

25 상 두 개의 상자에 각각 12.35 kg의 보리가 담겨 있습니다. 이 두 상자의 보리를 5명에게 똑같이 나누어 주려고 합니다. 한 사람에게 나누어 줄 보리는 몇 kg인가요?

( )

3 단원

1 하 자연수의 나눗셈을 이용하여 소수의 나눗셈을 하세요. [5점]

(1) $248 \div 2 = 124 \Rightarrow 2.48 \div 2 = \square$

(2) $816 \div 4 = 204 \Rightarrow 8.16 \div 4 = \square$

2 하 계산을 하세요. [8점]

(1) $6\overline{)9.2\ 4}$ (2) $3\overline{)2.7\ 3}$

3 하 소수를 분수로 고쳐서 계산하는 과정입니다. ㉠, ㉡, ㉢, ㉣에 알맞은 수를 쓰세요. [5점]

$$2.1 \div 5 = \frac{㉠}{100} \div 5 = \frac{㉡ \div 5}{100} = \frac{㉢}{100} = ㉣$$

㉠ (　　　　), ㉡ (　　　　),
㉢ (　　　　), ㉣ (　　　　)

4 중 빈칸에 알맞은 소수를 써넣으세요. [8점]

	÷8
3.68	
16.64	

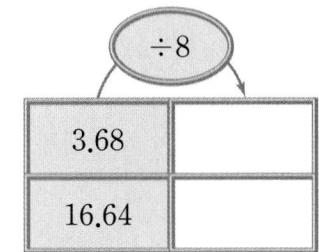

5 중 어림셈을 이용하여 알맞은 식을 찾아 ○표 하세요. [5점]

(1) $21.72 \div 6 = 36.2$ (　　)
$21.72 \div 6 = 3.62$ (　　)
$21.72 \div 6 = 0.362$ (　　)

(2) $7.05 \div 5 = 14.1$ (　　)
$7.05 \div 5 = 1.41$ (　　)
$7.05 \div 5 = 0.141$ (　　)

6 중 계산 결과를 비교하여 ○ 안에 >, =, <를 알맞게 써넣으세요. [5점]

$7.91 \div 7$ ○ $9.45 \div 9$

7 중 잘못 계산한 곳을 찾아 바르게 계산을 하세요. [5점]

```
      9.5
  6)5 4.3        ⇨    6)5 4.3
    5 4
      3 0
      3 0
        0
```

8 중 큰 수를 작은 수로 나눈 몫을 소수로 나타내세요. [5점]

7.05　　3

(　　　　)

9 중 몫이 가장 큰 수를 찾아 기호를 쓰세요. [5점]

㉠ $24 \div 8$　　㉡ $2.4 \div 8$　　㉢ $0.24 \div 8$

(　　　　　　　　)

10 중 □ 안에 들어갈 수 있는 수를 모두 고르세요. [5점] (　　　　)

$13 \div 5 < \square < 11 \div 4$

① 2.6　　② 2.62　　③ 2.72

④ 2.75　　⑤ 2.78

11 중 넓이가 $3.12\ m^2$인 밭에 6명의 학생이 똑같이 나누어 씨앗을 뿌리려고 합니다. 한 사람이 씨앗을 뿌려야 하는 땅은 몇 m^2인가요? [5점]

(　　　　　　　　)

서술형 문제

12 중 어떤 정육면체의 모든 모서리의 길이의 합이 57 cm일 때, 한 모서리는 몇 cm인지 풀이 과정을 쓰고 답을 구하세요. [8점]

풀이 ______________________

답 ______________________

13 중 몫을 어림하여 몫이 1보다 작은 나눗셈을 찾아 기호를 쓰세요. [5점]

㉠ $3.66 \div 2$　　㉡ $5.76 \div 3$

㉢ $6.37 \div 7$　　㉣ $8.08 \div 8$

(　　　　　　　　)

14 상 넓이가 $13.44\ cm^2$이고 높이가 4 cm인 삼각형의 밑변은 몇 cm인가요? [8점]

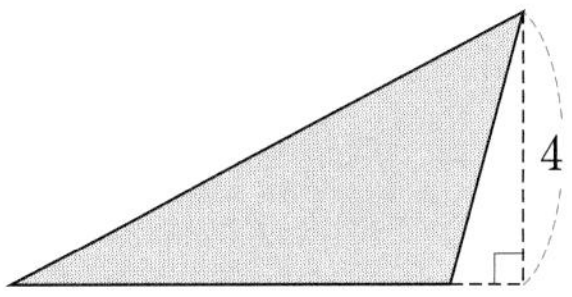

(　　　　　　　　)

문제 해결

15 상 수 카드 4장 중 3장을 뽑아 만들 수 있는 소수 두 자리 수 중 $58 \div 8$의 몫보다 큰 수를 모두 쓰세요. [8점]

1　2　3　7

(　　　　　　　　)

서술형 문제

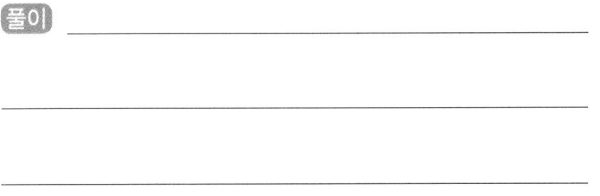

16 상 어떤 수를 5로 나누어야 할 것을 잘못하여 곱했더니 8.75가 되었습니다. 바르게 계산하면 얼마인지 풀이 과정을 쓰고 답을 구하세요. [10점]

풀이 ______________________

답 ______________________

3 단원

진도 완료 체크

과정 중심 단원평가

지필 평가 종이에 답을 쓰는 형식의 평가

1 둘레가 4.88 m인 정사각형 모양의 꽃밭이 있습니다. 이 꽃밭의 한 변의 길이는 몇 m인지 풀이 과정을 쓰고 답을 구하세요. [10점]

풀이

답

구술 평가 발표를 통해 이해 정도를 평가

2 □ 안에 알맞은 수를 써넣고, $685 \div 5$를 이용하여 $6.85 \div 5$를 계산하는 방법을 설명하세요. [10점]

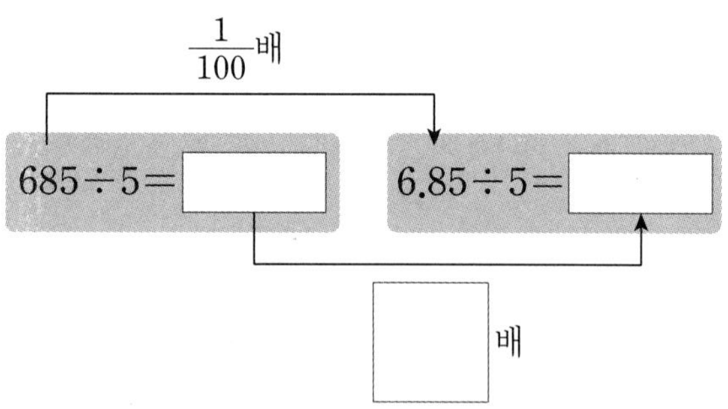

지필 평가

3 넓이가 4.98 m^2인 직사각형 모양의 게시판을 6등분 했습니다. 색칠한 부분의 넓이는 몇 m^2인지 풀이 과정을 쓰고 답을 구하세요. [10점]

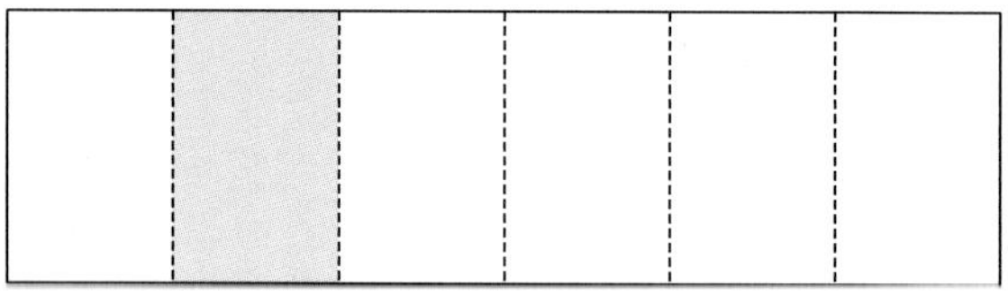

풀이

답

관찰 평가 관찰을 통해 이해 정도를 평가

4 굵기가 일정한 철사 7 m의 무게가 21.28 kg입니다. 이 철사 1 m의 무게는 몇 kg인지 두 가지 방법으로 구하세요. [10점]

방법 1

답

방법 2

답

정답 71쪽

지필 평가

5 수 카드 4장 중 3장을 뽑아 가장 작은 소수 두 자리 수를 만들고, 남은 수 카드의 수로 나누었을 때의 몫은 얼마인지 풀이 과정을 쓰고 답을 구하세요. [15점]

1	3	5	9

풀이

답

지필 평가

6 페인트 16.64 L를 사용하여 가로가 4 m, 세로가 2 m인 직사각형 모양의 벽을 칠했습니다. 1 m^2의 벽을 칠하는 데 사용한 페인트는 몇 L인지 풀이 과정을 쓰고 답을 구하세요. [15점]

풀이

답

지필 평가

7 9 m인 길에 같은 간격으로 나무 5그루를 심으려고 합니다. 나무와 나무 사이의 간격을 몇 m로 해야 하는지 풀이 과정을 쓰고 답을 구하세요. [15점]

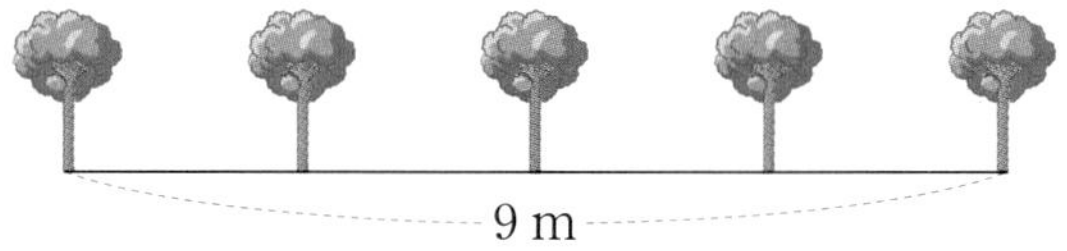

풀이

답

지필 평가

8 직사각형 가의 가로는 14.2 cm, 세로는 3 cm이고 직사각형 나의 가로는 5 cm입니다. 두 도형의 넓이가 같다면 직사각형 나의 세로는 몇 cm인지 풀이 과정을 쓰고 답을 구하세요. [15점]

풀이

답

3 단원

1 몫을 어림하여 몫이 1보다 작은 나눗셈은 모두 몇 개인지 구하세요.

㉠ $1.06 \div 2$	㉡ $5.4 \div 5$	㉢ $12.4 \div 8$
㉣ $2.52 \div 2$	㉤ $4.15 \div 5$	㉥ $10.88 \div 8$
㉦ $3.78 \div 2$	㉧ $6.04 \div 5$	㉨ $7.84 \div 8$

( )

2 둘레가 250 m인 원 모양의 호수 둘레에 일정한 간격으로 나무를 40그루 심으려고 합니다. 나무와 나무 사이의 간격을 몇 m로 해야 하나요?

( )

3 둘레가 41.28 cm인 정육각형이 있습니다. 이 정육각형의 한 변의 길이는 어떤 정사각형의 둘레의 길이와 같습니다. 어떤 정사각형의 한 변은 몇 cm인지 구하세요.

( )

4 전체 길이가 7 cm이고 일정한 빠르기로 타는 양초가 있습니다. 양초에 불을 붙이고 5분이 지난 후 남은 길이를 재어 보았더니 처음 길이의 0.7만큼 남아 있었습니다. 이 양초는 1분 동안 몇 cm씩 탄 셈인가요?

( )

5 무게가 각각 같은 과일 통조림 6개와 참치 통조림 6개의 무게를 재었더니 3.24 kg이었습니다. 과일 통조림 한 개가 0.3 kg이라면 참치 통조림 한 개는 몇 kg인지 구하세요.

( )

6 길이가 똑같은 색 테이프 5장을 0.5 cm씩 겹쳐지게 이어 붙였더니 전체 길이가 28.9 cm가 되었습니다. 색 테이프 한 장의 길이는 몇 cm인가요?

( )

3 단원
진도 완료 체크

1 하 그림을 보고 □ 안에 알맞은 수를 써넣으세요.

(1) 파란색 구슬이 빨간색 구슬보다 □개 더 많습니다.

(2) 파란색 구슬 수는 빨간색 구슬 수의 □배입니다.

2 하 □ 안에 알맞게 써넣으세요.

20 : 50에서 □은 기준량이고 □은 비교하는 양입니다. 기준량에 대한 비교하는 양의 크기를 □(이)라고 합니다.

[3~4] 그림을 보고 물음에 답하세요.

3 하 농구공 수와 축구공 수의 비를 쓰세요.

(　　　　　　　　)

4 하 축구공 수와 농구공 수의 비를 쓰세요.

(　　　　　　　　)

5 하 물 8컵과 쌀 9컵을 넣어 밥을 지으려고 합니다. 물 양에 대한 쌀 양의 비를 쓰세요.

(　　　　　　　　)

6 하 비율을 분수와 소수로 각각 나타내세요.

6의 8에 대한 비

분수 (　　　　　　　　)

소수 (　　　　　　　　)

7 중 관계있는 것끼리 선으로 이으세요.

7 : 5 •	• $\frac{5}{7}$
17과 20의 비 •	• 0.85
7에 대한 5의 비 •	• 1.4

8 중 전체에 대한 색칠한 부분의 비가 3 : 4가 되도록 색칠하세요.

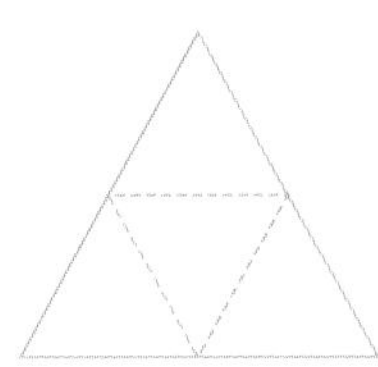

9 중 장미가 19송이, 백합이 20송이 있습니다. 백합 수에 대한 장미 수의 비율을 소수로 나타내세요.

( )

10 중 널판지의 세로에 대한 가로의 비율을 분수로 나타내세요.

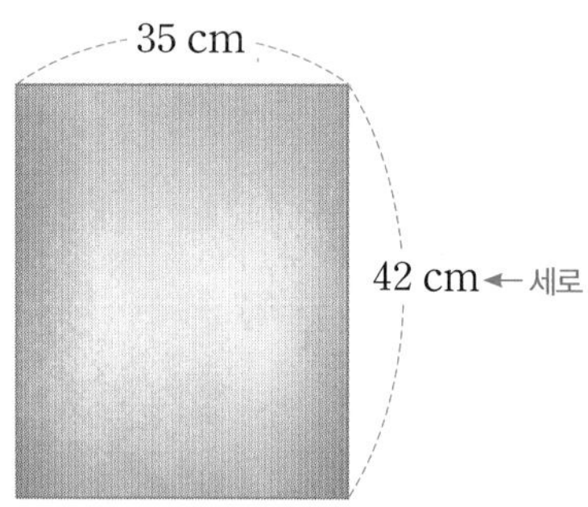

( )

[11~12] 그림을 보고 전체에 대한 색칠한 부분의 비율을 백분율로 나타내세요.

11 중

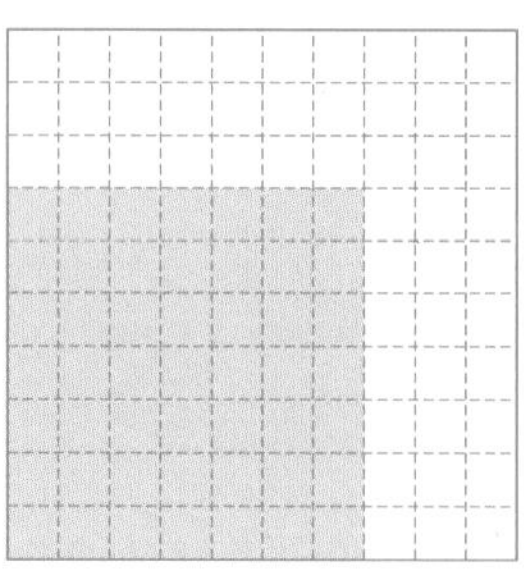

( )

12 중

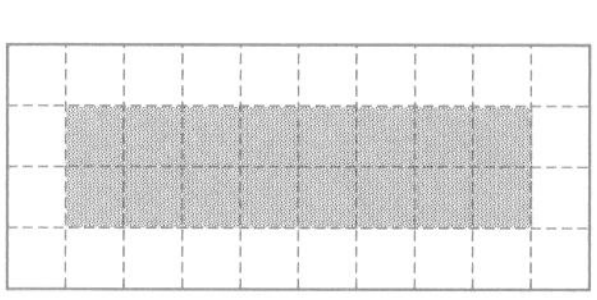

( )

13 중 준우네 모둠은 7명입니다. 그중 여학생이 4명일 때 준우네 모둠 전체 학생 수에 대한 남학생 수의 비를 쓰세요.

( )

14 중 빈칸에 알맞은 수를 써넣으세요.

분수	소수	백분율
$\frac{67}{100}$		67 %
	0.03	
$\frac{29}{50}$		

15 중 두 비율의 크기를 비교하여 ○ 안에 >, =, <를 알맞게 써넣으세요.

$\frac{19}{25}$ ○ 72 %

[16~17] 가 **자전거는 70 km를 가는 데 2시간이 걸렸고** 나 **자전거는 90 km를 가는 데 3시간이 걸렸습니다. 물음에 답하세요.**

16 중 두 자전거의 걸린 시간에 대한 달린 거리의 비율을 각각 구하세요.

가 자전거 ( )

나 자전거 ( )

문제 해결

17 중 어느 자전거가 더 빠른가요?

( )

서술형 문제

18 (중) 정은이네 반 학생은 40명입니다. 그중 안경을 쓴 학생은 6명입니다. 안경을 쓰지 않은 학생은 전체 학생의 몇 %인지 풀이 과정을 쓰고 답을 구하세요.

풀이 ______________________

____

____

답 ______________________

[19~20] **민호네 농장에는 닭 100마리, 오리 44마리, 돼지 36마리, 소 220마리로 가축이 모두 400마리 있습니다. 물음에 답하세요.**

19 (중) 돼지는 전체의 몇 %인가요?

( )

20 (중) 소의 수에 대한 오리의 수의 비율을 백분율로 나타내세요.

( )

문제 해결

21 (중) 전교 어린이 회장 선거에서 500명이 투표에 참여했습니다. 전교 어린이 회장 후보인 미정이는 235표를 얻었습니다. 미정이의 득표율은 몇 %인가요?

( )

서술형 문제

22 (중) 비율 0.4를 기준량이 5인 비로 나타내는 풀이 과정을 쓰고 답을 구하세요.

풀이 ______________________

____

____

답 ______________________

[23~24] **과학 시간에 정수는 소금 51 g을 녹여 소금물 300 g을 만들었고, 시현이는 소금 80 g을 녹여 소금물 500 g을 만들었습니다. 물음에 답하세요.**

23 (상) 정수와 시현이가 만든 소금물에서 소금물 양에 대한 소금 양의 비율은 각각 몇 %인가요?

정수 ( )

시현 ( )

24 (상) 누가 만든 소금물이 더 진한가요?

( )

창의·융합

25 (상) 어느 야구 선수가 지난해 350타수 중 안타를 119개 쳤습니다. 이 선수의 지난해 타율을 소수로 나타내세요. (단 타율은 전체 타수에 대한 안타 수의 비율입니다.)

( )

1 하 그림을 보고 전체에 대한 색칠한 부분의 비를 구하세요. [5점]

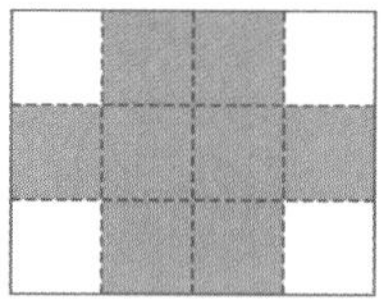

(　　　　　　　　　　　　　)

2 하 기준량이 3인 것을 찾아 기호를 쓰세요. [5점]

㉠ 3 : 7
㉡ 3과 5의 비
㉢ 3에 대한 8의 비
㉣ 3의 4에 대한 비

(　　　　　　　　　　　　　)

3 중 지난달에 동화책을 윤호는 13권 읽고, 현아는 윤호보다 5권 적게 읽었습니다. 윤호가 읽은 동화책 수와 현아가 읽은 동화책 수의 비를 쓰세요. [5점]

(　　　　　　　　　　　　　)

4 중 진수네 모둠 학생은 12명입니다. 그중 남학생은 7명입니다. 남학생 수에 대한 여학생 수의 비율을 분수로 나타내세요. [5점]

(　　　　　　　　　　　　　)

의사 소통

5 중 앵두 70개, 자두 50개가 있습니다. 앵두 수와 자두 수를 두 가지 방법으로 비교하세요. [5점]

방법 1 ______________________________

방법 2 ______________________________

6 중 비율이 큰 것부터 차례로 기호를 쓰세요. [5점]

㉠ 0.55　㉡ $\frac{45}{50}$　㉢ 47 %　㉣ $\frac{1}{4}$

(　　　　　　　　　　　　　)

7 중 어느 문구점에서 한 권에 1000원 하는 공책을 할인을 받아 850원에 샀습니다. 공책을 몇 % 할인받았는지 구하세요. [5점]

(　　　　　　　　　　　　　)

서술형 문제

8 중 두 마을 중 인구가 더 밀집한 곳은 어느 마을인지 풀이 과정을 쓰고 답을 구하세요. [5점]

마을	넓이 (km^2)	인구(명)
가 마을	5	18505
나 마을	3	11352

풀이 ______________________________

답 ______________

(창의·융합)

9 중 윤우는 사회 시간에 마을 지도를 그렸습니다. 윤우네 집에서부터 학교까지 실제 거리는 600 m인데 지도에는 3 cm로 그렸습니다. 윤우네 집에서부터 학교까지 실제 거리에 대한 지도에서 거리의 비율을 분수로 나타내세요. [8점]

( )

10 중 직사각형 가의 넓이에 대한 나의 넓이의 비율을 소수로 나타내세요. [8점]

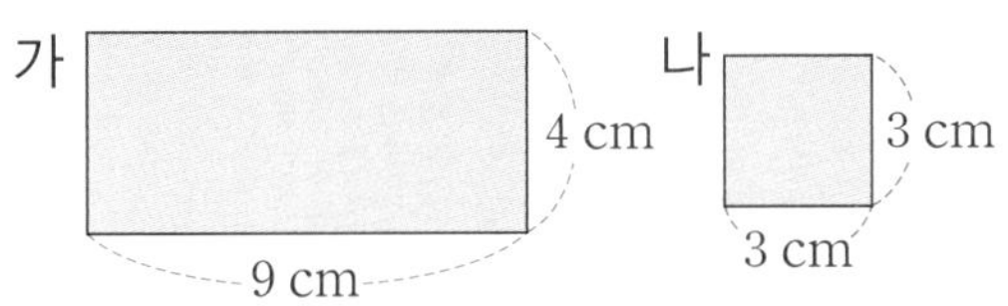

( )

[11~12] 문구점에서 파는 물건의 원래 가격과 할인된 판매 가격을 나타낸 표입니다. 물음에 답하세요.

물건	원래 가격	할인된 판매 가격	할인율
실내화	10000원	7000원	
가방	20000원	17000원	
농구공	30000원	27000원	

11 중 위의 표의 빈칸에 알맞게 써넣으세요. [5점]

12 중 할인율이 가장 높은 물건은 무엇인가요? [5점]

( )

13 상 물 210 g에 소금 30 g을 넣어 만든 소금물에 소금 10 g을 더 넣었습니다. 새로 만든 소금물에서 소금물 양에 대한 소금 양의 비율을 소수로 나타내세요. [8점]

( )

서술형 문제

14 상 이자가 매달 같을 때 예금한 돈에 대한 한 달 동안의 이자의 비율을 백분율로 나타내는 풀이 과정을 쓰고 답을 구하세요. [10점]

예금한 돈	예금한 기간	이자
120000원	6개월	14400원

풀이 ____________________

____

____

답 ____________________

15 상 곰 인형을 작년에는 6개를 75000원에 팔았는데 올해에는 같은 인형 5개를 75000원에 팝니다. 인형 1개의 값은 작년에 비해 몇 % 올랐는지 구하세요. [8점]

( )

16 상 은솔이가 같은 시각에 사람들의 키와 그림자의 길이를 재어서 나타낸 표입니다. 사람의 키에 대한 그림자의 길이의 비율을 소수로 나타내세요. [8점]

사람	삼촌	언니
키	184 cm	164 cm
그림자의 길이	230 cm	205 cm

( )

4 단원

진도 완료 체크

과정 중심 단원평가

점수

지필 평가 종이에 답을 쓰는 형식의 평가

1 도넛 수와 접시 수를 잘못 비교한 학생은 누구인지 풀이 과정을 쓰고 답을 구하세요. [10점]

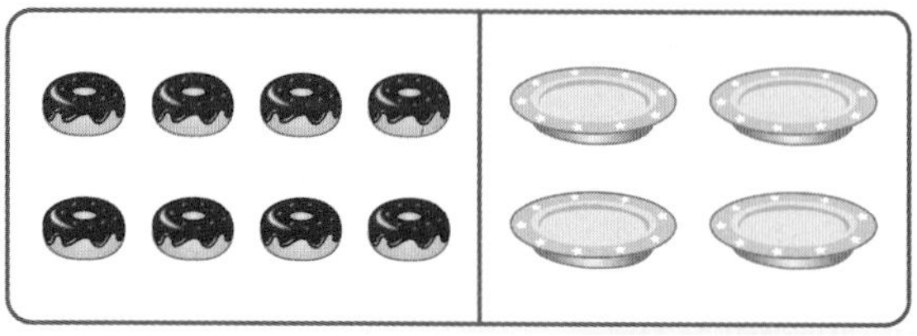

승현: 뺄셈으로 비교하면 $8-4=4$이므로 도넛이 접시보다 4개 더 많습니다.
민주: 나눗셈으로 비교하면 $8\div4=2$이므로 접시 수는 도넛 수의 2배입니다.

풀이

답

구술 평가

2 두 비는 서로 다릅니다. 그 이유를 쓰세요. [10점]

8 : 11	11 : 8

이유

구술 평가 발표를 통해 이해 정도를 평가

3 비에 대해 이야기한 것이 옳은지 틀린지 판단하고, 그 이유를 쓰세요. [10점]

우리 반의 전체 학생은 24명이고, 여학생은 11명이야. 우리 반의 여학생 수와 남학생 수의 비는 13 : 11이야.

(옳습니다 , 틀립니다)

이유

지필 평가

4 3 : 5를 잘못 읽은 학생은 누구인지 풀이 과정을 쓰고 답을 구하세요. [10점]

진섭: 3과 5의 비
경미: 3에 대한 5의 비
호동: 3의 5에 대한 비

풀이

답

정답 73쪽

(지필 평가)

5 빨간색과 파란색 페인트를 4 : 7로 섞었습니다. 파란색 페인트 양의 빨간색 페인트 양에 대한 비율을 소수로 나타내는 풀이 과정을 쓰고 답을 구하세요. [15점]

풀이 ______________________

답 ______________________

(구술 평가)

6 두 직사각형 가, 나의 가로에 대한 세로의 비율을 각각 구하고 알게 된 점을 설명하세요. [15점]

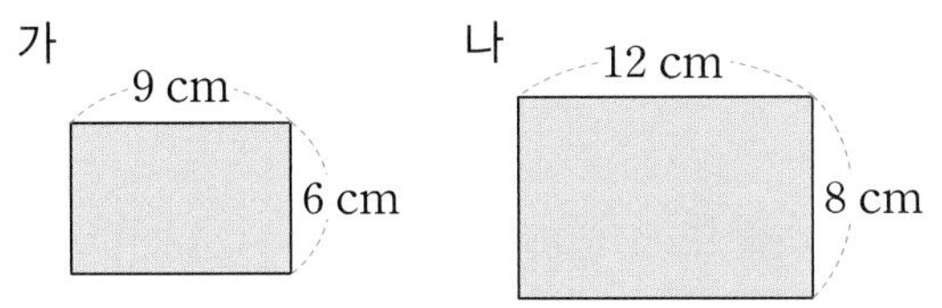

풀이 ______________________

(지필 평가)

7 진우와 민호가 농구를 하며 던진 슛과 성공한 슛의 개수를 나타낸 표입니다. 슛을 성공한 비율이 더 높은 학생은 누구인지 풀이 과정을 쓰고 답을 구하세요. [15점]

이름	던진 슛	성공한 슛
진우	30개	21개
민호	25개	18개

풀이 ______________________

답 ______________________

(지필 평가)

8 혜서와 민우는 물에 딸기 원액을 넣어 딸기주스를 만들었습니다. 혜서는 물에 딸기 원액 135 mL를 넣어 딸기주스 300 mL를 만들고, 민우는 물에 딸기 원액 160 mL를 넣어 딸기주스 400 mL를 만들었습니다. 누가 만든 딸기주스가 더 진한지 풀이 과정을 쓰고 답을 구하세요. [15점]

풀이 ______________________

답 ______________________

1 승현, 윤우, 진형이가 농구공을 골대에 넣기로 하였습니다. 세 명 중 성공률이 가장 높은 사람은 누구인지 쓰세요.

승현: 72개의 공을 던져 골대에 36개를 넣었어.
윤우: 75개의 공을 던져 골대에 39개를 넣었지.
진형: 난 성공률이 45 %야.

(　　　　　　　　　)

2 어느 장난감 공장에서 지난달에 생산한 제품은 3000개이고 불량률은 2.5 %였습니다. 이번 달에 생산한 제품은 5000개이고 불량률은 지난달과 같았을 때 불량품은 지난달보다 몇 개 늘었는지 구하세요.

(　　　　　　　　　)

3 별이네 옷 가게에서는 옷을 사면 가격의 5 %를 적립금으로 적립해 줍니다. 옷을 사고 적립금 700원을 적립했다면, 옷 가격은 얼마인지 구하세요.

(　　　　　　　　　)

4 기준량과 비교하는 양의 합이 85인 비율을 백분율로 나타내면 70 %일 때 기준량은 얼마인가요?

(　　　　　　　　　)

5 표준 몸무게의 120 % 이상이 되면 비만입니다. 다음을 보고 키가 180 cm이고 몸무게가 90 kg인 준섭이의 형은 비만인지, 비만이 아닌지 구하세요.

표준 몸무게: (키$-$100)$\times$0.9

(　　　　　　　　　)

6 그림을 보고 전체 삼각형 ㄱㄴㄷ의 넓이에 대한 색칠한 삼각형 ㄱㄹㅁ의 넓이의 비율을 기약분수로 나타내세요.

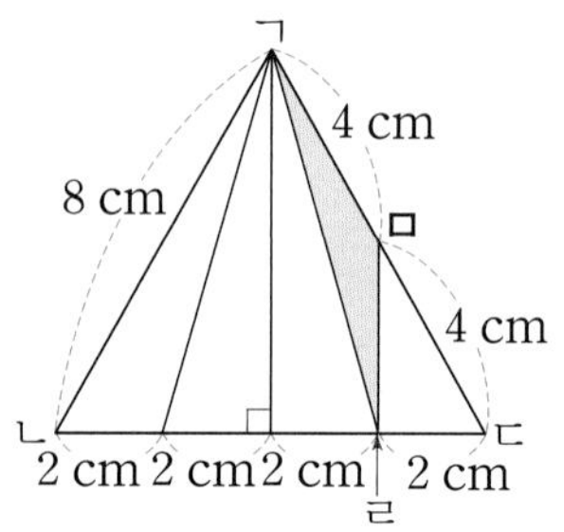

(　　　　　　　　　)

기본 단원평가

지필 평가 대비

5. 여러 가지 그래프

점수

[1~3] 우리나라 권역별 쌀 생산량을 조사하여 나타낸 그림그래프입니다. 물음에 답하세요.

권역별 쌀 생산량

(출처: 통계청, 2021)

1 은 몇 t을 나타내나요? 하

(　　　　　　　　　　)

2 은 몇 t을 나타내나요? 하

(　　　　　　　　　　)

창의·융합

3 쌀 생산량이 가장 많은 권역은 어디인가요? 하

(　　　　　　　　　　)

[4~5] 기훈이네 반 학생들이 좋아하는 간식을 조사하여 나타낸 띠그래프입니다. 물음에 답하세요.

좋아하는 간식별 학생 수

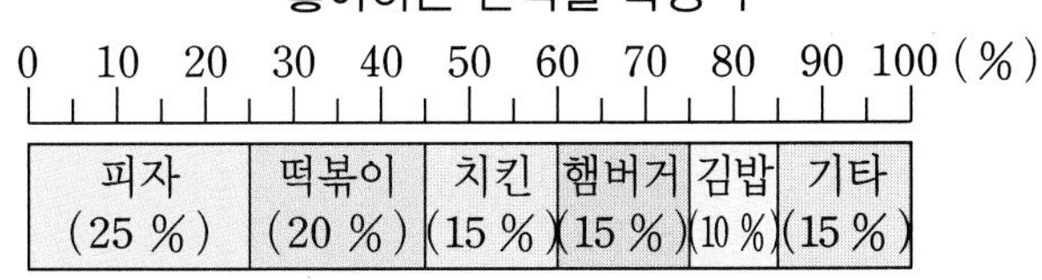

4 가장 많은 학생이 좋아하는 간식은 무엇인가요? 하

(　　　　　　　　　　)

5 햄버거를 좋아하는 학생의 수는 전체의 몇 %인가요? 하

(　　　　　　　　　　)

[6~7] 대훈이네 반 학생들이 좋아하는 꽃을 조사하여 나타낸 원그래프입니다. 물음에 답하세요.

좋아하는 꽃별 학생 수

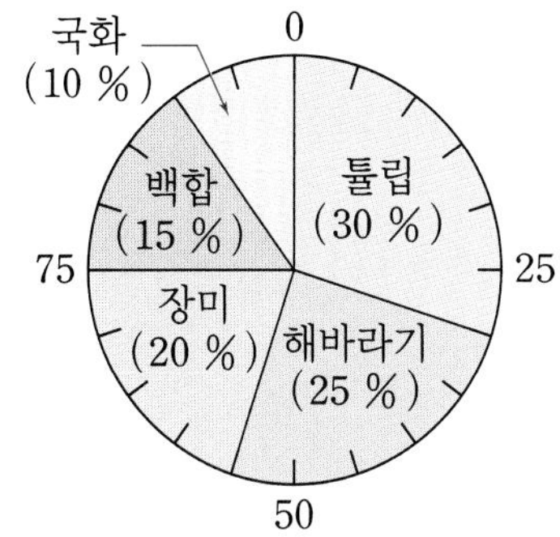

6 가장 적은 학생이 좋아하는 꽃은 무엇인가요? 하

(　　　　　　　　　　)

7 해바라기를 좋아하는 학생의 수는 전체의 몇 %인가요? 하

(　　　　　　　　　　)

[8~9] 지희네 반 학생들이 좋아하는 과목을 조사하여 나타낸 띠그래프입니다. 물음에 답하세요.

좋아하는 과목별 학생 수

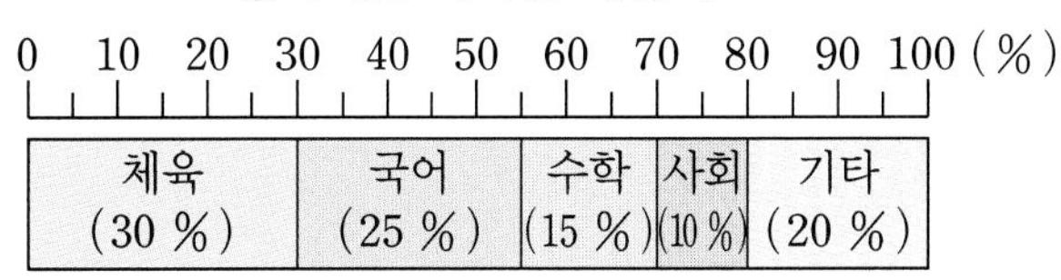

8 국어나 수학을 좋아하는 학생 수는 사회를 좋아하는 학생 수의 몇 배인가요? 중

(　　　　　　　　　　)

9 전체 학생 수가 480명이라면 수학을 좋아하는 학생은 몇 명인가요? 중

(　　　　　　　　　　)

5 단원

[10~13] 어느 지역에서 구독하는 신문을 조사하여 나타낸 표입니다. 물음에 답하세요.

신문별 구독 부수

신문	가	나	다	라	기타	합계
구독 부수(부)	140	120	40	60	40	
백분율(%)						

10 표를 완성하세요.
중

11 표를 보고 막대그래프로 나타내세요.
중

신문별 구독 부수

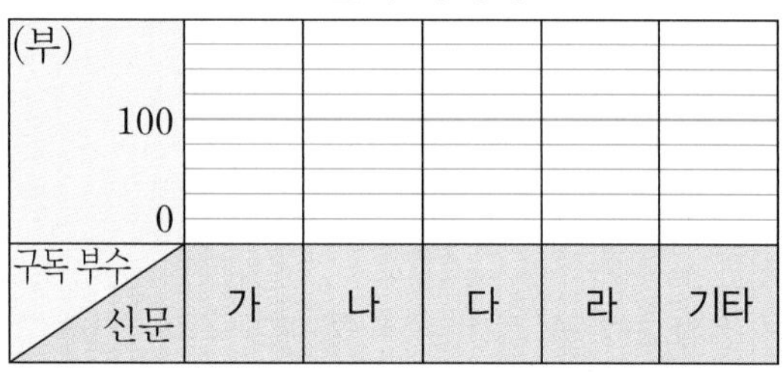

12 표를 보고 띠그래프로 나타내세요.
중

신문별 구독 부수

13 표를 보고 원그래프로 나타내세요.
중

신문별 구독 부수

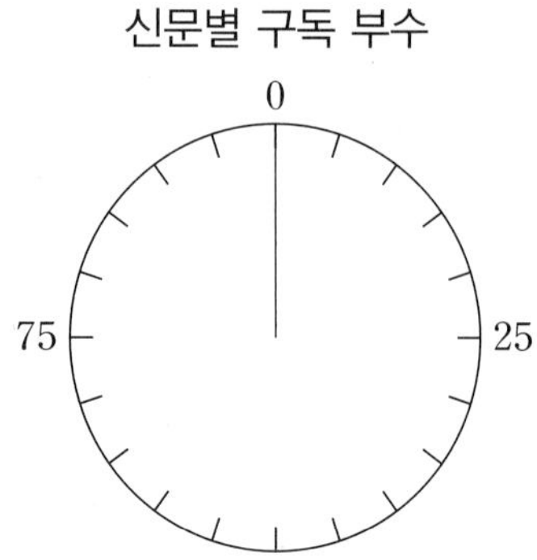

[14~17] 동주네 반 학생들이 주말에 다녀온 장소를 조사하여 나타낸 원그래프입니다. 물음에 답하세요.

주말에 다녀온 장소별 학생 수

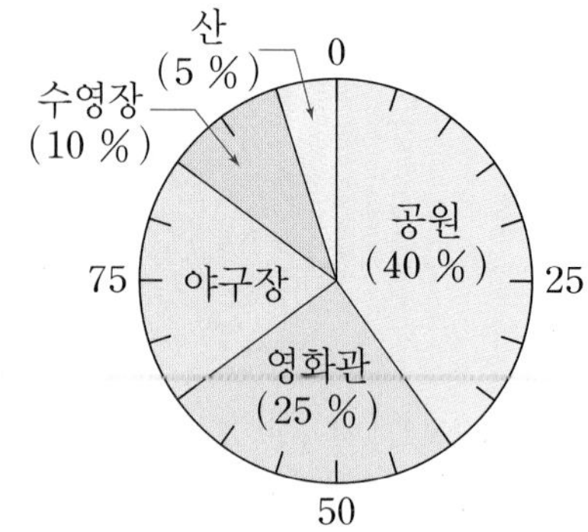

14 영화관에 다녀온 학생 수는 산에 다녀온 학생 수의 몇 배인가요?
중

( )

15 야구장에 다녀온 학생 수는 전체의 몇 %인가요?
중

( )

16 동주네 반 학생이 40명이라면 주말에 야구장에 다녀온 학생은 몇 명인가요?
중

( )

17 원그래프를 보고 띠그래프로 나타내세요.
중

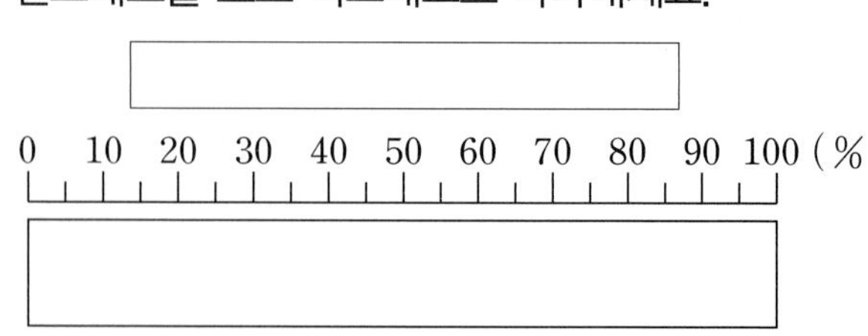

5 단원

[18~21] 혁준이네 마을의 과일 생산량 비율의 변화를 나타낸 띠그래프입니다. 물음에 답하세요.

과일 생산량 비율의 변화

	사과	복숭아	포도	딸기
2020년	22 %	33 %	37 %	8 %
2021년	30 %	36 %	24 %	10 %
2022년	35 %	40 %	9 %	16 %

18 중 2022년의 딸기 생산량 비율은 2020년의 딸기 생산량 비율의 몇 배인가요?

( )

문제 해결

19 중 전체에 대한 비율이 2021년에 비해 2022년에 감소한 과일은 무엇인가요?

( )

20 중 2021년에 혁준이네 마을의 전체 과일 생산량은 50 t입니다. 2021년의 복숭아 생산량은 몇 t인가요?

( )

서술형 문제

21 상 위의 그래프를 보고 과일별 생산량 비율이 어떻게 변화되고 있는지 쓰세요.

풀이 ______

______

______

[22~25] 주말 농장에 심은 채소별 밭의 넓이를 조사하여 나타낸 원그래프입니다. 깻잎을 심은 밭의 넓이가 24 m^2일 때, 물음에 답하세요.

채소별 밭의 넓이

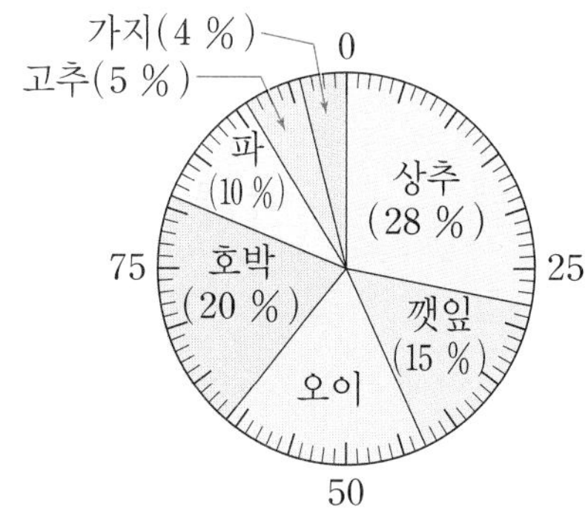

22 중 오이를 심은 밭의 넓이는 전체의 몇 %인가요?

( )

서술형 문제

23 중 밭 전체의 넓이는 몇 m^2인지 풀이 과정을 쓰고 답을 구하세요.

풀이 ______

______

______

답 ______

24 상 호박을 심은 밭의 넓이는 깻잎을 심은 밭의 넓이보다 몇 m^2 더 넓은가요?

( )

추론

25 상 같은 넓이의 밭에 내년에는 호박을 심을 밭의 넓이를 8 m^2 줄이고 파를 심을 밭의 넓이를 8 m^2 늘리려고 합니다. 내년에는 파를 심을 밭의 넓이는 전체의 몇 %가 되나요?

( )

5 단원

창의·융합

1 하 국가별 이산화 탄소 배출량을 조사하여 나타낸 표입니다. 표를 보고 그림그래프로 나타내세요. [5점]

국가별 이산화 탄소 배출량

국가	대한민국	일본	미국	브라질
이산화 탄소 배출량(t)	6억	11억	48억	4억

(출처: 통계청, 2019.)

국가별 이산화 탄소 배출량

국가	배출량
대한민국	
일본	
미국	
브라질	

[2~3] 지현이네 반 학생들이 여행하고 싶은 나라를 조사하여 나타낸 표입니다. 물음에 답하세요

여행하고 싶은 나라별 학생 수

나라	미국	일본	중국	필리핀	기타	합계
학생 수(명)	16		10	4	4	40
백분율(%)						

2 하 표를 완성하세요. [5점]

3 중 표를 보고 띠그래프로 나타내세요. [5점]

여행하고 싶은 나라별 학생 수

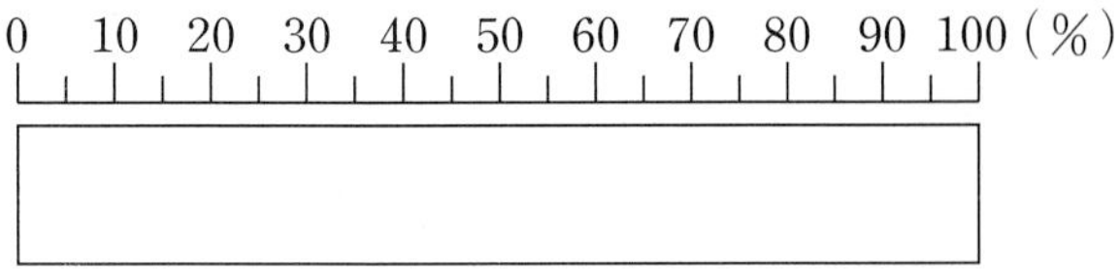

4 중 보기에서 전체에 대한 각 부분의 비율을 이용하여 그리는 그래프를 모두 찾아 기호를 쓰세요. [5점]

보기
㉠ 원그래프 ㉡ 막대그래프
㉢ 꺾은선그래프 ㉣ 띠그래프

( )

[5~7] 유리네 집의 각 공간이 차지하는 넓이의 비율을 조사하여 나타낸 띠그래프입니다. 부엌의 넓이가 $7\ m^2$일 때, 물음에 답하세요.

각 공간이 차지하는 넓이의 비율

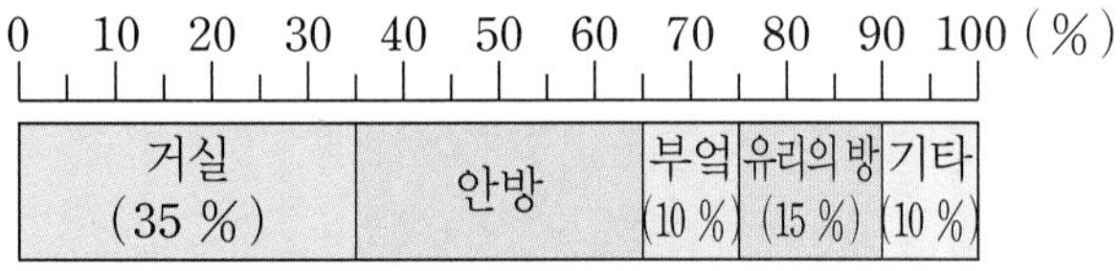

5 중 집 전체의 넓이는 몇 m^2인가요? [5점]

( )

6 중 안방이 차지하는 공간은 집 전체의 몇 %인가요? [5점]

( )

7 중 띠그래프를 보고 원그래프로 나타내세요. [5점]

각 공간이 차지하는 넓이의 비율

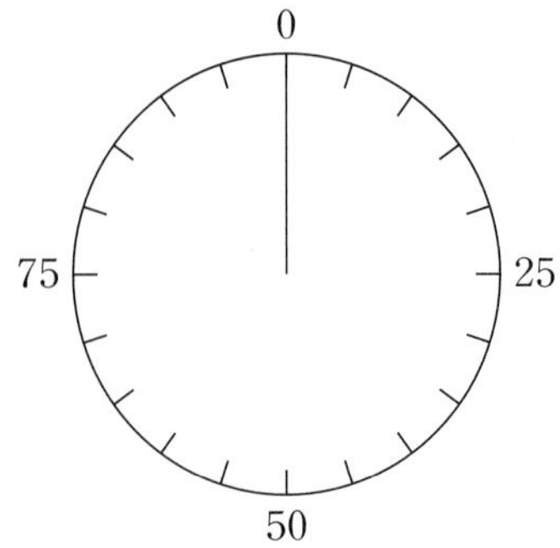

[8~9] 준서네 반 학생들이 가장 가지고 싶은 물건을 조사하여 나타낸 띠그래프입니다. 물음에 답하세요.

가지고 싶은 물건별 학생 수

8 중 컴퓨터를 가지고 싶은 학생 수는 피아노를 가지고 싶은 학생 수의 몇 배인가요? [8점]

( )

9 중 준서네 반 학생이 50명이라면 자전거를 가지고 싶은 학생은 몇 명인가요? [8점]

( )

[10~11] 어느 도시의 연령별 인구 구성비의 변화를 나타낸 띠그래프입니다. 물음에 답하세요.

연령별 인구 구성비의 변화

	20세 미만	20~59세	60세 이상
1990년	35.7 %	40.8 %	23.5 %
2000년	35.3 %	41 %	23.7 %
2010년	34.8 %	41.3 %	23.9 %
2020년	34.2 %	41.7 %	24.1 %

10 중 1990년에 비하여 2020년에 줄어든 연령 층은 어느 연령층인가요? [8점]

( )

서술형 문제

11 중 60세 이상의 인구는 앞으로 어떻게 변화될 것인지 쓰세요. [10점]

[12~15] 진우네 학교 6학년 1반과 2반의 학급 문고를 조사하여 나타낸 원그래프입니다. 1반의 학급 문고 수는 300권이고, 2반의 학급 문고 수는 200권입니다. 물음에 답하세요.

1반 학급 문고 2반 학급 문고

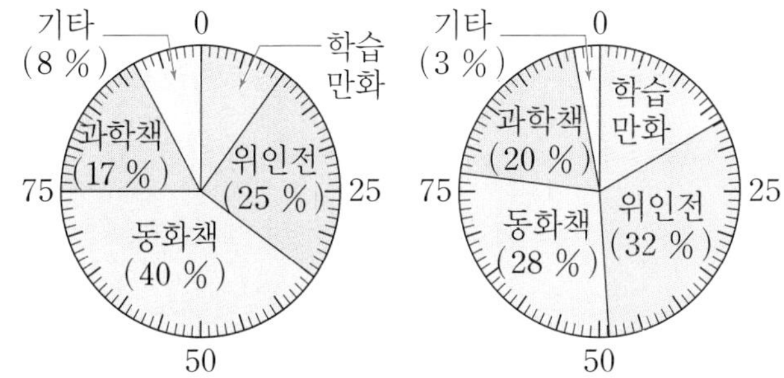

12 중 반별로 가장 많은 책의 종류를 쓰세요. [5점]

1반 ( )

2반 ( )

문제 해결

13 상 1반과 2반의 학급 문고 중 위인전은 각각 몇 권인가요? [8점]

1반 ( )

2반 ( )

14 상 학습 만화의 비율은 2반이 1반의 1.7배입니다. 2반의 학습 만화 수는 2반 전체의 몇 %인가요? [8점]

( )

서술형 문제

15 상 과학책은 어느 반이 몇 권 더 많은지 풀이 과정을 쓰고 답을 구하세요. [10점]

풀이

답

5 단원

진도 완료 체크

구술 평가 발표를 통해 이해 정도를 평가

1 우리나라 권역별 초등학생의 수를 그림그래프로 나타내면 좋은 점을 쓰세요. [10점]

권역별 초등학생 수

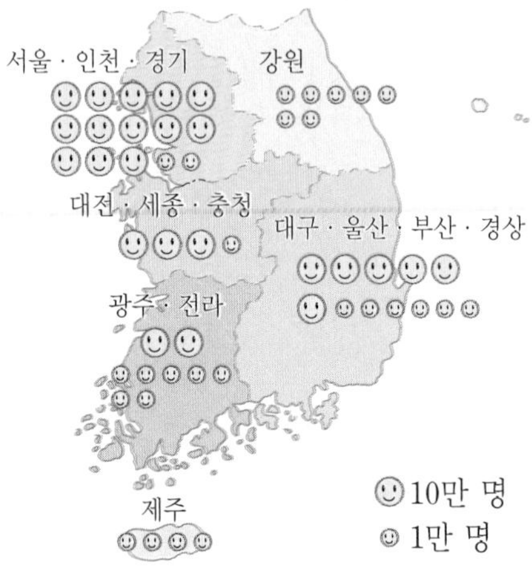

(출처: 통계청, 2021)

지필 평가 종이에 답을 쓰는 형식의 평가

2 어느 초등학교의 학년별 학생 수를 조사하여 나타낸 띠그래프입니다. 가장 많은 학년은 몇 학년인지 풀이 과정을 쓰고 답을 구하세요. [10점]

학년별 학생 수

0 10 20 30 40 50 60 70 80 90 100(%)

1학년 (15 %)	2학년 (15 %)	3학년 (20 %)	4학년	5학년 (16 %)	6학년 (16 %)

풀이

답

[3~4] 영미네 학교 6학년 학생 300명이 등교할 때 이용하는 교통수단을 조사하여 나타낸 띠그래프입니다. 물음에 답하세요.

교통수단별 학생 수

걷기 (50 %)	자전거 (15 %)	버스	기타

지필 평가

3 자전거를 타고 등교하는 학생은 몇 명인지 풀이 과정을 쓰고 답을 구하시오. [15점]

풀이

답

지필 평가

4 걸어서 등교하는 학생이 버스를 타고 등교하는 학생보다 105명 더 많을 때 버스를 타고 등교하는 학생 수는 전체의 몇 %인지 풀이 과정을 쓰고 답을 구하세요. [15점]

풀이

답

정답 77쪽

[5~6] 정원이네 학교 6학년 학생들이 즐겨 읽는 책을 조사하여 나타낸 원그래프입니다. 물음에 답하세요.

즐겨 읽는 책별 학생 수

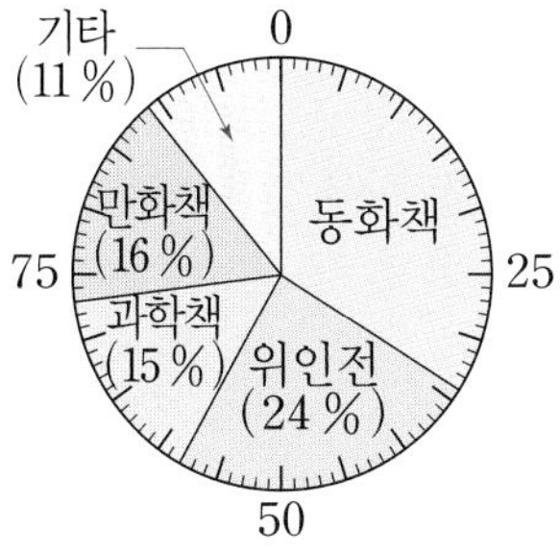

(지필 평가)

5 가장 많이 즐겨 읽는 책은 무엇인지 풀이 과정을 쓰고 답을 구하세요. [10점]

풀이

답

(지필 평가)

6 만화책을 즐겨 읽는 학생이 48명일 때, 동화책을 즐겨 읽는 학생은 몇 명인지 풀이 과정을 쓰고 답을 구하세요. [15점]

풀이

답

(구술 평가)

7 마을별 전기 사용량을 그래프로 나타낼 때 어느 그래프가 가장 좋을 것으로 생각하는지 쓰고, 그 까닭을 쓰세요. [10점]

그래프

까닭

(지필 평가)

8 어느 지역의 토지 이용률과 토지 중 경작지 이용률을 조사하여 나타낸 그래프입니다. 주거지의 넓이가 100 km^2일 때, 논의 넓이는 몇 km^2인지 풀이 과정을 쓰고 답을 구하세요. [15점]

토지 이용율

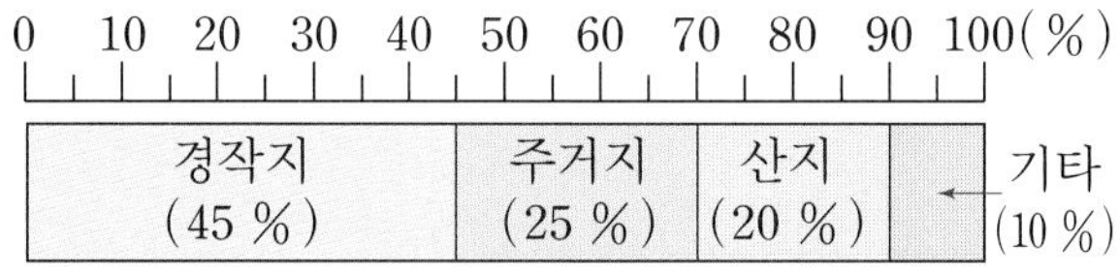

경작지 이용율

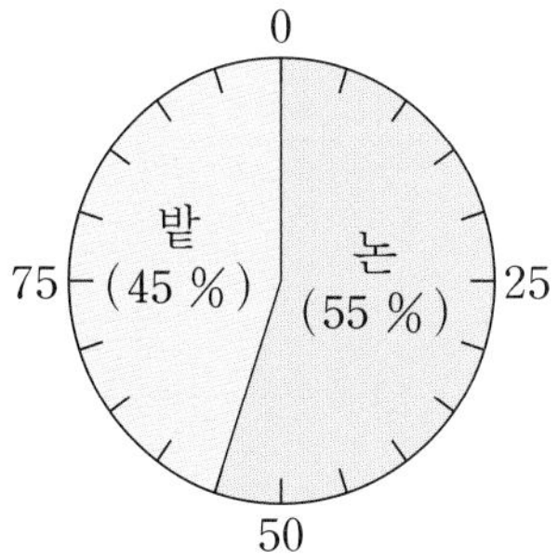

풀이

답

[1~2] 재혁이네 마을 도서관의 책 625권을 조사하여 나타낸 띠그래프입니다. 과학책이 75권일 때, 물음에 답하세요.

책의 종류별 권 수

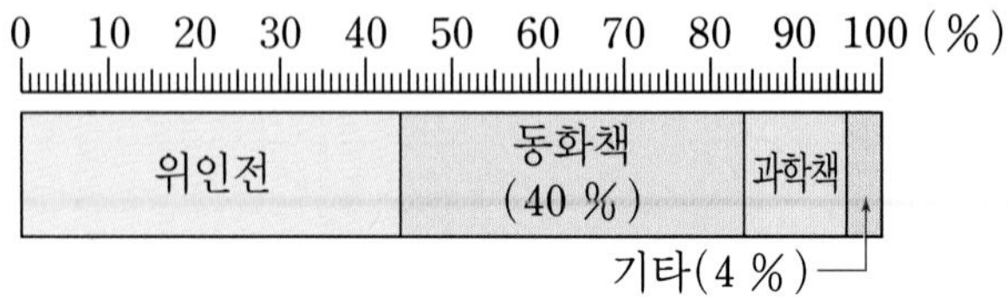

위인전의 종류별 권 수

1 위인전은 모두 몇 권인가요?

( )

2 위인전 중 과학자 책은 정치가 책보다 몇 권이 더 많은지 구하세요.

( )

3 어떤 음식의 영양 성분을 조사하여 나타낸 원그래프입니다. 탄수화물은 수분의 2배일 때, 탄수화물의 비율은 전체의 몇 %인가요?

음식의 영양 성분별 비율

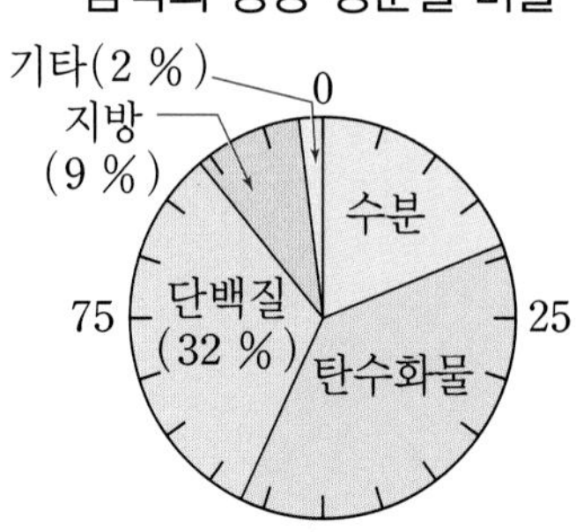

( )

[4~6] 천재 초등학교 학생 800명을 대상으로 가지고 싶은 물건을 조사하여 나타낸 원그래프입니다. 물음에 답하세요.

남학생과 여학생의 비율

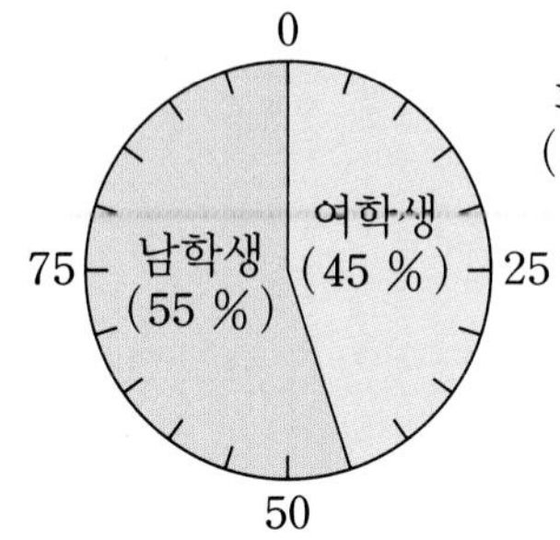

여학생들이 가지고 싶은 물건

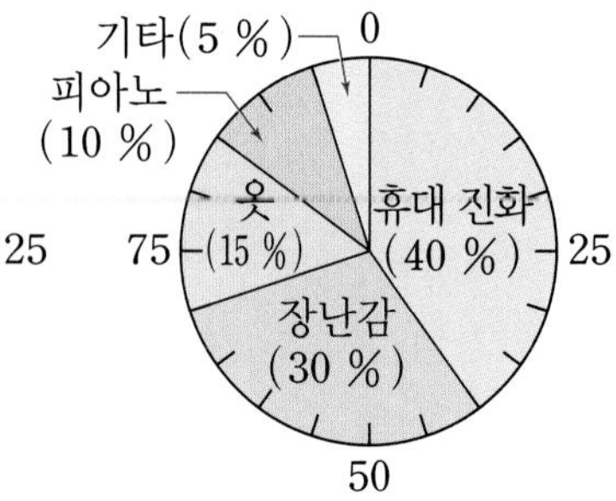

4 여학생은 몇 명인가요?

( )

5 휴대 전화를 가지고 싶은 여학생은 전체 학생의 몇 %인지 구하세요.

( )

6 여학생이 가지고 싶은 물건을 그림그래프로 나타내세요.

여학생들이 가지고 싶은 물건

물건	학생 수
휴대 전화	
장난감	
옷	
피아노	
기타	

기본 단원평가

지필 평가 대비

6. 직육면체의 부피와 겉넓이

점수

1 하 □ 안에 알맞게 써넣으세요.

> 한 모서리의 길이가 1 cm인 정육면체의 부피를 □(이)라 쓰고 □(이)라고 읽습니다.

[2~3] 크기가 같은 쌓기나무를 사용하여 두 직육면체의 부피를 비교하려고 합니다. 물음에 답하세요.

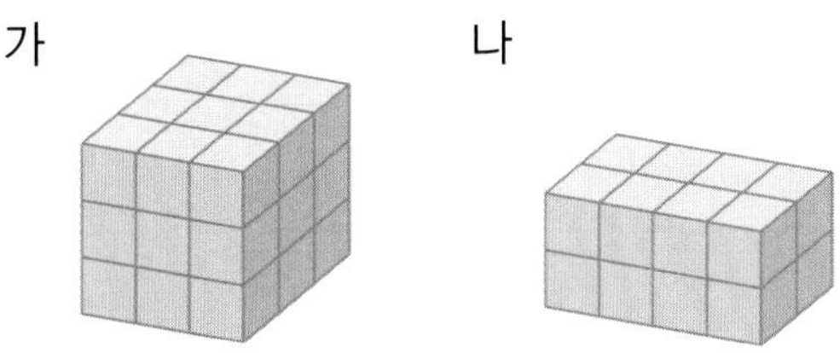

2 하 쌓기나무는 각각 몇 개인가요?

가 (　　　　), 나 (　　　　)

3 하 ○ 안에 >, =, <를 알맞게 써넣으세요.

가의 부피 ○ 나의 부피

4 하 부피가 1 cm^3인 쌓기나무로 다음과 같이 직육면체를 만들었습니다. 직육면체의 부피를 구하세요.

(　　　　)

5 하 직육면체의 부피는 몇 m^3인가요?

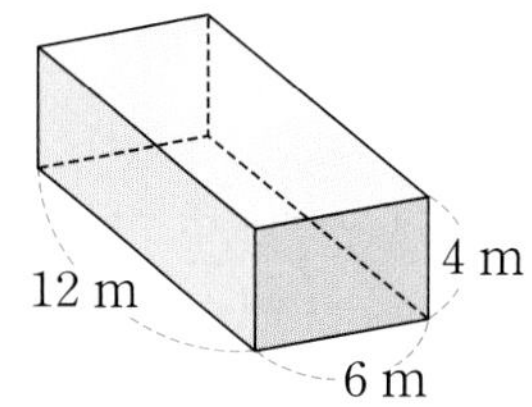

(　　　　)

[6~7] □ 안에 알맞은 수를 써넣으세요.

6 하 17 m^3 = □ cm^3

7 하 54000000 cm^3 = □ m^3

[8~9] 전개도를 접어 정육면체를 만들었습니다. 물음에 답하세요.

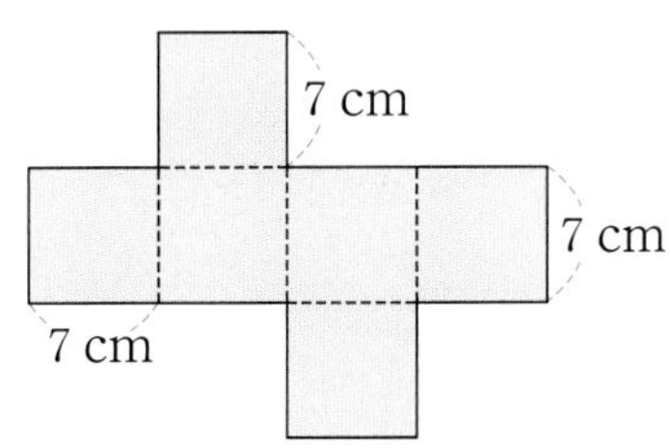

8 중 만든 정육면체의 부피는 몇 cm^3인가요?

(　　　　)

9 중 만든 정육면체의 겉넓이는 몇 cm^2인가요?

(　　　　)

6 단원

10 (중) 직육면체의 부피와 겉넓이를 각각 구하세요.

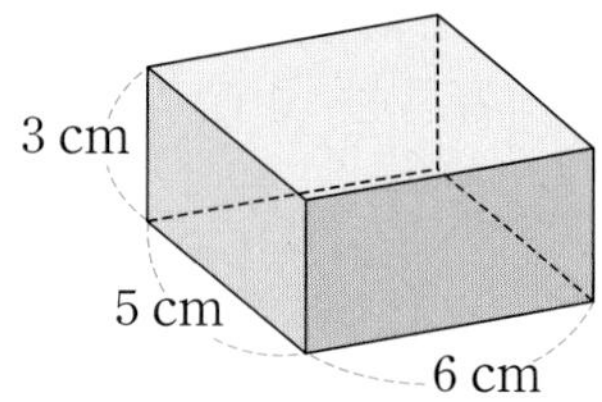

부피 (　　　　　　　　　　)

겉넓이 (　　　　　　　　　　)

11 (중) 윤영이네 집에 있는 물건들의 부피입니다. 부피가 가장 큰 것은 무엇인가요?

책장: 2300000 cm^3	옷장: 1.2 m^3
냉장고: 600000 cm^3	욕조: 0.5 m^3

(　　　　　　　　　　)

12 (중) 정육면체의 부피는 몇 m^3인가요?

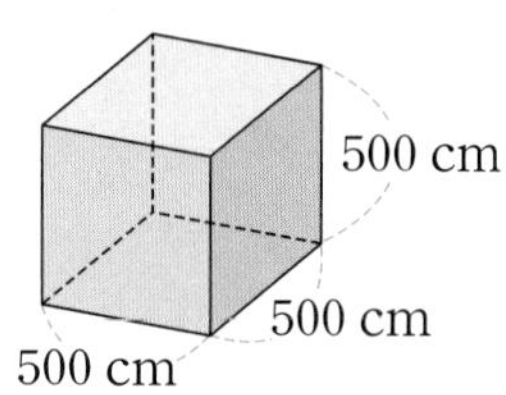

(　　　　　　　　　　)

13 (중) 두 직육면체의 부피의 차는 몇 cm^3인가요?

가

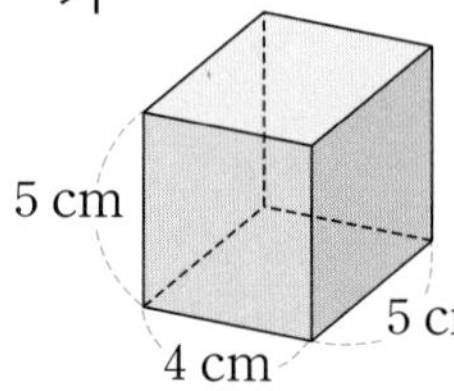

나

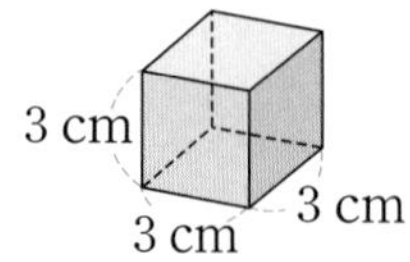

(　　　　　　　　　　)

14 (중) 직육면체 가와 나 중 어느 것의 겉넓이가 몇 cm^2 더 넓은가요?

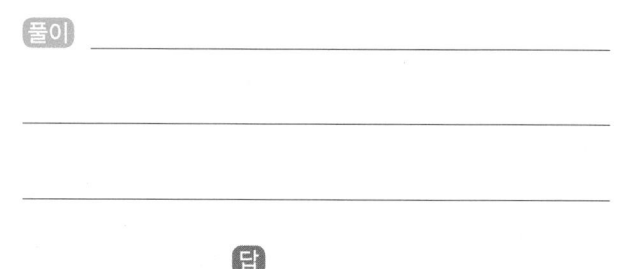

가

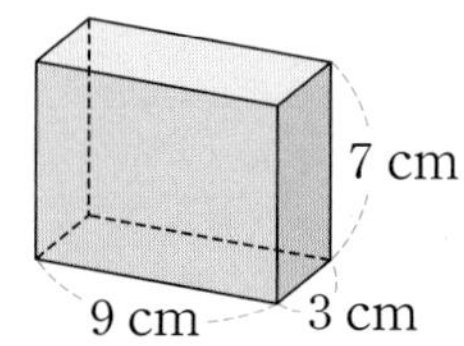

나

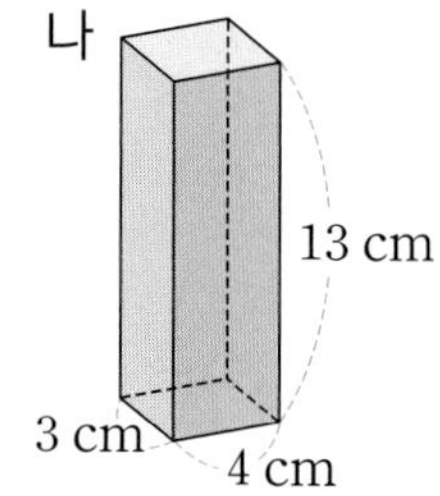

(　　　　　　　　), (　　　　　　　　)

서술형 문제

15 (중) 한 면의 넓이가 81 cm^2인 정육면체의 부피는 몇 cm^3인지 풀이 과정을 쓰고 답을 구하세요.

풀이 ____________________

____

____

답 ____________________

16 (중) 오른쪽 직육면체의 부피가 2600 cm^3일 때, 높이는 몇 cm인가요?

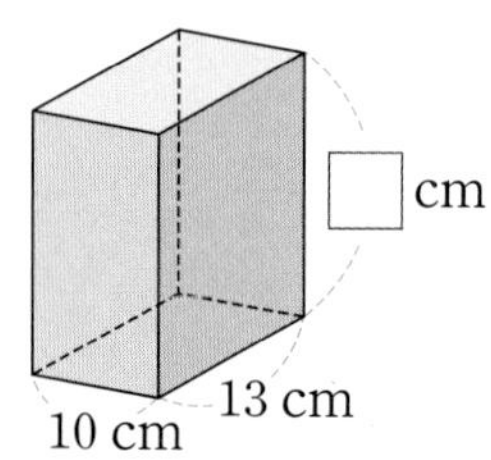

(　　　　　　　　　　)

17 (중) 한 모서리가 3 cm인 정육면체 모양의 상자를 빈틈없이 쌓아 오른쪽 직육면체 모양을 만들려면 정육면체가 모두 몇 개 필요한가요?

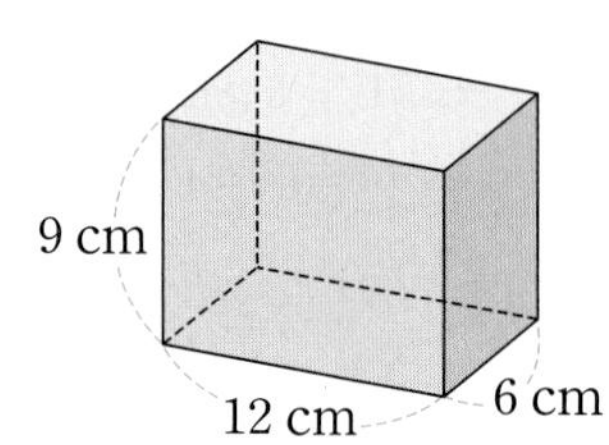

(　　　　　　　　　　)

6 단원

정답 78쪽

18 중 겉넓이가 864 cm^2인 정육면체의 부피는 몇 cm^3인가요?

(　　　　　　　　　　)

19 중 직육면체의 겉넓이가 318 cm^2일 때, □ 안에 알맞은 수를 써넣으세요.

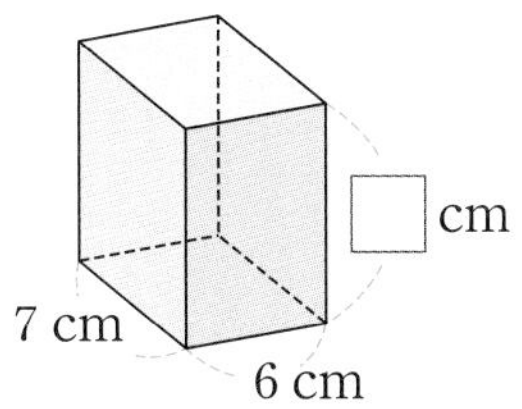

추론

20 상 그림과 같은 직육면체 모양의 상자를 빈틈없이 쌓아서 정육면체를 만들려고 합니다. 만들 수 있는 가장 작은 정육면체의 부피는 몇 cm^3인가요?

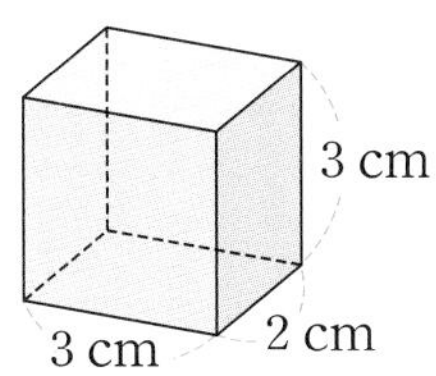

(　　　　　　　　　　)

서술형 문제

21 중 한 모서리가 5 cm인 정육면체 모양 주사위 8개를 쌓아 정육면체를 만들었습니다. 쌓은 정육면체의 한 모서리는 몇 cm인지 풀이 과정을 쓰고 답을 구하세요.

풀이 ______________________________

____

____

답 ______________________________

추론

22 상 한 모서리가 7 cm인 정육면체 모양의 상자가 있습니다. 상자의 각 모서리의 길이를 2배로 늘인다면 상자의 부피는 처음 부피의 몇 배가 되나요?

(　　　　　　　　　　)

23 상 은규는 합동인 정사각형 6개를 이용하여 다음과 같이 전개도를 그렸습니다. 그린 전개도로 만든 상자의 부피는 몇 cm^3인가요?

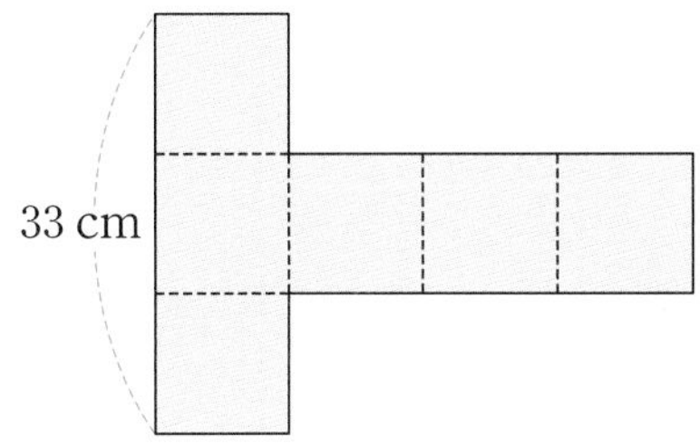

(　　　　　　　　　　)

24 상 정육면체 모양의 왼쪽 상자에 직육면체 모양의 오른쪽 상자를 빈틈없이 담으려고 합니다. 오른쪽 상자를 몇 개까지 담을 수 있나요? (단, 상자의 두께는 생각하지 않습니다.)

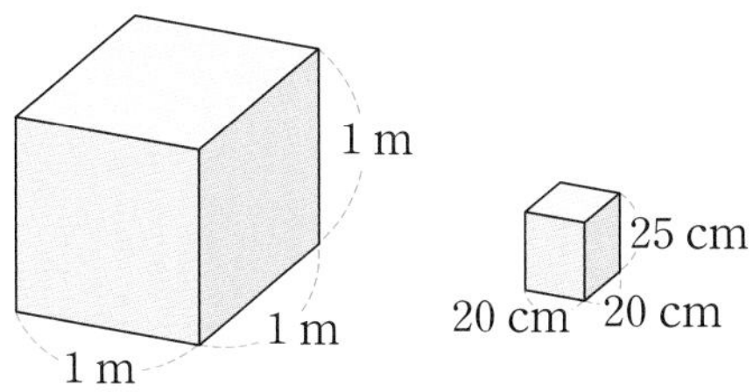

(　　　　　　　　　　)

문제 해결

25 상 직육면체 2개를 붙여서 만든 입체도형의 부피는 몇 cm^3인가요?

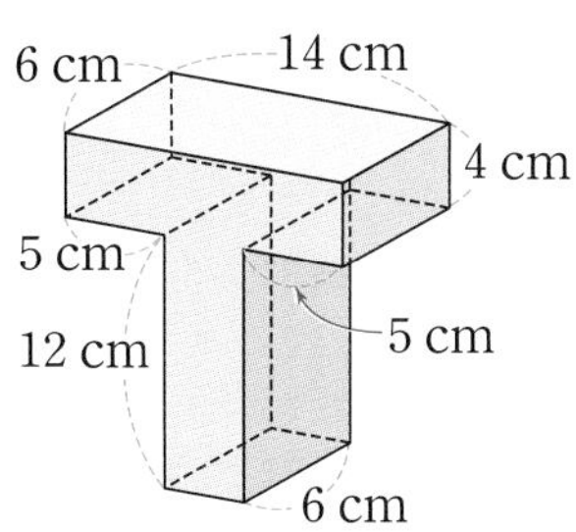

(　　　　　　　　　　)

1 하 가로가 8 cm, 세로가 6 cm, 높이가 13 cm인 직육면체의 부피는 몇 cm^3인가요? [5점]

( )

2 하 한 모서리가 12 cm인 정육면체의 겉넓이는 몇 cm^2인가요? [5점]

( )

3 중 정육면체의 부피는 몇 cm^3인가요? [5점]

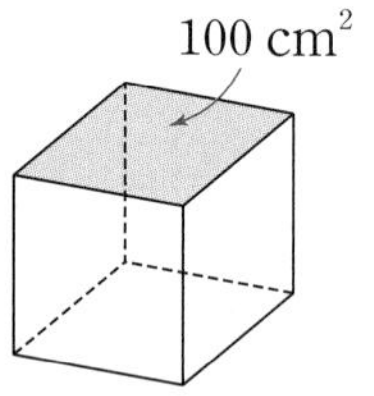

( )

4 중 다음 중 부피의 단위 사이의 관계가 잘못된 것은 어느 것인가요? [5점] ( )

① $28\ cm^3 = 28000000\ m^3$

② $15000000\ cm^3 = 15\ m^3$

③ $80\ m^3 = 80000000\ cm^3$

④ $400\ m^3 = 400000000\ cm^3$

⑤ $10000000\ cm^3 = 10\ m^3$

5 중 두 직육면체의 겉넓이의 차는 몇 cm^2인가요? [5점]

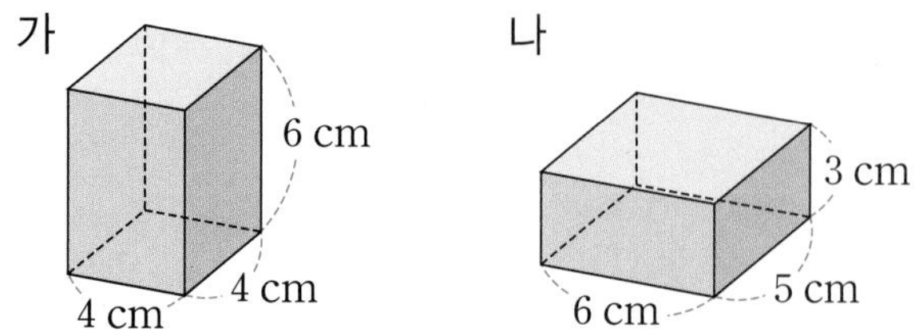

( )

[6~7] 전개도를 접어 정육면체를 만들었습니다. 물음에 답하세요.

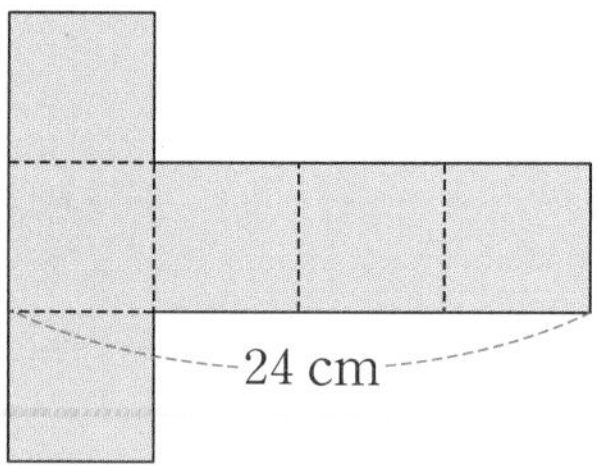

6 중 만든 정육면체의 부피는 몇 cm^3인가요? [5점]

( )

7 중 만든 정육면체의 겉넓이는 몇 cm^2인가요? [5점]

( )

8 중 직육면체의 부피는 몇 m^3인가요? [5점]

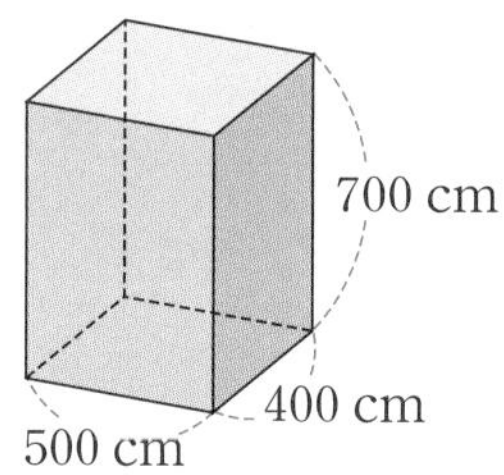

( )

9 중 직육면체의 겉넓이가 236 cm^2일 때, 높이는 몇 cm인가요? [5점]

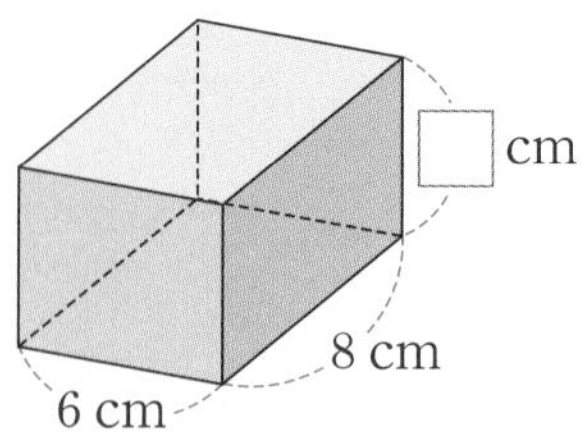

( )

[10~11] 그림과 같은 직육면체 모양의 상자 속에 한 모서리가 2 cm인 정육면체 모양의 각설탕을 넣으려고 합니다. 물음에 답하세요.

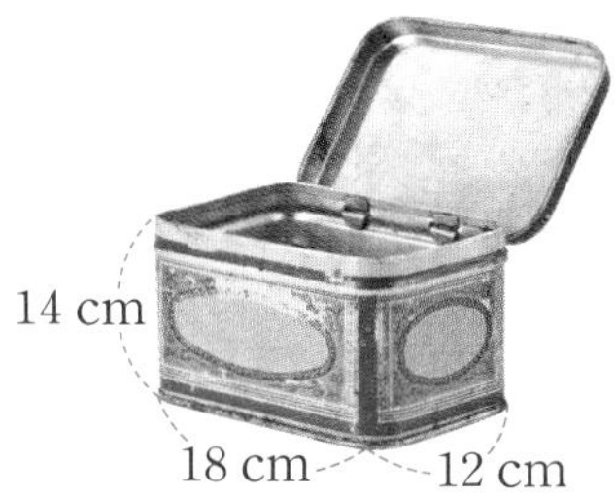

10 (중) 상자의 한 층에 각설탕을 몇 개까지 넣을 수 있나요? (단, 상자의 두께는 생각하지 않습니다.) [5점]

(　　　　　　　　)

11 (중) 상자를 가득 채우려면 각설탕은 모두 몇 개 필요한가요? (단, 상자의 두께는 생각하지 않습니다.) [8점]

(　　　　　　　　)

추론

12 (중) 두 직육면체의 부피는 같습니다. □ 안에 알맞은 수를 써넣으세요. [8점]

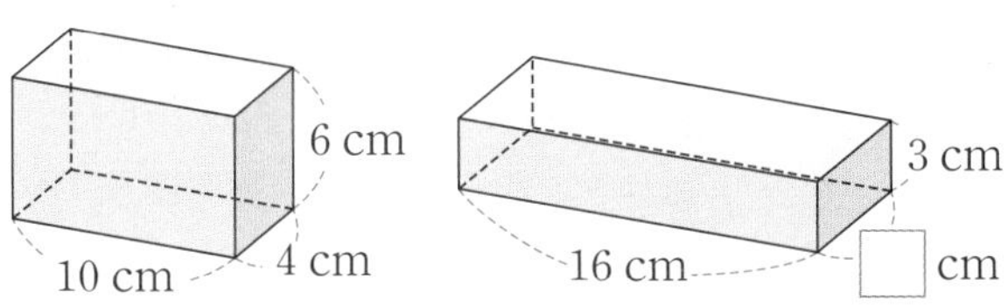

서술형 문제

13 (중) 직육면체 모양 교탁의 바닥은 한 변이 80 cm인 정사각형이고, 높이는 1.2 m입니다. 교탁의 부피는 몇 cm^3인지 풀이 과정을 쓰고 답을 구하세요. [8점]

풀이 ______________________

____

____

답 ______________

14 (중) 입체도형의 부피는 몇 cm^3인가요? [8점]

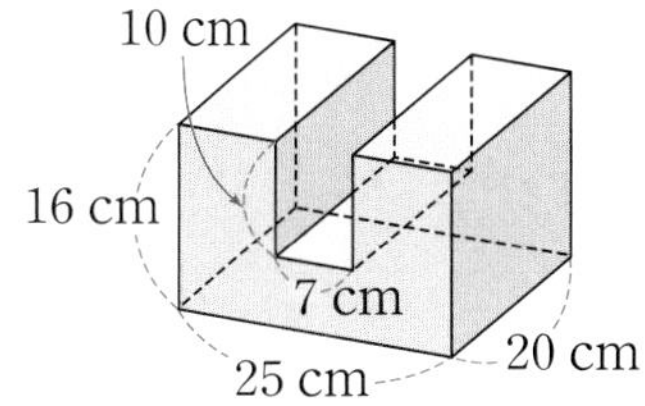

(　　　　　　　　)

서술형 문제

15 (상) 겉넓이가 1014 cm^2인 정육면체가 있습니다. 이 정육면체의 부피는 몇 cm^3인지 풀이 과정을 쓰고 답을 구하세요. [10점]

풀이 ______________________

____

____

답 ______________

6 단원

진도 완료 체크

[16~17] 정육면체 모양의 쌓기나무 5개를 쌓아 부피가 320 cm^3인 입체도형을 만들었습니다. 물음에 답하세요.

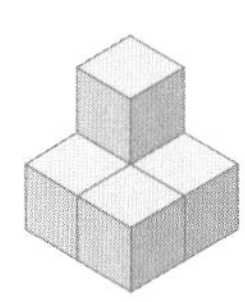

16 (상) 쌓기나무 1개의 한 모서리는 몇 cm인가요? [8점]

(　　　　　　　　)

문제 해결

17 (상) 입체도형의 겉넓이는 몇 cm^2인가요? [10점]

(　　　　　　　　)

점수

지필 평가 종이에 답을 쓰는 형식의 평가

1 한 모서리의 길이가 8 cm인 정육면체의 겉넓이는 몇 cm^2인지 풀이 과정을 쓰고 답을 구하세요. [10점]

풀이

답

지필 평가

2 가로가 400 cm, 세로가 250 cm, 높이가 500 cm인 직육면체의 부피는 몇 m^3인지 풀이 과정을 쓰고 답을 구하세요. [10점]

풀이

답

지필 평가

3 두 직육면체의 겉넓이의 차는 몇 cm^2인지 풀이 과정을 쓰고 답을 구하세요. [10점]

가

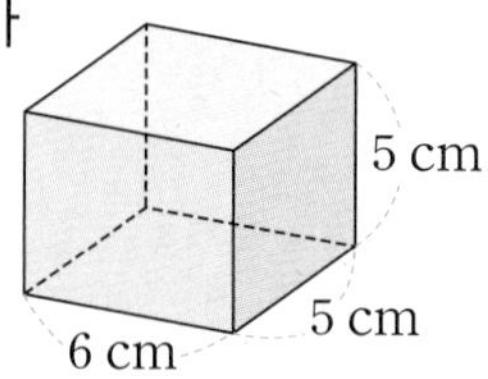

나

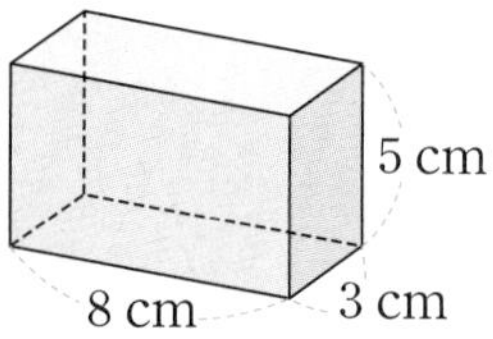

풀이

답

지필 평가

4 부피가 1 cm^3인 쌓기나무로 다음 그림과 같이 두 직육면체를 만들었습니다. 두 직육면체의 부피의 합은 몇 cm^3인지 풀이 과정을 쓰고 답을 구하세요. [10점]

가

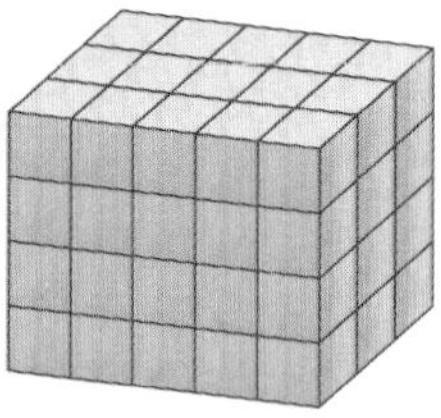

나

풀이

답

6 단원

정답 79쪽

지필 평가

5 직육면체 모양의 수조에 돌을 넣었더니 물의 높이가 3 cm가 늘어났습니다. 이 돌의 부피는 몇 cm^3인지 풀이 과정을 쓰고 답을 구하세요. [15점]

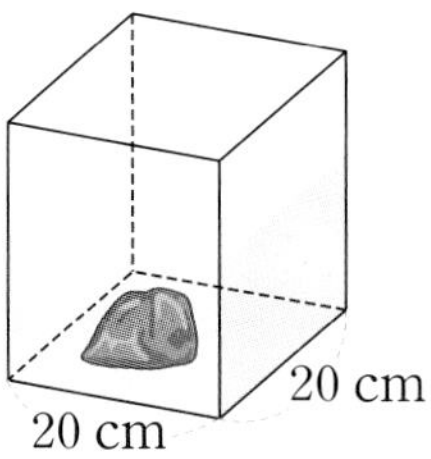

풀이 ______

답 ______

지필 평가

6 다음 직육면체와 겉넓이가 같은 정육면체의 한 모서리의 길이는 몇 cm인지 풀이 과정을 쓰고 답을 구하세요. [15점]

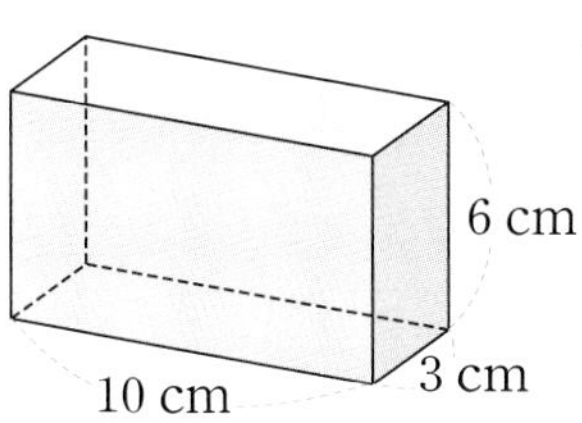

풀이 ______

답 ______

지필 평가

7 크기가 같은 쌓기나무 32개로 다음과 같은 입체도형을 만들었습니다. 이 입체도형의 겉넓이가 256 cm^2일 때, 부피는 몇 cm^3인지 풀이 과정을 쓰고 답을 구하세요. [15점]

풀이 ______

답 ______

지필 평가

8 직육면체 2개를 붙여서 만든 입체도형의 부피는 몇 cm^3인지 풀이 과정을 쓰고 답을 구하세요. [15점]

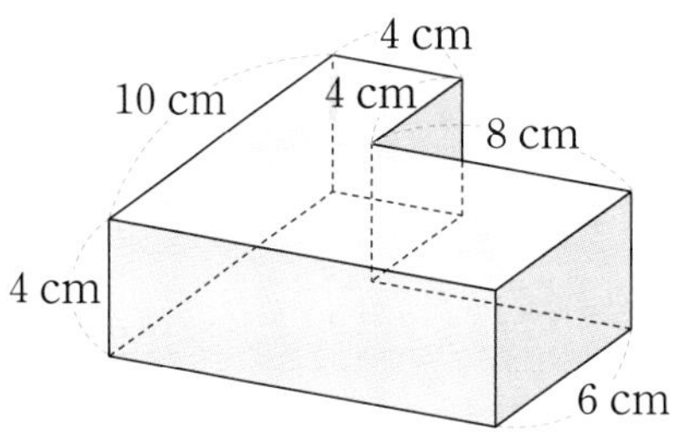

풀이 ______

답 ______

6 단원

1 전개도를 이용하여 만든 직육면체의 겉넓이가 122 cm^2일 때, □ 안에 알맞은 수를 써넣으세요.

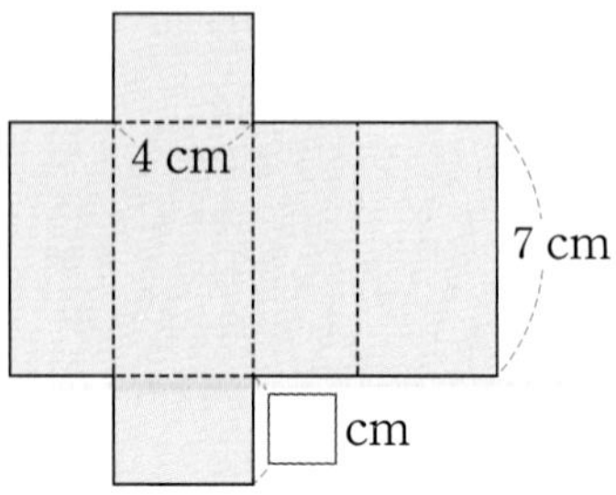

2 직육면체의 부피가 30 cm^3일 때, 겉넓이는 몇 cm^2인가요?

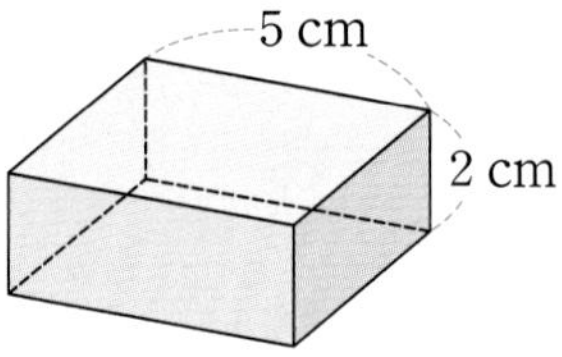

(   )

3 다음 직육면체의 부피는 7.5 m^3일 때, 높이는 몇 cm인가요?

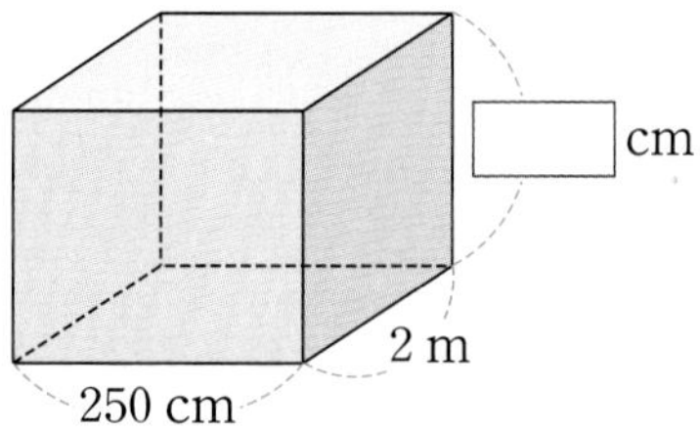

(   )

4 직육면체를 위, 앞, 옆에서 본 모양이 다음과 같을 때, 이 직육면체의 겉넓이는 몇 cm^2인가요?

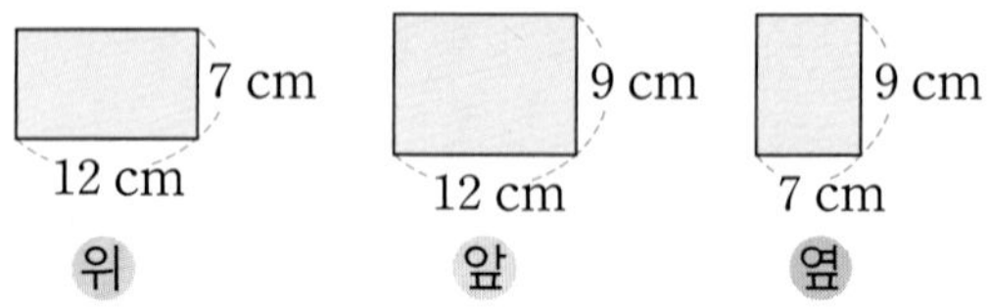

(   )

5 가로가 3 cm, 세로가 5 cm, 높이가 7 cm인 직육면체를 잘라서 만들 수 있는 가장 큰 정육면체의 겉넓이는 몇 cm^2인가요?

(   )

6 직육면체 모양의 수조에 들어 있는 돌을 꺼냈더니 물의 높이가 4 cm가 되었습니다. 돌의 부피는 몇 cm^3인가요?

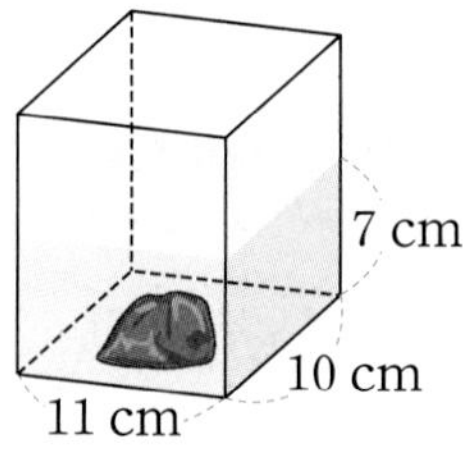

(   )

6 단원
진도 완료 체크

평 가
자료집

수학 전문 교재

- 연산 학습

빅터연산	예비초~6학년, 총 20권
창의융합 빅터연산	예비초~4학년, 총 16권

- 개념 학습

개념클릭 해법수학	1~6학년, 학기용

- 수준별 수학 전문서

해결의법칙(개념/유형/응용)	1~6학년, 학기용

- 단원평가 대비

수학 단원평가	1~6학년, 학기용

- 단기완성 학습

초등 수학전략	1~6학년, 학기용

- 상위권 학습

최고수준 S 수학	1~6학년, 학기용
최고수준 수학	1~6학년, 학기용
최강 TOT 수학	1~6학년, 학년용

- 경시대회 대비

해법 수학경시대회 기출문제	1~6학년, 학기용

예비 중등 교재

●해법 반편성 배치고사 예상문제	6학년
●해법 신입생 시리즈(수학/영어)	6학년

맞춤형 학교 시험대비 교재

●열공 전과목 단원평가	1~6학년, 학기용(1학기 2~6년)

한자 교재

●한자능력검정시험 자격증 한번에 따기	8~3급, 총 9권
●씽씽 한자 자격시험	8~5급, 총 4권
●한자 전략	8~5급Ⅱ, 총 12권

천재교육

오답노트 앱
안드로이드 전용

GET IT ON Google Play

★ 홈스쿨링 우등생 ★

정답은 정확하게
풀이는 자세하게

꼼꼼 풀이집

정답

문제의 풀이 중에서 이해가 되지 않는 부분은
우등생 홈페이지(home.chunjae.co.kr)
일대일 문의에 올려주세요.

초등 수학 | 6·1

꼼꼼 풀이집
포인트 3가지

- 참고, 주의, 다른 풀이 등과 함께 친절한 해설 제공
- 단계별 배점과 채점 기준을 제시하여 서술형 문항 완벽 대비
- 틀린 과정을 분석하여 과정 중심 평가 완벽 대비

꼼꼼 풀이집

정답과 풀이

6-1

본책 정답과 풀이

1 단원 분수의 나눗셈

* '분수의 나눗셈'에서 계산 결과를 기약분수나 대분수로 나타내지 않아도 정답으로 인정합니다.

step 1 교과 개념 8~9쪽

1 (1) $\dfrac{\boxed{1}}{\boxed{4}}$ (2) $\dfrac{\boxed{1}}{\boxed{6}}$ (3) $\dfrac{\boxed{3}}{\boxed{4}}$

2 $\dfrac{\boxed{1}}{\boxed{6}}$, 5, $\dfrac{\boxed{5}}{\boxed{6}}$

3 $\dfrac{\boxed{1}}{\boxed{4}}$, 5, $\dfrac{\boxed{5}}{\boxed{4}}$, $\boxed{1}\dfrac{\boxed{1}}{\boxed{4}}$

4 $1\frac{2}{3}$

5 (1) 예

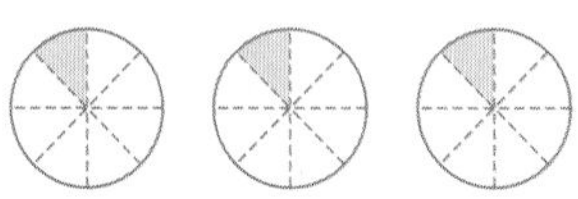

; $\dfrac{\boxed{3}}{\boxed{8}}$

(2) 예

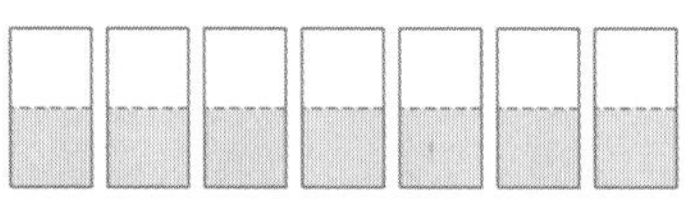

; $\frac{7}{2}\left(=3\frac{1}{2}\right)$

6 (1) $\frac{1}{7}$ (2) $\frac{4}{9}$ (3) $\frac{5}{11}$

7 (1) $2\frac{1}{5}$ (2) $1\frac{3}{7}$

1 (2) $1\div6$은 1의 $\frac{1}{6}$이므로 $\frac{1}{6}$입니다.

(3) $1\div4=\frac{1}{4}$이고 $3\div4$는 $\frac{1}{4}$이 3개이므로 $\frac{3}{4}$입니다.

2 $\frac{1}{6}$이 5개이면 $\frac{5}{6}$입니다.

3 $\frac{1}{4}$이 5개이면 $\frac{5}{4}=1\frac{1}{4}$입니다.

4 $5\div3$은 $\frac{1}{3}$이 5개이므로 $\frac{5}{3}=1\frac{2}{3}$입니다.

5 (1) $3\div8$은 $\frac{1}{8}$이 3개이므로 $\frac{3}{8}$입니다.

(2) $7\div2$는 $\frac{1}{2}$이 7개이므로 $\frac{7}{2}=3\frac{1}{2}$입니다.

6 $1\div\bullet=\frac{1}{\bullet}$, $\blacktriangle\div\bullet=\frac{\blacktriangle}{\bullet}$

7 (1) $11\div5=\frac{11}{5}=2\frac{1}{5}$

(2) $10\div7=\frac{10}{7}=1\frac{3}{7}$

step 1 교과 개념 10~11쪽

1 (1) 2 (2) $\dfrac{\boxed{1}}{\boxed{6}}$ (3) $\dfrac{\boxed{5}}{\boxed{14}}$

2 (1) 예

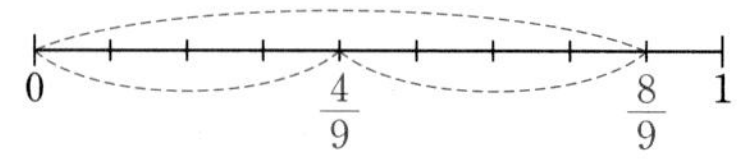

(2) $\dfrac{\boxed{4}}{\boxed{9}}$

3 12, 12, $\dfrac{\boxed{4}}{\boxed{15}}$

4 (1) 예

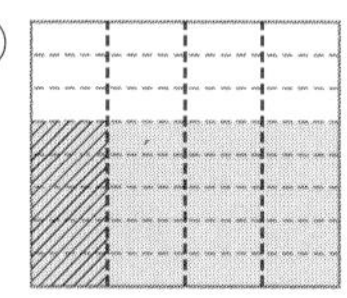

(2) 20, 20, $\dfrac{\boxed{5}}{\boxed{32}}$

5 (1) 10, $\dfrac{\boxed{2}}{\boxed{11}}$ (2) 14, 14, $\dfrac{\boxed{2}}{\boxed{21}}$

6 $\frac{5}{8}\div3=\frac{15}{24}\div3=\frac{15\div3}{24}=\frac{5}{24}$

7 (1) $\frac{2}{13}$ (2) $\frac{6}{13}$

8 (1) $\frac{5}{24}$ (2) $\frac{3}{35}$

1 (1) $6\div3=2$이므로 $\frac{6}{7}\div3=\frac{6\div3}{7}=\frac{2}{7}$입니다.

2 (1) $\frac{8}{9}$을 똑같이 둘로 나누면 $\frac{4}{9}$입니다.

4 (1) $\frac{5}{8}$를 똑같이 넷으로 나눈 것 중의 하나를 색칠합니다.

5 (2) 분자가 자연수의 배수가 아닐 때에는 크기가 같은 분수 중에 분자가 자연수의 배수인 수로 바꾸어 계산합니다.

6 분자 5가 3의 배수가 아니므로 분모와 분자에 3을 곱하여 크기가 같은 분수로 바꾸어 계산합니다.

7 (1) $\frac{8}{13}\div4=\frac{8\div4}{13}=\frac{2}{13}$

8 (2) $\frac{3}{7}\div5=\frac{15}{35}\div5=\frac{15\div5}{35}=\frac{3}{35}$

참고
• (분수)÷(자연수)
① 분자가 자연수의 배수일 때에는 분자를 자연수로 나눕니다.
② 분자가 자연수의 배수가 아닐 때에는 크기가 같은 분수 중에 분자가 자연수의 배수인 수로 바꾸어 계산합니다.

step 2 교과 유형 익힘 12~13쪽

1 (1) $\frac{3}{8}$ (2) $1\frac{1}{6}$

2 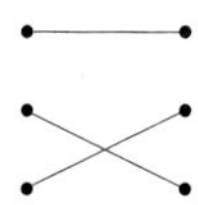

3 1, 1, 1, 1, 6

4 (1) $\frac{2}{13}$ (2) $\frac{7}{16}$

5 $\frac{8}{27}$, $\frac{2}{27}$

6

5÷7	2÷3	6÷12
5÷8	2÷4	(6÷13)
5÷9	(2÷5)	(6÷14)

7 ④

8 >

9 ㉠, ㉣, ㉢, ㉡

10 $\frac{9}{10} \div 3 = \frac{3}{10}$ ▸5점 ; $\frac{3}{10}$ m ▸5점

11 $1\frac{1}{8}$ L

12 $\frac{2}{25}$ cm²

13 예 $\frac{5}{6} \div 2 = \frac{10}{12} \div 2 = \frac{10 \div 2}{12} = \frac{5}{12}$니까 답은 $\frac{5}{12}$야.

14 $2\frac{2}{3}$초

1 자연수의 나눗셈의 몫을 분수로 나타내면 ▲÷●=$\frac{▲}{●}$입니다.

4 (1) $\frac{10}{13} \div 5 = \frac{10 \div 5}{13} = \frac{2}{13}$

(2) $\frac{7}{8} \div 2 = \frac{14}{16} \div 2 = \frac{14 \div 2}{16} = \frac{7}{16}$

5 $\frac{8}{9} \div 3 = \frac{24}{27} \div 3 = \frac{24 \div 3}{27} = \frac{8}{27}$,

$\frac{8}{27} \div 4 = \frac{8 \div 4}{27} = \frac{2}{27}$

6 $5 \div 10 = \frac{5}{10} = \frac{1}{2}$이므로 $5 \div 7$, $5 \div 8$, $5 \div 9$는 각각 $\frac{5}{7}$, $\frac{5}{8}$, $\frac{5}{9}$이고 $\frac{1}{2}$보다 큽니다.

$2 \div 4 = \frac{2}{4} = \frac{1}{2}$이므로 $2 \div 3 = \frac{2}{3}$는 $\frac{1}{2}$보다 크고,

$2 \div 5 = \frac{2}{5}$는 $\frac{1}{2}$보다 작습니다.

$6 \div 12 = \frac{6}{12} = \frac{1}{2}$이므로 $6 \div 13 = \frac{6}{13}$은 $\frac{1}{2}$보다 작고,

$6 \div 14 = \frac{6}{14}$도 $\frac{1}{2}$보다 작습니다.

7 ④ $5 \div 9 = \frac{9}{5}$는 나누어지는 수가 분자, 나누는 수가 분모인 분수로 나타내야 하는데 서로 바뀌었습니다.

바르게 나타내면 $5 \div 9 = \frac{5}{9}$입니다.

8 $\frac{8}{15} \div 2 = \frac{8 \div 2}{15} = \frac{4}{15}$,

$\frac{4}{5} \div 6 = \frac{24}{30} \div 6 = \frac{24 \div 6}{30} = \frac{4}{30}$

⇨ $\frac{4}{15} > \frac{4}{30}$

참고
분자의 크기가 같은 분수는 분모가 작을수록 큰 분수입니다.

9 나눗셈의 몫을 분수로 나타냅니다.

㉠ $5 \div 3 = \frac{5}{3} = 1\frac{2}{3}$

㉡ $13 \div 11 = \frac{13}{11} = 1\frac{2}{11}$

㉢ $9 \div 7 = \frac{9}{7} = 1\frac{2}{7}$

㉣ $7 \div 5 = \frac{7}{5} = 1\frac{2}{5}$

분자가 같은 분수는 분모가 작을수록 더 큰 분수이므로 몫이 큰 것부터 차례로 기호를 쓰면 ㉠, ㉣, ㉢, ㉡입니다.

10 정삼각형은 세 변의 길이가 모두 같으므로 정삼각형의 한 변의 길이는 $\frac{9}{10} \div 3 = \frac{9 \div 3}{10} = \frac{3}{10}$ (m)입니다.

11 (우유의 양)$= \frac{9}{5} \times 5 = 9$ (L)

⇨ 하루에 우유를 $9 \div 8 = \frac{9}{8} = 1\frac{1}{8}$ (L) 마셔야 합니다.

12 $\frac{4}{25} \div 2 = \frac{4 \div 2}{25} = \frac{2}{25}$ (cm²)

13 분자를 자연수로 나누어야 하는데 분모를 자연수로 나누어 잘못 계산했습니다.

14 1층 → 2층 → 3층 → 4층
+1 +1 +1

⇨ 1층에서 4층까지 올라가려면 3개 층을 올라가야 합니다.

$8 \div 3 = \frac{8}{3} = 2\frac{2}{3}$(초)

본책 8~13쪽

step 1 교과 개념 14~15쪽

1 3, 3, 3, 3, $\frac{\boxed{2}}{\boxed{15}}$

2 4, 4, $\frac{\boxed{1}}{\boxed{4}}$, $\frac{\boxed{5}}{\boxed{16}}$

3

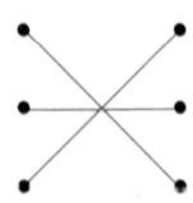

4 (1) $\frac{\boxed{1}}{\boxed{9}}$, $\frac{\boxed{4}}{\boxed{63}}$ (2) $\frac{\boxed{1}}{\boxed{5}}$, $\frac{\boxed{7}}{\boxed{30}}$

5 (1) $\frac{5}{9}\div2=\frac{5}{9}\times\frac{1}{2}=\frac{5}{18}$

(2) $\frac{7}{4}\div3=\frac{7}{4}\times\frac{1}{3}=\frac{7}{12}$

6 (1) $\frac{5}{18}$ (2) $\frac{9}{20}$

7 (1) $\frac{10}{21}$ (2) $\frac{7}{9}$

1 $\frac{2}{5}$의 $\frac{1}{3}$은 $\frac{2}{5}\times\frac{1}{3}$입니다.

$\frac{2}{5}\div3$ ⇨ $\frac{2}{5}$의 $\frac{1}{3}$ ⇨ $\frac{2}{5}\times\frac{1}{3}$

$\div3$이 $\times\frac{1}{3}$로 바뀌었습니다.

3 (진분수)÷(자연수)=(진분수)×$\frac{1}{(자연수)}$,

(가분수)÷(자연수)=(가분수)×$\frac{1}{(자연수)}$로 나타낼 수 있습니다.

4 자연수를 $\frac{1}{(자연수)}$로 바꾼 다음 곱하여 계산합니다.

(1) $\frac{4}{7}\div9=\frac{4}{7}\times\frac{1}{9}=\frac{4\times1}{7\times9}=\frac{4}{63}$

6 (1) $\frac{5}{6}\div3=\frac{5}{6}\times\frac{1}{3}=\frac{5}{18}$

(2) $\frac{9}{10}\div2=\frac{9}{10}\times\frac{1}{2}=\frac{9}{20}$

7 분수의 나눗셈을 분수의 곱셈으로 나타내어 계산합니다.

(1) $\frac{10}{3}\div7=\frac{10}{3}\times\frac{1}{7}=\frac{10}{21}$

(2) $\frac{14}{9}\div2=\frac{14}{9}\times\frac{1}{2}=\frac{14}{18}=\frac{7}{9}$

step 1 교과 개념 16~17쪽

1 (1) 8, 8, 5 (2) 11, 11, 2

2 (1) 4, 20, $\frac{\boxed{4}}{\boxed{15}}$ (2) 7, 28, $\frac{\boxed{7}}{\boxed{8}}$

3 (1) $2\frac{1}{7}\div3=\frac{15}{7}\div3=\frac{15}{7}\times\frac{1}{3}=\frac{5}{7}$

(2) $4\frac{2}{3}\div7=\frac{14}{3}\div7=\frac{14}{3}\times\frac{1}{7}=\frac{2}{3}$

4 (1) 11, 11, $\frac{\boxed{1}}{\boxed{6}}$, $\frac{\boxed{11}}{\boxed{24}}$

(2) 19, $\frac{\boxed{19}}{\boxed{6}}$, $\frac{\boxed{1}}{\boxed{5}}$, $\frac{\boxed{19}}{\boxed{30}}$

5 (1) $\frac{3}{10}$ (2) $\frac{3}{8}$ (3) $\frac{15}{32}$

6 (1) $\frac{5}{6}$ (2) $\frac{5}{8}$

7 $1\frac{2}{9}$, $\frac{11}{27}$

8 $1\frac{5}{7}$

4 (대분수)÷(자연수) ⇨ (가분수)×$\frac{1}{(자연수)}$

학부모 지도 가이드

(대분수)÷(자연수)의 계산은 반드시 대분수를 가분수로 고쳐서 계산할 수 있도록 합니다.

5 (1) $1\frac{1}{2}\div5=\frac{3}{2}\div5=\frac{3}{2}\times\frac{1}{5}=\frac{3}{10}$

(2) $2\frac{5}{8}\div7=\frac{21}{8}\div7=\frac{21\div7}{8}=\frac{3}{8}$

(3) $3\frac{3}{4}\div8=\frac{15}{4}\div8=\frac{15}{4}\times\frac{1}{8}=\frac{15}{32}$

6 (1) $3\frac{1}{3}\div4=\frac{10}{3}\div4=\frac{10}{3}\times\frac{1}{4}=\frac{10}{12}=\frac{5}{6}$

(2) $5\frac{5}{8}\div9=\frac{45}{8}\div9=\frac{45}{8}\times\frac{1}{9}=\frac{5}{8}$

7 $6\frac{1}{9}\div5=\frac{55}{9}\div5=\frac{55}{9}\times\frac{1}{5}=\frac{11}{9}\left(=1\frac{2}{9}\right)$

$\frac{11}{9}\div3=\frac{11}{9}\times\frac{1}{3}=\frac{11}{27}$

8 $3\times\square=5\frac{1}{7}$일 때 □를 구하려면 $5\frac{1}{7}$을 3으로 나누어야 합니다. $5\frac{1}{7}\div3=\frac{36}{7}\div3=\frac{36}{7}\times\frac{1}{3}=\frac{12}{7}=1\frac{5}{7}$

step 2 교과 유형 익힘 18~19쪽

1 (1) $\frac{7}{20}$ (2) $\frac{1}{16}$ (3) $\frac{22}{45}$ (4) $\frac{29}{48}$

2 방법 1 예 $5\frac{1}{7}\div6=\frac{36}{7}\div6=\frac{36\div6}{7}=\frac{6}{7}$

방법 2 예 $5\frac{1}{7}\div6=\frac{36}{7}\div6=\frac{36}{7}\times\frac{1}{6}=\frac{36}{42}=\frac{6}{7}$

3 $\frac{1}{3}\div4$에 ○표

4

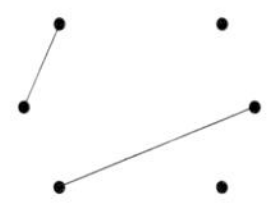

5 예 $1\frac{6}{7}\div2=\frac{13}{7}\div2=\frac{13}{7}\times\frac{1}{2}=\frac{13}{14}$

6 $\frac{11}{12}\div3=\frac{11}{36}$ ▸5점 ; $\frac{11}{36}$ L ▸5점

7 >

8

① ② ③ ④ ⑤
⑥ ⑦ ⑧ 9

9 $\frac{17}{36}$ L

10 $1\frac{4}{5}\div7=\frac{9}{35}$ ▸5점 ; $\frac{9}{35}$ kg ▸5점

11 $\frac{\boxed{3}}{\boxed{4}}$, 8(또는 $\frac{\boxed{3}}{\boxed{8}}$, 4) ; $\frac{\boxed{3}}{\boxed{32}}$

12 $1\frac{9}{16}$ km **13** $\frac{1}{9}$ m

1 (1) $\frac{7}{10}\div2=\frac{7}{10}\times\frac{1}{2}=\frac{7}{20}$

(2) $\frac{3}{8}\div6=\frac{3}{8}\times\frac{1}{6}=\frac{3}{48}=\frac{1}{16}$

(3) $2\frac{4}{9}\div5=\frac{22}{9}\div5=\frac{22}{9}\times\frac{1}{5}=\frac{22}{45}$

(4) $4\frac{5}{6}\div8=\frac{29}{6}\div8=\frac{29}{6}\times\frac{1}{8}=\frac{29}{48}$

참고
(분수)÷(자연수)는 자연수를 $\frac{1}{(\text{자연수})}$로 바꾼 다음 곱하여 계산합니다.

2 방법 1은 대분수를 가분수로 바꾸고 분수의 분자를 자연수로 나누어 계산하는 방법입니다.
방법 2는 대분수를 가분수로 바꾸고 나눗셈을 곱셈으로 나타내어 계산하는 방법입니다.

3 $\frac{1}{3}\div4=\frac{1}{3}\times\frac{1}{4}=\frac{1}{12}$,
$\frac{1}{9}\div2=\frac{1}{9}\times\frac{1}{2}=\frac{1}{18}$,
$\frac{1}{6}\div3=\frac{1}{6}\times\frac{1}{3}=\frac{1}{18}$

4 $\frac{5}{6}\div2=\frac{5}{6}\times\frac{1}{2}=\frac{5}{12}$
$\frac{7}{3}\div5=\frac{7}{3}\times\frac{1}{5}=\frac{7}{15}$

5 대분수를 가분수로 바꾸지 않고 계산했습니다.

6 $\frac{11}{12}\div3=\frac{11}{12}\times\frac{1}{3}=\frac{11}{36}$ (L)

7 $\frac{7}{4}\div2=\frac{7}{4}\times\frac{1}{2}=\frac{7}{8}$, $\frac{13}{8}\div3=\frac{13}{8}\times\frac{1}{3}=\frac{13}{24}$
$\frac{7}{8}=\frac{21}{24}$이므로 $\frac{7}{8}>\frac{13}{24}$입니다.

8 $\frac{\square}{16}\div3=\frac{\square\div3}{16}$, $\frac{3}{8}\div2=\frac{3}{8}\times\frac{1}{2}=\frac{3}{16}$
$\square\div3$은 3보다 작아야 합니다. $\square$가 9일 때 $\square\div3=3$이므로 $\square$ 안에는 9보다 작은 수가 들어갑니다.

9 $\frac{17}{6}\div6=\frac{17}{6}\times\frac{1}{6}=\frac{17}{36}$ (L)

11 결과가 가장 작은 나눗셈식을 만들려면 분모가 커지도록 식을 만들어야 합니다. 나누는 수가 자연수인 경우 나누어지는 수의 분모와 곱해지기 때문에 $\frac{3}{4}\div8$이나 $\frac{3}{8}\div4$를 만들 수 있습니다.
$\frac{3}{4}\div8=\frac{3}{4}\times\frac{1}{8}=\frac{3}{32}$, $\frac{3}{8}\div4=\frac{3}{8}\times\frac{1}{4}=\frac{3}{32}$

12 $6\frac{1}{4}\div4=\frac{25}{4}\div4=\frac{25}{4}\times\frac{1}{4}=\frac{25}{16}=1\frac{9}{16}$ (km)

13 정삼각형과 정오각형의 변은 $3+5=8$(개)입니다.
$\frac{8}{9}\div8=\frac{8}{9}\times\frac{1}{8}=\frac{1}{9}$ (m)

step 3 문제 해결 20~23쪽

1	12	**1-1**	26
1-2	29		
2	1, 2, 3, 4	**2-1**	1, 2, 3, 4, 5, 6
2-2	1, 2, 3, 4, 5	**2-3**	8
3	$\frac{7}{20}$	**3-1**	$1\frac{3}{4}$
3-2	$\frac{8}{15}$	**3-3**	$4\frac{7}{16}$

4 $\frac{3}{14}$ **4-1** $\frac{5}{36}$ **4-2** $\frac{4}{21}$

5 ❶ 4, 7 ▶3점 ❷ 4, 7, $\frac{\boxed{4}}{\boxed{7}}$, $\frac{4}{7}$ ▶3점 ; $\frac{4}{7}$ ▶4점

5-1 예 아이스크림 5통을 8명이 똑같이 나누어 먹으면 한 사람이 먹은 아이스크림은 $5\div8$입니다. ▶3점

$5\div8=\frac{5}{8}$이므로 한 사람이 먹은 아이스크림은 아이스크림 한 통의 $\frac{5}{8}$입니다. ▶3점 ; $\frac{5}{8}$ ▶4점

6 ❶ 3, $\frac{\boxed{4}}{\boxed{15}}$ ▶3점 ❷ $\frac{\boxed{4}}{\boxed{15}}$, $\frac{\boxed{4}}{\boxed{15}}$, 3, $\frac{\boxed{4}}{\boxed{45}}$ ▶3점

; $\frac{4}{45}$ ▶4점

6-1 예 정사각형 한 개를 만드는 데 사용한 철사의 길이는

$\frac{3}{4}\div2=\frac{3}{4}\times\frac{1}{2}=\frac{3}{8}$ (m)입니다. ▶3점

정사각형은 네 변의 길이가 모두 같으므로 이 정사각형의 한 변의 길이는

$\frac{3}{8}\div4=\frac{3}{8}\times\frac{1}{4}=\frac{3}{32}$ (m)입니다. ▶3점

; $\frac{3}{32}$ m ▶4점

7 ❶ 25 ▶3점 ❷ 25, 25, 4, $\frac{\boxed{25}}{\boxed{28}}$ ▶3점 ; $\frac{25}{28}$ ▶4점

7-1 예 소금 상자에 남아 있는 소금의 무게는

$4\times\frac{4}{5}=\frac{16}{5}$ (kg)입니다. ▶3점

따라서 한 사람이 가질 수 있는 소금의 무게는

$\frac{16}{5}\div6=\frac{16}{5}\times\frac{1}{6}$

$=\frac{16}{30}=\frac{8}{15}$ (kg)입니다. ▶3점

; $\frac{8}{15}$ kg ▶4점

8 ❶ 4, 4, $\frac{3}{8}$ ▶3점 ❷ $\frac{3}{8}$, $\frac{3}{8}$, $\frac{9}{64}$ ▶3점 ; $\frac{9}{64}$ ▶4점

8-1 예 정사각형은 네 변의 길이가 모두 같으므로

(꽃밭의 한 변의 길이)

$=1\frac{2}{3}\div4=\frac{5}{3}\div4$

$=\frac{5}{3}\times\frac{1}{4}=\frac{5}{12}$ (m)입니다. ▶3점

따라서 이 꽃밭의 넓이는

$\frac{5}{12}\times\frac{5}{12}=\frac{25}{144}$ (m^2)입니다. ▶3점

; $\frac{25}{144}$ m^2 ▶4점

1 $\frac{7}{3}\div5=\frac{7}{3}\times\frac{1}{5}$에서 ㉠=5입니다.

$3\frac{1}{2}\div8=\frac{7}{2}\div8=\frac{7}{2}\times\frac{1}{8}$에서 ㉡=7입니다.

⇨ 5+7=12

1-1 $\frac{11}{12}\div7=\frac{11}{12}\times\frac{1}{7}$에서 ㉠=7입니다.

$2\frac{1}{9}\div4=\frac{19}{9}\div4=\frac{19}{9}\times\frac{1}{4}$에서 ㉡=19입니다.

⇨ 7+19=26

1-2 $\frac{3}{5}\div9=\frac{3}{5}\times\frac{1}{9}$에서 ㉠=9입니다.

$1\frac{5}{7}\div8=\frac{12}{7}\div8=\frac{12}{7}\times\frac{1}{8}$에서

㉡=12, ㉢=8입니다.

⇨ 9+12+8=29

2 $1\frac{2}{3}\div3=\frac{5}{3}\div3=\frac{5}{3}\times\frac{1}{3}=\frac{5}{9}$

$\frac{\square}{9}<\frac{5}{9}$이므로 □ 안에 들어갈 수 있는 자연수는 1, 2, 3, 4입니다.

2-1 $1\frac{3}{4}\div2=\frac{7}{4}\div2=\frac{7}{4}\times\frac{1}{2}=\frac{7}{8}$

$\frac{\square}{8}<\frac{7}{8}$이므로 □ 안에 들어갈 수 있는 자연수는 1, 2, 3, 4, 5, 6입니다.

2-2 $1\frac{1}{5}\div4=\frac{6}{5}\div4=\frac{6}{5}\times\frac{1}{4}=\frac{6}{20}$

$\frac{\square}{20}<\frac{6}{20}$이므로 □ 안에 들어갈 수 있는 자연수는 1, 2, 3, 4, 5입니다.

2-3 $3\frac{1}{2}\div5=\frac{7}{2}\div5=\frac{7}{2}\times\frac{1}{5}=\frac{7}{10}$

$\frac{\square}{10}>\frac{7}{10}$이므로 □ 안에 들어갈 수 있는 자연수 중에서 가장 작은 수는 8입니다.

3 (어떤 수)$\times4=\frac{7}{5}$,

(어떤 수)$=\frac{7}{5}\div4=\frac{7}{5}\times\frac{1}{4}=\frac{7}{20}$

3-1 (어떤 수)$\times2=\frac{7}{2}$,

(어떤 수)$=\frac{7}{2}\div2=\frac{7}{2}\times\frac{1}{2}=\frac{7}{4}=1\frac{3}{4}$

3-2 (어떤 수)$\times 5=\frac{8}{3}$,

(어떤 수)$=\frac{8}{3}\div 5=\frac{8}{3}\times\frac{1}{5}=\frac{8}{15}$

3-3 (어떤 수)$\times 4=1\frac{3}{4}$,

(어떤 수)$=1\frac{3}{4}\div 4=\frac{7}{4}\div 4=\frac{7}{4}\times\frac{1}{4}=\frac{7}{16}$

(어떤 수)$=\frac{7}{16}$이므로 바르게 계산한 값을 구하면

$\frac{7}{16}+4=4\frac{7}{16}$입니다.

4 나누어지는 수를 가장 크게, 나누는 수를 가장 작게 만들어 계산합니다.

⇨ $\frac{3}{7}\div 2=\frac{3}{7}\times\frac{1}{2}=\frac{3}{14}$

4-1 나누어지는 수를 가장 크게, 나누는 수를 가장 작게 만들어 계산합니다.

⇨ $\frac{5}{9}\div 4=\frac{5}{9}\times\frac{1}{4}=\frac{5}{36}$

4-2 수 카드 2장을 사용하여 만들 수 있는 진분수는 $\frac{3}{4}$, $\frac{3}{7}$, $\frac{4}{7}$입니다.

$\frac{3}{4}\div 7=\frac{3}{4}\times\frac{1}{7}=\frac{3}{28}$,
$\frac{3}{7}\div 4=\frac{3}{7}\times\frac{1}{4}=\frac{3}{28}$,
$\frac{4}{7}\div 3=\frac{4}{7}\times\frac{1}{3}=\frac{4}{21}$

이 중에서 가장 큰 몫은 $\frac{4}{21}$입니다.

5-1

채점 기준		
5÷8의 식을 쓴 경우	3점	10점
한 사람이 먹은 아이스크림의 양을 구한 경우	3점	
답을 바르게 쓴 경우	4점	

6-1

채점 기준		
정사각형 한 개를 만드는 데 사용한 철사의 길이를 구한 경우	3점	10점
정사각형의 한 변의 길이를 구한 경우	3점	
답을 바르게 쓴 경우	4점	

7-1

채점 기준		
남아 있는 소금의 무게를 구한 경우	3점	10점
한 사람이 가질 수 있는 소금의 무게를 구한 경우	3점	
답을 바르게 쓴 경우	4점	

8-1

채점 기준		
꽃밭의 한 변의 길이를 구한 경우	3점	10점
꽃밭의 넓이를 구한 경우	3점	
답을 바르게 쓴 경우	4점	

step 4 실력 UP 문제 24~25쪽

1 $\frac{3}{8}$배

2 예 (평행사변형의 밑변의 길이)=(넓이)÷(높이)이므로
$\frac{23}{2}\div 5$ ▸3점
$=\frac{23}{2}\times\frac{1}{5}=\frac{23}{10}=2\frac{3}{10}$ (cm)입니다. ▸3점
; $2\frac{3}{10}$ cm ▸4점

3 $15\frac{5}{6}$ m **4** $\frac{1}{4}$ L **5** $\frac{3}{5}$ m

6 2, 3, 4, 5 **7** $4\frac{6}{7}$ kg

8 예 전기자전거로 1시간 동안 간 거리는
$44\frac{1}{2}\div 3=\frac{89}{2}\div 3=\frac{89}{2}\times\frac{1}{3}=\frac{89}{6}$ (km)입니다. ▸3점
30분은 1시간의 반이므로 30분 동안 간 거리는
$\frac{89}{6}\div 2=\frac{89}{6}\times\frac{1}{2}=\frac{89}{12}=7\frac{5}{12}$ (km)입니다. ▸3점
; $7\frac{5}{12}$ km ▸4점

9 $1\frac{1}{5}$ cm^2 **10** 치타, $\frac{2}{3}$ km

11 $8\frac{2}{5}$ m^2

1 4분음표가 1박이면 8분음표는 $\frac{1}{2}$박자이므로
(점8분음표의 박자)$=\frac{1}{2}+\frac{1}{4}=\frac{3}{4}$(박자)입니다.
2분음표는 2박자이므로 점8분음표의 박자는 2분음표의 박자의 $\frac{3}{4}\div 2=\frac{3}{4}\times\frac{1}{2}=\frac{3}{8}$(배)입니다.

본책 20~25쪽

2

채점 기준		
밑변의 길이를 구하는 식을 쓴 경우	3점	10점
평행사변형의 밑변의 길이를 구한 경우	3점	
답을 바르게 쓴 경우	4점	

3 달에서는 지구 중력의 $\frac{1}{6}$이므로 공던지기를 하면 지구에서보다 6배 높이 던질 수 있습니다.

⇨ $95 \div 6 = \frac{95}{6} = 15\frac{5}{6}$ (m)

4 (4명이 마신 우유의 양)$=\frac{5}{4}-\frac{1}{4}=\frac{4}{4}=1$ (L)

(한 사람이 마신 우유의 양)$=1 \div 4=\frac{1}{4}$ (L)

5 (정육각형을 만든 철사의 길이)$=\frac{2}{5}\times 6=\frac{12}{5}$ (m)

(철사로 만든 정사각형의 한 변의 길이)

$=\frac{12}{5}\div 4=\frac{12}{5}\times\frac{1}{4}=\frac{12}{20}=\frac{3}{5}$ (m)

6 $4\frac{2}{5}\div 3=\frac{22}{5}\div 3=\frac{22}{5}\times\frac{1}{3}=\frac{22}{15}=1\frac{7}{15}$

$1\frac{7}{15}<\square<5\frac{1}{4}$이므로 □ 안에 들어갈 수 있는 자연수는 2, 3, 4, 5입니다.

7 (한 봉지에 담은 토마토의 무게)

$=11\frac{1}{3}\div 7=\frac{34}{3}\div 7=\frac{34}{3}\times\frac{1}{7}=\frac{34}{21}$ (kg)

(남은 토마토의 무게)$=\frac{34}{21}\times 3=\frac{34}{7}=4\frac{6}{7}$ (kg)

8

채점 기준		
1시간 동안 간 거리를 구한 경우	3점	10점
30분 동안 간 거리를 구한 경우	3점	
답을 바르게 쓴 경우	4점	

9 가장 큰 정삼각형의 넓이를 똑같이 16으로 나눈 것 중 하나는 $6\frac{2}{5}\div 16=\frac{32}{5}\div 16=\frac{32\div 16}{5}=\frac{2}{5}$ (cm^2)입니다.

⇨ $\frac{2}{5}\times 3=\frac{6}{5}=1\frac{1}{5}$ (cm^2)

10 치타: $120\div 60=2$ (km), 타조: $80\div 60=\frac{80}{60}=\frac{4}{3}$ (km)

⇨ 치타가 $2-\frac{4}{3}=\frac{2}{3}$ (km) 더 달릴 수 있습니다.

11 (오이를 심고 남은 부분의 넓이)

$=29\frac{2}{5}\times\frac{4}{7}=\frac{147}{5}\times\frac{4}{7}=\frac{588}{35}=\frac{84}{5}=16\frac{4}{5}$ (m^2)

(배추를 심은 부분의 넓이)

$=16\frac{4}{5}\div 2=\frac{84}{5}\div 2=\frac{84\div 2}{5}=\frac{42}{5}=8\frac{2}{5}$ (m^2)

단원 평가

26~29쪽

1 $\frac{\boxed{1}}{\boxed{8}}$

2 12, 12, 3

3 (1) $\frac{4}{15}$ (2) $2\frac{2}{5}$

4 (1) 9, 45, 45, 9 (2) 9, 9, 5, 9

5 (1) $\frac{2}{9}$ (2) $\frac{9}{10}$

6

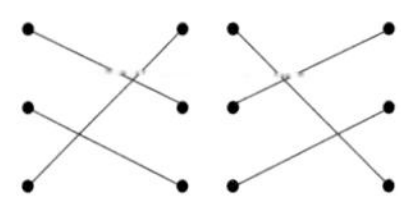

7 ㉠, ㉣

8 지호, $\frac{4}{7}$

9 $>$

10 $1\frac{1}{3}$, $\frac{1}{6}$

11 $1\frac{5}{8}$

12 예 $\frac{8}{9}\div 3=\frac{8}{9}\times 3$에서 $\div 3$을 $\times\frac{1}{3}$로 바꿔서 계산해야 하는데 ÷를 ×로만 바꿔서 계산했습니다. ▸4점

13 ㉣

14 $\frac{3}{5}$개

15 ㉠, ㉡, ㉣, ㉢

16 $\frac{1}{20}$ kg

17 $1\frac{1}{6}$배

18 $2\frac{1}{3}$ cm

19 26, 27

20 $\frac{1}{4}$ kg

21 (1) $7\frac{1}{2}$ L ▸2점 (2) $1\frac{1}{14}$ L ▸3점

22 (1) $2\frac{3}{4}$ kg ▸2점 (2) $\frac{11}{32}$ kg ▸3점

23 예 서준이네 집: $13\div 3=\frac{13}{3}=4\frac{1}{3}$ (m^2)

예윤이네 집: $15\div 4=\frac{15}{4}=3\frac{3}{4}$ (m^2) ▸2점

$4\frac{1}{3}>3\frac{3}{4}$이므로 고구마를 심을 텃밭이 더 넓은 집은 서준이네 집입니다. ▸1점

; 서준이네 집 ▸2점

24 예 어떤 수를 □라 하면 $\square\times 9=2\frac{1}{4}$,

$\square=2\frac{1}{4}\div 9=\frac{9}{4}\div 9$

$=\frac{9}{4}\times\frac{1}{9}=\frac{9}{36}=\frac{1}{4}$입니다. ▸1점

따라서 바르게 계산하면

$\frac{1}{4}\div 9=\frac{1}{4}\times\frac{1}{9}=\frac{1}{36}$입니다. ▸2점

; $\frac{1}{36}$ ▸2점

1 $1\div8$은 1의 $\frac{1}{8}$이므로 $\frac{1}{8}$입니다.

2 분자가 자연수의 배수가 아닐 때에는 분자가 자연수의 배수가 되도록 크기가 같은 분수로 바꿉니다.

3 (1) $4\div15=\frac{4}{15}$

(2) $12\div5=\frac{12}{5}=2\frac{2}{5}$

4 (1) 대분수를 가분수로 바꾸고 분수의 분자를 자연수의 배수인 수로 바꾸어 계산합니다.

(2) 대분수를 가분수로 바꾸고 나눗셈을 곱셈으로 나타내어 계산합니다.

5 (분수)÷(자연수)는 자연수를 $\frac{1}{(\text{자연수})}$로 바꾼 다음 곱하여 계산합니다.

(1) $\frac{4}{9}\div2=\frac{4}{9}\times\frac{1}{2}=\frac{4}{18}=\frac{2}{9}$

(2) $\frac{18}{5}\div4=\frac{18}{5}\times\frac{1}{4}=\frac{18}{20}=\frac{9}{10}$

6 $\frac{5}{7}\div4=\frac{5}{7}\times\frac{1}{4}=\frac{5}{28}$,

$\frac{13}{8}\div3=\frac{13}{8}\times\frac{1}{3}=\frac{13}{24}$,

$3\frac{1}{3}\div7=\frac{10}{3}\div7=\frac{10}{3}\times\frac{1}{7}=\frac{10}{21}$

7 자연수의 나눗셈의 몫을 분수로 나타내면 ▲÷●$=\frac{▲}{●}$입니다.

㉡ $1\div15=\frac{1}{15}$ ㉢ $1\div18=\frac{1}{18}$

8 지호: $\div3$을 $\times\frac{1}{3}$로 바꾸면 분모는 분모끼리, 분자는 분자끼리 계산해야 하는데 분자와 분모를 곱해서 계산했습니다.

⇨ $\frac{12}{7}\div3=\frac{12}{7}\times\frac{1}{3}=\frac{12}{21}=\frac{4}{7}$

9 $4\frac{2}{5}\div6=\frac{22}{5}\div6=\frac{22}{5}\times\frac{1}{6}=\frac{22}{30}=\frac{11}{15}$,

$3\frac{1}{5}\div12=\frac{16}{5}\div12=\frac{16}{5}\times\frac{1}{12}=\frac{16}{60}=\frac{4}{15}$

⇨ $\frac{11}{15}>\frac{4}{15}$

10 $4\div3=4\times\frac{1}{3}=\frac{4}{3}=1\frac{1}{3}$,

$\frac{4}{3}\div8=\frac{4}{3}\times\frac{1}{8}=\frac{4}{24}=\frac{1}{6}$

11 $\frac{13}{4}=3\frac{1}{4}$이므로 세 수 중 $\frac{13}{4}$이 가장 크고 2가 가장 작습니다.

⇨ $\frac{13}{4}>2\frac{5}{6}>2$

⇨ $\frac{13}{4}\div2=\frac{13}{4}\times\frac{1}{2}=\frac{13}{8}=1\frac{5}{8}$

12 나눗셈을 곱셈으로 나타내는 과정에서 잘못되었습니다.

바른 계산: $\frac{8}{9}\div3=\frac{8}{9}\times\frac{1}{3}=\frac{8}{27}$

학부모 지도 가이드

분수의 나눗셈을 분수의 곱셈으로 나타내어 계산할 때에는 ÷(자연수)를 $\times\frac{1}{(\text{자연수})}$로 바꾸어 계산하도록 지도합니다.

13 ㉠ $2\frac{5}{8}\div9=\frac{21}{8}\div9=\frac{21}{8}\times\frac{1}{9}=\frac{21}{72}$

⇨ $\frac{21}{72}<\frac{1}{2}$

㉡ $2\frac{2}{7}\div5=\frac{16}{7}\div5=\frac{16}{7}\times\frac{1}{5}=\frac{16}{35}$

⇨ $\frac{16}{35}<\frac{1}{2}$

㉢ $4\frac{1}{6}\div10=\frac{25}{6}\div10=\frac{25}{6}\times\frac{1}{10}=\frac{25}{60}$

⇨ $\frac{25}{60}<\frac{1}{2}$

㉣ $3\frac{3}{5}\div4=\frac{18}{5}\div4=\frac{18}{5}\times\frac{1}{4}=\frac{18}{20}$

⇨ $\frac{18}{20}>\frac{1}{2}$

따라서 나눗셈의 몫이 $\frac{1}{2}$보다 큰 것은 ㉣입니다.

참고

어떤 분수의 (분자)×2>(분모)이면 분수는 $\frac{1}{2}$보다 크고 (분자)×2<(분모)이면 분수는 $\frac{1}{2}$보다 작습니다.

14 (한 명이 먹을 수 있는 빵의 양)
=(빵의 수)÷(사람 수)
$=3\div5=\frac{3}{5}$(개)

본책 24~29쪽

15 ㉠ $\frac{19}{5}\div 4=\frac{19}{5}\times\frac{1}{4}=\frac{19}{20}$

㉡ $14\div 15=\frac{14}{15}$

㉢ $\frac{9}{10}\div 3=\frac{9}{10}\times\frac{1}{3}=\frac{9}{30}$

㉣ $1\frac{6}{7}\div 2=\frac{13}{7}\div 2=\frac{13}{7}\times\frac{1}{2}=\frac{13}{14}$

㉠, ㉡, ㉣은 $\frac{1}{2}$보다 크지만 ㉢은 $\frac{1}{2}$보다 작으므로 나눗셈의 몫이 가장 작습니다. ㉠, ㉡, ㉣은 모두 분모와 분자의 차가 1인 분수이므로 분모가 클수록 더 큰 분수입니다.
따라서 몫이 큰 것부터 차례로 기호를 쓰면 ㉠, ㉡, ㉣, ㉢입니다.

16 (호떡 믹스의 무게)÷(호떡의 수)

$=\frac{2}{5}\div 8=\frac{2}{5}\times\frac{1}{8}=\frac{2}{40}=\frac{1}{20}$ (kg)

17 $2\frac{1}{3}\div 2=\frac{7}{3}\div 2=\frac{7}{3}\times\frac{1}{2}=\frac{7}{6}=1\frac{1}{6}$(배)

18 직사각형의 세로를 □ cm라 하면

$4\times\square=9\frac{1}{3}$,

$\square=9\frac{1}{3}\div 4=\frac{28}{3}\div 4=\frac{28\div 4}{3}=\frac{7}{3}=2\frac{1}{3}$입니다.

다른 풀이

(직사각형의 세로)
=(직사각형의 넓이)÷(직사각형의 가로)
$=9\frac{1}{3}\div 4=\frac{28}{3}\div 4=\frac{28}{3}\times\frac{1}{4}=\frac{28}{12}=2\frac{4}{12}=2\frac{1}{3}$ (cm)

19 $\frac{1}{4}\div 7=\frac{1}{4}\times\frac{1}{7}=\frac{1}{28}$,

$\frac{1}{5}\div 5=\frac{1}{5}\times\frac{1}{5}=\frac{1}{25}$

$\frac{1}{28}<\frac{1}{\square}<\frac{1}{25}$이므로 □ 안에 들어갈 수 있는 수는 26, 27입니다.

20 1주일은 7일이므로 2주일은 14일입니다.
(하루에 먹을 수 있는 쌀의 무게)
=(쌀통에 있는 쌀의 무게)÷(날수)

$=3\frac{1}{2}\div 14=\frac{7}{2}\div 14$

$=\frac{7}{2}\times\frac{1}{14}=\frac{7}{28}=\frac{1}{4}$ (kg)

21 (1) (전체 생수의 양)
=(한 병에 들어 있는 생수의 양)×(병의 수)

$=\frac{3}{2}\times 5=\frac{15}{2}=7\frac{1}{2}$ (L)

(2) 일주일은 7일이므로 하루에 마셔야 하는 생수의 양은

$7\frac{1}{2}\div 7=\frac{15}{2}\div 7=\frac{15}{2}\times\frac{1}{7}$

$=\frac{15}{14}=1\frac{1}{14}$ (L)입니다.

틀린 과정을 분석해 볼까요?

틀린 이유	이렇게 지도해 주세요
전체 생수의 양을 잘못 구한 경우	한 병에 $\frac{3}{2}$ L씩 들어 있는 생수가 5병 있으므로 분수의 곱셈을 이용하여 구하도록 지도합니다.
하루에 마셔야 하는 생수의 양을 잘못 구한 경우	(분수)÷(자연수)는 나눗셈을 곱셈으로 나타내어 계산하는 것을 알아야 합니다.
하루에 마셔야 하는 생수의 양을 구하지 못한 경우	일주일은 7일이므로 (전체 생수의 양)÷7을 이용하여 나눗셈식을 세우고 계산하도록 지도합니다.

22 (1) (사과 8개의 무게)
=(사과 8개가 놓여 있는 접시의 무게)
−(빈 접시의 무게)

$=3\frac{1}{8}-\frac{3}{8}=2\frac{9}{8}-\frac{3}{8}$

$=2\frac{6}{8}=2\frac{3}{4}$ (kg)

(2) (사과 한 개의 무게)
=(사과 8개의 무게)÷8

$=2\frac{3}{4}\div 8=\frac{11}{4}\div 8=\frac{11}{4}\times\frac{1}{8}=\frac{11}{32}$ (kg)

틀린 과정을 분석해 볼까요?

틀린 이유	이렇게 지도해 주세요
사과 8개의 무게를 잘못 구한 경우	사과 8개의 무게를 구하려면 사과 8개가 놓여 있는 접시의 무게에서 빈 접시의 무게를 빼야 합니다.
사과 한 개의 무게를 잘못 구한 경우	(사과 8개가 놓여 있는 접시의 무게)÷8로 계산하지 않도록 지도합니다.
사과 한 개의 무게를 구하지 못한 경우	(대분수)÷(자연수)는 대분수를 가분수로 바꾸어 계산하도록 지도합니다.

23

채점 기준		
서준이네 집과 예윤이네 집에서 고구마를 심을 텃밭의 넓이를 구한 경우	2점	5점
고구마를 심을 텃밭이 더 넓은 집을 구한 경우	1점	
답을 바르게 쓴 경우	2점	

틀린 과정을 분석해 볼까요?

틀린 이유	이렇게 지도해 주세요
서준이네 집에서 고구마를 심을 텃밭의 넓이를 잘못 구한 경우	상추, 토마토, 고구마를 똑같은 넓이로 심으려고 하므로 (전체 텃밭의 넓이)÷3을 이용하여 구하도록 지도합니다.
예윤이네 집에서 고구마를 심을 텃밭의 넓이를 잘못 구한 경우	고추, 감자, 오이, 고구마를 똑같은 넓이로 심으려고 하므로 (전체 텃밭의 넓이)÷4를 이용하여 구하도록 지도합니다.
고구마를 심을 텃밭이 더 넓은 집을 잘못 구한 경우	서준이네 집과 예윤이네 집에서 고구마를 심을 텃밭의 넓이를 바르게 비교하도록 지도합니다.

24

채점 기준		
어떤 수를 구한 경우	1점	5점
바르게 계산한 경우	2점	
답을 바르게 쓴 경우	2점	

틀린 과정을 분석해 볼까요?

틀린 이유	이렇게 지도해 주세요
어떤 수를 구하는 식을 잘못 쓴 경우	어떤 수를 9로 나누어야 할 것을 잘못하여 곱했으므로 어떤 수를 □라 하여 □에 9를 곱하면 $2\frac{1}{4}$이 되는 곱셈식을 써야 합니다.
어떤 수를 잘못 구한 경우	분수의 나눗셈을 이용하여 어떤 수를 구해야 합니다. (대분수)÷(자연수)는 대분수를 가분수로 바꾸고 나눗셈을 곱셈으로 나타내어 구해야 합니다.
바르게 계산한 값을 잘못 구한 경우	바르게 계산하면 어떤 수를 9로 나누어야 하므로 (어떤 수)÷9를 구하도록 지도합니다.

2단원 각기둥과 각뿔

step 1 교과 개념 32~33쪽

1 (1) 각기둥 (2) 밑면
2 (위에서부터) 밑면, 옆면
3 ①
4 (1) 나, 다, 라 (2) 나, 라
5 (1) 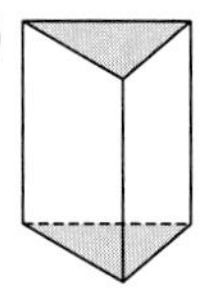 (2) 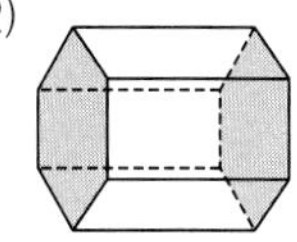
6 (1) 3개, 5개, 6개 (2) 옆면 (3) 직사각형
7 (1) 면 ㄱㄴㄷ, 면 ㄹㅁㅂ
(2) 면 ㄱㄴㅁㄹ, 면 ㄴㅁㅂㄷ, 면 ㄷㅂㄹㄱ

2 각기둥에서 서로 평행하고 나머지 다른 면에 수직인 두 면을 밑면이라 하고, 두 밑면과 만나는 면을 옆면이라고 합니다.

3 먼저 서로 평행하고 합동인 두 밑면을 찾으면 나머지 면들이 옆면입니다.

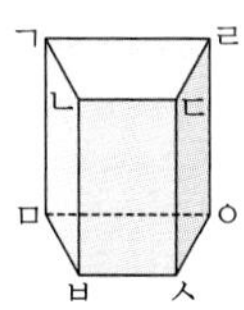

밑면인 면 ㄱㄴㄷㄹ, 면 ㅁㅂㅅㅇ과 만나는 면을 찾으면 면 ㄱㅁㅂㄴ, 면 ㄴㅂㅅㄷ, 면 ㄷㅅㅇㄹ, 면 ㄱㅁㅇㄹ입니다.

참고 도형의 기호를 읽을 때 기호의 순서나 방향을 너무 중요하게 여기지 않도록 합니다. 면 ㄱㅁㅂㄴ을 면 ㄱㄴㅂㅁ 또는 면 ㄴㄱㅁㅂ 등으로 읽어도 정답으로 인정하고, '면' 대신 '직사각형' 또는 '사각형'이라고 읽어도 정답으로 인정합니다.

4 (1) 평행한 두 면이 있는 입체도형을 모두 찾으면 나, 다, 라, 마, 바입니다. 이 중에서 평행한 두 면이 서로 합동인 것을 찾으면 나, 다, 라입니다.
(2) 위 (1)에서 찾은 것 중에서 다는 밑면이 다각형이 아닙니다.

5 각기둥에서 서로 평행하고 합동인 두 면에 모두 색칠합니다. 이때 두 밑면이 나머지 면들과 모두 수직으로 만나는지 확인합니다.

주의 각기둥의 밑면을 찾을 때는 서로 합동인 것 외에 나머지 면들과 수직으로 만나는지도 반드시 확인해야 합니다. (2)와 같이 밑면이 정육각형인 각기둥은 서로 평행하고 합동인 면이 4쌍이기 때문입니다.

6 (2)~(3) 각기둥에서 두 밑면과 만나는 면은 옆면이고 옆면은 직사각형입니다.

7 (1) 서로 평행하고 합동이면서 나머지 면들과 수직으로 만나는 두 면을 찾아 씁니다.
(2) 밑면에 수직인 면을 모두 찾아 씁니다.

step 1 교과 개념 34~35쪽

1 (1) 삼각기둥 (2) 사각기둥

2

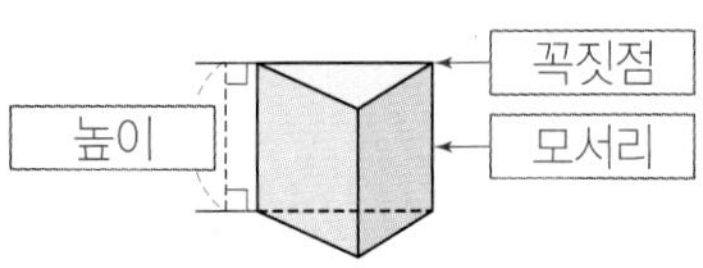

3

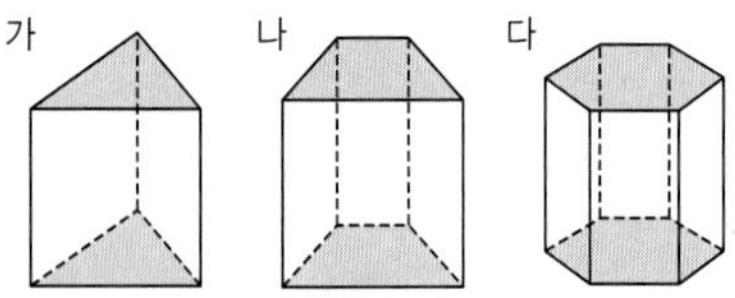

가	삼각형	삼각기둥
나	사각형	사각기둥
다	육각형	육각기둥

4 (1) 18개 (2) 12개

5 모서리 ㄴㅁ, 모서리 ㄱㄹ에 ○표

6 5 ; 6, 10

7 삼각기둥 ; 3, 4 ; 5, 6

8 오각기둥 ; 4, 5 ; 12, 15

1 (1) 밑면의 모양이 삼각형입니다.

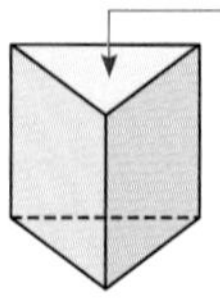

밑면: 삼각형
⇨ 삼각기둥

(2) 모든 면이 사각형인 각기둥입니다.

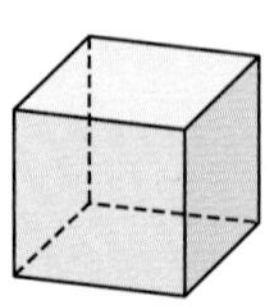

밑면: 사각형
⇨ 사각기둥

2 각기둥에서 면과 면이 만나는 선분을 모서리라 하고, 모서리와 모서리가 만나는 점을 꼭짓점이라고 하며, 두 밑면 사이의 거리를 높이라고 합니다.

3 각기둥의 이름은 밑면의 모양에 따라 정해집니다.
가는 밑면의 모양이 삼각형이므로 삼각기둥이고, 나는 밑면의 모양이 사각형이므로 사각기둥이고, 다는 밑면의 모양이 육각형이므로 육각기둥입니다.

> **참고**
> 밑면의 모양을 삼각형, 사각형(사다리꼴), 육각형(정육각형)이라고 쓸 수 있습니다. 그러나 각기둥의 이름을 붙일 때에는 구체적인 이름(사다리꼴기둥 등)보다는 밑면의 다각형의 모양을 일반적으로 말할 수 있는 도형의 이름을 씁니다.

4 (1) 면과 면이 만나는 선분은 모서리입니다.
(육각기둥의 모서리의 수)=(한 밑면의 변의 수)×3
$=6\times3=18$(개)
(2) 모서리와 모서리가 만나는 점은 꼭짓점입니다.
(육각기둥의 꼭짓점의 수)=(한 밑면의 변의 수)×2
$=6\times2=12$(개)

> **참고**
> 주어진 육각기둥에 표시하면서 직접 수를 세어 구할 수도 있습니다.
>
> 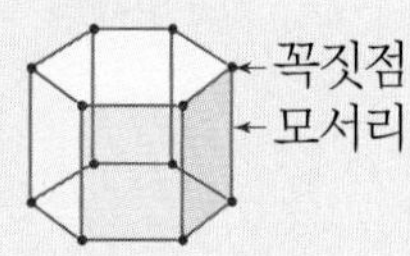
>
>
> ⇨ 모서리는 18개, 꼭짓점은 12개입니다.

5 각기둥의 높이는 합동인 두 밑면의 대응하는 꼭짓점을 이은 모서리의 길이와 같습니다.
따라서 주어진 삼각기둥의 높이를 잴 수 있는 모서리는 모서리 ㄱㄹ, 모서리 ㄴㅁ, 모서리 ㄷㅂ입니다.

6 • 삼각기둥의 꼭짓점의 수는 $3\times2=6$(개)입니다.
• 오각기둥의 꼭짓점의 수는 $5\times2=10$(개)입니다.

> **참고**
> 각기둥의 꼭짓점의 수는
> (한 밑면의 변의 수)×2입니다.

7 • 삼각기둥의 면의 수는 $3+2=5$(개)입니다.
• 사각기둥의 면의 수는 $4+2=6$(개)입니다.

> **참고**
> 각기둥의 면의 수는
> (한 밑면의 변의 수)+2입니다.

8 • 사각기둥의 모서리의 수는 $4\times3=12$(개)입니다.
• 오각기둥의 모서리의 수는 $5\times3=15$(개)입니다.

> **참고**
> 각기둥의 모서리의 수는
> (한 밑면의 변의 수)×3입니다.

step 2 교과 유형 익힘 36~37쪽

1

평면도형	나, 라
입체도형	가, 다, 마, 바, 사, 아

2 다, 마, 사

3

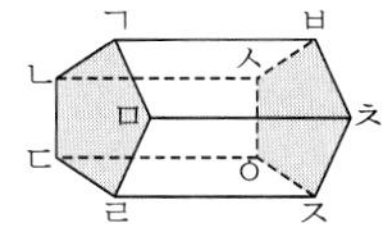

4 5개

5

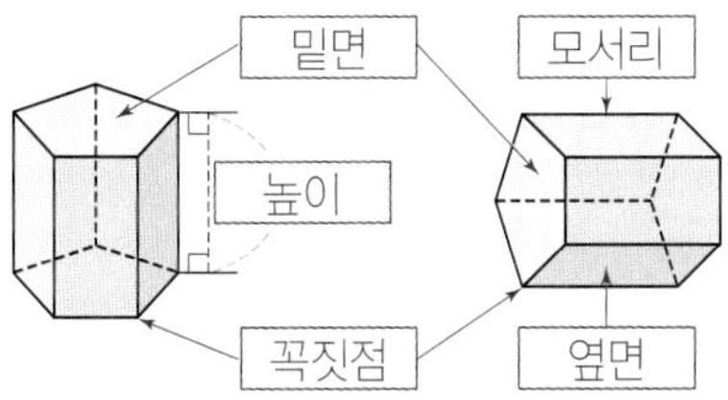

6 7 cm

7

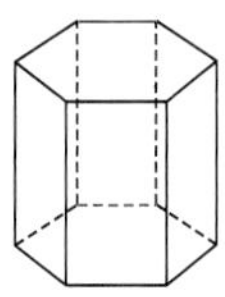

8 3개

9 (×)
( )
; 예 이 각기둥의 꼭짓점의 수는 14개입니다.

10 예 서로 평행한 두 면이 합동이 아닙니다.▶10점

11 ㉠, ㉢, ㉡

12

한 밑면의 변의 수(개)	4	5	6
꼭짓점의 수(개)	8	10	12
면의 수(개)	6	7	8
모서리의 수(개)	12	15	18

13 2, 2, 3

14 윤우, 지호

1 평면도형: 나(정오각형), 라(원)
평면도형인 나와 라를 제외한 도형들은 입체도형입니다.

2 입체도형 가, 다, 마, 바, 사, 아 중에서 밑면이 서로 평행하고 합동인 다각형으로 이루어진 도형을 모두 찾으면 다, 마, 사입니다.
가는 서로 평행한 두 면이 합동이 아닙니다.
바는 서로 평행한 두 면이 없습니다.
아는 서로 평행한 두 면이 다각형이 아닙니다.

3 서로 평행한 두 면은 면 ㄱㄴㄷㄹㅁ과 면 ㅂㅅㅇㅈㅊ입니다.
그림과 같은 오각기둥에서 서로 평행한 두 면은 합동이고, 밑면이 됩니다.

4 오각기둥에서 밑면에 수직인 면은 옆면이고, 옆면은 면 ㄱㅁㅊㅂ, 면 ㅁㄹㅈㅊ, 면 ㄷㄹㅈㅇ, 면 ㄴㄷㅇㅅ, 면 ㄱㄴㅅㅂ으로 5개입니다.

참고
■각기둥의 옆면의 수는 ■개입니다.

5 각기둥에서 서로 평행하고 합동인 두 면을 밑면, 두 밑면과 만나는 면을 옆면, 면과 면이 만나는 선분을 모서리, 모서리와 모서리가 만나는 점을 꼭짓점, 두 밑면 사이의 거리를 높이라고 합니다.

6 두 밑면 사이의 거리를 나타내는 모서리의 길이는 7 cm입니다.

7 각기둥의 겨냥도를 나타낼 때에는 보이는 모서리는 실선으로, 보이지 않는 모서리는 점선으로 나타냅니다.

8 옆면은 두 밑면과 수직으로 만나는 면입니다.
두 밑면과 만나는 면을 모두 찾아 수를 세어 보면 모두 3개입니다.

9 칠각기둥의 꼭짓점의 수는 $7 \times 2 = 14$(개)입니다.

10 '옆면이 직사각형이 아닙니다.'라고 써도 됩니다.

11 ㉠ 삼각기둥의 모서리의 수는 $3 \times 3 = 9$(개)입니다.
㉡ 사각기둥의 옆면의 수는 4개입니다.
㉢ 사각기둥의 꼭짓점의 수는 $4 \times 2 = 8$(개)입니다.

12
- 사각기둥의 한 밑면의 모양은 사각형이므로 한 밑면의 변의 수는 4개, 꼭짓점의 수는 $4 \times 2 = 8$(개), 면의 수는 $4 + 2 = 6$(개), 모서리의 수는 $4 \times 3 = 12$(개)입니다.
- 오각기둥의 한 밑면의 모양은 오각형이므로 한 밑면의 변의 수는 5개, 꼭짓점의 수는 $5 \times 2 = 10$(개), 면의 수는 $5 + 2 = 7$(개), 모서리의 수는 $5 \times 3 = 15$(개)입니다.
- 육각기둥의 한 밑면의 모양은 육각형이므로 한 밑면의 변의 수는 6개, 꼭짓점의 수는 $6 \times 2 = 12$(개), 면의 수는 $6 + 2 = 8$(개), 모서리의 수는 $6 \times 3 = 18$(개)입니다.

13 각기둥의 한 밑면의 변의 수와 꼭짓점, 면, 모서리의 수 사이의 관계를 찾아 식으로 나타냅니다.

참고
(모서리의 수)=(꼭짓점의 수)+(면의 수)−2,
(한 밑면의 변의 수)+(꼭짓점의 수)=(모서리의 수) 등의 규칙도 찾을 수 있습니다.

14 선미: 각기둥의 밑면과 옆면은 평행하지 않고 수직으로 만납니다.
수지: 각기둥의 밑면은 3개가 아니라 2개입니다.

step 1 교과 개념 38~39쪽

1 가
2 (1) 오각기둥 (2) 사각기둥
3 (1) 4 (2) (위에서부터) 4, 8
4 다
5 예

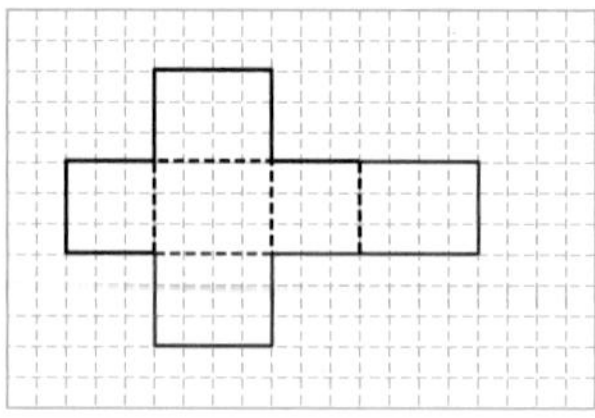

6 예

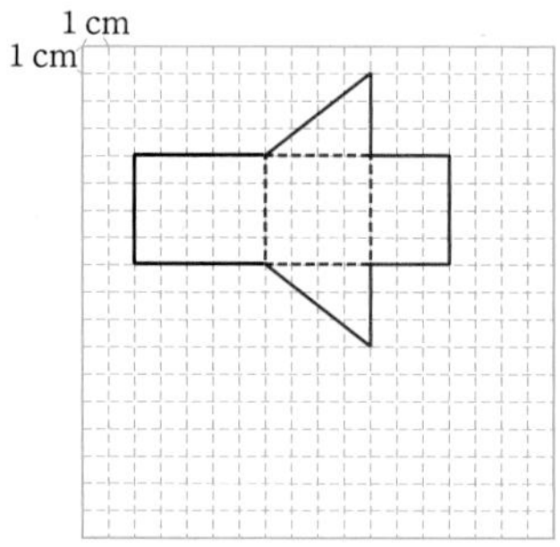

또는

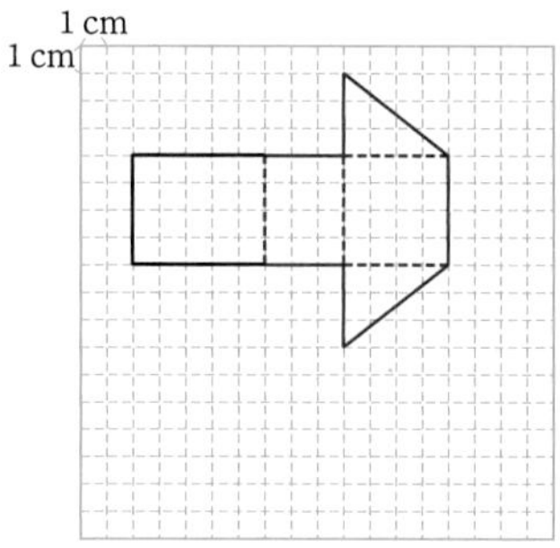

,

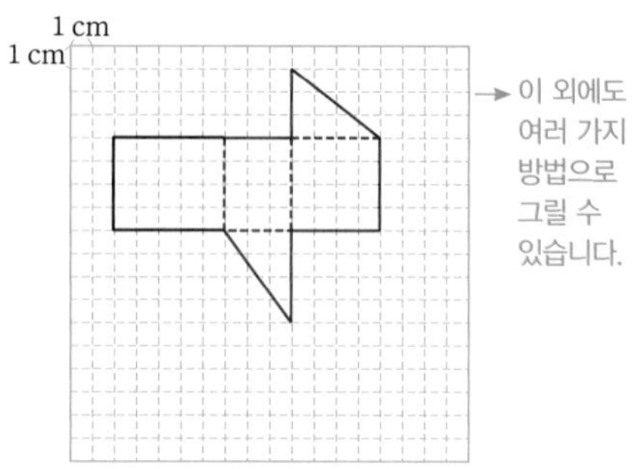

1 전개도를 접었을 때 주어진 사각기둥이 만들어지는 것을 찾습니다.
나는 접었을 때 맞닿는 부분의 길이가 다르므로 잘못 그린 것입니다.

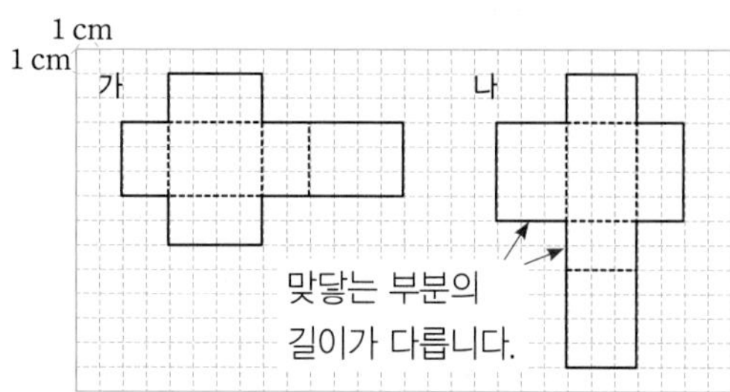

2 각기둥의 전개도를 보고 이름을 알아볼 때는 밑면이 어떤 도형인지 찾으면 알 수 있습니다.
(1) 밑면이 오각형이고 옆면이 직사각형이므로 오각기둥의 전개도입니다.

참고
주어진 전개도를 접으면 오른쪽과 같은 오각기둥이 만들어집니다.

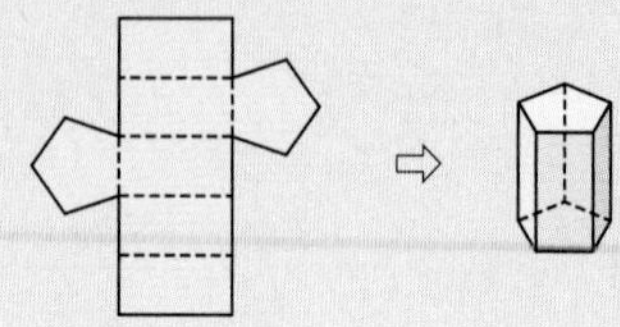

(2) 밑면이 사각형이고 옆면이 직사각형이므로 사각기둥의 전개도입니다.

3 (1) 사각기둥의 높이가 4 cm이므로 □ 안에 4를 씁니다.
(2) 왼쪽 사각기둥을 오른쪽 모양과 같이 잘라서 펼쳤을 때의 각 모서리의 길이를 생각해 봅니다.

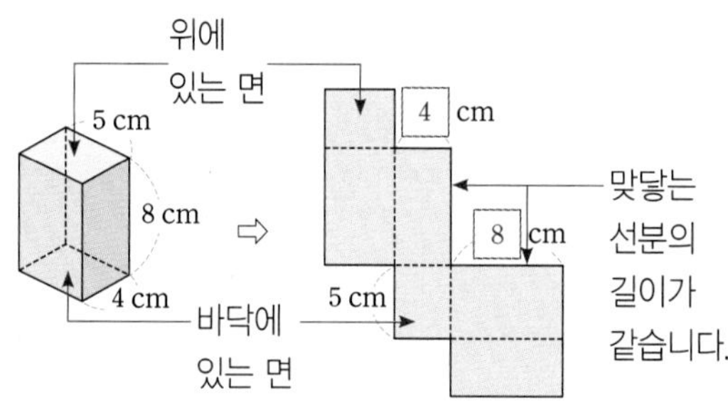

4 전개도를 접었을 때의 모양을 생각해 보며 삼각기둥을 만들 수 없는 것을 찾습니다.
다는 밑면이 되는 삼각형 모양의 면 2개가 같은 방향에 있어서 접었을 때 밑면이 서로 겹쳐지므로 삼각기둥을 만들 수 없습니다.

5 사각기둥의 전개도이므로 직사각형 모양의 면이 6개가 되도록 완성합니다. 전개도에서 잘린 모서리는 실선, 잘리지 않은 모서리는 점선인 것에 주의하고, 전개도를 접었을 때 맞닿는 부분끼리 길이가 같도록 그립니다.

주의
각기둥의 전개도에서 실선은 잘린 모서리를 나타내고, 점선은 잘리지 않은 모서리를 나타내므로 점선으로 그려진 모서리에 이어 그려야 합니다.

6 삼각기둥의 모서리의 길이를 보고 접었을 때 맞닿는 부분끼리 길이가 같도록 그립니다.

step 2 교과 유형 익힘 40~41쪽

1 (1) (각기둥의) 전개도 (2) 사각기둥

2 육각기둥 3 면 라

4 삼각기둥

5 나, 다, 라에 ○표

6 선분 ㄷㄴ, 선분 ㄷㄹ

7

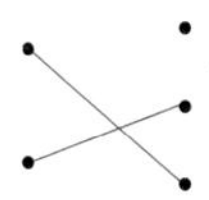

8

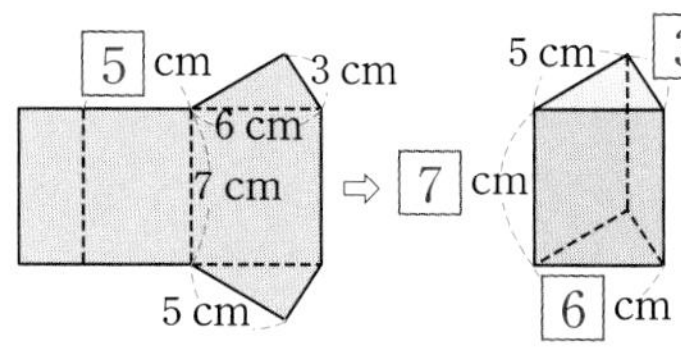

9

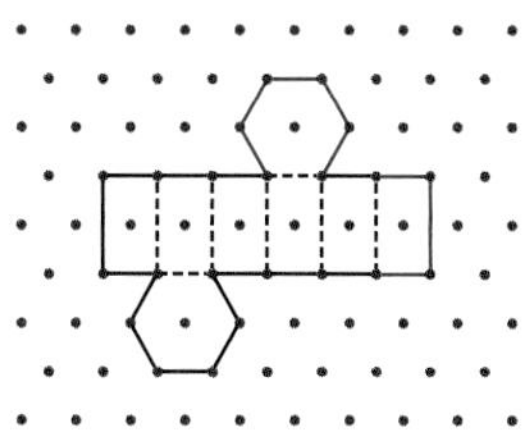

10 예

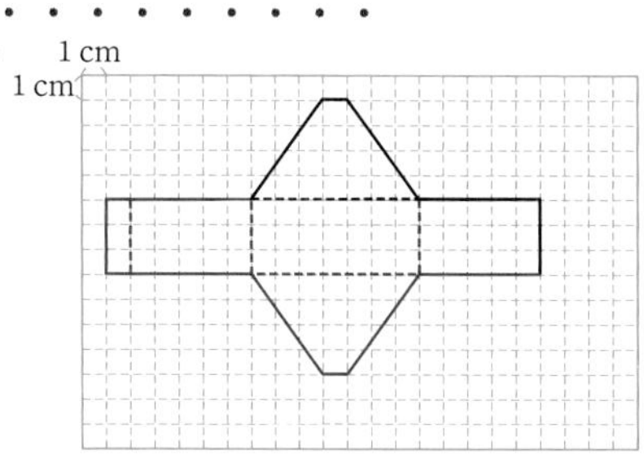

11 4 cm

12 예

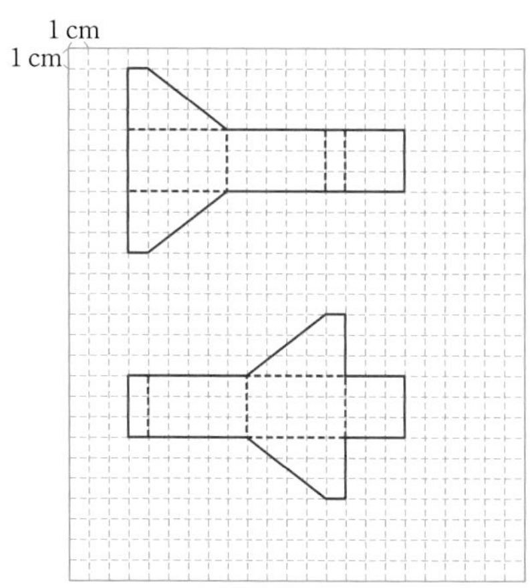

1 (1) 각기둥의 모서리를 잘라서 평면 위에 펼쳐 놓은 그림을 각기둥의 전개도라고 합니다.

(2) 사각형 모양의 면이 6개이므로 밑면이 2개, 옆면이 4개인 각기둥입니다. 따라서 전개도를 접으면 사각기둥이 됩니다.

2 전개도를 접으면 밑면의 모양이 육각형인 각기둥이 되므로 육각기둥입니다.

3 전개도를 접으면 사각기둥이 되고 면 나와 면 라, 면 가와 면 바, 면 다와 면 마가 서로 마주 봅니다.

4 밑면의 모양이 삼각형, 옆면의 모양이 직사각형인 각기둥의 전개도이므로 삼각기둥이 됩니다.

5 면 가는 밑면이고, 다른 밑면을 찾으면 같은 삼각형 모양인 면 마입니다.
밑면과 만나는 면은 옆면이므로 삼각기둥의 옆면이 되는 면을 모두 찾으면 직사각형 모양의 면 나, 면 다, 면 라입니다.

6 전개도를 접었을 때 점 ㄱ과 맞닿는 점은 점 ㄷ, 점 ㅈ이므로 선분 ㄱㄴ과 맞닿는 선분은 선분 ㄷㄴ입니다.
전개도를 접었을 때 점 ㅈ과 맞닿는 점은 점 ㄱ, 점 ㄷ이고 점 ㅇ과 맞닿는 점은 점 ㄹ이므로 선분 ㅈㅇ과 맞닿는 선분은 선분 ㄷㄹ입니다.

7 삼각기둥과 삼각기둥의 전개도를 잇고, 오각기둥과 오각기둥의 전개도를 잇습니다.

참고
각기둥의 전개도에서 밑면의 모양을 보면 어떤 각기둥인지 쉽게 알 수 있습니다.

8 각기둥의 전개도를 접었을 때 맞닿는 모서리끼리 길이가 같으므로 전개도에서 구하려는 변의 길이는 5 cm입니다.
각기둥의 높이는 전개도에서 옆면인 직사각형의 세로의 길이와 같으므로 7 cm이고, 삼각기둥의 두 변의 길이는 밑면의 두 변의 길이인 3 cm와 6 cm입니다.

9 육각기둥의 전개도에 육각형 모양의 밑면은 2개, 직사각형 모양의 옆면은 6개가 있어야 합니다.
주어진 전개도에서 점선이 있는 부분 위쪽에 육각형 모양의 밑면을 그리고, 점선이 있는 옆면의 오른쪽에 직사각형 모양의 옆면 1개를 더 그립니다.

10 모서리를 자르는 위치에 따라 다양한 전개도를 그릴 수 있습니다.

11 첫 번째 조건을 보면 밑면이 정오각형임을 알 수 있습니다.
두 번째, 세 번째 조건을 보면 오각기둥의 모서리의 길이의 합이 80 cm이고, 각기둥의 높이가 8 cm이므로 두 밑면의 모서리의 길이의 합은 $80-8\times5=80-40=40$ (cm)입니다.
따라서 한 밑면의 모서리의 길이의 합은
$40\div2=20$ (cm)이므로 정오각형인 밑면의 한 변의 길이는 $20\div5=4$ (cm)입니다.

12 밑면의 위치에 따라 다양한 전개도를 그릴 수 있습니다.

step 1 교과 개념 42~43쪽

1 각뿔

2 (1) 밑면 (2) 옆면

3 (1) 가, 나, 다, 라, 마 (2) 다, 라 (3) 다, 라

4

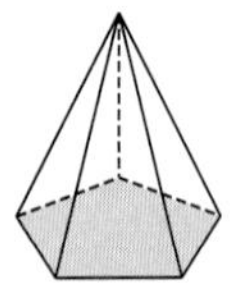

5 (1) 1개 (2) 6개

6

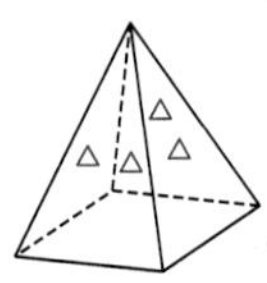

7

밑면	면 ㄴㄷㄹㅁ
옆면	면 ㄱㄴㄷ, 면 ㄱㄷㄹ, 면 ㄱㄴㅁ, 면 ㄱㅁㄹ

8 사각형, 사각형 ; 4, 4

2 각뿔에서 밑에 놓인 면은 밑면이고, 옆으로 둘러싼 면은 옆면입니다.

3 (1) 바는 밑면이 원입니다.
(2) 가, 나, 마는 옆면이 직사각형입니다.
(3) 밑면이 다각형이고 옆면이 삼각형인 뿔 모양의 입체도형을 모두 찾으면 다, 라입니다.

4 각뿔에서 밑면은 항상 1개입니다.

5 (1) 각뿔의 밑면은 1개입니다.
(2) 밑면과 만나는 면은 옆면입니다. 옆으로 둘러싼 면을 세어 보면 모두 6개입니다.

참고
각뿔에서 밑면의 변의 수와 옆면의 수는 같습니다.

6 밑에 놓인 사각형 모양의 면이 아닌 나머지 면 4개에 △표 합니다.

참고
각뿔에서 밑에 놓인 면은 밑면, 옆으로 둘러싼 면은 옆면이라고 합니다.

7 각뿔의 면을 찾아 쓸 때 '면' 대신 '사각형'이라고 써도 됩니다.

8 옆면의 수는 한 밑면의 변의 수와 같습니다.
한 밑면의 변의 수가 4개이므로 두 도형 모두 옆면의 수는 4개입니다.

step 1 교과 개념 44~45쪽

1 (1) 가 나

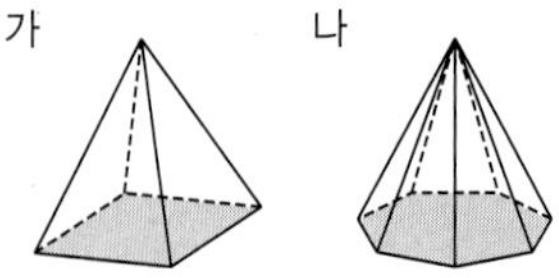

(2) 사각형, 칠각형 (3) 사각뿔, 칠각뿔

2

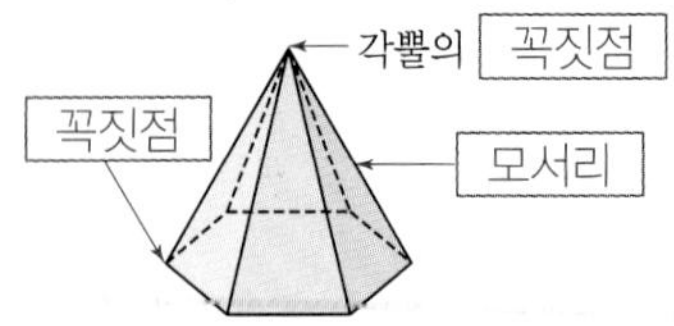

3 오각뿔

4 높이

5

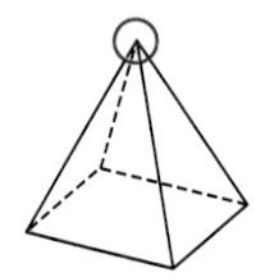

6 (1) 12 (2) 7

7 3, 4 ; 4, 5

8 오각뿔 ; 4, 5 ; 8, 10

1 (2) 가: 밑면의 모양은 변이 4개인 다각형이므로 사각형입니다.
나: 밑면의 모양은 변이 7개인 다각형이므로 칠각형입니다.
(3) 가: 밑면의 모양이 사각형인 각뿔은 사각뿔입니다.
나: 밑면의 모양이 칠각형인 각뿔은 칠각뿔입니다.

2
- 모서리: 각뿔에서 면과 면이 만나는 선분
- 꼭짓점: 각뿔에서 모서리와 모서리가 만나는 점
- 각뿔의 꼭짓점: 꼭짓점 중에서 옆면이 모두 만나는 점

3 각뿔의 이름은 밑면의 모양에 따라 정해집니다.

4 각뿔의 꼭짓점에서 밑면에 수직인 선분의 길이를 높이라고 합니다.
따라서 주어진 그림은 각뿔의 높이를 재는 것입니다.

참고
자의 눈금을 읽으면 각뿔의 높이는 6 cm입니다.

5 옆면이 모두 만나는 점을 각뿔의 꼭짓점이라고 합니다.

6 (1) 면과 면이 만나는 선분은 모서리이고 바닥에 닿은 모서리 6개와 옆으로 둘러져 있는 모서리 6개가 있습니다.
(2) 모서리와 모서리가 만나는 점은 꼭짓점이고 바닥에 닿은 꼭짓점 6개와 각뿔의 꼭짓점 1개가 있습니다.

7 삼각뿔의 꼭짓점의 수는 $3+1=4$(개)입니다.
사각뿔의 꼭짓점의 수는 $4+1=5$(개)입니다.

8 사각뿔의 모서리의 수는 $4\times2=8$(개)입니다.
오각뿔의 모서리의 수는 $5\times2=10$(개)입니다.

step 2 교과 유형 익힘 46~47쪽

1 5 cm

2 (위에서부터) 각뿔의 꼭짓점, 모서리, 옆면

3 (1) 팔각뿔 (2) 1개 (3) 8개

4

가	삼각형	예 직사각형	2
나		예 삼각형	1

5 오각뿔

6 (1) 예 밑면이 다각형이 아니고▸5점
옆면이 삼각형이 아니기 때문입니다.▸5점
(2) 예 옆면이 삼각형이 아니기 때문입니다.▸10점

7 사각뿔

8 12

9 14개

10 ㉢▸5점
; 예 각뿔의 옆면은 모두 삼각형입니다.▸5점

11

가	삼각형	4	4	6
나	사각형	5	5	8
다	육각형	7	7	12
라	팔각형	9	9	16

12 예 (꼭짓점의 수)$=$(밑면의 변의 수)$+1$

13 (1) 15 cm (2) 50 cm

1 각뿔의 꼭짓점에서 밑면에 수직인 선분의 길이를 높이라고 합니다.
각뿔의 밑면이 자의 눈금 0에 맞추어져 있으므로 각뿔의 꼭짓점에 닿는 삼각자의 변이 가리키는 눈금을 읽으면 각뿔의 높이는 5 cm입니다.

2 각뿔에서 밑면과 만나는 면을 옆면이라고 하고, 꼭짓점 중에서 옆면이 모두 만나는 점을 각뿔의 꼭짓점, 면과 면이 만나는 선분을 모서리, 각뿔의 꼭짓점에서 밑면에 수직인 선분의 길이를 높이라고 합니다.

3 (1) 밑면의 모양이 팔각형이므로 팔각뿔입니다.

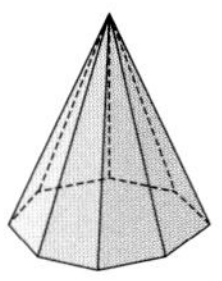

참고
밑면의 모양이 ■각형인 각뿔을 ■각뿔이라고 합니다.

(2) 각뿔의 밑면은 항상 1개입니다.
(3) 옆면은 밑면의 변의 수와 같은 8개입니다.

4 가는 삼각기둥, 나는 삼각뿔입니다.
가의 옆면의 모양을 사각형이라고 쓰거나 나의 옆면의 모양을 이등변삼각형이라고 써도 정답입니다.

참고
■각기둥과 ■각뿔 비교하기

도형		■각기둥	■각뿔
공통점	밑면의 모양	■각형	
	옆면의 수(개)	■	
차이점	옆면의 모양	직사각형	삼각형
	밑면의 수(개)	2	1

5 밑면의 모양이 변이 5개인 다각형이므로 오각형입니다.
밑면이 오각형인 각뿔은 오각뿔입니다.

6 (1) 참고

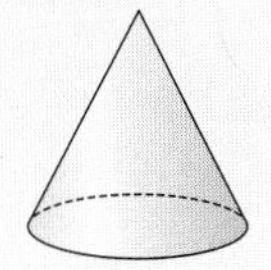

밑면이 원인 뿔 모양의 입체도형으로 원뿔이라고 합니다.

7 밑면이 사각형이고, 옆면이 모두 삼각형인 입체도형은 사각뿔입니다. 사각뿔은 밑면이 1개, 옆면이 4개로 면이 모두 5개입니다.

8 오각뿔의 면의 수는 $5+1=6$(개),
꼭짓점의 수는 $5+1=6$(개)입니다.
⇨ $6+6=12$

9 옆면이 7개이므로 밑면의 변의 수가 7개인 칠각뿔입니다.
⇨ 칠각뿔의 모서리는 모두 $7\times2=14$(개)입니다.

참고
■각뿔의 옆면은 ■개입니다.

11

	밑면의 모양	꼭짓점의 수(개)	면의 수(개)	모서리의 수(개)
■각뿔	■각형	■$+1$	■$+1$	■$\times2$

12 각뿔에서 꼭짓점의 수는 밑면의 변의 수에 옆면이 모두 만나는 점인 각뿔의 꼭짓점 1개를 더한 것과 같습니다.

13 (1) $3\times5=15$ (cm)
(2) 밑면에 포함된 모서리는 길이가 모두 3 cm입니다. 각뿔의 꼭짓점과 만나는 모서리는 길이가 모두 7 cm입니다. 따라서 3 cm인 모서리가 5개, 7 cm인 모서리가 5개 있습니다.
$\underbrace{3\times5}_{15}+\underbrace{7\times5}_{35}=15+35=50$ (cm)

step 3 문제 해결 48~51쪽

1	나	1-1	다, 라
1-2	가, 삼각기둥	2	오각기둥, 육각뿔
2-1	팔각기둥, 구각뿔	2-2	칠각기둥, 십삼각뿔
2-3	팔각기둥, 십이각뿔	3	5 cm
3-1	4 cm	3-2	8 cm
4	㉡	4-1	㉠
4-2	㉡	4-3	㉣, ㉠, ㉢, ㉡

5 ❶ 5, 5▸3점 ❷ 5, 5, 35, 60, 95▸3점 ; 95▸4점

5-1 예 이 각뿔은 길이가 5 cm인 모서리가 6개, 길이가 9 cm인 모서리가 6개입니다.▸3점
따라서 모든 모서리의 길이의 합은
$5\times6+9\times6=30+54=84$ (cm)입니다.▸3점
; 84 cm▸4점

6 ❶ 육, 육▸2점 ❷ 3, 육, 3, 18▸4점 ; 18▸4점

6-1 예 밑면의 모양이 팔각형인 각기둥이므로 팔각기둥입니다.▸2점
(각기둥의 모서리의 수)=(한 밑면의 변의 수)×3이므로 팔각기둥의 모서리는 모두 $8\times3=24$(개)입니다.▸4점
; 24개▸4점

7 ❶ 삼, 삼각기둥▸2점 ❷ 2, 3, 9, 2, 3, 48, 30, 78▸4점 ; 78▸4점

7-1 예 전개도를 접었을 때 만들어지는 각기둥은 밑면의 모양이 오각형이므로 오각기둥입니다.▸2점
(만들어지는 각기둥의 모든 모서리의 길이의 합)
=(한 밑면의 둘레)×2+(높이)×5
$=(3\times5)\times2+5\times5$
$=30+25=55$ (cm)▸4점
; 55 cm▸4점

8 ❶ 2, 6, 육▸3점 ❷ 1, 6, 1, 7▸3점 ; 7▸4점

8-1 예 (각뿔의 모서리의 수)=(밑면의 변의 수)×2이므로 모서리가 16개인 각뿔의 밑면의 변의 수는 8개입니다. 따라서 모서리가 16개인 각뿔은 팔각뿔입니다.▸3점
각뿔의 면의 수는 밑면의 변의 수보다 1개 더 많으므로 $8+1=9$(개)입니다.▸3점
; 9개▸4점

1 가: 사각기둥을 만들려면 면이 1개 더 필요합니다.
나: 사각기둥을 만들 수 있습니다.
다: 삼각기둥을 만들려면 밑면의 위치를 바꾸고, 맞닿는 부분의 길이를 같게 해야 합니다.

1-1 가: 두 밑면이 겹치므로 각기둥의 전개도가 아닙니다.
나: 옆면의 수가 한 밑면의 변의 수보다 많으므로 각기둥의 전개도가 아닙니다.

1-2 전개도를 접었을 때 각기둥이 되는 것은 가이고, 밑면의 모양이 삼각형이므로 삼각기둥입니다.

2 • (■각기둥의 면의 수)=■+2=7, ■=5 ⇨ 오각기둥
• (■각뿔의 면의 수)=■+1=7, ■=6 ⇨ 육각뿔

2-1 • (■각기둥의 면의 수)=■+2=10, ■=8 ⇨ 팔각기둥
• (■각뿔의 면의 수)=■+1=10, ■=9 ⇨ 구각뿔

2-2 • (■각기둥의 꼭짓점의 수)=■×2=14, ■=7
⇨ 칠각기둥
• (■각뿔의 꼭짓점의 수)=■+1=14, ■=13
⇨ 십삼각뿔

2-3 • (■각기둥의 모서리의 수)=■×3=24, ■=8
⇨ 팔각기둥
• (■각뿔의 모서리의 수)=■×2=24, ■=12
⇨ 십이각뿔

3 전개도를 접었을 때 선분 ㄷㄹ과 맞닿는 선분은 선분 ㅅㅂ이므로 선분 ㄷㄹ은 5 cm입니다.

3-1 전개도를 접었을 때 선분 ㄹㅁ과 맞닿는 선분은 선분 ㅇㅅ이므로 선분 ㄹㅁ은 4 cm입니다.

3-2 전개도를 접었을 때 선분 ㄴㄷ과 맞닿는 선분은 선분 ㅂㅁ입니다.
⇨ (선분 ㄴㄷ)=(선분 ㅂㅁ)=(선분 ㅅㅇ)=(선분 ㅈㅇ)
=8 cm

4 ㉠ (삼각기둥의 꼭짓점의 수)$=3\times2=6$(개)
㉡ (오각뿔의 모서리의 수)$=5\times2=10$(개)
㉢ (팔각뿔의 면의 수)$=8+1=9$(개)

4-1 ㉠ (오각기둥의 모서리의 수)$=5\times3=15$(개)
㉡ (칠각뿔의 모서리의 수)$=7\times2=14$(개)
㉢ (십일각기둥의 면의 수)$=11+2=13$(개)

4-2 ㉠ (육각뿔의 모서리의 수)$=6\times2=12$(개)
㉡ (구각기둥의 면의 수)$=9+2=11$(개)
㉢ (십이각뿔의 면의 수)$=12+1=13$(개)

4-3 ㉠ (사각기둥의 꼭짓점의 수)$=4\times2=8$(개)
㉡ (사각뿔의 면의 수)$=4+1=5$(개)
㉢ (육각뿔의 꼭짓점의 수)$=6+1=7$(개)
㉣ (삼각기둥의 모서리의 수)$=3\times3=9$(개)

5-1

채점 기준		
모서리의 길이를 모두 구한 경우	3점	10점
모든 모서리의 길이의 합을 구한 경우	3점	
답을 바르게 쓴 경우	4점	

6-1

채점 기준		
각기둥의 이름을 구한 경우	2점	10점
팔각기둥의 모서리의 수를 구한 경우	4점	
답을 바르게 쓴 경우	4점	

7-1

채점 기준		
각기둥의 이름을 구한 경우	2점	10점
만들어지는 각기둥의 모든 모서리의 길이의 합을 구한 경우	4점	
답을 바르게 쓴 경우	4점	

8-1

채점 기준		
모서리가 16개인 각뿔의 밑면의 변의 수를 구한 경우	3점	10점
모서리가 16개인 각뿔의 면의 수를 구한 경우	3점	
답을 바르게 쓴 경우	4점	

step 4 실력 UP 문제 52~53쪽

1 ㉥
2 칠각기둥, 9, 21, 14
3 칠각형
4 43개
5 삼각기둥, 사각기둥
6 예 오각기둥의 옆면은 5개인데 주어진 전개도는 옆면이 4개입니다. ▸10점
7 30개
8 84 cm
9

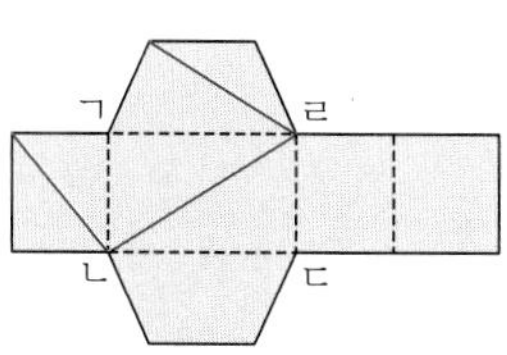

10 삼각기둥
11

유동석	4	4	6
황철석	6	8	12
자철석	8	6	12
석류석	12	20	30

12 2

1 전개도를 접었을 때 색칠한 두 면이 겹칩니다.

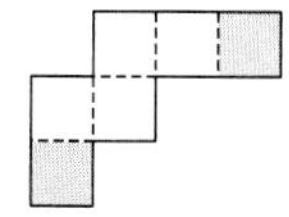

2 밑면은 변이 7개인 다각형이므로 칠각형이고, 밑면의 모양이 칠각형인 각기둥의 이름은 칠각기둥입니다.
칠각기둥의 면의 수는 $7+2=9$(개), 모서리의 수는 $7\times3=21$(개), 꼭짓점의 수는 $7\times2=14$(개)입니다.

3 옆면의 수를 세어 보면 7개입니다. 따라서 한 밑면의 변의 수가 7개이므로 밑면은 칠각형입니다.

4 ㉠ (구각기둥의 모서리의 수)$=9\times3=27$(개)
㉡ (십오각뿔의 면의 수)$=15+1=16$(개)
⇨ ㉠+㉡$=27+16=43$(개)

5 잘라서 생긴 두 입체도형은 두 면이 서로 평행하고 합동인 다각형으로 이루어진 입체도형이므로 각기둥입니다.

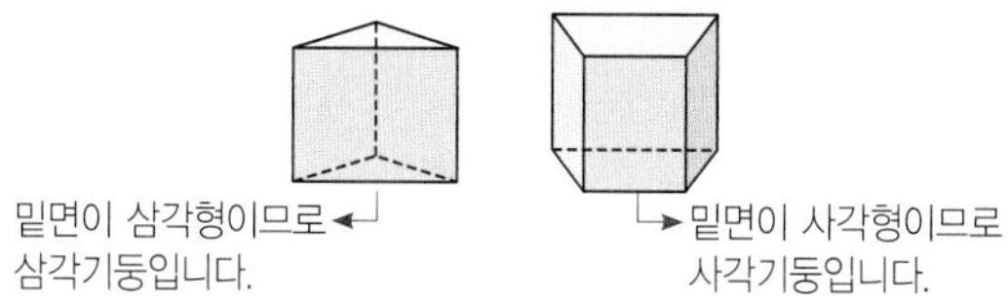

밑면이 삼각형이므로 삼각기둥입니다.
밑면이 사각형이므로 사각기둥입니다.

6 각기둥의 옆면의 수는 한 밑면의 변의 수와 같습니다.

7 두 밑면이 정다각형이고 옆면이 모두 합동인 직사각형으로 이루어진 입체도형은 각기둥입니다. 옆면이 직사각형 10개로 이루어졌으므로 십각기둥이고 십각기둥의 모서리는 모두 $10\times3=30$(개)입니다.

8 면 ㄱㄴㄷㅎ의 넓이가 60 cm^2이므로 (변 ㄱㅎ)$\times10=60$, (변 ㄱㅎ)$=60\div10=6$ (cm)입니다. 따라서 전개도의 둘레는 $4\times4+6\times8+10\times2=84$ (cm)입니다.

9 면 ㄱㄴㄷㄹ을 기준으로 선분이 그어져 있는 면을 찾아 전개도에 선분을 알맞게 긋습니다.

10 ① 밑면이 삼각형인 각기둥의 전개도를 그려 봅니다.

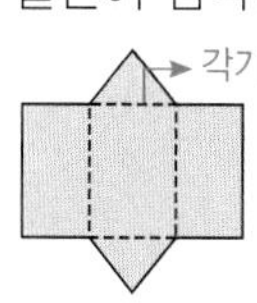

▸ 각기둥이므로 옆면은 직사각형입니다.
⇨ 삼각형과 사각형이 모두 있습니다.

② 밑면이 사각형인 각기둥의 전개도를 그려 봅니다.

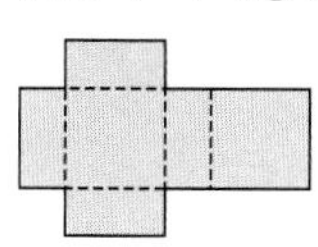

⇨ 삼각형은 없고 사각형만 있습니다.

③ 조건을 만족하는 각기둥은 밑면이 삼각형, 옆면이 사각형인 삼각기둥입니다.

12 • 유동석: $4+4-6=2$ • 황철석: $6+8-12=2$
• 자철석: $8+6-12=2$ • 석류석: $12+20-30=2$

단원 평가 54~57쪽

1 가, 다 ; 마, 바

2 (1) 오각기둥 (2) 육각뿔

3

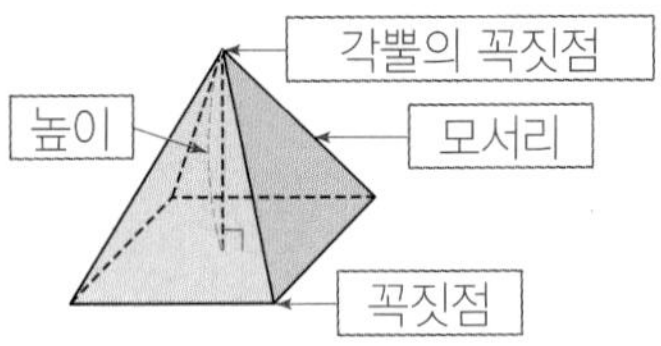

4 12 cm

5 ㉢

6 ㉣

7 ⑤

8 ⑤

9 사각기둥

10

사각기둥	8	6	12
사각뿔	5	5	8
오각뿔	6	6	10

11 7개

12

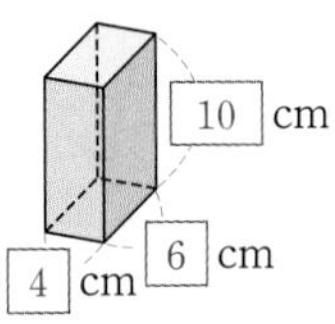

13 수지

14 8 cm

15 라

16 점 ㅈ ; 점 ㅇ ; 점 ㄹ ; 점 ㄷ

17 ㉡

18 9개

19 예

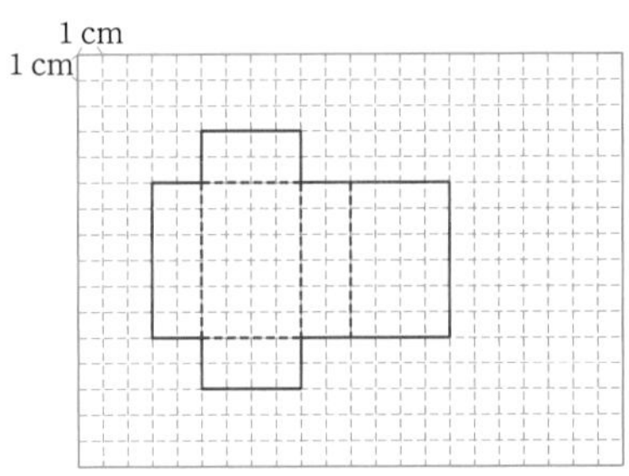

또는

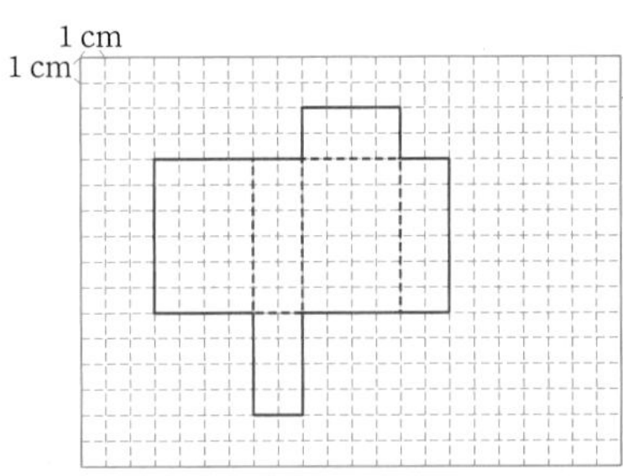

→ 이 외에도 여러 가지 방법으로 그릴 수 있습니다.

20 72 cm

21 (1) 11개▸2점 (2) 십일각뿔▸1점 (3) 22개▸2점

22 (1) 7 cm▸1점 (2) 8 cm▸2점 (3) 88 cm▸2점

23 예 ㉠=(밑면의 변의 수)+1=5+1=6,
㉡=(밑면의 변의 수)+1=5+1=6,
㉢=(밑면의 변의 수)×2=5×2=10▸2점
⇨ (㉠+㉡)×㉢=(6+6)×10=12×10=120▸1점
; 120▸2점

24 예 (각기둥의 꼭짓점의 수)=(한 밑면의 변의 수)×2이고, (각기둥의 모서리의 수)=(한 밑면의 변의 수)×3이므로 꼭짓점의 수와 모서리의 수를 더한 것은 한 밑면의 변의 수의 5배입니다.▸1점
⇨ (한 밑면의 변의 수)=25÷5=5(개)▸1점
따라서 밑면의 모양이 오각형인 각기둥이므로 오각기둥입니다.▸1점
; 오각기둥▸2점

1 각기둥: 밑면이 서로 평행하고 합동인 다각형으로 이루어진 입체도형을 모두 찾으면 가, 다입니다.
각뿔: 밑면이 다각형이고 옆면이 삼각형인 뿔 모양의 입체도형을 모두 찾으면 마, 바입니다.

참고
가: 밑면의 모양이 삼각형인 각기둥 ⇨ 삼각기둥
다: 밑면의 모양이 사각형인 각기둥 ⇨ 사각기둥
마: 밑면의 모양이 삼각형인 각뿔 ⇨ 삼각뿔
바: 밑면의 모양이 오각형인 각뿔 ⇨ 오각뿔

2 (1) 밑면이 오각형이고 옆면이 모두 직사각형이므로 오각기둥입니다.
(2) 밑면이 육각형이고 옆면이 모두 삼각형이므로 육각뿔입니다.

3 면과 면이 만나는 선분은 모서리, 모서리와 모서리가 만나는 점은 꼭짓점, 옆면이 모두 만나는 꼭짓점은 각뿔의 꼭짓점, 각뿔의 꼭짓점에서 밑면에 수직인 선분의 길이는 높이입니다.

4 각뿔의 꼭짓점에서 밑면에 수직인 선분의 길이는 12 cm입니다.

5 자를 수직으로 세우고 삼각자를 자와 직각으로 만나면서 각뿔의 꼭짓점에 닿도록 놓으면 각뿔의 높이를 잴 수 있습니다.

6 왼쪽 도형은 사각기둥이고, 오른쪽 도형은 사각뿔입니다.

	옆면의 모양	밑면의 수(개)	꼭짓점의 수(개)	밑면의 모양
사각기둥	사각형	2	8	사각형
사각뿔	삼각형	1	5	사각형

7 각기둥을 찾으면 ②, ③, ⑤이고, 이 중에서 꼭짓점이 10개인 것을 찾으면 ⑤입니다.

참고
각기둥의 꼭짓점의 수는 한 밑면의 변의 수의 2배입니다.
5×2=10이므로 한 밑면의 변의 수는 5개입니다.
따라서 오각기둥입니다.

8 ① 각기둥의 밑면은 2개입니다.
② 각기둥의 옆면은 직사각형입니다.
③ 각기둥은 밑면과 옆면이 서로 수직으로 만납니다.
④ 각기둥에서 모서리의 수와 꼭짓점의 수는 서로 다릅니다.

9 전개도를 접으면 밑면이 사각형이고 옆면이 직사각형인 사각기둥이 됩니다.

10

도형	꼭짓점의 수(개)	면의 수(개)	모서리의 수(개)
사각기둥	$4\times2=8$	$4+2=6$	$4\times3=12$
사각뿔	$4+1=5$	$4+1=5$	$4\times2=8$
오각뿔	$5+1=6$	$5+1=6$	$5\times2=10$

11 각뿔의 옆면의 수는 밑면의 변의 수와 같습니다.
따라서 칠각뿔의 옆면은 7개입니다.

12 각기둥의 전개도를 접었을 때 맞닿는 부분의 길이는 서로 같습니다.

13 각뿔의 옆면의 수는 밑면의 변의 수와 같고, 꼭짓점의 수는 밑면의 변의 수보다 1만큼 더 많습니다.
따라서 각뿔의 옆면의 수와 꼭짓점의 수는 같지 않습니다.

14 옆면인 직사각형의 세로가 각기둥의 높이가 됩니다.

15 가: 밑면이 1개이므로 각기둥의 전개도가 될 수 없습니다.
나: 옆면의 수가 1개 더 많아 겹치는 면이 있으므로 각기둥의 전개도가 될 수 없습니다.
다: 맞닿는 부분의 길이가 다르고 옆면의 수가 1개 모자라므로 각기둥의 전개도가 될 수 없습니다.

16 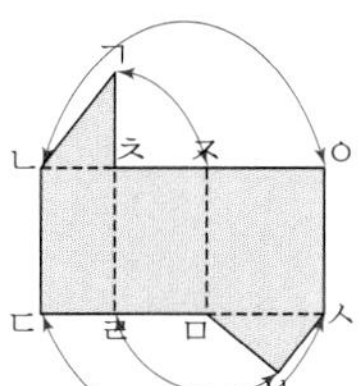

전개도를 접었을 때 맞닿는 점을 표시하면 왼쪽과 같습니다.

점 ㄱ과 맞닿는 점은 점 ㅈ, 점 ㄴ과 맞닿는 점은 점 ㅇ, 점 ㅂ과 맞닿는 점은 점 ㄹ, 점 ㅅ과 맞닿는 점은 점 ㄷ입니다.

17 ㉠ (구각뿔의 모서리의 수)$=9\times2=18$(개)
㉡ (칠각뿔의 꼭짓점의 수)$=7+1=8$(개)
㉢ (팔각뿔의 면의 수)$=8+1=9$(개)

18 밑면이 팔각형이고 옆면이 삼각형이므로 팔각뿔입니다.
⇨ (팔각뿔의 꼭짓점의 수)$=8+1=9$(개)

20 각뿔의 밑면의 변의 수는 옆면의 수와 같습니다.
따라서 밑면은 변이 6개인 육각형이므로 육각뿔입니다.
육각뿔은 길이가 5 cm인 모서리가 6개, 길이가 7 cm인 모서리가 6개 있으므로 모든 모서리의 길이의 합은
$5\times6+7\times6=30+42=72$ (cm)입니다.

21 (1) (각뿔의 꼭짓점의 수)=(밑면의 변의 수)+1이므로 꼭짓점이 12개인 각뿔의 밑면의 변의 수는 11개입니다.
(2) 밑면은 변이 11개인 다각형이므로 십일각형입니다.
밑면의 모양이 십일각형인 각뿔은 십일각뿔이라고 합니다.
(3) (각뿔의 모서리의 수)=(밑면의 변의 수)$\times2$
$=11\times2=22$(개)

틀린 과정을 분석해 볼까요?

틀린 이유	이렇게 지도해 주세요
각뿔의 꼭짓점의 수와 밑면의 변의 수가 관련이 있다는 것을 모르는 경우	각뿔의 밑면의 변의 수와 꼭짓점의 수 사이의 관계를 몰라서 틀리는 경우입니다. 각뿔에서 밑면의 변의 수는 꼭짓점의 수보다 1개 더 적다는 것을 지도합니다.
밑면의 변의 수를 6개로 구한 경우	각기둥과 각뿔의 꼭짓점의 수를 헷갈려 꼭짓점 12개를 (한 밑면의 변의 수)$\times2$로 계산한 경우입니다. 각기둥과 각뿔의 구성 요소의 수를 다시 공부하도록 합니다.
모서리의 수를 잘못 구한 경우	(각뿔의 모서리의 수)=(밑면의 변의 수)$\times2$임을 활용해 구하도록 지도합니다.

22 (1) 밑면의 한 변의 길이를 □cm라 하면 □×□=49이므로 □=7입니다.
(2) 각기둥의 한 옆면의 가로는 밑면의 한 변의 길이와 같으므로 7 cm입니다. 따라서 한 옆면의 세로는 $56\div7=8$ (cm)이고, 각기둥의 높이와 같습니다.
(3) (각기둥의 모든 모서리의 길이의 합)
=(한 밑면의 둘레)$\times2+$(높이)$\times4$
$=(7\times4)\times2+8\times4=56+32=88$ (cm)

틀린 과정을 분석해 볼까요?

틀린 이유	이렇게 지도해 주세요
옆면의 모서리의 길이를 구하지 못하는 경우	옆면의 모양이 직사각형이므로 옆면의 가로는 밑면의 한 변의 길이와 같고, 옆면의 세로는 각기둥의 높이와 같다는 것을 이해하도록 합니다.
각기둥의 모든 모서리의 길이의 합을 구하지 못하는 경우	각기둥의 모서리의 수는 한 밑면의 변의 수의 3배이고 (각기둥의 모든 모서리의 길이의 합)=(한 밑면의 둘레)$\times2+$(높이)$\times$(높이를 잴 수 있는 모서리의 수)로 구할 수 있음을 이해하도록 지도합니다.

23

채점 기준		
㉠, ㉡, ㉢을 구한 경우	2점	5점
(㉠+㉡)×㉢의 값을 구한 경우	1점	
답을 바르게 쓴 경우	2점	

틀린 과정을 분석해 볼까요?

틀린 이유	이렇게 지도해 주세요
오각뿔의 구성 요소의 수를 구하지 못하는 경우	각뿔의 밑면의 수와 꼭짓점, 면, 모서리의 수 사이의 관계를 다시 공부하도록 합니다. (각뿔의 꼭짓점의 수)=(밑면의 변의 수)+1, (각뿔의 면의 수)=(밑면의 변의 수)+1, (각뿔의 모서리의 수)=(밑면의 변의 수)×2 임을 활용합니다.
오각기둥의 구성 요소의 수를 구한 경우	각기둥의 구성 요소의 수와 각뿔의 구성 요소의 수를 다시 공부하여 헷갈리지 않도록 지도합니다.
혼합 계산을 하지 못하여 답을 66으로 구한 경우	덧셈, 곱셈, (　)가 있는 식에서는 곱셈보다 (　) 안을 먼저 계산해야 하는 것에 주의하도록 합니다.덧셈, 곱셈, (　)가 있는 식에서는 곱셈보다 (　) 안을 먼저 계산해야 하는 것에 주의하도록 합니다.

24

채점 기준		
꼭짓점의 수와 모서리의 수의 합이 한 밑면의 변의 수의 5배임을 아는 경우	1점	5점
한 밑면의 변의 수를 구한 경우	1점	
각기둥의 이름을 구한 경우	1점	
답을 바르게 쓴 경우	2점	

틀린 과정을 분석해 볼까요?

틀린 이유	이렇게 지도해 주세요
각기둥에서 모서리와 꼭짓점의 수가 한 밑면의 변의 수와 관련이 있다는 것을 모르는 경우	각기둥은 면, 모서리, 꼭짓점의 수가 일정한 규칙을 가진다는 것을 알고 구성 요소 사이의 관계를 다시 공부하도록 지도합니다.
모서리의 수와 꼭짓점의 수의 합으로 각기둥의 이름을 알지 못하는 경우	모서리와 꼭짓점의 수의 합은 한 밑면의 변의 수를 5배 한 것과 같습니다. 한 밑면의 변의 수를 알면 밑면의 모양을 알 수 있고, 각기둥은 밑면의 모양에 따라 이름이 정해진다는 것을 지도합니다.

3단원 소수의 나눗셈

step 1 교과 개념 60~61쪽

1 16, 4　　2 (1) 8÷4 (2) 32÷8
3 (1) 14, 2 (2) 45, 5
4 (1) 예 3, 3 ; 1 (2) 예 8, 4 ; 2
5 ㉢
6 (1) 예 36, 6, 6 ; 5⊡9□5
(2) 예 49, 7, 7 ; 7⊡0□4
7 ㉠

1 15.6÷4를 16÷4로 어림하면 약 4입니다.

2 반올림할 때는 나타내려는 자리의 바로 아래 자리의 수가 0, 1, 2, 3, 4이면 버리고 5, 6, 7, 8, 9이면 올립니다.
(1) 7.76 ⇨ 8 (올립니다) (2) 32.4 ⇨ 32 (버립니다)

3 (1) 13.65의 소수 첫째 자리 수가 6이므로 반올림하면 14입니다.
⇨ 14÷7=2이므로 몫을 약 2로 어림할 수 있습니다.
(2) 45.34의 소수 첫째 자리 수가 3이므로 반올림하면 45입니다.
⇨ 45÷9=5이므로 몫을 약 5로 어림할 수 있습니다.

4 (1) 3.24를 반올림하여 자연수로 나타내면 3이고 3÷3=1이므로 3.24÷3의 몫은 약 1입니다.
(2) 8.16을 반올림하여 자연수로 나타내면 8이고 8÷4=2이므로 8.16÷4의 몫은 약 2입니다.

5 23.8÷7을 24÷7로 어림하면 24÷7의 몫은 3보다 크고 4보다 작습니다. 따라서 23.8÷7=3.4입니다.

6 (1) 35.7을 반올림하여 자연수로 나타내면 36이고 36÷6=6이므로 35.7÷6의 몫은 6에 가깝습니다. 따라서 5.95입니다.
(2) 49.28을 반올림하여 자연수로 나타내면 49이고 49÷7=7이므로 49.28÷7의 몫은 7에 가깝습니다. 따라서 7.04입니다.

7 ㉠ 45.3을 반올림하여 자연수로 나타내면 45이고 45÷5=9이므로 45.3÷5의 몫은 9에 가깝습니다.
㉡ 62.75를 반올림하여 자연수로 나타내면 63이고 63÷9=7이므로 62.75÷9의 몫은 7에 가깝습니다.
따라서 어림한 결과가 더 큰 것의 기호를 쓰면 ㉠입니다.

step 1 교과 개념 62~63쪽

1 (위에서부터) 14.1, 1.41
2 3.2
3 (1) 55, 55, 11, 1.1 (2) 505, 505, 101, 1.01
4 121, 12.1, 1.21
5 (1) 31.1, 3.11 (2) 13.4, 1.34
6 (1) 428 mm (2) 214 mm (3) 21.4 cm
7 336, 112, 112, 1.12

1 141의 $\frac{1}{10}$배: 14.1, 141의 $\frac{1}{100}$배: 1.41

2 한 통에 1 kg인 설탕을 3봉지씩, 0.1 kg인 설탕을 2봉지씩 담으면 한 통에 담을 수 있는 설탕은 3.2 kg입니다.

3 소수를 분수로 나타낸 후 분모는 그대로 두고 분자를 자연수로 나누어 계산합니다.

4 나누는 수가 같고 나누어지는 수가 $\frac{1}{10}$배, $\frac{1}{100}$배일 경우에는 몫도 $\frac{1}{10}$배, $\frac{1}{100}$배가 됩니다.
⇨ 484÷4=121이고
121의 $\frac{1}{10}$배는 12.1, $\frac{1}{100}$배는 1.21입니다.

5 나누는 수가 같고 나누어지는 수가 $\frac{1}{10}$배, $\frac{1}{100}$배일 경우에는 몫도 $\frac{1}{10}$배, $\frac{1}{100}$배가 됩니다.

(1) 나누어지는 수: 933 —$\frac{1}{10}$배→ 93.3
몫: 311 —$\frac{1}{10}$배→ 31.1

나누어지는 수: 933 —$\frac{1}{100}$배→ 9.33
몫: 311 —$\frac{1}{100}$배→ 3.11

(2) 나누어지는 수: 268 —$\frac{1}{10}$배→ 26.8
몫: 134 —$\frac{1}{10}$배→ 13.4

나누어지는 수: 268 —$\frac{1}{100}$배→ 2.68
몫: 134 —$\frac{1}{100}$배→ 1.34

6 (1) 1 cm는 10 mm이므로 42.8 cm는 428 mm입니다.
(2) 428÷2=214 (mm)
(3) 10 mm는 1 cm이므로 214 mm는 21.4 cm입니다.

7 3.36 m=336 cm이고 336÷3=112이므로
한 명이 가질 수 있는 끈은 112 cm=1.12 m입니다.

참고
1 m=100 cm, 1 cm=10 mm

step 2 교과 유형 익힘 64~65쪽

1 (위에서부터) 413, $\frac{1}{10}$, 41.3, $\frac{1}{100}$, 4.13
2 (1) ㉢ (2) ㉣
3 (1) 3[.]9□1 (2) 2[.]2□5
4 (1) 11.3 (2) 2.11 (3) 41.3 (4) 2.41
5 (1) 3.2 (2) 10.1
6 (왼쪽에서부터) $\frac{1}{100}$, 3.23
7 ㉡
8 (위에서부터) 432, $\frac{1}{100}$, 8.64, 4.32▸5점
; 예 나누어지는 수가 $\frac{1}{100}$배 되면 몫도 $\frac{1}{100}$배 됩니다.▸5점
9 0.44÷4=0.11
10 13.2 cm
11 예 몫의 소수점 위치가 잘못 되었습니다.▸5점
; 8.2÷4=2.05▸5점
12

2.31÷3	(4.52÷4)	(5.75÷5)
(5.25÷3)	1.47÷3	(7.84÷4)

13 0.32 m

1 나누는 수가 같고 나누어지는 수가 $\frac{1}{10}$배, $\frac{1}{100}$배일 경우에는 몫도 $\frac{1}{10}$배, $\frac{1}{100}$배가 됩니다.
⇨ 826÷2=413이고
413의 $\frac{1}{10}$배는 41.3, $\frac{1}{100}$배는 4.13입니다.

2 (1) $15.12 \div 7$은 $15 \div 7$을 이용하여 어림하면 몫은 2보다 크고 3보다 작습니다.
따라서 $15.12 \div 7 = 2.16$입니다.
(2) $5.04 \div 6$은 $5 \div 6$을 이용하여 어림하면 몫은 1보다 작습니다.
따라서 $5.04 \div 6 = 0.84$입니다.

3 (1) $11.73 \div 3$을 $12 \div 3$을 이용하여 어림하면 몫은 4에 가깝습니다.
따라서 몫이 약 4가 되도록 소수점을 3과 9 사이에 찍습니다.
(2) $9 \div 4$의 몫은 2보다 크고 3보다 작습니다.
따라서 소수점을 2와 2 사이에 찍습니다.

4 (1) $\begin{array}{r} 11.3 \\ 3\overline{)33.9} \\ \underline{3} \\ 3 \\ \underline{3} \\ 9 \\ \underline{9} \\ 0 \end{array}$ (2) $\begin{array}{r} 2.11 \\ 4\overline{)8.44} \\ \underline{8} \\ 4 \\ \underline{4} \\ 4 \\ \underline{4} \\ 0 \end{array}$

(3) $\begin{array}{r} 41.3 \\ 2\overline{)82.6} \\ \underline{8} \\ 2 \\ \underline{2} \\ 6 \\ \underline{6} \\ 0 \end{array}$ (4) $\begin{array}{r} 2.41 \\ 2\overline{)4.82} \\ \underline{4} \\ 8 \\ \underline{8} \\ 2 \\ \underline{2} \\ 0 \end{array}$

5 (1) $64 \div 2 = 32$이므로 $6.4 \div 2 = 3.2$입니다.
(2) $505 \div 5 = 101$이므로 $50.5 \div 5 = 10.1$입니다.

6 나누어지는 수가 $\frac{1}{100}$배가 되면 몫도 $\frac{1}{100}$배가 됩니다.

7 ㉠ 51.8을 반올림하여 52로 나타내면 $7 \times 7 = 49$, $7 \times 8 = 56$이므로 몫은 7과 8 사이의 수입니다.
㉡ 32.7을 반올림하여 33으로 나타내 어림하면 몫은 약 $33 \div 3 = 11$입니다.

8 나누어지는 수가 $\frac{1}{100}$배가 되면 몫이 어떻게 변하는지 생각해 봅니다.

9 말 한 마리가 하루에 먹는 먹이의 양이 $44 \div 4 = 11$ (kg)이므로 토끼 한 마리가 하루에 먹는 먹이의 양은 $0.44 \div 4 = 0.11$ (kg)입니다.

10 $396 \div 3 = 132$ ⇨ $39.6 \div 3 = 13.2$
($396 \to 39.6$: $\frac{1}{10}$배, $132 \to 13.2$: $\frac{1}{10}$배)

참고
1 cm는 10 mm이므로 39.6 cm=396 mm입니다.
$396 \div 3 = 132$이고 132 mm=13.2 cm이므로 끈 한 도막은 13.2 cm입니다.

11 $8.2 \div 4$의 나눗셈을 $8 \div 4$를 이용하여 어림하면 몫은 2에 가까워야 합니다. 이를 이용하면 $8.2 \div 4$의 몫이 20.5가 아닌 2.05임을 알 수 있습니다.

12 나누어지는 수가 나누는 수보다 크면 몫이 1보다 큽니다.

13 진명이가 가지고 있는 리본을 4등분하면 리본 1개는 $128 \div 4 = 32$ (cm)입니다.
예은이가 가지고 있는 리본을 4등분하는 식은 $1.28 \div 4$입니다.
1.28은 128의 $\frac{1}{100}$배이므로 32의 $\frac{1}{100}$배를 구하면 0.32입니다.
따라서 예은이가 상자 한 개를 묶을 때 사용하는 리본은 0.32 m입니다.

step 1 교과 개념 66~67쪽

1 (1) 756, 756, 4, 189, 1.89 (2) 189, 1.89
2 (1) 1482, 1482, 6, 247, 2.47
3 $3.36 \div 8 = \frac{336}{100} \div 8 = \frac{336 \div 8}{100} = \frac{42}{100} = 0.42$
4 1☑8□3
5 (1) 1☑3□8 (2) 1□1☑3
6 (1) 1, 4, 2 ; 2, 8 ; 1, 4 (2) 0, 9, 2 ; 8, 1 ; 1, 8
7 (1) 1.57 (2) 0.83 (3) 4.26 (4) 0.18

2~3 소수를 분수로 나타낸 후 분모는 그대로 두고 분자를 자연수로 나누어 계산합니다.

4 (소수)÷(자연수)는 자연수의 나눗셈과 같은 방법으로 계산한 뒤 몫의 소수점은 나누어지는 수의 소수점 위치에 맞춰 올려 찍어 줍니다.

5 (1) 나누어지는 수가 $\frac{1}{100}$배가 되면 몫도 $\frac{1}{100}$배가 됩니다.
⇨ 나누는 수가 같을 때 나누어지는 수의 소수점이 왼쪽으로 두 칸 이동하면 몫의 소수점도 왼쪽으로 두 칸 이동합니다.
(2) 나누어지는 수가 $\frac{1}{10}$배가 되면 몫도 $\frac{1}{10}$배가 됩니다.
⇨ 나누는 수가 같을 때 나누어지는 수의 소수점이 왼쪽으로 한 칸 이동하면 몫의 소수점도 왼쪽으로 한 칸 이동합니다.

6 (2) 세로로 계산한 뒤 나누어지는 수의 소수점을 올려 찍고 자연수 부분이 비어 있을 경우 일의 자리에 0을 씁니다.

7 (1)
```
     1.5 7
  6)9.4 2
    6
    3 4
    3 0
      4 2
      4 2
        0
```
(2)
```
     0.8 3
  5)4.1 5
    4 0
      1 5
      1 5
        0
```
(3)
```
      4.2 6
  7)2 9.8 2
    2 8
      1 8
      1 4
        4 2
        4 2
          0
```
(4)
```
     0.1 8
  4)0.7 2
      4
      3 2
      3 2
        0
```

step 1 교과 개념 68~69쪽

1 5, 0, 2, 0
2 (위에서부터) $\frac{1}{100}$, 202, 2.02, $\frac{1}{100}$
3 760, 760, 8, 95, 0.95
4 $5.4 \div 4 = \frac{540}{100} \div 4 = \frac{540 \div 4}{100} = \frac{135}{100} = 1.35$
5 2 ; 0 ; 1, 0　　**6** 4.35
7 1.15, 0.74　　**8** >
9 ㉠, ㉢, ㉡

1 자연수의 나눗셈과 같은 방법으로 세로로 계산한 뒤 몫의 소수점은 나누어지는 수의 소수점을 올려 찍습니다.
이때 계산이 끝나지 않으면 0을 하나 내려 계산합니다.

2 나누어지는 수가 $\frac{1}{100}$배가 되면 몫도 $\frac{1}{100}$배가 됩니다.

3 76은 8로 나누어떨어지지 않으므로 7.6을 분모가 100인 분수로 나타냅니다.

5~6 나누어지는 수의 소수 오른쪽 끝자리에 0이 계속 있는 것으로 생각하고 나머지가 0이 될 때까지 계산합니다.

7 (1)
```
     1.1 5
  4)4.6
    4
      6
      4
      2 0
      2 0
        0
```
(2)
```
     0.7 4
  5)3.7
    3 5
      2 0
      2 0
        0
```

8 $7.8 \div 4 = 1.95$, $9.7 \div 5 = 1.94$
9 ㉠ $20.8 \div 5 = 4.16$
㉡ $13.8 \div 4 = 3.45$
㉢ $18.9 \div 5 = 3.78$

step 2 교과 유형 익힘 70~71쪽

1 (1) 3.88 (2) 0.14 (3) 5.74 (4) 4.85
2 $19.5 \div 6 = \frac{1950}{100} \div 6 = \frac{1950 \div 6}{100} = \frac{325}{100} = 3.25$
3 (1) 22, 0.22 (2) 45, 0.45
4
```
     0.4 7
  6)2.8 2
    2 4
      4 2
      4 2
        0 ▸5점
```
; 예 나누어지는 수가 나누는 수보다 작으므로 몫의 자연수 부분에 0을 써야 합니다.▸5점

5 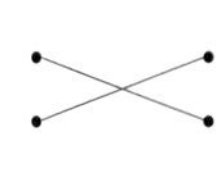
6 3.78, 0.54

7 방법1 예 $25.14 \div 6 = \frac{2514}{100} \div 6 = \frac{2514 \div 6}{100}$
$= \frac{419}{100} = 4.19$; 4.19 m^2▸5점

방법2 예
```
      4.1 9
  6)2 5.1 4
    2 4
      1 1
        6
        5 4
        5 4
          0
```
; 4.19 m^2▸5점

8 7.25 g　　**9** 1.24 m
10 지민, 0.07
11 $4.68 \div 9 = 0.52$▸5점 ; 0.52▸5점
12 1.14배

1 (1) $\begin{array}{r} 3.88 \\ 4\overline{)15.52} \\ \underline{12} \\ 35 \\ \underline{32} \\ 32 \\ \underline{32} \\ 0 \end{array}$

자연수의 나눗셈과 같은 방법으로 세로로 계산한 뒤 몫의 소수점은 나누어지는 수의 소수점을 올려 찍습니다.

(2) $\begin{array}{r} 0.14 \\ 6\overline{)0.84} \\ \underline{6} \\ 24 \\ \underline{24} \\ 0 \end{array}$

소수점을 올려 찍고 자연수 부분이 비어 있을 경우 일의 자리에 0을 씁니다.

(3) $\begin{array}{r} 5.74 \\ 5\overline{)28.7} \\ \underline{25} \\ 37 \\ \underline{35} \\ 20 \\ \underline{20} \\ 0 \end{array}$ (4) $\begin{array}{r} 4.85 \\ 4\overline{)19.4} \\ \underline{16} \\ 34 \\ \underline{32} \\ 20 \\ \underline{20} \\ 0 \end{array}$

나누어떨어지지 않는 경우에는 나누어지는 수의 오른쪽 끝자리에 0이 계속 있는 것으로 생각하고 0을 내려 계산합니다.

2 195는 6으로 나누어떨어지지 않으므로 19.5를 분모가 100인 분수로 나타냅니다.

3 나누어지는 수가 $\frac{1}{100}$배 되면 몫도 $\frac{1}{100}$배 됩니다.

4 나누어지는 수와 나누는 수의 크기를 비교합니다.

5 $\begin{array}{r} 1.42 \\ 6\overline{)8.52} \\ \underline{6} \\ 25 \\ \underline{24} \\ 12 \\ \underline{12} \\ 0 \end{array}$ $\begin{array}{r} 0.63 \\ 3\overline{)1.89} \\ \underline{18} \\ 9 \\ \underline{9} \\ 0 \end{array}$ $\begin{array}{r} 1.95 \\ 8\overline{)15.6} \\ \underline{8} \\ 76 \\ \underline{72} \\ 40 \\ \underline{40} \\ 0 \end{array}$

6 (1) $\begin{array}{r} 3.78 \\ 3\overline{)11.34} \\ \underline{9} \\ 23 \\ \underline{21} \\ 24 \\ \underline{24} \\ 0 \end{array}$ (2) $\begin{array}{r} 0.54 \\ 7\overline{)3.78} \\ \underline{35} \\ 28 \\ \underline{28} \\ 0 \end{array}$

7 (소수)÷(자연수)를 계산하는 방법에는 소수를 분수로 바꾸어 계산하는 방법, 자연수의 나눗셈을 이용하여 계산하는 방법, 세로로 계산하는 방법이 있습니다.

8 $21.75 \div 3 = 7.25$ (g)

9 6그루의 고추 모종을 같은 간격으로 심기 위해서는 6.2 m를 6등분이 아닌 5등분을 해야 합니다.
따라서 모종 사이의 간격은 $6.2 \div 5 = 1.24$ (m)입니다.

10 (지민이네 가게의 도넛 한 개의 평균 무게)
$= 1.1 \div 5 = 0.22$ (kg)
(재연이네 가게의 도넛 한 개의 평균 무게)
$= 1.2 \div 8 = 0.15$ (kg)
⇨ $0.22 - 0.15 = 0.07$ (kg)

> **참고**
> (평균)
> =(자료의 값을 모두 더한 수)÷(자료의 수)

11 9, 8, 6, 4 중 3개의 수를 이용하여 만들 수 있는 가장 작은 소수 두 자리 수는 4.68입니다.
따라서 4.68을 남은 9로 나누면 몫은 $4.68 \div 9 = 0.52$입니다.

12 (우석이가 그린 삼각형의 넓이)$= 3 \times 6 \div 2 = 9$ (cm^2)
(양현이가 그린 삼각형의 넓이)
$= 3 \times 6.84 \div 2 = 10.26$ (cm^2)
따라서 양현이가 그린 삼각형의 넓이는 우석이가 그린 삼각형의 넓이의 $10.26 \div 9 = 1.14$(배)입니다.

step 1 교과 개념 72~73쪽

1 0, 3, 1, 2, 1
2 525, 525, 5, 105, 1.05
3 $8.32 \div 4 = \frac{832}{100} \div 4 = \frac{832 \div 4}{100} = \frac{208}{100} = 2.08$
4 $\begin{array}{r} 1.08 \\ 5\overline{)5.4} \\ \underline{5} \\ 40 \\ \underline{40} \\ 0 \end{array}$
5 (1) 3.09 (2) 2.04
6 (1) 3.08 (2) 2.05
7 1.06, 1.09
8 ㉠
9 <

1 세로로 계산할 때 수를 하나 내렸음에도 나누어야 할 수가 나누는 수보다 작을 경우에는 몫에 0을 쓰고 수를 하나 더 내려 계산합니다.

4 5.4는 540의 $\frac{1}{100}$배이므로 $5.4 \div 5$의 몫은 108의 $\frac{1}{100}$배인 1.08입니다.

5 (1) $$\begin{array}{r}3.09\\3\overline{)9.27}\\\underline{9}\\27\\\underline{27}\\0\end{array}$$ (2) $$\begin{array}{r}2.04\\4\overline{)8.16}\\\underline{8}\\16\\\underline{16}\\0\end{array}$$

6 (1) $$\begin{array}{r}3.08\\3\overline{)9.24}\\\underline{9}\\24\\\underline{24}\\0\end{array}$$ (2) $$\begin{array}{r}2.05\\2\overline{)4.1}\\\underline{4}\\10\\\underline{10}\\0\end{array}$$

7 $$\begin{array}{r}1.06\\8\overline{)8.48}\\\underline{8}\\48\\\underline{48}\\0\end{array}$$ $$\begin{array}{r}1.09\\6\overline{)6.54}\\\underline{6}\\54\\\underline{54}\\0\end{array}$$

8 ㉠ $8.28 \div 4 = 2.07$ ㉡ $6.12 \div 3 = 2.04$
⇨ $2.07 > 2.04$

9 $20.3 \div 5 = 4.06$, $28.63 \div 7 = 4.09$
⇨ $4.06 < 4.09$

step 1 교과 개념 74~75쪽

1 (1) 3, 3, 6, 0.6 (2) 15, 15, 75, 0.75
2 9, 225, 2.25
3 (1) 1.6 (2) 0.75
4 $7 \div 5 = \frac{7}{5} = \frac{14}{10} = 1.4$
5 (위에서부터) $\frac{1}{10}$, 25, 2.5, $\frac{1}{10}$
6 (1) 1, 5 ; 8 ; 4, 0 (2) 0, 7, 5 ; 1, 6, 8 ; 1, 2, 0
7 (1) 4.25 (2) 3.25
8 ㉡
9 (　　)(○)

2 (자연수)÷(자연수)를 분수로 바꿀 때 나누는 수는 분모가 되고, 나누어지는 수는 분자가 됩니다. 분모가 10, 100,… 인 분수로 나타내기 위해서 분모와 분자에 각각 25를 곱한 후 소수로 나타냅니다.

3 나눗셈에서 나누어지는 수를 $\frac{1}{10}$배 하면 몫도 $\frac{1}{10}$배가 되고, 나누어지는 수를 $\frac{1}{100}$배 하면 몫도 $\frac{1}{100}$배가 됩니다.

4 몫을 분수로 나타낸 다음 소수로 바꾸어 나타내는 방법입니다.

5 45는 450의 $\frac{1}{10}$배이므로 $45 \div 18$의 몫은 25의 $\frac{1}{10}$배인 2.5입니다.

7 (1) $$\begin{array}{r}4.25\\4\overline{)17}\\\underline{16}\\10\\\underline{8}\\20\\\underline{20}\\0\end{array}$$ (2) $$\begin{array}{r}3.25\\16\overline{)52}\\\underline{48}\\40\\\underline{32}\\80\\\underline{80}\\0\end{array}$$

8 ㉠ $11 \div 4 = 2.75$ ㉡ $78 \div 24 = 3.25$
⇨ $2.75 < 3.25$

9 $24 \div 25 = 0.9\underline{6}$, $42 \div 25 = 1.6\underline{8}$

step 2 교과 유형 익힘 76~77쪽

1 $4.36 \div 4 = \frac{436}{100} \div 4 = \frac{436 \div 4}{100} = \frac{109}{100} = 1.09$
2 (1) 4.2 (2) 8.25
3 $$\begin{array}{r}1.03\\7\overline{)7.21}\\\underline{7}\\21\\\underline{21}\\0\end{array}$$
4 8.4
5 2.05, 1.75
6 1.6
7 방법1 예 $7.35 \div 7 = \frac{735}{100} \div 7 = \frac{735 \div 7}{100}$
$= \frac{105}{100} = 1.05$; 1.05 m ▸5점
방법2 예 $$\begin{array}{r}1.05\\7\overline{)7.35}\\\underline{7}\\35\\\underline{35}\\0\end{array}$$; 1.05 m ▸5점
8 (왼쪽에서부터) 3, 2, 1
9 3.05 cm
10 1.25 L
11 1.08 m
12 5.75 km
13 1.05 m
14 0.25 kg
15 9, 4 ; 2.25

2 (1) $\begin{array}{r} 4.2 \\ 5\overline{)2\,1} \\ \underline{2\,0} \\ 1\,0 \\ \underline{1\,0} \\ 0 \end{array}$ (2) $\begin{array}{r} 8.2\,5 \\ 12\overline{)9\,9} \\ \underline{9\,6} \\ 3\,0 \\ \underline{2\,4} \\ 6\,0 \\ \underline{6\,0} \\ 0 \end{array}$

3 2는 7보다 작으므로 몫의 소수 첫째 자리에 0을 쓰고 1을 내려 계산해야 합니다.

4 빈 곳의 수를 □라 하면 □$\times 5=42$
⇨ □$=42\div5=8.4$입니다.

5 $\begin{array}{r} 2.0\,5 \\ 4\overline{)8.2} \\ \underline{8} \\ 2\,0 \\ \underline{2\,0} \\ 0 \end{array}$ $\begin{array}{r} 1.7\,5 \\ 16\overline{)2\,8} \\ \underline{1\,6} \\ 1\,2\,0 \\ \underline{1\,1\,2} \\ 8\,0 \\ \underline{8\,0} \\ 0 \end{array}$

6 가장 큰 수: 24, 가장 작은 수: 15
⇨ $24\div15=1.6$

7 (소수)÷(자연수)를 계산하는 방법에는 소수를 분수로 바꾸어 계산하는 방법, 자연수의 나눗셈을 이용하여 계산하는 방법, 세로로 계산하는 방법이 있습니다.

8 $\begin{array}{r} 1.0\,8 \\ 6\overline{)6.4\,8} \\ \underline{6} \\ 4\,8 \\ \underline{4\,8} \\ 0 \end{array}$ $\begin{array}{r} 2.0\,4 \\ 3\overline{)6.1\,2} \\ \underline{6} \\ 1\,2 \\ \underline{1\,2} \\ 0 \end{array}$ $\begin{array}{r} 1.0\,7 \\ 5\overline{)5.3\,5} \\ \underline{5} \\ 3\,5 \\ \underline{3\,5} \\ 0 \end{array}$

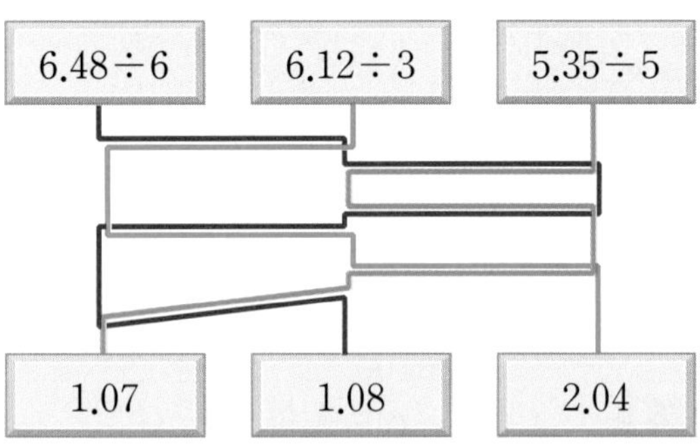

9 $18.3\div6=3.05$ (cm)

10 $15\div12=1.25$ (L)

11 100원은 500원을 5로 나눈 것이므로 100원으로 살 수 있는 색 테이프는 $5.4\div5=1.08$ (m)입니다.

12 16 kWh의 충전으로 92 km를 가므로 1 kWh의 충전으로 ($92\div16$) km를 갈 수 있습니다.
⇨ $92\div16=5.75$ (km)

13 사각뿔의 모서리는 모두 8개입니다.
모든 모서리의 길이가 같고 합이 8.4 m이므로 한 모서리의 길이를 구하기 위해서는 $8.4\div8$을 계산해야 합니다.
$8.4\div8=1.05$이므로 한 모서리의 길이는 1.05 m입니다.

14 바나나 4봉지의 무게가 7 kg이므로 한 봉지의 무게는 $7\div4=1.75$ (kg)입니다.
한 봉지에 무게가 같은 바나나가 7개씩 들어 있으므로 바나나 한 개는 $1.75\div7=0.25$ (kg)입니다.

15 나누어지는 수가 클수록, 나누는 수가 작을수록 나눗셈의 몫은 커집니다.
따라서 4, 5, 8, 9 중 가장 큰 수인 9를 나누어지는 수로, 가장 작은 수인 4를 나누는 수로 하여 나눗셈을 만들었을 때 몫이 가장 큽니다.
⇨ $9\div4=2.25$

step 3 문제 해결 78~81쪽

1 2.04, 2, 32
1-2 (1) 3.09 (2) 8.06
1-2 (1) 1.08 (2) 5.03
1-3 $\begin{array}{r} 1\,2.0\,7 \\ 6\overline{)7\,2.4\,2} \\ \underline{6} \\ 1\,2 \\ \underline{1\,2} \\ 4\,2 \\ \underline{4\,2} \\ 0 \end{array}$

2 0.32
2-1 8.01
2-2 0.4
2-3 0.08
3 12.5 km
3-1 6.25 km
3-2 0.16 L
3-3 5.8 km
4 1.15 m
4-1 2.05 m
4-2 1.84 cm
4-3 1.59 cm

5 (왼쪽에서부터) $\frac{1}{100}$, 1.52▸4점
; ❶ $\frac{1}{100}$, $\frac{1}{100}$▸3점 ❷ $\frac{1}{100}$, 1.52▸3점

5-1 (왼쪽에서부터) 1224, $\frac{1}{100}$, 12.24▸4점
; 예 85.68은 8568의 $\frac{1}{100}$배이므로 몫도 $\frac{1}{100}$배입니다.▸3점
$8568\div7=1224$이므로 $85.68\div7$의 몫은 1224의 $\frac{1}{100}$배인 12.24입니다.▸3점

6 ❶ 1.36▸3점 ❷ 1.36, 8, 0.17▸3점 ; 0.17▸4점

6-1 예 수 카드 중 3장을 골라 만들 수 있는 가장 큰 소수 두 자리 수는 9.75입니다.▸3점
남은 수 카드의 수로 나누는 식은 9.75÷3이고 몫은 3.25입니다.▸3점
; 3.25▸4점

7 ❶ 3.4, 3.4, 27.2▸3점 ❷ 4, 27.2, 4, 6.8▸3점
; 6.8▸4점

7-1 예 한 변의 길이가 5.2 cm인 정사각형의 넓이는
5.2×5.2=27.04 (cm^2)입니다.▸3점
넓이가 같은 8개의 직각삼각형으로 나누었으므로 직각삼각형 한 개의 넓이는
27.04÷8=3.38 (cm^2)입니다.▸3점
; 3.38 cm^2▸4점

8 ❶ 2.2▸3점 ❷ 2.2, 0.55▸3점
; 0.55▸4점

8-1 예 수현이네 가족이 하루에 마신 주스는
8.4÷7=1.2 (L)입니다.▸3점
따라서 수현이가 하루에 마신 주스는
1.2÷5=0.24 (L)입니다.▸3점
; 0.24 L▸4점

1 소수 첫째 자리를 계산할 때 3은 8보다 작으므로 몫의 소수 첫째 자리에 0을 써야 합니다.

1-1 (1)
$$\begin{array}{r} 3.09 \\ 4\,)\overline{12.36} \\ \underline{12} \\ 36 \\ \underline{36} \\ 0 \end{array}$$
(2)
$$\begin{array}{r} 8.06 \\ 3\,)\overline{24.18} \\ \underline{24} \\ 18 \\ \underline{18} \\ 0 \end{array}$$

1-2 (1)
$$\begin{array}{r} 1.08 \\ 3\,)\overline{3.24} \\ \underline{3} \\ 24 \\ \underline{24} \\ 0 \end{array}$$
(2)
$$\begin{array}{r} 5.03 \\ 4\,)\overline{20.12} \\ \underline{20} \\ 12 \\ \underline{12} \\ 0 \end{array}$$

1-3 소수 첫째 자리에서 내린 4를 6으로 나눌 수 없으므로 몫의 소수 첫째 자리에 0을 쓰고 42를 6으로 나눈 몫 7을 소수 둘째 자리에 써야 합니다.

2 (어떤 수)×7=15.68이므로
(어떤 수)=15.68÷7=2.24입니다.
따라서 바르게 계산한 몫은 2.24÷7=0.32입니다.

2-1 (어떤 수)÷6=5.34이므로
(어떤 수)=5.34×6=32.04입니다.
따라서 바르게 계산한 몫은 32.04÷4=8.01입니다.

2-2 (어떤 수)×6=14.4이므로
(어떤 수)=14.4÷6=2.4입니다.
따라서 바르게 계산한 몫은 2.4÷6=0.4입니다.

2-3 (어떤 수)×5=2이므로
(어떤 수)=2÷5=0.4입니다.
따라서 바르게 계산한 몫은 0.4÷5=0.08입니다.

3 4 L로 50 km를 가므로 1 L로 (50÷4) km를 갈 수 있습니다. ⇨ 50÷4=12.5 (km)

3-1 36 L로 225 km를 가므로 1 L로 (225÷36) km를 갈 수 있습니다. ⇨ 225÷36=6.25 (km)

3-2 8 L로 50 km를 가므로 1 km를 가려면 휘발유가 (8÷50) L 필요합니다. ⇨ 8÷50=0.16 (L)

참고
- 휘발유 1 L로 갈 수 있는 거리를 구할 때는 거리를 휘발유의 양으로 나눕니다.
- 1 km를 가는 데 필요한 휘발유의 양을 구할 때는 휘발유의 양을 거리로 나눕니다.

3-3 15 kWh의 충전으로 87 km를 가므로 1 kWh의 충전으로 (87÷15) km를 갈 수 있습니다.
⇨ 87÷15=5.8 (km)

4 삼각뿔의 모서리는 모두 6개입니다.
모든 모서리의 길이가 같고 합이 6.9 m이므로 한 모서리의 길이는 6.9÷6=1.15 (m)입니다.

4-1 삼각기둥의 모서리는 모두 9개입니다.
모든 모서리의 길이가 같고 합이 18.45 m이므로 한 모서리의 길이는 18.45÷9=2.05 (m)입니다.

4-2 정오각형은 5개의 변의 길이가 모두 같으므로 둘레가 9.2 cm인 정오각형의 한 변의 길이는 9.2÷5=1.84 (cm)입니다.

4-3 (직사각형의 넓이)=(가로)×(세로)이므로
(세로)=(직사각형의 넓이)÷(가로)입니다.
⇨ 6.36÷4=1.59 (cm)

5-1

채점 기준		
□ 안에 알맞은 수를 써넣은 경우	4점	10점
나누어지는 수와 몫 사이의 관계를 아는 경우	3점	
자연수의 나눗셈을 이용하여 소수의 나눗셈의 몫을 계산하는 방법을 설명한 경우	3점	

6-1

채점 기준		
만들 수 있는 가장 큰 소수 두 자리 수를 쓴 경우	3점	10점
남은 수 카드의 수로 나누는 식을 쓰고 계산한 경우	3점	
답을 바르게 쓴 경우	4점	

7-1

채점 기준		
정사각형의 넓이를 구한 경우	3점	10점
직각삼각형의 넓이 구하는 식을 쓰고 계산한 경우	3점	
답을 바르게 쓴 경우	4점	

8-1

채점 기준		
수현이네 가족이 하루에 마신 주스의 양을 구한 경우	3점	10점
수현이가 하루에 마신 주스의 양을 구한 경우	3점	
답을 바르게 쓴 경우	4점	

step 4 실력 UP 문제 82~83쪽

1 ㉢	**2** 3등급, 4등급, 2등급
3 5.8	**4** 380 m
5 사과	**6** 6.6 kg
7 2.89 kg	**8** 0.14 kg
9 2.05, 1.65 ; ㉡	**10** 4.5분

1 연료 1 L로 갈 수 있는 거리는
㉠ $51.6 \div 4 = 12.9$ (km) ㉡ $57.5 \div 5 = 11.5$ (km)
㉢ $45.9 \div 3 = 15.3$ (km)입니다.
따라서 ㉢ 자동차가 연료 1 L로 가장 멀리 갈 수 있습니다.

2 ㉠ 자동차는 연료 1 L로 12.9 km를 갈 수 있으므로 3등급, ㉡ 자동차는 연료 1 L로 11.5 km를 갈 수 있으므로 4등급, ㉢ 자동차는 연료 1 L로 15.3 km를 갈 수 있으므로 2등급입니다.

3 3.6 → 0.6, 0.6 → 0.1, 9 → 1.5이므로 규칙은 6으로 나누는 것입니다. ⇨ $34.8 \div 6 = 5.8$

4 산책로 한 쪽에 7개의 표지판을 시작하는 곳부터 끝나는 곳까지 설치해야 하므로 표지판 사이의 간격은
$7-1=6$(군데)입니다.
⇨ $2.28 \div 6 = 0.38$ (km) ⇨ 380 m

참고
표지판을 시작하는 곳부터 끝나는 곳까지 같은 간격으로 7개 설치한다면 간격의 수를 구하기 위해서 7등분이 아닌 6등분을 해야 합니다.
따라서 표지판이 7개이면 표지판 사이의 간격은 $7-1=6$(군데)입니다.

5 귤 5개가 $1.3-0.4=0.9$ (kg)이므로
귤 한 개는 $0.9 \div 5 = 0.18$ (kg)입니다.
사과 3개가 $1.36-0.4=0.96$ (kg)이므로
사과 한 개는 $0.96 \div 3 = 0.32$ (kg)입니다.
따라서 사과 한 개가 더 무겁습니다.

참고
저울에 바구니만 올렸을 때의 무게가 0.4 kg이므로 귤 한 바구니의 무게는 바구니의 무게와 귤의 무게를 합한 것입니다. 귤과 사과 한 개의 무게를 각각 구하려면 전체 무게에서 바구니의 무게를 각각 빼어 개수로 나누어 계산해야 합니다.

6 30년 된 소나무 7그루가 연간 줄일 수 있는 탄소의 양은 46.2 kg이므로 30년 된 소나무 1그루가 연간 줄일 수 있는 탄소의 양은 $46.2 \div 7 = 6.6$ (kg)입니다.

7 어린 소나무 9그루가 연간 줄일 수 있는 탄소의 양은 26.01 kg이므로 어린 소나무 1그루가 연간 줄일 수 있는 탄소의 양은 $26.01 \div 9 = 2.89$ (kg)입니다.

8 매일 컴퓨터를 1시간씩 적게 사용하면 하루에 줄일 수 있는 탄소의 양은 $0.7 \div 5 = 0.14$ (kg)입니다.

9 ㉠ 구간에서의 속도는 분당 1.38 km로 제한 속도인 분당 1.5 km를 넘지 않았습니다.
㉡ 구간에서의 속도는 분당 $12.3 \div 6 = 2.05$ (km)이므로 제한 속도인 분당 2 km를 넘었습니다.
㉢ 구간에서의 속도는 분당 $6.6 \div 4 = 1.65$ (km)이므로 제한 속도인 분당 1.7 km를 넘지 않았습니다.
따라서 과속한 구간은 ㉡입니다.

참고
(속도)=(거리)÷(시간)에서 '속도'는 자동차가 1분 동안 간 거리이고 속도를 구할 때는 '구간의 거리'를 '통과하는 데 걸린 시간'으로 나누어 주면 됩니다.
(1분 동안 간 거리)
=(구간의 거리)÷(통과하는 데 걸린 시간)

10 $9 \div 2 = 4.5$(분)이므로 4.5분 이상 걸려야 단속되지 않습니다.

단원 평가 84~87쪽

1 (1) 672, 672, 112, 1.12
(2) 3240, 3240, 405, 4.05

2 (1) 5.7 (2) 0.57

3 (1) 4.7 (2) 8.2

4 <

5 ③

6
```
    0.4 9
 6)2.9 4
   2 4
     5 4
     5 4
       0
```

7 21÷6에 ○표

8 6.15

9 ㉣, ㉡, ㉢, ㉠

10 38, 3.8

11 8.26 cm

12 1□3□.0□5

13 3.35÷5=0.67▸2점 ; 0.67 km▸2점

14 3.19

15 7.6 m

16 7.65 cm^2

17 2.5 m

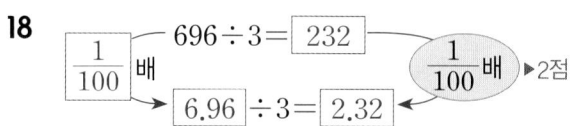

18 696÷3=232, $\frac{1}{100}$배 → 6.96÷3=2.32, $\frac{1}{100}$배 ▸2점
; 예 나누는 수는 3으로 같으므로 몫이 696÷3의 $\frac{1}{100}$배가 되려면 나누어지는 수도 $\frac{1}{100}$배가 되어야 합니다.▸2점

19 3.07 g

20 2.2분

21 (1) 0.63 kg▸2점 (2) 0.21 kg▸3점

22 (1) 65.625 kg▸2점 (2) 75 kg▸1점
(3) 예 9.375 kg이 증가했습니다.▸2점

23 예 사각뿔 1개를 만드는 데 사용하는 공예 철사는 3.52÷2=1.76 (m)입니다.▸1점
사각뿔의 모서리는 모두 8개이므로▸1점
한 모서리의 길이는 1.76÷8=0.22 (m)입니다.▸1점
; 0.22 m▸2점

24 예 어떤 수를 □라 하면 □÷4=4⋯2입니다.▸1점
4×4=16, 16+2=18이므로 □=18입니다.▸1점
따라서 어떤 수를 8로 나눈 몫은 18÷8=2.25입니다.▸1점
; 2.25▸2점

1 (2) 32.4를 분모가 10인 분수로 고치면 324가 8로 나누어떨어지지 않으므로 분모가 100인 분수로 고쳐서 계산합니다.

2 (1) 22.8은 228의 $\frac{1}{10}$배이므로 22.8÷4의 몫은 57의 $\frac{1}{10}$배인 5.7입니다.
(2) 2.28은 228의 $\frac{1}{100}$배이므로 2.28÷4의 몫은 57의 $\frac{1}{100}$배인 0.57입니다.

3 자연수의 나눗셈과 같은 방법으로 계산하고, 몫의 소수점은 나누어지는 수의 소수점을 올려 찍습니다.

4 4.8÷5=0.96, 10÷8=1.25이므로 10÷8의 몫이 더 큽니다.

다른 풀이
4.8은 5보다 작으므로 4.8÷5의 몫은 1보다 작고, 10은 8보다 크므로 10÷8의 몫은 1보다 큽니다.
⇨ 4.8÷5<10÷8

5 나누어지는 수가 나누는 수보다 작으면 몫은 1보다 작습니다.
③ 7.36<8이므로 7.36÷8의 몫은 1보다 작습니다.

6 나누어지는 수 2.94의 자연수 부분 2는 나누는 수 6보다 작으므로 몫의 일의 자리에 0을 쓰고 소수점을 찍어야 하는데 0을 쓰지 않고 소수점을 잘못 찍었습니다.

7 세 나눗셈식 모두 나누는 수가 6으로 같으므로 나누어지는 수가 가장 큰 식의 몫이 가장 큽니다.
21, 2.1, 0.21 중 21이 가장 큰 수이므로 21÷6의 몫이 가장 큽니다.

참고
- 나누는 수가 같을 경우에는 나누어지는 수가 클수록 몫이 큽니다.
- 나누어지는 수가 같을 경우에는 나누는 수가 클수록 몫이 작습니다.

8 가장 큰 수: 24.6, 가장 작은 수: 4
⇨ 24.6÷4=6.15

9 ㉠ 0.25 ㉡ 1.04 ㉢ 0.41 ㉣ 6.55
6.55>1.04>0.41>0.25이므로 ㉣>㉡>㉢>㉠입니다.

다른 풀이
㉠, ㉢은 나누어지는 수가 나누는 수보다 작으므로 몫이 1보다 작습니다. ㉡ 6÷6=1이므로 6.24÷6의 몫은 1보다 조금 큽니다. ㉣ 48÷8=6이므로 52.4÷8의 몫은 6보다 큽니다. 따라서 ㉣이 가장 크고, ㉡이 두 번째로 크며 ㉠과 ㉢은 직접 나눗셈을 하여 비교합니다.

10 $228 \div 6 = 38 \Rightarrow 22.8 \div 6 = 3.8$

($\frac{1}{10}$배, $\frac{1}{10}$배)

11 정오각형은 5개의 변의 길이가 모두 같습니다.
⇨ $41.3 \div 5 = 8.26$ (cm)

12 104.4를 104로 어림하면 $104 \div 8 = 13$이므로 몫은 13.05입니다.

13 $3.35 \div 5 = 0.67$이므로 1분 동안 0.67 km를 달렸습니다.

참고
1분 동안 달린 거리를 구할 때는 간 거리를 시간으로 나눕니다.

14 어떤 수를 □라 하면
$12.76 \div □ = 4$이므로 $□ = 12.76 \div 4 = 3.19$입니다.

15 다섯 그루의 나무를 심으면 나무 사이의 간격은 4군데이므로 나무 사이의 거리는
$30.4 \div 4 = 7.6$ (m)로 해야 합니다.

학부모 지도 가이드
나무를 처음부터 끝까지 심을 때 나무 사이의 간격의 수는 나무의 수보다 1 작다는 것을 외워서 아는 것이 아니라 그림을 통해 원리를 이해할 수 있도록 합니다.

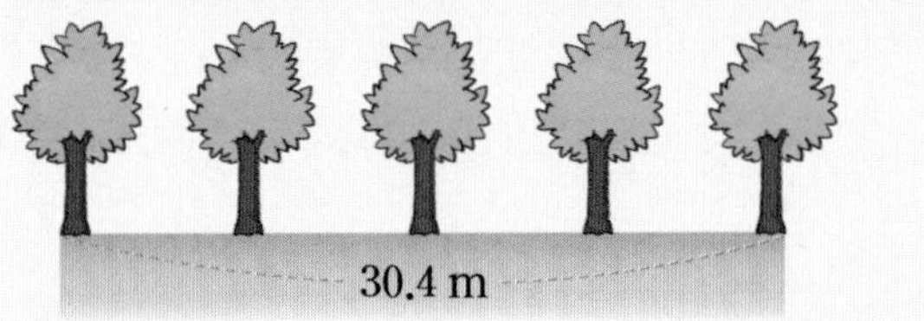

16 (큰 직사각형의 넓이) $= 9 \times 6.8 = 61.2$ (cm^2)
(작은 직사각형 한 개의 넓이) $= 61.2 \div 8 = 7.65$ (cm^2)

17 18층의 높이가 45 m이므로 한 층의 높이는
$45 \div 18 = 2.5$ (m)입니다.

19 우현이가 하루에 섭취한 소금은 $56.49 \div 7 = 8.07$ (g)이므로 일일 소금 권장량보다 $8.07 - 5 = 3.07$ (g) 더 섭취했습니다.

20 개구리 한 마리를 접는 데 걸린 시간을 각각 구하여 비교합니다.
중현: $40 \div 16 = 2.5$(분)
한빈: $35 \div 10 = 3.5$(분)
소윤: $55 \div 25 = 2.2$(분)
따라서 소윤이가 2.2분으로 가장 빨리 접었습니다.

21 (1) 참치 캔 6묶음이 3.78 kg이므로
1묶음은 $3.78 \div 6 = 0.63$ (kg)입니다.
(2) 참치 캔 3개가 0.63 kg이므로 1개는
$0.63 \div 3 = 0.21$ (kg)입니다.

틀린 과정을 분석해 볼까요?

틀린 이유	이렇게 지도해 주세요
1묶음의 무게를 먼저 구한 후 그중 1개의 무게를 구해야 함을 이해하지 못한 경우	문장제는 문장을 읽을 때 중요한 내용은 밑줄을 그어 표시해 두는 것이 문제 해결에 도움이 됩니다. '참치 캔 3개를 1묶음', '참치 캔 6묶음의 무게가 3.78 kg' 등 필요한 조건에 밑줄을 그어 참치 캔 1개의 무게를 어떻게 구하면 되는지 생각해 봅니다. 참치 캔 1개의 무게를 구하려면 참치 캔 1묶음의 무게를 구한 후 3으로 나누어야 합니다.
몫이 1보다 작은 소수인 (소수)÷(자연수)의 계산을 바르게 하지 못하는 경우	나누어지는 수가 나누는 수보다 작을 경우에는 몫이 1보다 작게 됩니다. 나누어지는 수의 자연수 부분이 나누는 수보다 작아서 자연수 부분이 비어 있을 경우 몫의 일의 자리에 0을 씁니다. 계산을 하여 몫을 구한 다음에는 몫과 나누는 수를 곱해 나누어지는 수가 맞는지 확인하도록 지도합니다.

22 (1) $1050 \div 16 = 65.625$ (kg)
(2) $1050 \div 14 = 75$ (kg)
(3) 1명당 몸무게는 $75 - 65.625 = 9.375$ (kg)이 증가했습니다.

틀린 과정을 분석해 볼까요?

틀린 이유	이렇게 지도해 주세요
1명당 몸무게를 구하는 방법을 모르는 경우	1명당 몸무게는 전체 무게를 사람 수로 나누면 구할 수 있습니다. 즉 1050 kg을 사람 수 16명 또는 14명으로 나누어 구합니다.
소수점 오른쪽 끝자리에 0을 내려 계산하는 방법을 모르는 경우	나누어떨어지지 않는 경우 0을 내려 계산하는 것에 중점을 두어 지도합니다.
1인당 몸무게가 어떻게 변화하는지 모르는 경우	엘리베이터에 탈 수 있는 사람 수가 줄었다는 것은 1인당 몸무게를 더 무겁게 계산했기 때문입니다. 그러므로 사람 수가 줄면 1인당 몸무게는 증가하게 됩니다.

23

채점 기준		
사각뿔 1개를 만드는 데 필요한 공에 철사의 길이를 구한 경우	1점	5점
사각뿔의 모서리의 수를 구한 경우	1점	
한 모서리의 길이를 구한 경우	1점	
답을 바르게 쓴 경우	2점	

틀린 과정을 분석해 볼까요?

틀린 이유	이렇게 지도해 주세요
사각뿔이 2개임을 인식하지 못 하고 주어진 길이를 8로 바로 나눈 경우	주어진 길이는 사각뿔 2개의 모서리의 길이이고, 사각뿔 1개의 길이를 먼저 구한 후 모서리의 수로 나누어 모서리 한 개의 길이를 구하도록 지도합니다.
사각뿔의 모서리의 수를 구하지 못하는 경우	(각뿔의 모서리의 수)=(각뿔의 밑면의 변의 수)×2임을 이용하여 사각뿔의 모서리의 수를 4×2=8(개)로 구할 수 있습니다.
몫이 1보다 작은 나눗셈의 계산 방법을 모르는 경우	나누는 수가 나누어지는 수보다 크면 몫의 일의 자리에 0을 써 주고, 나누어지는 수를 하나씩 받아내려 계산하도록 지도합니다.

24

채점 기준		
어떤 수를 □라 하여 식을 바르게 세운 경우	1점	5점
어떤 수를 구한 경우	1점	
(어떤 수)÷8의 몫을 구한 경우	1점	
답을 바르게 쓴 경우	2점	

틀린 과정을 분석해 볼까요?

틀린 이유	이렇게 지도해 주세요
어떤 수를 구하지 못하는 경우	어떤 수는 나눗셈을 맞게 계산했는지 확인하는 식으로 나타내어 구합니다. 예 나눗셈식: 7÷3=2⋯1 ⇨ 3×2=6, 6+1=7 어떤 수를 □라 하면 □÷4=4⋯2이므로 □를 4×4=16, 16+2=18로 구할 수 있습니다.
내림한 수가 작아 나눌 수 없어 나눗셈을 계속하지 못하는 경우	수를 내렸는데 수가 나누는 수보다 작아 나눌 수 없는 경우에는 몫에 0을 쓰고 수를 하나 더 내려 계산합니다. 나누어지지 않아 풀지 않는 경우나 몫에 0을 쓰지 않아 틀리는 경우가 많으므로 계산력이 부족한 학생은 계산 연습을 많이 하면서 익숙해질 수 있도록 지도합니다.

4단원 비와 비율

step 1 교과 개념 90~91쪽

1 2

2 7 대 3, 3에 대한 7의 비

3 (1) 5, 2 (2) 2, 5

4 (1) 4, 6, 8 ; 2, 2, 2 (2)

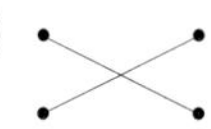

5 예

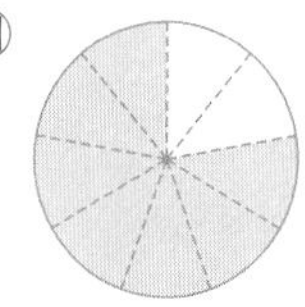

6 (1) 3 : 10 (2) 7 : 10

7 (1) 1 : 7 (2) 1 : 7

1 도넛 수를 사람 수로 나누어 알아봅니다.
모둠 수가 1개일 때 8÷4=2, 모둠 수가 2개일 때 16÷8=2, 모둠 수가 3개일 때 24÷12=2이므로 도넛 수는 항상 사람 수의 2배입니다.

2 7 : 3
↓ ↓
7 대 3
7과 3의 비
7의 3에 대한 비
3에 대한 7의 비

3 (1) 감의 수와 배의 수를 비교할 때 기호 :를 사용하여 5 : 2라고 씁니다.
(2) 감의 수에 대한 배의 수의 비에서 감의 수가 기준량이고, 배의 수가 비교하는 양입니다.

4 (2) 나눗셈으로 비교하면 물의 양과 포도 원액 양의 컵 수의 관계가 변하지 않습니다.

5 전체가 9칸으로 나누어져 있으므로 7칸에 색칠합니다.

6 (1) 전체 10칸 중에 색칠한 부분이 3칸입니다. ⇨ 3 : 10
(3: 색칠한 부분의 칸 수, 10: 전체 칸 수)

7 (1), (2) (카레 가루 양) : (물 양)=1 : 7

step 2 교과 유형 익힘 92~93쪽

1 (1) 5, 6 (2) 4, 3 (3) 7, 9 (4) 16, 25
2 (1) 4 : 3 (2) 3 : 7
3 (1) 2반 여학생 수, 1반 여학생 수
(2) 2반 남학생 수, 2반 학생 수
4 예

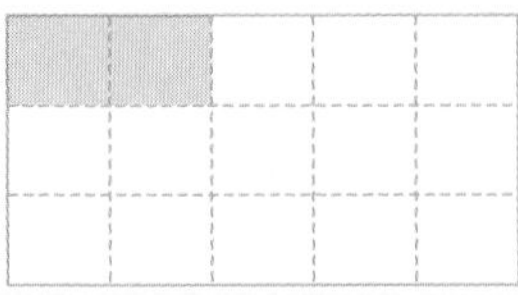

5 (1)

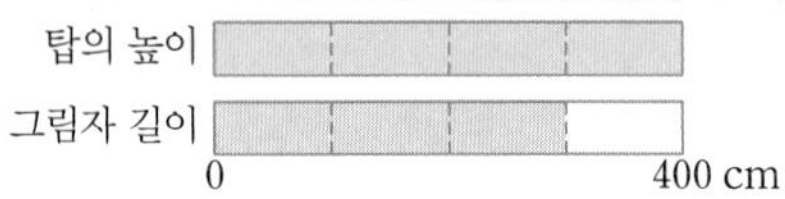

(2) $\frac{3}{4}$배
6 2 : 5
7 7 : 1000
8 맞습니다에 ○표 ▸5점
예 빨간색 사과는 7개이므로 초록색 사과 수와 빨간색 사과 수의 비는 3 : 7입니다. ▸5점
9 13 : 87
10 11 : 25
11 (1) 14 : 23 (2) 14 : 23
12 예 두 수를 뺄셈으로 비교했습니다. ▸10점
13 다릅니다에 ○표 ▸5점
예 9 : 8은 기준이 8이고 8 : 9는 기준이 9이기 때문입니다. ▸5점

1 (3), (4) '■에 대한'에 해당하는 수 ■는 기호 :의 오른쪽에 씁니다.

2 (1) 긴팔 티셔츠는 3벌, 반팔 티셔츠는 4벌 있습니다. 따라서 긴팔 티셔츠 수에 대한 반팔 티셔츠 수의 비는 4 : 3입니다.
(2) 전체 티셔츠는 7벌, 긴팔 티셔츠는 3벌 있습니다.

3 (1) 11 : 13 (11 ← 1반 여학생 수, 13 ← 2반 여학생 수)
(2) 8 : 21 (8 ← 2반 남학생 수, 21 ← 2반 학생 수)

4 전체 15칸 중에서 2칸을 색칠하면 색칠하지 않은 칸은 13칸이 됩니다. 따라서 색칠하지 않은 부분에 대한 색칠한 부분의 비는 2 : 13입니다.

5 탑의 높이는 4칸, 그림자의 길이는 3칸이므로 그림자 길이는 탑의 높이의 $\frac{3}{4}$배입니다.

6 평일은 5일이고, 주말은 2일입니다.
평일에 대한 주말의 비 ⇨ (주말) : (평일) ⇨ 2 : 5

7 (기부 금액) : (물건 가격)=7 : 1000

8 빨간색 사과는 10−3=7(개)입니다.

9 (첫 번째 장애물에서 도착점까지 거리)=100−13
=87 (m)
출발점에서 첫 번째 장애물까지 거리 13 m와 첫 번째 장애물에서 도착점까지 거리 87 m의 비
⇨ 13 : 87

10 참여하지 않은 학생: 25−14=11(명)
전체 학생 수(25)에 대한 아침 건강 달리기에 참여하지 않은 학생 수(11)의 비
⇨ 11 : 25

11 (1) 긴 도막의 길이에 대한 짧은 도막의 길이의 비
⇨ (짧은 도막의 길이) : (긴 도막의 길이)
(2) 짧은 도막의 길이와 긴 도막의 길이의 비
⇨ (짧은 도막의 길이) : (긴 도막의 길이)

12 뺄셈으로 비교하면 두 사람의 나이 차이는 항상 2로 같습니다.

step 1 교과 개념 94~95쪽

1 (1) 5, 9 (2) 6, 1
2 비율
3 (1) $\frac{7}{20}$, 0.35 (2) $\frac{3}{10}$, 0.3
4

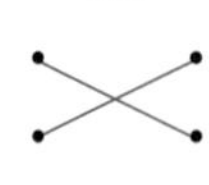

5 (1) 14 : 9 (2) $\frac{14}{9}\left(=1\frac{5}{9}\right)$
6 (1) 0.6, 0.6 (2) 같습니다에 ○표
7 (1) 50, 5, 5 (2) 10, $\frac{1}{5}$(=0.2), $\frac{1}{5}$(=0.2)

1 비에서 :의 왼쪽에 있는 수는 비교하는 양이고, :의 오른쪽에 있는 수는 기준량입니다.

2 비율은 기준량에 대한 비교하는 양의 크기입니다.
따라서 분수로 나타내려면 기준량을 분모에, 비교하는 양을 분자에 나타냅니다.

3 (1) $7:20 \Rightarrow \frac{7}{20}$ $7:20 \Rightarrow 7\div20=0.35$

(2) 10에 대한 3의 비 ⇨ $3:10$
비교하는 양은 3, 기준량은 10입니다.
비율을 분수로 나타내면 $\frac{3}{10}$, 소수로 나타내면 0.3입니다.

4 $5:7 \Rightarrow \frac{5}{7}$
9에 대한 4의 비 ⇨ $4:9 \Rightarrow \frac{4}{9}$
4의 10에 대한 비 ⇨ $4:10 \Rightarrow \frac{4}{10}=0.4$

5 (1) 세로: 9 cm, 가로: 14 cm
세로에 대한 가로의 비는 (가로) : (세로)이므로 $14:9$입니다.

(2) $14:9 \Rightarrow \frac{14}{9}=\frac{9+5}{9}=\frac{9}{9}+\frac{5}{9}=1\frac{5}{9}$

6 (1) 가: $\frac{(\text{세로})}{(\text{가로})}=\frac{15}{25}=\frac{3}{5}=\frac{6}{10}=0.6$
나: $\frac{(\text{세로})}{(\text{가로})}=\frac{6}{10}=0.6$

참고
가로와 세로의 실제 길이는 서로 다르지만 가로에 대한 세로의 비율은 서로 같습니다.

7 (1) 1분 동안 만들 수 있는 만두의 수
- 기준량: 만두를 만드는 데 걸린 시간
- 비교하는 양: 만두 수

⇨ 10분 동안 50개의 만두
$50:10$

(2) 만두 1개를 만드는 데 걸린 시간
- 기준량: 만두 수
- 비교하는 양: 만두를 만드는 데 걸린 시간

⇨ 10분 동안 50개의 만두
$10:50$

step 1 교과 개념 96~97쪽

1 (1) 20, 0.4 (2) 16, 0.4
2 (1) $\frac{10}{90}\left(=\frac{1}{9}\right)$ (2) $\frac{20}{100}\left(=\frac{1}{5}\right)$
3 $\frac{12}{30}\left(=\frac{2}{5}\right)$, 0.4
4 (1) 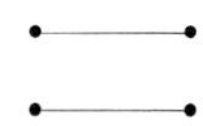 (2) 10
5 (1) 7 (2) 5, 35

1 $(\text{타율})=\frac{(\text{안타 수})}{(\text{전체 타수})}$
(1) $\frac{20}{50}=\frac{2}{5}=\frac{4}{10}=0.4$
(2) $\frac{16}{40}=\frac{4}{10}=0.4$

2 (1) $\frac{(\text{소금 양})}{(\text{소금물 양})}=\frac{10}{90}=\frac{1}{9}$
(2) $\frac{(\text{소금 양})}{(\text{소금물 양})}=\frac{20}{100}=\frac{1}{5}$

3 30번 중에 12번 골인 성공이므로 비율을 나타내면 $\frac{12}{30}$입니다.

$\frac{12}{30}=\frac{4}{10}$ → $\frac{2}{5}$, 0.4

4 (1) 전체 학생 수 15명에 대한 찬성하는 학생 수의 비
⇨ (찬성하는 학생 수) : (전체 학생 수)
(비교하는 양, 기준량)
⇨ (찬성하는 학생 수) : 15

(2) 전체의 $\frac{2}{3}$만큼 구해야 하므로 전체 학생 수 15에 $\frac{2}{3}$를 곱합니다.
⇨ $15\times\frac{2}{3}=10$(명)

다른 풀이
$\frac{2}{3}=\frac{2\times5}{3\times5}=\frac{10}{15}$이므로 전체 학생 수가 15명일 때 찬성하는 학생 수는 10명입니다.

5 (1) 전체 학생 수의 $\frac{1}{5}$은 21명을 똑같이 3으로 나눈 수와 같습니다.
(2) 전체 학생 수는 전체 학생 수의 $\frac{1}{5}$에 5를 곱한 수와 같습니다.

본책 92~97쪽

step 2 교과 유형 익힘 98~99쪽

1 (1) $\frac{3}{5}(=0.6)$ (2) $\frac{3}{4}(=0.75)$

2

	8과 30의 비	6에 대한 24의 비
비교하는 양	8	24
기준량	30	6
비율	$\frac{8}{30}\left(=\frac{4}{15}\right)$	$\frac{24}{6}(=4)$

3 $\frac{190}{2}(=95)$

4 (1) $\frac{210}{3}(=70)$, $\frac{150}{2}(=75)$ (2) 노란색 버스

5 (1) $\frac{80}{250}\left(=\frac{8}{25}=0.32\right)$, $\frac{100}{200}\left(=\frac{1}{2}=0.5\right)$ (2) 나

6 가

7 $\frac{6400}{4}(=1600)$, $\frac{7800}{5}(=1560)$; 연두 마을

8 정민

9 $\frac{3}{10}$, 0.3

10 유진, 진호, 수민

11 수지

1 (1) 밑변: 5 cm, 높이: 3 cm

밑변에 대한 높이의 비율 ⇨ $\frac{3}{5}$

(2) 밑변: 4 cm, 높이: 3 cm

밑변에 대한 높이의 비율 ⇨ $\frac{3}{4}$

2 8과 30의 비 ⇨ 8 : 30 ⇨ $\frac{8}{30}$
(8: 비교하는 양, 30: 기준량)

6에 대한 24의 비 ⇨ 24 : 6 ⇨ $\frac{24}{6}$
(24: 비교하는 양, 6: 기준량)

3 걸린 시간에 대한 달린 거리의 비율 ⇨ $\frac{(\text{달린 거리})}{(\text{걸린 시간})}=\frac{190}{2}$

참고
단위시간에 간 거리의 비율을 속력이라고 합니다.
1시간 동안 평균 60 km를 가는 속력을 60 km/시라 쓰고 시속 60 km라고 읽습니다.

4 (1) 걸린 시간에 대한 달린 거리의 비율 ⇨ $\frac{(\text{달린 거리})}{(\text{걸린 시간})}$

초록색 버스: $\frac{210}{3}=70$, 노란색 버스: $\frac{150}{2}=75$

(2) $70<75$이므로 노란색 버스가 더 빠릅니다.

5 (1) 포도 주스 양에 대한 포도 원액 양의 비율

⇨ $\frac{(\text{포도 원액 양})}{(\text{포도 주스 양})}$

가: $\frac{80}{250}=0.32$, 나: $\frac{100}{100+100}=\frac{100}{200}=0.5$

(2) $0.32<0.5$이므로 나 포도 주스가 더 진합니다.

6 가 ⇨ $\frac{50}{600}=\frac{5}{60}=\frac{10}{120}$

나 ⇨ $\frac{30}{400}=\frac{3}{40}=\frac{9}{120}$

⇨ $\frac{10}{120}>\frac{9}{120}$

7 기준량은 넓이이고 비교하는 양은 인구수이므로

비율은 $\frac{(\text{인구수})}{(\text{넓이})}$입니다.

$1600>1560$이므로 연두 마을의 인구가 더 밀집합니다.

8 전체 타수에 대한 안타 수의 비율 ⇨ $\frac{(\text{안타 수})}{(\text{전체 타수})}$

정민: $\frac{16}{25}=0.64$, 수찬: $\frac{12}{20}=0.6$ ⇨ $0.64>0.6$

학부모 지도 가이드
전체 타수에 대한 안타 수의 비율로 타율을, 실제 거리에 대한 지도에서의 거리의 비율로 축척을, 소금물 양에 대한 소금 양의 비율로 소금물의 진하기를 구할 수 있습니다. 이와 같이 비율은 실제 생활에서 사용되는 경우가 많이 있다는 것을 알려 줍니다.

9 숫자 면이 나온 회차는 1회, 2회, 6회이므로 3번 나왔습니다.
동전을 던진 횟수에 대한 숫자 면이 나온 횟수의 비는 (숫자 면이 나온 횟수) : (동전을 던진 횟수)이므로 3 : 10입니다.
3 : 10의 비교하는 양은 3이고, 기준량은 10이므로 비율로 나타내면 $\frac{3}{10}=0.3$입니다.

10 진호 ⇨ $\frac{3}{5}=\frac{6}{10}=0.6$, 수민 ⇨ $\frac{2}{10}=0.2$

유진 ⇨ $\frac{6}{8}=\frac{3}{4}=\frac{75}{100}=0.75$

⇨ $0.75>0.6>0.2$

11 제조법에 맞는 탄산수에 대한 오렌지즙의 비율은 $\frac{5}{8}$입니다.

지호 ⇨ $\frac{50}{100}=\frac{1}{2}$, 수지 ⇨ $\frac{100}{160}=\frac{10}{16}=\frac{5}{8}$

step 1 교과 개념 100~101쪽

1 100
2 (1) 4 %, 4 퍼센트 (2) 30 %, 30 퍼센트
3 (1) 100, 35 (2) 100, 42
4 (1) 14 % (2) 30 %　5 (1) 28, 25 (2) 0.87
6 (1) 39 % (2) 44 %
7

분수	소수	백분율
$\frac{25}{100}$	0.25	25 %
$\frac{64}{100}\left(=\frac{16}{25}\right)$	0.64	64 %
$\frac{3}{50}$	0.06	6 %

8 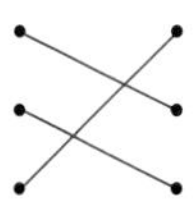　9 52

2 (2) $\frac{3}{10}=\frac{30}{100}$ ⇨ 30 %

3 비율에 100을 곱해서 백분율로 나타낼 수 있습니다.

4 (1) 전체 100칸 중의 14칸이므로 14 %입니다.
(2) 전체 30칸 중의 9칸이므로 $\frac{9}{30}\times100=30$ ⇨ 30 %입니다.

5 (1) 백분율을 분수로 나타낼 때에는 분모를 100으로 합니다.
(2) 백분율을 소수로 나타낼 때에는 100으로 나눕니다.

6 (1) 0.39 ⇨ $0.39\times100=39$ ⇨ 39 %
(2) $\frac{11}{25}$ ⇨ $\frac{11}{25}\times100=44$ ⇨ 44 %

7 $\frac{25}{100}=0.25$, $0.64=\frac{64}{100}$ ⇨ 64 %
$\frac{3}{50}=\frac{3\times2}{50\times2}=\frac{6}{100}$ ⇨ $\frac{6}{100}\times100=6$ ⇨ 6 %

8 45 % ⇨ $\frac{45}{100}=\frac{45\div5}{100\div5}=\frac{9}{20}$, 79 % ⇨ $\frac{79}{100}$,
158 % ⇨ $\frac{158}{100}=\frac{158\div2}{100\div2}=\frac{79}{50}$

9 $\frac{13}{25}=\frac{13\times4}{25\times4}=\frac{52}{100}$ ⇨ 52 %

다른 풀이

$\frac{13}{\underset{1}{\cancel{25}}}\times\overset{4}{\cancel{100}}=52$ ⇨ 52 %

step 1 교과 개념 102~103쪽

1 (1) 240, 48 (2) 200, 40
2 (1) 8, 8 (2) 10, 5
3 16, 32, 32　4 12
5 68 %
6 (1) 6000원 (2) $\frac{6000}{15000}\left(=\frac{2}{5}\right)$, 0.4 (3) 40 %

1 (1) $\frac{\overset{48}{\cancel{240}}}{\underset{1}{\cancel{\underset{5}{\cancel{500}}}}}\times\overset{1}{\cancel{100}}=48$ ⇨ 48 %
(2) $\frac{\overset{2}{\cancel{200}}}{\underset{1}{\cancel{\underset{5}{\cancel{500}}}}}\times\overset{20}{\cancel{100}}=40$ ⇨ 40 %

2 (소금물의 진하기)$=\frac{\text{(소금의 양)}}{\text{(소금물의 양)}}$
(1) $\frac{8}{100}$ ⇨ 8 %
(2) $\frac{10}{200}=\frac{5}{100}$ ⇨ 5 %

3 골 성공률은 $\frac{16}{50}$이므로 백분율로 나타내면
$\frac{16}{50}\times100=32$ ⇨ 32 %입니다.

참고

$\frac{16}{50}=\frac{32}{100}$ ⇨ 32 %

4 40의 30 %는 40의 $\frac{30}{100}$이므로
$40\times\frac{30}{100}=12$ (cm)입니다.

다른 풀이

30 %를 소수로 나타내면 0.3이므로 40의 30 %는 $40\times0.3=12$ (cm)입니다.

5 찬성률은 $\frac{\text{(찬성하는 학생 수)}}{\text{(전체 학생 수)}}$이므로 $\frac{17}{25}$입니다.
백분율로 나타내면 $\frac{17}{25}\times100=68$ ⇨ 68 %입니다.

6 (1) $15000-9000=6000$(원)
(2) (할인율)$=\frac{\text{(할인 금액)}}{\text{(원래 가격)}}$ ⇨ $\frac{6000}{15000}=\frac{2}{5}=\frac{4}{10}=0.4$
(3) $0.4\times100=40$ ⇨ 40 %

step 2 교과 유형 익힘 104~105쪽

1 ㉠, ㉡
2 (1) 35 %, 30 % (2) 가 양말
3 (1) 2권 (2) 200권
4 (1) 600원 (2) 600, 6
5 틀립니다에 ○표, ▸5점
예 비율 $\frac{1}{5}$은 소수로 나타내면 0.2이고 이것을 백분율로 나타내면 $0.2\times100=20$ ⇨ 20 %입니다. ▸5점
6 1980원
7 (1) 100개 (2) 20 %
8 (1) 200 g (2) 40 g (3) 20 %
9 15000원
10 20 %
11 7000원
12 10 %

1 비율은 $\frac{(\text{비교하는 양})}{(\text{기준량})}$이므로 기준량이 비교하는 양보다 작으면 비율은 1보다 큽니다.
백분율은 $\frac{(\text{비교하는 양})}{(\text{기준량})}\times100$이므로 기준량이 비교하는 양보다 작으면 백분율은 100보다 큽니다.

2 (1) 가: $1000-650=350$(원), $\frac{350}{1000}\times100=35$ ⇨ 35 %
나: $800-560=240$(원), $\frac{240}{800}\times100=30$ ⇨ 30 %

다른 풀이
원래 가격에 대한 할인 후 가격의 비율이
가: $\frac{650}{1000}$ ⇨ 65 %, 나: $\frac{560}{800}$ ⇨ 70 %이므로 할인율은
가: $100-65=35$ ⇨ 35 %, 나: $100-70=30$ ⇨ 30 %

(2) $35>30$이므로 가 양말의 할인율이 더 높습니다.

3 (1) 전체의 20 %가 40권이므로 전체의 1 %는 $40\div20=2$(권)입니다.
(2) 1 %가 2권이므로 100 %는 $2\times100=200$(권)입니다.

4 (1) $10600-10000=600$(원)
(2) $\frac{600}{10000}\times100=6$ ⇨ 6 %

5 $\frac{1}{5}\times100=20$ ⇨ 20 %

6 (할인 금액)$=9900\times\frac{80}{100}=7920$(원),
(판매 가격)$=9900-7920=1980$(원)

7 (1) $600-500=100$(개)
(2) (증가율)$=\frac{(\text{늘어난 판매 개수})}{(\text{원래 판매 개수})}=\frac{100}{500}\times100=20$
⇨ 20 %

8 (1) (설탕물 양)$=40+160=200$ (g)
(3) $\frac{40}{200}\times100=20$ ⇨ 20 %

주의
설탕물의 진하기는 $\frac{(\text{설탕 양})}{(\text{설탕물 양})}$이고, 설탕물 양은 설탕과 물을 더한 양입니다. 따라서 $\frac{(\text{설탕 양})}{(\text{물 양})}=\frac{40}{160}$으로 구하면 안 됩니다.

9 5 %를 소수로 바꾸면 0.05입니다.
1년 뒤에 받게 되는 이자는 $300000\times0.05=15000$(원)입니다.

10 작년의 과자 1봉지의 가격은 $3000\div6=500$(원)이고, 올해의 과자 1봉지의 가격은 $3000\div5=600$(원)입니다.
오른 금액은 $600-500=100$(원)이므로 비율은
$\frac{(\text{오른 금액})}{(\text{작년의 과자 1봉지의 가격})}\times100=\frac{100}{500}\times100=20$
⇨ 20 %입니다.

11 20 % 를 분수로 나타내면 $\frac{20}{100}$입니다.
35000원의 $\frac{20}{100}$만큼 할인받는 것이므로
$35000\times\frac{20}{100}=7000$(원)을 할인받을 수 있습니다.

12 $\frac{(\text{부가세})}{(\text{공급가액})}\times100=\frac{1200}{12000}\times100=10$ ⇨ 10 %

step 3 문제 해결 106~109쪽

1 19 : 13
1-1 18, 25
1-2 14 : 31
1-3 17 : 13
2 $\frac{1}{60000}$
2-1 $\frac{1}{35000}$
2-2 $\frac{1}{300000}$
3 기차
3-1 자동차
3-2 나 대회
4 30 g
4-1 10 g
4-2 12 g
4-3 (1) 200 g (2) 180 g

5 ❶ 23, 27▸3점 ❷ 23, 27▸3점
; 23 : 27▸4점

5-1 예 (첫 번째 장애물에서부터 도착점까지의 거리)
$=100-47=53$ (m)▸3점
출발점에서부터 첫 번째 장애물까지의 거리와 첫 번째 장애물에서부터 도착점까지의 거리의 비
⇨ 47 : 53▸3점
; 47 : 53▸4점

6 ❶ 53320, 13330▸2점 ❷ 40101, 13367▸2점
❸ 승주네 마을▸2점 ; 승주네 마을▸4점

6-1 예 A 도시: $\frac{3386000}{200}=16930$▸2점
B 도시: $\frac{4989000}{300}=16630$▸2점
따라서 넓이에 대한 인구의 비율이 더 높은 도시는 A 도시입니다.▸2점
; A 도시▸4점

7 ❶ 120, 0.75▸3점 ❷ 90, 0.75▸3점
❸ 예 같은 시각에 키에 대한 그림자 길이의 비율은 같습니다.▸4점

7-1 예 가 막대의 길이에 대한 그림자 길이의 비율:
$\frac{120}{100}=1.2$▸3점
나 막대의 길이에 대한 그림자 길이의 비율:
$\frac{96}{80}=1.2$▸3점
예 같은 시각에 막대의 길이에 대한 그림자 길이의 비율은 같습니다.▸4점

8 ❶ 25, 4, 160▸3점 ❷ 160▸3점
; 160▸4점

8-1 예 성공률 35 %를 분수로 나타내면 $\frac{35}{100}=\frac{70}{200}$입니다.▸3점
$(\text{성공률})=\frac{(\text{성공한 횟수})}{(\text{하루 동안 던진 전체 횟수})}$이므로
성공한 횟수가 70개이면 전체 횟수는 200개입니다.▸3점
; 200개▸4점

1 • (남학생 수)=(전체 학생 수)−(여학생 수)
$=32-13=19$(명)
• 여학생 수에 대한 남학생 수의 비
⇨ (남학생 수) : (여학생 수)=19 : 13

1-1 (여학생 수)=(반 전체 학생 수)−(남학생 수)
$=43-25=18$(명)
여학생 수와 남학생 수의 비
⇨ (여학생 수) : (남학생 수)=18 : 25

1-2 (반 전체 학생 수)=(남학생 수)+(여학생 수)
$=17+14=31$(명)
반 전체 학생 수에 대한 여학생 수의 비
⇨ (여학생 수) : (반 전체 학생 수)=14 : 31

1-3 (여자 자원봉사자 수)$=30-17=13$(명)
여자 자원봉사자 수에 대한 남자 자원봉사자 수의 비
⇨ 17 : 13

2 600 m=60000 cm이므로 지도 위의 거리 1 cm는 실제 거리 60000 cm입니다.
따라서 축척은 1 : 60000 ⇨ $\frac{1}{60000}$입니다.

2-1 700 m=70000 cm이므로 지도 위의 거리 2 cm는 실제 거리 70000 cm입니다.
따라서 축척은 2 : 70000 ⇨ $\frac{1}{35000}$입니다.

2-2 9 km=900000 cm이므로 지도 위의 거리 3 cm는 실제 거리 900000 cm입니다.
따라서 축척은 3 : 900000 ⇨ $\frac{1}{300000}$입니다.

3 자동차: $\frac{340}{2}=170$,
기차: 1분에 4 km를 달리므로 1시간 동안에는
$4\times60=240$ (km)를 달립니다.
따라서 비율은 $\frac{240}{1}=240$입니다.
⇨ $170<240$

3-1 자동차의 걸린 시간에 대한 달린 거리의 비율 → $\frac{186}{3}=62$
버스의 걸린 시간에 대한 달린 거리의 비율 →
86000 m=86 km이므로 비율은 $\frac{86}{2}=43$입니다.
⇨ $62>43$

3-2 가 대회에서 걸린 시간에 대한 달린 거리의 비율
→ $\frac{1650}{15}=110$
나 대회에서 걸린 시간에 대한 달린 거리의 비율
→ 20분 동안 39 km를 달렸으므로 1시간(20분×3) 동안에는 $39\times3=117$ (km)를 달렸습니다.
따라서 비율은 $\frac{117}{1}=117$입니다.
⇨ $110<117$

4 소금 양을 □ g이라고 하면 10 %는 $\frac{10}{100}$이므로
$\frac{□}{300}=\frac{10}{100}$입니다. $\frac{10}{100}=\frac{10\times3}{100\times3}=\frac{30}{300}$이므로
□=30입니다.

다른 풀이
10 %를 소수로 나타내면 0.1입니다. 소금물 300 g의 0.1이 소금 양이므로 소금 양은 300×0.1=30 (g)입니다.

4-1 소금 양을 □ g이라고 하면 5 %는 $\frac{5}{100}$이므로
$\frac{□}{200}=\frac{5}{100}$입니다. $\frac{5}{100}=\frac{5\times2}{100\times2}=\frac{10}{200}$이므로
□=10입니다.

다른 풀이
200 g의 5 %를 구합니다. 5 % ⇨ $\frac{5}{100}$
$200\times\frac{5}{100}=10$ (g)

4-2 소금 양을 □ g이라고 하면 3 %는 $\frac{3}{100}$이므로
$\frac{□}{400}=\frac{3}{100}$입니다. $\frac{3}{100}=\frac{3\times4}{100\times4}=\frac{12}{400}$이므로
□=12입니다.

다른 풀이
400 g의 3 %를 구합니다. 3 % ⇨ 0.03
400×0.03=12 (g)

4-3 (1) 소금물 양을 □ g이라고 하면 10 %는 $\frac{10}{100}$이므로
$\frac{20}{□}=\frac{10}{100}$입니다. $\frac{10}{100}=\frac{10\times2}{100\times2}=\frac{20}{200}$이므로
□=200입니다.
(2) 200 g은 소금과 물 양을 더한 것이므로 물 양은
200−20=180 (g)입니다.

5-1

채점 기준		
첫 번째 장애물에서부터 도착점까지의 거리를 구한 경우	3점	10점
비를 바르게 나타낸 경우	3점	
답을 바르게 쓴 경우	4점	

6-1

채점 기준		
A 도시와 B 도시의 넓이에 대한 인구의 비율을 각각 바르게 구한 경우	각 2점	10점
넓이에 대한 인구의 비율이 더 높은 도시를 구한 경우	2점	
답을 바르게 쓴 경우	4점	

7-1 $\frac{120}{100}=120\div100=1.2$, $\frac{96}{80}=96\div80=1.2$

채점 기준		
두 막대의 길이에 대한 그림자 길이의 비율을 각각 바르게 구한 경우	각 3점	10점
답을 바르게 쓴 경우	4점	

8-1

채점 기준		
성공률을 분수 또는 소수로 나타낸 경우	3점	10점
오늘 하루 동안 던진 3점 슛의 전체 횟수를 구한 경우	3점	
답을 바르게 쓴 경우	4점	

step 4 실력 UP 문제 110~111쪽

1 $\frac{2}{4}\left(=\frac{1}{2}=0.5\right)$
2 예
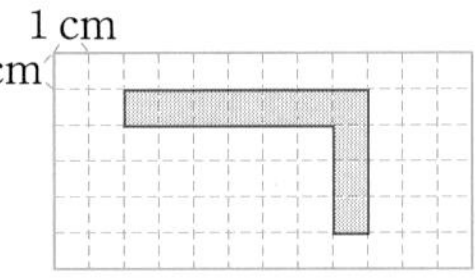

3 24 cm **4** 나 자동차
5 $\frac{5}{80000}\left(=\frac{1}{16000}\right)$ **6** 8 cm
7 150 % **8** 하늘은행
9 (1) $\frac{1020}{3}$(=340) (2) 5초 후
10 52000원 **11** 372 g
12 300 g **13** 50 g

1 가로 4 cm, 세로 2 cm이므로 가로에 대한 세로의 비율은 $\frac{2}{4}=\frac{1}{2}=0.5$입니다.

2 가로가 7 cm, 세로가 4 cm인 'ㄱ'을 만듭니다.

3 120 % ⇨ 120÷100=1.2이므로 20 cm의 1.2배를 구하면 20×1.2=24 (cm)입니다.

4 가 자동차 → $\frac{510}{30}=17$, 나 자동차 → $\frac{475}{25}=19$
⇨ 17<19이므로 나 자동차의 연비가 더 높습니다.

5 800 m=80000 cm
⇨ (지도 위의 거리) : (실제 거리)=5 : 80000
따라서 비율을 분수로 나타내면 $\frac{5}{80000}\left(=\frac{1}{16000}\right)$입니다.

6 1 km 280 m=1280 m=128000 cm

비율은 $\frac{1}{16000}$로 모두 같으므로 병호네 집에서 민정이네 집까지의 지도 위의 거리를 □ cm라 할 때

$\frac{\square}{128000}=\frac{1}{16000}$입니다.

$\frac{1}{16000}=\frac{1\times8}{16000\times8}=\frac{8}{128000}$이므로 □는 8입니다.

다른 풀이

지도 위의 거리는 실제 거리의 $\frac{1}{16000}$이므로 실제 거리에 $\frac{1}{16000}$을 곱합니다.

1 km 280 m=128000 cm, $128000\times\frac{1}{16000}=8$ (cm)

7 100−40=60(원)이 올랐으므로 백분율은

$\frac{60}{40}\times100=150$ ⇨ 150 %입니다.

8 푸른은행 → $\frac{720}{72000}=0.01$, 하늘은행 → $\frac{1500}{100000}=0.015$

⇨ 비율이 더 높은 하늘은행에 예금하는 것이 더 이익입니다.

참고

예금한 돈에 대한 이자의 비율을 이자율 또는 이율, 금리라고 합니다.

9 걸린 시간에 대한 이동한 거리의 비율은 $\frac{1020}{3}=340$입니다. $\frac{340\times5}{1\times5}=\frac{1700}{5}$이므로 1700 m 떨어진 곳에서 난 소리는 5초 후에 들립니다.

10 (티셔츠의 판매 가격)=10000×0.8=8000(원)

(바지의 판매 가격)=20000×0.8=16000(원)

(원피스의 판매 가격)=35000×0.8=28000(원)

⇨ 8000+16000+28000=52000(원)

11 7 %는 $\frac{7}{100}$이므로 설탕물 양을 □ g이라고 하면

$\frac{28}{\square}=\frac{7}{100}$입니다.

$\frac{7}{100}=\frac{7\times4}{100\times4}=\frac{28}{400}$이므로 □=400입니다.

설탕물은 설탕과 물을 더한 것이므로

(물 양)=400−28=372 (g)입니다.

다른 풀이

7 %를 분수로 나타내면 $\frac{7}{100}$입니다. 설탕물의 $\frac{7}{100}$이 28 g이므로 설탕물의 $\frac{1}{100}$은 28÷7=4 (g)입니다.

따라서 설탕물은 4×100=400 (g)입니다.

(물 양)=400−28=372 (g)

12 탄수화물 9 g은 하루에 섭취해야 할 양의 3 %$\left(=\frac{3}{100}\right)$이므로 하루에 섭취해야 하는 탄수화물의 양을 □ g이라고 하면 $\frac{9}{\square}=\frac{3}{100}$입니다.

$\frac{3}{100}=\frac{3\times3}{100\times3}=\frac{9}{300}$이므로 □는 300입니다.

다른 풀이

3 %를 분수로 나타내면 $\frac{3}{100}$입니다. 9 g이 하루에 섭취해야 할 양의 $\frac{3}{100}$이므로 $\frac{1}{100}$은 9÷3=3 (g)입니다.

따라서 하루에 섭취해야 할 양은 3×100=300 (g)입니다.

13 단백질 6 g은 하루에 섭취해야 할 양의 12 %$\left(=\frac{12}{100}\right)$이므로 하루에 섭취해야 하는 단백질의 양을 □ g이라고 하면 $\frac{6}{\square}=\frac{12}{100}$입니다. $\frac{12}{100}=\frac{12\div2}{100\div2}=\frac{6}{50}$이므로 □=50입니다.

다른 풀이

12 %를 분수로 나타내면 $\frac{12}{100}$입니다. 6 g이 하루에 섭취해야 할 양의 $\frac{12}{100}$이므로 $\frac{1}{100}$은 $6\div12=\frac{1}{2}$ (g)입니다.

따라서 하루에 섭취해야 할 양은 $\frac{1}{2}\times100=50$ (g)입니다.

단원 평가 112~115쪽

1 (1) 45 % (2) 24 %
2 $\frac{4}{5}$, 0.8
3 48 %
4 $\frac{9}{6}\left(=\frac{3}{2}\right)$, $\frac{18}{12}\left(=\frac{3}{2}\right)$
5 1.5, 1.5
6 예 같습니다.
7 6, 11 ; 15, 19
8 지민
9 수영
10 6 : 10
11 $\frac{6}{10}\left(=\frac{3}{5}\right)$, 0.6
12 선미
13 16 %
14 B 자동차
15 0.44
16 예 6 : 5는 기준량이 5이고, 5 : 6은 기준량이 6입니다. / 6 : 5는 비교하는 양이 6이고, 5 : 6은 비교하는 양이 5입니다. / 6 : 5의 비율은 $\frac{6}{5}$이고, 5 : 6의 비율은 $\frac{5}{6}$이므로 비율이 다릅니다.
17 나 가게
18 330 L
19 20 %
20 4 cm

21 ㉮ 목련 마을 → $\frac{35160}{2}=17580$ ▶1점

진달래 마을 → $\frac{85400}{5}=17080$ ▶1점

$17580>17080$이므로 비율이 더 높은 곳은 목련 마을입니다. ▶1점

; 목련 마을 ▶2점

22 (1) 12 %, 15 % ▶2점 (2) 나 버스 ▶3점

23 (1) 25 % ▶2점 (2) 2500원 ▶3점

24 힘찬 우유에 들어 있는 지방의 백분율은

$\frac{21}{700}\times100=3$ ⇨ 3 %이고 ▶1점

튼튼 우유에 들어 있는 지방의 백분율은

$\frac{14}{500}\times100=\frac{14}{5}=2\frac{4}{5}=2.8$ ⇨ 2.8 %입니다. ▶1점

따라서 저지방 우유는 튼튼 우유입니다. ▶1점

; 튼튼 우유 ▶2점

1 (1) $\frac{9}{20}\times100=45$ ⇨ 45 % (2) $\frac{6}{25}\times100=24$ ⇨ 24 %

2 4의 5에 대한 비 ⇨ 4 : 5 ⇨ $\frac{4}{5}=0.8$

3 전체: 25칸, 색칠한 부분: 12칸 ⇨ $\frac{12}{25}\times100=48$ ⇨ 48 %

4 가 → $\frac{(가로)}{(세로)}=\frac{9}{6}=\frac{3}{2}$, 나 → $\frac{(가로)}{(세로)}=\frac{18}{12}=\frac{3}{2}$

5 $\frac{9}{6}=\frac{3}{2}$, $\frac{18}{12}=\frac{3}{2}$ ⇨ $\frac{3}{2}=\frac{3\times5}{2\times5}=\frac{15}{10}=1.5$

7 6 : 11 (6: 비교하는 양, 11: 기준량)　15 : 19 (15: 비교하는 양, 19: 기준량)

8 공을 지민이는 28개, 수영이는 18개 넣었습니다.
28개>18개이므로 농구 골대에 공을 더 많이 넣은 사람은 지민입니다.

9 (지민이의 공을 넣은 백분율)$=\frac{28}{40}\times100=70$ ⇨ 70 %

(수영이의 공을 넣은 백분율)$=\frac{18}{24}\times100=75$ ⇨ 75 %

10 (숫자 면이 나온 횟수) : (동전을 던진 횟수)=6 : 10

11 6 : 10 ⇨ $\frac{6}{10}\left(=\frac{3}{5}\right)=0.6$

12 (윤우의 성공률)$=\frac{16}{25}\times100=64$ ⇨ 64 %

(지호의 성공률)$=\frac{21}{30}\times100=70$ ⇨ 70 %

(선미의 성공률)$=\frac{15}{20}\times100=75$ ⇨ 75 %

⇨ 75 %>70 %>64 %이므로 선미의 성공률이 가장 높습니다.

13 $\frac{80}{500}\times100=16$ ⇨ 16 %

14 A 자동차의 걸린 시간에 대한 간 거리의 비율

→ $\frac{40}{32}=\frac{5}{4}=1.25$

B 자동차의 걸린 시간에 대한 간 거리의 비율

→ $\frac{56}{40}=\frac{7}{5}=1.4$

⇨ 1.25<1.4이므로 B 자동차가 더 빨랐습니다.

15 수정이네 반 전체 학생 수: 14+11=25(명)

전체 학생 수에 대한 여학생 수의 비 ⇨ 11 : 25

전체 학생 수에 대한 여학생 수의 비율 ⇨ $\frac{11}{25}=0.44$

17 가 가게의 할인 금액은 1800−1530=270(원)이고,
나 가게의 할인 금액은 1500−1260=240(원)입니다.

가 가게의 할인율은 $\frac{270}{1800}\times100=15$ ⇨ 15 %이고,

나 가게의 할인율은 $\frac{240}{1500}\times100=16$ ⇨ 16 %입니다.

18 10 %는 $\frac{10}{100}$이므로 300 L의 10 %는 $300\times\frac{10}{100}$ =30 (L)입니다.

얼음의 부피: 300+30=330 (L)

19 (소금물 양)=160+40=200 (g)

(비율)$=\frac{40}{200}\times100=20$ ⇨ 20 %

20 가로에 대한 세로의 비율이 $\frac{5}{8}$입니다.

가로가 6.4 cm일 때 가로의 $\frac{1}{8}$은 $6.4\div8=0.8$ (cm)입니다.

따라서 가로의 $\frac{5}{8}$는 $0.8\times5=4$ (cm)이므로 세로는 4 cm입니다.

다른 풀이

가로에 대한 세로의 비가 5 : 8이므로 비율은 $\frac{5}{8}$입니다.

세로를 □ cm라고 하면 $\frac{□}{6.4}=\frac{□\times10}{64}$입니다.

$\frac{5}{8}$를 분모가 64인 분수로 고치면 $\frac{5}{8}=\frac{5\times8}{8\times8}=\frac{40}{64}$이므로 $\frac{□\times10}{64}=\frac{40}{64}$입니다.

□×10=40, □=4

21

채점 기준		
목련 마을과 진달래 마을의 넓이에 대한 인구수의 비율을 각각 구한 경우	각 1점	5점
비율이 더 높은 마을을 찾은 경우	1점	
답을 바르게 쓴 경우	2점	

틀린 과정을 분석해 볼까요?

틀린 이유	이렇게 지도해 주세요
비율을 이해하지 못하는 경우	$(\text{비율})=\dfrac{(\text{비교하는 양})}{(\text{기준량})}$입니다. 이 문제에서는 넓이에 대한 인구수의 비율이므로 분모에 넓이, 분자에 인구수를 씁니다.
넓이에 대한 인구의 비율을 잘못 나타낸 경우	넓이에 대한 인구수의 비율이므로 $\dfrac{(\text{인구수})}{(\text{넓이})}$입니다. 분모와 분자를 바꾸어 쓰면 안 됩니다.
비율로 나타냈지만 크기를 비교하지 못하는 경우	$\dfrac{35160}{2}=17580$, $\dfrac{85400}{5}=17080$이므로 자연수로 만들어서 비교하는 것이 편리합니다.

22 (1) 가 버스의 교통카드 할인율 → $\dfrac{60}{500}\times100=12$

⇨ 12 %

나 버스의 교통카드 할인율 → $\dfrac{90}{600}\times100=15$

⇨ 15 %

(2) $12<15$이므로 교통카드 할인율이 더 높은 버스는 나 버스입니다.

틀린 과정을 분석해 볼까요?

틀린 이유	이렇게 지도해 주세요
할인율을 어떻게 구하는지 모르는 경우	할인율은 $\dfrac{(\text{현금과 교통카드 사용 요금의 차})}{(\text{현금 사용 요금})}$입니다.
요금이 싸면 할인율이 높다고 생각하는 경우	요금이 싸다고 할인율이 무조건 높은 것은 아닙니다. 할인율은 기준량에 대한 비교하는 양이므로 기준량과 비교하는 양을 따져 보아야 합니다.
할인 금액이 크면 할인율이 높다고 생각하는 경우	할인 금액이 크면 항상 할인율이 높은 것은 아닙니다. 500원의 10 %는 50원이고, 1000원의 5 %도 50원입니다. 할인 금액은 50원으로 같지만 기준량에 따라 할인율은 달라집니다.

23 (1) $(\text{할인율})=\dfrac{1500}{6000}\times100=25$ ⇨ 25 %

(2) $10000\times0.25=2500$(원)을 할인받을 수 있습니다.

틀린 과정을 분석해 볼까요?

틀린 이유	이렇게 지도해 주세요
할인율이 같으므로 10000원짜리 책을 살 때에도 1500원이 할인된다고 생각하는 경우	$(\text{할인율})=\dfrac{(\text{원래 가격과 실제로 산 가격의 차})}{(\text{원래 가격})}$이므로 할인율을 분수로 나타내면 $\dfrac{1500}{6000}$입니다.
할인율을 % 단위로 나타낼 수 없는 경우	% 단위로 나타내는 것은 기준량이 100일 때 비교하는 양의 크기를 구하는 것이므로 분모를 100으로 고치거나 분수나 소수로 나타낸 비율에 100을 곱하면 됩니다.
10000원에 대한 25 %가 얼마인지 구하지 못하는 경우	10000원의 25 %를 구할 때에는 25 %를 먼저 분수나 소수로 고칩니다. 25 % ⇨ $\dfrac{25}{100}=0.25$ 따라서 10000의 25 %는 10000×0.25로 구할 수 있습니다.

24

채점 기준		
각 우유의 지방의 백분율을 구한 경우	각 1점	5점
저지방 우유가 어느 우유인지 쓴 경우	1점	
답을 바르게 쓴 경우	2점	

틀린 과정을 분석해 볼까요?

틀린 이유	이렇게 지도해 주세요
우유의 양에 대한 지방의 양의 백분율을 구하지 못하는 경우	전체 우유의 양에 대한 지방의 양을 구해야 하므로 비율은 $\dfrac{(\text{지방의 양})}{(\text{우유의 양})}$이고 백분율은 여기에 100을 곱하면 됩니다.
미만을 이해하지 못하는 경우	3 % 미만이면 3 %보다 작은 비율을 뜻합니다.
백분율의 크기를 비교하지 못하는 경우	백분율의 크기도 소수의 크기 비교나 분수의 크기 비교와 같은 방법으로 비교하면 됩니다. 자연수와 소수를 비교할 때에는 자연수 부분이 클수록 큰 수입니다.

5단원 여러 가지 그래프

step 1 교과 개념 118~119쪽

1 (1) 1, 4 (2) 2, 3 (3) 0, 9
2 (1) 전라도 (2) 38
3 (1) 다 마을 (2) 26마리
4 2개, 7개
5

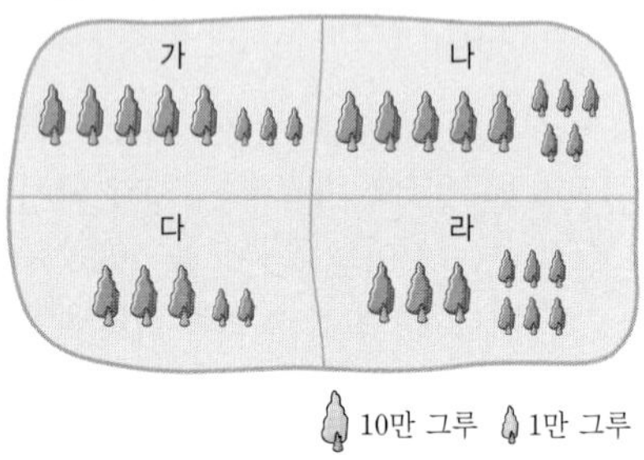

1 (1) 14t은 10t 1개, 1t 4개로 나타냅니다.
(2) 23t은 10t 2개, 1t 3개로 나타냅니다.
(3) 9t은 1t 9개로 나타냅니다.

2 (1) 100만 톤을 나타내는 그림이 있는 전라도가 쌀 생산량이 가장 많습니다.
(2) 경기도는 10만 톤을 나타내는 그림이 3개, 1만 톤을 나타내는 그림이 8개이므로 쌀 생산량이 38만 톤입니다.

3 (1) 큰 그림 2개, 작은 그림 2개로 나타낸 마을은 다 마을입니다.
(2) 큰 그림이 2개, 작은 그림이 6개이므로 26마리입니다.

4 270 kg은 100 kg이 2개, 10 kg이 7개이므로 (큰 사과) 2개, (작은 사과) 7개로 나타냅니다.

5 • 가 지역의 나무 53만 그루는 10만 그루인 큰 나무 그림 5개와 1만 그루인 작은 나무 그림 3개를 그리면 됩니다.
• 나 지역의 나무 55만 그루는 10만 그루인 큰 나무 그림 5개와 1만 그루인 작은 나무 그림 5개를 그리면 됩니다.
• 다 지역의 나무 32만 그루는 10만 그루인 큰 나무 그림 3개와 1만 그루인 작은 나무 그림 2개를 그리면 됩니다.
• 라 지역의 나무 36만 그루는 10만 그루인 큰 나무 그림 3개와 1만 그루인 작은 나무 그림 6개를 그리면 됩니다.

참고
가 지역의 나무 수 53만 그루는 어림하여 나타낸 수입니다. 어림하지 않은 수를 그림으로 나타내려면 그림의 단위가 더 많거나 그림을 너무 많이 그려야 합니다.

step 1 교과 개념 120~121쪽

1 띠그래프
2 (1) 40 (2) 30 (3) 5
3 (1) 35 (2) 25 (3) 40, 20 (4) 40, 20
4

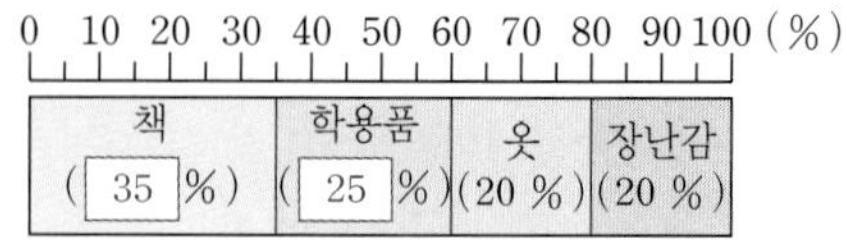

5 (1) A형 (2) 25 %
6 (1) 30 (2) 6, 15 (3) $\frac{14}{40}$, 35 (4) $\frac{8}{40}$, 100, 20
7

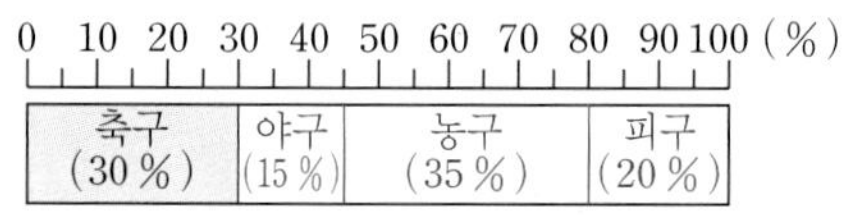

1 비율그래프는 전체를 100 %로 보고 각 부분을 띠 모양이나 원 모양으로 나타낸 것입니다. 이 중 띠 모양에 나타낸 그래프를 띠그래프라고 합니다.

참고
띠그래프는 전체에 대한 각 부분의 비율을 띠 모양에 나타낸 것으로, 그리기 쉽고 길이를 이용하여 자료의 크기를 비교하기 쉬운 장점이 있습니다.

3 각 물건에 대한 백분율은 $\frac{(\text{물건별 학생 수})}{(\text{전체 학생 수})} \times 100$을 하여 구합니다.
각 물건의 백분율을 모두 구한 후에는 각 물건의 백분율의 합계가 100 %가 되는지 확인합니다.
⇨ $35+25+20+20=100$ (%)

4 각 물건이 차지하는 백분율의 크기만큼 선을 그어 띠를 나눈 뒤 나눈 부분에 각 물건의 내용과 백분율을 씁니다.

5 (1) 띠그래프에서 가장 높은 비율을 차지하는 혈액형을 찾아보면 A형입니다.

6 전체 학생 수를 분모로 하고 각 운동별 학생 수를 분자로 하여 비율을 구한 후 100을 곱하여 백분율을 구합니다.
각 운동별 백분율을 모두 구한 후에는 백분율의 합계가 100 %가 되는지 확인합니다.
⇨ $30+15+35+20=100$ (%)

7 작은 눈금 한 칸은 5 %를 나타내므로 축구는 6칸, 야구는 3칸, 농구는 7칸, 피구는 4칸으로 띠를 나눕니다.

step 2 교과 유형 익힘 122~123쪽

1 172명

2
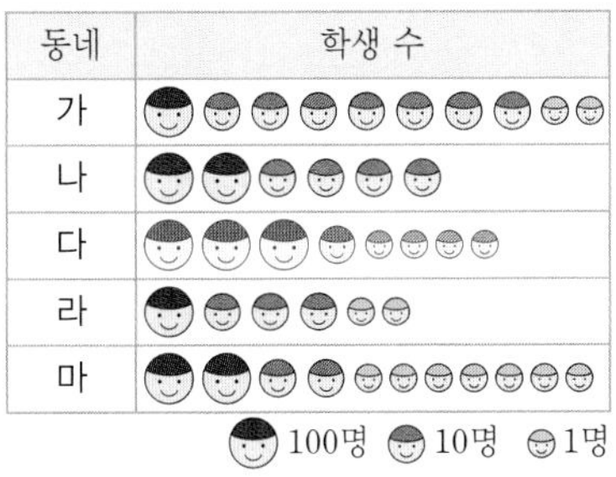

3 2등급

4 3배

5 25만 권

6 경기도, 제주특별자치도

7 개, 고양이, 토끼, 햄스터

8 2배

9 260명

10 260 ; 20, 15, 25, 100

11
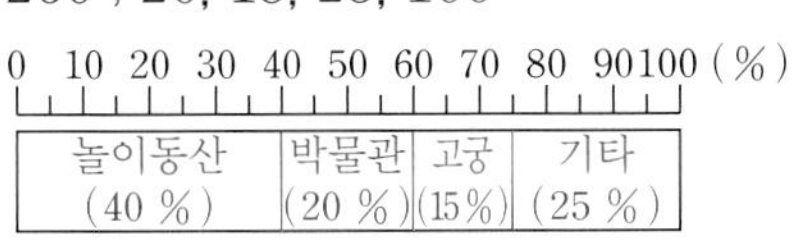

12 예 놀이동산에 가고 싶은 학생 수는 박물관에 가고 싶은 학생 수의 2배입니다.▸10점

13 예 학년별로 학생 수의 많고 적음을 쉽게 파악할 수 있습니다.▸10점

14 예 학년이 올라갈수록 휴대 전화를 사용하는 학생 수는 더 많아졌습니다.▸10점

1 이 1개, 이 7개, 이 2개이므로 가 동네의 학생은 172명입니다.

2 다 동네의 학생은 314명이므로 을 3개, 을 1개, 을 4개 그립니다.

3 띠그래프에서 길이가 가장 긴 것은 2등급입니다.

4 2등급: 30 %, 5등급: 10 %
⇨ $30 \div 10 = 3$(배)

6 가 3개인 경기도가 30만 권으로 가장 많이 판매되었고, 가 5개인 제주특별자치도가 5만 권으로 가장 적게 판매되었습니다.

7 띠그래프에서 길이가 긴 것부터 차례로 쓰면
개, 고양이, 토끼, 햄스터입니다.

8 개의 비율은 40 %, 토끼의 비율은 20 %이므로
$40 \div 20 = 2$(배)입니다.

9 $104+52+39+65=260$(명)

10 학생 수의 합계: $104+52+39+65=260$(명)

박물관: $\frac{52}{260} \times 100 = 20$ (%),

고궁: $\frac{39}{260} \times 100 = 15$ (%),

기타: $\frac{65}{260} \times 100 = 25$ (%)

11 작은 눈금 한 칸이 5 %를 나타내므로 놀이동산 8칸, 박물관 4칸, 고궁 3칸, 기타 5칸으로 띠를 나눕니다.

step 1 교과 개념 124~125쪽

1 원그래프

2 (1) 20 % (2) 쓰지 않는 플러그 뽑기

3 (1) 떡 (2) 25 % (3) 3배

4 15 ;
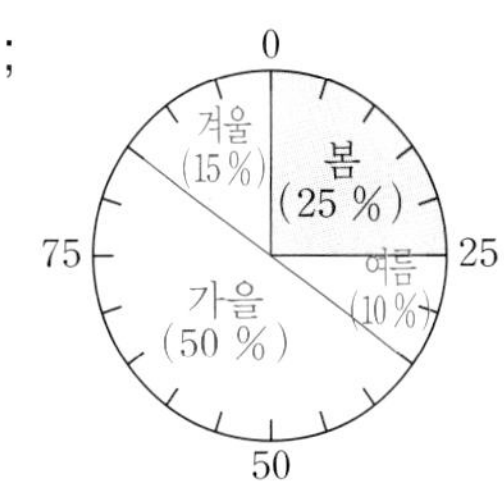

5 30, 20 ;
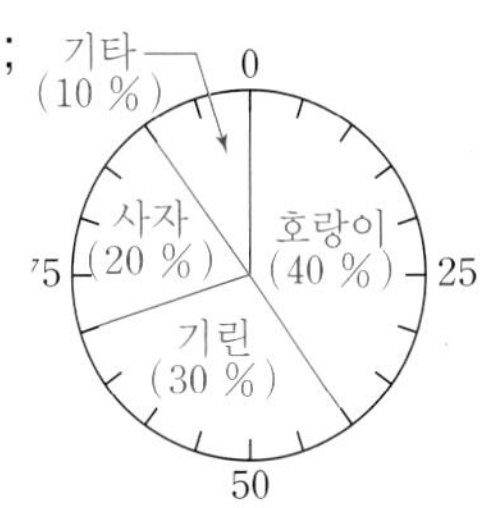

1 비율그래프 중 원 모양으로 나타낸 것을 원그래프라고 합니다.

참고
원그래프는 중심각의 크기를 이용하여 전체에 대한 각 부분의 비율을 원 모양으로 나타낸 것으로 전체와 부분, 부분과 부분 사이의 비율을 한눈에 알아보기 쉽습니다.

2 (1) 원그래프에서 종이 아껴 쓰기가 차지하는 비율은 20 %입니다.
(2) 원그래프에서 차지하는 부분이 가장 넓은 것은 쓰지 않는 플러그 뽑기입니다.

3 (1) 원그래프에서 차지하는 부분이 가장 좁은 것은 떡입니다.
(2) 원그래프에서 팥이 차지하는 비율은 25 %입니다.
(3) 과일이 차지하는 비율은 15 %, 떡이 차지하는 비율은 5 %이므로 $15 \div 5 = 3$(배)입니다.

4 각 계절들이 차지하는 백분율의 크기만큼 선을 그어 원을 나눈 뒤 나눈 부분에 각 계절의 내용과 백분율을 씁니다.

5 자료를 보고 각 항목의 백분율을 구하고, 각 항목의 백분율의 합계가 100 %가 되는지 확인한 후 원그래프로 나타냅니다.
기린: $\frac{9}{30}\times100=30\,(\%)$,
사자: $\frac{6}{30}\times100=20\,(\%)$
⇨ $40+30+20+10=100\,(\%)$

step 2 교과 유형 익힘 126~127쪽

1 (1) 도보 (2) 10 (3) 버스
2 학용품
3 25 %
4 예 코스모스의 비율은 봉선화의 비율의 3배입니다.▸5점
채송화와 봉선화의 수의 비율은 전체의 30 %입니다.▸5점
5
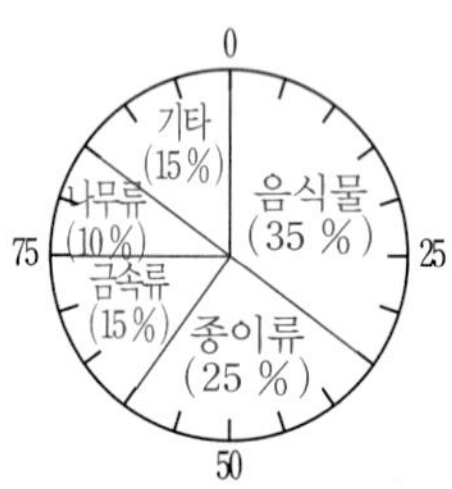

6 음식물
7

동물	사자	호랑이	곰	표범	물개	기타	합계
동물 수(마리)	24	16	16	12	8	4	80
백분율(%)	30	20	20	15	10	5	100

8 원숭이, 악어
9
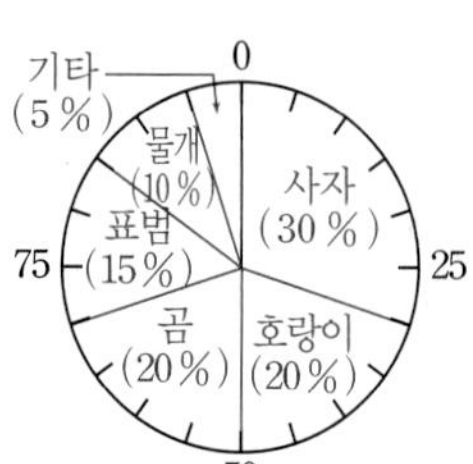

10 35, 10, 10 ; 25, 45
11
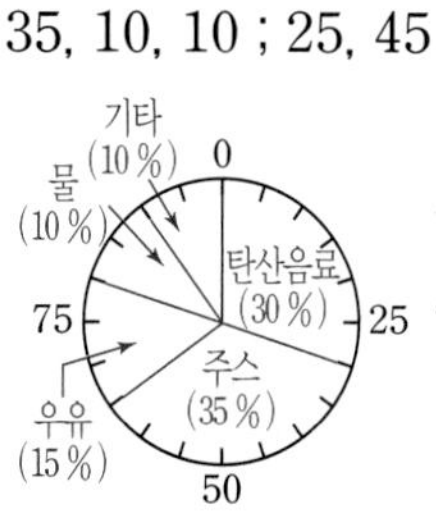

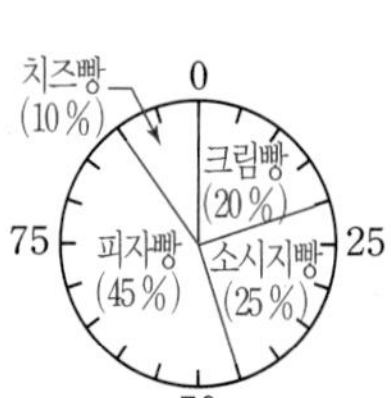

2 원그래프에서 학용품이 차지하는 부분이 가장 넓습니다.

3 원그래프에서 저금이 차지하는 비율은 25 %입니다.

5 각 항목이 차지하는 백분율의 크기만큼 선을 그어 원을 나누고 나눈 부분에 각 항목의 내용과 백분율을 씁니다.

6 원그래프에서 음식물이 차지하는 부분이 가장 넓습니다.

7 동물 수를 차례로 써넣고 합계와 백분율을 계산합니다.
기타 동물 수: $2+2=4$(마리)
동물 수의 합계: $24+16+16+12+8+4=80$(마리),
사자: $\frac{24}{80}\times100=30\,(\%)$
호랑이: $\frac{16}{80}\times100=20\,(\%)$
곰: $\frac{16}{80}\times100=20\,(\%)$
표범: $\frac{12}{80}\times100=15\,(\%)$,
물개: $\frac{8}{80}\times100=10\,(\%)$
기타: $\frac{4}{80}\times100=5\,(\%)$
백분율 합계: $30+20+20+15+10+5=100\,(\%)$

8 원숭이와 악어가 기타에 포함되어 4마리가 되었습니다.

9 작은 눈금 한 칸이 5 %를 나타내므로 사자는 6칸, 호랑이는 4칸, 곰은 4칸, 표범은 3칸, 물개는 2칸, 기타는 1칸으로 원을 나눕니다.

10 일기의 내용을 확인해 보면 좋아하는 음료수별 학생 수의 백분율은 탄산음료 30 %, 주스 35 %, 우유 15 %, 물 10 %, 기타 10 %입니다.
일기의 내용을 확인해 보면 좋아하는 빵별 학생 수의 백분율은 크림빵 20 %, 소시지빵 25 %, 피자빵 45 %, 치즈빵 10 %입니다.

11 각 항목이 차지하는 백분율의 크기만큼 선을 그어 원을 나누고 나눈 부분에 각 항목의 내용과 백분율을 씁니다.

step 1 교과 개념 128~129쪽

1 학용품, 군것질
2 (1) 가을 (2) 2배 (3) 35명
3 (1) 2배 (2) 40명
4 (1) 200명 (2) 72 % (3) 48명
5 (1) 20 %, 30 % (2) 20대

2 (1) 원그래프에서 차지하는 부분이 가장 좁은 것은 가을입니다.

(2) 겨울: 30 %, 가을: 15 % ⇨ $30 \div 15 = 2$(배)

(3) 여름을 좋아하는 학생은 전체의 35 %이므로 $100 \times 0.35 = 35$(명)입니다.

3 (1) 바다: 30 %, 동물원: 15 % ⇨ $30 \div 15 = 2$(배)

(2) 25 %가 10명이라면 100 %는 $10 \times 4 = 40$(명)입니다. 따라서 성민이네 학교 6학년 학생은 모두 40명입니다.

4 (2) 가족 수가 3명인 학생이 전체의 27 %, 4명인 학생이 전체의 45 %이므로 3명 또는 4명인 학생은 전체의 $27 + 45 = 72$ (%)입니다.

(3) 가족 수가 5명인 학생은 $200 \times 0.13 = 26$(명), 6명인 학생은 $200 \times 0.11 = 22$(명)이므로 모두 $26 + 22 = 48$(명)입니다.

다른 풀이

(3) 가족 수가 5명 또는 6명인 학생은 모두 전체의 $13 + 11 = 24$ (%)이므로 학생 수는 $200 \times 0.24 = 48$(명)입니다.

5 (1) 1월의 10대는 20 %, 7월의 10대는 30 %를 나타냅니다.

(2) 20대가 40 %에서 20 %로 현저하게 줄어들었습니다.

step 1 교과 개념 130~131쪽

1 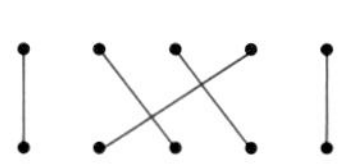

2 (1) 200, 150 ;

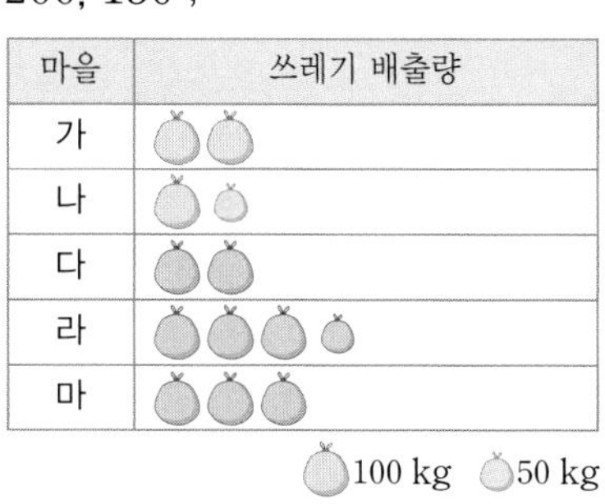

(2) 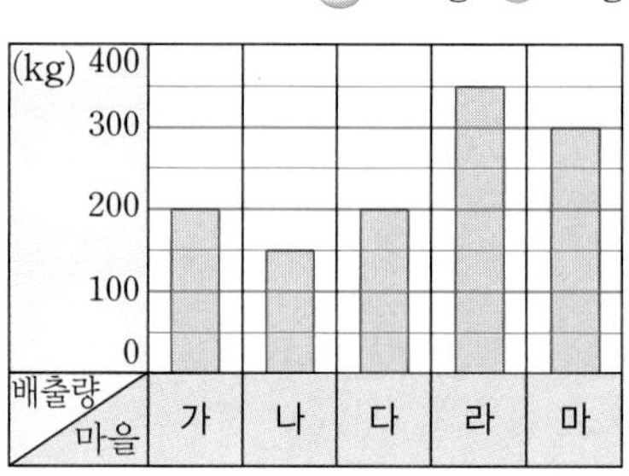

3 예 꺾은선그래프

4 (1) 70, 60, 40 ; 20, 15

(2) 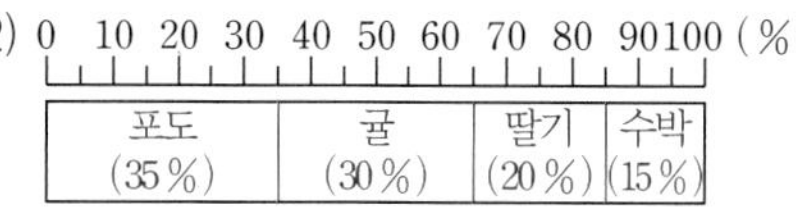

5 예 띠그래프

1

그래프	특징
그림그래프	• 그래프에 제시된 그림이나 그리는 방법에 대한 이해가 필요합니다.
막대그래프	• 주로 서로 다른 양을 나타내는 자료에서 활용됩니다.
꺾은선그래프	• 연속적으로 나타내는 자료에서 활용됩니다. • 시간에 따른 변화를 보는 데 효율적입니다.
띠그래프 원그래프	• 전체에 대한 부분의 비율을 나타냅니다.

2 (1) • 가 마을은 100 kg을 나타내는 그림이 2개이므로 200 kg을 나타냅니다.

• 나 마을은 100 kg을 나타내는 그림이 1개, 50 kg을 나타내는 그림이 1개이므로 150 kg입니다.

(2) 세로 눈금 2칸이 100 kg을 나타내므로 세로 눈금 1칸은 50 kg을 나타냅니다.

3 시간에 따라 연속적으로 변화하는 양을 나타내는 데는 꺾은선그래프가 편리합니다.

참고

• 자료에 따른 알맞은 그래프

자료	그래프
월별 나의 키의 변화	꺾은선그래프
권역별 미세 먼지의 농도	그림그래프
우리 반 친구들의 혈액형	막대그래프, 띠그래프, 원그래프
우리 반 친구들이 좋아하는 음식	막대그래프, 띠그래프, 원그래프

4 (1) 딸기: $\frac{40}{200} \times 100 = 20$ (%),

수박: $\frac{30}{200} \times 100 = 15$ (%)

(2) 작은 눈금 한 칸은 5 %를 나타내므로 포도는 7칸, 귤은 6칸, 딸기는 4칸, 수박은 3칸으로 띠를 나눕니다.

5 비율을 알아보려면 비율그래프인 띠그래프나 원그래프로 나타내면 좋습니다.

step 2 교과 유형 익힘 132~133쪽

1 40 %

2 3배

3 예 변호사나 의사가 되고 싶은 학생은 전체의 30 %입니다.▶5점
대통령이 되고 싶은 학생은 선생님이 되고 싶은 학생의 2배입니다.▶5점

4 ㉡

5 11, 4, 50 ; 26, 14

6 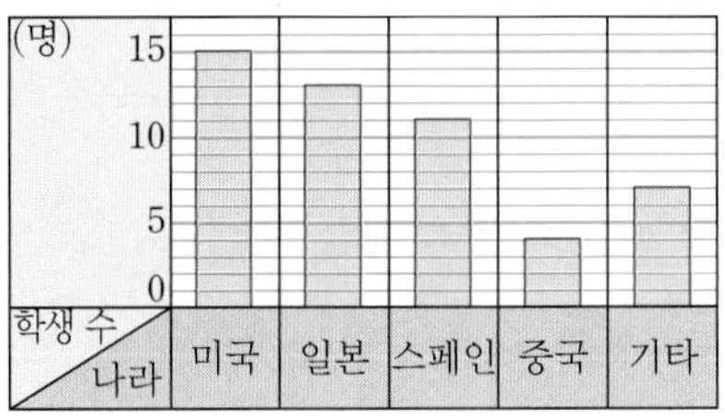

7 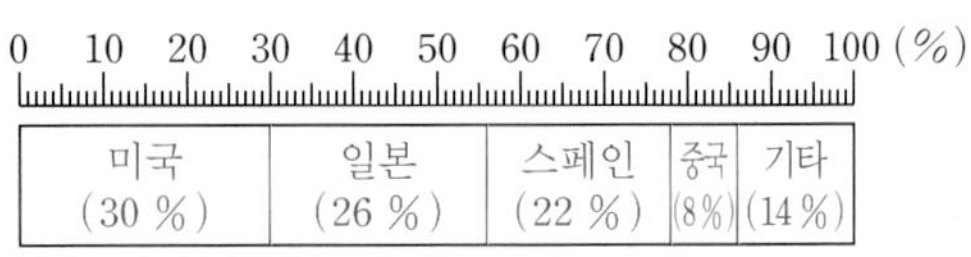

8 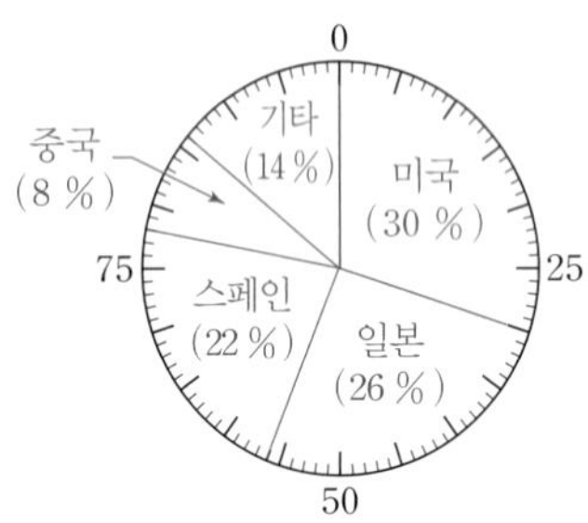

9 2배

10 ㉡

11 78명

12 예 논·밭두렁 소각(24 %), 쓰레기 소각(15 %), 성묘객 부주의(8 %), 기타(6 %)로 나타났습니다. 입산자 부주의로 인한 산불이 47 %로 가장 많았으므로 산에 갈 때에는 항상 산불이 일어나지 않도록 조심해야겠습니다.▶10점

13 예 띠그래프▶5점
예 띠그래프로 나타내면 우리 반 학생들의 혈액형별 비율과 우리나라 사람들의 혈액형별 비율을 띠의 길이로 비교하기 쉽기 때문입니다.▶5점

1 가수: 30 %, 선생님: 10 %
⇨ 30+10=40 (%)

2 가수: 30 %, 배우: 10 %
⇨ 30÷10=3(배)

4 ㉠ 월별 기온의 변화는 꺾은선그래프로, ㉢ 어린이 음료의 주요 성분은 원그래프나 띠그래프로 나타내는 것이 좋습니다.

5 합계: 15+13+11+4+7=50

일본의 백분율: $\frac{13}{50}\times100=26\,(\%)$

기타의 백분율: $\frac{7}{50}\times100=14\,(\%)$

6 표에서 나라별 학생 수에 맞춰 막대그래프로 나타냅니다. 막대그래프에서 세로 눈금 한 칸은 학생 수 1명을 나타냅니다.

9 2000년에 65세 이상 인구 구성비율은 8 %였는데, 2020년에는 2배인 16 %가 되었습니다.

10 시간에 따라 연속적으로 변하는 것이 아니므로 꺾은선그래프로 나타내기에 적당하지 않습니다.

11 학교 숙제에 필요한 자료를 찾기 위해 이용한 학생의 비율은 6 %이고 시험 공부를 하기 위해 이용한 학생의 비율은 39 %입니다.
6 %가 12명이면 1 %는 2명이고 39 %는 78명입니다.

13 띠의 길이를 비교하면 비율의 변화를 바로 비교할 수 있습니다.

step 3 문제 해결 134~137쪽

1 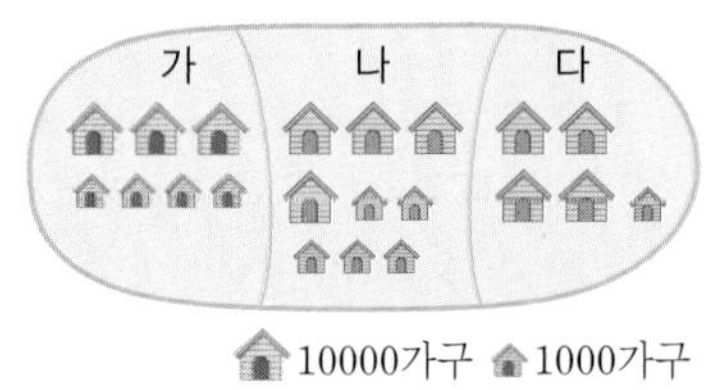

1-1 2600, 3700
;

마을	꽃게 어획량
가	◯ ○○○○○○
나	◯◯ ○○○○○○
다	◯◯◯ ○○○○○○○
라	◯ ○○○○○

◯1000 kg ○100 kg

2 2배

2-1 5배

2-2 예 3 : 5

3 38 %

3-1 20 %

3-2 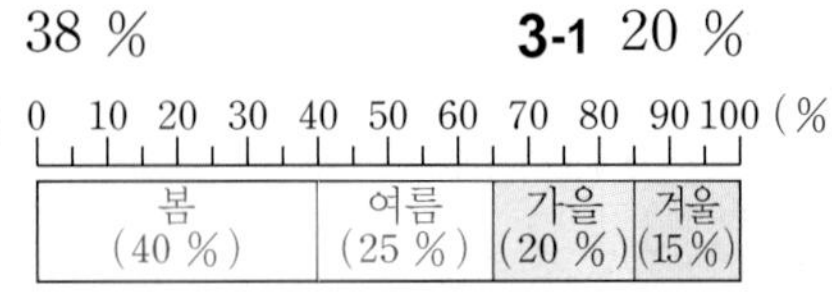

4 26 %　**4-1** 100명

5 ❶ 라▸3점 ❷ 160, 190▸3점
; 190▸4점

5-1 예 큰 그림의 수를 비교한 후 작은 그림의 수를 비교해 보면 입장객 수가 가장 많은 달은 5월이고 가장 적은 달은 3월입니다.▸3점
5월의 입장객 수는 46500명이고 3월의 입장객 수는 22300명이므로 입장객 수의 차는
46500−22300=24200(명)입니다.▸3점
; 24200명▸4점

6 ❶ 500, 30▸3점 ❷ 0.3, 150▸3점
; 150▸4점

6-1 예 6학년 학생은 300명이고 여학생의 비율은 40 % 입니다.▸3점
따라서 여학생은 300×0.4=120(명)입니다.▸3점
; 120명▸4점

7 ❶ 20▸3점 ❷ 20, 5, 5, 640▸3점
; 640▸4점

7-1 예 영어를 배우고 싶어하는 학생은 전체의 40 %이고 중국어를 배우고 싶어하는 학생은 전체의 20 %입니다.▸2점
영어를 배우고 싶어하는 학생 수는 중국어를 배우고 싶어하는 학생 수의 40÷20=2(배)이므로 96×2=192(명)입니다.▸4점
; 192명▸4점

8 ❶ 20, 25, 10, 45▸3점 ❷ 45, 15▸3점
; 15▸4점

8-1 예 TV시청과 게임의 비율의 합은
100−20−25−5=50 (%)입니다.▸3점
게임의 비율을 □ %라고 하면 TV시청의 비율은 (□×4) %이므로 □×4+□=50, □=10입니다.▸3점
; 10 %▸4점

1 (다 마을의 인터넷 가입 가구 수)
=120000−34000−45000=41000(가구)
34000가구 ⇨ 10000가구 3개, 1000가구 4개
45000가구 ⇨ 10000가구 4개, 1000가구 5개
41000가구 ⇨ 10000가구 4개, 1000가구 1개

1-1 나 마을의 어획량을 □ kg이라고 하면
1600+□+□+1100+1500=9400,
□+□=5200, □=2600입니다.
따라서 나 마을은 2600 kg,
다 마을은 2600+1100=3700 (kg)입니다.

다른 풀이
9400−(1600+1500)=6300 (kg)
6300−1100=5200, 5200÷2=2600이므로
나: 2600 kg, 다: 2600+1100=3700 (kg)입니다.

참고
• 두 수의 합과 차가 주어진 경우
(두 수 중 큰 수)=(합+차)÷2
(두 수 중 작은 수)=(합−차)÷2
예 합이 6300, 차가 1100인 두 수 구하기
큰 수: (6300+1100)÷2=3700
작은 수: (6300−1100)÷2=2600

2 (활엽수림의 비율)+(기타의 비율)
=30+10=40 (%)
(혼합림의 비율)
=100−40−30−10=20 (%)
⇨ 40÷20=2(배)

2-1 1시간=60분이므로
(한 시간 이상 TV를 시청한 학생 수의 비율)
=30+35+10=75 (%)
시청 시간이 30분 미만인 학생 수의 비율: 15 %
⇨ 75÷15=5(배)

2-2 손을 씻는 횟수가 3회~6회인 학생 수의 비율: 18 %
손을 씻는 횟수가 10회 이상인 학생 수의 비율:
20+10=30(%)
⇨ 18 : 30=(18÷6) : (30÷6)=3 : 5

3 (찹쌀)+(팥)
=100−(26+13+4)=57 (%)
팥의 비율을 □ %라고 하면 2×□+□=57,
□=19이므로 찹쌀의 비율은 19×2=38 (%)입니다.

3-1 TV 시청과 인터넷 접속의 비율의 합은
100−25−15=60 (%)입니다.
인터넷 접속의 비율을 □ %라고 하면
2×□+□=60,
□=20이므로 인터넷의 비율은 20 %입니다.

3-2 여름이 차지하는 비율을 □ %라고 하면
□+15+□+20+15=100, □=25이므로 봄의 비율은 25+15=40 (%), 여름의 비율은 25 %입니다.

4 O형인 학생 수: 100×0.4=40(명)
O형인 남학생 수: 40×0.65=26(명)
O형인 남학생의 백분율: $\frac{26}{100}$×100=26 (%)

학부모 지도 가이드

하나의 자료를 여러 가지 그래프로 표현할 수 있음을 생각해 보게 합니다.
다양한 그래프로 표현해 보고, 어떤 그래프를 활용하여 나타냈을 때 자료를 효과적으로 표현할 수 있었는지 스스로 생각해 보게 함으로써 합리적 판단을 내릴 수 있는 태도를 기를 수 있게 합니다.

4-1 햄스터를 기르는 학생이 20 %이고
100 %는 20 %의 5배이므로
반려동물이 있는 학생은 $8\times5=40$(명)입니다.
은주네 학교 학생 수를 □명이라고 하면
$\square\times0.4=40$, $\square=100$이므로
은주네 학교 학생은 100명입니다.

5-1

채점 기준		
입장객 수가 가장 많은 달과 가장 적은 달을 찾은 경우	3점	10점
입장객 수가 가장 많은 달과 가장 적은 달의 입장객 수의 차를 구한 경우	3점	
답을 바르게 쓴 경우	4점	

6-1

채점 기준		
여학생의 비율을 구한 경우	3점	10점
여학생의 수를 구한 경우	3점	
답을 바르게 쓴 경우	4점	

7-1 40과 20을 비교하면 20의 2배가 40이므로 영어를 배우고 싶어하는 학생은 중국어를 배우고 싶어하는 학생의 2배입니다.

채점 기준		
영어와 중국어의 비율을 구한 경우	2점	10점
영어를 배우고 싶어하는 학생 수를 구한 경우	4점	
답을 바르게 쓴 경우	4점	

8-1 TV시청과 게임의 비율의 합을 먼저 계산합니다.
TV시청의 비율과 게임의 비율의 관계가 주어졌으므로 이를 이용하여 게임의 비율을 구합니다.

채점 기준		
TV시청과 게임의 비율의 합을 구한 경우	3점	10점
게임의 비율을 구한 경우	3점	
답을 바르게 쓴 경우	4점	

step 4 실력 Up 문제 138~139쪽

1 570만 명
2 660만 명
3 90명
4

5 예 전체에 대한 각 부분의 비율을 한눈에 알아볼 수 있습니다. ▶10점
6 20 cm
7 21명
8 220명
9 예 러시아의 처리 방법은 2가지이고, 영국의 처리 방법은 3가지입니다. ▶10점
10 2.4배
11 16 kg
12 378 kg

1 조사한 전체 이용자 수는 3000만 명이고, 하루 평균 5시간 이상 사용하는 이용자의 비율은 전체의 19 %이므로 하루 평균 5시간 이상 사용한 이용자는
3000만$\times0.19=570$만 (명)입니다.

2 (2시간 미만인 비율)
=(1시간 미만인 비율)+(1~2시간 미만인 비율)
$=5+17=22$ (%)
따라서 스마트폰을 하루 평균 2시간 미만 사용하는 이용자는 3000만$\times0.22=660$만 (명)입니다.

3 띠그래프에서 초등학생의 비율은
$100-25-20-15=40$ (%)이므로
이 마을의 초등학생 수는 $300\times0.4=120$(명)입니다.
이 중 휴대폰을 가지고 있는 학생이 75 %이므로
휴대폰을 가지고 있는 초등학생은 $120\times0.75=90$(명)입니다.

4 어린이 카페인 섭취 기여도는 탄산음료가 64 %로 가장 높습니다. 이어 혼합 음료(20 %), 아이스크림(5 %), 그 외 음식(11 %)을 통해 섭취하였습니다.

5 기사문 등에 그래프가 포함되어 있으면 글로만 작성된 것보다 내용의 이해가 쉽습니다.
특히 비율그래프인 띠그래프나 원그래프는 전체에 대한 각 부분의 비율을 한눈에 알아볼 수 있어 편리합니다.

6 30 %가 15 cm를 차지하면 10 %는 15÷3=5 (cm)를 차지합니다. 40 %는 10 %의 4배이므로 5×4=20 (cm)를 차지합니다.

다른 풀이
30 %와 15cm에서 30과 15의 관계를 살펴보면 30÷2=15입니다. 따라서 40 %에서 40÷2=20에서 20 cm로 계산할 수 있습니다.

7 여행을 가고 싶은 학생 수: 150×0.4=60(명)
국내의 비율: 100−30−25−10=35 (%)
국내 여행을 하고 싶은 학생 수: 60×0.35=21(명)

8 토요일에 온 20대: 250×0.4=100(명)
일요일에 온 20대: 300×0.4=120(명)
따라서 이틀 동안 콘서트에 온 20대는 100+120=220(명)입니다.

10 러시아의 매립 비율은 96%, 영국의 매립 비율은 40%입니다. 따라서 96÷40=2.4(배)입니다.

$$\begin{array}{r} 2.4 \\ 40\overline{)96} \\ 80 \\ \hline 160 \\ 160 \\ \hline 0 \end{array}$$

11 러시아에서 재활용되는 쓰레기는 4 %입니다.
따라서 이 해 러시아에서 재활용되는 방법으로 처리되는 1인당 쓰레기의 양은 400×0.04=16 (kg)입니다.

12 영국에서 에너지와 재활용의 비율이 30+30=60 (%)이므로 이 해 영국에서 에너지와 재활용의 방법으로 처리되는 1인당 쓰레기의 양은 630×0.6=378 (kg)입니다.

단원 평가 140~143쪽

1 띠그래프
2 (1) 피자 (2) 15
3 야구
4 3배
5

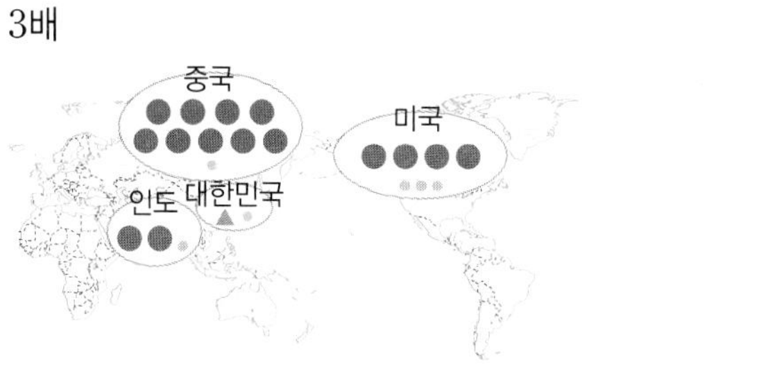

●10억 톤 ▲5억 톤 ∘1억 톤

6 선생님
7 4, 3, 3, 2, 2
8 3100건
9 40 %
10 150 L
11 8, 4 ; 30, 15, 25
12

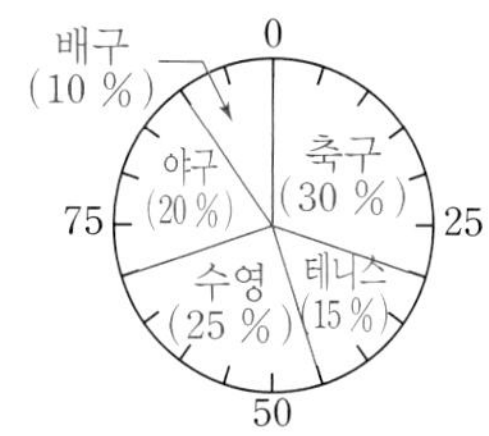

13 2배
14 3배
15 재활용품과 쓰레기 발생량

종류	발생량(kg)	백분율(%)
헌 종이	45	30
음식물	30	20
유리병	24	16
플라스틱	21	14
고철	18	12
기타	12	8
합계	150	100

16

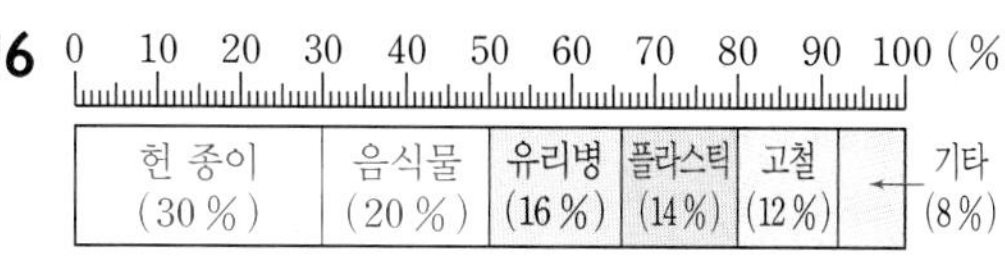

17 76명
18 14세 이하
19 77만 명
20 4명
21 (1) 300명▸3점 (2) 120명▸2점
22 (1) 30명, 18명▸3점 (2) 12명▸2점
23 예 띠그래프에서 농업용지의 비율:
100−45−25−15=15 (%)▸1점
원그래프에서 밭의 비율: 100−35−10=55 (%)
⇨ 밭의 넓이:
500×0.15×0.55=41.25 (km^2)▸2점
; 41.25 km^2▸2점
24 예 농업용지는 전체의 100−45−25−15=15 (%)이므로 소수로 나타내면 0.15입니다.▸1점
논은 농업용지의 35 %이므로 소수로 나타내면 0.35입니다.
따라서 논은 전체의 0.15×0.35=0.0525
⇨ 5.25 %입니다.▸2점
; 5.25 %▸2점

본책 135~143쪽

1 전체에 대한 각 부분의 비율을 띠 모양에 나타냈으므로 띠그래프입니다.

2 (1) 띠그래프에서 길이가 가장 긴 것은 피자입니다.

3 원그래프에서 차지하는 부분이 두 번째로 넓은 것은 야구입니다.

4 축구를 좋아하는 학생은 전체의 45 %이고 농구를 좋아하는 학생은 전체의 15 %이므로 축구를 좋아하는 학생 수는 농구를 좋아하는 학생 수의 $45 \div 15 = 3$(배)입니다.

5 미국과 인도의 이산화 탄소 배출량에 맞게 그림을 그려 봅니다.
중국은 91억 톤이므로 10억 톤 9개, 1억 톤 1개를 그립니다.
미국은 43억 톤이므로 10억 톤 4개, 1억 톤 3개를 그립니다.
인도은 21억 톤이므로 10억 톤 2개, 1억 톤 1개를 그립니다.
대한민국은 6억 톤이므로 5억 톤 1개, 1억 톤 1개를 그립니다.

6 띠그래프에서 가장 긴 길이를 차지하는 항목을 찾습니다.

7 선생님: $20 \times 0.3 = 6$(명),
과학자: $20 \times 0.2 = 4$(명),
의사, 변호사: $20 \times 0.15 = 3$(명),
연예인, 기타: $20 \times 0.1 = 2$(명)

8 가장 많은 지역은 서울 · 인천 · 경기로 1700건이고, 두 번째로 많은 지역은 대구 · 부산 · 울산 · 경상으로 1400건입니다.
⇨ $1700 + 1400 = 3100$(건)

9 (음료 및 취사의 비율)+(세탁의 비율)
$= 25 + 15 = 40$ (%)

10 세면 및 목욕에 사용한 수돗물의 양은 30 %이므로
$500 \times 0.3 = 150$ (L)입니다.

11 축구: $\frac{12}{40} \times 100 = 30$ (%),
테니스: $\frac{6}{40} \times 100 = 15$ (%),
수영: $\frac{10}{40} \times 100 = 25$ (%)

12 작은 눈금 한 칸이 5 %를 나타내므로 축구는 6칸, 테니스는 3칸, 수영은 5칸, 야구는 4칸, 배구는 2칸으로 원을 나눕니다.

13 2020년 닭고기 소비량은 48 %, 돼지고기 소비량은 24 %이므로 $48 \div 24 = 2$(배)입니다.

14 2010년의 소고기 소비량은 5 %이고, 2020년의 소고기 소비량은 15 %이므로 $15 \div 5 = 3$(배)입니다.

15 (발생량의 합계)
$= 45 + 30 + 24 + 21 + 18 + 12 = 150$ (kg)
전체 쓰레기 발생량을 분모로 하고 각 쓰레기별 발생량을 분자로 하여 비율을 구한 후 100을 곱하여 백분율을 구합니다.
헌 종이: $\frac{45}{150} \times 100 = 30$ (%)
음식물: $\frac{30}{150} \times 100 = 20$ (%)
유리병: $\frac{24}{150} \times 100 = 16$ (%)
플라스틱: $\frac{21}{150} \times 100 = 14$ (%)
고철: $\frac{18}{150} \times 100 = 12$ (%)
기타: $\frac{12}{150} \times 100 = 8$ (%)
⇨ (백분율의 합계)
$= 30 + 20 + 16 + 14 + 12 + 8 = 100$ (%)

16 헌 종이는 30 %, 음식물은 20 %가 되도록 띠를 나눈 후 띠그래프를 완성합니다.

17 3~4학년 학생 중 과학을 좋아하는 학생의 비율은 19 %이므로 $400 \times 0.19 = 76$(명)입니다.

18 14세 이하는 2010년에 38 %, 2020년에 27 %로 띠그래프의 길이가 짧아졌습니다.

19 이 도시의 인구 700만 명 중 14세 이하의 인구는
2010에는 700만 $\times 0.38 =$ 266만 (명)이고,
2020년에는 700만 $\times 0.27 =$ 189만 (명)입니다.
따라서 차는 266만 $-$ 189만 $=$ 77만 (명)입니다.

20 띠그래프에서 B형인 학생의 비율이 20 %이므로
$50 \times 0.2 = 10$(명)입니다.
원그래프에서 B형인 여학생의 비율이 40 %이므로
$10 \times 0.4 = 4$(명)입니다.

다른 풀이
띠그래프에서 B형인 학생의 비율이 20 %이고, 원그래프에서 B형인 여학생은 B형인 학생의 40 %이므로 B형인 여학생은 반 전체 학생의 $0.2 \times 0.4 = 0.08$입니다.
따라서 B형인 여학생은 $50 \times 0.08 = 4$(명)입니다.

21 (1) 영국과 독일이 차지하는 부분은 $15+15=30$ (%)이므로 30 %가 90명이고, 10 %는 30명입니다.
따라서 전체 학생은 $30 \times 10=300$(명)입니다.
(2) $300 \times 0.4=120$(명)

틀린 과정을 분석해 볼까요?

틀린 이유	이렇게 지도해 주세요
백분율과 학생 수의 관계를 이해하지 못하여 전체 학생 수를 바르게 구하지 못하는 경우	비율과 비교하는 양이 주어진 경우 기준량을 구하는 방법을 이해해야 합니다. 비율은 비교하는 양 나누기 기준량이고, 비율과 비교하는 양이 주어진 경우 기준량은 비교하는 양을 비율로 나누어 구할 수 있습니다.
전체 학생 수는 구했는데 미국에 가고 싶은 학생 수를 구하지 못하는 경우	기준량과 비율을 알 때 비교하는 양을 구하는 경우입니다. 기준량에 비율을 곱하면 비교하는 양을 구할 수 있습니다.

22 (1) 미국에 가고 싶은 학생 120명 중 워싱턴에 가고 싶은 학생이 차지하는 부분이 25 %이므로 학생 수는 $120 \times 0.25=30$(명)입니다. 시카고에 가고 싶은 학생이 차지하는 부분이 15%이므로 학생 수는 $120 \times 0.15=18$(명)입니다.
(2) 워싱턴에 가고 싶은 학생은 30명이고 시카고에 가고 싶은 학생은 18명이므로 워싱턴에 가고 싶은 학생이 시카고에 가고 싶은 학생보다 $30-18=12$(명)이 더 많습니다.

틀린 과정을 분석해 볼까요?

틀린 이유	이렇게 지도해 주세요
띠그래프에서 기준량과 비교하는 양을 찾지 못하는 경우	띠그래프는 학생 중에서 가고 싶은 나라를 조사하여 나타내었으므로 기준량은 학생 수인 300명이고 각 나라별로 주어진 비율만큼의 수가 비교하는 양입니다. 비율에서는 기준량과 비교하는 양을 정확히 찾는 것이 중요합니다.
원그래프의 기준량을 모르는 경우	미국의 가고 싶은 도시를 나타낸 원그래프의 기준량은 전체 학생 수가 아닙니다. 미국의 가고 싶은 도시를 나타낸 원그래프의 기준량은 띠그래프에서 가고 싶은 나라 중 미국이 차지하는 부분의 비율로 구해야 합니다. 해결에 도움이 되는 조건을 잘 찾고 활용하여 문제를 해결하도록 지도합니다.

23 밭은 농업용지에 포함되어 있습니다.

채점 기준		
농업용지의 비율을 바르게 구한 경우	1점	5점
밭의 넓이를 바르게 구한 경우	2점	
답을 바르게 쓴 경우	2점	

틀린 과정을 분석해 볼까요?

틀린 이유	이렇게 지도해 주세요
농업용지의 비율을 구하지 못하는 경우	띠그래프에서 모든 비율의 합은 100 %입니다. 농업용지의 비율은 100 %에서 나머지 비율들의 합을 빼서 구할 수 있도록 지도합니다.
밭의 넓이를 구하지 못하는 경우	원그래프에 나타내어진 비율을 보고 밭의 넓이를 구하기 위해서는 먼저 띠그래프에서 농업용지의 비율을 이용하여 넓이를 구해야 합니다. 띠그래프에서는 농업용지의 넓이를, 원그래프에서는 농업용지의 넓이가 기준량이 되는 밭의 넓이를 구하도록 지도합니다.

24 논의 넓이를 구하는 것이 아님에 주의합니다.

채점 기준		
농업용지의 비율을 바르게 구한 경우	1점	5점
논은 전체의 몇 %인지 바르게 구한 경우	2점	
답을 바르게 쓴 경우	2점	

틀린 과정을 분석해 볼까요?

틀린 이유	이렇게 지도해 주세요
농업용지의 비율을 구하지 못하는 경우	띠그래프에서 모든 비율의 합은 100 %입니다. 농업용지의 비율은 100 %에서 나머지 비율들의 합을 빼서 구할 수 있도록 지도합니다.
백분율을 소수로 나타내지 못하는 경우	비율에 100을 곱한 것이 백분율이므로 백분율을 100으로 나누면 비율이 됩니다.
원그래프를 이용하여 전체 도시에서 논의 넓이의 비율을 구하지 못하는 경우	띠그래프에서 농업용지의 비율을 구한 후 원그래프에서의 논의 비율을 곱하면 전체 도시에서 논의 넓이의 비율을 구할 수 있습니다. 농업용지 이용률을 나타낸 원그래프의 기준량은 띠그래프에서 농업용지가 차지하는 부분의 비율로 구해야 함을 이해하도록 지도합니다.

6단원 직육면체의 부피와 겉넓이

step 1 교과 개념 146~147쪽

1 다, 나
2 나
3 다, 가, 나
4 나
5 가
6 (1) 16개, 36개 (2) 나
7 >

1 세 직육면체가 모두 가로와 세로가 같으므로 높이가 높을수록 직육면체의 부피가 크고, 높이가 낮을수록 직육면체의 부피가 작습니다.

2 밑면의 가로와 세로가 같으므로 높이가 더 높은 나의 부피가 더 큽니다.

3 세 직육면체 모두 세로와 높이가 같으므로 가로가 길수록 직육면체의 부피가 큽니다.
⇨ 다>가>나

4 나 상자에 들어간 작은 상자가 가장 많으므로 나 상자의 부피가 가장 큽니다.

5 가 상자에는 48개(12개씩 4층), 나 상자에는 32개(8개씩 4층)를 담을 수 있으므로 가 상자에 더 많이 담을 수 있습니다.

6 가는 한 층에 4개씩 4층이므로 쌓기나무는 모두 $4 \times 4 = 16$(개)입니다.
나는 한 층에 9개씩 4층이므로 쌓기나무는 모두 $9 \times 4 = 36$(개)입니다. 따라서 나의 부피가 더 큽니다.

7 직육면체 가의 쌓기나무는 32개(16개씩 2층), 직육면체 나의 쌓기나무는 30개(10개씩 3층)입니다. 따라서 쌓기나무가 더 많은 가의 부피가 더 큽니다.

step 1 교과 개념 148~149쪽

1 $1\ cm^3$, 1 세제곱센티미터
2 (1) 30개 (2) $30\ cm^3$
3 9, 8, 432
4 (1) 4, 4, 64 (2) 4, 4, 64
5 $60\ cm^3$
6 (1) $168\ cm^3$ (2) $120\ cm^3$
7 $729\ cm^3$

2 (1) 한 층에 15개씩 2층이므로 쌓기나무는 모두 $15 \times 2 = 30$(개)입니다.
(2) 부피가 $1\ cm^3$인 쌓기나무가 30개이므로 $30\ cm^3$입니다.

5 쌓기나무의 수: $4 \times 3 \times 5 = 60$(개)
직육면체의 부피는 부피가 $1\ cm^3$인 쌓기나무 60개의 부피와 같으므로 $60\ cm^3$입니다.

6 (1) (직육면체의 부피)=(가로)×(세로)×(높이)
$= 4 \times 6 \times 7$
$= 168\ (cm^3)$
(2) (직육면체의 부피)=(가로)×(세로)×(높이)
$= 5 \times 8 \times 3 = 120\ (cm^3)$

7 (정육면체의 부피)
=(한 모서리의 길이)×(한 모서리의 길이)×(한 모서리의 길이)
$= 9 \times 9 \times 9 = 729\ (cm^3)$

step 2 교과 유형 익힘 150~151쪽

1 (1) 24개, 12개 (2) $24\ cm^3$, $12\ cm^3$ (3) $12\ cm^3$
2 $700\ cm^3$
3 예 $10 \times 12 \times 8 = 960$ ▸5점 ; $960\ cm^3$ ▸5점
4 $72\ cm^3$
5 $125\ cm^3$
6 6
7 10
8 예 두 직육면체의 부피를 모양과 크기가 같은 상자로 비교하지 않았기 때문입니다. ▸10점
9 3 cm
10 9 cm
11 $512\ cm^3$
12 예 (위에서부터) 2, 2, 14 ; 4, 1, 14

1 (1) 가: $6 \times 2 \times 2 = 24$(개),
나: $3 \times 2 \times 2 = 12$(개)
(2) 부피가 $1\ cm^3$인 쌓기나무의 수가 직육면체의 부피가 되므로 가는 $24\ cm^3$, 나는 $12\ cm^3$입니다.
(3) $24 - 12 = 12\ (cm^3)$

2 (직육면체의 부피)=(가로)×(세로)×(높이)
$= 20 \times 7 \times 5 = 700\ (cm^3)$

3 (직육면체의 부피)=(가로)×(세로)×(높이)

4 1층에 쌓은 쌓기나무는 $3 \times 4 = 12$(개)이고 높이는 6층이므로 쌓기나무는 모두 $12 \times 6 = 72$(개)입니다.
⇨ (직육면체의 부피)$= 72\ cm^3$

5 여섯 면이 모두 합동인 정육면체의 전개도입니다.
세 모서리의 길이의 합이 15 cm이므로 한 모서리의 길이는 5 cm입니다.
⇨ (도형의 부피)$=5\times5\times5=125$ (cm^3)

6 (직육면체의 부피)=(가로)×(세로)×(높이)이므로
$8\times12\times\square=576$, $96\times\square=576$, $\square=576\div96=6$입니다.

7 왼쪽 직육면체의 부피는 $8\times5\times3=120$ (cm^3)이므로 오른쪽 직육면체의 부피는 $2\times\square\times6=120$ (cm^3)입니다.
따라서 $12\times\square=120$, $\square=10$입니다.

8 직육면체의 부피를 비교할 때 다른 단위를 사용하면 어느 것의 부피가 얼마만큼 더 큰지 알 수 없습니다.

9 작은 정육면체 $2\times2\times2=8$(개)로 쌓은 모양입니다. 쌓은 정육면체 모양의 부피가 216 cm^3이므로 작은 정육면체 하나의 부피는 $216\div8=27$ (cm^3)입니다.
$3\times3\times3=27$이므로 작은 정육면체의 한 모서리의 길이는 3 cm입니다.

10 $3\times3\times3=27$(개)이므로 쌓은 정육면체의 한 모서리에 주사위가 3개씩 있습니다. 따라서 쌓은 정육면체의 한 모서리의 길이는 $3\times3=9$ (cm)입니다.

11 정육면체는 가로, 세로, 높이가 모두 같으므로 직육면체의 가장 짧은 모서리의 길이인 8 cm를 정육면체의 한 모서리의 길이로 해야 합니다. 따라서 만들 수 있는 가장 큰 정육면체 모양의 부피는 $8\times8\times8=512$ (cm^3)입니다.

12 세 수를 곱해 56이 되도록 가로, 세로, 높이를 정합니다.
세 수의 곱이 56이면 모두 가능합니다.

step 1 교과 개념 152~153쪽

1 100, 100, 1000000, 1000000
2 (1) 4 m, 2 m, 2.5 m (2) 20 m^3
3 6, 6 ; 216000000, 216
4 (1) 9000000 (2) 700000 (3) 2 (4) 3.8
5 (1) 12 m^3 (2) 30 m^3
6 ㉡, ㉣, ㉠, ㉢
7 가, 96 m^3

1 부피가 1 m^3인 정육면체는 부피가 1 cm^3인 쌓기나무를 가로에 100개, 세로에 100개, 높이를 100층으로 쌓아야 하므로 1000000개가 필요합니다.
따라서 1 m^3=1000000 cm^3입니다.

2 (1) 가로: 400 cm=4 m
세로: 200 cm=2 m
높이: 250 cm=2.5 m
(2) (직육면체의 부피)=(가로)×(세로)×(높이)
$=4\times2\times2.5=20$ (m^3)

3 $600\times600\times600=216000000$ (cm^3)
$6\times6\times6=216$ (m^3)
⇨ 216000000 cm^3=216 m^3

참고
1000000 cm^3=1 m^3이므로 216000000 cm^3=216 m^3입니다.

4 (1) 1 m^3는 1000000 cm^3이므로
9 m^3는 9000000 cm^3입니다.
(2) 1 m^3는 1000000 cm^3이므로
0.7 m^3는 700000 cm^3입니다.
(3) 1000000 cm^3는 1 m^3이므로
2000000 cm^3는 2 m^3입니다.
(4) 1000000 cm^3는 1 m^3이므로
3800000 cm^3는 3.8 m^3입니다.

5 (1) $3\times2\times2=12$ (m^3)
(2) 200 cm=2 m
⇨ $2\times3\times5=30$ (m^3)

6 ㉠ 300 cm=3 cm이므로 $3\times3\times3=27$ (m^3)
㉡ 7000000 cm^3=7 m^3
㉢ $5\times4\times3=60$ (m^3)
㉣ 15 m^3
따라서 부피가 작은 순서대로 쓰면 ㉡, ㉣, ㉠, ㉢입니다.

7 (가의 부피)$=3\times6\times7=126$ (m^3)
60 cm=0.6 m이므로
(나의 부피)$=0.6\times5\times10=30$ (m^3)
⇨ 가의 부피가 $126-30=96$ (m^3) 더 큽니다.

주의
모서리의 길이의 단위가 m인지 cm인지 확인하여 단위를 통일한 후 계산합니다.

step 1 교과 개념 154~155쪽

1 8, 8, 40
2 (1) 8 cm^2, 10 cm^2, 20 cm^2, 10 cm^2, 20 cm^2, 8 cm^2
(2) 76 cm^2
3 12, 20, 94
4 (1) 108 cm^2 (2) 142 cm^2
5 384 cm^2
6 268 cm^2

1 직육면체의 겉넓이는 직육면체의 여섯 면의 넓이의 합과 같습니다.
⇨ $8+4+8+4+8+8=40$ (cm^2)

2 (1) ㉠, ㉥의 넓이: $4\times2=8$ (cm^2),
㉡, ㉣의 넓이: $2\times5=10$ (cm^2)
㉢, ㉤의 넓이: $4\times5=20$ (cm^2)
(2) (직육면체의 겉넓이)
=(여섯 면의 넓이의 합)
$=8+10+20+10+20+8$
$=76$ (cm^2)

3 직육면체는 합동인 면이 3쌍 있으므로
(직육면체의 겉넓이)=(합동인 세 면의 넓이의 합)×2입니다.
⇨ $(15+12+20)\times2=94$ (cm^2)

4 (1) 직육면체는 합동인 면이 3쌍 있습니다.
(직육면체의 겉넓이)
$=(24+18+12)\times2$
$=108$ (cm^2)
(2) (직육면체의 겉넓이)
$=(21+35+15)\times2=142$ (cm^2)

5 (정육면체의 겉넓이)=(한 면의 넓이)×6
(한 면의 넓이)$=8\times8=64$ (cm^2)
⇨ $64\times6=384$ (cm^2)

6 (직육면체의 겉넓이)
$=(11+4+11+4)\times6+(11\times4)\times2$
$=180+88=268$ (cm^2)

step 2 교과 유형 익힘 156~157쪽

1 6 m^3
2 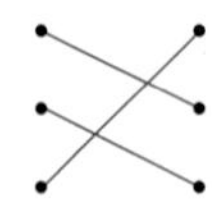
3 ( )( )(○)
4 1240 cm^2
5 0.14 m^3
6 $10\times10\times6=600$ ▸5점 ; 600 cm^2 ▸5점
7 6000개
8 예 (유진이가 만든 상자의 겉넓이)
$=(12\times5+5\times11+12\times11)\times2$
$=494$ (cm^2) ▸2점
(승호가 만든 상자의 겉넓이)
$=9\times9\times6=486$ (cm^2) ▸2점
⇨ (겉넓이의 차)$=494-486=8$ (cm^2) ▸2점
; 8 cm^2 ▸4점
9 15
10 343 cm^3
11 1.53, 0.56
12 5 cm
13 80 cm^2

1 150 cm=1.5 m
⇨ $2\times2\times1.5=6$ (m^3)

참고
부피는 몇 m^3인지 물었으므로 길이 중에 cm 단위가 있으면 m 단위로 고친 후에 곱하여 부피를 구합니다.

2 1 m^3=1000000 cm^3임을 이용합니다.

3 부피를 m^3로 나타내기에 가장 알맞은 물건은 냉장고입니다.

4 (옆면의 넓이의 합)+(한 밑면의 넓이)×2
$=(30+10+30+10)\times8+30\times10\times2$
$=640+600=1240$ (cm^2)

5 1000000 cm^3=1 m^3이므로
1340000 cm^3=1.34 m^3입니다.
⇨ $1.34-1.2=0.14$ (m^3)

6 (정육면체의 겉넓이)=(한 면의 넓이)×6
$=10\times10\times6=600$ (cm^2)

7 한 모서리의 길이가 30 cm인 정육면체 모양의 상자를 9 m에는 30개, 6 m에는 20개, 3 m에는 10개를 놓을 수 있습니다. 따라서 이 창고에는 한 모서리의 길이가 30 cm인 정육면체 모양의 상자를
$30\times20\times10=6000$(개) 쌓을 수 있습니다.

8

채점 기준		
유진이가 만든 상자의 겉넓이를 구한 경우	2점	10점
승호가 만든 상자의 겉넓이를 구한 경우	2점	
두 상자의 겉넓이의 차를 구한 경우	2점	
답을 바르게 쓴 경우	4점	

9 (직육면체의 겉넓이)
$=$(옆면의 넓이의 합)$+$(한 밑면의 넓이)$\times 2$
(옆면의 넓이의 합)$+10\times 8\times 2=700$이므로
옆면의 넓이의 합은 $700-160=540$ (cm^2)입니다.
(옆면의 넓이의 합)$=$(옆면의 가로)$\times$(옆면의 세로)이므로
$(10+8+10+8)\times\square=540$, $\square=15$입니다.

10 (정육면체의 한 면의 넓이)$=294\div 6=49$ (cm^2)
정육면체의 한 모서리의 길이를 □ cm라고 하면
$\square\times\square=49$이므로 $\square=7$입니다.
⇨ (정육면체의 부피)$=7\times 7\times 7=343$ (cm^3)

11 냉장고: $1\times 0.9\times 1.7=1.53$ (m^3)
세탁기: $0.7\times 0.8\times 1=0.56$ (m^3)

12 (직육면체 나의 겉넓이)
$=(11\times 3+3\times 3+11\times 3)\times 2$
$=75\times 2=150$ (cm^2)
겉넓이가 150 cm^2인 정육면체의 한 면의 넓이는
$150\div 6=25$ (cm^2)입니다.
$5\times 5=25$이므로 정육면체 가의 한 모서리의 길이는 5 cm입니다.

13 직육면체 모양의 햄을 2조각으로 자를 때 햄 2조각의 겉넓이의 합은 처음 햄의 겉넓이보다 40 cm^2 늘어납니다. 햄을 3조각으로 자를 때 햄 3조각의 겉넓이의 합은 2조각으로 잘랐을 때의 겉넓이의 합보다 40 cm^2 더 늘어납니다.
따라서 햄 3조각의 겉넓이의 합은 처음 햄의 겉넓이보다 80 cm^2 늘어납니다.

step 3 문제 해결 158~161쪽

1 1014 cm^2
1-1 1350 cm^2 1-2 729 cm^3
2 5
2-1 8 2-2 2
3 240 cm^3 3-1 48 cm^3
3-2 125 cm^3 3-3 314 cm^2
4 378 cm^3 4-1 192 cm^3
4-2 132 cm^3

5 ❶ 8, 8, 640; 15, 6, 5, 450▸4점
❷ 소영, 640, 450, 190▸2점
; 소영, 190▸4점

5-1 예 (우진)$=13\times 7\times 8=728$ (cm^3)
(정아)$=8\times 8\times 8=512$ (cm^3)▸3점
⇨ 우진이가 만든 상자의 부피가
$728-512=216$ (cm^3) 더 큽니다.▸3점
; 우진, 216 cm^3▸4점

6 ❶ 5▸3점 ❷ 8, 8, 7, 7▸3점
; 7▸4점

6-1 예 높이를 □ cm라고 하면 직육면체의 겉넓이는
$(8\times 6+6\times\square+8\times\square)\times 2=348$ (cm^2)입니다.▸3점
⇨ $(48+14\times\square)\times 2=348$,
$48+14\times\square=174$,
$14\times\square=126$, $\square=9$
따라서 직육면체의 높이는 9 cm입니다.▸3점
; 9 cm▸4점

7 ❶ 9, 8, 3, 216▸3점 ❷ 64, 125, 216 ; 6▸3점
; 6▸4점

7-1 예 직육면체의 부피는 $7\times 6\times 3=126$ (cm^3)이므로 정육면체의 부피는 $126-1=125$ (cm^3)입니다.▸3점
정육면체의 한 모서리와 부피를 표로 나타냅니다.

정육면체의 한 모서리 (cm)	1	2	3	4	5
정육면체의 부피 (cm^3)	1	8	27	64	125

⇨ 정육면체의 한 모서리의 길이는 5 cm입니다.▸3점
; 5 cm▸4점

8 ❶ 2, 2, 2, 8▸2점 ❷ 3, 72▸2점 ❸ 8, 72, 576▸2점
; 576▸4점

8-1 예 한 모서리의 길이가 3 cm인 쌓기나무 1개의 부피는 $3\times 3\times 3=27$ (cm^3)입니다.▸2점
쌓기나무 $5\times 5\times 4=100$(개)로 직육면체를 쌓았으므로▸2점
쌓은 직육면체의 부피는 $27\times 100=2700$ (cm^3)입니다.▸2점
; 2700 cm^3▸4점

본책 154~161쪽

1 주어진 직육면체를 잘라 만들 수 있는 가장 큰 정육면체의 한 모서리의 길이는 직육면체의 가장 짧은 모서리의 길이인 13 cm입니다.
(정육면체의 겉넓이)$=13\times13\times6=1014$ (cm^2)

1-1 주어진 직육면체를 잘라 만들 수 있는 가장 큰 정육면체의 한 모서리의 길이는 직육면체의 가장 짧은 모서리의 길이인 15 cm입니다.
(정육면체의 겉넓이)$=15\times15\times6=1350$ (cm^2)

1-2 주어진 직육면체를 잘라 만들 수 있는 가장 큰 정육면체의 한 모서리의 길이는 직육면체의 가장 짧은 모서리의 길이인 9 cm입니다.
(정육면체의 부피)$=9\times9\times9=729$ (cm^3)

2 (직육면체의 겉넓이)=(옆면의 넓이의 합)+(한 밑면의 넓이)$\times2$
(옆면의 넓이의 합)$+4\times3\times2=94$이므로
옆면의 넓이의 합은 $94-24=70$ (cm^2)입니다.
$(4+3+4+3)\times\square=70$이므로 $\square=5$입니다.

2-1 (직육면체의 겉넓이)=(옆면의 넓이의 합)+(한 밑면의 넓이)$\times2$
(옆면의 넓이의 합)$+5\times2\times2=132$이므로
옆면의 넓이의 합은 $132-20=112$ (cm^2)입니다.
$(5+2+5+2)\times\square=112$이므로 $\square=8$입니다.

2-2 (직육면체의 겉넓이)=(옆면의 넓이의 합)+(한 밑면의 넓이)$\times2$
(옆면의 넓이의 합)$+3\times5\times2=62$이므로
옆면의 넓이의 합은 $62-30=32$ (cm^2)입니다.
$(3+5+3+5)\times\square=32$이므로
$\square=2$입니다.

3 직육면체의 가로를 □ cm라고 하면
$(6\times\square+6\times5+5\times\square)\times2=236$,
$(30+11\times\square)\times2=236$,
$30+11\times\square=118$,
$11\times\square=88$, $\square=8$입니다.
따라서 직육면체의 부피는 $8\times6\times5=240$ (cm^3)입니다.

학부모 지도 가이드
문제를 풀 때 구하는 것이나 모르는 수를 □로 나타내어 문제를 푸는 경우가 많이 있습니다.
□를 사용하여 서술형 풀이를 쓰는 경우 □를 사용한 식을 쓰기 전에 무엇을 □로 나타내었는지 반드시 제시하여야 합니다.
□를 이용하여 식은 잘 세우지만 □가 무엇인지 제시하는 습관이 안 된 학생들이 많이 있으므로 □가 무엇을 나타내는 것인지 명시하는 습관을 들일 수 있도록 지도해 주세요.

3-1 직육면체의 가로를 □ cm라고 하면
$(2\times\square+2\times6+6\times\square)\times2=88$,
$(12+8\times\square)\times2=88$,
$12+8\times\square=44$, $8\times\square=32$, $\square=4$입니다.
따라서 직육면체의 부피는 $4\times2\times6=48$ (cm^3)입니다.

3-2 정육면체의 한 모서리의 길이를 □ cm라고 하면
$\square\times\square\times6=150$, $\square\times\square=25$, $\square=5$입니다.
따라서 정육면체의 부피는 $5\times5\times5=125$ (cm^3)입니다.

3-3 직육면체의 높이를 □ cm라고 하면
$5\times8\times\square=360$, $40\times\square=360$, $\square=9$입니다.
따라서 직육면체의 겉넓이는
$(5\times8+8\times9+5\times9)\times2$
$=157\times2=314$ (cm^2)입니다.

4 큰 직육면체의 부피에서 잘라낸 직육면체의 부피를 빼서 입체도형의 부피를 구합니다.
⇨ $10\times15\times3-3\times(15-7)\times3$
$=450-72=378$ (cm^3)

다른 풀이
두 개의 직육면체가 붙어 있는 모양으로 생각하여 두 직육면체의 부피를 각각 구하여 더합니다.
⇨ $3\times7\times3+(10-3)\times15\times3$
$=63+315=378$ (cm^3)
또는 $10\times7\times3+(10-3)\times(15-7)\times3$
$=210+168=378$ (cm^3)

4-1 큰 직육면체의 부피에서 잘라낸 직육면체의 부피를 빼서 입체도형의 부피를 구합니다.
⇨ (입체도형의 부피)$=(4+4)\times8\times4-4\times(8-4)\times4$
$=256-64=192$ (cm^3)

다른 풀이
두 직육면체의 부피를 각각 구하여 더합니다.
⇨ $4\times8\times4+4\times4\times4$
$=128+64=192$ (cm^3)
또는 $4\times(8-4)\times4+(4+4)\times4\times4$
$=64+128=192$ (cm^3)

4-2 (입체도형의 부피)$=8\times6\times4-5\times6\times(4-2)$
$=192-60=132$ (cm^3)

다른 풀이
두 직육면체의 부피를 따로 구하여 더합니다.
(입체도형의 부피)$=8\times6\times2+3\times6\times(4-2)$
$=96+36=132$ (cm^3)

5-1

채점 기준		
우진이와 정아의 직육면체의 부피를 각각 구한 경우	3점	10점
어느 것의 부피가 얼마나 더 큰지 구한 경우	3점	
답을 바르게 쓴 경우	4점	

6-1

채점 기준		
직육면체의 높이를 구하는 식을 세운 경우	3점	10점
직육면체의 높이를 구한 경우	3점	
답을 바르게 쓴 경우	4점	

7-1

채점 기준		
정육면체의 부피를 구한 경우	3점	10점
정육면체의 한 모서리의 길이를 구한 경우	3점	
답을 바르게 쓴 경우	4점	

8-1

채점 기준		
쌓기나무 1개의 부피를 구한 경우	2점	10점
쌓은 쌓기나무의 개수를 구한 경우	2점	
직육면체의 부피를 구한 경우	2점	
답을 바르게 쓴 경우	4점	

step 4 실력 Up 문제 162~163쪽

1 $450\ cm^2$

2 $864\ cm^2$

3 예 (처음 정육면체의 겉넓이)$=5\times5\times6=150\ (cm^2)$ ▸2점
각 모서리의 길이를 2배로 늘인다면 한 모서리의 길이는 10 cm이므로
(늘인 정육면체의 겉넓이)
$=10\times10\times6=600\ (cm^2)$입니다. ▸2점
⇨ $600\div150=4$(배) ▸2점
; 4배 ▸4점

4 $294\ cm^3$

5 $1260\ cm^3$

6 $54\ cm^2$

7 (1) $36\ cm^2$ (2) $540\ cm^3$ (3) $432\ cm^2$

8 (1) $32\ cm^3$ (2) $72\ cm^2$

9 34, 28, 24

10 예 정육면체 모양

11 예 가로, 세로, 높이에 각각 4개씩 정육면체 모양으로 쌓아서 만듭니다. ▸10점

1 정사각형의 둘레가 36 cm이므로 정사각형의 한 변의 길이는 $36\div4=9$ (cm)입니다.
⇨ (직육면체의 겉넓이)
$=$(옆면의 넓이의 합)$+$(한 밑면의 넓이)$\times2$
$=36\times8+9\times9\times2=450\ (cm^2)$

참고
옆면의 넓이의 합은 (한 밑면의 둘레)×(높이)입니다.
색칠한 면을 밑면으로 하면 한 밑면의 둘레도 36 cm입니다. 따라서 옆면의 넓이의 합은 $36\times8=288\ (cm^2)$입니다.

2 직육면체를 쌓아 가로, 세로, 높이를 같게 만들려면 직육면체의 각 모서리의 길이인 2 cm, 3 cm, 4 cm의 최소공배수가 정육면체의 한 모서리의 길이가 되면 됩니다.
2, 3, 4의 최소공배수는 12이므로 만든 정육면체의 겉넓이는 $12\times12\times6=864\ (cm^2)$입니다.

참고
• 2, 3, 4의 최소공배수 구하기
2의 배수
⇨ 2, 4, 6, 8, 10, ⑫, 14, 16, ...
3의 배수
⇨ 3, 6, 9, ⑫, 15, 18, 21, ...
4의 배수
⇨ 4, 8, ⑫, 16, 20, ...
따라서 2, 3, 4의 공배수는 12입니다.

3

채점 기준		
처음 정육면체의 겉넓이를 구한 경우	2점	10점
늘인 정육면체의 겉넓이를 구한 경우	2점	
늘인 정육면체의 겉넓이는 처음 정육면체의 겉넓이의 몇 배인지 구한 경우	2점	
답을 바르게 쓴 경우	4점	

참고
정육면체의 한 모서리의 길이를 □cm라 하면 이 정육면체의 겉넓이는 (□×□×6) cm^2입니다.
정육면체의 각 모서리의 길이를 2배로 늘인다면 한 모서리의 길이는 (□×2) cm입니다.
이 정육면체의 겉넓이는
(□×2)×(□×2)×6=(□×□×24) cm^2입니다.

(□×□×6) cm^2 —4배→ (□×□×24) cm^2
처음 정육면체의 겉넓이 / 각 모서리의 길이를 2배로 늘인 정육면체의 겉넓이

4 부피는 가로가 10 cm, 세로가 5 cm, 높이가 7 cm인 직육면체의 부피에서 가로가 $10-3-3=4$ (cm), 세로가 2 cm, 높이가 7 cm인 직육면체의 부피를 빼서 구할 수 있습니다.
⇨ $10\times5\times7-4\times2\times7=350-56=294$ (cm^3)

다른 풀이
직육면체 3개를 붙여서 만든 모양이므로 직육면체 3개의 부피를 각각 구해서 더할 수 있습니다.
$3\times5\times7+(10-3-3)\times(5-2)\times7+3\times5\times7$
$=105+84+105$
$=294$ (cm^3)

5 벽돌을 넣었을 때 높아진 물의 높이를 이용하여 벽돌의 부피를 구합니다.
⇨ $21\times20\times3=1260$ (cm^3)

6 부피가 같은 입체도형 중에서 겉넓이가 최소가 되려면 정육면체 모양이어야 합니다. 쌓기나무가 27개이므로 $3\times3\times3=27$에서 가로와 세로 그리고 높이에 각각 3개씩 쌓으면 됩니다.
한 면의 넓이가 $3\times3=9$ (cm^2)인 정육면체이므로 겉넓이는 $9\times6=54$ (cm^2)입니다.

7 (1) 직육면체 모양의 상자에 원 모양이 딱 맞게 들어갔다고 하였으므로 물병의 밑면과 닿는 면은 정사각형 모양입니다.
원의 반지름이 3 cm이므로 지름은 6 cm입니다.
원의 지름이 상자의 밑면의 모서리의 길이와 같으므로 상자 밑면의 넓이는 $6\times6=36$ (cm^2)입니다.
(2) 상자의 부피: $36\times15=540$ (cm^3)
(3) 상자의 겉넓이: $36\times2+6\times4\times15$
$=72+360=432$ (cm^2)

8 (1) 한 모서리의 길이가 2 cm인 정육면체의 부피는 $2\times2\times2=8$ (cm^3)이고, 쌓기나무의 개수가 4개이므로 만든 입체도형의 부피는 $8\times4=32$ (cm^3)입니다.
(2) 정육면체의 한 모서리의 길이가 2 cm이므로 한 면의 넓이는 $2\times2=4$ (cm^2)입니다.
입체도형을 둘러싸고 있는 면이 18개이므로 겉넓이는 $4\times18=72$ (cm^2)입니다.

9 첫 번째: $(8+8+1)\times2=34$ (cm^2),
두 번째: $(4+8+2)\times2=28$ (cm^2),
세 번째: $4\times6=24$ (cm^2)

10 겉넓이가 최소가 되려면 한 면의 모양이 정사각형이거나 입체도형의 모양이 정육면체 또는 정육면체에 가까운 모양이어야 합니다.

11 $4\times4\times4=64$(개)이므로 겉넓이가 최소가 되려면 가로에 4개, 세로에 4개, 높이에 4개씩 쌓으면 됩니다.

단원 평가 164~167쪽

1 다, 가, 나
2 (위에서부터) 20, 18 ; 20, 18
3 164 cm^2 **4** 120 cm^3
5 2, 4, 88 **6** 9, 9, 486
7 (1) 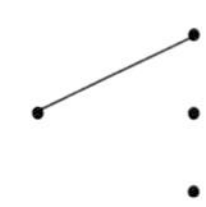 (2) 
8 (1) 5000000 (2) 1500000 (3) 3 (4) 0.8
9 0.72 m^3 **10** 가
11 342 cm^2 **12** 343 cm^3
13 1728 cm^3 **14** 280 m^3
15 96 cm^3 **16** 600개
17 0.72 m^3 **18** 5 cm
19 170 cm^2 **20** 1280 cm^2
21 (1) 30 cm ▸2점 (2) 5400 cm^2 ▸3점
22 (1) 10개 ▸1점, 8개 ▸1점, 4개 ▸1점
(2) 320개 ▸2점
23 예 ㉮의 둘레는 24 cm이고 넓이가 35 cm^2이므로 합이 $24\div2=12$이고 곱이 35인 두 수를 찾습니다. 따라서 ㉮의 가로는 7 cm, 세로는 5 cm입니다. ▸2점
전개도로 만들어지는 입체도형의 부피는 $7\times5\times4=140$ (cm^3)입니다. ▸1점
; 140 cm^3 ▸2점
24 예 만든 입체도형의 겉넓이는 전개도의 넓이와 같으므로 $(8\times9+9\times5+8\times5)\times2=314$ (cm^2)입니다. ▸2점
정사각형 모양 종이의 넓이는 $30\times30=900$ (cm^2)입니다.
⇨ 남은 부분의 넓이 : $900-314=586$ (cm^2) ▸1점
; 586 cm^2 ▸2점

1 직육면체의 가로, 세로가 모두 같으므로 높이가 높을수록 부피가 큽니다.

2 쌓기나무의 한 모서리의 길이가 1 cm이므로 쌓기나무의 수가 부피가 됩니다.

가: 한 층에 10개씩 2층이므로 20개이고, 부피는 20 cm^3 입니다.

나: 한 층에 9개씩 2층이므로 18개이고, 부피는 18 cm^3 입니다.

3 (직육면체의 겉넓이)$=(4\times3+3\times10+4\times10)\times2$
$=164$ (cm^2)

4 (직육면체의 부피)$=4\times3\times10=120$ (cm^3)

5 직육면체는 서로 마주 보고 있는 직사각형끼리 서로 합동이므로 합동인 세 면의 넓이의 합을 2배 하여 구할 수 있습니다.

6 정육면체는 여섯 면의 넓이가 모두 같습니다.

7 (1) 한 모서리의 길이가 1 m이거나 1 m보다 큰 경우에는 부피의 단위로 m^3를 사용하면 편리합니다.
교실은 가로, 세로의 길이와 높이를 생각했을 때 150 m^3가 적당합니다.

(2) 한 모서리의 길이가 1 m보다 짧은 경우에는 부피의 단위로 cm^3를 사용하면 편리합니다.
전자레인지는 20000 cm^3가 적당합니다.

8 (1) 1 m^3는 1000000 cm^3이므로
5 m^3는 5000000 cm^3입니다.

(2) 1 m^3는 1000000 cm^3이므로
1.5 m^3는 1500000 cm^3입니다.

(3) 1000000 cm^3는 1 m^3이므로
3000000 cm^3는 3 m^3입니다.

(4) 1000000 cm^3는 1 m^3이므로
800000 cm^3는 0.8 m^3입니다.

9 40 cm는 0.4 m이므로
(직육면체의 부피)$=0.4\times1.5\times1.2=0.72$ (m^3)입니다.

10 가의 부피: $3\times3\times3=27$ (m^3)$=27000000$ (cm^3)
나의 부피: $350\times250\times300=26250000$ (cm^3)

11 (직육면체의 겉넓이)$=(3\times9+9\times8+3\times8)\times2$
$=123\times2=246$ (cm^2)
(정육면체의 겉넓이)$=4\times4\times6=96$ (cm^2)
(두 입체도형의 겉넓이의 합)$=246+96=342$ (cm^2)

12 정육면체의 각 모서리의 길이는 모두 같습니다.
세 모서리의 길이의 합이 21 cm이므로 한 모서리의 길이는 7 cm입니다.
따라서 정육면체의 부피는 $7\times7\times7=343$ (cm^3)입니다.

13 만들 수 있는 가장 큰 정육면체의 한 모서리의 길이는 직육면체의 가장 짧은 모서리의 길이인 12 cm입니다.
⇨ (부피)$=12\times12\times12=144\times12=1728$ (cm^3)

14 (직육면체의 부피)=(한 밑면의 넓이)×(높이)
=(색칠한 면의 넓이)×(높이)
500 cm는 5 m이므로
(직육면체의 부피)$=56\times5=280$ (m^3)입니다.

15 $4\times8\times3=96$ (cm^3)

16 4 cm는 40 cm 길이에 $40\div4=10$(개)까지 담을 수 있고, 8 cm는 24 cm 길이에 $24\div8=3$(개), 3 cm는 60 cm 길이에 $60\div3=20$(개)까지 담을 수 있습니다. 따라서 한과 상자는 모두 $10\times3\times20=600$(개)까지 담을 수 있습니다.

17 60 cm$=0.6$ m이므로 옷장의 부피는
$0.6\times0.6\times2=0.72$ (m^3)입니다.

18 물통에 넣을 물의 높이를 □ cm라고 하면
$20\times20\times\square=2000$, $\square=5$입니다.
따라서 물통에 물을 5 cm 높이까지 넣어야 합니다.

19 직육면체의 부피가 150 cm^3이므로
(가로)$=150\div6\div5=25\div5=5$ (cm)입니다.
따라서 직육면체의 겉넓이는
$(5\times5+5\times6+5\times6)\times2$
$=(25+30+30)\times2=170$ (cm^2)입니다.

20 가로 방향으로 잘랐을 때 겉넓이의 합은
$20\times20\times2=800$ (cm^2)만큼 늘어납니다.
세로 방향으로 잘랐을 때 겉넓이의 합은
$12\times20\times2=480$ (cm^2)만큼 늘어납니다.
잘랐을 때 늘어난 겉넓이의 합이 자른 두부 4조각과 자르기 전 두부의 겉넓이의 차와 같으므로 겉넓이의 차는
$800+480=1280$ (cm^2)입니다.

21 (1) 가장 작은 정육면체 모양의 한 모서리의 길이는 6, 5, 3의 최소공배수인 30 cm입니다.
(2) $30\times30\times6=5400$ (cm^2)

참고
- 세 수의 최소공배수 구하는 방법

방법 1

6의 배수

⇨ 6, 12, 18, 24, (30), 36, ...

5의 배수

⇨ 5, 10, 15, 20, 25, (30), 35, ...

3의 배수

⇨ 3, 6, 9, 12, 15, 18, 21, 24, 27, (30), ...

따라서 6, 5, 3의 최소공배수는 30입니다.

방법 2

두 수의 최소공배수를 구하고 또 그 수와 나머지 한 수의 최소공배수를 구하면 세 수의 최소공배수를 구할 수 있습니다. 3과 6의 최소공배수는 6이고, 6과 나머지 한 수인 5의 최소공배수는 30이므로 3, 5, 6의 최소공배수는 30입니다.

틀린 과정을 분석해 볼까요?

틀린 이유	이렇게 지도해 주세요
두 수의 최소공배수를 이용하여 세 수의 최소공배수를 찾지 못하는 경우	가장 작은 정육면체로 쌓으려면 한 모서리의 길이를 가로, 세로, 높이의 최소공배수가 되는 길이로 쌓아야 합니다.
정육면체의 겉넓이는 한 면의 넓이의 6배임을 이용하지 못한 경우	정육면체는 여섯 면이 모두 합동인 직육면체입니다. 따라서 정육면체의 여섯 면의 넓이는 모두 같고, 정육면체의 겉넓이는 한 면의 넓이의 6배와 같습니다.

22 (1) 직육면체 모양의 상자의 가로에 $50 \div 5 = 10$(개), 세로에 $40 \div 5 = 8$(개), 높이에 $20 \div 5 = 4$(개)씩 담을 수 있습니다.

(2) 상자는 최대 $10 \times 8 \times 4 = 320$(개)까지 담을 수 있습니다.

틀린 과정을 분석해 볼까요?

틀린 이유	이렇게 지도해 주세요
가로, 세로, 높이에 담을 수 있는 정육면체 모양의 상자의 개수를 찾지 못하는 경우	정육면체 모양의 상자의 개수는 작은 상자와 큰 상자의 가로와 세로 그리고 높이의 약수와 배수의 관계를 이용하여 구하면 쉽게 찾을 수 있습니다.
직육면체와 정육면체의 부피를 각각 구한 후 나누어서 담을 수 있는 상자의 개수를 구하려고 한 경우	직육면체와 정육면체의 부피를 각각 구하여 직육면체의 부피를 정육면체의 부피로 나누면 담을 수 있는 상자의 개수를 구할 수 있습니다.

23

채점 기준		
만들어지는 ㉮의 가로와 세로의 길이를 구한 경우	2점	5점
만들어지는 입체도형의 부피를 구한 경우	1점	
답을 바르게 쓴 경우	2점	

다른 풀이

(직육면체의 부피)=(한 밑면의 넓이)×(높이)

$= 35 \times 4 = 140\ (\text{cm}^2)$

틀린 과정을 분석해 볼까요?

틀린 이유	이렇게 지도해 주세요
직사각형의 둘레와 넓이가 주어졌을 때 가로와 세로를 구하지 못하는 경우	둘레는 (가로)+(세로)의 2배이고 넓이는 가로와 세로의 곱입니다. 먼저 넓이를 이용해서 곱이 35가 되는 두 수를 구한 후 그 두 수의 합이 둘레의 길이의 반인 $24 \div 2 = 12$(cm)가 되는지를 확인하여 알맞은 길이를 찾을 수 있도록 지도합니다.
직육면체의 부피를 구하지 못하는 경우	직육면체의 부피는 가로와 세로의 길이를 곱한 후 높이를 곱하여 구할 수 있습니다. 가로와 세로가 어느 것인지 확정할 수는 없지만 세 모서리의 길이를 곱하여 부피를 구할 수 있도록 지도합니다.

24

채점 기준		
전개도를 이용하여 겉넓이를 구한 경우	2점	
남은 부분의 넓이를 구한 경우	1점	
답을 바르게 쓴 경우	2점	

틀린 과정을 분석해 볼까요?

틀린 이유	이렇게 지도해 주세요
전개도의 넓이와 입체도형의 겉넓이가 같음을 이해하지 못하는 경우	전개도는 입체도형의 모서리를 잘라 펼쳐 놓은 그림으로 전개도를 접어 만들면 입체도형이 됩니다. 그러므로 전개도의 넓이는 입체도형의 겉넓이와 같습니다.
정사각형의 넓이에서 직육면체의 겉넓이를 빼지 않고 남은 부분의 넓이를 직접 구하려는 경우	남은 부분의 넓이를 직접 구하려면 여러 사각형으로 많이 나누어 각각의 사각형의 넓이를 모두 구하여 더해야 합니다. 구할 수는 있지만 식이 많이 복잡해지므로 전체 넓이에서 직육면체의 겉넓이를 빼어 쉽게 구할 수 있도록 지도합니다.

평가 자료집 정답과 풀이

1 단원 분수의 나눗셈

* '분수의 나눗셈'에서 계산 결과를 기약분수나 대분수로 나타내지 않아도 정답으로 인정합니다.

기본 단원평가 1~3쪽

1 $\frac{\boxed{1}}{\boxed{4}}$, $\frac{\boxed{3}}{\boxed{4}}$

2 $\frac{7}{16}$

3 12, 3

4 $\frac{\boxed{1}}{\boxed{2}}$, $\frac{\boxed{9}}{\boxed{14}}$

5

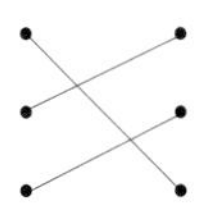

6 3, 3, 3, 3, 11

7 (1) $\frac{5}{6}$ (2) $3\frac{5}{9}$

8 예

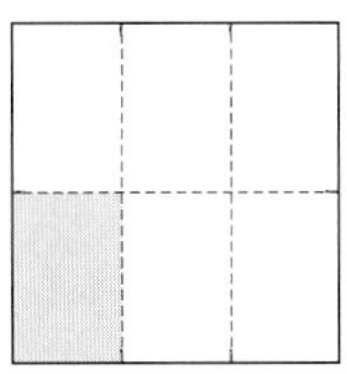

; $\frac{1}{6}$

9 방법 1 예 $4\frac{1}{5}\div 7=\frac{21}{5}\div 7=\frac{21\div 7}{5}=\frac{3}{5}$

방법 2 예 $4\frac{1}{5}\div 7=\frac{21}{5}\div 7=\frac{21}{5}\times\frac{1}{7}=\frac{21}{35}=\frac{3}{5}$

10 예 $\frac{8}{3}\div 4=\frac{8}{3}\times\frac{1}{4}=\frac{8}{12}=\frac{2}{3}$

11 (1) $\frac{5}{7}$ (2) $\frac{7}{8}$

12 (위에서부터) $\frac{9}{13}$, $\frac{7}{9}$, $\frac{10}{13}$

13 $>$

14 $\frac{4}{7}$

15 ④

16 $\frac{19}{30}$

17 ㉡

18 $\frac{2}{5}$ m

19 $\frac{1}{12}$ L

20 수진

21 예 (가로)=(직사각형의 넓이)÷(세로)이므로 $\frac{18}{5}\div 8$입니다. ▸1점

따라서 가로는 $\frac{18}{5}\div 8=\frac{18}{5}\times\frac{1}{8}=\frac{18}{40}=\frac{9}{20}$ (cm)입니다. ▸1점 ; $\frac{9}{20}$ cm ▸2점

22 $\frac{2}{3}$ kg

23 예 어떤 수를 □라고 하면 □$\times 3=2\frac{2}{5}$입니다. ▸1점

따라서 □$=2\frac{2}{5}\div 3=\frac{12}{5}\div 3$

$=\frac{12}{5}\times\frac{1}{3}=\frac{12}{15}=\frac{4}{5}$이므로

어떤 수는 $\frac{4}{5}$입니다. ▸1점 ; $\frac{4}{5}$ ▸2점

24 2

25 $2\frac{7}{15}$

8 $\frac{1}{2}\div 3$은 $\frac{1}{2}$을 똑같이 3으로 나눈 것 중의 1입니다.

11 (1) $3\frac{4}{7}\div 5=\frac{25}{7}\times\frac{1}{5}=\frac{25}{35}=\frac{5}{7}$

(2) $5\frac{1}{4}\div 6=\frac{21}{4}\times\frac{1}{6}=\frac{21}{24}=\frac{7}{8}$

12 $9\div 13=\frac{9}{13}$, $7\div 9=\frac{7}{9}$, $10\div 13=\frac{10}{13}$

13 $1\div 4=\frac{1}{4}$, $\frac{3}{5}\div 3=\frac{3\div 3}{5}=\frac{1}{5}$ ⇨ $\frac{1}{4}>\frac{1}{5}$

14 $\frac{36}{7}\div 9=\frac{36}{7}\times\frac{1}{9}=\frac{36}{63}=\frac{4}{7}$

15 ① $\frac{2}{3}$ ② $\frac{5}{8}$ ③ $\frac{7}{11}$ ④ $1\frac{1}{9}$ ⑤ $\frac{15}{16}$

16 $3\frac{1}{6}\div 5=\frac{19}{6}\times\frac{1}{5}=\frac{19}{30}$

17 ㉠ $\frac{1}{12}$ ㉡ $\frac{1}{18}$ ㉢ $\frac{1}{12}$ ㉣ $\frac{1}{12}$

18 $2\div 5=\frac{2}{5}$ (m)

19 $\frac{3}{4}\div 9=\frac{3}{4}\times\frac{1}{9}=\frac{3}{36}=\frac{1}{12}$ (L)

20 나영: $\frac{12}{5}\div 3=\frac{12\div 3}{5}=\frac{4}{5}$,

수진: $\frac{25}{6}\div 5=\frac{25\div 5}{6}=\frac{5}{6}$

21

채점 기준		
가로를 구하는 식을 바르게 쓴 경우	1점	4점
계산을 바르게 한 경우	1점	
답을 바르게 쓴 경우	2점	

22 2주일은 14일입니다.

$9\frac{1}{3}\div 14=\frac{28}{3}\times\frac{1}{14}=\frac{28}{42}=\frac{2}{3}$ (kg)

23

채점 기준		
잘못 계산한 식을 바르게 쓴 경우	1점	4점
어떤 수를 구한 경우	1점	
답을 바르게 쓴 경우	2점	

평가 자료집 1~3쪽

24 $5\frac{2}{5}\div3=\frac{27}{5}\div3=\frac{27\div3}{5}=\frac{9}{5}=1\frac{4}{5}$이므로

□ 안에 들어갈 수 있는 가장 작은 자연수는 2입니다.

25 만들 수 있는 가장 큰 대분수는 $7\frac{2}{5}$입니다.

⇨ $7\frac{2}{5}\div3=\frac{37}{5}\div3=\frac{37}{5}\times\frac{1}{3}=\frac{37}{15}=2\frac{7}{15}$

실력 단원평가 4~5쪽

1 ④

2 예 $\frac{5}{12}\div2=\frac{5}{12}\times\frac{1}{2}=\frac{5}{24}$

3 (1) $\frac{2}{5}$ (2) $\frac{4}{7}$

4 

5 $6\div11=\frac{6}{11}$; $\frac{6}{11}$ m

6 ㉠, ㉢

7 $1\frac{1}{8}$, $\frac{3}{8}$

8 ㉢, ㉣, ㉠, ㉡

9 $\frac{3}{10}$ kg

10 $\frac{3}{4}$ L

11 예 정육각형의 변의 수는 6개이고 길이가 모두 같습니다.▸1점 따라서 정육각형의 한 변의 길이는
$4\frac{2}{7}\div6=\frac{30}{7}\div6=\frac{30}{7}\times\frac{1}{6}=\frac{30}{42}=\frac{5}{7}$ (m)
입니다.▸2점
; $\frac{5}{7}$ m▸2점

12 $1\frac{3}{5}$ L

13 $28\frac{1}{3}$ cm^2

14 $\frac{1}{16}$

15 진우네 반

16 예 5그루를 심으면 간격은 $5-1=4$(군데)입니다.▸2점
따라서 나무와 나무 사이의 간격은
$\frac{5}{6}\div4=\frac{5}{6}\times\frac{1}{4}=\frac{5}{24}$ (km)입니다.▸4점
; $\frac{5}{24}$ km▸4점

3 (1) $\frac{18}{5}\div9=\frac{18}{5}\times\frac{1}{9}=\frac{18}{45}=\frac{2}{5}$

(2) $\frac{24}{7}\div6=\frac{24}{7}\times\frac{1}{6}=\frac{24}{42}=\frac{4}{7}$

4 $3\frac{1}{8}\div5=\frac{25}{8}\div5=\frac{25\div5}{8}=\frac{5}{8}$

$5\frac{5}{6}\div7=\frac{35}{6}\div7=\frac{35\div7}{6}=\frac{5}{6}$

6 ㉠ $\frac{4}{9}$ ㉡ $\frac{1}{36}$ ㉢ $\frac{4}{9}$ ㉣ $\frac{7}{18}$

7 $2\frac{1}{4}\div2=\frac{9}{4}\times\frac{1}{2}=\frac{9}{8}=1\frac{1}{8}$

$\frac{9}{8}\div3=\frac{9}{8}\times\frac{1}{3}=\frac{9}{24}=\frac{3}{8}$

8 ㉠ $\frac{8}{7}\div2=\frac{8}{7}\times\frac{1}{2}=\frac{8}{14}=\frac{4}{7}$

㉡ $1\frac{3}{7}\div5=\frac{10}{7}\times\frac{1}{5}=\frac{10}{35}=\frac{2}{7}$

㉢ $5\frac{1}{4}\div3=\frac{21}{4}\times\frac{1}{3}=\frac{21}{12}=\frac{7}{4}$

㉣ $10\frac{2}{3}\div8=\frac{32}{3}\times\frac{1}{8}=\frac{32}{24}=\frac{4}{3}$

9 $\frac{9}{10}\div3=\frac{9\div3}{10}=\frac{3}{10}$ (kg)

10 $\frac{15}{4}\div5=\frac{15}{4}\times\frac{1}{5}=\frac{15}{20}=\frac{3}{4}$ (L)

11

채점 기준		
정육각형의 성질을 이해한 경우	1점	5점
정육각형의 한 변의 길이를 구한 경우	2점	
답을 바르게 쓴 경우	2점	

12 9병의 물의 양은 $\frac{8}{9}\times9=8$ (L)이므로 하루에 사용할 물은 $8\div5=\frac{8}{5}=1\frac{3}{5}$ (L)입니다.

13 (삼각형의 넓이)=(밑변)×(높이)÷2이므로

$5\frac{2}{3}\times10\div2=\frac{17}{3}\times10\div2$

$=\frac{170}{3}\times\frac{1}{2}=\frac{85}{3}=28\frac{1}{3}$ (cm^2)

14 어떤 수를 □라고 하면 $□\times4=1\frac{1}{2}$,

$□=1\frac{1}{2}\div4=\frac{3}{2}\div4=\frac{3}{2}\times\frac{1}{4}=\frac{3}{8}$

따라서 어떤 수를 6으로 나눈 몫은

$\frac{3}{8}\div6=\frac{3}{8}\times\frac{1}{6}=\frac{3}{48}=\frac{1}{16}$입니다.

15 한 사람이 마신 주스의 양이

진우네 반은 $\frac{9}{5}\div18=\frac{9}{5}\times\frac{1}{18}=\frac{9}{90}=\frac{1}{10}=\frac{5}{50}$ (L),

소희네 반은 $\frac{8}{5}\div20=\frac{8}{5}\times\frac{1}{20}=\frac{8}{100}=\frac{2}{25}=\frac{4}{50}$ (L)

입니다. ⇨ $\frac{5}{50}>\frac{4}{50}$

16

채점 기준		
간격 수를 구한 경우	2점	10점
나무와 나무 사이의 간격을 구한 경우	4점	
답을 바르게 쓴 경우	4점	

과정 중심 단원평가 6~7쪽

1 예 떡 한 개를 만드는 데 사용할 콩가루는 $\frac{8}{11}\div5$이므로 ▸3점

$\frac{8}{11}\div5=\frac{8}{11}\times\frac{1}{5}=\frac{8}{55}$(컵)입니다. ▸3점

; $\frac{8}{55}$ 컵 ▸4점

2 예 4를 7등분 한 것입니다. ▸3점

㉠$=4\div7=\frac{4}{7}$ ▸3점

; $\frac{4}{7}$ ▸4점

3 예 $9\frac{5}{6}\div6=\frac{59}{6}\div6=\frac{59}{6}\times\frac{1}{6}=\frac{59}{36}=1\frac{23}{36}$(배) ▸6점 ; $1\frac{23}{36}$배 ▸4점

4 예 □ 안의 수가 클수록 몫이 작아지므로 가장 작게 만들려면 □ 안에는 9를 넣어야 합니다. ▸3점

따라서 $1\div9=\frac{1}{9}$입니다. ▸3점

; $\frac{1}{9}$ ▸4점

5 예 마름모의 네 변의 길이는 모두 같습니다. ▸4점

따라서 꽃밭의 한 변의 길이는

$\frac{5}{3}\div4=\frac{5}{3}\times\frac{1}{4}=\frac{5}{12}$ (m)입니다. ▸5점

; $\frac{5}{12}$ m ▸6점

6 예 병 가의 물의 양: $2\div3=\frac{2}{3}=\frac{4}{6}$ (L) ▸4점

병 나의 물의 양: $5\div6=\frac{5}{6}$ (L) ▸4점

따라서 $\frac{4}{6}<\frac{5}{6}$이므로 병 나에 물이 더 많습니다. ▸1점

; 병 나 ▸6점

7 예 팔고 남은 밤의 양은 $\frac{7}{9}$ kg을 4봉지에 똑같이 나누어 담은 것 중에서 1봉지와 같습니다. ▸5점

$\frac{7}{9}\div4=\frac{7}{9}\times\frac{1}{4}=\frac{7}{36}$ (kg) ▸4점

; $\frac{7}{36}$ kg ▸6점

8 예 어떤 분수를 □라고 하면 $□\times2=1\frac{1}{4}$에서

$□=1\frac{1}{4}\div2=\frac{5}{4}\div2=\frac{5}{4}\times\frac{1}{2}=\frac{5}{8}$입니다. ▸5점

따라서 바르게 계산하면

$\frac{5}{8}\div2=\frac{5}{8}\times\frac{1}{2}=\frac{5}{16}$입니다. ▸4점 ; $\frac{5}{16}$ ▸6점

1

채점 기준		
$\frac{8}{11}\div5$의 식을 쓴 경우	3점	10점
떡 한 개를 만드는 데 사용할 콩가루의 양을 구한 경우	3점	
답을 바르게 쓴 경우	4점	

2

채점 기준		
$4\div7$의 식을 쓴 경우	3점	10점
수직선에 나타낸 점 ㉠이 얼마인지 구한 경우	3점	
답을 바르게 쓴 경우	4점	

3

채점 기준		
$9\frac{5}{6}$m는 6의 몇 배인지 구한 경우	6점	10점
답을 바르게 쓴 경우	4점	

4

채점 기준		
□에 알맞은 수를 구한 경우	3점	10점
$1\div$□의 몫을 계산한 경우	3점	
답을 바르게 쓴 경우	4점	

5

채점 기준		
마름모의 네 변의 길이가 모두 같음을 설명한 경우	4점	15점
꽃밭의 한 변의 길이를 구한 경우	5점	
답을 바르게 쓴 경우	6점	

6

채점 기준		
병 가의 물의 양을 구한 경우	4점	15점
병 나의 물의 양을 구한 경우	4점	
병 가와 병 나의 물의 양을 바르게 비교한 경우	1점	
답을 바르게 쓴 경우	6점	

7

채점 기준		
$\frac{7}{9}\div4$의 식을 쓴 경우	5점	15점
팔고 남은 밤의 양을 구한 경우	4점	
답을 바르게 쓴 경우	6점	

8

채점 기준		
어떤 분수를 구한 경우	5점	15점
바르게 계산한 경우	4점	
답을 바르게 쓴 경우	6점	

심화 문제 8쪽

1 2개	2 $\frac{13}{72}$ kg
3 $\frac{2}{5}$ km	4 17
5 $\frac{7}{9}$ cm^2	6 $\frac{7}{10}$ kg

1 $\frac{12}{5}\div4=\frac{12\div4}{5}=\frac{3}{5}$,

$\frac{13}{3}\div2=\frac{13}{3}\times\frac{1}{2}=\frac{13}{6}=2\frac{1}{6}$

따라서 $\frac{3}{5}<\square<2\frac{1}{6}$이므로 □ 안에 들어갈 수 있는 자연수는 1, 2로 모두 2개입니다.

> **참고**
> • (분수)÷(자연수)
> ① 분자가 자연수의 배수일 때에는 분자를 자연수로 나눕니다.
> ② 분자가 자연수의 배수가 아닐 때에는 자연수를 $\frac{1}{(\text{자연수})}$로 바꾼 다음 곱하여 계산합니다.

2 (설탕 한 봉지의 무게)$=3\frac{1}{4}\div6=\frac{13}{4}\times\frac{1}{6}=\frac{13}{24}$ (kg)

(한 사람이 가져야 할 설탕의 무게)

$=\frac{13}{24}\div3=\frac{13}{24}\times\frac{1}{3}=\frac{13}{72}$ (kg)

3 1분 동안 버스는

$4\frac{4}{5}\div8=\frac{24}{5}\div8=\frac{24\div8}{5}=\frac{3}{5}$ (km),

자전거는 $4\frac{4}{5}\div24=\frac{24}{5}\div24=\frac{24\div24}{5}=\frac{1}{5}$ (km)를 갑니다. 따라서 버스와 자전거로 각각 1분 동안 간 거리의 차는 $\frac{3}{5}-\frac{1}{5}=\frac{2}{5}$ (km)입니다.

4 $2\frac{3}{7}\div\square=\frac{1}{\triangle}$에서 $\frac{17}{7}\times\frac{1}{\square}=\frac{1}{\triangle}$이므로 □는 17의 배수이어야 합니다. 따라서 □가 될 수 있는 자연수 중 가장 작은 수는 17입니다.

5 $6\frac{2}{9}\div2\div2\div2=\frac{56}{9}\times\frac{1}{2}\times\frac{1}{2}\times\frac{1}{2}=\frac{56}{72}=\frac{7}{9}$ (cm^2)

6 남은 밀가루의 무게는

$4\frac{1}{3}-\frac{5}{6}=4\frac{2}{6}-\frac{5}{6}=3\frac{3}{6}$ (kg)이므로

통 한 개에 담아야 하는 밀가루의 무게는

$3\frac{3}{6}\div5=\frac{21}{6}\div5=\frac{21}{6}\times\frac{1}{5}=\frac{21}{30}=\frac{7}{10}$ (kg)입니다.

2단원 각기둥과 각뿔

기본 단원평가 9~11쪽

1 가, 나, 라, 바
2 라, 바
3 가
4 밑면, 옆면
5 (1) 육각기둥 (2) 오각뿔
6

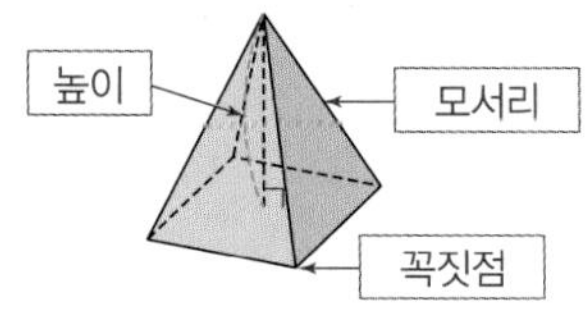

7 꼭짓점 ㄱ, 꼭짓점 ㄴ, 꼭짓점 ㄷ, 꼭짓점 ㄹ, 꼭짓점 ㅁ, 꼭짓점 ㅂ
8 ①, ②, ④
9 가, 라 ; 나, 다
10 3 cm
11 (위에서부터) 9, 5 ; 15, 7
12 ㉡, ㉢
13 예 각뿔의 옆면은 삼각형인데 주어진 입체도형의 옆면은 사각형이므로 각뿔이 아닙니다. ▸4점
14 각뿔의 꼭짓점
15 선분 ㅈㅊ
16 3쌍
17 17개
18 9개
19 구각뿔
20 5 cm
21 10개
22 75 cm^2
23 예

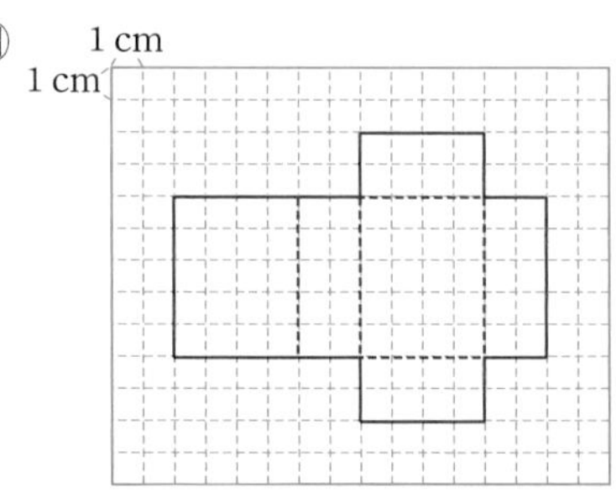

24 사각뿔
25 예 두 밑면의 모서리의 길이의 합은 $(3+2+3+2)\times2=20$ (cm)이고 높이를 잴 수 있는 모서리의 길이의 합은 $4\times4=16$ (cm)입니다. ▸1점
따라서 각기둥의 모든 모서리의 길이의 합은 $20+16=36$ (cm)입니다. ▸1점
; 36 cm ▸2점

2 나의 밑면은 다각형으로 이루어지지 않았습니다.

3 밑면이 다각형이고 옆면이 모두 삼각형인 입체도형은 가입니다.

5 (1) 각기둥이고 밑면의 모양이 육각형이므로 육각기둥입니다.
(2) 각뿔이고 밑면의 모양이 오각형이므로 오각뿔입니다.

8 각기둥의 높이는 두 밑면의 대응하는 꼭짓점을 이은 모서리의 길이와 같습니다.

9 가, 라: 3개, 나, 다: 4개

10 각뿔의 높이는 각뿔의 꼭짓점에서 밑면에 수직인 선분의 길이를 재면 됩니다.

11 • 삼각기둥
모서리의 수: $3\times3=9$(개),
면의 수: $3+2=5$(개)
• 오각기둥
모서리의 수: $5\times3=15$(개),
면의 수: $5+2=7$(개)

12 ㉠ 밑면은 1개입니다.
㉣ 모서리와 모서리가 만나는 점은 꼭짓점입니다.

13 각뿔은 밑면이 1개인데 주어진 도형은 2개라서 각뿔이 아니라고 써도 됩니다.

14 꼭짓점 중에서도 옆면이 모두 만나는 점을 각뿔의 꼭짓점이라고 합니다.

16 모든 면이 직사각형인 사각기둥에서 서로 평행한 3쌍의 면은 모두 밑면이 될 수 있습니다.

17 사각뿔의 꼭짓점의 수는 $4+1=5$(개)이고, 육각기둥의 꼭짓점의 수는 $6\times2=12$(개)입니다.
따라서 사각뿔과 육각기둥의 꼭짓점의 수의 합은
$5+12=17$(개)입니다.

18 각뿔은 밑면이 1개이므로 옆면은 모두 $10-1=9$(개)입니다.

19 옆면이 9개인 각뿔의 밑면의 모양은 구각형이므로 구각뿔입니다.

21 두 밑면의 모양이 모두 정오각형이므로 선분 ㄱㄴ과 길이가 같은 모서리는 모두 $5\times2=10$(개)입니다.

22 전개도에서 옆면 5개가 붙어 있는 모양은 가로가 $3\times5=15$ (cm)이고 세로가 5 cm인 직사각형입니다.
⇨ (넓이)$=15\times5=75$ (cm²)

23 밑면의 위치나 모서리를 자르는 위치에 따라 다양한 전개도를 그릴 수 있습니다.

24 밑면의 모양이 사각형인 각뿔이므로 사각뿔입니다.

25

채점 기준		
각기둥의 모든 모서리의 길이를 구한 경우	1점	4점
각기둥의 모든 모서리의 길이의 합을 구한 경우	1점	
답을 바르게 쓴 경우	2점	

실력 단원평가

12~13쪽

1 나, 다, 마 **2** 삼각뿔
3 다 **4** 칠각기둥
5 7 cm **6** ㉠, ㉢
7 7, 12, 7 **8** 32개
9 예 (각뿔의 꼭짓점의 수)=(밑면의 변의 수)$+1=11$이므로 밑면의 변의 수는 10개입니다. ▸3점
밑면의 모양이 십각형이므로 각뿔의 이름은 십각뿔입니다. ▸3점
; 십각뿔 ▸4점
10 (왼쪽에서부터) 4, 3, 3, 6
11 팔각형 **12** 구각기둥
13 ㉡, ㉢ **14** 7 cm
15 선분 ㄷㄹ, 선분 ㅂㅅ, 선분 ㅍㅎ
16 예 옆면이 이등변삼각형 8개로 이루어진 입체도형은 팔각뿔입니다. ▸2점
(모서리의 수)$=8\times2=16$(개),
(꼭짓점의 수)$=8+1=9$(개)이므로 모서리의 수는 꼭짓점의 수보다 $16-9=7$(개) 더 많습니다. ▸4점
; 7개 ▸4점
17 5 cm

2 밑면의 모양이 삼각형인 각뿔은 삼각뿔입니다.

4 밑면의 모양이 칠각형이므로 칠각기둥입니다.

6 각기둥의 밑면은 2개이고, 옆면은 직사각형입니다.

7 밑면의 모양이 육각형이므로 육각뿔입니다.

8 전개도로 만들 수 있는 입체도형은 오각기둥입니다.
오각기둥에서 면은 7개, 꼭짓점은 10개, 모서리는 15개입니다. ⇨ $7+10+15=32$(개)

9

채점 기준		
밑면의 변의 수를 구한 경우	3점	10점
각뿔의 이름을 구한 경우	3점	
답을 바르게 쓴 경우	4점	

11 각기둥의 옆면의 수는 한 밑면의 변의 수와 같으므로 밑면의 모양은 팔각형입니다.

12 각기둥과 각뿔 중에서 옆면이 직사각형인 입체도형은 각기둥이고 각기둥 중 꼭짓점이 18개인 것은 구각기둥입니다.

13 오각기둥과 오각뿔의 옆면은 5개로 같고 밑면의 모양은 모두 오각형입니다.

14 높이는 선분 ㅈㅇ의 길이와 같습니다.

15 길이가 2 cm인 선분을 찾아봅니다.

16

채점 기준		
입체도형의 이름을 구한 경우	2점	10점
모서리의 수와 꼭짓점의 수의 차를 구한 경우	4점	
답을 바르게 쓴 경우	4점	

17 전개도의 둘레는 길이가 같은 선분 14개로 둘러싸여 있습니다.
⇨ (한 모서리의 길이)$=70\div14=5$ (cm)

과정 중심 단원평가 14~15쪽

1 예 서로 평행한 면이 다각형이 아닙니다.▸10점

2 예 밑면이 2개이고, 옆면의 모양이 직사각형이므로 각기둥입니다.▸3점
밑면의 모양이 칠각형인 각기둥은 칠각기둥입니다.▸3점
; 칠각기둥▸4점

3 예 사각기둥은 옆면이 4개이어야 하는데 주어진 그림은 옆면이 3개입니다.
따라서 옆면이 1개 더 필요하기 때문에 사각기둥을 만들 수 없는 전개도입니다.▸10점

4 예 각뿔입니다.▸5점
옆면의 모양이 삼각형입니다.▸5점

5 예 오각기둥의 면은 7개입니다.▸3점
사각기둥의 면은 6개입니다.▸3점
따라서 두 각기둥의 면의 수의 차는 $7-6=1$(개)입니다.▸3점
; 1개▸6점

6 예 팔각뿔이므로 모서리의 수는 $8\times2=16$(개),▸3점
꼭짓점의 수는 $8+1=9$(개)입니다.▸3점
따라서 모서리의 수와 꼭짓점의 수의 합은
$16+9=25$(개)입니다.▸3점
; 25개▸6점

7 예 길이가 8 cm인 모서리가 2개, 길이가 14 cm인 모서리가 2개, 길이가 7 cm인 모서리가 2개, 길이가 16 cm인 모서리가 3개이므로▸4점
(모든 모서리의 길이의 합)
$=(8+14+7)\times2+16\times3=106$ (cm)입니다.▸5점
; 106 cm▸6점

8 예 밑면의 모양이 육각형이므로 육각기둥의 전개도입니다.▸4점
육각기둥의 꼭짓점의 수는 모두 $6\times2=12$(개)입니다.▸5점
; 12개▸6점

2

채점 기준		
입체도형이 각기둥임을 구한 경우	3점	10점
각기둥의 이름을 구한 경우	3점	
답을 바르게 쓴 경우	4점	

5

채점 기준		
오각기둥의 면의 수를 구한 경우	3점	15점
사각기둥의 면의 수를 구한 경우	3점	
두 각기둥의 면의 수의 차를 구한 경우	3점	
답을 바르게 쓴 경우	6점	

6

채점 기준		
팔각뿔의 모서리의 수를 구한 경우	3점	15점
팔각뿔의 꼭짓점의 수를 구한 경우	3점	
모서리의 수와 꼭짓점의 수의 합을 구한 경우	3점	
답을 바르게 쓴 경우	6점	

7

채점 기준		
모든 모서리의 길이를 구한 경우	4점	15점
모든 모서리의 길이의 합을 구한 경우	5점	
답을 바르게 쓴 경우	6점	

8

채점 기준		
각기둥의 이름을 구한 경우	4점	15점
육각기둥의 꼭짓점의 수를 구한 경우	5점	
답을 바르게 쓴 경우	6점	

심화 문제 16쪽

1 (위에서부터) 18 ; 16, 10, 24 ; 4, 4, 6
; 6, 6, 10 ; +, −

2 14개

3 예
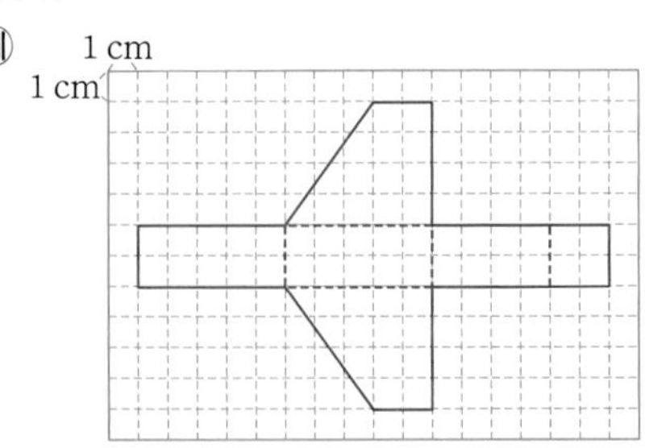

4 24 cm

5
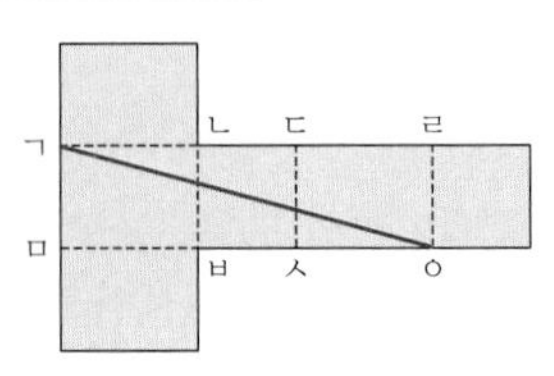

6 12 cm

1 $12+8-18=2$, $16+10-24=2$
$4+4-6=2$, $6+6-10=2$

2 옆면이 직사각형이므로 각기둥이고 옆면이 7개이므로 칠각기둥입니다. ⇨ $7\times2=14$(개)

4 $2\times4+4\times4=24$ (cm)

5 점 ㄱ에서 점 ㅇ까지 가장 짧은 길이는 두 점을 잇는 선분의 길이입니다.

6 높이를 □cm라 하면 $3\times10+\square\times5=90$입니다.
$30+\square\times5=90$, $\square\times5=60$, $\square=60\div5=12$

3단원 소수의 나눗셈

기본 단원평가 17~19쪽

1 (위에서부터) 132, $\frac{1}{10}$, 13.2, $\frac{1}{100}$, 1.32

2 1□2⊡4□5

3 208, 208, 26, 0.26

4 (1) $35\div5$ (2) $9\div9$

5 1.05

6 4.5

7
$$\begin{array}{r} 0.76 \\ 5{\overline{\smash{)}3.80}} \\ \underline{35} \\ 30 \\ \underline{30} \\ 0 \end{array}$$

8 0.82, 1.35

9 $5.81\div7=0.83$; 0.83 kg

10 ⑤

11 ㉢

12
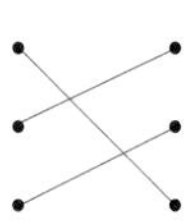

13 6.25

14 ④, ⑤

15 0.27 km

16 예 (민희네 모둠에서 한 사람이 가진 쌀)
$=5\div4=1.25$ (kg),
(성주네 모둠에서 한 사람이 가진 쌀)
$=6\div5=1.2$ (kg)▸2점
따라서 $1.25>1.20$이므로 한 사람이 가진 쌀의 양은 민희네 모둠이 더 많습니다.▸1점 ; 민희네 모둠▸1점

17 8.75 cm

18 1.48 cm

19 7.75, 1.55

20 예 (평행사변형의 밑변)=(넓이)÷(높이)이므로▸1점
$8.96\div4=2.24$ (cm)입니다.▸1점 ; 2.24 cm▸2점

21 3.88

22 0.28 km

23 2.4

24 (위에서부터) 3, 7, 5, 9, 4, 9

25 4.94 kg

2 37.35는 3735의 $\frac{1}{100}$배이므로 $37.35\div3$의 몫은 1245의 $\frac{1}{100}$배인 12.45가 됩니다.

5
$$\begin{array}{r} 1.05 \\ 8{\overline{\smash{)}8.40}} \\ \underline{8} \\ 40 \\ \underline{40} \\ 0 \end{array}$$

6
$$\begin{array}{r} 4.5 \\ 2{\overline{\smash{)}9.0}} \\ \underline{8} \\ 10 \\ \underline{10} \\ 0 \end{array}$$

8 $3.28\div4=0.82$, $8.1\div6=1.35$

10 나누는 수가 3으로 같으므로 나누어지는 수가 클수록 몫이 크다.
① 1.08 ② 0.92 ③ 1.61 ④ 1.72 ⑤ 2.36

11 ㉠ 6138을 6000으로 어림하여 계산하면 약 1000이므로 $6138\div6=1023$입니다.
㉡ 613.8을 600으로 어림하여 계산하면 약 100이므로 $613.8\div6=102.3$입니다.
㉢ 61.38을 60으로 어림하여 계산하면 약 10이므로 $61.38\div6=10.23$입니다.

12
$$\begin{array}{r} 1.55 \\ 6{\overline{\smash{)}9.30}} \\ \underline{6} \\ 33 \\ \underline{30} \\ 30 \\ \underline{30} \\ 0 \end{array} \qquad \begin{array}{r} 1.45 \\ 4{\overline{\smash{)}5.80}} \\ \underline{4} \\ 18 \\ \underline{16} \\ 20 \\ \underline{20} \\ 0 \end{array} \qquad \begin{array}{r} 4.12 \\ 5{\overline{\smash{)}20.60}} \\ \underline{20} \\ 6 \\ \underline{5} \\ 10 \\ \underline{10} \\ 0 \end{array}$$

13 $25\div4=\frac{25}{4}=\frac{625}{100}=6.25$

14 ① 0.78 ② 1.36 ③ 2.14 ④ 3.06 ⑤ 2.04

15 $2.43\div9=0.27$ (km)

16

채점 기준		
민희네 모둠과 성주네 모둠에서 한 사람이 가진 쌀의 양을 각각 구한 경우	2점	4점
한 사람이 가진 쌀은 어느 모둠이 더 많은지 구한 경우	1점	
답을 바르게 쓴 경우	1점	

17 (직사각형의 세로)=(넓이)÷(가로)
$=70\div8=8.75$ (cm)

18 정삼각형의 변은 3개이고 변의 길이는 모두 같습니다.
따라서 정삼각형의 한 변은 $4.44\div3=1.48$ (cm)입니다.

19 $46.5\div6=7.75$, $7.75\div5=1.55$

20

채점 기준		
밑변의 길이를 구하는 방법을 아는 경우	1점	4점
밑변의 길이를 구한 경우	1점	
답을 바르게 쓴 경우	2점	

21 ㉠ $14.6 \div 5 = 2.92$ ㉡ $6.72 \div 7 = 0.96$
⇨ $2.92 + 0.96 = 3.88$

22 1시간 15분=60분+15분=75분
⇨ $21 \div 75 = 0.28$ (km)

23 $37.68 \div 3 = 12.56$, $67.25 \div 5 = 13.45$,
$99.45 \div 9 = 11.05$

24
$$\begin{array}{r} 0.㉠\,㉡ \\ 7\overline{)\,2.㉢\,㉣} \\ \underline{2\;1\;\;} \\ 4\;9 \\ \underline{㉤\,㉥} \\ 0 \end{array}$$
7×㉠=21 ⇨ ㉠=3
㉢−1=4 ⇨ ㉢=5
㉣=9
49−㉤㉥=0 ⇨ ㉤=4, ㉥=9
7×㉡=49 ⇨ ㉡=7

25 (전체 보리의 무게)$=12.35 \times 2 = 24.7$ (kg)
(한 사람에게 나누어 줄 보리의 무게)
$=24.7 \div 5 = 4.94$ (kg)

실력 단원평가 20~21쪽

1 (1) 1.24 (2) 2.04
2 (1) 1.54 (2) 0.91
3 210, 210, 42, 0.42
4 0.46, 2.08
5 (1) ( ) (○) ( ) (2) ( ) (○) ( )
6 >
7
$$\begin{array}{r} 9.0\;5 \\ 6\overline{)\,5\;4.3\;0} \\ \underline{5\;4\;\;\;\;\;\;} \\ 3\;0 \\ \underline{3\;0} \\ 0 \end{array}$$
8 2.35
9 ㉠
10 ②, ③
11 0.52 m^2
12 예 정육면체의 모서리는 모두 12개이고 길이가 모두 같으므로▶2점
한 모서리는 $57 \div 12 = 4.75$ (cm)입니다.▶3점
; 4.75 cm▶3점
13 ㉢
14 6.72 cm
15 7.31, 7.32
16 예 어떤 수를 □라고 하면 □×5=8.75이므로
$8.75 \div 5 =$□, □$=1.75$입니다.▶3점
따라서 바르게 계산하면 $1.75 \div 5 = 0.35$입니다.▶3점
; 0.35▶4점

1 (1) 2.48은 248의 $\frac{1}{100}$배이므로 $2.48 \div 2$의 몫은 124의 $\frac{1}{100}$배인 1.24가 됩니다.
(2) 8.16은 816의 $\frac{1}{100}$배이므로 $8.16 \div 4$의 몫은 204의 $\frac{1}{100}$배인 2.04가 됩니다.

2 (1)
$$\begin{array}{r} 1.5\;4 \\ 6\overline{)\,9.2\;4} \\ \underline{6\;\;\;\;\;} \\ 3\;2\;\; \\ \underline{3\;0\;\;} \\ 2\;4 \\ \underline{2\;4} \\ 0 \end{array}$$
(2)
$$\begin{array}{r} 0.9\;1 \\ 3\overline{)\,2.7\;3} \\ \underline{2\;7\;\;} \\ 3 \\ \underline{3} \\ 0 \end{array}$$

5 (1) 21.72를 반올림하여 자연수로 나타내어 어림하면 $22 \div 6$의 몫은 3보다 크고 4보다 작은 수이므로 $21.72 \div 6 = 3.62$입니다.
(2) 7.05를 반올림하여 자연수로 나타내어 어림하면 $7 \div 5$의 몫은 1보다 크고 2보다 작은 수이므로 $7.05 \div 5 = 1.41$입니다.

6 $7.91 \div 7 = 1.13$, $9.45 \div 9 = 1.05$

8 $7.05 \div 3 = 2.35$

9 나누는 수가 8로 같으므로 나누어지는 수가 클수록 몫이 큽니다.

10 $13 \div 5 = 2.6$, $11 \div 4 = 2.75$이므로 2.6보다 크고 2.75보다 작은 수를 찾습니다.

11 $3.12 \div 6 = 0.52$ (m^2)

12

채점 기준		
정육면체의 특징을 이해한 경우	2점	8점
정육면체의 한 모서리의 길이를 구한 경우	3점	
답을 바르게 쓴 경우	3점	

13 나누는 수가 나누어지는 수보다 크면 몫이 1보다 작습니다.

14 (삼각형의 밑변)=(넓이)×2÷(높이)
⇨ $13.44 \times 2 \div 4 = 26.88 \div 4 = 6.72$ (cm)

15 수 카드 3장을 뽑아 만들 수 있는 소수 두 자리 수 중 $58 \div 8 = 7.25$보다 큰 수는 7.31, 7.32입니다.

16

채점 기준		
어떤 수를 구한 경우	3점	10점
바르게 계산한 경우	3점	
답을 바르게 쓴 경우	4점	

과정 중심 단원평가 22~23쪽

1 예 정사각형은 네 변의 길이가 모두 같으므로▸2점
(꽃밭의 한 변)$=4.88\div4=1.22$ (m)입니다.▸4점
; 1.22 m▸4점

2 (위에서부터) 137, 1.37 ; $\frac{1}{100}$▸4점

예 6.85는 685의 $\frac{1}{100}$배이므로 계산 결과도 $\frac{1}{100}$배입니다. $685\div5=137$이므로 $6.85\div5$의 몫은 137의 $\frac{1}{100}$배인 1.37입니다.▸6점

3 예 색칠한 부분은 전체를 6 등분 한 것 중에 하나입니다.▸2점
따라서 색칠한 부분의 넓이는
$4.98\div6=0.83$ (m^2)입니다.▸4점
; 0.83 m^2▸4점

4 예 방법 1
$21.28\div7=\frac{2128}{100}\div7=\frac{2128\div7}{100}$
$=\frac{304}{100}=3.04$; 3.04 kg▸5점

방법 2
$$\begin{array}{r} 3.04 \\ 7\overline{)21.28} \\ 21 \\ \hline 28 \\ 28 \\ \hline 0 \end{array}$$
; 3.04 kg▸5점

5 예 수 카드 3장으로 만들 수 있는 가장 작은 소수 두 자리 수는 1.35입니다.▸4점
따라서 남은 수 카드의 수로 나누었을 때의 몫은
$1.35\div9=0.15$입니다. ▸5점
; 0.15▸6점

6 예 페인트 16.64 L를 사용하여 넓이가 (4×2) m^2인 직사각형 모양의 벽을 칠했으므로▸4점
1 m^2의 벽을 칠하는 데 사용한 페인트의 양은
$16.64\div8=2.08$ (L)입니다.▸5점
; 2.08 L▸6점

7 예 나무와 나무 사이의 간격은 $5-1=4$(군데) 입니다.▸4점
따라서 나무와 나무 사이의 간격은
$9\div4=2.25$ (m) 로 해야 합니다.▸5점
; 2.25 m▸6점

8 예 (직사각형 가의 넓이)
$=14.2\times3=42.6$ (cm^2)이므로▸4점
(직사각형 나의 세로)
$=42.6\div5=8.52$ (cm)입니다.▸5점
; 8.52 cm▸6점

1

채점 기준		
정사각형의 네 변의 길이가 같음을 설명한 경우	2점	10점
꽃밭의 한 변의 길이를 구한 경우	4점	
답을 바르게 쓴 경우	4점	

2

채점 기준		
□ 안에 알맞은 수를 써넣은 경우	4점	10점
$685\div5$를 이용하여 $6.85\div5$를 계산하는 방법을 바르게 설명한 경우	6점	

3

채점 기준		
색칠한 부분이 전체를 6등분 한 것 중 하나임을 설명한 경우	2점	10점
색칠한 부분의 넓이를 구한 경우	4점	
답을 바르게 쓴 경우	4점	

5

채점 기준		
만들 수 있는 가장 작은 소수 두 자리 수를 구한 경우	4점	15점
남은 수 카드의 수로 나눈 몫을 구한 경우	5점	
답을 바르게 쓴 경우	6점	

6

채점 기준		
페인트를 칠한 벽의 넓이를 구한 경우	4점	15점
1 m^2의 벽을 칠하는데 사용한 페인트의 양을 구한 경우	5점	
답을 바르게 쓴 경우	6점	

7

채점 기준		
나무와 나무 사이의 간격이 몇 군데인지 구한 경우	4점	15점
나무와 나무 사이의 간격이 몇 m인지 구한 경우	5점	
답을 바르게 쓴 경우	6점	

8

채점 기준		
직사각형 가의 넓이를 구한 경우	4점	15점
직사각형 나의 세로의 길이를 구한 경우	5점	
답을 바르게 쓴 경우	6점	

심화 문제 24쪽

1 3개	**2** 6.25 m	**3** 1.72 cm
4 0.42 cm	**5** 0.24 kg	**6** 6.18 cm

1 나누는 수가 나누어지는 수보다 크면 몫이 1보다 작습니다.

2 원 모양의 호수 둘레에 심을 나무와 나무 사이의 간격은 40군데입니다. ⇨ $250 \div 40 = 6.25$ (m)

3 (정육각형의 한 변의 길이)$=41.28 \div 6 = 6.88$ (cm)
⇨ (정사각형의 한 변의 길이)$=6.88 \div 4 = 1.72$ (cm)

4 남은 양초의 길이는 $7 \times 0.7 = 4.9$ (cm)이므로 양초는 1분 동안 $(7-4.9) \div 5 = 0.42$ (cm) 탔습니다.

5 (과일 통조림 6개의 무게)$=0.3 \times 6 = 1.8$ (kg)
(참치 통조림 6개의 무게)$=3.24 - 1.8 = 1.44$ (kg)
⇨ (참치 통조림 1개의 무게)$=1.44 \div 6 = 0.24$ (kg)

6 이어 붙인 부분의 길이가 $0.5 \times 4 = 2$ (cm)이므로 색 테이프 5장의 전체 길이는 $28.9 + 2 = 30.9$ (cm)입니다. 따라서 색 테이프 한 장의 길이는 $30.9 \div 5 = 6.18$ (cm)입니다.

4단원 비와 비율

기본 단원평가 25~27쪽

1 (1) 3 (2) 2
2 50, 20, 비율
3 7 : 6
4 6 : 7
5 9 : 8
6 $\frac{6}{8}\left(=\frac{3}{4}\right)$, 0.75
7

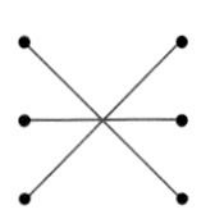

8 예

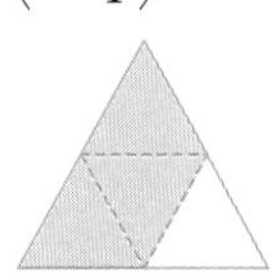

9 0.95
10 $\frac{35}{42}\left(=\frac{5}{6}\right)$
11 49 %
12 40 %
13 3 : 7
14 (위에서부터) 0.67 / $\frac{3}{100}$, 3 % / 0.58, 58 %
15 >
16 $\frac{70}{2}(=35)$, $\frac{90}{3}(=30)$
17 가 자전거
18 예 안경을 쓰지 않은 학생은 $40-6=34$(명)이므로 ▸1점 안경을 쓰지 않은 학생은 전체 학생의 $\frac{34}{40} \times 100 = 85$ ⇨ 85 %입니다.▸1점 ; 85 % ▸2점
19 9 %
20 20 %
21 47 %
22 예 $0.4 = \frac{4}{10} = \frac{2}{5}$이므로▸1점 기준량이 5인 비로 나타내면 2 : 5입니다.▸1점 ; 2 : 5▸2점
23 17 %, 16 %
24 정수
25 0.34

7 • 7 : 5 ⇨ $\frac{7}{5} = 1.4$
• 17과 20의 비 ⇨ 17 : 20 ⇨ $\frac{17}{20} = 0.85$
• 7에 대한 5의 비 ⇨ 5 : 7 ⇨ $\frac{5}{7}$

8 전체가 4칸이므로 3칸에 색칠합니다.

9 19 : 20 ⇨ $\frac{19}{20} = 0.95$

10 (가로) : (세로)$=35 : 42$ ⇨ $\frac{35}{42}\left(=\frac{5}{6}\right)$

11 $\frac{49}{100} \times 100 = 49$ ⇨ 49 %

12 $\frac{16}{40} \times 100 = 40$ ⇨ 40 %

13 (남학생 수)$=7-4=3$(명)
(남학생 수) : (전체 학생 수)$=3 : 7$

14 • $0.03 = \frac{3}{100}$, $\frac{3}{100} \times 100 = 3$ ⇨ 3 %
• $\frac{29}{50} = \frac{29 \times 2}{50 \times 2} = \frac{58}{100} = 0.58$,
$0.58 \times 100 = 58$ ⇨ 58 %

15 $\frac{19}{25} \times 100 = 76$ ⇨ 76 %

16 가 자전거 → $\frac{70}{2} = 35$, 나 자전거 → $\frac{90}{3} = 30$

17 35>30이므로 가 자전거가 더 빠릅니다.

18

채점 기준		
안경을 쓰지 않은 학생 수를 구한 경우	1점	4점
백분율을 구한 경우	1점	
답을 바르게 쓴 경우	2점	

19 $\frac{36}{400} \times 100 = 9$ ⇨ 9 %

20 $\frac{44}{220} \times 100 = 20$ ⇨ 20 %

21 $\frac{235}{500} \times 100 = 47$ ⇨ 47 %

22

채점 기준		
비율을 분모가 5인 분수로 나타낸 경우	1점	4점
기준량이 5인 비로 나타낸 경우	1점	
답을 바르게 쓴 경우	2점	

23 정수: $\frac{51}{300} \times 100 = 17$ (%)
시현: $\frac{80}{500} \times 100 = 16$ (%)

24 17 % > 16 %이므로 정수의 소금물이 더 진합니다.

25 (타율)$=\frac{(\text{안타 수})}{(\text{전체 타수})}=\frac{119}{350}=0.34$

실력 단원평가 28~29쪽

1 8 : 12　　**2** ㉢

3 13 : 8　　**4** $\frac{5}{7}$

5 방법 1 ㉠ 70−50=20으로 앵두는 자두보다 20개 더 많습니다.

방법 2 ㉠ 70÷50=1.4로 앵두 수는 자두 수의 1.4배입니다.

6 ㉡, ㉠, ㉢, ㉣　　**7** 15 %

8 ㉠ 넓이에 대한 인구의 비율이 가 마을은 18505÷5=3701이고▸1점
나 마을은 11352÷3=3784이므로 인구가 더 밀집한 곳은 나 마을입니다.▸1점 ; 나 마을▸3점

9 $\frac{3}{60000}\left(=\frac{1}{20000}\right)$　　**10** 0.25

11 30 %, 15 %, 10 %　　**12** 실내화

13 0.16

14 ㉠ 한 달 동안의 이자는 14400÷6=2400(원)입니다.▸3점

비율은 $\frac{(\text{월 이자})}{(\text{예금한 돈})}$이므로 $\frac{2400}{120000}$입니다.

백분율로 나타내면 $\frac{2400}{120000}\times100=2$ ⇨ 2 %입니다.▸3점

; 2 %▸4점

15 20 %　　**16** 1.25

2 기준량이 ㉠ 7, ㉡ 5, ㉢ 3, ㉣ 4입니다.

3 (현아가 읽은 동화책 수)=13−5=8(권)

4 (여학생 수) : (남학생 수)=5 : 7 ⇨ $\frac{5}{7}$

6 ㉠ 0.55 ㉡ 0.9 ㉢ 0.47 ㉣ 0.25

7 (할인 받은 금액)=1000−850=150(원)

(할인율)$=\frac{150}{1000}\times100=15$ ⇨ 15 %

8

채점 기준		
가와 나 마을에서 넓이에 대한 인구의 비율을 각각 구한 경우	각 1점	5점
답을 바르게 쓴 경우	3점	

9 1 m=100 cm이므로 600 m=60000 cm입니다.
실제 거리에 대한 지도에서의 거리의 비율은
$\frac{3}{60000}\left(=\frac{1}{20000}\right)$입니다.

10 (가의 넓이)$=9\times4=36\ (\text{cm}^2)$
(나의 넓이)$=3\times3=9\ (\text{cm}^2)$
(나의 넓이) : (가의 넓이)=9 : 36
⇨ $\frac{9}{36}=\frac{1}{4}=0.25$

11 (실내화의 할인율)$=\frac{3000}{10000}\times100=30$ ⇨ 30 %

(가방의 할인율)$=\frac{3000}{20000}\times100=15$ ⇨ 15 %

(농구공의 할인율)$=\frac{3000}{30000}\times100=10$ ⇨ 10 %

13 (소금물 양)=210+30+10=250 (g),
(소금 양)=30+10=40 (g)
⇨ (비율)$=\frac{40}{250}=\frac{16}{100}=0.16$

14

채점 기준		
한 달 동안의 이자를 구한 경우	3점	10점
비율을 백분율로 나타낸 경우	3점	
답을 바르게 쓴 경우	4점	

15 (작년의 인형 1개의 값)=75000÷6=12500(원)
(올해의 인형 1개의 값)=75000÷5=15000(원)
(오른 값)=15000−12500=2500(원)
(인상률)$=\frac{2500}{12500}\times100=20$ ⇨ 20 %

16 (삼촌 그림자의 길이) : (삼촌 키)=230 : 184이고
비율은 $\frac{230}{184}=1.25$입니다.
(언니 그림자의 길이) : (언니 키)=205 : 164이고
비율은 $\frac{205}{164}=1.25$입니다.

과정 중심 단원평가 30~31쪽

1 ㉠ 나눗셈으로 비교하면 8÷4=2이므로 도넛 수는 접시 수의 2배입니다. 따라서 잘못 비교한 학생은 민주입니다.▸6점 ; 민주▸4점

2 ㉠ 8 : 11은 기준이 11이지만 11 : 8은 기준이 8이기 때문에 두 비는 서로 다릅니다.▸10점

3 ㉠ 남학생은 24−11=13(명)입니다.▸3점
따라서 우리 반의 여학생 수와 남학생 수의 비는 11 : 13입니다.▸3점
; 틀립니다에 ○표▸4점

4 ⓔ 3 : 5는 3과 5의 비, 5에 대한 3의 비, 3의 5에 대한 비라고 읽습니다.▸6점
; 경미▸4점

5 ⓔ 파란색 페인트 양의 빨간색 페인트 양에 대한 비율은 $\frac{7}{4}$입니다.▸5점
$\frac{7}{4}$을 소수로 나타내면 1.75입니다.▸4점 ; 1.75▸6점

6 ⓔ 가의 가로에 대한 세로의 비율은 $\frac{6}{9}\left(=\frac{2}{3}\right)$입니다.▸5점
나의 가로에 대한 세로의 비율은 $\frac{8}{12}\left(=\frac{2}{3}\right)$입니다.▸5점
따라서 두 직사각형의 가로에 대한 세로의 비율은 같습니다.▸5점

7 ⓔ 진우가 슛을 성공한 비율을 백분율로 나타내면
$\frac{21}{30}\times100=70$ (%)이고▸4점
민호가 슛을 성공한 비율을 백분율로 나타내면
$\frac{18}{25}\times100=72$ (%)입니다.▸4점
따라서 민호가 슛을 성공한 비율이 더 높습니다.▸1점
; 민호▸6점

8 ⓔ 두 사람의 딸기주스 양에 대한 딸기 원액 양의 비율을 각각 구하면 혜서는 $\frac{135}{300}=0.45$이고▸3점
민우는 $\frac{160}{400}=0.4$입니다.▸3점
따라서 혜서가 만든 딸기주스가 더 진합니다.▸3점
; 혜서▸6점

3

채점 기준		
남학생이 몇 명인지 구한 경우	3점	10점
여학생 수와 남학생 수의 비를 구한 경우	3점	
옳고 그름을 바르게 판단한 경우	4점	

5

채점 기준		
파란색 페인트의 양의 빨간색 페인트의 양에 대한 비율을 구한 경우	5점	15점
$\frac{7}{4}$을 소수로 나타낸 경우	4점	
답을 바르게 쓴 경우	6점	

6

채점 기준		
가의 가로에 대한 세로의 비율을 구한 경우	5점	15점
나의 가로에 대한 세로의 비율을 구한 경우	5점	
알게된 점을 바르게 설명한 경우	5점	

7

채점 기준		
진우가 슛을 성공한 비율을 구한 경우	4점	15점
민호가 슛을 성공한 비율을 구한 경우	4점	
슛을 성공한 비율이 더 높은 학생을 구한 경우	1점	
답을 바르게 쓴 경우	6점	

8

채점 기준		
혜서의 딸기주스 양에 대한 딸기 원액 양의 비율을 구한 경우	3점	15점
빈우의 딸기주스 양에 대한 딸기 원액 양의 비율을 구한 경우	3점	
더 진한 딸기주스를 만든 사람을 구한 경우	3점	
답을 바르게 쓴 경우	6점	

심화 문제 32쪽

1 윤우	2 50개	3 14000원
4 50	5 비만입니다.	6 $\frac{1}{8}$

1 승현이의 성공률: $\frac{36}{72}\times100=50$ (%)
윤우의 성공률: $\frac{39}{75}\times100=52$ (%)
⇨ 52 % > 50 % > 45 %이므로 성공률이 가장 높은 사람은 윤우입니다.

2 지난달에 생산한 불량품: $3000\times\frac{25}{1000}=75$(개)
이번달에 생산한 불량품: $5000\times\frac{25}{1000}=125$(개)
따라서 불량품은 지난달보다 125−75=50(개) 늘었습니다.

3 700원은 가격의 5 %이므로 가격의 1 %는 700÷5=140(원)입니다. 따라서 가격의 100 %는 140×100=14000(원)입니다.

4 $\frac{70}{100}=\frac{7}{10}=\frac{7\times5}{10\times5}=\frac{35}{50}$ ← 기준량

5 $\frac{90}{72}\times100=125$ (%) ⇨ 비만입니다.

6 밑변과 높이가 각각 같은 삼각형의 넓이는 같으므로
삼각형 ㄱㄹㄷ의 넓이는 삼각형 ㄱㄴㄷ의 넓이의 $\frac{1}{4}$입니다.
삼각형 ㄱㄹㅁ의 넓이는 삼각형 ㄱㄹㄷ의 넓이의 $\frac{1}{2}$입니다.
⇨ $\frac{1}{4}\times\frac{1}{2}=\frac{1}{8}$

5단원 여러 가지 그래프

기본 단원평가 33~35쪽

1 10만 t　　2 1만 t
3 광주·전라　　4 피자
5 15 %　　6 국화
7 25 %　　8 4배
9 72명
10 400 ; 35, 30, 10, 15, 10, 100
11 신문별 구독 부수

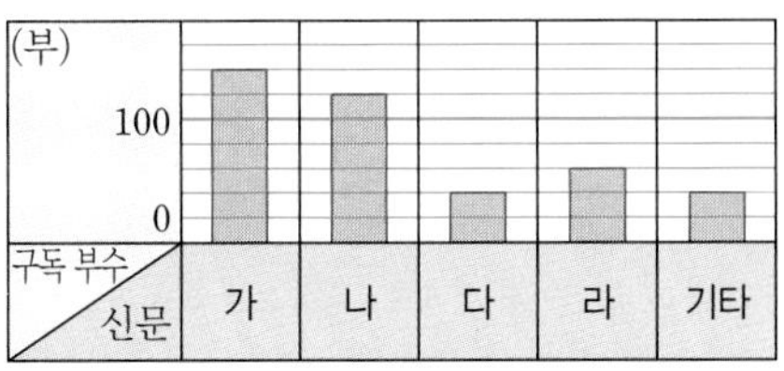

12 신문별 구독 부수

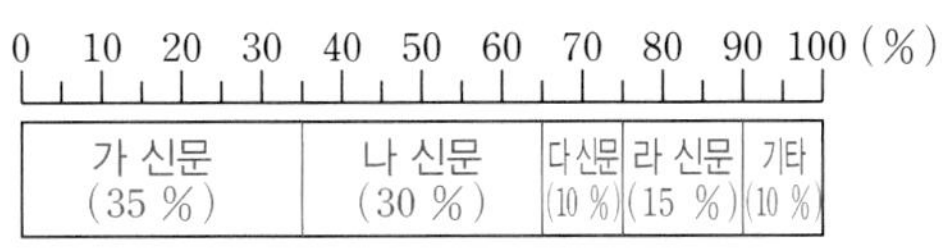

13 신문별 구독 부수
예

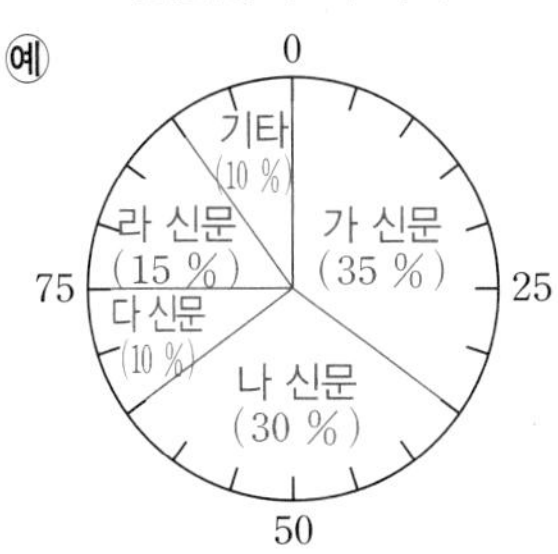

14 5배
15 20 %
16 8명
17 예 주말에 다녀온 장소별 학생 수

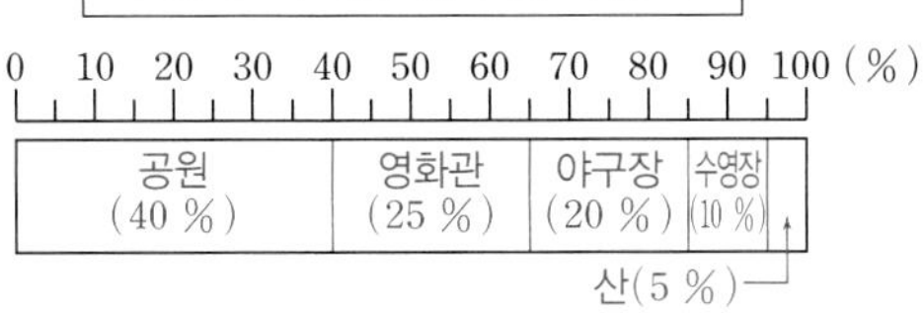

18 2배　　19 포도
20 18 t
21 예 사과, 복숭아, 딸기의 생산량 비율은 증가하고▸2점 포도의 생산량 비율은 감소하고 있습니다.▸2점
22 18 %
23 예 밭 전체의 넓이를 □ m^2라고 하면
□×0.15=24▸1점
□=24÷0.15, □=160입니다. 따라서 밭 전체의 넓이는 160 m^2입니다.▸1점
; 160 m^2▸2점
24 8 m^2　　25 15 %

3 10만 t 그림이 가장 많은 권역이 광주 · 전라 권역입니다.

4 띠그래프에서 피자가 차지하는 길이가 가장 깁니다.

6 원그래프에서 국화가 차지하는 부분의 넓이가 가장 좁습니다.

8 국어: 25 %, 수학: 15 %, 사회: 10 %
따라서 국어나 수학을 좋아하는 학생 수는 사회를 좋아하는 학생 수의 $(25+15)\div10=40\div10=4$(배)입니다.

9 $480\times0.15=72$(명)

10 (구독 부수의 합계)
$=140+120+40+60+40=400$(부)
가: $\frac{140}{400}\times100=35$ (%), 나: $\frac{120}{400}\times100=30$ (%),
다: $\frac{40}{400}\times100=10$ (%), 라: $\frac{60}{400}\times100=15$ (%),
기타: $\frac{40}{400}\times100=10$ (%)

11 눈금 한 칸의 크기는 20부입니다.

14 영화관에 다녀온 학생은 전체의 25 %, 산에 다녀온 학생은 전체의 5 %이므로 $25\div5=5$(배)입니다.

15 $100-(40+25+10+5)=20$ (%)

16 $40\times0.2=8$(명)

18 2022년의 딸기 생산량은 16 %이고 2020년의 딸기 생산량은 8 %이므로 $16\div8=2$(배)입니다.

19 포도는 2021년에 24 %, 2022년에 9 %로 띠그래프의 길이가 짧아졌습니다.

20 2021년의 복숭아 생산량은 전체의 36 %이므로 $50\times0.36=18$ (t)입니다.

21

채점 기준		
비율이 증가하는 과일을 찾아서 쓴 경우	2점	4점
비율이 감소하는 과일을 찾아서 쓴 경우	2점	

22 $100-(28+15+20+10+5+4)=18$ (%)

23

채점 기준		
식을 바르게 쓴 경우	1점	4점
밭 전체의 넓이를 구한 경우	1점	
답을 바르게 쓴 경우	2점	

24 (호박을 심은 밭의 넓이)$=160\times0.2=32$ (m^2)
⇨ $32-24=8$ (m^2)

25 올해 파를 심은 밭의 넓이는 $160\times0.1=16$ (m^2)이므로 내년에 파를 심을 밭의 넓이는 $16+8=24$ (m^2)이고 전체의 $\frac{24}{160}\times100=15$ (%)입니다.

실력 단원평가 36~37쪽

1 국가별 이산화 탄소 배출량

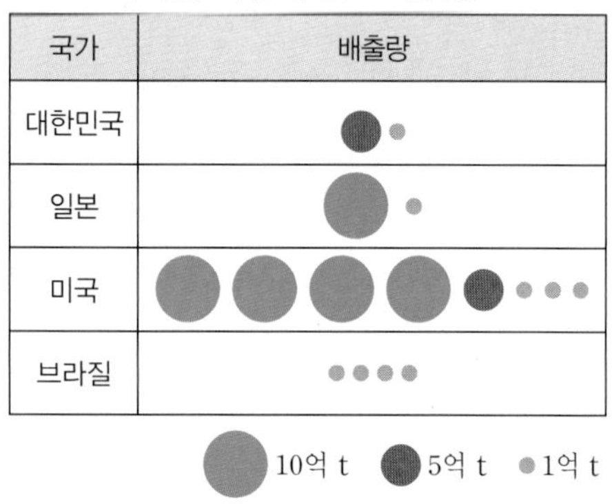

2 6 ; 40, 15, 25, 10, 10, 100

3 여행하고 싶은 나라별 학생 수

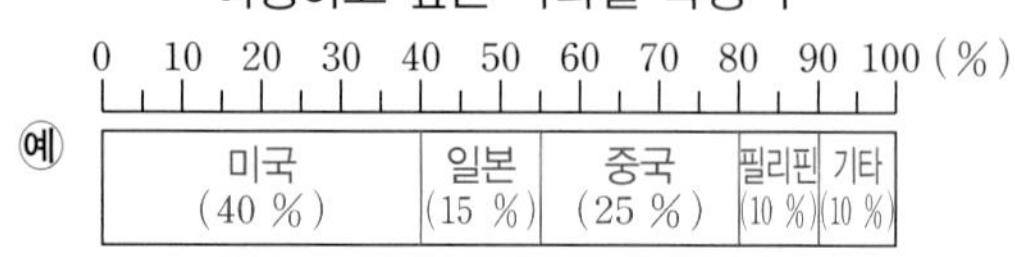

4 ㉠, ㉣ **5** $70\ m^2$

6 30 %

7 각 공간이 차지하는 넓이의 비율

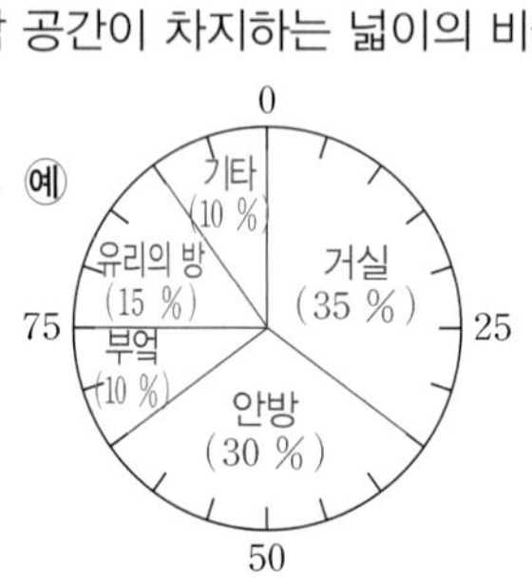

8 4배 **9** 8명

10 20세 미만

11 ㉠ 1990년부터 2020년까지 계속 증가하였으므로▸5점
앞으로도 계속 증가할 것 같습니다.▸5점

12 동화책, 위인전 **13** 75권, 64권

14 17 %

15 ㉠ 1반의 과학책은 $300\times0.17=51$(권)이고 2반의 과학책은 $200\times0.2=40$(권)입니다.▸4점
따라서 1반이 $51-40=11$(권) 더 많습니다.▸2점
; 1반, 11권▸4점

2 전체 학생 40명에서 미국, 중국, 필리핀, 기타를 선택한 학생 수를 빼면 일본을 선택한 학생은
$40-(16+10+4+4)=6$(명)입니다.
미국: $\frac{16}{40}\times100=40$ (%),
일본: $\frac{6}{40}\times100=15$ (%),
중국: $\frac{10}{40}\times100=25$ (%),
필리핀: $\frac{4}{40}\times100=10$ (%),
기타: $\frac{4}{40}\times100=10$ (%)

4 전체에 대한 각 부분의 비율을 띠 모양에 나타낸 그래프는 띠그래프라 하고, 원 모양에 나타낸 그래프는 원그래프라고 합니다.

> **참고**
> 원그래프는 중심각의 크기를 이용하여 전체에 대한 각 부분의 비율을 원 모양으로 나타낸 것으로 한눈에 알아보기 쉽습니다.

5 10 %가 $7\ m^2$이므로 집 전체의 넓이는 $70\ m^2$입니다.

6 $100-(35+10+15+10)=30$ (%)

8 컴퓨터: 32 %, 피아노: 8 % ⇨ $32\div8=4$(배)

9 $50\times0.16=8$(명)

10 띠그래프에서 길이가 줄어든 연령층은 20세 미만입니다.

11

채점 기준		
60세 이상 인구의 비율이 증가하는 것을 아는 경우	5점	10점
바르게 예상하여 답을 쓴 경우	5점	

12 원그래프에서 차지하는 부분이 가장 넓은 항목이 1반은 동화책, 2반은 위인전입니다.

13 1반: $300\times0.25=75$(권), 2반: $200\times0.32=64$(권)

14 1반의 학습 만화 수는 전체의
$100-(25+40+17+8)=10$ (%)이므로
2반의 학습 만화 수는 전체의
$10\times1.7=17$ (%)입니다.

15

채점 기준		
1반과 2반의 과학책 수를 각각 구한 경우	4점	10점
어느 반이 몇 권 더 많은지 바르게 구한 경우	2점	
답을 바르게 쓴 경우	4점	

과정 중심 단원평가 38~39쪽

1 예 권역별로 초등학생 수가 많고 적음을 쉽게 파악할 수 있습니다.▶10점

2 예 띠그래프에서 합계는 100 %이므로▶2점
4학년 학생의 비율은
$100-(15+15+20+16+16)=18$ (%)입니다.▶2점
따라서 가장 많은 학년은 3학년입니다.▶2점
; 3학년▶4점

3 예 자전거를 타고 등교하는 학생 수는 전체의 15%이므로▶4점
$300\times0.15=45$(명)입니다.▶5점
; 45명▶6점

4 예 걸어서 등교하는 학생은 $300\times0.5=150$(명)입니다.▶4점
버스를 타고 등교하는 학생은 $150-105=45$(명)이므로 $\frac{45}{300}\times100=15$ (%)입니다.▶5점
; 15 %▶6점

5 예 원그래프에서 합계는 100 %이므로▶2점
동화책의 비율은 $100-(24+15+16+11)=34$ (%)입니다.▶2점
따라서 학생들이 가장 많이 즐겨 읽는 책은 동화책입니다.▶2점 ; 동화책▶4점

6 예 만화책의 비율 16 %가 48명입니다. $16\times3=48$이므로 100 %는 $100\times3=300$(명)입니다.▶5점
따라서 동화책을 즐겨 읽는 학생은
$300\times0.34=102$(명)입니다.▶4점
; 102명▶6점

7 예 원▶4점
예 전체 전기 사용량에 대한 각 마을별 전기 사용량의 비율을 비교하기 쉽기 때문입니다.▶6점

8 예 전체의 25 %인 주거지의 넓이가 100 km^2이므로▶3점 토지 전체의 넓이는 $100\times4=400$ (km^2)이고, 경작지의 넓이는 $400\times0.45=180$ (km^2)입니다.▶3점
따라서 논의 넓이는 $180\times0.55=99$ (km^2)입니다.▶4점 ; 99 km^2▶5점

2

채점 기준		
띠그래프의 합계가 100 %임을 아는 경우	2점	10점
4학년 학생의 비율을 구한 경우	2점	
학생 수가 가장 많은 학년을 구한 경우	2점	
답을 바르게 쓴 경우	4점	

3

채점 기준		
자전거를 타고 등교하는 학생 수의 비율을 구한 경우	4점	15점
자전거를 타고 등교하는 학생 수를 구한 경우	5점	
답을 바르게 쓴 경우	6점	

4

채점 기준		
걸어서 등교하는 학생 수를 구한 경우	4점	15점
버스를 타고 등교하는 학생 수의 비율을 구한 경우	5점	
답을 바르게 쓴 경우	6점	

5

채점 기준		
원그래프의 합계가 100 %임을 아는 경우	2점	10점
동화책의 비율을 구한 경우	2점	
가장 많이 즐겨 읽는 책을 구한 경우	2점	
답을 바르게 쓴 경우	4점	

6

채점 기준		
전체 학생 수를 구한 경우	5점	15점
동화책을 즐겨 읽는 학생 수를 구한 경우	4점	
답을 바르게 쓴 경우	6점	

8

채점 기준		
주거지의 비율이 25 %임을 설명한 경우	3점	15점
토지 전체의 넓이와 경작지의 넓이를 구한 경우	3점	
논의 넓이를 구한 경우	4점	
답을 바르게 쓴 경우	5점	

심화 문제 40쪽

1 275권　**2** 11권　**3** 38 %
4 360명　**5** 18 %
6 여학생들이 가지고 싶은 물건

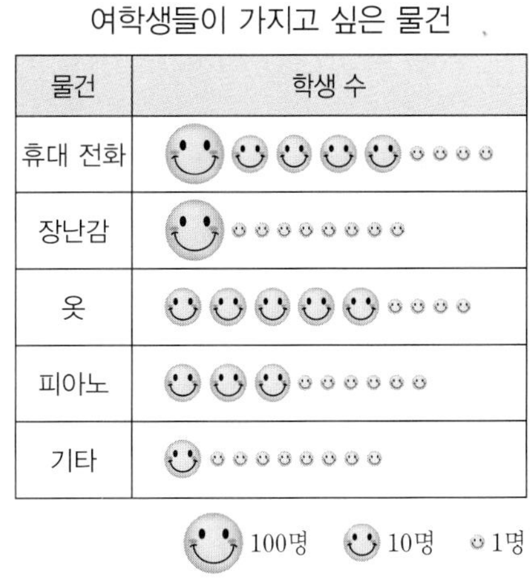

1 (과학책의 비율)$=\frac{75}{625}\times100=12$ (%)
(위인전의 비율)$=100-(40+12+4)=44$ (%)이므로
위인전은 $625\times0.44=275$(권)입니다.

2 과학자 책은 $275\times0.32=88$(권)이고 정치가 책은 $275\times0.28=77$(권)입니다.

3 수분과 탄수화물의 비율의 합은 전체의
$100-(32+9+2)=57$ (%)이므로
수분의 비율은 $57\div3=19$ (%)이고,
탄수화물의 비율은 $57-19=38$ (%)입니다.

4 (여학생)$=800\times0.45=360$(명)

5 휴대 전화를 가지고 싶은 여학생은 $360\times0.4=144$(명)이므로 전체 학생의 $\frac{144}{800}\times100=18$ (%)입니다.

6 장난감: $360\times0.3=108$(명), 옷: $360\times0.15=54$(명),
피아노: $360\times0.1=36$(명), 기타: $360\times0.05=18$(명)

6단원 직육면체의 부피와 겉넓이

기본 단원평가 41~43쪽

1 $1\ \text{cm}^3$, 1 세제곱센티미터
2 27개, 16개
3 >
4 $12\ \text{cm}^3$
5 $288\ \text{m}^3$
6 17000000
7 54
8 $343\ \text{cm}^3$
9 $294\ \text{cm}^2$
10 $90\ \text{cm}^3$, $126\ \text{cm}^2$
11 책장
12 $125\ \text{m}^3$
13 $73\ \text{cm}^3$
14 가, $16\ \text{cm}^2$
15 예 $9\times9=81$이므로 한 모서리가 9 cm인 정육면체입니다. ▸1점 따라서 부피는 $9\times9\times9=729\ (\text{cm}^3)$입니다. ▸1점 ; $729\ \text{cm}^3$ ▸2점
16 20 cm
17 24개
18 $1728\ \text{cm}^3$
19 9
20 $216\ \text{cm}^3$
21 예 주사위 8개로 만든 정육면체 모양은 가로로 2개, 세로로 2개, 높이를 2층으로 쌓은 것입니다. ▸1점 따라서 쌓은 정육면체의 한 모서리는 $5\times2=10$ (cm)입니다. ▸1점 ; 10 cm ▸2점
22 8배
23 $1331\ \text{cm}^3$
24 100개
25 $624\ \text{cm}^3$

4 부피가 $1\ \text{cm}^3$인 쌓기나무가 $2\times3\times2=12$(개)입니다.

5 $12\times6\times4=288\ (\text{m}^3)$

6 $1\ \text{m}^3=1000000\ \text{cm}^3$ ⇨ $17\ \text{m}^3=17000000\ \text{cm}^3$

8 (정육면체의 부피)$=7\times7\times7=343\ (\text{cm}^3)$

9 (정육면체의 겉넓이)$=7\times7\times6=294\ (\text{cm}^2)$

10 부피: $5\times6\times3=90\ (\text{cm}^3)$
겉넓이: $(6\times5+5\times3+6\times3)\times2=126\ (\text{cm}^2)$

11 $2300000\ \text{cm}^3=2.3\ \text{m}^3$, $600000\ \text{cm}^3=0.6\ \text{m}^3$

12 $500\times500\times500=125000000\ (\text{cm}^3)$ ⇨ $125\ \text{m}^3$

13 가: $4\times5\times5=100\ (\text{cm}^3)$, 나: $3\times3\times3=27\ (\text{cm}^3)$
⇨ $100-27=73\ (\text{cm}^3)$

14 (가의 겉넓이)
$=(9\times3+3\times7+9\times7)\times2=222\ (\text{cm}^2)$
(나의 겉넓이)
$=(4\times3+3\times13+4\times13)\times2=206\ (\text{cm}^2)$
따라서 가의 겉넓이가 $222-206=16\ (\text{cm}^2)$ 더 넓습니다.

15

채점 기준		
정육면체의 한 모서리의 길이를 구한 경우	1점	4점
정육면체의 부피를 구한 경우	1점	
답을 바르게 쓴 경우	2점	

16 높이를 □ cm라고 하면 $10\times13\times□=2600$,
$130\times□=2600$, □$=20$이므로 높이는 20 cm입니다.

17 가로: $12\div3=4$(개), 세로: $6\div3=2$(개),
높이: $9\div3=3$(층)이므로 정육면체가 $4\times2\times3=24$(개) 필요합니다.

18 한 모서리의 길이를 □ cm라고 하면
정육면체의 겉넓이는 □×□×$6=864$입니다.
$864\div6=144\ (\text{cm}^2)$이므로 □$=12$ cm입니다.
⇨ (정육면체의 부피)$=12\times12\times12=1728\ (\text{cm}^3)$

19 $(6\times7+7\times□+6\times□)\times2=318$,
$42+13\times□=159$, $13\times□=117$, □$=9$

20 3, 2, 3의 최소공배수가 6이므로 가장 작은 정육면체의 한 모서리는 6 cm입니다. ⇨ $6\times6\times6=216\ (\text{cm}^3)$

21

채점 기준		
쌓아 만든 정육면체 모양을 아는 경우	1점	4점
정육면체의 한 모서리의 길이를 구한 경우	1점	
답을 바르게 쓴 경우	2점	

22 상자의 부피는 처음 부피의 $2\times2\times2=8$(배)가 됩니다.

23 (한 모서리의 길이)$=33\div3=11$ (cm)이므로
(상자의 부피)$=11\times11\times11=1331$ (cm^3)입니다.

24 (왼쪽 상자의 부피)$=1$ $m^3=1000000$ (cm^3)
(오른쪽 상자의 부피)$=20\times20\times25=10000$ (cm^3)
따라서 오른쪽 상자를 $1000000\div10000=100$(개)까지 담을 수 있습니다.

25 입체도형을 직육면체 두 부분으로 나누어 각각의 부피를 구한 후 더합니다.
$14\times6\times4+4\times6\times12=336+288=624$ (cm^3)

실력 단원평가 44~45쪽

1 624 cm^3	**2** 864 cm^2
3 1000 cm^3	**4** ①
5 2 cm^2	**6** 216 cm^3
7 216 cm^2	**8** 140 m^3
9 5 cm	**10** 54개
11 378개	**12** 5

13 예 1.2 m$=$120 cm이므로▸2점
(교탁의 부피)$=80\times80\times120$
$=768000$ (cm^3)입니다.▸3점
; 768000 cm^3▸3점

14 6600 cm^3

15 예 한 면의 넓이는 $1014\div6=169$ (cm^2)이고
$13\times13=169$이므로 한 모서리는 13 cm입니다.▸3점
따라서 정육면체의 부피는
$13\times13\times13=2197$ (cm^3)입니다.▸3점
; 2197 cm^3▸4점

16 4 cm **17** 320 cm^2

3 $100=10\times10$이므로 정육면체의 한 모서리의 길이는 10 cm입니다.

4 ① 28 $m^3=28000000$ cm^3

5 가: $(4\times4+6\times4+4\times6)\times2=128$ (cm^2)
나: $(6\times5+5\times3+6\times3)\times2=126$ (cm^2)

6 한 모서리의 길이는 $24\div4=6$ (cm)입니다.

7 (정육면체의 겉넓이)$=6\times6\times6=216$ (cm^2)

8 500 cm$=$5 m, 400 cm$=$4 m, 700 cm$=$7 m이므로 (직육면체의 부피)$=5\times4\times7=140$ (m^3)입니다.

9 높이를 □ cm라고 하면
$(6\times8+8\times\square+6\times\square)\times2=236$입니다.
$48+14\times\square=118$, $14\times\square=70$, $\square=5$

10 가로로 $18\div2=9$(개), 세로로 $12\div2=6$(개)이므로 상자의 한 층에 각설탕을 $9\times6=54$(개)까지 넣을 수 있습니다.

11 각설탕을 한 층에 54개씩 $14\div2=7$(층)으로 채웁니다.
⇨ 각설탕은 모두 $54\times7=378$(개)가 필요합니다.

12 $10\times4\times6=16\times\square\times3$, $\square=240\div48$, $\square=5$

13

채점 기준		
1.2 m를 cm 단위로 나타낸 경우	2점	8점
교탁의 부피를 바르게 계산한 경우	3점	
답을 바르게 쓴 경우	3점	

14 큰 직육면체의 부피에서 작은 직육면체의 부피를 빼서 구합니다. $25\times20\times16-7\times20\times10=6600$ (cm^3)

15

채점 기준		
정육면체의 한 모서리의 길이를 구한 경우	3점	10점
정육면체의 부피를 구한 경우	3점	
답을 바르게 쓴 경우	4점	

16 (쌓기나무 1개의 부피)$=320\div5=64$ (cm^3)
$4\times4\times4=64$이므로 쌓기나무 1개의 한 모서리는 4 cm입니다.

17 쌓기나무 한 면의 넓이가 $4\times4=16$ (cm^2)이고 모두 20개의 합동인 면이 있으므로 입체도형의 겉넓이는
$16\times20=320$ (cm^2)입니다.

과정 중심 단원평가 46~47쪽

1 예 (정육면체의 겉넓이)$=$(한 면의 넓이)$\times6$이므로
$8\times8\times6=384$ (cm^2)입니다.▸5점
; 384 cm^2▸5점

2 예 가로 400 cm$=$4 m, 세로 250 cm$=$2.5 m, 높이 500 cm$=$5 m이므로▸3점
(직육면체의 부피)$=4\times2.5\times5=50$ (m^3)입니다.▸3점 ; 50 m^3▸4점

3 예 (가의 겉넓이)$=(6\times5+5\times5+6\times5)\times2$
$=170$ (cm^2)이고▸3점
(나의 겉넓이)$=(8\times3+3\times5+8\times5)\times2$
$=158$ (cm^2)입니다.▸3점
따라서 겉넓이의 차는 $170-158=12$ (cm^2)입니다.▸1점 ; 12 cm^2▸3점

4 ㉮ 가의 부피는 쌓기나무가 $5\times3\times4=60$(개)이므로 부피는 60 cm^3이고▸3점
나의 부피는 쌓기나무가 $5\times3\times3=45$(개)이므로 부피는 45 cm^3입니다.▸3점
따라서 부피의 합은 $60+45=105$ (cm^3)입니다.▸1점
; 105 cm^3▸3점

5 ㉮ 돌의 부피는 $20\times20\times3=1200$ (cm^3)입니다.▸9점
; 1200 cm^3▸6점

6 ㉮ (직육면체의 겉넓이)
$=(10\times3+3\times6+10\times6)\times2=216$ (cm^2)이고▸4점
겉넓이가 216 cm^2인 정육면체의 한 면의 넓이는 $216\div6=36$ (cm^2)이므로 정육면체의 한 모서리의 길이는 6 cm입니다.▸5점
; 6 cm▸6점

7 ㉮ 쌓기나무 32개로 쌓은 입체도형은 직육면체이고 ▸2점 (직육면체의 겉넓이)=(한 면의 넓이)$\times$64입니다. (한 면의 넓이)$=256\div64=4$ (cm^2)이고 $4=2\times2$이므로 쌓기나무의 한 모서리의 길이는 2 cm입니다.▸4점
따라서 직육면체의 가로는 8 cm, 세로는 4 cm, 높이는 8 cm이므로 직육면체의 부피는 $8\times4\times8=256$ (cm^3)입니다.▸3점
; 256 cm^3▸6점

8 ㉮ 2개의 직육면체로 나누어 구할 수 있습니다.▸4점
따라서 입체도형의 부피는
$4\times10\times4+8\times6\times4=352$ (cm^3)입니다.▸5점
; 352 cm^3▸6점

1

채점 기준		
정육면체의 겉넓이를 구한 경우	5점	10점
답을 바르게 쓴 경우	5점	

2

채점 기준		
직육면체의 가로, 세로, 높이의 길이를 m 단위로 바꾼 경우	3점	10점
직육면체의 부피를 구한 경우	3점	
답을 바르게 쓴 경우	4점	

3

채점 기준		
가의 겉넓이를 구한 경우	3점	10점
나의 겉넓이를 구한 경우	3점	
두 직육면체의 겉넓이의 차를 구한 경우	1점	
답을 바르게 쓴 경우	3점	

4

채점 기준		
가의 부피를 구한 경우	3점	10점
나의 부피를 구한 경우	3점	
두 직육면체의 부피의 합을 구한 경우	1점	
답을 바르게 쓴 경우	3점	

5

채점 기준		
돌의 부피를 구한 경우	9점	15점
답을 바르게 쓴 경우	6점	

6

채점 기준		
직육면체의 겉넓이를 구한 경우	4점	15점
직육면체와 겉넓이가 같은 정육면체의 한 모서리의 길이를 구한 경우	5점	
답을 바르게 쓴 경우	6점	

7

채점 기준		
입체도형의 이름을 구한 경우	2점	15점
쌓기나무의 한 모서리의 길이를 구한 경우	4점	
직육면체의 부피를 구한 경우	3점	
답을 바르게 쓴 경우	6점	

8

채점 기준		
입체도형을 2개의 직육면체로 나눈 경우	4점	15점
입체도형의 부피를 구한 경우	5점	
답을 바르게 쓴 경우	6점	

심화 문제

48쪽

1 3　**2** 62 cm^2　**3** 150 cm
4 510 cm^2　**5** 54 cm^2　**6** 330 cm^3

1 $(4\times\square+\square\times7+4\times7)\times2=122$이므로
$11\times\square+28=61$, $11\times\square=33$, $\square=3$입니다.

2 직육면체의 세로를 □ cm라고 하면 $5\times\square\times2=30$, $\square=3$입니다.
⇨ $(5\times3+3\times2+5\times2)\times2=62$ (cm^2)

3 높이를 □ m라고 하면 $2.5\times2\times\square=7.5$($m^3$)입니다.
$\square=7.5\div5=1.5$이므로 높이는 1.5 m=150 cm입니다.

4 $(12\times7+12\times9+7\times9)\times2=510$ (cm^2)

5 만들 수 있는 가장 큰 정육면체의 한 모서리는 3 cm입니다.

6 (줄어든 물의 높이)$=7-4=3$ (cm)
⇨ (돌의 부피)=(줄어든 물의 부피)
$=11\times10\times3=330$ (cm^3)

초등 수학 라인업

난이도

최상

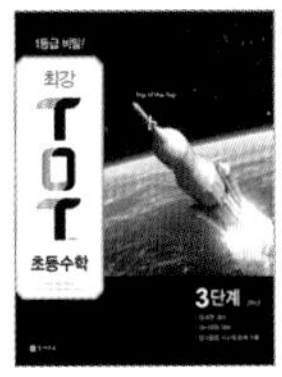
최강 TOT

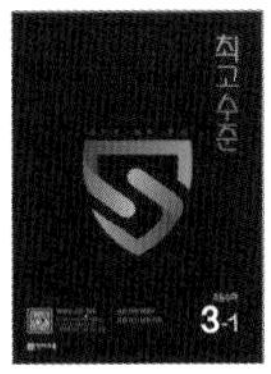
최고 수준

최고 수준 S

심화

초등 문해력
독해가 힘이다
[문장제 수학편]

수학도
독해가 힘이다

응용 해결의 법칙

일등전략

유형

수학 전략

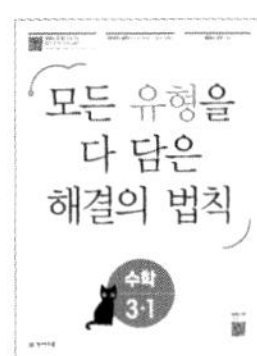
유형 해결의 법칙

우등생 해법수학

개념

개념클릭

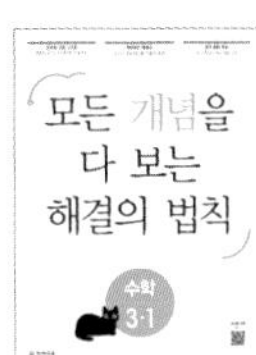
개념 해결의 법칙

똑똑한 하루 시리즈 [수학/계산/도형/사고력]

기초 연산

계산박사

빅터연산

최하

평가 대비 특화 교재

수학 단원평가

해법수학
경시대회 기출문제

해법 예비 중학
신입생 수학

정답은
이안에
있어!

Aion

단계별 수학 전문서

[개념·유형·응용]

수학의 해법이 풀리다!

해결의 법칙 시리즈

단계별 맞춤 학습

개념, 유형, 응용의 단계별 교재로
교과서 차시에 맞춘 쉬운 개념부터
응용·심화까지 수학 완전 정복

혼자서도 OK!

이미지로 구성된 핵심 개념과 셀프 체크,
모바일 코칭 시스템과 동영상 강의로
자기주도 학습 및 홈 스쿨링에 최적화

300여 명의 검증

수학의 메카 천재교육 집필진과
300여 명의 교사·학부모의
검증을 거쳐 탄생한 친절한 교재

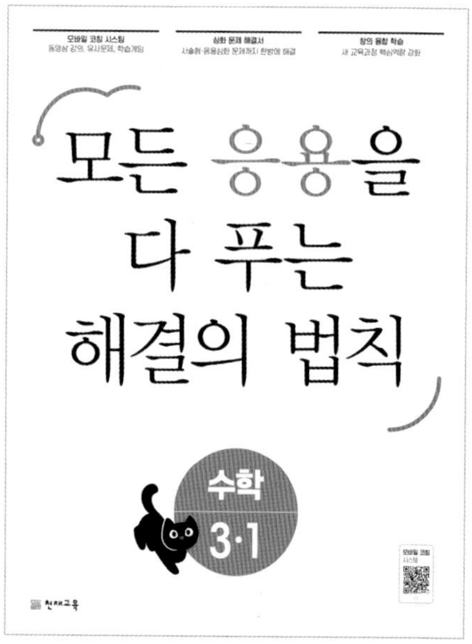

흔들리지 않는 탄탄한 수학의 완성! (초등 1~6학년 / 학기별)